机器人科学
与技术丛书

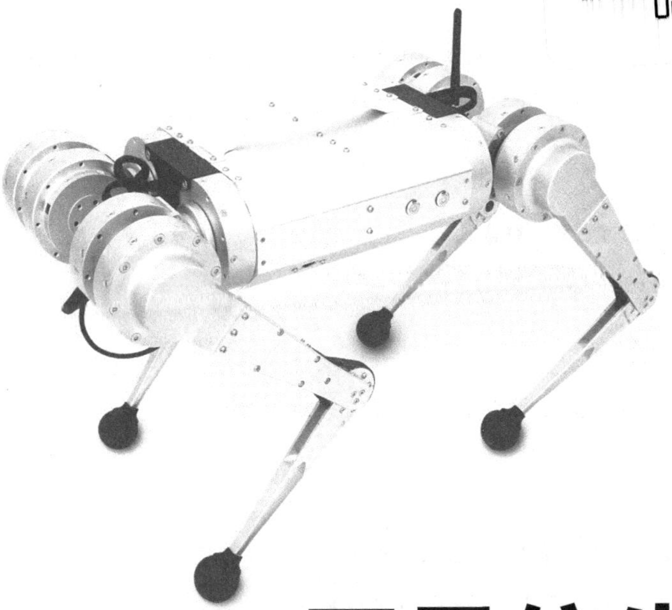

四足仿生机器人
基本原理及开发教程

李彬 陈腾 范永◎编著

清華大學出版社
北京

内容简介

以四足哺乳动物为仿生对象，构造具有高动态性和强复杂环境适应性的四足机器人一直是机器人领域的研究热点。本书系统地介绍了电机驱动四足仿生机器人的基本理论和稳定运动控制的主要方法，力求能够较好地促进国内四足机器人研究的普及和应用落地。本着“持续开源、合作共建”的思想，结合四足机器人实际物理平台和开源的软件平台，本书分为三部分：基础理论、技术实现和研究提高，共包括 13 章，其中第 1～8 章介绍基础理论，第 9、10 章介绍技术实现，第 11、12 章介绍研究进阶，主要讲述基于 MPC＋WBC 的四足机器人高级运动控制方法，第 13 章介绍仿真实验。

本书既可供机器人相关专业的研究生或高年级本科生阅读和作为竞赛参考，也可供相关领域的工程技术人员参考。

图书在版编目(CIP)数据

四足仿生机器人基本原理及开发教程/李彬，陈腾，范永编著．—北京：清华大学出版社，2023.8(2024.11重印)
(机器人科学与技术丛书)
ISBN 978-7-302-64022-6

Ⅰ．①四… Ⅱ．①李… ②陈… ③范… Ⅲ．①仿生机器人—教材 Ⅳ．①TP242

中国国家版本馆 CIP 数据核字(2023)第 126668 号

责任编辑：张　弛
封面设计：李召霞
责任校对：袁　芳
责任印制：刘　菲

出版发行：清华大学出版社
网　　址：https://www.tup.com.cn，https://www.wqxuetang.com
地　　址：北京清华大学学研大厦 A 座　　**邮　　编：**100084
社 总 机：010-83470000　　**邮　　购：**010-62786544
投稿与读者服务：010-62776969，c-service@tup.tsinghua.edu.cn
质量反馈：010-62772015，zhiliang@tup.tsinghua.edu.cn
课件下载：https://www.tup.com.cn，010-83470410
印 装 者：三河市龙大印装有限公司
经　　销：全国新华书店
开　　本：185mm×260mm　　**印　　张：**18.75　　**字　　数：**512 千字
版　　次：2023 年 10 月第 1 版　　**印　　次：**2024 年 11 月第 3 次印刷
定　　价：76.00 元

产品编号：101844-01

前　言

自然界中，四足哺乳动物在适应复杂地形、运动灵活性和负载能力方面具有巨大的优势。因此，以四足哺乳动物为仿生对象，构造具有高动态性和强复杂环境适应性的四足机器人一直是机器人领域的研究热点。

习近平总书记在党的二十大报告中指出："加强基础学科、新兴学科、交叉学科建设，加快建设中国特色、世界一流的大学和优势学科。"当前，我国已将机器人和智能制造纳入了国家科技创新的优先重点领域，随着信息化、工业化不断融合，以机器人科技为代表的智能产业蓬勃兴起，成为现时代科技创新的一个重要标志。

围绕国家需求和当前智能科学与技术一级交叉学科建设学生培养，本书系统介绍了电驱动四足仿生机器人的基本理论和稳定运动控制的主要方法，力求能够较好地促进国内四足机器人研究的普及和应用落地。

本着"持续开源、合作共建"的思想，结合四足机器人实际物理平台和开源的软件平台，本书重点包含四足机器人相关的"基础理论""技术实现"和"研究提高"三部分内容。其中，基础理论(第 1 章至第 8 章)包含了机器人特别是四足机器人的基本理论知识，主要包括齐次变换、运动学、静力学、动力学、步态规划和控制方面的内容；技术实现(第 9 章、第 10 章、第 13 章)包含了机器人软硬件的介绍和运动控制方法的实现，主要包括四足机器人的硬件介绍、软件介绍、稳定运动控制的实现方法；研究提高(第 11 章和第 12 章)包含了四足机器人的高级控制方法，主要讲解了四足机器人模型预测控制的实现方法。

本书由齐鲁工业大学(山东省科学院)机器人-环境智能交互创新团队负责人李彬总体策划和编写，得到了山东大学机器人研究中心荣学文研究员和陈腾实验师，山东交通学院范永教授，深圳市鹏行智能研究有限公司赵同阳和山东优宝特智能机器人有限公司陈彬、刁怀瑞的大力支持。

本书撰写过程中得到了国家自然科学基金项目(61973185)、山东省自然科学基金项目(ZR2020MF097)、济南市"新高校 20 条"项目(2021GXRC100)、山东省高等学校青创科技支持计划(2019KJN011)、山东省重点研发计划(2018GGX103054)、教育部协同育人项目(201901229009、201902316006)和齐鲁工业大学(山东省科学院)教材建设基金的资助，在此表示衷心的感谢！

本书可供相关专业的研究生或高年级本科生阅读，也可供相关领域的工程技术人员参考。

限于编著者水平，书中难免有不少缺点和不足之处，恳请广大读者批评、指正。

李　彬

2023 年 5 月

教学课件

目　录

第1章　绪　　论

基于“开源”的思想和促进应用落地的想法，本书主要介绍四足机器人的基本理论和相关的技术实现细节，并基于实际的物理仿真平台，重点介绍四足机器人的各种运动控制的实现技巧和实现方法，以为有志于从事四足机器人学习和研究的人员提供比较专业和实用的参考用书。

1.1　四足机器人的发展现状

自20世纪60年代后期以来，国外许多科学家开始研究和开发四足机器人实验模型。1960年，Shigley以连杆组设计四组腿部机构，并利用一组双摇杆机构来控制步行机器人的步态。1968年，McGhcc和Frank创作出第一台完全用计算机控制的步行机器人Phony Pony(图1.1)，该四足机器人摆脱了纯机构控制模式，每条腿有两个自由度，能实现简单的爬行运动。

20世纪80年代，Himura研制出了Collie电驱动系列四足机器人(图1.2)，实现了四足机器人的稳定性、速度、能量消耗指标的优化和动态的行走及转换。

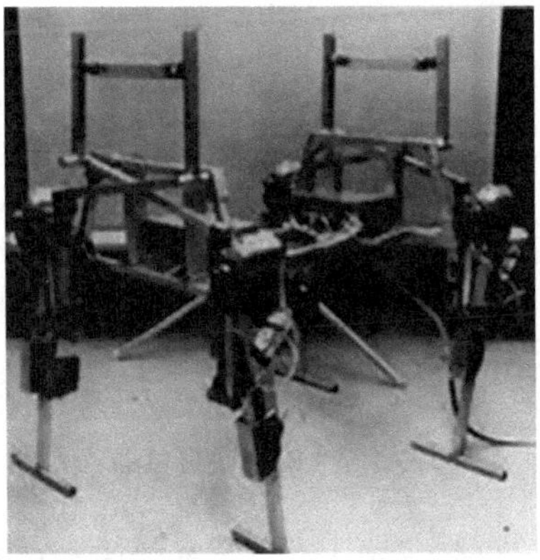

图1.1　Phony Pony四足机器人

图1.2　Collie-1电驱动四足机器人

日本的Shigeo Hirose为了提高步行机器人的环境适应能力，研制了TITAN-Ⅳ四足机器人(图1.3)，该四足机器人采用智能控制方法，利用姿态传感器和触觉传感器，可以实时产生具有地形适应能力的运动步态。德国的Dillmann和他的团队多年来致力于研究复杂性的足式机器人行走策略，并且延伸到对足式哺乳动物的运动研究，开发了基于振荡器的步态生成器，基于腿部轨迹学习的行走策略等多种研究方法，研制了四足机器人实验平台BISAM(图1.4)。

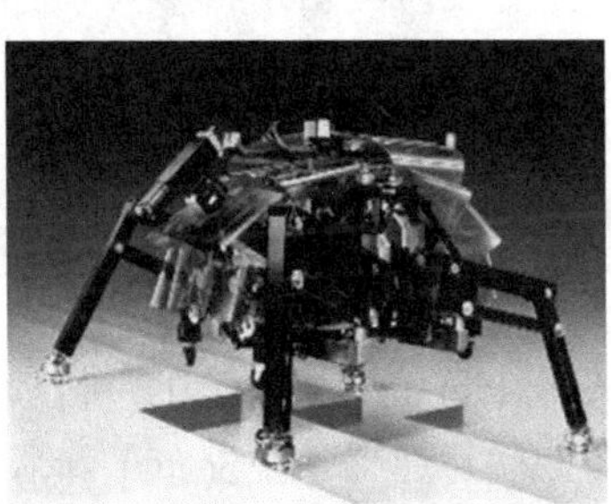

图1.3　TITAN-Ⅳ四足机器人

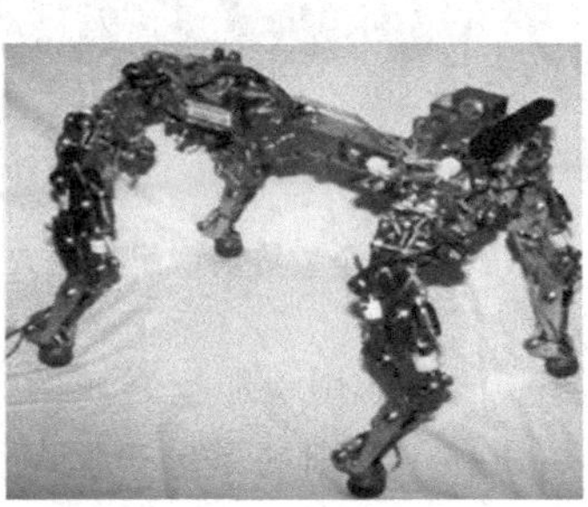

图1.4　BISAM四足机器人

日本电气通信大学 1999 年启动了基于中枢模式发生器(center pattern generator,CPG)控制、具有动态步行能力的 Patrush 系列机器人(图 1.5)的研制,并以 Patrush 机器人为基础,进一步开发了 Tekken 系列四足机器人(图 1.6),该四足机器人采用了和 Patrush 基本相同的控制算法,但是在膝关节处采用了一种弹簧结构来提高能量的利用效率。2009 年,他们启动了具有 16 自由度的 Kotetsu 四足机器人(图 1.7)的研制。

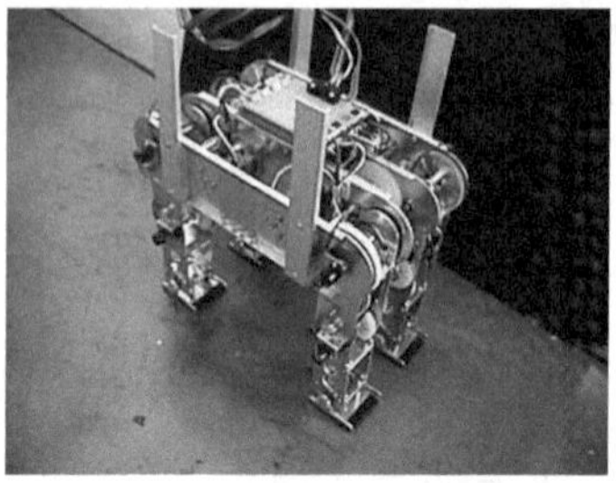

图 1.5　Patrush 四足机器人

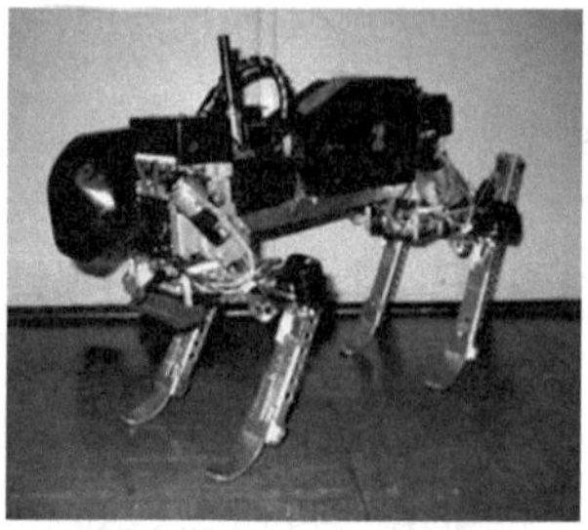

图 1.6　Tekken 四足机器人

图 1.7　Kotetsu 四足机器人

加拿大 McGill 大学 1999 年研制了 Scout-Ⅱ四足机器人(图 1.8)。瑞典皇家工学院 2000 年左右研制了 WARP1 四足机器人(图 1.9),目的是研究四足移动机器人在复杂环境下的自主行走,实现静态和动态行走。

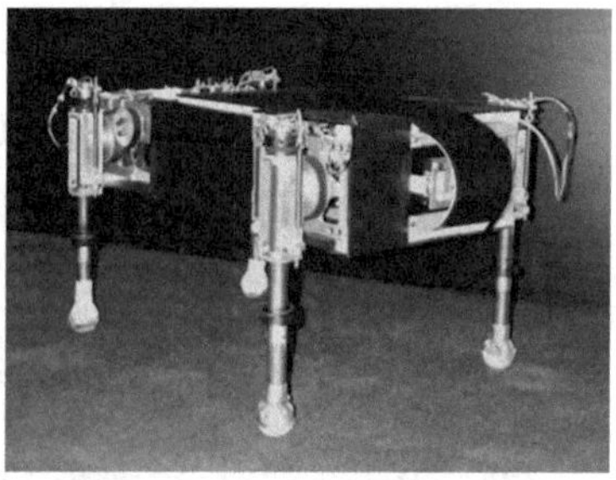

图 1.8　Scout-Ⅱ四足机器人

图 1.9　WARP1 四足机器人

日本大阪大学 2002 年左右开发了 PONY 仿马四足机器人(图 1.10)。美国俄亥俄州立大学和斯坦福大学在 2001 年左右联合研制了 KOLT 四足机器人(图 1.11)等。

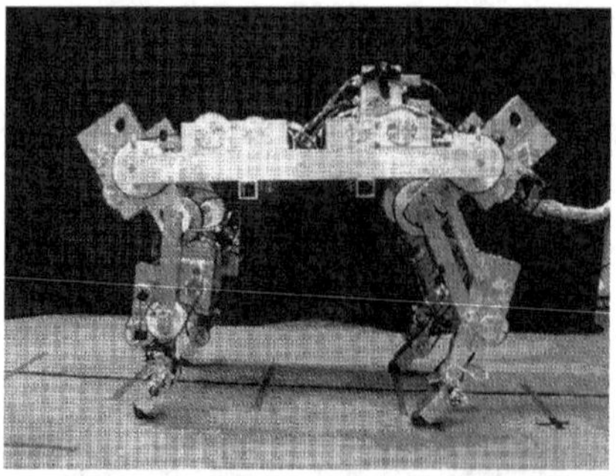

图 1.10　PONY 仿马四足机器人

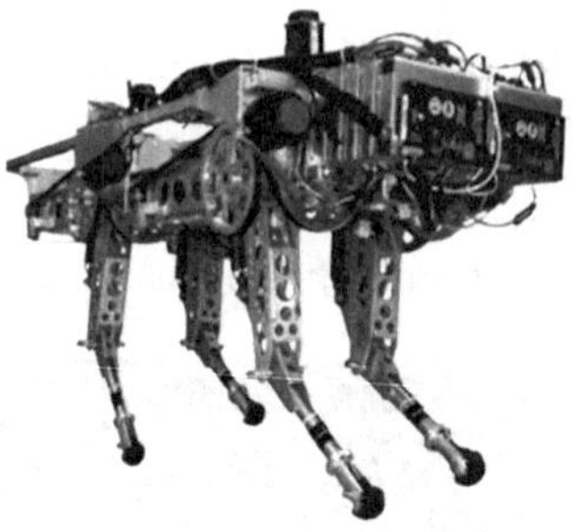

图 1.11　KOLT 四足机器人

美国 NASA 研制的用于航空领域的微型爬行机器人 Spider-bot 如图 1.12 所示,该机器人外形很像蜘蛛,可以在不规则的星球表面爬行。2018 年,瑞士联邦理工学院发布了新版本的四足机器人 ANYmal(图 1.13)。该机器人能够适应复杂的环境,具有极高的灵活性和移动性,其特殊的执行机构使其能够动态运行和高速移动攀爬。由于装配有激光传感器和环境相机,该机器人可

图 1.12　Spider-bot 四足机器人

图 1.13　ANYmal 四足机器人

以感知周围环境，构建局部地图并准确定位，实现高效的路径规划和避障。

2016 年，美国波士顿动力公司开发了全电驱动的四足机器人 SpotMini(图 1.14)。该机器人具备优良的移动性，其配备的传感器包括立体摄像头、深度摄像头、惯性传感器(IMU)及位置/力传感器，可实现环境感知、自主导航、路径规划等功能。该机器人还能够攀爬楼梯，摔倒后可利用机械手自主恢复平衡。2012 年，美国麻省理工学院的腿足机器人实验室根据猎豹的身体结构研制出了 Cheetah 四足机器人(图 1.15)，它实现四足机器人的“高速奔跑”，奔跑速度高达 22km/h。

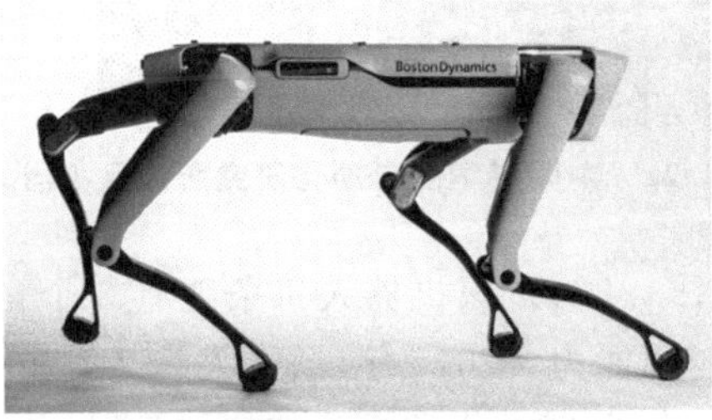

图 1.14　SpotMini 四足机器人

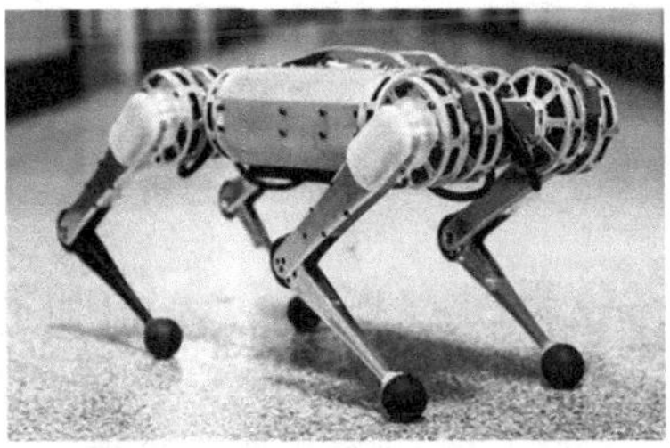

图 1.15　Cheetah 四足机器人

在国内，清华大学模仿哺乳动物的运动控制机理研制了 Biosbot 四足机器人(图 1.16)，实现了四足机器人的节律运动。它通过对中枢模式发生器、高层中枢神经系统、底层反馈控制网络等生物机理的工程模拟，实现了四足机器人的运动，提高了其在实际环境中的运动性能。上海交通大学研制了四足机器人 JTUWM-Ⅲ(图 1.17)，每条腿上有 3 个主动关节、1 个被动关节，主动关节由一个直流伺服电机驱动。

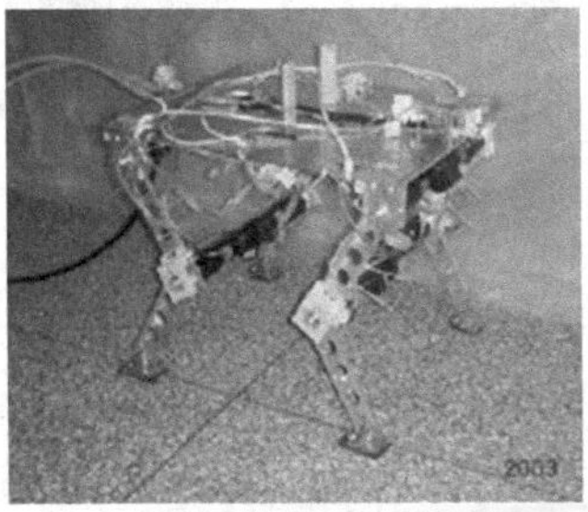

图 1.16　清华大学 Biosbot 四足机器人

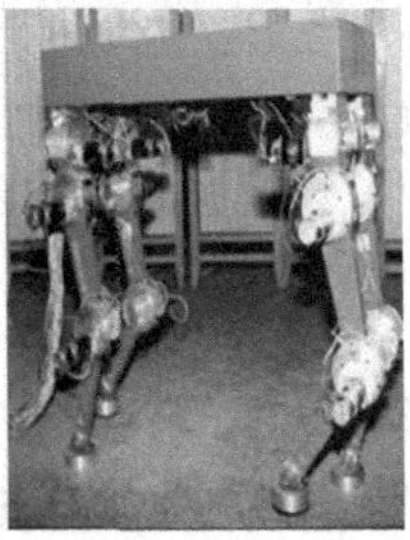

图 1.17　上海交通大学 JTUWM-Ⅲ 四足机器人

2001 年，华中科技大学开始进行具有腿/臂融合、可重构的多足步行机器人研究，并且研制了“4+2”多足步行机器人和 MiniQuad 多足步行机器人(图 1.18)。2007—2008 年，西北工业大学报道了其研制的四足机器人(图 1.19)。

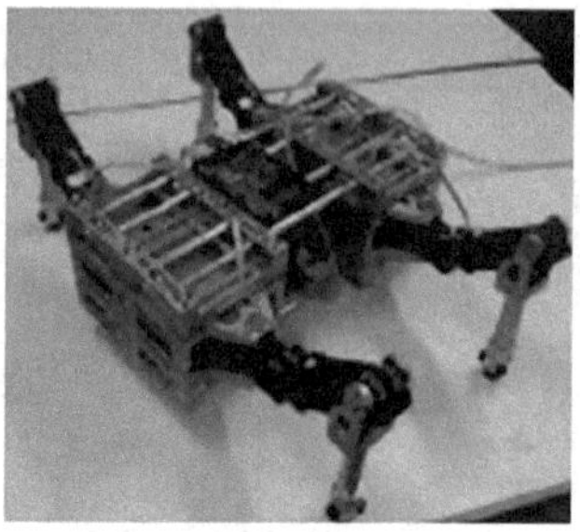

图 1.18　MiniQuad 四足机器人

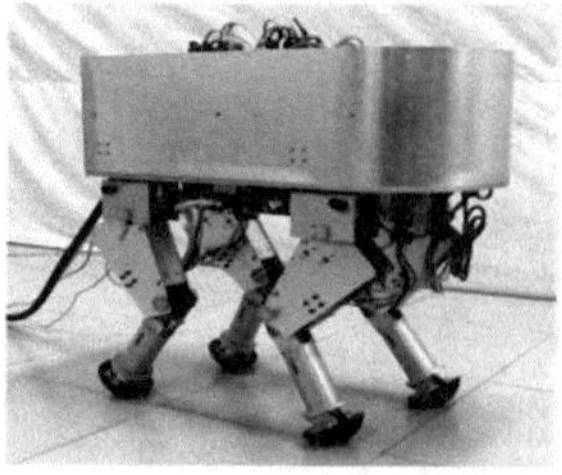

图 1.19　西北工业大学四足机器人

中国科学技术大学报道了所研制的 TIM-1 仿哺乳动物四足机器人(图 1.20)。中国科学院自动化研究所研制了较大型的电动四足机器人(图 1.21),并实现了室外运行实验。

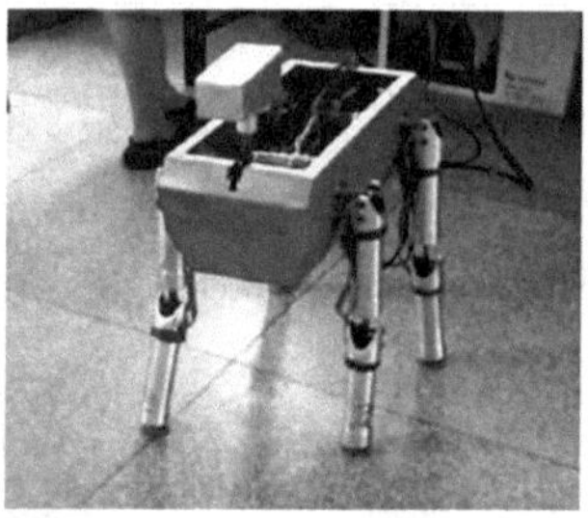

图 1.20　TIM-1 四足机器人

图 1.21　中国科学院自动化研究所四足机器人

2016 年,浙江大学研发了“赤兔”四足机器人(图 1.22)。该机器人每条腿有 3 个自由度,采用全电机驱动。它能够爬坡爬楼梯,并具有一定的越障能力。2017 年,浙江大学又发布了“绝影”四足机器人(图 1.23)。该机器人具有奔跑和跳跃等功能,能够攀爬楼梯和斜坡,通过碎石路等不平整地形,在受到外部扰动时可保持姿态平衡。

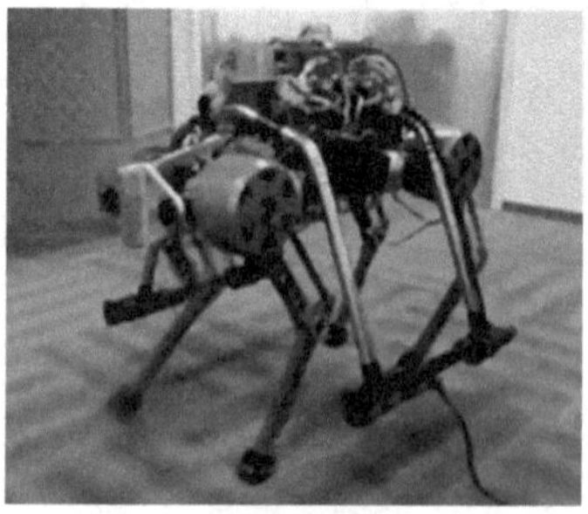

图 1.22　“赤兔”四足机器人

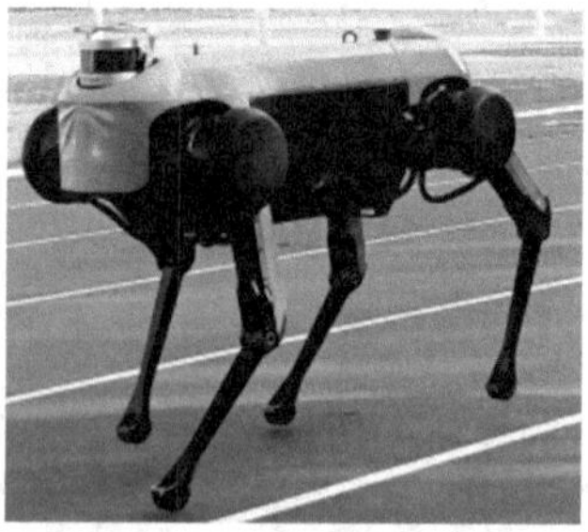

图 1.23　“绝影”四足机器人

基于浙江大学的研究基础,杭州云深处科技公司随后推出了“绝影”系列四足机器人分别为“绝影 Mini”“绝影 Mini Lite”和“绝影 X20”,该系列拥有大量外扩平台,支持丰富的传感设备模块化组合搭载,可以胜任多场景的任务,如图 1.24 所示。

2016 年,上海大学王兴兴研发出四足机器人 XDog(图 1.25)。XDog 由电机驱动,十分小巧,能够在斜坡上保持平衡,在行走过程中动态保持平衡,并能穿越 4cm 高的障碍物,爬上约 15°的斜坡。后来,王兴兴成立宇树科技,2017 年发布了全新重构的四足机器人 Laikago(图 1.26),向人们展示了优异的动态性能,它能在上下 20°的斜坡、不平整的碎石路面上自适应行走,能够承受一定范围内的外部冲击力。

2019 年,宇树科技推出了 Aliengo 四足机器人(图 1.27)。2020 年宇树科技推出四足机器人

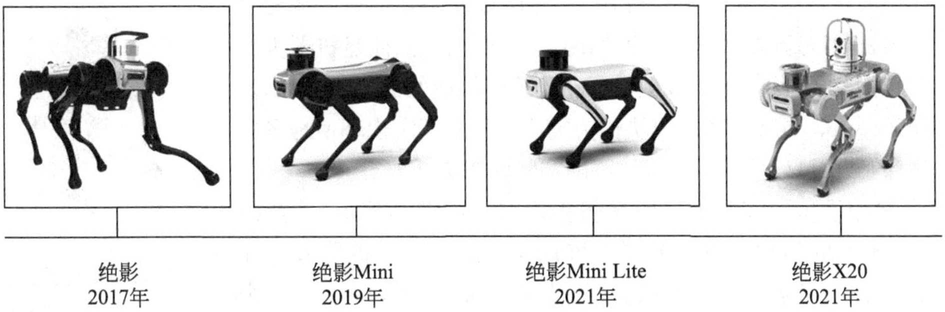

图 1.24 云深处绝影系列四足机器人

A1(图 1.28),该机器人运用了高级动态平衡算法,在撞击、跌落等紧急情况下能迅速找回平衡;能够基于视觉主动避障,支持跟随目标(人或动物)的在线学习,跟随鲁棒性良好。2021 年 6 月,宇树科技又推出了“伴随仿生机器人”Go1。

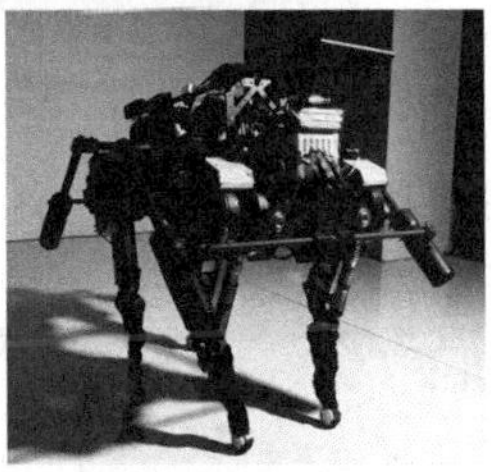

图 1.25 XDog 四足机器人

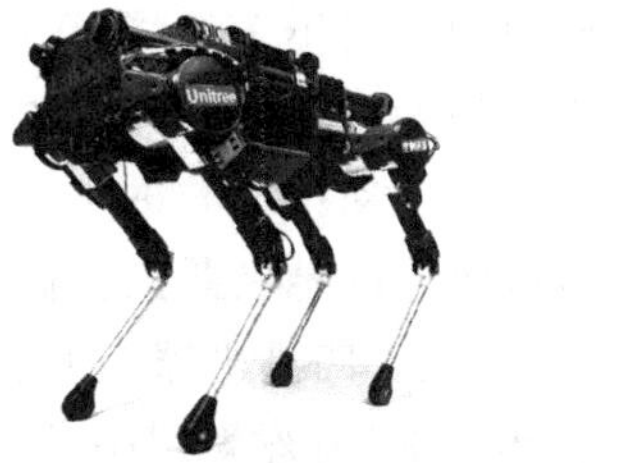

图 1.26 宇树科技 Laikago 四足机器人

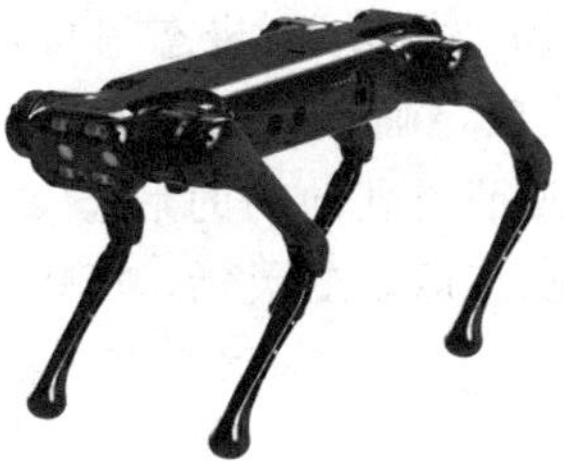

图 1.27 宇树科技 Aliengo 四足机器人

图 1.28 宇树科技 A1 四足机器人

2016 年,山东优宝特智能机器人公司推出了一款使用舵机驱动的小型四足机器人 e-Dog,主要面向科研和教育行业。2019 年,推出了使用高功率密度无刷直流电机驱动的中型四足机器人 YoboGo。该机器人二次开发性较好,可适用于农业、物流、教育和科研等领域应用。2021 年,推出了其大型版本,进一步提高机器人的负载能力和复杂环境的适应性,如图 1.29 所示。

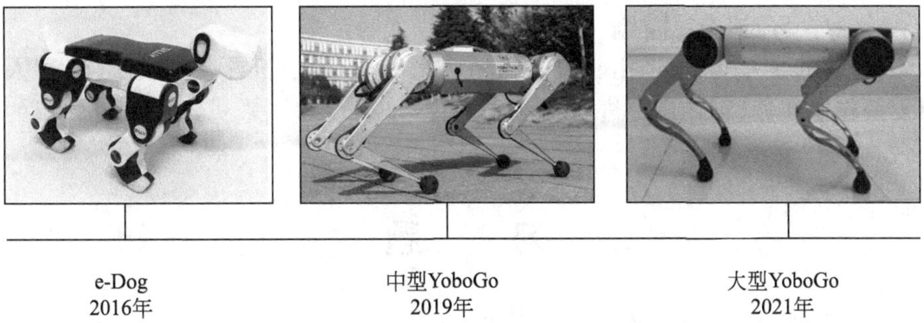

图 1.29 优宝特四足机器人

图 1.30　智能感知避障跟随四足机器人

齐鲁工业大学数学与统计学院机器人-环境智能交互创新团队参与研制的智能感知、避障跟随四足机器人如图 1.30 所示。该四足机器人搭载两部深度相机及一台十六线 3D 激光雷达组成环境感知的硬件系统，使用超宽带(ultra wide band,UWB)模块作为定位系统。可实现环境地形感知和障碍物躲避，也可以完成对人员的跟随和物资搬运任务。

山东优宝特推出的 YoboGo 四足仿生机器人面向高校师生，全面开源软硬件，本书的实践开发部分围绕该机器人展开。该机器人为高校师生在四足仿生机器人方面的研究、开发提供完全开放的平台及全面的技术支持。

1.2　四足机器人的发展趋势

在四足机器人的发展过程中，驱动方式对机器人的影响较大。早期的机器人较多采用液压驱动技术，如美国通用公司于 1968 年研制的四足步行卡车。随着电子技术和计算机技术的发展和进步，基于电驱动的四足机器人逐渐增多。随着军事和民用领域对机器人大负载能力和高动态性的要求，以及液压驱动技术的进步，基于液压驱动的四足机器人又逐渐掀起了机器人领域的热潮。最近几年，电驱动四足机器人又掀起一股研究高潮，推出了很多典型的、具有高动态、灵活运动能力的四足机器人。四足机器人的具体发展趋势如下。

1. 仿生：仿生形态与结构、仿生步态

在自然界中，亿万年生物进化的结果是，陆生大型动物基本上都是四足动物，四足哺乳动物在适应复杂地形、运动灵活性和效率等方面具有巨大的优势，它们依靠腿足几乎能在地球上的任何地面上活动。经过千万年的进化，四足哺乳动物的骨骼结构形态、步态都与其所特有的运动方式达到了与环境的最高层次的吻合。利用马/骡、羚羊等四足哺乳动物的骨骼、关节肌肉结构、运动机理、步态控制和平衡恢复等仿生学研究数据，模仿四足哺乳动物的形态、结构和步态控制原理，设计制造出具有四足哺乳动物特征的仿生机器人，使其运动更灵活、功能更强大、效率更高，是当前机器人研究领域的重要发展趋势。

2. 轻型高负载：高功率密度驱动

具有高功率密度的轻型高负载驱动装置是机器人研究领域的共性关键技术，更是仿生机器人实现高动态性、高适应性、高负载能力的基本保证与必须突破的核心技术。

3. 高机动性：快速响应、高速运动、环境适应

在复杂环境下高质量地完成作业任务，是机器人发展的一个新高度和未来的必然趋势。快速响应、高速运动能力是机器人适应外界冲击扰动和环境变化、执行任务的基本条件，是高性能机器人研制必须解决的重要内容和研究热点。

4. 智能化：学习、进化、控制

模仿人或生物的学习能力、进化能力和控制决策能力，赋予机器人智能，是机器人适应复杂环境、完成复杂作业任务、实施自身进化的必要条件，是当前和未来机器人研究领域的核心内容与重要方向。

习　　题

1. 简要叙述电驱动四足机器人的发展历史。
2. 四足机器人的发展趋势是什么？

第 2 章　四足机器人运动学分析

机器人的运动学用来描述机器人各个坐标系之间的运动关系，是机器人运动控制的基础。要实现机器人的运动控制，首先要在机器人中建立相应的坐标系（关节坐标系、世界坐标系、躯干坐标系、中间坐标系等）。

机器人的运动学包括正运动学和逆运动学，由机器人关节坐标系的坐标到机器人末端的位置和姿态（位姿）的映射，称为正运动学；反之，由机器人末端的位置和姿态到机器人关节坐标系坐标的映射，称为逆运动学。机器人的位置控制，就是采用正运动学和逆运动学对机器人末端的运动轨迹进行控制。

对于四足机器人来说，其运动主要是指机器人躯干相对地面的各种运动，但又都是通过机器人的腿和足的各种运动来实现的。四足机器人在运动时，支撑腿的足与地面相对静止，机器人躯干相对于地面的运动可以视为相对于支撑腿足端的运动。因此，可以将机器人躯干视为基座，将机器人腿视为开链机构，即可用现有机器人运动学分析方法分析和规划机器人支撑足相对躯干的运动关系，其反运动就是机器人躯干相对地面的运动。

本章首先介绍机器人运动学基础的基本概念，其次介绍运动学的基本建模方法，最后给出单腿四足机器人的运动学推导过程。

2.1　机器人运动学基础

机器人一般由数个驱动器驱动的转动或移动关节串联而成，机器人的运动学问题常用机器人末端执行器相对于固定参考坐标系的空间进行描述，即研究机器人手臂末端执行器位姿与关节变量空间之间的关系。在机器人的运动学推导过程中，一般用齐次变换方法，下面首先给出齐次坐标和齐次变换的相关概念。齐次坐标包含点的齐次坐标和平面的齐次坐标。

2.1.1　点的齐次坐标

一般来说，n 维空间的齐次坐标表示一个 $n+1$ 维空间实体。有一个特定的投影附加于 n 维空间，也可以把它视为一个附加于每个矢量的特定坐标—比例系数。一般可表示为

$$\boldsymbol{p}=a\boldsymbol{i}+b\boldsymbol{j}+c\boldsymbol{k} \tag{2.1}$$

式中，$\boldsymbol{i}$、$\boldsymbol{j}$、$\boldsymbol{k}$ 为 x、y、z 轴上的单位矢量，$a=\dfrac{x}{w}$，$b=\dfrac{y}{w}$，$c=\dfrac{z}{w}$。其中，w 为比例系数。显然，与三维直角坐标系的表示不同，齐次坐标表达结果不唯一，其取值随 w 取值的不同而不同，但 $\boldsymbol{p}$ 点在空间的位置不变。在计算机图形学中，w 作为通用比例系数，可取任意正值，但在机器人的运动学分析中，一般 $w=1$。若空间中一点 $\boldsymbol{p}$ 的直角坐标为

$$\boldsymbol{p}=\begin{bmatrix}x\\y\\z\end{bmatrix} \tag{2.2}$$

则该点的齐次坐标的向量形式表示为

$$\boldsymbol{p}=\begin{bmatrix}x\\y\\z\\w\end{bmatrix} \tag{2.3}$$

例 2.1　$\boldsymbol{p}=3\boldsymbol{i}+4\boldsymbol{j}+5\boldsymbol{k}$，可以表示为 $\boldsymbol{p}_1=[3,4,5,1]^{\mathrm{T}}$，$\boldsymbol{p}_2=[6,8,10,2]^{\mathrm{T}}$ 或 $\boldsymbol{p}_3=[-12,-16,-20,-4]^{\mathrm{T}}$。

几个常用的特殊的齐次坐标如下。

(1) $[0,0,0,1]^{\mathrm{T}}$，坐标原点的齐次坐标。

(2) $[1,0,0,0]^{\mathrm{T}}$，指向无穷远处的 x 轴。

(3) $[0,1,0,0]^{\mathrm{T}}$，指向无穷远处的 y 轴。

(4) $[0,0,1,0]^{\mathrm{T}}$，指向无穷远处的 z 轴。

在齐次坐标变换中，有两个常用的概念：点乘和叉乘。向量的点乘（又称内积、数量积）操作，就是对两个向量对应位一一相乘之后求和的操作，其结果是一个标量。例如，设有两个向量 $\boldsymbol{a}=[a_x,a_y,a_z]^{\mathrm{T}}$，$\boldsymbol{b}=[b_x,b_y,b_z]^{\mathrm{T}}$，则两个向量的点乘公式为

$$\boldsymbol{a}\cdot\boldsymbol{b}=a_xb_x+a_yb_y+a_zb_z \tag{2.4}$$

两个向量叉乘（又称为向量积、外积、叉积）的结果仍然是一个向量，且结果与这两个向量组成的坐标平面垂直。上述向量 $\boldsymbol{a}$ 和 $\boldsymbol{b}$ 的叉乘公式为

$$\boldsymbol{a}\times\boldsymbol{b}=\begin{vmatrix}\boldsymbol{i}&\boldsymbol{j}&\boldsymbol{k}\\a_x&a_y&a_z\\b_x&b_y&b_z\end{vmatrix}=(a_yb_z-a_zb_y)\boldsymbol{i}+(a_zb_x-a_xb_z)\boldsymbol{j}+(a_xb_y-a_yb_x)\boldsymbol{k} \tag{2.5}$$

2.1.2　平面的齐次坐标

在平面齐次坐标中，由于齐次坐标的多值性，只有将点和平面的齐次坐标转化成标准形式才能得到点和面的统一的齐次坐标关系。

平面齐次坐标由行矩阵 $\boldsymbol{p}=[a,b,c,d]$来表示，当 $\boldsymbol{v}=[x,y,z,w]^{\mathrm{T}}$ 处于平面Π内时，矩阵乘积 $\boldsymbol{p}\cdot\boldsymbol{v}=0$，或记为

$$\boldsymbol{p}\cdot\boldsymbol{v}=[a,b,c,d]\begin{bmatrix}x\\y\\z\\w\end{bmatrix}=ax+by+cz+dw=0 \tag{2.6}$$

如果定义一个常数 $m=\sqrt{a^2+b^2+c^2}$，则有

$$\frac{x}{w}\frac{a}{m}+\frac{y}{w}\frac{b}{m}+\frac{z}{w}\frac{c}{m}=-\frac{d}{m}=\left(\frac{x}{w}\boldsymbol{i}+\frac{y}{w}\boldsymbol{j}+\frac{z}{w}\boldsymbol{k}\right)\cdot\left(\frac{a}{m}\boldsymbol{i}+\frac{b}{m}\boldsymbol{j}+\frac{c}{m}\boldsymbol{k}\right) \tag{2.7}$$

可以把矢量$\left(\frac{a}{m}\boldsymbol{i}+\frac{b}{m}\boldsymbol{j}+\frac{c}{m}\boldsymbol{k}\right)$解释为某个平面的外法线，此平面沿着法线方向与坐标原点的距离为$-\frac{d}{m}$。因此一个平行于 x、y 轴，且在 z 轴上的坐标为单位距离的平面Π可以表示为 $\boldsymbol{p}=[0,0,1,-1]$或 $\boldsymbol{p}=[0,0,2,-2]$。

从而有

$$\boldsymbol{pv}=\begin{cases}>0, & \boldsymbol{v}\text{ 点在平面上方}\\=0, & \boldsymbol{v}\text{ 点在平面上}\\<0, & \boldsymbol{v}\text{ 点在平面下方}\end{cases} \tag{2.8}$$

例如:设 $\boldsymbol{p}=[0,0,1,-1]$，$\boldsymbol{v}=[10,20,1,1]^{\mathrm{T}}$ 则必定处于平面 Π 内，而 $\boldsymbol{v}=[0,0,2,1]^{\mathrm{T}}$ 处于平面 Π 上方，$\boldsymbol{v}=[0,0,0,1]^{\mathrm{T}}$ 处于平面 Π 下方。

因为

$$[0,0,1,-1]\begin{bmatrix}10\\20\\1\\1\end{bmatrix}=0\quad [0,0,1,-1]\begin{bmatrix}0\\0\\2\\1\end{bmatrix}=1>0\quad [0,0,1,-1]\begin{bmatrix}0\\0\\0\\1\end{bmatrix}=-1>0$$

2.1.3　旋转矩阵

设图 2.1 所示的固定坐标系一直角坐标系为 $\{O\}$，动坐标系为 $\{O'\}$，初始时刻，两个坐标系重合，设动坐标系 $\{O'\}$ 中有一点 $\boldsymbol{p}$，该点用 $\boldsymbol{p}_{uvw}=p_u\boldsymbol{i}_u+p_v\boldsymbol{j}_v+p_w\boldsymbol{k}_w$ 表示，其中，$\boldsymbol{i}_u$、$\boldsymbol{j}_v$、$\boldsymbol{k}_w$ 为坐标系 $\{O'\}$ 的单位矢量，则 $\boldsymbol{p}$ 点在 $\{O\}$ 中可表示为 $\boldsymbol{p}_{xyz}=p_x\boldsymbol{i}_x+p_y\boldsymbol{j}_y+p_z\boldsymbol{k}_z$，其中 $\boldsymbol{i}_x$、$\boldsymbol{j}_y$、$\boldsymbol{k}_z$ 为坐标系 $\{O\}$ 的单位矢量，则 $\boldsymbol{p}_{uvw}$ 和 $\boldsymbol{p}_{xyz}$ 相等。

当动坐标系 $\{O'\}$ 绕原点旋转时，点 $\boldsymbol{p}$ 在 $\{O'\}$ 中仍然保持不变，由于 $\{O'\}$ 旋转，则点 $\boldsymbol{p}$ 在固定坐标系 $\{O'\}$ 中的位置可以表示为

$$\begin{aligned}p_x&=\boldsymbol{p}_{uvw}\boldsymbol{i}_x=\boldsymbol{i}_x(p_u\boldsymbol{i}_u+p_v\boldsymbol{j}_v+p_w\boldsymbol{k}_w)\\p_y&=\boldsymbol{p}_{uvw}\boldsymbol{j}_y=\boldsymbol{j}_y(p_u\boldsymbol{i}_u+p_v\boldsymbol{j}_v+p_w\boldsymbol{k}_w)\\p_z&=\boldsymbol{p}_{uvw}\boldsymbol{k}_z=\boldsymbol{k}_z(p_u\boldsymbol{i}_u+p_v\boldsymbol{j}_v+p_w\boldsymbol{k}_w)\end{aligned}\tag{2.9}$$

用矩阵表示为

$$\begin{bmatrix}p_x\\p_y\\p_z\end{bmatrix}=\begin{bmatrix}\boldsymbol{i}_x\boldsymbol{i}_u & \boldsymbol{i}_x\boldsymbol{j}_v & \boldsymbol{i}_x\boldsymbol{k}_w\\\boldsymbol{j}_y\boldsymbol{i}_u & \boldsymbol{j}_y\boldsymbol{j}_v & \boldsymbol{j}_y\boldsymbol{k}_w\\\boldsymbol{k}_z\boldsymbol{i}_u & \boldsymbol{k}_z\boldsymbol{j}_v & \boldsymbol{k}_z\boldsymbol{k}_w\end{bmatrix}\begin{bmatrix}p_u\\p_v\\p_w\end{bmatrix}=\boldsymbol{R}\begin{bmatrix}p_u\\p_v\\p_w\end{bmatrix}\tag{2.10}$$

式(2.10)中，$\boldsymbol{R}$ 为旋转矩阵，此时，$\boldsymbol{p}_{xyz}=\boldsymbol{R}\boldsymbol{p}_{uvw}$，$\boldsymbol{p}_{uvw}=\boldsymbol{R}^{-1}\boldsymbol{p}_{xyz}$。

旋转矩阵为正交矩阵，满足正交矩阵的性质，因此，有 $\boldsymbol{R}^{-1}=\boldsymbol{R}^*/\det\boldsymbol{R}$ 和 $\boldsymbol{R}^{-1}=\boldsymbol{R}^{\mathrm{T}}$ 成立，其中，$\boldsymbol{R}^*$ 为 $\boldsymbol{R}$ 的伴随矩阵，$\det\boldsymbol{R}$ 为 $\boldsymbol{R}$ 的行列式。

旋转矩阵坐标系定义示意图如图 2.2 所示。

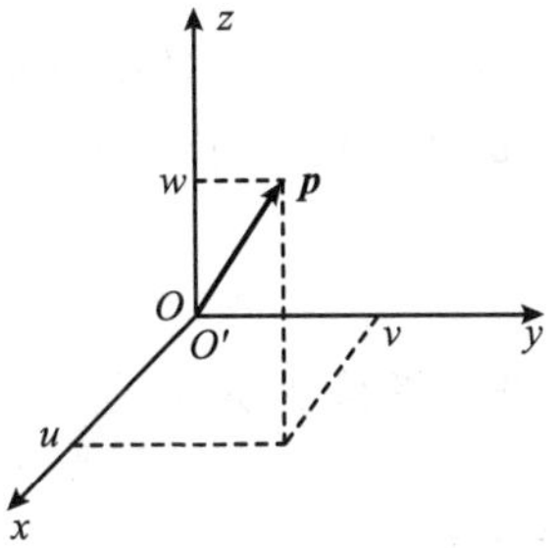

图 2.1　坐标系定义

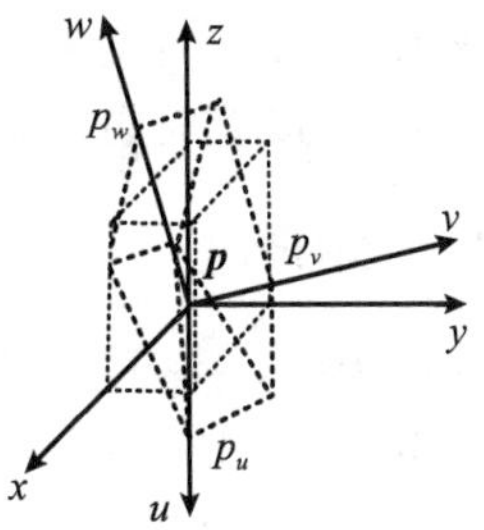

图 2.2　旋转矩阵坐标系定义示意图

2.1.4　旋转齐次变换

用齐次坐标变换来表示式(2.10)，可得：

$$\begin{bmatrix}p_x\\p_y\\p_z\\1\end{bmatrix}=\begin{bmatrix} & \boldsymbol{R} & & 0\\ & & & 0\\ & & & 0\\0&0&0&1\end{bmatrix}\begin{bmatrix}p_u\\p_v\\p_w\\1\end{bmatrix}\quad\begin{bmatrix}p_u\\p_v\\p_w\\1\end{bmatrix}=\begin{bmatrix} & \boldsymbol{R}^{-1} & & 0\\ & & & 0\\ & & & 0\\0&0&0&1\end{bmatrix}\begin{bmatrix}p_x\\p_y\\p_z\\1\end{bmatrix}\tag{2.11}$$

动坐标系 $\{O'\}$ 绕 x 轴转动 α 角,求 $\boldsymbol{R}(x,\alpha)$ 的旋转矩阵,也就是求动坐标系 $\{O'\}$ 中各轴单位矢量 $\boldsymbol{i}_u,\boldsymbol{j}_v,\boldsymbol{k}_w$ 在固定坐标系 $\{O\}$ 中各轴的投影分量,由图 2.3 可知,$\boldsymbol{j}_v$ 在 y 轴上的投影为 $\boldsymbol{j}_y\cos\alpha$,$\boldsymbol{j}_v$ 在 z 轴上的投影为 $\boldsymbol{j}_y\sin\alpha$,$\boldsymbol{k}_w$ 在 y 轴上的投影为 $-\boldsymbol{k}_w\sin\alpha$,$\boldsymbol{k}_w$ 在 z 轴上的投影为 $\boldsymbol{k}_w\cos\alpha$,所以有:

图 2.3 旋转矩阵坐标系定义示意图

$$\boldsymbol{R}(x,\alpha)=\begin{bmatrix} \boldsymbol{i}_x\boldsymbol{i}_u & \boldsymbol{i}_x\boldsymbol{j}_v & \boldsymbol{i}_x\boldsymbol{k}_w \\ \boldsymbol{j}_y\boldsymbol{i}_u & \boldsymbol{j}_y\boldsymbol{j}_v & \boldsymbol{j}_y\boldsymbol{k}_w \\ \boldsymbol{k}_z\boldsymbol{i}_u & \boldsymbol{k}_z\boldsymbol{j}_v & \boldsymbol{k}_z\boldsymbol{k}_w \end{bmatrix} \xleftrightarrow{\boldsymbol{i}_x=\boldsymbol{i}_u} \begin{bmatrix} 1 & 0 & 0 \\ 0 & \cos\alpha & -\sin\alpha \\ 0 & \sin\alpha & \cos\alpha \end{bmatrix} \tag{2.12}$$

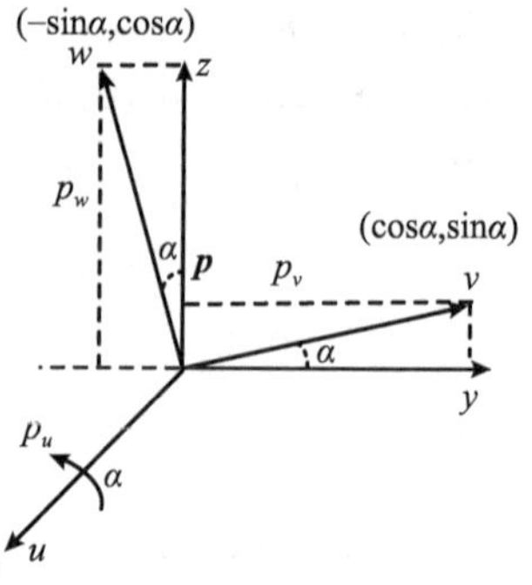

同理,可以求得动坐标系 $\{O'\}$ 绕 y 轴转动 β 角的旋转矩阵为

$$\boldsymbol{R}(y,\beta)=\begin{bmatrix} \cos\beta & 0 & \sin\beta \\ 0 & 1 & 0 \\ -\sin\beta & 0 & \cos\beta \end{bmatrix} \tag{2.13}$$

动坐标系 $\{O'\}$ 绕 z 轴转动 γ 角的旋转矩阵为

$$\boldsymbol{R}(z,\gamma)=\begin{bmatrix} \cos\gamma & -\sin\gamma & 0 \\ \sin\gamma & \cos\gamma & 0 \\ 0 & 0 & 1 \end{bmatrix} \tag{2.14}$$

2.1.5 平移齐次变换

坐标系在空间中平移时,其姿态保持不变,设坐标系空间中某点用向量 $a\boldsymbol{i}+b\boldsymbol{j}+c\boldsymbol{k}$ 表示,则该点用平移齐次变换表示为

$$\mathrm{Trans}(a,b,c)=\begin{bmatrix} 1 & 0 & 0 & a \\ 0 & 1 & 0 & b \\ 0 & 0 & 1 & c \\ 0 & 0 & 0 & 1 \end{bmatrix} \tag{2.15}$$

在齐次变换中,旋转变换之间不可以交换次序,平移变换之间可以交换次序,平移和旋转变换之间不可以交换次序。

从数学的角度看,齐次变换矩阵 $_B^A\boldsymbol{T}$ 可以看成一个点的运动算子,描述坐标系 $\{B\}$ 相对于坐标系 $\{A\}$ 的位置和方位,可以看成同一点在不同坐标系 $\{B\}$ 和 $\{A\}$ 中的变换。

2.1.6 齐次变换矩阵

机器人在运动过程中,一般既要进行旋转变换,又要进行平移变换,即所谓的复合变换,用齐次变换矩阵表示如下:

$$\boldsymbol{T}=\begin{matrix} \quad\quad\quad\text{姿态}\quad\quad\quad\text{位置} \\ \begin{bmatrix} \mu_x & \theta_x & w_x & P_x \\ \mu_y & \theta_y & w_y & P_y \\ \mu_z & \theta_z & w_z & P_z \\ 0 & 0 & 0 & 1 \end{bmatrix} \end{matrix}$$

$\boldsymbol{T}$ 反映了动坐标系 $\{O'\}$ 在固定坐标系 $\{O\}$ 中的位置和姿态,即表示了该坐标系原点和各坐标轴单位矢量在固定坐标系中的位置和姿态。该矩阵可以由 4 部分组成,写成如下形式:

$$\boldsymbol{T}=\begin{bmatrix} \boldsymbol{R}_{3\times3} & \boldsymbol{P}_{3\times1} \\ \boldsymbol{f}_{1\times3} & \boldsymbol{w}_{1\times1} \end{bmatrix}=\begin{bmatrix} \text{旋转矩阵} & \text{位置矢量} \\ \text{透视矩阵} & \text{比例系数} \end{bmatrix} \tag{2.16}$$

其中，$\boldsymbol{R}_{3\times3}=\begin{bmatrix}\mu_x & \theta_x & w_x\\ \mu_y & \theta_y & w_y\\ \mu_z & \theta_z & w_z\end{bmatrix}$为姿态矩阵，表示动坐标系在固定坐标系中的姿态，即表示各坐标轴单位矢量在各轴上的投影；$\boldsymbol{P}_{3\times1}=[P_x,P_y,P_z]^{\mathrm{T}}$ 为位置矢量，代表动坐标系坐标原点在固定坐标系中的位置；$\boldsymbol{f}_{1\times3}=[0,0,0]$为透视矩阵，表示在视觉中进行图像计算，一般置为 0；$w_{1\times1}=[1]$为比例系数。如果需要求解$\{O\}$在$\{O'\}$中的位置和姿态，此时的齐次变换矩阵为 $\boldsymbol{T}^{-1}$。

动坐标系在固定坐标系中的齐次变换有两种情况：一种是动坐标系绕某个固定坐标轴做齐次变换，称为绝对变换；另一种是动坐标系绕自身坐标轴做齐次变换，称为相对变换。从而有下面的两个定义。

绝对变换：如果所有的变换都是相对于固定坐标系中各坐标轴的旋转或平移，则依次左乘，称为绝对变换。

相对变换：如果动坐标系相对于自身坐标系的当前坐标轴旋转或平移，则依次右乘，称为相对变换。

例 2.2　动坐标系$\{O'\}$起始位置与固定坐标系$\{O\}$重合，动坐标系$\{O'\}$做如下运动：①$\boldsymbol{R}(z,90°)$；②$\boldsymbol{R}(y,90°)$；③Trans(4,−3,7)。求合成矩阵。

解法 1：用画图的方法，实现动坐标系$\{O'\}$相对于固定参考坐标系$\{O\}$的 2 次旋转和 1 次平移过程：第一步，初始坐标系重合；第二步，$\{O'\}$绕坐标系$\{O\}$的 z 轴旋转 90°；第三步，$\{O'\}$绕坐标系$\{O\}$的 y 轴旋转 90°；第四步，$\{O'\}$的原点在坐标系$\{O\}$中平移(4,−3,7)，如图 2.4 所示。

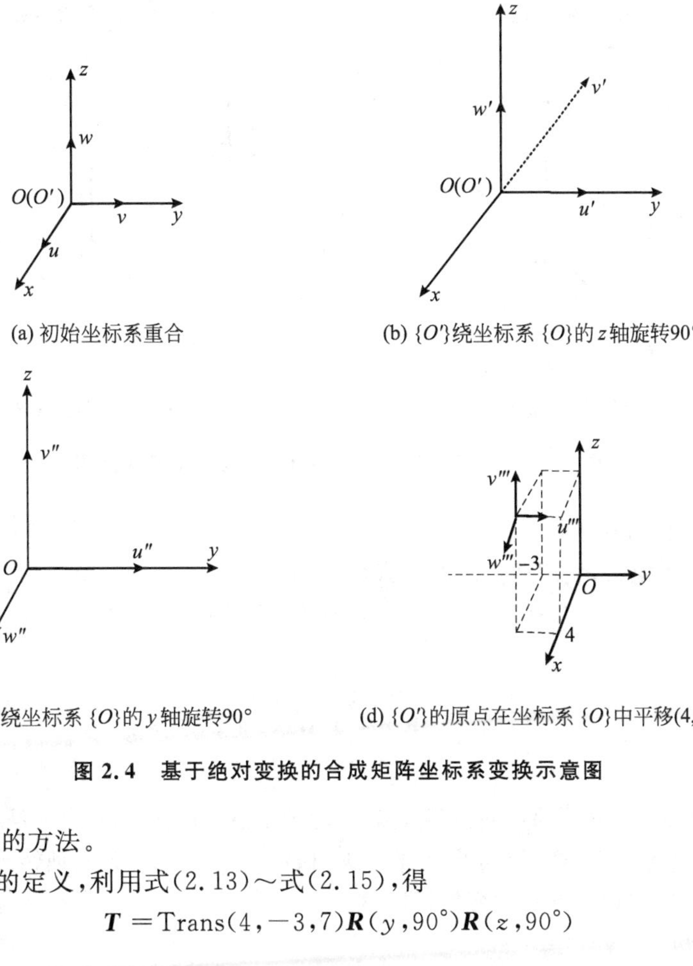

图 2.4　基于绝对变换的合成矩阵坐标系变换示意图

解法 2：用计算的方法。

根据绝对变换的定义，利用式(2.13)～式(2.15)，得

$$\boldsymbol{T}=\mathrm{Trans}(4,-3,7)\boldsymbol{R}(y,90°)\boldsymbol{R}(z,90°)$$

$$=\begin{bmatrix}0&0&1&4\\1&0&0&-3\\0&1&0&7\\0&0&0&1\end{bmatrix}$$

以上均以固定坐标系各轴为变换基准，因此矩阵左乘。我们做如下变换，也可以得到相同的结果。

例 2.3　动坐标系$\{O'\}$起始位置与固定坐标系$\{O\}$重合，动坐标系$\{O'\}$做如下运动：①先平移 Trans(4，−3，7)；②绕当前 v'轴转动 90°；③绕当前 w''轴转动 90°。求合成旋转矩阵。

解法 1：用画图的方法，实现动坐标系$\{O'\}$相对于自身坐标系的 1 次平移和 2 次旋转过程：第一步，初始坐标系重合；第二步，$\{O'\}$的原点平移(4，−3，7)；第三步，$\{O'\}$绕坐标系自身的 v'轴旋转 90°；第四步，$\{O'\}$绕 w''轴旋转 90°。如图 2.5 所示。

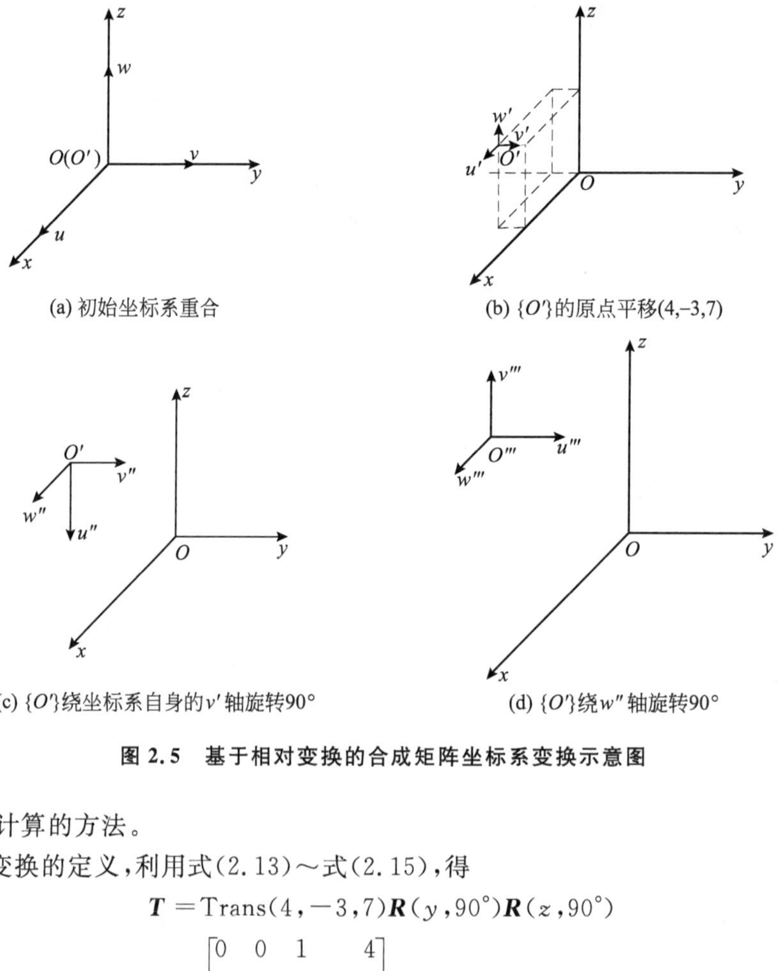

图 2.5　基于相对变换的合成矩阵坐标系变换示意图

解法 2：用计算的方法。

根据相对变换的定义，利用式(2.13)～式(2.15)，得

$$\boldsymbol{T}=\text{Trans}(4,-3,7)\boldsymbol{R}(y,90^\circ)\boldsymbol{R}(z,90^\circ)$$

$$=\begin{bmatrix}0&0&1&4\\1&0&0&-3\\0&1&0&7\\0&0&0&1\end{bmatrix}$$

基于绝对变换和相对变换的定义，两种计算方法无论是在形式上，还是在结果上，都是一致的。

例 2.4　设坐标系$\{O'\}$与$\{O\}$初始重合，$\{O'\}$做如下运动：①绕 z 轴转动 30°；②绕 x 轴转动 60°；③绕 y 轴转动 90°。求齐次变换矩阵 $\boldsymbol{T}$。

解：由题意可知

$$\boldsymbol{R}_1=\begin{bmatrix}\cos30^\circ & -\sin30^\circ & 0 & 0\\ \sin30^\circ & \cos30^\circ & 0 & 0\\ 0 & 0 & 1 & 0\\ 0 & 0 & 0 & 1\end{bmatrix}\quad \boldsymbol{R}_2=\begin{bmatrix}1 & 0 & 0 & 0\\ 0 & \cos60^\circ & -\sin60^\circ & 0\\ 0 & \sin60^\circ & \cos60^\circ & 0\\ 0 & 0 & 0 & 1\end{bmatrix}$$

$$\boldsymbol{R}_3=\begin{bmatrix}\cos90^\circ & 0 & \sin90^\circ & 0\\ 0 & 1 & 0 & 0\\ -\sin90^\circ & 0 & \cos90^\circ & 0\\ 0 & 0 & 0 & 1\end{bmatrix}$$

从而 $\boldsymbol{T}=\boldsymbol{R}_3\boldsymbol{R}_2\boldsymbol{R}_1=\begin{bmatrix}\sqrt{3}/4 & 3/4 & 1/2 & 0\\ 1/4 & \sqrt{3}/4 & -\sqrt{3}/2 & 0\\ -\sqrt{3}/2 & 1/2 & 0 & 0\\ 0 & 0 & 0 & 1\end{bmatrix}$。

2.2　齐次变换矩阵性质

在研究机器人运动学的过程中，齐次变换矩阵表示为

$$\boldsymbol{T}=\begin{bmatrix}\boldsymbol{R}_{3\times3} & \boldsymbol{P}_{3\times1}\\ 0 & 1\end{bmatrix} \tag{2.17}$$

其中，纯旋转的齐次变换矩阵中，$\boldsymbol{P}_{3\times1}$ 为零矩阵，即 $\boldsymbol{P}_{3\times1}=[0,0,0]^{\mathrm{T}}$。因此，绕 x、y、z 轴旋转 θ 角的基本齐次变换矩阵为

$$\boldsymbol{R}(x,\theta)=\begin{bmatrix}1 & 0 & 0 & 0\\ 0 & \cos\theta & -\sin\theta & 0\\ 0 & \sin\theta & \cos\theta & 0\\ 0 & 0 & 0 & 1\end{bmatrix} \tag{2.18}$$

$$\boldsymbol{R}(y,\theta)=\begin{bmatrix}\cos\theta & 0 & \sin\theta & 0\\ 0 & 1 & 0 & 0\\ -\sin\theta & 0 & \cos\theta & 0\\ 0 & 0 & 0 & 1\end{bmatrix} \tag{2.19}$$

$$\boldsymbol{R}(z,\theta)=\begin{bmatrix}\cos\theta & 0 & -\sin\theta & 0\\ \sin\theta & 1 & \cos\theta & 0\\ 0 & 0 & 1 & 0\\ 0 & 0 & 0 & 1\end{bmatrix} \tag{2.20}$$

纯平移的齐次变换矩阵中，$\boldsymbol{R}_{3\times3}=\boldsymbol{I}_{3\times3}$（单位阵）。因此，沿 x、y、z 轴移动 P_x、P_y、P_z 单位的基本平移变换矩阵为

$$\mathrm{Trans}(x,P_x)=\begin{bmatrix}1 & 0 & 0 & P_x\\ 0 & 1 & 0 & 0\\ 0 & 0 & 1 & 0\\ 0 & 0 & 0 & 1\end{bmatrix} \tag{2.21}$$

$$\mathrm{Trans}(y,P_y)=\begin{bmatrix}1 & 0 & 0 & 0\\ 0 & 1 & 0 & P_y\\ 0 & 0 & 1 & 0\\ 0 & 0 & 0 & 1\end{bmatrix} \tag{2.22}$$

$$\text{Trans}(z,P_z)=\begin{bmatrix}1&0&0&0\\0&1&0&0\\0&0&1&P_z\\0&0&0&1\end{bmatrix} \tag{2.23}$$

4×4 的齐次变换矩阵具有不同的物理解释，可以进行坐标系的描述，实现坐标映射，构造不同的运动算子。坐标系$\{B\}$相对于参考系$\{A\}$的位姿描述可以表示为

$${}_B^A\boldsymbol{T}=\begin{bmatrix}{}_B^A\boldsymbol{R} & {}_B^A\boldsymbol{P}\\0&1\end{bmatrix} \tag{2.24}$$

其中，${}_B^A\boldsymbol{R}$ 的各列分别描述坐标系$\{B\}$的 3 个坐标轴的方向，${}_B^A\boldsymbol{P}$ 描述$\{B\}$的坐标原点的位置，${}_B^A\boldsymbol{T}$ 的前 3 列表示$\{B\}$相对于$\{A\}$的 3 个坐标轴的方向，最后 1 列表示$\{B\}$的坐标原点。

式(2.24)也可以用来表示坐标映射，同一个点 $\boldsymbol{p}$ 在两个坐标系$\{A\}$和$\{B\}$之间的映射关系可以用${}_B^A\boldsymbol{T}$ 表示，${}_B^A\boldsymbol{T}$ 将${}^B\boldsymbol{p}$ 映射为${}^A\boldsymbol{p}$。其中，${}_B^A\boldsymbol{R}$ 称为旋转映射，${}_B^A\boldsymbol{P}$ 称为平移映射。

当用 $\boldsymbol{T}$ 表示运动算子时，可分解为平移算子和旋转算子，表示在同一个坐标系中，点 $\boldsymbol{p}$ 运动前后的算子关系，算子 $\boldsymbol{T}$ 作用于$\boldsymbol{p}_1$，得出$\boldsymbol{p}_2$。

2.2.1 齐次变换矩阵相乘

在坐标系的变换中，一个坐标系变换至另一个坐标系的齐次变换矩阵等于中间坐标系各齐次变换矩阵的连乘积。给定坐标系$\{A\}$、$\{B\}$、$\{C\}$，已知$\{B\}$相对于$\{A\}$的描述为${}_B^A\boldsymbol{T}$，$\{C\}$相对于$\{B\}$的描述为${}_C^B\boldsymbol{T}$。

变换矩阵${}_C^B\boldsymbol{T}$ 将${}^C\boldsymbol{p}$ 映射为${}^B\boldsymbol{p}$，表示为

$${}^B\boldsymbol{p}={}_C^B\boldsymbol{T}\,{}^C\boldsymbol{p} \tag{2.25}$$

变换矩阵${}_B^A\boldsymbol{T}$ 将${}^B\boldsymbol{p}$ 映射为${}^A\boldsymbol{p}$，表示为

$${}^A\boldsymbol{p}={}_B^A\boldsymbol{T}\,{}^B\boldsymbol{p} \tag{2.26}$$

合并式(2.25)和式(2.26)，可得

$${}^A\boldsymbol{p}={}_B^A\boldsymbol{T}\,{}_C^B\boldsymbol{T}\,{}^C\boldsymbol{p} \tag{2.27}$$

从而，可得复合变换矩阵

$${}_C^A\boldsymbol{T}={}_B^A\boldsymbol{T}\,{}_C^B\boldsymbol{T} \tag{2.28}$$

${}_C^A\boldsymbol{T}$ 将${}^C\boldsymbol{p}$ 映射为${}^A\boldsymbol{p}$。推广到更一般的情况，有${}_F^A\boldsymbol{T}={}_B^A\boldsymbol{T}\,{}_C^B\boldsymbol{T}\,{}_D^C\boldsymbol{T}\,{}_E^D\boldsymbol{T}\,{}_F^E\boldsymbol{T}$。

式(2.28)表示的变换也可解释为坐标系的映射变换，因为${}_C^A\boldsymbol{T}$ 和${}_C^B\boldsymbol{T}$ 分别代表同一个坐标系$\{C\}$相对于$\{A\}$和$\{B\}$的描述，变换矩阵${}_B^A\boldsymbol{T}$ 将坐标系$\{C\}$从${}_C^B\boldsymbol{T}$ 映射为${}_C^A\boldsymbol{T}$。同时，也可以做另一种解释，坐标系$\{C\}$和$\{A\}$重合，然后$\{C\}$相对$\{A\}$做运动变换到达$\{B\}$(用变换矩阵${}_B^A\boldsymbol{T}$ 表示)，然后，相对$\{B\}$做运动变换(用变换矩阵${}_C^B\boldsymbol{T}$ 表示)，在$\{C\}$中到达最终位姿。

2.2.2 齐次变换矩阵的相对性

在刚体的方位描述中，除用旋转矩阵 $\boldsymbol{R}$ 外，还可以用航海和天文学中常用的 RPY 角和欧拉角，本节利用上述两种方法描述刚体的方位变换并比较变换的相对性。RPY 角用于相对于固定坐标系的变换；欧拉角用于相对于运动坐标系的变换。

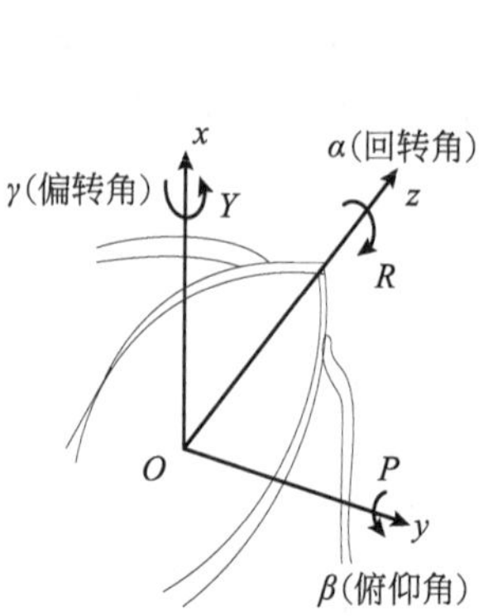

图 2.6　RPY 角

如图 2.6 所示，将船的行驶方向取为 z 轴正方向，绕该轴的旋转角 α 称为旋转角；绕 y 轴的旋转角 β 称为俯仰角；绕 x 轴的旋转角 γ 称为偏转角。设描述坐标系为$\{B\}$，$\{B\}$初始方位和参考坐标系$\{A\}$重合，依次将$\{B\}$绕 x 轴旋转 γ 角，绕 y 轴旋转 β 角，再绕 z 轴旋转 α

角，因此又称为绕固定轴 $x—y—z$ 旋转的 RPY 角方法。

上述三次旋转都是绕固定坐标系 A 依次进行的坐标系转换，各齐次变换矩阵按"从右向左"依次相乘的原则（左乘）进行运算，相应的旋转矩阵为

$$
\begin{aligned}
{}_B^A\boldsymbol{R}_{xyz} &= (\gamma,\beta,\alpha) = \boldsymbol{R}(z_A,\alpha)\boldsymbol{R}(y_A,\beta)\boldsymbol{R}(x_A,\gamma) \\
&= \begin{bmatrix} c\alpha c\beta & c\alpha s\beta s\gamma - s\alpha c\gamma & c\alpha s\beta c\gamma + s\alpha s\gamma \\ s\alpha c\beta & s\alpha s\beta s\gamma + c\alpha c\gamma & s\alpha s\beta c\gamma - c\alpha s\gamma \\ -s\beta & c\beta s\gamma & c\beta c\gamma \end{bmatrix}
\end{aligned} \tag{2.29}
$$

在欧拉角方法中，坐标系的描述都是相对于运动坐标系的某轴进行旋转的，相应的 3 次转动都成为欧拉角，上述绕固定轴 $x-y-z$ 旋转的 RPY 角方法可以看成绕 z、y、x 轴的变换。绕动坐标系轴依次进行齐次变换，按"从左向右"依次相乘的原则（右乘），相应的旋转矩阵为

$$
{}_B^A\boldsymbol{R}_{zyx} = (\alpha,\beta,\gamma) = \boldsymbol{R}(z,\alpha)\boldsymbol{R}(y,\beta)\boldsymbol{R}(x,\gamma) \tag{2.30}
$$

上述结果和式(2.29)相同。因为描述坐标系绕固定轴旋转的顺序如果与运动轴旋转的次序相反，旋转角度对应相等，那么根据旋转变换的相对性，所得到的变换矩阵是相同的。

例 2.5　设有两个坐标系 O' 和 O 重合，坐标系 O' 绕固定坐标系 O 做如下运动：先绕 z 轴旋转 90°，再绕 y 轴旋转 90°，然后平移(4，−3，7)，如图 2.7 所示。

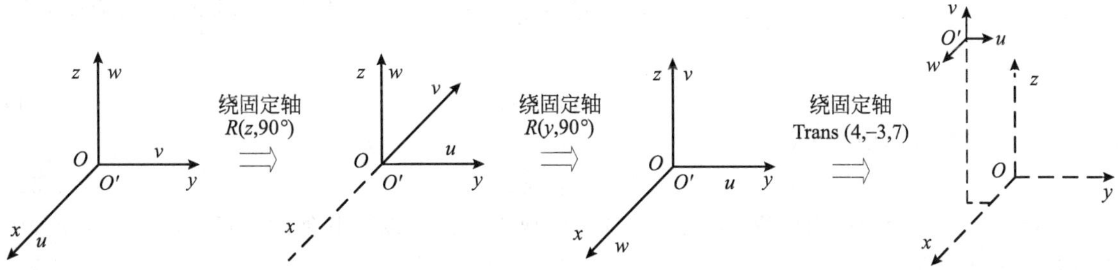

图 2.7　相对固定坐标系运动

例 2.6　设有两个坐标系 O' 和 O 重合，坐标系 O' 做如下运动：先平移(4，−3，7)，然后绕 v 轴旋转 90°，再绕 w 轴旋转 90°，如图 2.8 所示。

从图 2.7 和图 2.8 可以看出，根据齐次变换矩阵的相对性，两者的运动结果一致。

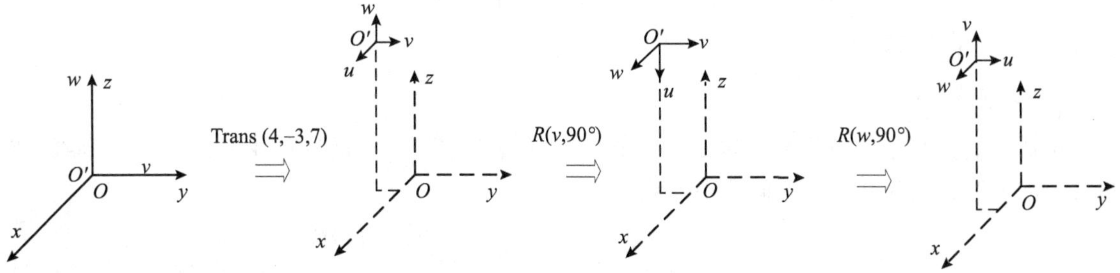

图 2.8　相对动坐标系运动

2.2.3　齐次变换矩阵的可逆性

齐次坐标变换过程是可逆的。若有 ${}_B^A\boldsymbol{T}$，则有逆变换 ${}_A^B\boldsymbol{T} = {}_B^A\boldsymbol{T}^{-1}$。从而有

$$
\begin{aligned}
\boldsymbol{I}_{4\times4} = {}_A^B\boldsymbol{T}{}_B^A\boldsymbol{T} &= \begin{bmatrix} {}_A^B\boldsymbol{R} & {}^B\boldsymbol{P}_{A_o} \\ 0 & 1 \end{bmatrix}\begin{bmatrix} {}_B^A\boldsymbol{R} & {}^A\boldsymbol{P}_{B_o} \\ 0 & 1 \end{bmatrix} \\
&= \begin{bmatrix} {}_A^B\boldsymbol{R}{}_B^A\boldsymbol{R} & {}_A^B\boldsymbol{R}{}^A\boldsymbol{P}_{B_o} + {}^B\boldsymbol{P}_{A_o} \\ 0 & 1 \end{bmatrix} = \begin{bmatrix} \boldsymbol{I}_{3\times3} & 0 \\ 0 & 1 \end{bmatrix}
\end{aligned} \tag{2.31}
$$

利用对应元素相等可以得到

$$\begin{cases} {}^{B}_{A}\boldsymbol{R}\,{}^{A}_{B}\boldsymbol{R}=\boldsymbol{I}_{3\times 3} \\ {}^{B}_{A}\boldsymbol{R}\,{}^{A}\boldsymbol{P}_{B_o}+{}^{B}\boldsymbol{P}_{A_o}=0 \end{cases}$$

又由旋转矩阵的正交性,可得矩阵的转置与矩阵的逆相等,上式可进一步表示为

$$\begin{cases} {}^{B}_{A}\boldsymbol{R}={}^{A}_{B}\boldsymbol{R}^{\mathrm{T}}={}^{A}_{B}\boldsymbol{R}^{-1} \\ {}^{B}\boldsymbol{P}_{A_o}=-{}^{A}_{B}\boldsymbol{R}^{\mathrm{T}}\,{}^{A}\boldsymbol{P}_{B_o}=-{}^{B}_{A}\boldsymbol{R}\,{}^{A}\boldsymbol{P}_{B_o} \end{cases}$$

从而可得

$$ {}^{B}_{A}\boldsymbol{T}={}^{A}_{B}\boldsymbol{T}^{-1}=\begin{bmatrix} {}^{A}_{B}\boldsymbol{R}^{\mathrm{T}} & -{}^{A}_{B}\boldsymbol{R}^{\mathrm{T}}\,{}^{A}\boldsymbol{P}_{B_o} \\ 0 & 1 \end{bmatrix}=\begin{bmatrix} {}^{B}_{A}\boldsymbol{R} & {}^{B}\boldsymbol{P}_{A_o} \\ 0 & 1 \end{bmatrix} \tag{2.32}$$

2.2.4 齐次变换矩阵的封闭性

为了描述机器人的操作,必须建立机器人本身各个连杆和机器人与周围环境之间的运动学关系,设图 2.9 为一个机器人运动空间尺寸链,${}^{B}_{T}\boldsymbol{T}$ 描述了工具坐标系$\{T\}$相对于基坐标系$\{B\}$的位姿(位置和姿态)。如图 2.9 所示,由于齐次变换矩阵的封闭性,$\{T\}$相对于$\{B\}$的描述可用两种变换矩阵的乘积表示:

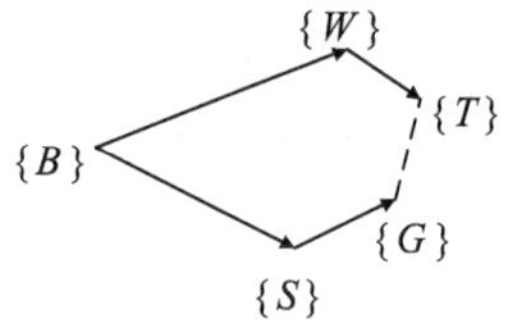

图 2.9　机器人运动空间尺寸链

$$ {}^{B}_{T}\boldsymbol{T}={}^{B}_{W}\boldsymbol{T}\,{}^{W}_{T}\boldsymbol{T} \tag{2.33}$$

$$ {}^{B}_{T}\boldsymbol{T}={}^{B}_{S}\boldsymbol{T}\,{}^{S}_{G}\boldsymbol{T}\,{}^{G}_{T}\boldsymbol{T} \tag{2.34}$$

由上面两式相等可得变换方程:

$$ {}^{B}_{W}\boldsymbol{T}\,{}^{W}_{T}\boldsymbol{T}={}^{B}_{S}\boldsymbol{T}\,{}^{S}_{G}\boldsymbol{T}\,{}^{G}_{T}\boldsymbol{T} \tag{2.35}$$

根据齐次变换矩阵的封闭性,上式中的任一变换矩阵都可以用其他的变换矩阵进行表示,例如,${}^{B}_{W}\boldsymbol{T}={}^{B}_{S}\boldsymbol{T}\,{}^{S}_{G}\boldsymbol{T}\,{}^{G}_{T}\boldsymbol{T}\,{}^{W}_{T}\boldsymbol{T}^{-1}$。

2.3 机器人连杆参数和连杆坐标系

机器人由运动副和杆件连接而成,这些杆件称为连杆,连接相邻两个连杆的运动副称为关节,多自由度关节可以看成由多个单自由度关节与长度为 0 的连杆构成。

2.3.1 关节和连杆

1. 关节轴线

机器人的关节分为平移关节和旋转关节,对于旋转关节,其转动轴的中心线为关节轴线,平移关节的关节轴线为其移动方向的中心线。

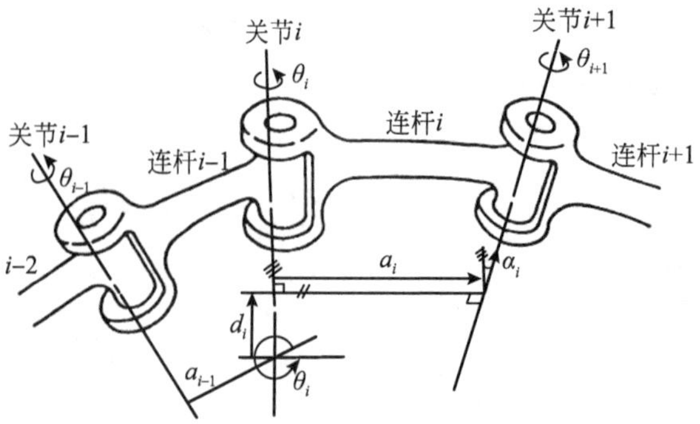

图 2.10　D-H 参数示意图

2. 连杆参数

设第 i 个关节的关节轴线为关节 i,第 i 个连杆记为连杆 i,如图 2.10 所示。其连杆参数定义如下。

(1) 连杆长度:两个关节 i 和 $i+1$ 之间的公垂线距离称为连杆长度,记为 a_i。

(2) 连杆扭转角:关节 $i+1$ 与由关节 i 与公垂线组成的平面之间的夹角称为连杆扭转角,记为 α_i。

(3) 连杆偏移量:在机器人的机构中,除

第一个和最后一个连杆外，中间相邻两个连杆的关节轴线都有一条公垂线，一个关节的相邻两个公垂线 a_i 和 a_{i-1} 之间的距离称为连杆偏移量，记为 d_i。

(4) 关节角：关节 i 的相邻两个公垂线 a_i 和 a_{i-1} 在以关节 i 为法线的平面上的投影之间的夹角称为关节角，记为 θ_i。

上面 4 个参数称为 Denavit-Hartenberg (D-H)参数，参数的取值与连杆的机械属性和连杆坐标系有关。不同关节的连杆参数取值不同。对于平移关节，除了连杆偏移量是变量外，其他 3 个参数都是常量；对于旋转关节，除了关节角是变量外，其他 3 个参数是常量。

2.3.2　连杆坐标系定义

四足机器人的机构一般只有转动关节，每个关节有 1 个自由度，因此，单腿 3 自由度的四足机器人由 3 个连杆和 3 个关节组成。如图 2.10 所示，为了确定机器人各个连杆之间的相对运动关系，首先需要建立连杆 $i-1$、连杆 i 和连杆 $i+1$ 的坐标系，设连杆 i 的坐标系为$\{i\}$。在坐标系的建立过程中，首先选定坐标系的原点，然后选择对应的 x 轴和 z 轴，最后根据右手法则确定 y 轴。

对于中间连杆，坐标系$\{i\}$的 z 轴 z_i 与关节 $i+1$ 的关节轴线重合，方向任意。

坐标系$\{i\}$的原点 O_i 取为关节 i 和关节 $i+1$ 轴线的公垂线与关节 $i+1$ 轴线的交点。关节 i 和关节 $i+1$ 的轴线相交时，O_i 点选在交点上[图 2.11(a)]；关节 i 和关节 $i+1$ 的轴线平行时，O_i 点选在关节 $i+1$ 和 $i+2$ 的公垂线与关节 $i+1$ 轴线的交点处[图 2.11(b)]。

坐标系$\{i\}$的 x 轴 x_i 与关节 i 和 $i+1$ 轴线的公垂线重合，指向为 $i \to i+1$。当关节 i 和 $i+1$ 的轴线相交时，$x_i \pm (z_{i-1} \times z_i)$；当关节 i 和 $i+1$ 的轴线平行时，坐标系的原点 O_i 确定后，x_i 被定义为过点 O_i 且与关节 i 和 $i+1$ 的公垂线重合的线，指向为 $i \to i+1$。

坐标系$\{i\}$的 y 轴 y_i 确定方法：利用右手法则，$y_i = z_i \times x_i$。

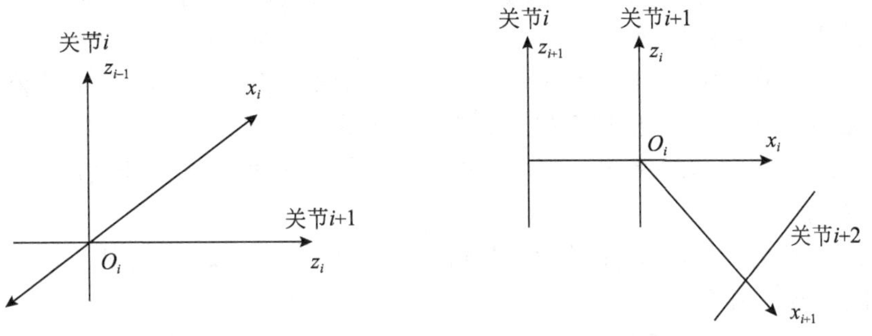

(a) 坐标系相交时　　(b) 坐标系平行时

图 2.11　中间坐标系原点选择策略

2.3.3　基于 D-H 方法的连杆坐标系和变换矩阵

连杆坐标系有多种建立方法，标准(经典)D-H 方法是将连杆的坐标系固定在该连杆的输出端(下一关节)，也即坐标系 $i-1$ 与关节 i 对齐；改进 D-H(modified denavit-hartenberg，MD-H)方法是将连杆的坐标系固定在该连杆的输入端(同一关节)，也即坐标系 $i-1$ 与关节 $i-1$ 对齐，因此它们对应的变换矩阵不同。下面分别给出这两种不同的坐标系建立方法，并给出对应的坐标变换矩阵。

1. 基于 D-H 方法的连杆变换矩阵

在 D-H 方法中，其连杆参数的定义如图 2.12 所示。

(1) 杆件长度 a_i：z_{i-1} 和 z_i 两轴线的公垂线长度，它是从 z_{i-1} 到 z_i 沿 x_i 测量的距离。

(2) 关节距离 d_i：两公垂线 a_{i-1} 和 a_i 之间的距离，它是从 x_{i-1} 到 x_i 沿 z_{i-1} 测量的距离。

(3) 关节转角 θ_i：x_{i-1} 轴与 x_i 轴之间的夹角，它是从 x_{i-1} 到 x_i 绕 z_{i-1} 旋转的角度，右旋为正。

(4) 杆件扭角 α_i：z_{i-1} 轴与 z_i 轴之间的夹角，它是从 z_{i-1} 到 z_i 绕 x_i 旋转的角度，右旋为正。

在连杆参数的定义中，杆件长度是测量的距离，因此规定大于或等于 0；杆件扭角以逆时针为正；关节距离规定与 z 轴正方向一致时为正；关节转角也以逆时针为正。最终的 D-H 坐标系和连杆 4 参数的定义如图 2.13 所示。

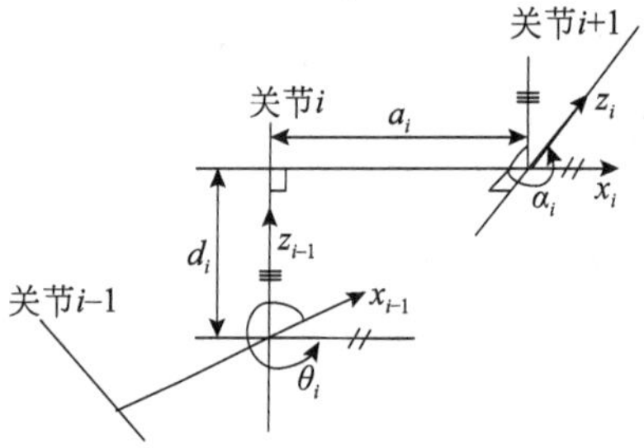

图 2.12　连杆参数定义示意图(1)

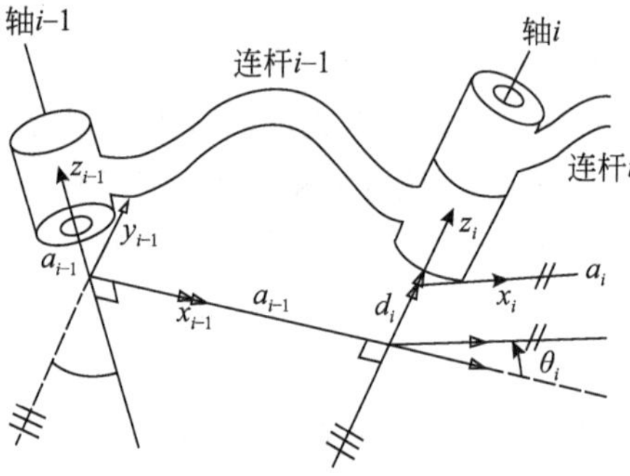

图 2.13　D-H 坐标系和连杆 4 参数示意图

通过利用 D-H 方法建立的连杆坐标系，可以得到相邻连杆之间的连杆变换矩阵。在坐标系变换中，连杆 $i-1$ 的坐标系经过两次旋转和两次平移可以变换到连杆 i 的坐标系。这 4 次变换分别如下。

第 1 次：以 z_{i-1} 轴为转轴，旋转 θ_i 角度，使新的 x_{i-1} 轴（x'_{i-1}）与 x_i 轴同向。变换后的连杆 $i-1$ 的坐标系如图 2.14(a)所示。

第 2 次：沿 z_{i-1} 轴平移 d_i，使新的 O_{i-1}（O'_{i-1}）移动到关节轴线 i 与 $i+1$ 的公垂线与关节 i 的交点。变换后的连杆 $i-1$ 的坐标系如图 2.14(b)所示。

第 3 次：沿 x'_{i-1} 轴（x_i 轴）平移 a_i，使新的 O_{i-1}（O'_{i-1}）移动到 O_i。变换后的连杆 $i-1$ 的坐标系如图 2.14(c)所示。

第 4 次：以 x_i 轴为转轴，旋转 α_i 角度，使新的 z_{i-1} 轴（z'_{i-1}）与 z_i 轴同向。变换后的连杆 $i-1$ 的坐标系如图 2.14(d)所示。

至此，坐标系 $\{O_{i-1}\}$ 与坐标系 $\{O_i\}$ 已经完全重合。这种关系可以用连杆 $i-1$ 到连杆 i 的 4 次齐次变换来描述。这 4 次齐次变换构成的总变换矩阵如式(2.36)所示。

$$
\begin{aligned}
\boldsymbol{T}_i &= \mathrm{Rot}(z,\theta_i)\mathrm{Trans}(0,0,d_i)\mathrm{Trans}(a_i,0,0)\mathrm{Rot}(x_i,\alpha_i) \\
&= \begin{bmatrix} \cos\theta_i & -\sin\theta_i & 0 & 0 \\ \sin\theta_i & \cos\theta_i & 0 & 0 \\ 0 & 0 & 1 & 0 \\ 0 & 0 & 0 & 1 \end{bmatrix}
\begin{bmatrix} 1 & 0 & 0 & 0 \\ 0 & 1 & 0 & 0 \\ 0 & 0 & 1 & d_i \\ 0 & 0 & 0 & 1 \end{bmatrix}
\begin{bmatrix} 1 & 0 & 0 & a_i \\ 0 & 1 & 0 & 0 \\ 0 & 0 & 1 & 0 \\ 0 & 0 & 0 & 1 \end{bmatrix}
\begin{bmatrix} 1 & 0 & 0 & 0 \\ 0 & \cos\alpha_i & -\sin\alpha_i & 0 \\ 0 & \sin\alpha_i & \cos\alpha_i & 0 \\ 0 & 0 & 0 & 1 \end{bmatrix} \\
&= \begin{bmatrix} \cos\theta_i & -\sin\theta_i\cos\alpha_i & \sin\theta_i\sin\alpha_i & a_i\cos\theta_i \\ \sin\theta_i & \cos\theta_i\cos\alpha_i & -\cos\theta_i\sin\alpha_i & a_i\sin\theta_i \\ 0 & \sin\alpha_i & \cos\alpha_i & d_i \\ 0 & 0 & 0 & 1 \end{bmatrix}
\end{aligned}
\tag{2.36}
$$

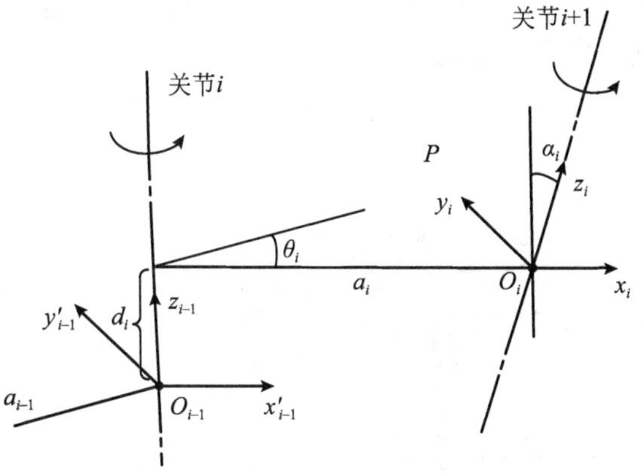

(a) 第1次变换

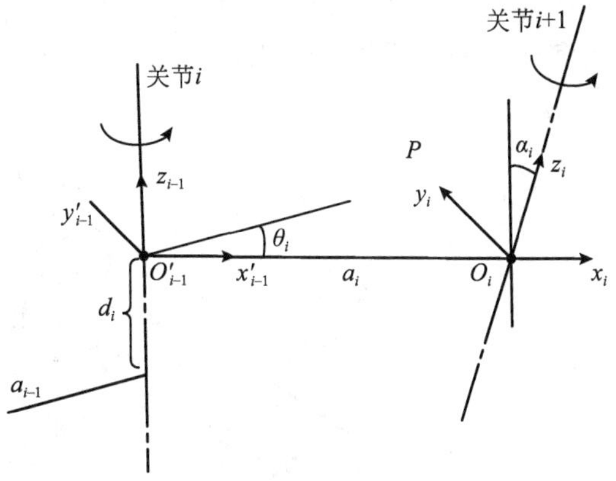

(b) 第2次变换

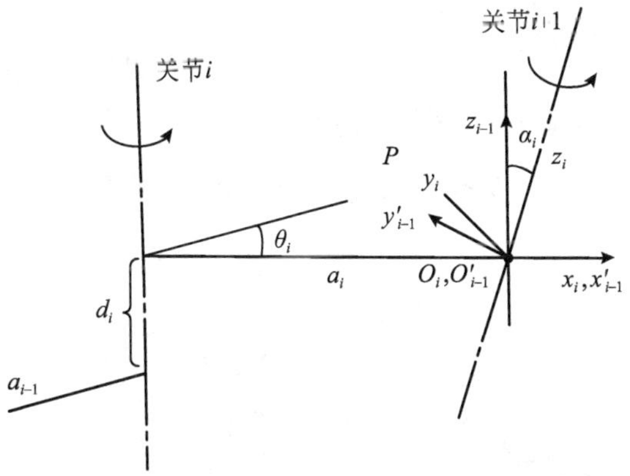

(c) 第3次变换

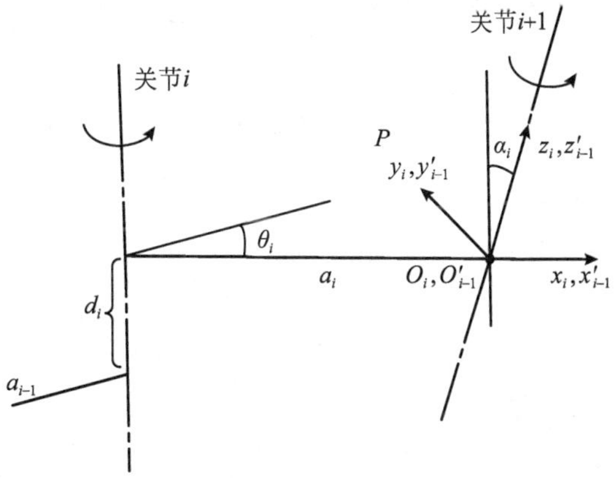

(d) 第4次变换

图 2.14　基于 D-H 方法的连杆坐标变换示意图

2. 基于改进 D-H 方法(MD-H)的连杆变换矩阵

改进的连杆坐标系连杆的参数定义如图 2.15 所示，具体定义如下。

(1) 连杆长度 a_{i-1}：z_{i-1} 和 z_i 两轴线的公垂线长度，它是从 z_{i-1} 到 z_i 沿 x_{i-1} 测量的距离。

(2) 连杆距离 d_i：两公垂线 a_{i-1} 和 a_i 之间的距离，它是从 x_{i-1} 到 x_i 沿 z_i 测量的距离。

(3) 连杆夹角(关节角)θ_i：x_{i-1} 轴与 x_i 轴之间的夹角，它是从 x_{i-1} 到 x_i 绕 z_i 旋转的角度，右旋为正。

(4) 扭转角 α_{i-1}：z_{i-1} 轴与 z_i 轴之间的夹角，它是从 z_{i-1} 到 z_i 绕 x_{i-1} 旋转的角度，右旋为正。

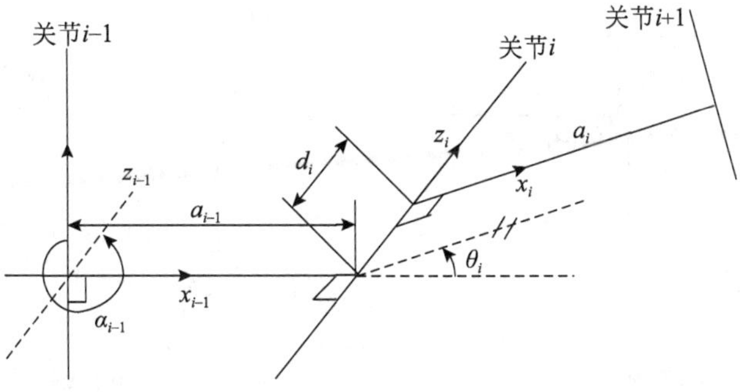

图 2.15　连杆参数定义示意图(2)

同样地，对于基于改进 D-H 方法建立的连杆坐标系(图 2.16)，连杆 $i-1$ 的坐标系经过两次旋转和两次平移可以变换到连杆 i 的坐标系。这 4 次变换分别如下。

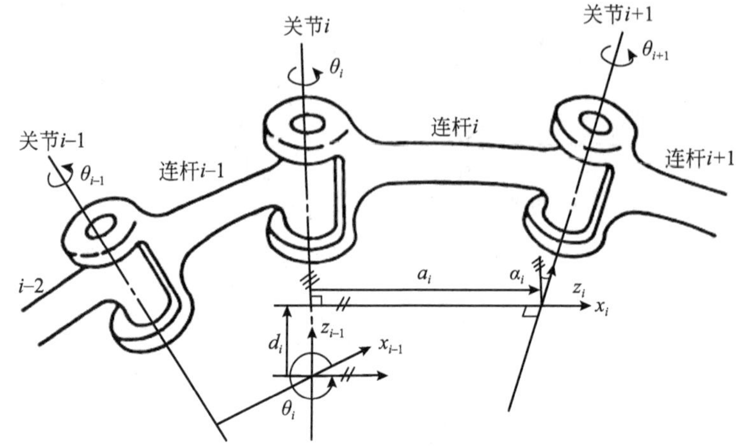

图 2.16　基于改进 D-H 方法建立的连杆坐标系示意图

第 1 次：沿 x_{i-1} 轴平移 a_{i-1}，将 O_{i-1} 移动到 O'_{i-1}。变换后的连杆 $i-1$ 的坐标系如下，如图 2.17(a)所示。

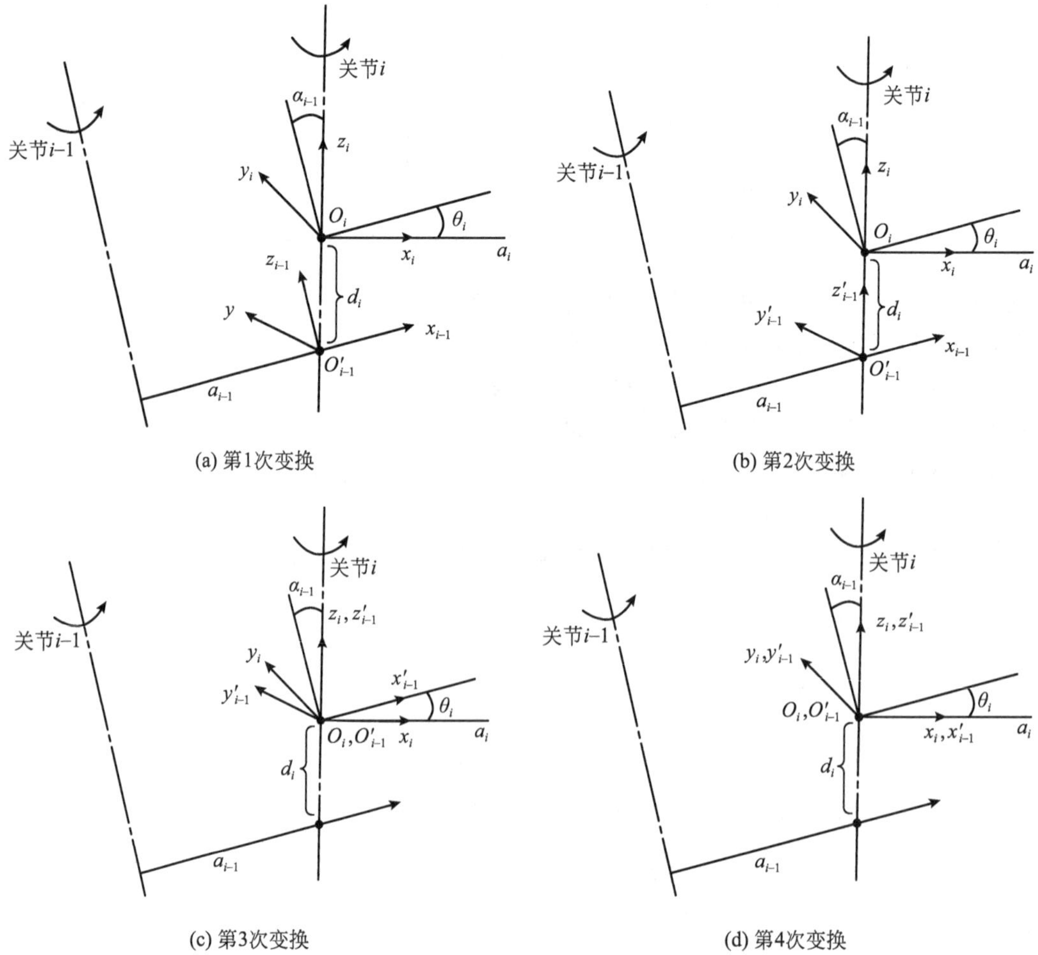

(a) 第1次变换　(b) 第2次变换　(c) 第3次变换　(d) 第4次变换

图 2.17　基于改进 D-H 方法的连杆坐标变换示意图

第 2 次：以 x_{i-1} 轴为转轴，旋转 α_{i-1} 角度，使新的 z_{i-1} 轴（z'_{i-1}）与 z_i 轴同向。变换后的连杆 $i-1$ 的坐标系如图 2.17(b)所示。

第 3 次：沿 z_i 轴平移 d_i，使新的 O'_{i-1} 移动到 O_i。变换后的连杆 $i-1$ 的坐标系如图 2.17(c)所示。

第 4 次：以 z_i 轴为转轴，旋转 θ_i 角度，使新的 x_{i-1} 轴（x'_{i-1}）与 x_i 轴同向。变换后的连杆 $i-1$ 的坐标系如图 2.17(d)所示。

同样地，基于上述这 4 次齐次变换，可以得到由改进 D-H 方法构成的总变换矩阵如式(2.37)所示。

$$
\begin{aligned}
\boldsymbol{T}_i &= \mathrm{Trans}(a_{i-1},0,0)\mathrm{Rot}(x_{i-1},\alpha_{i-1})\mathrm{Trans}(0,0,d_i)\mathrm{Rot}(z_i,\theta_i) \\
&= \begin{bmatrix} 1 & 0 & 0 & a_{i-1} \\ 0 & 1 & 0 & 0 \\ 0 & 0 & 1 & 0 \\ 0 & 0 & 0 & 1 \end{bmatrix}
\begin{bmatrix} 1 & 0 & 0 & 0 \\ 0 & \cos\alpha_{i-1} & -\sin\alpha_{i-1} & 0 \\ 0 & \sin\alpha_{i-1} & \cos\alpha_{i-1} & 0 \\ 0 & 0 & 0 & 1 \end{bmatrix}
\begin{bmatrix} 1 & 0 & 0 & 0 \\ 0 & 1 & 0 & 0 \\ 0 & 0 & 1 & d_i \\ 0 & 0 & 0 & 1 \end{bmatrix}
\begin{bmatrix} \cos\theta_i & -\sin\theta_i & 0 & 0 \\ \sin\theta_i & \cos\theta_i & 0 & 0 \\ 0 & 0 & 1 & 0 \\ 0 & 0 & 0 & 1 \end{bmatrix} \\
&= \begin{bmatrix} \cos\theta_i & -\sin\theta_i & 0 & a_{i-1} \\ \sin\theta_i\cos\alpha_{i-1} & \cos\theta_i\cos\alpha_{i-1} & -\sin\alpha_{i-1} & -d_i\sin\alpha_{i-1} \\ \sin\theta_i\sin\alpha_{i-1} & \cos\theta_i\sin\alpha_{i-1} & \cos\alpha_{i-1} & d_i\cos\alpha_{i-1} \\ 0 & 0 & 0 & 1 \end{bmatrix}
\end{aligned} \tag{2.37}
$$

3. 标准 D-H 方法和改进 D-H 方法的区别

在机器人的运动学建模过程中，最常见的运动学建模方法是 D-H 方法。然而由于该方法使用传动轴坐标系，并不适用于分支结构的建模。改进的 D-H 方法将传动轴坐标系改为驱动轴坐标系，消除了 D-H 方法应用于分支结构时的定义混乱问题。两者的主要区别如表 2.1 所示。在机器人的推导过程中，一般采用 MD-H 方法。

表 2.1　标准 D-H 和 MD-H 方法的区别

区　别	标准 D-H 方法	改进 D-H 方法
连杆坐标系的定义不同	坐标系 $i-1$ 与关节 i 对齐	坐标系 $i-1$ 与关节 $i-1$ 对齐
连杆坐标系的变换规则不一样	相邻关节坐标系之间的变化顺序为 θ_i、d_i、a_i、α_i	相邻关节坐标系之间的变化顺序为 a_{i-1}、α_{i-1}、d_i、θ_i

2.4　基于 D-H 坐标系的四足机器人运动学建模

2.4.1　四足机器人运动学分析

1. D-H 坐标系说明

如图 2.18 所示，把四足机器人的腿视为一系列由关节连接起来的连杆。为四足机器人的每一连杆建立一个坐标系，并用齐次变换来描述这些坐标系间的相对位置和姿态。通常，$\{i\}$系的坐标原点在关节 i 和关节 $i+1$ 轴线的公法线和关节 i 轴线的交点上，z_i 与关节 i 的轴线重合，x_i 和上面的公法线重合，方向由关节 i 指向 $i+1$，y_i 用右手定则确定。

图 2.18　四足机器人结构示意图

2. 约定

令 4 条腿的髋关节坐标点与 O_0 共 z 平面，这样就不存

在 z 方向平移。

3. 躯干固连坐标系(机体坐标系)

规定躯干固连坐标系$\{O_b\}$位于躯干自身的几何中心，定义 y_b 的正方向为机体前进方向，z_b 的正方向与重力方向相反，z_b 垂直躯干横面向上，x_b 按照 D-H 要求，经 O_b 自 z_b 指向 z_0。

4. 腿部坐标系设定

{0}系为全局坐标系，{1}系为髋部关节固连于机体的坐标系，以下关节坐标系分别为{2}和{3}系及末端足端{4}系。

{0}系位于右前腿和右后腿坐标系连线中点，z_0 同向平行于 z_b，x_0 垂直于躯干右立面，方向由右立面指向左立面。

{1}系的原点 O_1 在机体坐标{0}系中的位置为(a,b,c)，其中 $a=-w$，$b=0$，$c=0$。{1}系的 z_1 与 1 关节的轴线重合，x_1 和 z_1 与 z_2 公法线重合，方向由关节 1 指向关节 2，y_1 用右手定则确定。{2}系的原点 O_2 在关节 1 和关节 2 轴线的公法线和关节 2 轴线的交点上，z_2 与关节 2 的轴线重合。x_2 和 z_3 与 z_2 的公法线重合，方向由关节 2 指向关节 3，y_2 用右手定则确定。

{3}系的原点 O_3 在关节 2 和关节 3 轴线的公法线和关节 3 轴线的交点上，z_3 与关节 3 的轴线重合，与 z_2 平行同向，{4}系虚拟 z 轴平行于 z_3，x_3 由关节 3 指向足端末端{4}系，令 x_4 与 x_3 一致。

2.4.2 右前腿的运动学分析

下面介绍右前腿(RF)的运动学公式推导过程，图 2.19 为四足机器人 RF 结构示意图。

1. 正运动学分析

建立躯干固连坐标系(x_b,y_b,z_b)，其原点 O_b 为机体质心的初始位置，根据 D-H 方法的齐次变换矩阵公式：列出 D-H 参数，其中 w，h 都是正值，右前腿 b 为正，右后腿 b 为负，两个 b 的绝对值不一定相等。

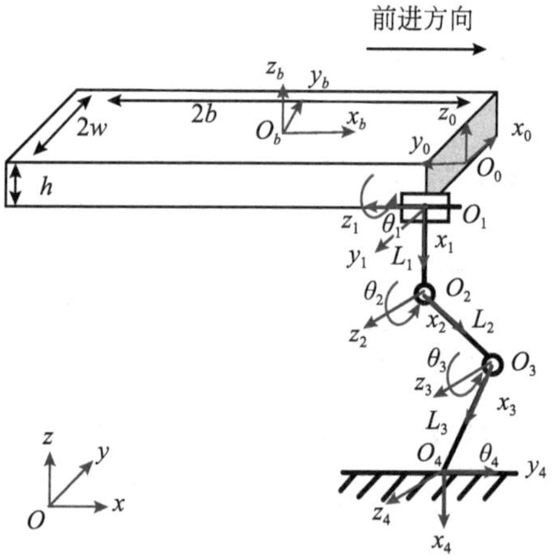

图 2.19　四足机器人 RF 结构示意图

连杆坐标系的参数如下：杆件长度 a_{i-1}＝从 z_{i-1} 到 z_i 沿 x_{i-1} 测量的距离，a_{i-1} 代表连杆 $i-1$ 的长度，因此规定 $a_{i-1}\geqslant 0$；杆件扭角 α_{i-1}＝从 z_{i-1} 到 z_i 绕 x_{i-1} 旋转的角度，以逆时针为正；关节距离d_i＝从 x_{i-1} 到 x_i 沿 z_i 测量的距离，规定与 z_i 轴正方向一致时，d_i 为正；关节转角 θ_i＝从 x_{i-1} 到 x_i 绕 z_i 旋转的角度，也以逆时针为正。

机器人右前腿的 D-H 参数表如表 2.2 所示。

表 2.2　机器人右前腿的 D-H 参数表

编号 i	杆件长度 a_i	杆件扭角 α_i	关节距离 d_i	关节转角 θ_i
0	b	0°	$-h$	90°
1	$-w$	−90°	0	θ_1
2	L_1	−90°	0	θ_2
3	L_2	0°	0	θ_3
4	L_3	0°	0	0°

其中，第 0 行和第 1 行杆件长度为坐标变换值，允许取负值。

根据 D-H 方法得到的齐次变换矩阵公式，有

$$
{}^{i-1}_{i}\boldsymbol{T}=\begin{bmatrix} c_i & -s_i & 0 & a_i \\ c\alpha_i s_i & c\alpha_i c_i & -s\alpha_i & -d_i s\alpha_i \\ s\alpha_i s_i & s\alpha_i c_i & c\alpha_i & d_i c\alpha_i \\ 0 & 0 & 0 & 1 \end{bmatrix}
$$
[①]

在上式中分别代入右前腿的 D-H 参数

$$
{}^{b}_{0}T=\begin{bmatrix} 0 & -1 & 0 & b \\ 1 & 0 & 0 & 0 \\ 0 & 0 & 1 & -h \\ 0 & 0 & 0 & 1 \end{bmatrix}
$$

$$
{}^{0}_{1}\boldsymbol{T}=\begin{bmatrix} c_1 & -s_1 & 0 & -w \\ 0 & 0 & 1 & 0 \\ -s_1 & -c_1 & 0 & 0 \\ 0 & 0 & 0 & 1 \end{bmatrix} \qquad {}^{1}_{2}\boldsymbol{T}=\begin{bmatrix} c_2 & -s_2 & 0 & L_1 \\ 0 & 0 & 1 & 0 \\ -s_2 & -c_2 & 0 & 0 \\ 0 & 0 & 0 & 1 \end{bmatrix}
$$

$$
{}^{2}_{3}\boldsymbol{T}=\begin{bmatrix} c_3 & -s_3 & 0 & L_2 \\ s_3 & c_3 & 0 & 0 \\ 0 & 0 & 1 & 0 \\ 0 & 0 & 0 & 1 \end{bmatrix} \qquad {}^{3}_{4}\boldsymbol{T}=\begin{bmatrix} 1 & 0 & 0 & L_3 \\ 0 & 1 & 0 & 0 \\ 0 & 0 & 1 & 0 \\ 0 & 0 & 0 & 1 \end{bmatrix}
$$

相对于躯干固连坐标系的右前腿足端末端位姿矩阵为

$$
{}^{b}_{4}\boldsymbol{T}={}^{b}_{0}\boldsymbol{T}{}^{0}_{1}\boldsymbol{T}{}^{1}_{2}\boldsymbol{T}{}^{2}_{3}\boldsymbol{T}{}^{3}_{4}\boldsymbol{T}=
$$

$$
\begin{bmatrix} s_2c_3+c_2s_3 & c_2c_3-s_2s_3 & 0 & b+L_2s_2+L_3(c_2s_3+s_2c_3) \\ c_1c_2c_3-c_1s_2s_3 & -c_1c_2s_3-c_1s_2c_3 & -s_1 & -w+[L_1c_1+L_2c_1c_2+L_3(c_1c_2c_3-c_1s_2s_3)] \\ s_1s_2s_3-s_1c_2c_3 & s_1c_2s_3+s_1s_2c_3 & -c_1 & -L_1s_1-L_2s_1c_2+L_3(s_1s_2s_3-s_1c_2c_3)-h \\ 0 & 0 & 0 & 1 \end{bmatrix}
$$

从而有

$$
{}^{b}_{4}\boldsymbol{T}=\begin{bmatrix} n_x & o_x & a_x & p_x \\ n_y & o_y & a_y & p_y \\ n_z & o_x & a_z & p_z \\ 0 & 0 & 0 & 1 \end{bmatrix}=\begin{bmatrix} & & & p_x \\ & \boldsymbol{R} & & p_y \\ & & & p_z \\ 0 & 0 & 0 & 1 \end{bmatrix}
$$

得到

$$
\boldsymbol{R}=\begin{bmatrix} s_2c_3+c_2s_3 & c_2c_3-s_2s_3 & 0 \\ c_1c_2c_3-c_1s_2s_3 & -c_1c_2s_3-c_1s_2c_3 & -s_1 \\ -s_1c_2c_3+s_1s_2s_3 & s_1c_2s_3+s_1s_2c_3 & -c_1 \end{bmatrix}
$$

$$
\boldsymbol{P}=\begin{bmatrix} p_x \\ p_y \\ p_z \end{bmatrix}=\begin{bmatrix} b+L_2s_2+L_3(c_2s_3+s_2c_3) \\ -w+[L_1c_1+L_2c_1c_2+L_3(c_1c_2c_3-c_1s_2s_3)] \\ -L_1s_1-L_2s_1c_2+L_3(s_1s_2s_3-s_1c_2c_3)-h \end{bmatrix}
$$

把 θ_1 改成实际机器人系统使用的角度，定义新的 θ_1'，为机器人使用的角度值，则有

$$
\theta_1=\theta_1'+90°
$$

$$
\boldsymbol{P}=\begin{bmatrix} p_x \\ p_y \\ p_z \end{bmatrix}=\begin{bmatrix} b+L_2s_2+L_3(c_2s_3+s_2c_3) \\ -w-[L_1s_1+L_2s_1c_2+L_3(s_1c_2c_3-s_1s_2s_3)] \\ -L_1c_1-L_2c_1c_2+L_3(c_1s_2s_3-c_1c_2c_3)-h \end{bmatrix} \tag{2.38}
$$

① 式中，$c_i=\cos\theta_i$，$s_i=\sin\theta_i$。本书中其他位置的此类变量在此处意义相同。

将足端的坐标 $\boldsymbol{P}$ 化简，可以得到

$$\boldsymbol{P}=\begin{bmatrix}p_x\\p_y\\p_z\end{bmatrix}=\begin{bmatrix}b+L_2s_2+L_3S_{23}\\-w-(L_1s_1+L_2s_1c_2+L_3s_1c_{23})\\-L_1c_1-L_2c_1c_2-L_3c_1c_{23}-h\end{bmatrix}^{①}$$

雅可比(Jacobian)矩阵的推导过程如下。

对式(2.38)进行时间微分，得到

$$\dot{p}_x=L_2c_2\dot{\theta}_2+L_3c_{23}(\dot{\theta}_2+\dot{\theta}_3) \tag{2.39}$$

$$\dot{p}_y=-L_1c_1\dot{\theta}_1-L_2c_1c_2\dot{\theta}_1+L_2s_1s_2\dot{\theta}_2-L_3c_1c_{23}\dot{\theta}_1+L_3s_1s_{23}(\dot{\theta}_2+\dot{\theta}_3)$$

$$\dot{p}_z=L_1s_1\dot{\theta}_1+L_2s_1c_2\dot{\theta}_1+L_2c_1s_2\dot{\theta}_2+L_3s_1c_{23}\dot{\theta}_1+L_3c_1s_{23}(\dot{\theta}_2+\dot{\theta}_3)$$

将式(2.39)整理成矩阵形式，得到

$$\begin{bmatrix}v_x\\v_y\\v_z\end{bmatrix}=\begin{bmatrix}\dot{p}_x\\\dot{p}_y\\\dot{p}_z\end{bmatrix}=\begin{bmatrix}0 & L_2c_2+L_3c_{23} & L_3c_{23}\\-L_1c_1-L_2c_1c_2+L_3c_1c_{23} & L_2s_1s_2+L_3s_1s_{23} & L_3s_1s_{23}\\L_1s_1+L_2s_1c_2+L_3s_1s_{23} & L_2c_1s_2+L_3c_1s_{23} & L_3c_1s_{23}\end{bmatrix}\begin{bmatrix}\dot{\theta}_1\\\dot{\theta}_2\\\dot{\theta}_3\end{bmatrix}$$

其中

$$\boldsymbol{J}(\theta)=\begin{bmatrix}0 & L_2c_2+L_3c_{23} & L_3c_{23}\\-L_1c_1-L_2c_1c_2+L_3c_1c_{23} & L_2s_1s_2+L_3s_1s_{23} & L_3s_1s_{23}\\L_1s_1+L_2s_1c_2+L_3s_1c_{23} & L_2c_1s_2+L_3c_1s_{23} & L_3c_1s_{23}\end{bmatrix} \tag{2.40}$$

为雅可比矩阵。从而角速度 $\dot{\theta}_1$、$\dot{\theta}_2$、$\dot{\theta}_3$ 可以利用下式计算：

$$\begin{bmatrix}\dot{\theta}_1\\\dot{\theta}_2\\\dot{\theta}_3\end{bmatrix}=\begin{bmatrix}0 & L_2c_2+L_3c_{23} & L_3c_{23}\\-L_1c_1-L_2c_1c_2+L_3c_1c_{23} & L_2s_1s_2+L_3s_1s_{23} & L_3s_1s_{23}\\L_1s_1+L_2s_1c_2+L_3s_1c_{23} & L_2c_1s_2+L_3c_1s_{23} & L_3c_1s_{23}\end{bmatrix}^{-1}\begin{bmatrix}v_x\\v_y\\v_z\end{bmatrix}$$

当机器人足端运动的速度和腿相位角已知时，就可以利用上式计算各个关节的角速度。

2. 逆运动学分析

讨论正运动学问题可以对已完成运动学设计的机器人逐个地判断是否满足运动要求，为逆运动学问题讨论做准备。讨论逆运动学问题可以验证机器人能否使其足端达到需要的位姿，另外在机器人实行位姿控制和轨迹规划时，即在已知足端要达到的空间位姿的情况下，求出关节变量以驱动各个关节的马达，使足端的位姿得到满足。因此，机器人逆运动学分析是机器人运动控制系统所必备的知识。

由 ${}^b_4\boldsymbol{T}={}^b_0\boldsymbol{T}{}^0_1\boldsymbol{T}{}^1_2\boldsymbol{T}{}^2_3\boldsymbol{T}{}^3_4T$，可得

$${}^1_2\boldsymbol{T}^{-1}\,{}^0_1\boldsymbol{T}^{-1}\,{}^b_0\boldsymbol{T}^{-1}\,{}^b_4\boldsymbol{T}={}^2_3\boldsymbol{T}{}^3_4\boldsymbol{T}=\begin{bmatrix}c_3 & -s_3 & 0 & L_2+L_3c_3\\s_3 & c_3 & 0 & L_3s_3\\0 & 0 & 1 & 0\\0 & 0 & 0 & 1\end{bmatrix}$$

变换矩阵

$$\boldsymbol{T}=\begin{bmatrix}\boldsymbol{Q} & \boldsymbol{R}\\0^{\mathrm{T}} & 1\end{bmatrix}$$

其逆矩阵

① 式中，$c_{ij}=\cos(\theta_i+\theta j)$，$s_{ij}=\sin(\theta_i+\theta_j)$。

$$\boldsymbol{T}^{-1}=\begin{bmatrix}\boldsymbol{Q}^{\mathrm{T}} & -\boldsymbol{Q}^{\mathrm{T}}\boldsymbol{R}\\ 0^{\mathrm{T}} & 1\end{bmatrix}$$

得到

$$ {}_0^b\boldsymbol{T}=\begin{bmatrix}0 & -1 & 0 & b\\ 1 & 0 & 0 & 0\\ 0 & 0 & 1 & -h\\ 0 & 0 & 0 & 1\end{bmatrix}\qquad {}_0^b\boldsymbol{T}^{-1}=\begin{bmatrix}0 & 1 & 0 & 1\\ -1 & 0 & 0 & b\\ 0 & 0 & 1 & h\\ 0 & 0 & 0 & 1\end{bmatrix}$$

$$ {}_1^0\boldsymbol{T}=\begin{bmatrix}c_1 & -s_1 & 0 & -w\\ 0 & 0 & 1 & 0\\ -s_1 & -c_1 & 0 & 0\\ 0 & 0 & 0 & 1\end{bmatrix}\qquad {}_1^0\boldsymbol{T}^{-1}=\begin{bmatrix}c_1 & 0 & -s_1 & wc_1\\ -s_1 & 0 & -c_1 & ws_1\\ 0 & 1 & 0 & 0\\ 0 & 0 & 0 & 1\end{bmatrix}$$

$$ {}_2^1\boldsymbol{T}=\begin{bmatrix}c_2 & -s_2 & 0 & L_1\\ 0 & 0 & 1 & 0\\ -s_2 & -c_2 & 0 & 0\\ 0 & 0 & 0 & 1\end{bmatrix}\qquad {}_2^1\boldsymbol{T}^{-1}=\begin{bmatrix}c_2 & 0 & -s_2 & -L_1c_2\\ -s_2 & 0 & -c_2 & L_1s_2\\ 0 & 1 & 0 & 0\\ 0 & 0 & 0 & 1\end{bmatrix}$$

从而

$$ {}_2^1\boldsymbol{T}^{-1}\,{}_1^0\boldsymbol{T}^{-1}\,{}_0^b\boldsymbol{T}^{-1}=\begin{bmatrix}s_2 & c_1c_2 & -s_1c_2 & wc_1c_2-hs_1c_2-bs_2-L_1c_2\\ c_2 & -c_1s_2 & s_1s_2 & -wc_1s_2+hs_1s_2-bc_2+L_1s_2\\ 0 & -s_1 & -c_1 & -ws_1-hc_1\\ 0 & 0 & 0 & 1\end{bmatrix}$$

得到

$$\begin{bmatrix}s_2 & c_1c_2 & -s_1c_2 & wc_1c_2-hs_1c_2-bs_2-L_1c_2\\ c_2 & -c_1s_2 & s_1s_2 & -wc_1s_2+hs_1s_2-bc_2+L_1s_2\\ 0 & -s_1 & -c_1 & -ws_1-hc_1\\ 0 & 0 & 0 & 1\end{bmatrix}\begin{bmatrix} & & & p_x\\ & \boldsymbol{R} & & p_y\\ & & & p_z\\ 0 & 0 & 0 & 1\end{bmatrix}=\begin{bmatrix}c_3 & -s_3 & 0 & L_2+L_3c_3\\ s_3 & c_3 & 0 & L_3s_3\\ 0 & 0 & 1 & 0\\ 0 & 0 & 0 & 1\end{bmatrix}$$

由等式两端的矩阵第 4 列，可以得到

$$s_2p_x+c_1c_2p_y-s_1c_2p_z+wc_1c_2-hs_1c_2-bs_2-L_1c_2=L_2+L_3c_3 \tag{2.41}$$

$$c_2p_x-c_1s_2p_y+s_1s_2p_z-wc_1s_2+hs_1s_2-bc_2+L_1s_2=L_3s_3 \tag{2.42}$$

$$-s_1p_y-c_1p_z-ws_1-hc_1=0 \tag{2.43}$$

把 θ_1 改成实际机器人系统使用的角度，定义新的 θ_1'，为机器人使用的角度值，则有

$$\theta_1=\theta_1'+90^\circ$$

由式(2.43)得

$$-c_1p_y+s_1p_z-wc_1+hs_1=0 \tag{2.44}$$

$$\theta_1=\arctan\left(\frac{w+p_y}{p_z+h}\right)\qquad \theta_1\in\left(-\frac{\pi}{2},\frac{\pi}{2}\right)$$

代入式(2.41)和式(2.42)，并令

$$D=c_1p_y-s_1p_z+wc_1-hs_1-L_1\quad(c_2\text{ 的系数})$$

$$E=p_x-b\quad(s_2\text{ 的系数})$$

所以

$$Dc_2+Es_2=L_2+L_3c_3 \tag{2.45}$$

$$Ec_2-Ds_2=L_3s_3 \tag{2.46}$$

两式平方相加

$$D^2+E^2=L_2^2+L_3^2+2L_2L_3c_3$$

求出

$$\theta_3=\arccos\left(\frac{D^2+E^2-L_2^2-L_3^2}{2L_2L_3}\right) \qquad \theta_3\in\left(-\frac{\pi}{2},\frac{\pi}{2}\right)$$

令 $K=L_2+L_3c_3$，则由式(2.45)得

$$Dc_2+Es_2=K$$

等式两端平方可得

$$D^2c_2^2+E^2s_2^2+2DEc_2s_2=K^2$$

也可写成

$$D^2c_2^2+D^2s_2^2+E^2s_2^2+E^2c_2^2+2DEc_2s_2-D^2s_2^2-E^2c_2^2=K^2$$

$$D^2+E^2+2DEc_2s_2-D^2s_2^2-E^2c_2^2=K^2$$

$$D^2s_2^2-2DEc_2s_2+E^2c_2^2=D^2+E^2-K^2$$

从而可以推出

$$Ec_2-Ds_2=\sqrt{D^2+E^2-K^2} \quad \text{（保证取值为正）}$$

把该式与式(2.45)相除，可得

$$\frac{Ec_2-Ds_2}{Dc_2+Es_2}=\frac{\sqrt{D^2+E^2-K^2}}{K} \tag{2.47}$$

上式也可写成

$$\frac{E-D\tan_2}{D+E\tan_2}=\frac{\sqrt{D^2+E^2-K^2}}{K}$$ ①

化简上式，得到

$$\tan_2=\frac{E-D\dfrac{\sqrt{D^2+E^2-K^2}}{K}}{D+E\dfrac{\sqrt{D^2+E^2-K^2}}{K}}$$

$$\theta_2=\arctan\frac{E-D\dfrac{\sqrt{D^2+E^2-K^2}}{K}}{D+E\dfrac{\sqrt{D^2+E^2-K^2}}{K}} \qquad \theta_2\in(-\pi,\pi)$$

从而 θ_1、θ_2、θ_3 的角度表示公式为

$$\theta_1=\text{acrtan}\left(\frac{w+p_y}{p_z+h}\right) \qquad \theta_1\in\left(-\frac{\pi}{2},\frac{\pi}{2}\right)$$

$$\theta_2=\arctan\frac{E-D\dfrac{\sqrt{D^2+E^2-K^2}}{K}}{D+E\dfrac{\sqrt{D^2+E^2-K^2}}{K}} \qquad \theta_2\in(-\pi,\pi)\ (s_3\ \text{为正值时})$$

$$\theta_2=\arctan\frac{E+D\dfrac{\sqrt{D^2+E^2-K^2}}{K}}{D-E\dfrac{\sqrt{D^2+E^2-K^2}}{K}} \qquad (s_3\ \text{为负值时})$$

① 式中，$\tan_i=\tan\theta_i$。

$$\theta_3=\arccos\left(\frac{D^2+E^2-L_2^2-L_3^2}{2L_2L_3}\right)\qquad \theta_3\in\left(-\frac{\pi}{2},\frac{\pi}{2}\right)$$

$$D=-s_1p_y-c_1p_z-ws_1-hc_1-L_1$$

$$E=p_x-b$$

$$L_2+L_3c_3=K$$

2.4.3 右后腿的运动学分析

下面介绍右后腿(RH)推导过程,四足机器人 RH 结构示意图如图 2.20 所示。

RH 的运动学分析过程与 RF 基本一致,只有其足端末端的坐标不同,为使推导过程清晰、完整,下文仍给出整个过程。

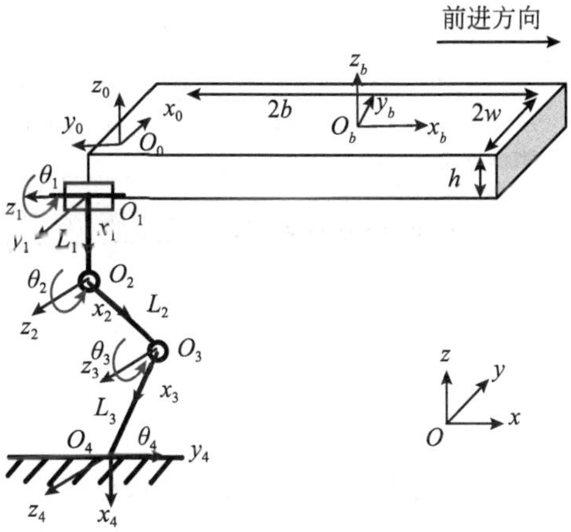

图 2.20　四足机器人 RH 结构示意图

1. 正运动学分析

上文已给出了机器人 RF 的 D-H 参数表,如表 2.2 所示。右后腿 D-H 参数中,除了{0}坐标系杆件长度与 RF 相反(取值为$-b$),其他参数相同。

根据 D-H 方法得到的齐次变换矩阵公式,有

$$ {}^{i-1}_{i}\boldsymbol{T}=\begin{bmatrix} c_i & -s_i & 0 & a_i \\ c\alpha_i s_i & c\alpha_i c_i & -s\alpha_i & -d_i s\alpha_i \\ s\alpha_i s_i & s\alpha_i c_i & c\alpha_i & d_i c\alpha_i \\ 0 & 0 & 0 & 1 \end{bmatrix}$$

在上式中分别代入右后腿的 D-H 参数

$$ {}^{b}_{0}\boldsymbol{T}=\begin{bmatrix} 0 & -1 & 0 & -b \\ 1 & 0 & 0 & 0 \\ 0 & 0 & 1 & -h \\ 0 & 0 & 0 & 1 \end{bmatrix}$$

$$ {}^{0}_{1}\boldsymbol{T}=\begin{bmatrix} c_1 & -s_1 & 0 & -w \\ 0 & 0 & 1 & 0 \\ -s_1 & -c_1 & 0 & 0 \\ 0 & 0 & 0 & 1 \end{bmatrix}\qquad {}^{1}_{2}\boldsymbol{T}=\begin{bmatrix} c_2 & -s_2 & 0 & L_1 \\ 0 & 0 & 1 & 0 \\ -s_2 & -c_2 & 0 & 0 \\ 0 & 0 & 0 & 1 \end{bmatrix}$$

$$ {}^{2}_{3}\boldsymbol{T}=\begin{bmatrix} c_3 & -s_3 & 0 & L_2 \\ s_3 & c_3 & 0 & 0 \\ 0 & 0 & 1 & 0 \\ 0 & 0 & 0 & 1 \end{bmatrix}\qquad {}^{3}_{4}\boldsymbol{T}=\begin{bmatrix} 1 & 0 & 0 & L_3 \\ 0 & 1 & 0 & 0 \\ 0 & 0 & 1 & 0 \\ 0 & 0 & 0 & 1 \end{bmatrix}$$

相对于躯干固连坐标系的右后腿足端末端位姿矩阵为

$$ {}^{b}_{4}\boldsymbol{T}={}^{b}_{0}\boldsymbol{T}{}^{0}_{1}\boldsymbol{T}{}^{1}_{2}\boldsymbol{T}{}^{2}_{3}\boldsymbol{T}{}^{3}_{4}\boldsymbol{T}=$$

$$\begin{Bmatrix} s_2c_3+c_2s_3 & c_2c_3-s_2s_3 & 0 & -b+L_2s_2+L_3(c_2s_3+s_2c_3) \\ c_1c_2c_3-c_1s_2s_3 & -c_1c_2s_3-c_1s_2c_3 & -s_1 & -w+[L_1c_1+L_2c_1c_2+L_3(c_1c_2c_3-c_1s_2s_3)] \\ s_1s_2s_3-s_1c_2c_3 & s_1c_2s_3+s_1s_2c_3 & -c_1 & -L_1s_1-L_2s_1c_2+L_3(s_1s_2s_3-s_1c_2c_3)-h \\ 0 & 0 & 0 & 1 \end{Bmatrix}$$

从而有

$$ {}_4^bT=\begin{bmatrix} n_x & o_x & a_x & p_x \\ n_y & o_y & a_y & p_y \\ n_z & o_x & a_z & p_z \\ 0 & 0 & 0 & 1 \end{bmatrix}=\begin{bmatrix} & \boldsymbol{R} & & p_x \\ & & & p_y \\ & & & p_z \\ 0 & 0 & 0 & 1 \end{bmatrix} $$

得到

$$ \boldsymbol{R}=\begin{bmatrix} s_2c_3+c_2s_3 & c_2c_3-s_2s_3 & 0 \\ c_1c_2c_3-c_1s_2s_3 & -c_1c_2s_3-c_1s_2c_3 & -s_1 \\ -s_1c_2c_3+s_1s_2s_3 & s_1c_2s_3+s_1s_2c_3 & -c_1 \end{bmatrix} $$

$$ \boldsymbol{P}=\begin{bmatrix} p_x \\ p_y \\ p_z \end{bmatrix}=\begin{Bmatrix} -b+L_2s_2+L_3(c_2s_3+s_2c_3) \\ -w+[L_1c_1+L_2c_1c_2+L_3(c_1c_2c_3-c_1s_2s_3)] \\ -L_1s_1-L_2s_1c_2+L_3(s_1s_2s_3-s_1c_2c_3)-h \end{Bmatrix} $$

把 θ_1 改成实际机器人系统使用的角度，定义新的 θ_1'，为机器人使用的角度值，则有

$$ \theta_1=\theta_1'+90° $$

$$ \boldsymbol{P}=\begin{bmatrix} p_x \\ p_y \\ p_z \end{bmatrix}=\begin{Bmatrix} -b+L_2s_2+L_3(c_2s_3+s_2c_3) \\ -w-[L_1s_1+L_2s_1c_2+L_3(s_1c_2c_3-s_1s_2s_3)] \\ -L_1c_1-L_2c_1c_2+L_3(c_1s_2s_3-c_1c_2c_3)-h \end{Bmatrix} \tag{2.48} $$

将足端末端的坐标 **P** 化简，可以得到

$$ \boldsymbol{P}=\begin{bmatrix} p_x \\ p_y \\ p_z \end{bmatrix}=\begin{bmatrix} -b+L_2s_2+L_3s_{23} \\ -w-(L_1s_1+L_2s_1c_2+L_3s_1c_{23}) \\ -L_1c_1-L_2c_1c_2+L_3c_1c_{23}-h \end{bmatrix} $$

其中，$c_{23}=\cos(\theta_2+\theta_3)$，$s_{23}=\sin(\theta_2+\theta_3)$。

雅可比矩阵的推导过程如下。

对式(2.48)进行时间微分，得到

$$ \begin{gathered} \dot{p}_x=L_2c_2\dot{\theta}_2+L_3c_{23}(\dot{\theta}_2+\dot{\theta}_3) \\ \dot{p}_y=-L_1c_1\dot{\theta}_1-L_2c_1c_2\dot{\theta}_1+L_2s_1s_2\dot{\theta}_2-L_3c_1c_{23}\dot{\theta}_1+L_3s_1s_{23}(\dot{\theta}_2+\dot{\theta}_3) \\ \dot{p}_z=L_1s_1\dot{\theta}_1+L_2s_1c_2\dot{\theta}_1+L_2c_1s_2\dot{\theta}_2+L_3s_1c_{23}\dot{\theta}_1+L_3c_1s_{23}(\dot{\theta}_2+\dot{\theta}_3) \end{gathered} \tag{2.49} $$

将式(2.49)整理成矩阵形式，得到

$$ \begin{bmatrix} v_x \\ v_y \\ v_z \end{bmatrix}=\begin{bmatrix} \dot{p}_x \\ \dot{p}_y \\ \dot{p}_z \end{bmatrix}=\begin{bmatrix} 0 & L_2c_2+L_3c_{23} & L_3c_{23} \\ -L_1c_1-L_2c_1c_2+L_3c_1c_{23} & L_2s_1s_2+L_3s_1s_{23} & L_3s_1s_{23} \\ L_1s_1+L_2s_1c_2+L_3s_1c_{23} & L_2c_1s_2+L_3c_1s_{23} & L_3c_1s_{23} \end{bmatrix}\begin{bmatrix} \dot{\theta}_1 \\ \dot{\theta}_2 \\ \dot{\theta}_3 \end{bmatrix} $$

其中

$$ \boldsymbol{J}(\theta)=\begin{bmatrix} 0 & L_2c_2+L_3c_{23} & L_3c_{23} \\ -L_1c_1-L_2c_1c_2+L_3c_1c_{23} & L_2s_1s_2+L_3s_1s_{23} & L_3s_1s_{23} \\ L_1s_1+L_2s_1c_2+L_3s_1c_{23} & L_2c_1s_2+L_3c_1s_{23} & L_3c_1s_{23} \end{bmatrix} \tag{2.50} $$

为雅可比矩阵。从而角速度 $\dot{\theta}_1$、$\dot{\theta}_2$、$\dot{\theta}_3$ 可以利用下式计算：

$$ \begin{bmatrix} \dot{\theta}_1 \\ \dot{\theta}_2 \\ \dot{\theta}_3 \end{bmatrix}=\begin{bmatrix} 0 & L_2c_2+L_3c_{23} & L_3c_{23} \\ -L_1c_1-L_2c_1c_2+L_3c_1c_{23} & L_2s_1s_2+L_3s_1s_{23} & L_3s_1s_{23} \\ L_1s_1+L_2s_1c_2+L_3s_1c_{23} & L_2c_1s_2+L_3c_1s_{23} & L_3c_1s_{23} \end{bmatrix}^{-1}\begin{bmatrix} v_x \\ v_y \\ v_z \end{bmatrix} $$

当机器人足端运动的速度和腿相位角已知时，就可以利用上式计算各个关节的角速度。

2. 逆运动学分析

由${}^{b}_{4}\boldsymbol{T}={}^{b}_{0}\boldsymbol{T}{}^{0}_{1}\boldsymbol{T}{}^{1}_{2}\boldsymbol{T}{}^{2}_{3}\boldsymbol{T}{}^{3}_{4}\boldsymbol{T}$，可得

$$
{}^{1}_{2}\boldsymbol{T}^{-1}{}^{0}_{1}\boldsymbol{T}^{-1}{}^{b}_{0}\boldsymbol{T}^{-1}{}^{b}_{4}\boldsymbol{T}={}^{2}_{3}\boldsymbol{T}{}^{3}_{4}\boldsymbol{T}=\begin{bmatrix} c_3 & -s_3 & 0 & L_2+L_3c_3 \\ s_3 & c_3 & 0 & L_3s_3 \\ 0 & 0 & 1 & 0 \\ 0 & 0 & 0 & 1 \end{bmatrix}
$$

变换矩阵

$$
\boldsymbol{T}=\begin{bmatrix} \boldsymbol{Q} & \boldsymbol{R} \\ 0^{\mathrm{T}} & 1 \end{bmatrix}
$$

其逆矩阵

$$
\boldsymbol{T}^{-1}=\begin{bmatrix} \boldsymbol{Q}^{\mathrm{T}} & -\boldsymbol{Q}^{\mathrm{T}}\boldsymbol{R} \\ 0^{\mathrm{T}} & 1 \end{bmatrix}
$$

得到

$$
{}^{b}_{0}\boldsymbol{T}=\begin{bmatrix} 0 & -1 & 0 & -b \\ 1 & 0 & 0 & 0 \\ 0 & 0 & 1 & -h \\ 0 & 0 & 0 & 1 \end{bmatrix} \qquad {}^{b}_{0}\boldsymbol{T}^{-1}=\begin{bmatrix} 0 & 1 & 0 & 1 \\ -1 & 0 & 0 & -b \\ 0 & 0 & 1 & h \\ 0 & 0 & 0 & 1 \end{bmatrix}
$$

$$
{}^{0}_{1}\boldsymbol{T}=\begin{bmatrix} c_1 & -s_1 & 0 & -w \\ 0 & 0 & 1 & 0 \\ -s_1 & -c_1 & 0 & 0 \\ 0 & 0 & 0 & 1 \end{bmatrix} \qquad {}^{0}_{1}\boldsymbol{T}^{-1}=\begin{bmatrix} c_1 & 0 & -s_1 & wc_1 \\ -s_1 & 0 & -c_1 & ws_1 \\ 0 & 1 & 0 & 0 \\ 0 & 0 & 0 & 1 \end{bmatrix}
$$

$$
{}^{1}_{2}\boldsymbol{T}=\begin{bmatrix} c_2 & -s_2 & 0 & L_1 \\ 0 & 0 & 1 & 0 \\ -s_2 & -c_2 & 0 & 0 \\ 0 & 0 & 0 & 1 \end{bmatrix} \qquad {}^{1}_{2}\boldsymbol{T}^{-1}=\begin{bmatrix} c_2 & 0 & -s_2 & -L_1c_2 \\ -s_2 & 0 & -c_2 & L_1s_2 \\ 0 & 1 & 0 & 0 \\ 0 & 0 & 0 & 1 \end{bmatrix}
$$

从而

$$
{}^{1}_{2}\boldsymbol{T}^{-1}{}^{0}_{1}\boldsymbol{T}^{-1}{}^{b}_{0}\boldsymbol{T}^{-1}=\begin{bmatrix} s_2 & c_1c_2 & -s_1c_2 & wc_1c_2-hs_1c_2+bs_2-L_1c_2 \\ c_2 & -c_1s_2 & s_1s_2 & -wc_1s_2+hs_1s_2+bc_2+L_1s_2 \\ 0 & -s_1 & -c_1 & -ws_1-hc_1 \\ 0 & 0 & 0 & 1 \end{bmatrix}
$$

得到

$$
\begin{bmatrix} s_2 & c_1c_2 & -s_1c_2 & wc_1c_2-hs_1c_2+bs_2-L_1c_2 \\ c_2 & -c_1s_2 & s_1s_2 & -wc_1s_2+hs_1s_2+bc_2+L_1s_2 \\ 0 & -s_1 & -c_1 & -ws_1-hc_1 \\ 0 & 0 & 0 & 1 \end{bmatrix}\begin{bmatrix} & & & p_x \\ & \boldsymbol{R} & & p_y \\ & & & p_z \\ 0 & 0 & 0 & 1 \end{bmatrix}=\begin{bmatrix} c_3 & -s_3 & 0 & L_2+L_3c_3 \\ s_3 & c_3 & 0 & L_3s_3 \\ 0 & 0 & 1 & 0 \\ 0 & 0 & 0 & 1 \end{bmatrix}
$$

由等式两端的矩阵第 4 列，可以得到

$$
s_2p_x+c_1c_2p_y-s_1c_2p_z+wc_1c_2-hs_1c_2+bs_2-L_1c_2=L_2+L_3c_3 \tag{2.51}
$$

$$
c_2p_x-c_1s_2p_y+s_1s_2p_z-wc_1s_2+hs_1s_2+bc_2+L_1s_2=L_3s_3 \tag{2.52}
$$

$$
-s_1p_y-c_1p_z-ws_1-hc_1=0 \tag{2.53}
$$

把 θ_1 改成实际机器人系统使用的角度，定义新的 θ_1'，为机器人使用的角度值，则有

$$
\theta_1=\theta_1'+90^\circ
$$

由式(2.53)得

$$-c_1p_y+s_1p_z-wc_1+hs_1=0 \tag{2.54}$$

$$\theta_1=\arctan\left(\frac{w+p_y}{p_z+h}\right)\quad \theta_1\in\left(-\frac{\pi}{2},\frac{\pi}{2}\right)(\text{角度和幅度唯一确定})$$

代入式(2.51)和式(2.52),并令

$$D=c_1p_y-s_1p_z+wc_1-hs_1-L_1\quad (c_2\text{ 的系数})$$

$$E=p_x+b\quad (s_2\text{ 的系数})$$

所以

$$Dc_2+Es_2=L_2+L_3c_3 \tag{2.55}$$

$$Ec_2-Ds_2=L_3s_3 \tag{2.56}$$

两式平方相加

$$D^2+E^2=L_2^2+L_3^2+2L_2L_3c_3$$

求出

$$\theta_3=\arccos\left(\frac{D^2+E^2-L_2^2-L_3^2}{2L_2L_3}\right)\qquad \theta_3\in\left(-\frac{\pi}{2},\frac{\pi}{2}\right)$$

注:角度和幅度不唯一确定,根据角度变换确定幅度正负。

令 $K=L_2+L_3c_3$ 则由式(2.55)得

$$Dc_2+Es_2=K$$

等式两端平方可得

$$D^2c_2^2+E^2s_2^2+2DEc_2s_2=K^2$$

也可写成

$$D^2c_2^2+D^2s_2^2+E^2s_2^2+E^2c_2^2+2DEc_2s_2-D^2s_2^2-E^2c_2^2=K^2$$

$$D^2+E^2+2DEc_2s_2-D^2s_2^2-E^2c_2^2=K^2$$

$$D^2s_2^2-2DEc_2s_2+E^2c_2^2=D^2+E^2-K^2$$

从而可以推出

$$Ec_2-Ds_2=\sqrt{D^2+E^2-K^2}\quad (s_3\text{ 为正值时})$$

$$Ds_2-Ec_2=\sqrt{D^2+E^2-K^2}$$

注:s_3 为负值时,由式(2.56)可以确定两者之间的关系。

把该式与式(2.55)相除,可得

$$\frac{Ec_2-Ds_2}{Dc_2+Es_2}=\frac{\sqrt{D^2+E^2-K^2}}{K} \tag{2.57}$$

$$\frac{Ds_2-Ec_2}{Dc_2+Es_2}=\frac{\sqrt{D^2+E^2-K^2}}{K} \tag{2.58}$$

上式也可写成

$$\frac{E-D\ \tan_2}{D+E\ \tan_2}=\frac{\sqrt{D^2+E^2-K^2}}{K}$$

$$\frac{D\ \tan_2-E}{D+E\ \tan_2}=\frac{\sqrt{D^2+E^2-K^2}}{K}$$

化简上式,得到

$$\tan_2=\frac{E-D\dfrac{\sqrt{D^2+E^2-K^2}}{K}}{D+E\dfrac{\sqrt{D^2+E^2-K^2}}{K}}$$

$$\tan_2=\frac{E+D\dfrac{\sqrt{D^2+E^2-K^2}}{K}}{D-E\dfrac{\sqrt{D^2+E^2-K^2}}{K}}$$

$$\theta_2=\arctan\frac{E-D\dfrac{\sqrt{D^2+E^2-K^2}}{K}}{D+E\dfrac{\sqrt{D^2+E^2-K^2}}{K}}\qquad\theta_2\in(-\pi,\pi)$$

$$\theta_2=\arctan\frac{E+D\dfrac{\sqrt{D^2+E^2-K^2}}{K}}{D-E\dfrac{\sqrt{D^2+E^2-K^2}}{K}}\qquad(s_3\text{ 为负值时})$$

从而 θ_1、θ_2、θ_3 的角度表示公式为

$$\theta_1=\arctan\left(\frac{w+p_y}{p_z+h}\right)\qquad\theta_1\in\left(-\frac{\pi}{2},\frac{\pi}{2}\right)$$

$$\theta_2=\arctan\frac{E-D\dfrac{\sqrt{D^2+E^2-K^2}}{K}}{D+E\dfrac{\sqrt{D^2+E^2-K^2}}{K}}\qquad\theta_2\in(-\pi,\pi)(s_3\text{ 为正值时})$$

$$\theta_2=\arctan\frac{E+D\dfrac{\sqrt{D^2+E^2-K^2}}{K}}{D-E\dfrac{\sqrt{D^2+E^2-K^2}}{K}}\qquad(s_3\text{ 为负值时})$$

$$\theta_3=\arccos\left(\frac{D^2+E^2-L_2^2-L_3^2}{2L_2L_3}\right)\qquad\theta_3\in\left(-\frac{\pi}{2},\frac{\pi}{2}\right)$$

其中

$$D=-s_1p_y-c_1p_z-ws_1-hc_1-L_1$$
$$E=p_x+b$$
$$L_2+L_3c_3=K$$

综上所述,四足机器人 4 条腿的总坐标变换公式如下。

右前腿(RF)坐标变换:

$$\boldsymbol{P}=\begin{bmatrix}p_x\\p_y\\p_z\end{bmatrix}=\begin{Bmatrix}b+L_2s_2+L_3(c_2s_3+s_2c_3)\\-w-[L_1s_1+L_2s_1c_2+L_3(s_1c_2c_3-s_1s_2s_3)]\\-L_1c_1-L_2c_1c_2+L_3(c_1s_2s_3-c_1c_2c_3)-h\end{Bmatrix}$$

右后腿(RH)坐标变换:

$$\boldsymbol{P}=\begin{bmatrix}p_x\\p_y\\p_z\end{bmatrix}=\begin{Bmatrix}-b+L_2s_2+L_3(c_2s_3+s_2c_3)\\-w-[L_1s_1+L_2s_1c_2+L_3(s_1c_2c_3-s_1s_2s_3)]\\-L_1c_1-L_2c_1c_2+L_3(c_1s_2s_3-c_1c_2c_3)-h\end{Bmatrix}$$

左前腿(LF)坐标变换:

$$\boldsymbol{P}=\begin{bmatrix}p_x\\p_y\\p_z\end{bmatrix}=\begin{Bmatrix}b+L_2s_2+L_3(c_2s_3+s_2c_3)\\w+[L_1s_1+L_2s_1c_2+L_3(s_1c_2c_3-s_1s_2s_3)]\\-L_1c_1-L_2c_1c_2+L_3(c_1s_2s_3-c_1c_2c_3)-h\end{Bmatrix}$$

左后腿(LH)坐标变换:

$$\boldsymbol{P}=\begin{bmatrix}p_x\\p_y\\p_z\end{bmatrix}=\begin{Bmatrix}-b+L_2s_2+L_3(c_2s_3+s_2c_3)\\w+[L_1s_1+L_2s_1c_2+L_3(s_1c_2c_3-s_1s_2s_3)]\\-L_1c_1-L_2c_1c_2+L_3(c_1s_2s_3-c_1c_2c_3)-h\end{Bmatrix}$$

总逆运动学变换公式如下。

RF 角度表示公式：

$$\theta_1=\arctan\left(\frac{w+p_y}{p_z+h}\right)\qquad\theta_1\in\left(-\frac{\pi}{2},\frac{\pi}{2}\right)$$

$$\theta_2=\arctan\frac{E-D\dfrac{\sqrt{D^2+E^2-K^2}}{K}}{D+E\dfrac{\sqrt{D^2+E^2-K^2}}{K}}\qquad\theta_2\in(-\pi,\pi)(s_3\text{ 为正值时})$$

$$\theta_2=\arctan\frac{E+D\dfrac{\sqrt{D^2+E^2-K^2}}{K}}{D-E\dfrac{\sqrt{D^2+E^2-K^2}}{K}}\qquad(s_3\text{ 为负值时})$$

$$\theta_3=\arccos\left(\frac{D^2+E^2-L_2^2-L_3^2}{2L_2L_3}\right)\qquad\theta_3\in\left(-\frac{\pi}{2},\frac{\pi}{2}\right)$$

$$D=-s_1p_y-c_1p_z-ws_1-hc_1-L_1$$

$$E=p_x-b$$

$$L_2+L_3c_3=K$$

RH 角度表示公式：

$$\theta_1=\arctan\left(\frac{w+p_y}{p_z+h}\right)\qquad\theta_1\in\left(-\frac{\pi}{2},\frac{\pi}{2}\right)$$

$$\theta_2=\arctan\frac{E-D\dfrac{\sqrt{D^2+E^2-K^2}}{K}}{D+E\dfrac{\sqrt{D^2+E^2-K^2}}{K}}\qquad\theta_2\in(-\pi,\pi)(s_3\text{ 为正值时})$$

$$\theta_2=\arctan\frac{E+D\dfrac{\sqrt{D^2+E^2-K^2}}{K}}{D-E\dfrac{\sqrt{D^2+E^2-K^2}}{K}}\qquad(s_3\text{ 为负值时})$$

$$\theta_3=\arccos\left(\frac{D^2+E^2-L_2^2-L_3^2}{2L_2L_3}\right)\qquad\theta_3\in\left(-\frac{\pi}{2},\frac{\pi}{2}\right)$$

其中

$$D=-s_1p_y-c_1p_z-ws_1-hc_1-L_1$$

$$E=p_x+b$$

$$L_2+L_3c_3=K$$

LF 角度表示公式：

$$\theta_1=\arctan\left(\frac{w-p_y}{p_z+h}\right)\qquad\theta_1\in\left(-\frac{\pi}{2},\frac{\pi}{2}\right)$$

$$\theta_2=\arctan\frac{E-D\dfrac{\sqrt{D^2+E^2-K^2}}{K}}{D+E\dfrac{\sqrt{D^2+E^2-K^2}}{K}}\qquad\theta_2\in(-\pi,\pi)(s_3\text{ 为正值时})$$

$$\theta_2=\arctan\frac{E+D\dfrac{\sqrt{D^2+E^2-K^2}}{K}}{D-E\dfrac{\sqrt{D^2+E^2-K^2}}{K}}\qquad (s_3\ 为负值时)$$

$$\theta_3=\arccos\left(\frac{D^2+E^2-L_2^2-L_3^2}{2L_2L_3}\right)\qquad \theta_3\in\left(-\frac{\pi}{2},\frac{\pi}{2}\right)$$

$$D=s_1p_y-c_1p_z-ws_1-hc_1-L_1$$

$$E=p_x-b$$

$$L_2+L_3c_3=K$$

LH 角度表示公式：

$$\theta_1=\arctan\left(\frac{w-p_y}{p_z+h}\right)\qquad \theta_1\in\left(-\frac{\pi}{2},\frac{\pi}{2}\right)$$

$$\theta_2=\arctan\frac{E-D\dfrac{\sqrt{D^2+E^2-K^2}}{K}}{D+E\dfrac{\sqrt{D^2+E^2-K^2}}{K}}\qquad \theta_2\in(-\pi,\pi)(s_3\ 为正值时)$$

$$\theta_2=\arctan\frac{E+D\dfrac{\sqrt{D^2+E^2-K^2}}{K}}{D-E\dfrac{\sqrt{D^2+E^2-K^2}}{K}}\qquad (s_3\ 为负值时)$$

$$\theta_3\in\arccos\left(\frac{D^2+E^2-L_2^2-L_3^2}{2L_2L_3}\right)\qquad \theta_3\in\left(-\frac{\pi}{2},\frac{\pi}{2}\right)$$

$$D=s_1p_y-c_1p_z-ws_1-hc_1-L_1$$

$$E=p_x+b$$

$$L_2+L_3c_3=K$$

习　　题

1. 简要叙述机器人运动学的定义。

2. 机器人运动学的标准 D-H 方法和 MD-H 方法的区别和联系是什么？

3. 详细推导四足机器人左后腿(LH)的正运动学和逆运动学公式，并与本章的结果进行比较。

第3章 四足机器人雅可比矩阵与静力学

在前面讲述的机器人运动学中，描述的是关节位置与末端执行器位姿之间的关系。在本章中，将推导两者之间的速度关系，利用雅可比矩阵将关节的速度和末端执行器的线速度和角速度联系起来。

雅可比矩阵用于对多自由度机器人各个关节之间速度进行分析，反映操作空间速度和关节空间速度之间的映射关系，同时也表示出了两空间之间力的传递关系。而对于四足机器人来说，将一条腿视为一个机械手，足端可达区域即操作空间，腿部的3个关节即关节空间。

机器人静力学研究机器人静止或缓慢运动时作用在机器人上的力和力矩问题，特别是当机械手与环境接触时，各个关节力(矩)与接触力的关系。

3.1 微分运动与广义速度

3.1.1 微分变换

为了补偿机器人末端执行器位姿与目标物体之间的误差，以及解决2个不同坐标系之间的微位移关系问题，需要讨论机器人杆件在做微小运动时的位姿变化。基于微分的变换定义为用该变换矩阵各元素对该变量的偏导数所组成的变换矩阵乘以该变量的微分。

设存在变换 $\boldsymbol{T}=\begin{bmatrix} t_{11} & t_{12} & t_{13} & t_{14} \\ t_{21} & t_{22} & t_{23} & t_{24} \\ t_{31} & t_{32} & t_{33} & t_{34} \\ t_{41} & t_{42} & t_{43} & t_{44} \end{bmatrix}$，若它的元素是变量 x 的函数，则 $\boldsymbol{T}$ 的微分为

$$\mathrm{d}\boldsymbol{T}=\begin{bmatrix} \frac{\partial t_{11}}{\partial x} & \frac{\partial t_{12}}{\partial x} & \frac{\partial t_{13}}{\partial x} & \frac{\partial t_{14}}{\partial x} \\ \frac{\partial t_{21}}{\partial x} & \frac{\partial t_{22}}{\partial x} & \frac{\partial t_{23}}{\partial x} & \frac{\partial t_{24}}{\partial x} \\ \frac{\partial t_{31}}{\partial x} & \frac{\partial t_{32}}{\partial x} & \frac{\partial t_{33}}{\partial x} & \frac{\partial t_{34}}{\partial x} \\ \frac{\partial t_{41}}{\partial x} & \frac{\partial t_{42}}{\partial x} & \frac{\partial t_{43}}{\partial x} & \frac{\partial t_{44}}{\partial x} \end{bmatrix}\mathrm{d}x \tag{3.1}$$

刚体微分运动的计算与坐标系密切相关，坐标系不同，刚体微分运动的计算方法也不同：相对于固定坐标系进行左乘，相对于动坐标系进行右乘。

设机器人某一杆件相对于基坐标系的位姿为 $\boldsymbol{T}$，经过微运动后，该杆件相对基坐标系的位姿变为 $\boldsymbol{T}+\mathrm{d}\boldsymbol{T}$，则有 $\boldsymbol{T}+\mathrm{d}\boldsymbol{T}=\mathrm{Trans}(d_x,d_y,d_z)\mathrm{Rot}(k,\mathrm{d}\theta)\boldsymbol{T}$，从而有

$$\mathrm{d}\boldsymbol{T}=[\mathrm{Trans}(d_x,d_y,d_z)\mathrm{Rot}(k,\mathrm{d}\theta)-\boldsymbol{I}_{4\times4}]\boldsymbol{T} \tag{3.2}$$

根据齐次变换的相对性，若微分运动是相对某个杆件坐标系$\{i\}$(动坐标系)进行的(右乘)，则 $\boldsymbol{T}+\mathrm{d}\boldsymbol{T}$ 可以表示为 $\boldsymbol{T}+\mathrm{d}\boldsymbol{T}=T\,\mathrm{Trans}(d_x,d_y,d_z)\mathrm{Rot}(k,\mathrm{d}\theta)$，则有

$$\mathrm{d}\boldsymbol{T}=\boldsymbol{T}[\mathrm{Trans}(d_x,d_y,d_z)\mathrm{Rot}(k,\mathrm{d}\theta)-\boldsymbol{I}_{4\times4}] \tag{3.3}$$

3.1.2 微分运动

机器人刚体或坐标系的微分运动包括微分平移和微分旋转，微分平移用由3个坐标轴的微

分移动矢量 $\boldsymbol{d}$ 表示，微分旋转用绕3个坐标轴的微分转动矢量 $\boldsymbol{\delta}$ 表示，即

$$\boldsymbol{d}=d_x\boldsymbol{i}+d_y\boldsymbol{j}+d_z\boldsymbol{k} \text{ 或 } \boldsymbol{d}=[d_x,d_y,d_z]^{\mathrm{T}} \tag{3.4}$$

$$\boldsymbol{\delta}=\delta_x\boldsymbol{i}+\delta_y\boldsymbol{j}+\delta_z\boldsymbol{k} \text{ 或 } \boldsymbol{\delta}=[\delta_x,\delta_y,\delta_z]^{\mathrm{T}} \tag{3.5}$$

将两者合并为6维列矢量 $\boldsymbol{D}$，称为刚体或坐标系的微分运动矢量。

$$\boldsymbol{D}=\begin{bmatrix}\boldsymbol{d}\\ \boldsymbol{\delta}\end{bmatrix} \tag{3.6}$$

相应地，刚体或坐标系的广义速度 $\boldsymbol{V}$ 是由线速度 $\boldsymbol{v}$ 和角速度 $\boldsymbol{\omega}$ 组成的6维列矢量。

$$\boldsymbol{V}=\begin{bmatrix}\boldsymbol{v}\\ \boldsymbol{\omega}\end{bmatrix}=\lim_{\Delta t\to 0}\frac{1}{\Delta t}\begin{bmatrix}\boldsymbol{d}\\ \boldsymbol{\delta}\end{bmatrix} \tag{3.7}$$

微分平移变换与一般平移变换一样，其变换矩阵为

$$\mathrm{Trans}(d_x,d_y,d_z)=\begin{bmatrix}1&0&0&d_x\\0&1&0&d_y\\0&0&1&d_z\\0&0&0&1\end{bmatrix} \tag{3.8}$$

在微分旋转中，当 $\theta\to 0$ 时，有 $\lim\limits_{\theta\to 0}\sin\theta=\theta$，$\lim\limits_{\theta\to 0}\cos\theta=1$，$\lim\limits_{\theta\to 0}\mathrm{vers}\theta=\lim\limits_{\theta\to 0}(1-c\theta)=0$。从而 $\sin\theta\to\mathrm{d}\theta$，$\cos\theta\to 1$，$\mathrm{vers}\theta\to 0$，将它们代入旋转变换通式中，得微分旋转表达式为

$$\mathrm{Rot}(k,\mathrm{d}\theta)=\begin{bmatrix}1&-k_z\mathrm{d}\theta&k_y\mathrm{d}\theta&0\\k_z\mathrm{d}\theta&1&-k_x\mathrm{d}\theta&0\\-k_y\mathrm{d}\theta&k_x\mathrm{d}\theta&1&0\\0&0&0&1\end{bmatrix} \tag{3.9}$$

从而可得相对于基坐标系的微分运动公式为

$$\begin{aligned}\boldsymbol{\Delta}&=\mathrm{Trans}(d_x,d_y,d_z)\mathrm{Rot}(k,\mathrm{d}\theta)-\boldsymbol{I}_{4\times 4}\\&=\begin{bmatrix}0&-k_z\mathrm{d}\theta&k_y\mathrm{d}\theta&d_x\\k_z\mathrm{d}\theta&0&-k_x\mathrm{d}\theta&d_y\\-k_y\mathrm{d}\theta&k_x\mathrm{d}\theta&0&d_z\\0&0&0&0\end{bmatrix}\end{aligned} \tag{3.10}$$

微分旋转与前述的一般旋转不同，具有无序性和可加性。所谓无序性，即两次不同的微分旋转(无论是左乘还是右乘)结果一致。例如，令 $\delta_x=\mathrm{d}\theta_x$，$\delta_y=\mathrm{d}\theta_y$，$\delta_z=\mathrm{d}\theta_z$，则绕三个坐标轴的微分旋转矩阵分别为

$$\mathrm{Rot}(x,\delta_x)=\begin{bmatrix}1&0&0&0\\0&1&-\delta_x&0\\0&\delta_x&1&0\\0&0&0&1\end{bmatrix}\quad \mathrm{Rot}(y,\delta_y)=\begin{bmatrix}1&0&\delta_y&0\\0&1&0&0\\-\delta_y&0&1&0\\0&0&0&1\end{bmatrix}\quad \mathrm{Rot}(z,\delta_z)=\begin{bmatrix}1&-\delta_z&0&0\\\delta_z&1&0&0\\0&0&1&0\\0&0&0&1\end{bmatrix}$$

所以

$$\mathrm{Rot}(x,\delta_x)\mathrm{Rot}(y,\delta_y)=\begin{bmatrix}1&0&\delta_y&0\\\delta_x\delta_y&1&-\delta_x&0\\-\delta_y&\delta_x&1&0\\0&0&0&1\end{bmatrix}=\begin{bmatrix}1&0&\delta_y&0\\0&1&-\delta_x&0\\-\delta_y&\delta_x&1&0\\0&0&0&1\end{bmatrix} \tag{3.11}$$

$$\mathrm{Rot}(y,\delta_y)\mathrm{Rot}(x,\delta_x)=\begin{bmatrix}1&\delta_x\delta_y&\delta_y&0\\0&1&-\delta_x&0\\-\delta_y&\delta_x&1&0\\0&0&0&1\end{bmatrix}=\begin{bmatrix}1&0&\delta_y&0\\0&1&-\delta_x&0\\-\delta_y&\delta_x&1&0\\0&0&0&1\end{bmatrix} \tag{3.12}$$

式(3.11)和式(3.11)结果一致。

另外，微分旋转具有可加性，任意两个微分旋转的结果为绕每个轴转动的元素的代数和。设 $\mathrm{Rot}(\delta_x,\delta_y,\delta_z)$ 和 $\mathrm{Rot}(\delta'_x,\delta'_y,\delta'_z)$ 表示两个不同的微分旋转，则两次连续转动的结果为

$$\mathrm{Rot}(\delta_x,\delta_y,\delta_z)\mathrm{Rot}(\delta'_x,\delta'_y,\delta'_z)=\begin{bmatrix}1 & -(\delta_z+\delta'_z) & \delta_y+\delta'_y & 0\\ \delta_z+\delta'_z & 1 & -(\delta_x+\delta'_x) & 0\\ -(\delta_y+\delta'_y) & \delta_x+\delta'_x & 1 & 0\\ 0 & 0 & 0 & 1\end{bmatrix} \tag{3.13}$$

由等效转轴和等效转角与 $\mathrm{Rot}(x,\delta_x)\mathrm{Rot}(y,\delta_y)\mathrm{Rot}(z,\delta_z)$ 等效，有

$$\mathrm{Rot}(k,\mathrm{d}\theta)=\mathrm{Rot}(x,\delta_x)\mathrm{Rot}(y,\delta_y)\mathrm{Rot}(z,\delta_z)$$

即

$$\begin{bmatrix}1 & -k_z\mathrm{d}\theta & k_y\mathrm{d}\theta & 0\\ k_z\mathrm{d}\theta & 1 & -k_x\mathrm{d}\theta & 0\\ -k_y\mathrm{d}\theta & k_x\mathrm{d}\theta & 1 & 0\\ 0 & 0 & 0 & 1\end{bmatrix}=\begin{bmatrix}1 & -\delta_z & \delta_y & 0\\ \delta_z & 1 & -\delta_x & 0\\ -\delta_y & \delta_x & 1 & 0\\ 0 & 0 & 0 & 1\end{bmatrix} \tag{3.14}$$

所以有 $k_x\mathrm{d}\theta=\delta_x$，$k_y\mathrm{d}\theta=\delta_y$，$k_z\mathrm{d}\theta=\delta_z$。因此 $\boldsymbol{\Delta}$ 可以看成由 $\boldsymbol{\delta}$ 和 $\boldsymbol{d}$ 两个矢量组成，$\boldsymbol{\delta}$ 称为微分转动矢量，$\boldsymbol{d}$ 称为微分平移矢量，$\boldsymbol{D}$ 可表示为 $\boldsymbol{D}=(d_x,d_y,d_z,\delta_x,\delta_y,\delta_z)^{\mathrm{T}}$。

例 3.1 已知一个坐标系$\{A\}$，相对固定系的微分平移矢量 $\boldsymbol{d}=\boldsymbol{i}+0.5\boldsymbol{k}$，微分旋转矢量 $\boldsymbol{\delta}=0.1\boldsymbol{j}$，求微分变换 $\mathrm{d}\boldsymbol{A}$。

解：设矩阵 $\boldsymbol{A}=\begin{bmatrix}0 & 0 & 1 & 10\\ 1 & 0 & 0 & 5\\ 0 & 1 & 0 & 0\\ 0 & 0 & 0 & 1\end{bmatrix}$，$\begin{cases}\boldsymbol{d}=1\boldsymbol{i}+0\boldsymbol{j}+0.5\boldsymbol{k}\\ \boldsymbol{\delta}=0\boldsymbol{i}+0.1\boldsymbol{j}+0\boldsymbol{k}\end{cases}$，所以有

$$\boldsymbol{\Delta}=\begin{bmatrix}0 & -\delta_z & \delta_y & d_x\\ \delta_z & 0 & -\delta_x & d_y\\ -\delta_y & \delta_x & 0 & d_z\\ 0 & 0 & 0 & 0\end{bmatrix}=\begin{bmatrix}0 & 0 & 0.1 & 1\\ 0 & 0 & 0 & 0\\ -0.1 & 0 & 0 & 0.5\\ 0 & 0 & 0 & 0\end{bmatrix}$$

$$\mathrm{d}\boldsymbol{A}=\boldsymbol{\Delta A}=\begin{bmatrix}0 & 0 & 0.1 & 1\\ 0 & 0 & 0 & 0\\ -0.1 & 0 & 0 & 0.5\\ 0 & 0 & 0 & 0\end{bmatrix}\begin{bmatrix}0 & 0 & 1 & 10\\ 1 & 0 & 0 & 5\\ 0 & 1 & 0 & 0\\ 0 & 0 & 0 & 1\end{bmatrix}=\begin{bmatrix}0 & 0.1 & 0 & 1\\ 0 & 0 & 0 & 0\\ 0 & 0 & -0.1 & -0.5\\ 0 & 0 & 0 & 0\end{bmatrix}$$

例 3.2 已知一个坐标系$\{A\}$(与例 3.1 相同)，相对移动坐标系$\{T\}$的微分平移矢量 $\boldsymbol{d}=\boldsymbol{i}+0.5\boldsymbol{k}$，微分旋转矢量 $\boldsymbol{\delta}=0.1\boldsymbol{j}$，求微分变换 $\mathrm{d}\boldsymbol{A}$。

解：$\mathrm{d}\boldsymbol{A}=\boldsymbol{A}^{\mathrm{T}}\boldsymbol{\Delta}=\begin{bmatrix}0 & 0 & 1 & 10\\ 1 & 0 & 0 & 5\\ 0 & 1 & 0 & 0\\ 0 & 0 & 0 & 1\end{bmatrix}\begin{bmatrix}0 & 0 & 0.1 & 1\\ 0 & 0 & 0 & 0\\ -0.1 & 0 & 0 & 0.5\\ 0 & 0 & 0 & 0\end{bmatrix}=\begin{bmatrix}-0.1 & 0 & 0 & 0.5\\ 0 & 0 & 0.1 & 0\\ 0 & 0 & 0 & 0\\ 0 & 0 & 0 & 0\end{bmatrix}$

3.1.3 坐标系间的微分关系

在微分运动中，微分运动矢量 $\boldsymbol{D}$ 和广义速度也是相对于不同坐标系而言的，现在讨论两个坐标系之间的微分关系。设相对于基坐标系的微分运动为 $\boldsymbol{D}$，相对坐标系$\{T\}$的微分运动为 ${}^{T}\boldsymbol{D}$，则

$\boldsymbol{\Delta}$ 和坐标变换 $\boldsymbol{T}$ 的乘积可以表示为

$$\boldsymbol{\Delta T}=\begin{bmatrix}0 & -\delta_z & \delta_y & d_x\\ \delta_z & 0 & -\delta_x & d_y\\ -\delta_y & \delta_x & 0 & d_z\\ 0&0&0&0\end{bmatrix}\begin{bmatrix}n_x & o_x & a_x & p_x\\ n_y & o_y & a_y & p_y\\ n_z & o_z & a_z & p_z\\ 0&0&0&1\end{bmatrix}$$

$$=\begin{bmatrix}-\delta_z n_y+\delta_y n_z & -\delta_z o_y+\delta_y o_z & -\delta_z a_y+\delta_y a_z & -\delta_z p_y+\delta_y p_z+d_x\\ \delta_z n_x+\delta_x n_z & \delta_z o_x+\delta_x o_z & \delta_z a_x+\delta_x a_z & \delta_z p_x+\delta_x p_z+d_y\\ -\delta_y n_x+\delta_x n_y & -\delta_y o_x+\delta_x o_y & -\delta_y a_x+\delta_x a_y & -\delta_y p_x+\delta_x p_y+d_z\\ 0&0&0&0\end{bmatrix}$$

$$=\begin{bmatrix}(\boldsymbol{\delta}\times\boldsymbol{n})_x & (\boldsymbol{\delta}\times\boldsymbol{o})_x & (\boldsymbol{\delta}\times\boldsymbol{a})_x & (\boldsymbol{\delta}\times\boldsymbol{p}+\boldsymbol{d})_x\\ (\boldsymbol{\delta}\times\boldsymbol{n})_y & (\boldsymbol{\delta}\times\boldsymbol{o})_y & (\boldsymbol{\delta}\times\boldsymbol{a})_y & (\boldsymbol{\delta}\times\boldsymbol{p}+\boldsymbol{d})_y\\ (\boldsymbol{\delta}\times\boldsymbol{n})_z & (\boldsymbol{\delta}\times\boldsymbol{o})_z & (\boldsymbol{\delta}\times\boldsymbol{a})_z & (\boldsymbol{\delta}\times\boldsymbol{p}+\boldsymbol{d})_z\\ 0&0&0&0\end{bmatrix} \tag{3.15}$$

其中，$\boldsymbol{a}\times\boldsymbol{b}=(a_y b_z-a_z b_y)\boldsymbol{i}+(a_z b_x-a_x b_z)\boldsymbol{j}+(a_x b_y-a_y b_x)\boldsymbol{k}$。

相对于基坐标的微分表示为 $\mathrm{d}\boldsymbol{T}=\boldsymbol{\Delta T}$，相对于坐标系$\{T\}$的微分表示为${}^T\mathrm{d}\boldsymbol{T}=\boldsymbol{T}\,{}^T\boldsymbol{\Delta}$，由微分运动的等价变换关系，$\mathrm{d}\boldsymbol{T}={}^T\mathrm{d}\boldsymbol{T}$ 可知，$\boldsymbol{\Delta T}=\boldsymbol{T}\,{}^T\boldsymbol{\Delta}\rightarrow{}^T\boldsymbol{\Delta}=\boldsymbol{T}^{-1}\boldsymbol{\Delta T}$，从而，用 $\boldsymbol{T}^{-1}$ 乘以 $\boldsymbol{\Delta T}$，有

$${}^T\boldsymbol{\Delta}=\boldsymbol{T}^{-1}\boldsymbol{\Delta T}=\begin{bmatrix}n_x & n_y & n_z & -\boldsymbol{p}\cdot\boldsymbol{n}\\ o_x & o_y & o_z & -\boldsymbol{p}\cdot\boldsymbol{o}\\ a_x & a_y & a_z & -\boldsymbol{p}\cdot\boldsymbol{a}\\ 0&0&0&1\end{bmatrix}\begin{bmatrix}(\boldsymbol{\delta}\times\boldsymbol{n})_x & (\boldsymbol{\delta}\times\boldsymbol{o})_x & (\boldsymbol{\delta}\times\boldsymbol{a})_x & (\boldsymbol{\delta}\times\boldsymbol{p}+\boldsymbol{d})_x\\ (\boldsymbol{\delta}\times\boldsymbol{n})_y & (\boldsymbol{\delta}\times\boldsymbol{o})_y & (\boldsymbol{\delta}\times\boldsymbol{a})_y & (\boldsymbol{\delta}\times\boldsymbol{p}+\boldsymbol{d})_y\\ (\boldsymbol{\delta}\times\boldsymbol{n})_z & (\boldsymbol{\delta}\times\boldsymbol{o})_z & (\boldsymbol{\delta}\times\boldsymbol{a})_z & (\boldsymbol{\delta}\times\boldsymbol{p}+\boldsymbol{d})_z\\ 0&0&0&0\end{bmatrix}$$

$$=\begin{bmatrix}\boldsymbol{n}\cdot(\boldsymbol{\delta}\times\boldsymbol{n}) & \boldsymbol{n}\cdot(\boldsymbol{\delta}\times\boldsymbol{o}) & \boldsymbol{n}\cdot(\boldsymbol{\delta}\times\boldsymbol{a}) & \boldsymbol{n}\cdot(\boldsymbol{\delta}\times\boldsymbol{p}+\boldsymbol{d})\\ \boldsymbol{o}\cdot(\boldsymbol{\delta}\times\boldsymbol{n}) & \boldsymbol{o}\cdot(\boldsymbol{\delta}\times\boldsymbol{o}) & \boldsymbol{o}\cdot(\boldsymbol{\delta}\times\boldsymbol{a}) & \boldsymbol{o}\cdot(\boldsymbol{\delta}\times\boldsymbol{p}+\boldsymbol{d})\\ \boldsymbol{a}\cdot(\boldsymbol{\delta}\times\boldsymbol{n}) & \boldsymbol{a}\cdot(\boldsymbol{\delta}\times\boldsymbol{o}) & \boldsymbol{a}\cdot(\boldsymbol{\delta}\times\boldsymbol{a}) & \boldsymbol{a}\cdot(\boldsymbol{\delta}\times\boldsymbol{p}+\boldsymbol{d})\\ 0&0&0&0\end{bmatrix} \tag{3.16}$$

由矢量相乘的性质，有 $\boldsymbol{a}\cdot(\boldsymbol{b}\times\boldsymbol{c})=\boldsymbol{b}\cdot(\boldsymbol{c}\times\boldsymbol{a})=\boldsymbol{c}\cdot(\boldsymbol{a}\times\boldsymbol{b})$，$\boldsymbol{a}\cdot(\boldsymbol{a}\times\boldsymbol{c})=0$，从而上式可以简化为

$${}^T\boldsymbol{\Delta}=\begin{bmatrix}0 & \boldsymbol{\delta}\cdot(\boldsymbol{o}\times\boldsymbol{n}) & \boldsymbol{\delta}\cdot(\boldsymbol{a}\times\boldsymbol{n}) & \boldsymbol{\delta}\cdot(\boldsymbol{p}\times\boldsymbol{n})+\boldsymbol{d}\cdot\boldsymbol{n}\\ \boldsymbol{\delta}\cdot(\boldsymbol{n}\times\boldsymbol{o}) & 0 & \boldsymbol{\delta}\cdot(\boldsymbol{a}\times\boldsymbol{o}) & \boldsymbol{\delta}\cdot(\boldsymbol{p}\times\boldsymbol{o})+\boldsymbol{d}\cdot\boldsymbol{o}\\ \boldsymbol{\delta}\cdot(\boldsymbol{n}\times\boldsymbol{a}) & \boldsymbol{\delta}\cdot(\boldsymbol{o}\times\boldsymbol{a}) & 0 & \boldsymbol{\delta}\cdot(\boldsymbol{p}\times\boldsymbol{a})+\boldsymbol{d}\cdot\boldsymbol{a}\\ 0&0&0&0\end{bmatrix}$$

$$=\begin{bmatrix}0 & -\boldsymbol{\delta}\cdot\boldsymbol{a} & \boldsymbol{\delta}\cdot\boldsymbol{o} & \boldsymbol{\delta}\cdot(\boldsymbol{p}\times\boldsymbol{n})+\boldsymbol{d}\cdot\boldsymbol{n}\\ \boldsymbol{\delta}\cdot\boldsymbol{a} & 0 & -\boldsymbol{\delta}\cdot\boldsymbol{n} & \boldsymbol{\delta}\cdot(\boldsymbol{p}\times\boldsymbol{o})+\boldsymbol{d}\cdot\boldsymbol{o}\\ -\boldsymbol{\delta}\cdot\boldsymbol{o} & \boldsymbol{\delta}\cdot\boldsymbol{n} & 0 & \boldsymbol{\delta}\cdot(\boldsymbol{p}\times\boldsymbol{a})+\boldsymbol{d}\cdot\boldsymbol{a}\\ 0&0&0&0\end{bmatrix}$$

从而可以得到，两者微分平移和微分旋转之间的关系为

$$\begin{cases}{}^T dx=\boldsymbol{\delta}\cdot(\boldsymbol{p}\times\boldsymbol{n})+\boldsymbol{d}\cdot\boldsymbol{n}=\boldsymbol{n}\cdot(\boldsymbol{\delta}\times\boldsymbol{p}+\boldsymbol{d})\\ {}^T dy=\boldsymbol{\delta}\cdot(\boldsymbol{p}\times\boldsymbol{o})+\boldsymbol{d}\cdot\boldsymbol{o}=\boldsymbol{o}\cdot(\boldsymbol{\delta}\times\boldsymbol{p}+\boldsymbol{d})\\ {}^T dz=\boldsymbol{\delta}\cdot(\boldsymbol{p}\times\boldsymbol{a})+\boldsymbol{d}\cdot\boldsymbol{a}=\boldsymbol{a}\cdot(\boldsymbol{\delta}\times\boldsymbol{p}+\boldsymbol{d})\end{cases},\begin{cases}{}^T\delta_x=\boldsymbol{\delta}\cdot\boldsymbol{n}\\ {}^T\delta_y=\boldsymbol{\delta}\cdot\boldsymbol{o}\\ {}^T\delta_z=\boldsymbol{\delta}\cdot\boldsymbol{a}\end{cases} \tag{3.17}$$

将$\{{}^T\boldsymbol{d}\quad{}^T\boldsymbol{\delta}\}$与$\{\boldsymbol{d}\quad\boldsymbol{\delta}\}$的关系用矩阵表示为

$$\begin{bmatrix} {}^Td_x \\ {}^Td_y \\ {}^Td_z \\ {}^T\delta_x \\ {}^T\delta_y \\ {}^T\delta_z \end{bmatrix} = \begin{bmatrix} n_x & n_y & n_z & (\boldsymbol{p}\times\boldsymbol{n})_x & (\boldsymbol{p}\times\boldsymbol{n})_y & (\boldsymbol{p}\times\boldsymbol{n})_z \\ o_x & o_y & o_z & (\boldsymbol{p}\times\boldsymbol{o})_x & (\boldsymbol{p}\times\boldsymbol{o})_y & (\boldsymbol{p}\times\boldsymbol{o})_z \\ a_x & a_y & a_z & (\boldsymbol{p}\times\boldsymbol{a})_x & (\boldsymbol{p}\times\boldsymbol{a})_z & (\boldsymbol{p}\times\boldsymbol{a})_z \\ 0 & 0 & 0 & n_x & n_y & n_z \\ 0 & 0 & 0 & o_x & o_y & o_z \\ 0 & 0 & 0 & a_x & a_y & a_z \end{bmatrix} \begin{bmatrix} d_x \\ d_y \\ d_z \\ \delta_x \\ \delta_y \\ \delta_z \end{bmatrix} \Rightarrow \begin{bmatrix} {}^T\boldsymbol{d} \\ {}^T\boldsymbol{\delta} \end{bmatrix} = \begin{bmatrix} \boldsymbol{R}^{\mathrm{T}} & -\boldsymbol{R}^{\mathrm{T}}\boldsymbol{S}(\boldsymbol{p}) \\ 0 & \boldsymbol{R}^{\mathrm{T}} \end{bmatrix} \begin{bmatrix} \boldsymbol{d} \\ \boldsymbol{\delta} \end{bmatrix}$$

其中，$\boldsymbol{R}=\begin{bmatrix} n_x & o_x & a_x \\ n_y & o_y & a_y \\ n_z & o_z & a_z \end{bmatrix}$，$\boldsymbol{S}(\boldsymbol{p})=\begin{bmatrix} 0 & -p_z & p_y \\ p_z & 0 & -p_x \\ -p_y & p_x & 0 \end{bmatrix}$

$$\boldsymbol{R}^{\mathrm{T}}\boldsymbol{S}(\boldsymbol{p})=\begin{bmatrix} n_x & n_y & n_z \\ o_x & o_y & o_z \\ a_x & a_y & a_z \end{bmatrix}\begin{bmatrix} 0 & -p_z & p_y \\ p_z & 0 & -p_x \\ -p_y & p_x & 0 \end{bmatrix}=\begin{bmatrix} n_yp_z-n_zp_y & -n_xp_z+n_zp_x & n_xp_y-n_yp_x \\ o_yp_z-o_zp_y & -o_xp_z+o_zp_x & o_xp_y-o_yp_x \\ a_yp_z-a_zp_y & -a_xp_z+a_zp_x & a_xp_y-a_yp_x \end{bmatrix}$$

相应地，任意两坐标系$\{A\}$和$\{B\}$之间广义速度的坐标变换为

$$\begin{bmatrix} {}^B\boldsymbol{v} \\ {}^B\boldsymbol{\omega} \end{bmatrix} = \begin{bmatrix} {}^B_A\boldsymbol{R} & -{}^B_A\boldsymbol{R}\boldsymbol{S}({}^A\boldsymbol{P}_{BO}) \\ 0 & {}^B_A\boldsymbol{R} \end{bmatrix} \begin{bmatrix} {}^A\boldsymbol{v} \\ {}^A\boldsymbol{\omega} \end{bmatrix} \tag{3.18}$$

$$\begin{bmatrix} {}^A\boldsymbol{v} \\ {}^A\boldsymbol{\omega} \end{bmatrix} = \begin{bmatrix} {}^A_B\boldsymbol{R} & -{}^A_B\boldsymbol{R}\boldsymbol{S}({}^B\boldsymbol{P}_{AO}) \\ 0 & {}^A_B\boldsymbol{R} \end{bmatrix} \begin{bmatrix} {}^B\boldsymbol{v} \\ {}^B\boldsymbol{\omega} \end{bmatrix} \tag{3.19}$$

3.2　雅可比矩阵

两空间之间速度的线性映射关系可表示为雅可比矩阵(简称雅可比)。它可以看成从关节空间到操作空间(笛卡儿空间)运动速度的传动比，同时也可用来表示两空间之间力的传递关系。首先来看一个2自由度的平面机械手，如图3.1所示。

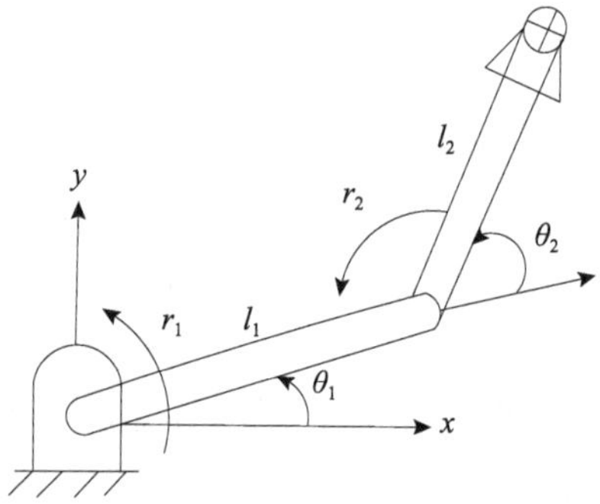

图3.1　2自由度的平面机械手示意图

基于前面讲述的机器人运动学建模方法，容易求得图3.1所示的平面机械手末端手爪相对于基坐标系的位置关系为

$\begin{cases} x=l_1c_1+l_2c_{12} \\ y=l_1s_1+l_2s_{12} \end{cases}$，将其微分得$\begin{cases} \mathrm{d}x=\dfrac{\partial x}{\partial\theta_1}\mathrm{d}\theta_1+\dfrac{\partial x}{\partial\theta_2}\mathrm{d}\theta_2 \\ \mathrm{d}y=\dfrac{\partial y}{\partial\theta_1}\mathrm{d}\theta_1+\dfrac{\partial y}{\partial\theta_2}\mathrm{d}\theta_2 \end{cases}$，写成矩阵形式为$\begin{bmatrix} \mathrm{d}x \\ \mathrm{d}y \end{bmatrix}=\begin{bmatrix} \dfrac{\partial x}{\partial\theta_1} & \dfrac{\partial x}{\partial\theta_2} \\ \dfrac{\partial y}{\partial\theta_1} & \dfrac{\partial y}{\partial\theta_2} \end{bmatrix}\begin{bmatrix} \mathrm{d}\theta_1 \\ \mathrm{d}\theta_2 \end{bmatrix}$，即$\begin{bmatrix} \mathrm{d}x \\ \mathrm{d}y \end{bmatrix}=\begin{bmatrix} -l_1s_1-l_2s_{12} & -l_2s_{12} \\ l_1c_1+l_2c_{12} & l_2c_{12} \end{bmatrix}\begin{bmatrix} \mathrm{d}\theta_1 \\ \mathrm{d}\theta_2 \end{bmatrix}$，简写成

$$\mathrm{d}\boldsymbol{x}=\boldsymbol{J}\,\mathrm{d}\boldsymbol{\theta} \tag{3.20}$$

式中，$\boldsymbol{J}$称为机械手的雅可比矩阵，它由函数x、y的偏微分组成，反映了关节微小位移$\mathrm{d}\boldsymbol{\theta}$与手爪微小运动$\mathrm{d}\boldsymbol{x}$之间的关系。

假设关节速度为$\dot{\boldsymbol{\theta}}=[\dot{\theta}_1,\dot{\theta}_2]^{\mathrm{T}}$，手爪速度为$\boldsymbol{v}=\dot{\boldsymbol{x}}=[\dot{x},\dot{y}]^{\mathrm{T}}$。对$\mathrm{d}\boldsymbol{x}=\boldsymbol{J}\mathrm{d}\boldsymbol{\theta}$两边同除以$\mathrm{d}t$，得$\dfrac{\mathrm{d}x}{\mathrm{d}t}=\boldsymbol{J}\dfrac{\mathrm{d}\boldsymbol{\theta}}{\mathrm{d}t}\Rightarrow\dot{\boldsymbol{x}}=\boldsymbol{J}\dot{\boldsymbol{\theta}}\Rightarrow\boldsymbol{v}=\boldsymbol{J}\boldsymbol{\omega}$。因此机械手的雅可比矩阵定义为它的操作空间速度与关节空间速度的线性变换。$\dot{\boldsymbol{x}}$(或$\boldsymbol{v}$)为手爪在操作空间中的广义速度，简称操作速度，$\dot{\boldsymbol{\theta}}$为关节速度。

机器人的雅可比矩阵描述了机器人关节空间相对操作空间速度的传动比。设$\boldsymbol{x}$为表示机械

手末端位姿(位置和姿态)的广义位置矢量，$\boldsymbol{q}$ 为机械手的关节坐标矢量，若有 n 个关节，则为 n 维矢量。$\boldsymbol{x}=\boldsymbol{x}(\boldsymbol{q})\Rightarrow\dot{\boldsymbol{x}}=\sum_{i=1}^{6}\sum_{j=1}^{n}\frac{\partial x_i}{\partial q_j}\dot{q}_j=\boldsymbol{J}(\boldsymbol{q})\dot{\boldsymbol{q}}$，$\boldsymbol{J}(\boldsymbol{q})$ 为 $i\times j$ 的矩阵，从而，$\boldsymbol{J}$ 是 $6\times n$ 的偏导数矩阵，它的第 i 行第 j 列的元素为

$$\boldsymbol{J}_{ij}(\boldsymbol{q})=\frac{\partial x_i(\boldsymbol{q})}{\partial q_j}\quad i=1,2,\cdots,6;j=1,2,\cdots,n \tag{3.21}$$

矩阵形式可以表示为

$$\begin{bmatrix}\boldsymbol{v}\\ \boldsymbol{w}\end{bmatrix}=\begin{bmatrix}J_{11} & J_{12} & \cdots & J_{1n}\\ J_{21} & J_{22} & \cdots & J_{2n}\\ J_{31} & J_{32} & \cdots & J_{3n}\\ J_{41} & J_{42} & \cdots & J_{4n}\\ J_{51} & J_{52} & \cdots & J_{5n}\\ J_{61} & J_{62} & \cdots & J_{6n}\end{bmatrix}\begin{bmatrix}\dot{q}_1\\ \dot{q}_2\\ \vdots\\ \dot{q}_{n-1}\\ \dot{q}_n\end{bmatrix} \tag{3.22}$$

机器人雅可比矩阵 $\boldsymbol{J}$ 可写成分块的形式：

$$\begin{bmatrix}\boldsymbol{v}\\ \boldsymbol{\omega}\end{bmatrix}=\begin{bmatrix}J_{L1} & J_{L2} & \cdots & J_{Ln}\\ J_{A1} & J_{A2} & \cdots & J_{An}\end{bmatrix}\begin{bmatrix}\dot{q}_1\\ \dot{q}_2\\ \vdots\\ \dot{q}_n\end{bmatrix} \tag{3.23}$$

于是，手爪的线速度 $\boldsymbol{v}$ 和角速度 $\boldsymbol{\omega}$ 即可表示为各个关节速度 $\dot{q}_i$ 的线性函数。$\boldsymbol{v}=\boldsymbol{J}_{L1}\dot{\boldsymbol{q}}_1+\boldsymbol{J}_{L2}\dot{\boldsymbol{q}}_2+\cdots+\boldsymbol{J}_{Ln}\dot{\boldsymbol{q}}_n$，$\omega=\boldsymbol{J}_{A1}\dot{\boldsymbol{q}}_1+\boldsymbol{J}_{A2}\dot{\boldsymbol{q}}_2+\cdots+\boldsymbol{J}_{An}\dot{\boldsymbol{q}}_n$。

上述 2 自由度的平面机械手的雅可比矩阵 $\boldsymbol{J}=\begin{bmatrix}-l_1s_1-l_2s_{12} & -l_2s_{12}\\ l_1c_1+l_2c_{12} & l_2c_{12}\end{bmatrix}$，可以看出，$\boldsymbol{J}$ 的值随手爪位置的不同而不同，即 θ_1 和 θ_2 的改变会导致 $\boldsymbol{J}$ 的变化。对于关节空间的某些形位，机械手的雅可比矩阵的秩减小，这些形位称为操作臂(机械手)的奇异形位。当 $\theta_2=0°$或 $\theta_2=180°$时，机械手的雅可比矩阵行列式为 0，矩阵的秩为 1，因此处于奇异状态。在奇异形位时，机械手在操作空间的自由度将减少。

只要知道机械手的雅可比矩阵 $\boldsymbol{J}$ 是满秩的方阵，相应的关节速度即可求出，即 $\dot{\boldsymbol{\theta}}=\boldsymbol{J}^{-1}\dot{\boldsymbol{x}}$。上例平面 2 自由度机械手的逆雅可比矩阵 $\boldsymbol{J}^{-1}=\frac{1}{l_1l_2s_2}\begin{bmatrix}l_2c_{12} & l_2s_{12}\\ -l_1c_1-l_2c_{12} & -l_1s_1-l_2s_{12}\end{bmatrix}$，于是得到与末端速度 $\dot{\boldsymbol{x}}=[1,0]^{\mathrm{T}}$ 相应的关节速度：$\dot{\theta}_1=\frac{c_{12}}{l_1s_2}$，$\dot{\theta}_2=-\frac{c_1}{l_2s_2}-\frac{c_{12}}{l_1s_2}$。显然，当 θ_2 趋于 0°(或 180°)时，机械手接近奇异形位，相应的关节速度将趋于无穷大。

3.3　四足机器人雅可比矩阵的一般求解方法

对于本书中的四足机器人来说，将一条腿视为一个机械手，足端可达区域即操作空间，腿部的 3 个关节即关节空间。有 4 种方法可以用于推导雅可比矩阵，分别为正运动学方法、矢量积法、微分变换法和连杆速度法。这 4 种方法都是基于连杆空间坐标系求解雅可比矩阵。4 种方法中，正运动学方法需要知道各个连杆的齐次变换矩阵，同样地，微分变换法也需要知道各个连杆的齐次变换矩阵。矢量积法求解雅可比矩阵的列矩阵时，在计算过程中是基于基础坐标系进行求解的。连杆速度法表示基于基础坐标系的连杆速度进行变换，计算从连杆线速度和角速度到末端连杆线速度和角速度的变换。

在第 2 章，推导了四足机器人右后腿的运动学方程，利用正运动学方法求出了机器人右后腿的雅可比矩阵，如式(2.50)所示。本章利用机器人右后腿的结构示意图(图 2.20)，基于矢量积法、微分变换法和连杆速度法来推导机器人的雅可比矩阵，以提升对机器人关节运动速度的理解。

3.3.1 基于矢量积法的雅可比矩阵计算方法

1. 矢量积法

矢量积法将每个关节对末端手爪速度的影响表示为雅可比矩阵的一列，因为雅可比矩阵是关节空间的所有关节速度相对操作空间的传递，用此种方法得到的是相对于基坐标系的雅可比矩阵。

矢量积法直接着眼于雅可比矩阵的构造。它基于运动坐标系，来构造末端手爪的线速度和角速度与基坐标系的线性映射，也就是从关节空间速度到操作空间速度的映射：

$$\begin{bmatrix} \boldsymbol{v} \\ \boldsymbol{\omega} \end{bmatrix} = \boldsymbol{J}_n(\boldsymbol{\theta})\dot{\boldsymbol{\theta}} \tag{3.24}$$

式中，$\boldsymbol{\theta}=[\theta_1 \quad \theta_2 \quad \cdots \quad \theta_n]^{\mathrm{T}}$，$\dot{\boldsymbol{\theta}}=[\dot{\theta}_1 \quad \dot{\theta}_2 \quad \cdots \quad \dot{\theta}_n]^{\mathrm{T}}$。

由上述公式可看出，雅可比矩阵的行数等于操作空间的维数，四足机器人腿末端为 6 维，所以，其广义速度为 6×1 的矢量，则雅可比矩阵 $\boldsymbol{J}_n(\boldsymbol{\theta})$也为 6 维；雅可比矩阵的列数等于从基坐标系到末端手爪所包含的关节个数。所以雅可比矩阵的前 3 行表示各个关节到手爪的线速度的传递，后 3 行表示各个关节到末端手爪角速度的传递。而 $\boldsymbol{J}(\boldsymbol{\theta})$的每一列表示相应的关节速度，即 $\dot{\theta}_i$ 对末端手爪速度的传递。下面以关节 i 的运动为例，介绍 $\boldsymbol{J}_i(\boldsymbol{\theta})$的计算。假设 i 是旋转关节，$\{b\}$为基坐标系。

1) 角速度求解

首先求其相对于自身坐标系的角速度，由于关节围绕 z 轴旋转，所以在 x、y 轴上无分量，表示为

$${}^{i}\boldsymbol{\omega}_i = {}^{i}\boldsymbol{z}_i\dot{\boldsymbol{\theta}}_i = \begin{bmatrix} 0 \\ 0 \\ 1 \end{bmatrix}\dot{\boldsymbol{\theta}}_i \tag{3.25}$$

等式两端同时乘以从$\{b\}$到$\{i\}$的旋转矩阵${}^{b}_{i}\boldsymbol{R}$，得到关节 i 相对于基坐标系的角速度：

$${}^{b}_{i}\boldsymbol{R}\,{}^{i}\boldsymbol{\omega}_i = {}^{b}_{i}\boldsymbol{R}\,{}^{i}\boldsymbol{z}_i\dot{\boldsymbol{\theta}}_i = {}^{b}_{i}\boldsymbol{R}\begin{bmatrix} 0 \\ 0 \\ 1 \end{bmatrix}\dot{\boldsymbol{\theta}}_i = {}^{b}\boldsymbol{z}_i\dot{\boldsymbol{\theta}}_i \tag{3.26}$$

式中，${}^{b}\boldsymbol{z}_i$ 为${}^{b}_{i}\boldsymbol{R}$ 矩阵的第 3 列。

2) 线速度求解

旋转关节上的线速度是由该关节上的角速度引起的，以关节 i 为例，设其自身坐标系原点处的矢径为 $\boldsymbol{p}^i$，原点处线速度就为角速度 $\boldsymbol{\omega}$ 在矢径 $\boldsymbol{p}^i$ 处引起的线速度，所以

$$\boldsymbol{v}_i = \boldsymbol{p}^i\boldsymbol{\omega} \tag{3.27}$$

$$\boldsymbol{p}^i = {}^{b}\boldsymbol{z}_i \times {}^{i}\boldsymbol{p}^{b}_{n} \tag{3.28}$$

式中，${}^{b}\boldsymbol{z}_i$ 为 i 关节相对于基坐标系在 z_i 轴方向的旋转变量；${}^{i}\boldsymbol{p}^{b}_{n}$ 表示末端手爪坐标系的原点相对于坐标系$\{i\}$的位置在基坐标系$\{b\}$的表示：${}^{b}\boldsymbol{z}_i={}^{b}_{i}\boldsymbol{R}\,{}^{i}\boldsymbol{z}_i={}^{b}_{i}\boldsymbol{R}[0 \quad 0 \quad 1]^{\mathrm{T}}$，${}^{i}\boldsymbol{p}^{b}_{n}={}^{b}_{i}\boldsymbol{R}\,{}^{i}\boldsymbol{p}_n$ 中${}^{i}\boldsymbol{p}_n$ 为齐次变换矩阵${}^{i}_{n}\boldsymbol{T}$ 中的第 4 列$[p_x \quad p_y \quad p_z]^{\mathrm{T}}$。将式(3.28)代入式(3.27)中，得到第 i 个关节的线速度为

$$\boldsymbol{v}=({}^{b}\boldsymbol{z}_{i}\times{}^{i}\boldsymbol{p}_{n}^{b})\dot{\boldsymbol{\theta}}_{i}$$

3）广义速度求解

综合以上所求得的线速度和角速度，得到第 i 个关节相对于基坐标系的广义速度为

$$\begin{bmatrix}\boldsymbol{v}\\ \boldsymbol{\omega}\end{bmatrix}=\begin{bmatrix}{}^{b}\boldsymbol{z}_{i}\times{}^{i}\boldsymbol{p}_{n}^{b}\\ {}^{b}\boldsymbol{z}_{i}\end{bmatrix}\dot{\boldsymbol{\theta}}_{i} \tag{3.29}$$

利用雅可比矩阵分块公式，可得到整个雅可比矩阵：

$$\boldsymbol{J}(\boldsymbol{\theta})=\begin{bmatrix}{}^{b}\boldsymbol{z}_{1}\times{}^{1}\boldsymbol{p}_{n}^{b} & {}^{b}\boldsymbol{z}_{2}\times{}^{2}\boldsymbol{p}_{n}^{b} & \cdots & {}^{b}\boldsymbol{z}_{n}\times{}^{n}\boldsymbol{p}_{n}^{b}\\ {}^{b}\boldsymbol{z}_{1} & {}^{b}\boldsymbol{z}_{2} & \cdots & {}^{b}\boldsymbol{z}_{n}\end{bmatrix} \tag{3.30}$$

上述求得的雅可比矩阵是相对于基坐标系 $\{b\}$ 而言的，有时候会要求手爪绕某一个轴进行控制，则需要得到广义速度在手爪坐标系中的表示，只要在 $\boldsymbol{v}$ 和 $\boldsymbol{\omega}$ 前同时乘上从 $\{b\}$ 到 $\{n\}$ 的旋转矩阵 ${}_{b}^{n}\boldsymbol{R}$ 即可，有

$$\begin{bmatrix}{}^{n}\boldsymbol{v}\\ {}^{n}\boldsymbol{\omega}\end{bmatrix}=\begin{bmatrix}{}_{b}^{n}\boldsymbol{R} & 0\\ 0 & {}_{b}^{n}\boldsymbol{R}\end{bmatrix}\begin{bmatrix}\boldsymbol{v}\\ \boldsymbol{\omega}\end{bmatrix} \tag{3.31}$$

将式(3.24)代入式(3.31)，得到手爪相对于自身坐标系的广义速度：

$$\begin{bmatrix}{}^{n}\boldsymbol{v}\\ {}^{n}\boldsymbol{\omega}\end{bmatrix}=\begin{bmatrix}{}_{b}^{n}\boldsymbol{R} & 0\\ 0 & {}_{b}^{n}\boldsymbol{R}\end{bmatrix}\boldsymbol{J}(\boldsymbol{\theta})\dot{\boldsymbol{\theta}}$$

进而得到两个雅可比矩阵的相互关系：

$${}^{T}\boldsymbol{J}(\boldsymbol{\theta})=\begin{bmatrix}{}_{b}^{n}\boldsymbol{R} & 0\\ 0 & {}_{b}^{n}\boldsymbol{R}\end{bmatrix}\boldsymbol{J}(\boldsymbol{\theta})$$

2. 基于矢量积法的四足机器人雅可比矩阵推导

在开始计算之前，根据上文所述的计算方法可知，我们需要计算出 ${}^{b}\boldsymbol{z}_{i}$、${}^{i}\boldsymbol{p}_{n}$、${}_{i}^{b}\boldsymbol{R}$，将所得值代入公式 $\boldsymbol{V}_{n}=\boldsymbol{J}(\boldsymbol{\theta})[\dot{\theta}_{1}\quad\dot{\theta}_{2}\quad\cdots\quad\dot{\theta}_{n}]^{\mathrm{T}}$，可直接求得末端手爪相对于基坐标系 $\{b\}$ 的雅可比矩阵。

1）计算 ${}^{b}\boldsymbol{z}_{i}$

求各个关节相对于基坐标系的旋转矩阵：

$${}_{0}^{b}\boldsymbol{R}=\begin{bmatrix}0 & -1 & 0\\ 1 & 0 & 0\\ 0 & 0 & 1\end{bmatrix}\quad {}_{1}^{b}\boldsymbol{R}=\begin{bmatrix}0 & 0 & -1\\ c_{1} & -s_{1} & 0\\ -s_{1} & -c_{1} & 0\end{bmatrix}\quad {}_{2}^{b}\boldsymbol{R}=\begin{bmatrix}s_{2} & c_{2} & 0\\ c_{1}c_{2} & -c_{1}s_{2} & -s_{1}\\ -s_{1}c_{2} & s_{1}s_{2} & -c_{1}\end{bmatrix}$$

$${}_{3}^{b}\boldsymbol{R}=\begin{bmatrix}s_{23} & c_{23} & 0\\ c_{1}c_{23} & -c_{1}s_{23} & -s_{1}\\ -s_{1}c_{23} & s_{1}s_{23} & -c_{1}\end{bmatrix}\quad {}_{4}^{b}\boldsymbol{R}=\begin{bmatrix}s_{23} & c_{23} & 0\\ c_{1}c_{23} & -c_{1}s_{23} & -s_{1}\\ -s_{1}c_{23} & s_{1}s_{23} & -c_{1}\end{bmatrix}$$

由此可得到

$${}^{b}\boldsymbol{z}_{0}=[0\quad 0\quad 1]^{\mathrm{T}}\quad {}^{b}\boldsymbol{z}_{1}=[-1\quad 0\quad 0]^{\mathrm{T}}\quad {}^{b}\boldsymbol{z}_{2}=[0\quad -s_{1}\quad -c_{1}]^{\mathrm{T}}$$
$${}^{b}\boldsymbol{z}_{3}=[0\quad -s_{1}\quad -c_{1}]^{\mathrm{T}}\quad {}^{b}\boldsymbol{z}_{4}=[0\quad -s_{1}\quad -c_{1}]^{\mathrm{T}}$$

2）计算 ${}^{i}\boldsymbol{p}_{n}$

求各个关节到末端手爪的变换矩阵

$${}_{4}^{0}\boldsymbol{T}=\begin{bmatrix}c_{1}c_{23} & -c_{1}s_{23} & -s_{1} & L_{1}c_{1}-w+L_{2}c_{1}c_{2}+L_{3}c_{1}c_{23}\\ -s_{23} & -c_{23} & 0 & -L_{2}s_{2}-L_{3}s_{23}\\ -s_{1}c_{23} & s_{1}s_{23} & -c_{1} & -L_{1}s_{1}-L_{2}s_{1}c_{2}-L_{3}s_{1}c_{23}\\ 0 & 0 & 0 & 1\end{bmatrix}$$

$$
{}_4^1\boldsymbol{T}=\begin{pmatrix} c_{23} & -s_{23} & 0 & L_1+L_2c_2+L_3c_{23} \\ 0 & 0 & 1 & 0 \\ -s_{23} & -c_{23} & 0 & -L_2s_2-L_3s_{23} \\ 0 & 0 & 0 & 1 \end{pmatrix}
$$

$$
{}_4^2\boldsymbol{T}=\begin{pmatrix} c_3 & -s_3 & 0 & L_2+L_3c_3 \\ s_3 & c_3 & 0 & L_3s_3 \\ 0 & 0 & 1 & 0 \\ 0 & 0 & 0 & 1 \end{pmatrix} \quad {}_4^3\boldsymbol{T}=\begin{pmatrix} 1 & 0 & 0 & L_3 \\ 0 & 1 & 0 & 0 \\ 0 & 0 & 1 & 0 \\ 0 & 0 & 0 & 1 \end{pmatrix} \quad {}_4^4\boldsymbol{T}=\begin{pmatrix} 0 & 0 & 0 & 0 \\ 0 & 0 & 0 & 0 \\ 0 & 0 & 0 & 0 \\ 0 & 0 & 0 & 0 \end{pmatrix}
$$

由此可得到

$$
{}^0\boldsymbol{p}_4=\begin{pmatrix} L_1c_1-w+L_3c_1c_{23}+L_2c_1c_2 \\ -L_2s_2-L_3s_{23} \\ -L_1s_1-L_3s_1c_{23}-L_2c_2s_1 \end{pmatrix} \quad {}^1\boldsymbol{p}_4=\begin{pmatrix} L_1+L_2c_2+L_3c_{23} \\ 0 \\ -L_2s_2-L_3s_{23} \end{pmatrix} \quad {}^2\boldsymbol{p}_4=\begin{bmatrix} L_2+L_3c_3 \\ L_3s_3 \\ 0 \end{bmatrix}
$$

$$
{}^3\boldsymbol{p}_4=\begin{bmatrix} L_3 \\ 0 \\ 0 \end{bmatrix} \quad {}^4\boldsymbol{p}_4=\begin{bmatrix} 0 \\ 0 \\ 0 \end{bmatrix}
$$

3）计算${}^i\boldsymbol{p}_4^b$

由上文得${}^i\boldsymbol{p}_n^b={}_i^b\boldsymbol{R}\,{}^i\boldsymbol{p}_n$，即${}^i\boldsymbol{p}_4^b={}_i^b\boldsymbol{R}\,{}^i\boldsymbol{p}_4$，所以得到

$$
{}^0\boldsymbol{p}_4^b=\begin{bmatrix} L_2s_2+L_3s_{23} \\ L_1c_1-w+L_2c_1c_2+L_3c_1c_{23} \\ -L_1s_1-L_2s_1c_2-L_3s_1c_{23} \end{bmatrix} \quad {}^1\boldsymbol{p}_4^b=\begin{bmatrix} -L_2s_2-L_3s_{23} \\ L_1c_1+L_2c_1c_2+L_3c_1c_{23} \\ -L_1s_1-L_2s_1c_2-L_3s_1c_{23} \end{bmatrix}
$$

$$
{}^2\boldsymbol{p}_4^b=\begin{bmatrix} L_2s_2+L_3s_{23} \\ L_2c_1c_2+L_3c_1c_{23} \\ -L_2s_1c_2-L_3s_1c_{23} \end{bmatrix} \quad {}^3\boldsymbol{p}_4^b=\begin{bmatrix} L_3s_{23} \\ L_3c_1c_{23} \\ -L_3s_1c_{23} \end{bmatrix} \quad {}^4\boldsymbol{p}_4^b=\begin{bmatrix} 0 \\ 0 \\ 0 \end{bmatrix}
$$

4）计算 $\boldsymbol{J}(\boldsymbol{\theta})$的每一列

由上文可以得到

$$
\boldsymbol{J}_1(\boldsymbol{\theta})=\begin{bmatrix} {}^b\boldsymbol{z}_0\times{}^0\boldsymbol{p}_4^b \\ {}^b\boldsymbol{z}_0 \end{bmatrix}=\begin{bmatrix} -L_1c_1+w-L_2c_1c_2-L_3c_1c_{23} \\ L_2s_2+L_3s_{23} \\ 0 \\ 0 \\ 0 \\ 1 \end{bmatrix}
$$

$$
\boldsymbol{J}_2(\boldsymbol{\theta})=\begin{bmatrix} {}^b\boldsymbol{z}_1\times{}^1\boldsymbol{p}_4^b \\ {}^b\boldsymbol{z}_1 \end{bmatrix}=\begin{bmatrix} 0 \\ -L_1s_1-L_2s_1c_2-L_3s_1c_{23} \\ -L_1c_1-L_2c_1c_2-L_3c_1c_{23} \\ -1 \\ 0 \\ 0 \end{bmatrix}
$$

$$
\boldsymbol{J}_3(\boldsymbol{\theta})=\begin{bmatrix} {}^b\boldsymbol{z}_2\times{}^2\boldsymbol{p}_4^b \\ {}^b\boldsymbol{z}_2 \end{bmatrix}=\begin{bmatrix} -L_2c_2-L_3c_{23} \\ -L_2c_1s_2-L_3c_1s_{23} \\ L_2s_1s_2+L_3s_1s_{23} \\ 0 \\ -s_1 \\ -c_1 \end{bmatrix}
$$

$$J_4(\boldsymbol{\theta})=\begin{bmatrix}{}^b\boldsymbol{z}_3\times{}^3\boldsymbol{p}_4^b\\ {}^b\boldsymbol{z}_3\end{bmatrix}=\begin{bmatrix}-L_3c_{23}\\-L_3c_1s_{23}\\L_3s_1s_{23}\\0\\-s_1\\-c_1\end{bmatrix}$$

$$J_5(\boldsymbol{\theta})=\begin{bmatrix}{}^b\boldsymbol{z}_4\times{}^4\boldsymbol{p}_4^b\\ {}^b\boldsymbol{z}_4\end{bmatrix}=\begin{bmatrix}0\\0\\0\\0\\-s_1\\-c_1\end{bmatrix}$$

综上所述，由式(3.30)的表示形式，最后可以得到相对于基坐标系$\{b\}$的雅可比矩阵$\boldsymbol{J}(\boldsymbol{q})=[\boldsymbol{J}_1(\boldsymbol{q}),\boldsymbol{J}_2(\boldsymbol{q}),\boldsymbol{J}_3(\boldsymbol{q}),\boldsymbol{J}_4(\boldsymbol{q}),\boldsymbol{J}_5(\boldsymbol{q})]$。

3.3.2　基于微分变换法的雅可比矩阵计算方法

1. 微分变换法

由于速度可以看成单位采样时间内的微分运动位移，因此，利用操作空间速度与关节空间速度微分运动的关系，可以得到基于微分变换法的雅可比矩阵。经过微分变换法求解的雅可比矩阵是相对于操作空间坐标系而言的。$\dot{\boldsymbol{x}}=\boldsymbol{J}(\boldsymbol{q})\dot{\boldsymbol{q}}$ 式中的 $\dot{\boldsymbol{q}}$ 是关节速度矢量，$\dot{\boldsymbol{x}}$ 是操作速度矢量。需要了解的是经过 $\dot{\boldsymbol{q}}$ 的变换矩阵计算出来的雅可比矩阵，变换矩阵的行数表示机器人操作空间的维数，而列数表示机器人的关节数。因此机器人雅可比矩阵 $\boldsymbol{J}$ 是 $6\times n$ 阶的矩阵(n 表示机器人的关节数)。雅可比矩阵的前 3 行与线速度有关，而后 3 行与角速度有关，微分变换法的计算步骤如下。

(1) 计算各个连杆间的变换矩阵${}^0_1\boldsymbol{T},{}^1_2\boldsymbol{T},\cdots,{}^{n-1}_{\ n}\boldsymbol{T}$。

(2) 计算各个连杆到操作端连杆的变换矩阵${}^{n-1}_{\ n}\boldsymbol{T},{}^{n-2}_{\ n}\boldsymbol{T},\cdots,{}^0_n\boldsymbol{T}$。

(3) 计算 $\boldsymbol{J}(\boldsymbol{q})$的各列元素。根据关节 i(移动关节或者转动关节)，由${}^i\boldsymbol{T}_n$ 计算 $\boldsymbol{J}_i$ 列，如图 3.2 所示，给出了雅可比矩阵各个关节的向量关系图，可以很清晰地看出变换矩阵之间的关系，方便下面对雅可比矩阵的求解。

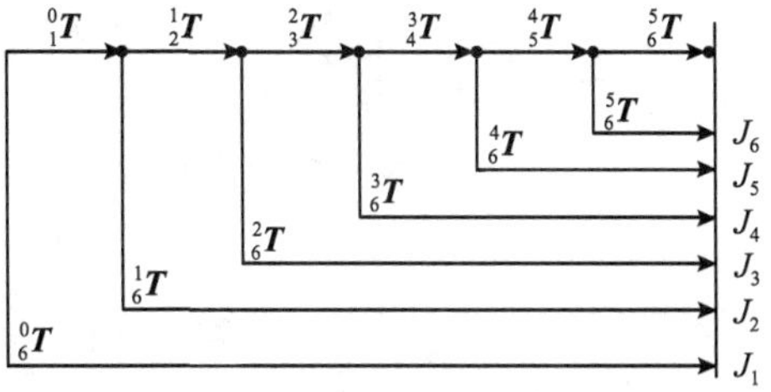

图 3.2　雅可比矩阵各个关节向量关系图

2. 基于微分变换法的四足机器人雅可比矩阵推导

根据上述微分变换法的计算过程，计算出各个连杆到末端连杆的变换矩阵${}^{n-1}_{\ n}\boldsymbol{T}$，${}^{n-2}_{\ n}\boldsymbol{T},\cdots,{}^0_n\boldsymbol{T}$，最终得到雅可比矩阵。但是，首先需要判断各个关节是转动关节还是移动关节，不同关节对应的计算方法也不相同，说明如下。

如果连杆 i 的微分转动 $\mathrm{d}\theta_i$ 相当于微分运动矢量$\boldsymbol{d}=[0,0,0]^{\mathrm{T}}$，$\boldsymbol{\delta}=[0,0,1]^{\mathrm{T}}\mathrm{d}\theta_i$，可得出手爪相应的微分运动矢量为

$$\begin{bmatrix}{}^Td_x\\{}^Td_y\\{}^Td_z\\{}^T\delta_x\\{}^T\delta_y\\{}^T\delta_z\end{bmatrix}=\begin{bmatrix}(\boldsymbol{p}\times\boldsymbol{n})_z\\(\boldsymbol{p}\times\boldsymbol{o})_z\\(\boldsymbol{p}\times\boldsymbol{a})_z\\n_z\\o_z\\a_z\end{bmatrix}\mathrm{d}\theta_i \tag{3.32}$$

关节 i 是移动关节，连杆 i 相对于连杆 $i-1$ 作微分移动 $\mathrm{d}d_i$，即 $\boldsymbol{d}=[0,0,1]^{\mathrm{T}}$，$\delta=[0,0,0]^{\mathrm{T}}\mathrm{d}\theta_i$，可得出手爪相应的微分运动矢量为

$$\begin{bmatrix} {}^{T}d_x \\ {}^{T}d_y \\ {}^{T}d_z \\ {}^{T}\delta_x \\ {}^{T}\delta_y \\ {}^{T}\delta_z \end{bmatrix} = \begin{bmatrix} n_z \\ o_z \\ a_z \\ 0 \\ 0 \\ 0 \end{bmatrix} \mathrm{d}d_i \tag{3.33}$$

利用手爪相应的微分运动矢量矩阵可以得到机器人雅可比矩阵的各个列矢量，各个列矢量的求取将取决于各个连杆到末端连杆的变换矩阵${}^{n-1}_{n}\boldsymbol{T}$，${}^{n-2}_{n}\boldsymbol{T}$，…，${}^{0}_{n}\boldsymbol{T}$。对于转动关节，求解雅可比矩阵的第 i 列则按相应的微分运动矢量矩阵计算；对于移动关节，则按微分运动矢量矩阵的矩阵表示计算，由此得到雅可比矩阵的第 i 列为

$$\begin{gathered} {}^{T}\boldsymbol{J}_{li}=\begin{bmatrix} (\boldsymbol{p}\times\boldsymbol{n})_z \\ (\boldsymbol{p}\times\boldsymbol{o})_z \\ (\boldsymbol{p}\times\boldsymbol{a})_z \end{bmatrix}(\text{转动关节 } i) \quad {}^{T}\boldsymbol{J}_{li}=\begin{bmatrix} n_z \\ o_z \\ a_z \end{bmatrix}(\text{移动关节 } i) \\ {}^{T}\boldsymbol{J}_{ai}=\begin{bmatrix} n_z \\ o_z \\ a_z \end{bmatrix}(\text{转动关节 } i) \quad {}^{T}\boldsymbol{J}_{ai}=\begin{bmatrix} 0 \\ 0 \\ 0 \end{bmatrix}(\text{移动关节 } i) \end{gathered} \tag{3.34}$$

式中，$\boldsymbol{n}$、$\boldsymbol{o}$、$\boldsymbol{a}$、$\boldsymbol{p}$ 是${}^{i}_{n}\boldsymbol{T}$ 的 4 个列向量，上述方法只需要知道每个连杆的变换${}^{i-1}_{i}\boldsymbol{T}$ 就可自动生成雅可比矩阵，不需要求导和解方程等，具有相对较好的计算效率。

根据上述基于微分变换法的计算步骤，接下来需要求各个连杆到机器人末端连杆的变换矩阵：

$${}^{3}_{4}\boldsymbol{T}=\begin{pmatrix} 1 & 0 & 0 & L_3 \\ 0 & 1 & 0 & 0 \\ 0 & 0 & 1 & 0 \\ 0 & 0 & 0 & 1 \end{pmatrix} \quad {}^{2}_{3}\boldsymbol{T}{}^{3}_{4}\boldsymbol{T}=\begin{pmatrix} c_3 & -s_3 & 0 & L_2+L_3c_3 \\ s_3 & c_3 & 0 & L_3s_3 \\ 0 & 0 & 1 & 0 \\ 0 & 0 & 0 & 1 \end{pmatrix} \tag{3.35}$$

$${}^{1}_{2}\boldsymbol{T}{}^{2}_{3}\boldsymbol{T}{}^{3}_{4}\boldsymbol{T}=\begin{pmatrix} c_{23} & -s_{23} & 0 & L_1+L_2c_2+L_3c_{23} \\ 0 & 0 & 1 & 0 \\ -s_{23} & -c_{23} & 0 & -L_2s_2-L_3s_{23} \\ 0 & 0 & 0 & 1 \end{pmatrix} \tag{3.36}$$

$${}^{0}_{1}\boldsymbol{T}{}^{1}_{2}\boldsymbol{T}{}^{2}_{3}\boldsymbol{T}{}^{3}_{4}\boldsymbol{T}=\begin{pmatrix} c_1c_{23} & -c_1s_{23} & -s_1 & L_1c_1+L_2c_1c_2+L_3c_1c_{23}-w \\ -s_{23} & -c_{23} & 0 & -L_2s_2-L_3s_{23} \\ -s_1c_{23} & s_1s_{23} & -c_1 & -L_1s_1-L_2s_1c_2-L_3s_1c_{23} \\ 0 & 0 & 0 & 1 \end{pmatrix} \tag{3.37}$$

$${}^{b}_{0}\boldsymbol{T}{}^{0}_{1}\boldsymbol{T}{}^{1}_{2}\boldsymbol{T}{}^{2}_{3}\boldsymbol{T}{}^{3}_{4}\boldsymbol{T}=\begin{pmatrix} s_{23} & c_{23} & 0 & L_3s_{23}+L_2s_2-b \\ c_1c_{23} & -c_1s_{23} & -s_1 & L_1c_1-w+L_3c_1c_{23}+L_2c_1c_2 \\ -s_1c_{23} & s_1s_{23} & -c_1 & -L_1s_1-L_3s_1c_{23}-L_2c_2s_1-h \\ 0 & 0 & 0 & 1 \end{pmatrix} \tag{3.38}$$

雅可比矩阵求解：基于上面给出的变换矩阵${}^{3}_{4}\boldsymbol{T}$ 的各元素，可得到

$$\boldsymbol{P}_5=\begin{pmatrix} L_3 \\ 0 \\ 0 \end{pmatrix} \quad \boldsymbol{P}_5\times\boldsymbol{n}=\begin{vmatrix} i & j & k \\ L_3 & 0 & 0 \\ n_x & n_y & n_z \end{vmatrix} \quad (\boldsymbol{P}_5\times\boldsymbol{n})_z=L_3n_y \quad \begin{bmatrix} (\boldsymbol{P}_5\times\boldsymbol{n})_z \\ (\boldsymbol{P}_5\times\boldsymbol{o})_z \\ (\boldsymbol{P}_5\times\boldsymbol{a})_z \end{bmatrix}=\begin{bmatrix} 0 \\ L_3 \\ 0 \end{bmatrix} \tag{3.39}$$

从而，可以得到雅可比矩阵的第 5 列为

$$
{}^{T}\boldsymbol{J}_5=\begin{bmatrix}0\\L_3\\0\\0\\0\\1\end{bmatrix} \tag{3.40}
$$

利用同样的方式通过变换矩阵${}^{2}_{4}\boldsymbol{T}$，由 $\boldsymbol{P}_4=\begin{pmatrix}L_2+L_3c_3\\L_3s_3\\0\end{pmatrix}$可以求得雅可比矩阵的第 4 列为

$$
{}^{T}\boldsymbol{J}_4=\begin{bmatrix}(\boldsymbol{P}_4\times\boldsymbol{n})_z\\(\boldsymbol{P}_4\times\boldsymbol{o})_z\\(\boldsymbol{P}_4\times\boldsymbol{a})_z\\n_z\\o_z\\a_z\end{bmatrix}=\begin{bmatrix}(L_3c_3+L_2)n_y-L_3s_3n_x\\(L_3c_3+L_2)o_y-L_3s_3o_x\\(L_3c_3+L_2)a_y-L_3s_3a_x\\n_z\\o_z\\a_z\end{bmatrix}=\begin{bmatrix}L_2s_3\\L_3+L_2c_3\\0\\0\\0\\1\end{bmatrix} \tag{3.41}
$$

通过变换矩阵${}^{1}_{4}\boldsymbol{T}$，由 $\boldsymbol{P}_3=\begin{bmatrix}L_1+L_2c_2+L_3c_{23}\\0\\-L_2s_2-L_3s_{23}\end{bmatrix}$，可以求得雅可比矩阵的第 3 列为

$$
{}^{T}\boldsymbol{J}_3=\begin{bmatrix}0\\0\\L_1+L_2c_2+L_3c_{23}\\-s_{23}\\-c_{23}\\0\end{bmatrix} \tag{3.42}
$$

通过变换矩阵${}^{0}_{4}\boldsymbol{T}$，由 $\boldsymbol{P}_2=\begin{bmatrix}L_1c_1-w+L_3c_1c_{23}+L_2c_1c_2\\-L_2s_2-L_3s_{23}\\-L_1s_1-L_3s_1c_{23}-L_2c_2s_1\end{bmatrix}$，可以求得雅可比矩阵的第 2 列为

$$
{}^{T}\boldsymbol{J}_2=\begin{bmatrix}(-L_1c_1+w)s_{23}+L_2c_1s_2c_{23}-L_2c_1c_2s_{23}\\(-L_1c_1+w)c_{23}-L_2c_1c_2c_{23}-L_2s_2c_1s_{23}-L_3c_1\\-(L_2s_2+L_3s_{23})s_1\\-s_1c_{23}\\s_1s_{23}\\-c_1\end{bmatrix} \tag{3.43}
$$

$$
\boldsymbol{P}_1=\begin{bmatrix}L_3s_{23}+L_2s_2-b\\L_1c_1-w+L_3c_1c_{23}+L_2c_1c_2\\-L_1s_1-L_3s_1c_{23}-L_2c_2s_1-h\end{bmatrix} \tag{3.44}
$$

通过变换矩阵${}^{b}_{4}\boldsymbol{T}$，可以求得雅可比矩阵的第 1 列为

$$
{}^{T}\boldsymbol{J}_1=\begin{bmatrix}(L_2s_2-b)c_1c_{23}-(L_1c_1-w+L_2c_1c_2)s_{23}\\-(L_2s_2-b)c_1s_{23}-(L_1c_1-w+L_2c_1c_2)c_{23}-L_3c_1\\-(L_3s_{23}+L_2s_2-b)s_1\\-s_1c_{23}\\s_1s_{23}\\-c_1\end{bmatrix} \tag{3.45}
$$

最终得到的雅可比矩阵结果如下：

$$
{}^{T}\boldsymbol{J}=\begin{bmatrix}(L_2s_2-b)c_1c_{23}-(L_1c_1-w+L_2c_1c_2)s_{23} & (L_1c_1+w)s_{23}+L_2c_1s_2c_{23}-L_2c_1c_2s_{23} & 0 & L_2s_3 & 0\\-(L_2s_2-b)c_1s_{23}-(L_1c_1-w+L_2c_1c_2)c_{23}-L_3c_1 & (-L_1c_1+w)c_{23}-L_2c_1c_2c_{23}-L_2s_2c_1s_{23}-L_3c_1 & 0 & L_3+L_2c_3L_3 & \\-(L_3s_{23}+L_2s_2-b)s_1 & -(L_2s_2+L_3s_{23})s_1 & L_1+L_2c_2+L_3c_{23} & 0 & 0\\-s_1c_{23} & -s_1c_{23} & -s_{23} & 0 & 0\\s_1s_{23} & s_1s_{23} & -c_{23} & 0 & 0\\-c_1 & -c_1 & 0 & 1 & 1\end{bmatrix}
$$

3.3.3 基于连杆速度法的雅可比矩阵计算方法

1. 连杆速度法

连杆速度法从基坐标系的原点出发，依次计算下一个关节连杆的线速度和角速度，直到得到手爪坐标系相对于自身的线速度和角速度，利用得到的矩阵右乘手爪坐标系相对于基坐标系的旋转矩阵，得到最终的相对于基坐标系的雅可比矩阵。

连杆速度传递是指已知基座速度和各个关节的旋转角度，从基座速度开始，经过各个关节，依次推导下一个关节的角速度和线速度，最后得到末端执行器相对于基坐标系的广义速度。如式(3.23)所示，将$[\theta_1 \quad \theta_2 \quad \cdots \quad \theta_n]^{\mathrm{T}}$提出来，雅可比矩阵可表示为

$$
\begin{bmatrix}\boldsymbol{v}\\\boldsymbol{\omega}\end{bmatrix}=\boldsymbol{J}_n(\boldsymbol{\theta})\dot{\boldsymbol{\theta}} \tag{3.46}
$$

以第 i 个关节为例，已知第 i 个关节相对于其本身的广义速度，定义${}^{i}\boldsymbol{v}_i$、${}^{i}\boldsymbol{\omega}_i$ 为连杆 i 相对于自身坐标系的线速度和角速度。$\boldsymbol{v}_i$、$\boldsymbol{\omega}_i$ 是连杆 i 相对于基坐标系$\{b\}$的线速度和角速度。

1) 角速度的传递

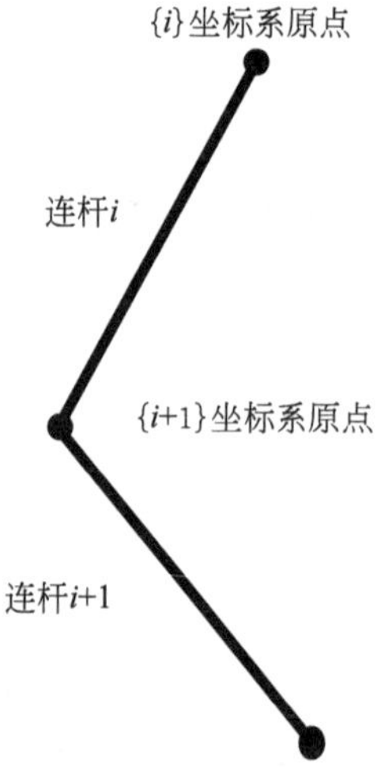

图 3.3　连杆 i 与连杆 $i+1$ 示意图

如图 3.3 所示，连杆 $i+1$ 相对于自身的角速度是连杆 i 的角速度和连杆 $i+1$ 绕轴 z_{i+1} 旋转引起的。因此，从连杆 i 的角速度出发来递推连杆 $i+1$ 的角速度时，需要知道${}^{i}\boldsymbol{\omega}_i$ 和连杆 $i+1$ 绕轴 z_{i+1} 旋转角度 θ_{i+1}。

首先，${}^{i+1}\boldsymbol{\omega}_{i+1}$ 是相对于$\{i+1\}$坐标系而言的，所以要将${}^{i}\boldsymbol{\omega}_i$ 转变为相对于$\{i+1\}$坐标系的角速度，可得

$$^{i+1}\boldsymbol{\omega}_i={}^{i+1}_{i}\boldsymbol{R}\,{}^{i}\boldsymbol{\omega}_i \tag{3.47}$$

式中，$^{i+1}_{i}\boldsymbol{R}$ 是从$\{i\}$坐标系到$\{i+1\}$坐标系的旋转矩阵。然后，需要计算连杆 $i+1$ 绕轴 z_{i+1} 旋转的角速度，由于连杆只围绕 z 轴旋转，所以在 x、y 轴上无分量，表示为

$$\dot{\theta}_{i+1}{}^{i+1}\boldsymbol{z}_{i+1}=\begin{bmatrix}0\\0\\1\end{bmatrix}\dot{\theta}_{i+1}=\begin{bmatrix}0\\0\\\dot{\theta}_{i+1}\end{bmatrix} \tag{3.48}$$

需要注意的是，$^{i+1}\boldsymbol{z}_{i+1}$ 是 $\boldsymbol{z}_{i+1}$ 相对于自身的单位向量，所以为$[0\quad 0\quad 1]^{\mathrm{T}}$。

最后，将式(3.47)和式(3.48)相加，得到连杆 $i+1$ 相对于$\{i+1\}$坐标系的角速度，表示为

$$^{i+1}\boldsymbol{\omega}_{i+1}={}^{i+1}_{i}\boldsymbol{R}\,{}^{i}\boldsymbol{\omega}_i+\dot{\theta}_{i+1}{}^{i+1}\boldsymbol{z}_{i+1} \tag{3.49}$$

从而可以从基坐标系的角速度开始往末端递推，最后得到末端手爪连杆 n 相对于自身坐标系的角速度$^{n}\boldsymbol{\omega}_n$。

2）线速度的传递

以图 3.3 为例，需要特别注意的是，线速度是指连杆原点处的线速度。所以连杆 $i+1$ 原点的线速度等于连杆 i 原点的线速度加上连杆 i 绕 z_i 轴旋转产生的分量。可见，需要知道连杆 i 的线速度$^{i}\boldsymbol{v}_i$ 和角速度$^{i}\boldsymbol{\omega}_i$。

首先，计算连杆 i 绕 z_i 轴转动产生的分量$^{i}\boldsymbol{\omega}_i\times{}^{i}\boldsymbol{p}_{i+1}$。其中，$^{i}\boldsymbol{p}_{i+1}$ 为$\{i\}$坐标系到$\{i+1\}$坐标系的变换矩阵$^{i+1}_{i}\boldsymbol{T}$ 中的位移变换列$[p_x\quad p_y\quad p_z]^{\mathrm{T}}$。

然后，在将其与$^{i}v_i$ 相加，得到$\{i+1\}$坐标系的原点相对于$\{i\}$坐标系的线速度：

$$^{i}\boldsymbol{v}_{i+1}={}^{i}\boldsymbol{v}_i+{}^{i}\boldsymbol{\omega}_i\times{}^{i}\boldsymbol{p}_{i+1} \tag{3.50}$$

最后，在式(3.50)两端同时乘以从$\{i\}$坐标系到$\{i+1\}$坐标系的旋转矩阵$^{i+1}_{i}\boldsymbol{R}$，得到$\{i+1\}$坐标系原点相对于自身坐标系的线速度$^{i+1}\boldsymbol{v}_{i+1}$：

$$^{i+1}\boldsymbol{v}_{i+1}={}^{i+1}_{i}\boldsymbol{R}({}^{i}\boldsymbol{v}_i+{}^{i}\boldsymbol{\omega}_i\times{}^{i}\boldsymbol{p}_{i+1}) \tag{3.51}$$

利用上式，可以从基坐标系的线速度开始往末端递推，最后得到末端手爪连杆 n 相对于自身坐标系的线速度$^{n}v_n$。

3）雅可比矩阵求解

得到末端手爪连杆 n 相对于自身坐标系的广义速度如下：

$$^{n}\boldsymbol{V}_n=\begin{bmatrix}^{n}\boldsymbol{v}_n\\^{n}\boldsymbol{\omega}_n\end{bmatrix} \tag{3.52}$$

在式(3.52)两端同时乘以从末端手爪坐标系$\{n\}$到基坐标系$\{b\}$的旋转矩阵$^{b}_{n}\boldsymbol{R}$ 可得到末端手爪相对于基坐标系的广义速度：

$$\boldsymbol{V}_n=\begin{bmatrix}^{b}_{n}\boldsymbol{R} & 0\\0 & ^{b}_{n}\boldsymbol{R}\end{bmatrix}\begin{bmatrix}^{n}\boldsymbol{v}_n\\^{n}\boldsymbol{\omega}_n\end{bmatrix} \tag{3.53}$$

再将等式右端变换形式为 $\boldsymbol{J}(\boldsymbol{\theta})[\dot{\theta}_1\quad\dot{\theta}_2\quad\cdots\quad\dot{\theta}_n]^{\mathrm{T}}$，使得

$$\boldsymbol{V}_n=\boldsymbol{J}(\boldsymbol{\theta})[\dot{\theta}_1\quad\dot{\theta}_2\quad\cdots\quad\dot{\theta}_n]^{\mathrm{T}} \tag{3.54}$$

$\boldsymbol{J}(\boldsymbol{\theta})$为即所求雅可比矩阵。

2. 基于连杆速度法的四足机器人雅可比矩阵推导

1）末端执行器相对于基坐标系的角速度计算

先计算各个关节相对其自身坐标系的角速度$^{i}\boldsymbol{\omega}_i$：

$$^{1}\boldsymbol{\omega}_1=\dot{\theta}_1{}^{1}\boldsymbol{z}_1=\dot{\theta}_1\begin{bmatrix}0\\0\\1\end{bmatrix}=\begin{bmatrix}0\\0\\\dot{\theta}_1\end{bmatrix}$$

$$^{2}\boldsymbol{\omega}_{2}={}_{1}^{2}\boldsymbol{R}^{1}\boldsymbol{\omega}_{1}+\dot{\theta}_{2}^{2}\boldsymbol{z}_{2}=\begin{bmatrix}c_2 & 0 & -s_2\\ -s_2 & 0 & -c_2\\ 0 & 1 & 0\end{bmatrix}\begin{bmatrix}0\\0\\\dot{\theta}_1\end{bmatrix}+\begin{bmatrix}0\\0\\\dot{\theta}_2\end{bmatrix}=\begin{bmatrix}-s_2\dot{\theta}_1\\-c_2\dot{\theta}_1\\\dot{\theta}_2\end{bmatrix}$$

$$^{3}\boldsymbol{\omega}_{3}={}_{2}^{3}\boldsymbol{R}^{2}\boldsymbol{\omega}_{2}+\dot{\theta}_{2}^{3}\boldsymbol{z}_{3}=\begin{bmatrix}c_3 & s_3 & 0\\ -s_3 & c_3 & 0\\ 0 & 0 & 1\end{bmatrix}\begin{bmatrix}-s_2\dot{\theta}_1\\-c_2\dot{\theta}_1\\\dot{\theta}_2\end{bmatrix}+\begin{bmatrix}0\\0\\\dot{\theta}_3\end{bmatrix}=\begin{bmatrix}-s_{23}\dot{\theta}_1\\-c_{23}\dot{\theta}_1\\\dot{\theta}_2+\dot{\theta}_3\end{bmatrix}$$

$$^{4}\boldsymbol{\omega}_{4}={}^{3}\boldsymbol{\omega}_{3}=\begin{bmatrix}-s_{23}\dot{\theta}_1\\-c_{23}\dot{\theta}_1\\\dot{\theta}_2+\dot{\theta}_3\end{bmatrix}$$

要得到末端执行器相对于基坐标系的角速度，只需将末端执行器相对于其自身的速度乘上从{4}坐标系到{b}坐标系的变换矩阵，即

$$^{0}\boldsymbol{\omega}_{4}={}_{4}^{b}\boldsymbol{R}^{4}\boldsymbol{\omega}_{4}$$

$$^{b}\boldsymbol{\omega}_{4}={}_{4}^{b}\boldsymbol{R}^{4}\boldsymbol{\omega}_{4}=\begin{bmatrix}s_{23} & c_{23} & 0\\ c_1c_{23} & -c_1s_{23} & -s_1\\ -s_1c_{23} & s_1s_{23} & -c_1\end{bmatrix}\begin{bmatrix}-s_{23}\dot{\theta}_1\\-c_{23}\dot{\theta}_1\\\dot{\theta}_2+\dot{\theta}_3\end{bmatrix}=\begin{bmatrix}-\dot{\theta}_1\\-s_1(\dot{\theta}_2+\dot{\theta}_3)\\-c_1(\dot{\theta}_2+\dot{\theta}_3)\end{bmatrix}$$

2）末端执行器相对于基坐标系的线速度计算

首先，根据下式计算各个关节相对其自身坐标系的线速度$^{i}\boldsymbol{v}_{i}$：

$$^{i+1}\boldsymbol{v}_{i+1}={}_{i}^{i+1}\boldsymbol{R}(^{i}\boldsymbol{v}_{i}+{}^{i}\boldsymbol{\omega}_{i}\,{}_{i}^{i+1}\boldsymbol{p})$$

在本例中：

$$^{0}\boldsymbol{v}_{0}={}^{1}\boldsymbol{v}_{1}=\begin{bmatrix}0\\0\\0\end{bmatrix}$$

$$^{2}\boldsymbol{v}_{2}={}_{1}^{2}\boldsymbol{R}(^{1}v_{1}+{}^{1}\boldsymbol{\omega}_{1}\times{}^{1}\boldsymbol{p}_{2})=\begin{bmatrix}c_2 & 0 & -s_2\\ -s_2 & 0 & -c_2\\ 0 & 1 & 0\end{bmatrix}\left(\begin{bmatrix}0\\0\\0\end{bmatrix}+\begin{bmatrix}0\\0\\\dot{\theta}_1\end{bmatrix}\times\begin{bmatrix}L_1\\0\\0\end{bmatrix}\right)=\begin{bmatrix}0\\0\\L_1\dot{\theta}_1\end{bmatrix}$$

$$^{3}\boldsymbol{v}_{3}={}_{2}^{3}\boldsymbol{R}(^{2}v_{2}+{}^{2}\boldsymbol{\omega}_{2}\times{}^{2}\boldsymbol{p}_{3})=\begin{bmatrix}c_3 & s_3 & 0\\ -s_3 & c_3 & 0\\ 0 & 0 & 1\end{bmatrix}\left(\begin{bmatrix}0\\0\\L_1\dot{\theta}_1\end{bmatrix}+\begin{bmatrix}-s_2\dot{\theta}_1\\-c_2\dot{\theta}_1\\\dot{\theta}_2\end{bmatrix}\times\begin{bmatrix}L_2\\0\\0\end{bmatrix}\right)=\begin{bmatrix}s_3L_2\dot{\theta}_2\\c_3L_2\dot{\theta}_2\\L_1\dot{\theta}_1+L_2c_2\dot{\theta}_1\end{bmatrix}$$

$$^{4}\boldsymbol{v}_{4}={}_{3}^{4}\boldsymbol{R}(^{3}v_{3}+{}^{3}\boldsymbol{\omega}_{3}\times{}_{3}^{4}\boldsymbol{p})=\begin{bmatrix}1 & 0 & 0\\ 0 & 1 & 0\\ 0 & 0 & 1\end{bmatrix}\left(\begin{bmatrix}L_2s_3\dot{\theta}_2\\L_2c_3\dot{\theta}_2\\L_1\dot{\theta}_1+L_2c_2\dot{\theta}_1\end{bmatrix}+\begin{bmatrix}-s_{23}\dot{\theta}_1\\-c_{23}\dot{\theta}_1\\\dot{\theta}_2+\dot{\theta}_3\end{bmatrix}\times\begin{bmatrix}L_3\\0\\0\end{bmatrix}\right)$$

$$=\begin{bmatrix}L_2s_3\dot{\theta}_2\\L_2c_3\dot{\theta}_2+L_3\dot{\theta}_2+L_3\dot{\theta}_3\\L_1\dot{\theta}_1+L_2c_2\dot{\theta}_1+L_3c_{23}\dot{\theta}_1\end{bmatrix}$$

要得到末端执行器相对于基坐标系的线速度，只需将末端执行器相对于其自身的速度乘上从{4}坐标系到{b}坐标系的变换矩阵，即

$$
{}^{b}\boldsymbol{V}_4={}^{b}_{4}\boldsymbol{R}\,{}^{4}\boldsymbol{V}_4=\begin{bmatrix} s_{23} & c_{23} & 0 \\ c_1c_{23} & -c_1s_{23} & -s_1 \\ -s_1c_{23} & s_1s_{23} & -c_1 \end{bmatrix}\begin{bmatrix} L_2s_3\dot{\theta}_2 \\ L_2c_3\dot{\theta}_2+L_3\dot{\theta}_2+L_3\dot{\theta}_3 \\ L_1\dot{\theta}_1+L_2c_2\dot{\theta}_1+L_3c_{23}\dot{\theta}_1 \end{bmatrix}
$$

$$
=\begin{bmatrix} (L_2c_2+L_3c_{23})\dot{\theta}_2+L_3c_{23}\dot{\theta}_3 \\ (-L_2c_1s_2-L_3c_1s_{23})\dot{\theta}_2-L_3c_1s_{23}\dot{\theta}_3-(L_1s_1+L_2s_1c_2+L_3s_1c_{23})\dot{\theta}_1 \\ (L_2s_1s_2+L_3s_1s_{23})\dot{\theta}_2+L_3s_1s_{23}\dot{\theta}_3-(L_1c_1+L_2c_1c_2+L_3c_1c_{23})\dot{\theta}_1 \end{bmatrix}
$$

3）末端执行器相对于基坐标系的速度雅可比矩阵

因为

$$
{}^{0}\boldsymbol{V}_4=\begin{bmatrix} {}^{0}\boldsymbol{\omega}_4 \\ {}^{0}\boldsymbol{v}_4 \end{bmatrix}=\begin{bmatrix} (L_2c_2+L_3c_{23})\dot{\theta}_2+L_3c_{23}\dot{\theta}_3 \\ (-L_2c_1s_2-L_3c_1s_{23})\dot{\theta}_2-L_3c_1s_{23}\dot{\theta}_3-(L_1s_1+L_2s_1c_2+L_3s_1c_{23})\dot{\theta}_1 \\ (L_2s_1s_2+L_3s_1s_{23})\dot{\theta}_2+L_3s_1s_{23}\dot{\theta}_3-(L_1c_1+L_2c_1c_2+L_3c_1c_{23})\dot{\theta}_1 \\ -\dot{\theta}_1 \\ -s_1(\dot{\theta}_2+\dot{\theta}_3) \\ -c_1(\dot{\theta}_2+\dot{\theta}_3) \end{bmatrix}
$$

所以雅可比矩阵为

$$
\boldsymbol{J}=\begin{bmatrix} 0 & L_2c_2+L_3c_{23} & L_3c_{23} \\ -L_1s_1-L_2s_1c_2-L_3s_1c_{23} & -L_2c_1s_2-L_3c_1s_{23} & -L_3c_1s_{23} \\ -L_1c_1-L_2c_1c_2-L_3c_1c_{23} & L_2s_1s_2+L_3s_1s_{23} & L_3s_1s_{23} \\ -1 & 0 & 0 \\ 0 & -s_1 & -s_1 \\ 0 & -c_1 & -c_1 \end{bmatrix} \tag{3.55}
$$

通过计算结果可以看出，矢量积法得到的结果是所有关节空间的关节速度对末端手爪的广义速度相对于基坐标系的传递；连杆速度法得到的结果是所有旋转关节的速度对末端手爪广义速度的传递。可见，连杆速度法的结果包含正运动学结果，矢量积法的结果又包含连杆速度法的结果。微分变换法在知道相邻关节变换矩阵的基础上，需要分别计算出${}^{b}_{4}\boldsymbol{T}$、${}^{0}_{4}\boldsymbol{T}$、${}^{1}_{4}\boldsymbol{T}$、${}^{2}_{4}\boldsymbol{T}$、${}^{3}_{4}\boldsymbol{T}$，每个变换矩阵分别决定自身所对应的雅可比矩阵的列的取值。

这里需要重点指出的是，因为连杆速度法的结果包含正运动学结果，式(2.50)和式(3.55)前3行不同的原因在于第2章运动学推导过程中用了机器人实际使用的角度，θ_1 的取值差90°。基于两者的取值，令式(3.55)中的 $s_1=c_1$，$c_1=-s_1$，则上述两个公式具有一样的结果。

3.3.4　雅可比矩阵计算方法的比较

4种雅可比矩阵的计算方法都是基于四足机器人正运动学的。因此，要推导雅可比矩阵，首先要建立各个关节的坐标系和齐次变换矩阵。

对于四足机器人来说，现在假设齐次变换矩阵${}^{b}_{0}\boldsymbol{T}$、${}^{0}_{1}\boldsymbol{T}$、${}^{1}_{2}\boldsymbol{T}$、${}^{2}_{3}\boldsymbol{T}$、${}^{3}_{4}\boldsymbol{T}$ 已知，在基于正运动学方法推导雅可比矩阵的过程中，需要知道相邻关节的变换矩阵，将相邻关节依次右乘，即可得到足端坐标系相对于基坐标系的变换矩阵：${}^{b}_{4}\boldsymbol{T}={}^{b}_{0}\boldsymbol{T}\,{}^{0}_{1}\boldsymbol{T}\,{}^{1}_{2}\boldsymbol{T}\,{}^{2}_{3}\boldsymbol{T}\,{}^{3}_{4}\boldsymbol{T}$，变换矩阵${}^{b}_{4}\boldsymbol{T}$ 第4列前3行的导数就是所求的雅可比矩阵。

与正运动学方法基于相邻关节的齐次变换矩阵相比，微分变换法需要计算每个关节的关节坐标系相对于末端执行器的变换矩阵。

在矢量积法中，需要首先计算${}_0^bT$、${}_1^0T$、${}_2^1T$、${}_3^2T$、${}_4^3T$，然后计算旋转矩阵${}_0^b\boldsymbol{R}$、${}_1^b\boldsymbol{R}$、${}_2^b\boldsymbol{R}$、${}_3^b\boldsymbol{R}$、${}_4^b\boldsymbol{R}$，再利用旋转矩阵的结果推导${}^b\boldsymbol{z}_0$、${}^b\boldsymbol{z}_1$、${}^b\boldsymbol{z}_2$、${}^b\boldsymbol{z}_3$、${}^b\boldsymbol{z}_4$。通过对${}_4^bT$、${}_4^0T$、${}_4^1T$、${}_4^2T$、${}_4^3T$ 的计算，得到结果 $\boldsymbol{p}$。矢量积法和正运动学法的相同之处在于两者的变换矩阵都是相对于基坐标系$\{b\}$的。

由微分变换法求得的雅可比矩阵${}^T\boldsymbol{J}(\boldsymbol{\theta})$和由矢量积法求得的雅可比矩阵 $\boldsymbol{J}(\boldsymbol{\theta})$之间的关系为

$$
{}^T\boldsymbol{J}(\boldsymbol{\theta})=\begin{bmatrix} {}_4^b\boldsymbol{R}^{\mathrm{T}} & 0 \\ 0 & {}_4^b\boldsymbol{R}^{\mathrm{T}} \end{bmatrix}\boldsymbol{J}(\boldsymbol{\theta}) \tag{3.56}
$$

对于四足机器人而言，由于矢量积法的雅可比矩阵相对于基坐标，因此没有相对于$\{b\}$坐标系的列。同样，因为微分变换法的雅可比矩阵相对于足端坐标系，所以没有相对于$\{4\}$坐标系的列。因此，$\boldsymbol{J}(\boldsymbol{\theta})$的前 4 列相当于${}^T\boldsymbol{J}(\boldsymbol{\theta})$的后 4 列。从而，${}_4^b\boldsymbol{R}^{\mathrm{T}}$ 可以写成

$$
{}_4^b\boldsymbol{R}^{\mathrm{T}}=\begin{bmatrix} s_{23} & c_1c_{23} & -s_1c_{23} \\ c_{23} & -c_1s_{23} & s_1s_{23} \\ 0 & -s_1 & -c_1 \end{bmatrix}
$$

进而得

$$
\begin{bmatrix} {}_4^b\boldsymbol{R}^{\mathrm{T}} & 0 \\ 0 & {}_4^b\boldsymbol{R}^{\mathrm{T}} \end{bmatrix}=\begin{bmatrix} s_{23} & c_1c_{23} & -s_1c_{23} & 0 & 0 & 0 \\ c_{23} & -c_1s_{23} & s_1s_{23} & 0 & 0 & 0 \\ 0 & -s_1 & -c_1 & 0 & 0 & 0 \\ 0 & 0 & 0 & s_{23} & c_1c_{23} & -s_1c_{23} \\ 0 & 0 & 0 & c_{23} & -c_1s_{23} & s_1s_{23} \\ 0 & 0 & 0 & 0 & -s_1 & -c_1 \end{bmatrix}
$$

因此

$$
{}^T\boldsymbol{J}_2=\begin{bmatrix} {}_4^b\boldsymbol{R}^{\mathrm{T}} & 0 \\ 0 & {}_4^b\boldsymbol{R}^{\mathrm{T}} \end{bmatrix}\boldsymbol{J}_1=\begin{bmatrix} (-L_1c_1+w)s_{23}+L_2c_1s_2c_{23}-L_2c_1c_2s_{23} \\ (-L_1c_1+w)c_{23}-L_2c_1c_2c_{23}-L_2s_2c_1s_{23}-L_3c_1 \\ -(L_2s_2+L_3s_{23})s_1 \\ -s_1c_{23} \\ s_1s_{23} \\ -c_1 \end{bmatrix}
$$

$$
{}^T\boldsymbol{J}_3=\begin{bmatrix} {}_4^b\boldsymbol{R}^{\mathrm{T}} & 0 \\ 0 & {}_4^b\boldsymbol{R}^{\mathrm{T}} \end{bmatrix}\boldsymbol{J}_2=\begin{bmatrix} 0 \\ 0 \\ L_1+L_2c_2+L_3c_{23} \\ -s_{23} \\ -c_{23} \\ 0 \end{bmatrix}
$$

$$
{}^T\boldsymbol{J}_4\begin{bmatrix} {}_4^b\boldsymbol{R}^{\mathrm{T}} & 0 \\ 0 & {}_4^b\boldsymbol{R}^{\mathrm{T}} \end{bmatrix}\boldsymbol{J}_3=\begin{bmatrix} L_2s_3 \\ L_3+L_2c_3 \\ 0 \\ 0 \\ 0 \\ 1 \end{bmatrix}\qquad {}^T\boldsymbol{J}_5=\begin{bmatrix} {}_4^b\boldsymbol{R}^{\mathrm{T}} & 0 \\ 0 & {}_4^b\boldsymbol{R}^{\mathrm{T}} \end{bmatrix}\boldsymbol{J}_4=\begin{bmatrix} 0 \\ L_3 \\ 0 \\ 0 \\ 0 \\ 1 \end{bmatrix}
$$

基于上述推导结果，与式(3.46)比较可知，式(3.56)是正确的，且微分变换法等于矢量积法。

基于矢量积法的雅可比矩阵 $\boldsymbol{J}(\boldsymbol{\theta})$ 相对于基坐标系的，但是有时需要沿着一个特殊的轴来控制末端执行器，需要确定相对于末端执行器坐标的广义速度表示，因此可以采用微分变换法来解决这种控制情况。

另外，基于正运动学方法和连杆速度法的雅可比矩阵均为 3 列的矩阵。基于正运动学的结果是 3 个转动关节线速度雅可比矩阵的表达式，而广义速度雅可比矩阵是基于连杆速度法推导的。因此，基于连杆速度法得到的雅可比矩阵的前 3 行就是基于正运动学法得到的雅可比矩阵。在矢量积法中，第 2 列、第 3 列和第 4 列的组合是对应于 3 个旋转关节的广义速度雅可比矩阵，它等于基于连杆速度法求导得出的雅可比矩阵。

对正运动学法、微分变换法、矢量积法和连杆速度法这 4 种方法的计算量做比较。下面给出每种方法求解雅可比矩阵所需的计算量。用“+、−”符号表示加减运算，用“×、÷”符号表示乘除运算。为了便于结果的比较，假设执行一次加法的计算时间是执行一次乘法所需时间的一半。表 3.1 总结了 4 种方法的计算量比较结果。

表 3.1　4 种方法的计算量比较结果

方　法	+、−	×、÷	计算量
正运动学法	192	256	704
微分变换法	485	665	1815
矢量积法	261	375	1011
连杆速度法	66	84	234

如表 3.1 所示，连杆速度法推导雅可比矩阵的计算量比其他 3 种方法要少，其原因是该方法在推导雅可比矩阵时只需要计算连杆速度，其他坐标的速度为零，从而减少了计算量；微分变换法和矢量积法计算量的不同在于微分变换法计算 4×4 的齐次变换矩阵，矢量积法计算 3×3 的旋转矩阵。由于正运动学法只计算雅可比矩阵的线速度，因此计算量小于微分变换法和矢量积法。而基于其他 3 种方法的雅可比矩阵包括线速度矩阵和角速度矩阵。因此，在 4 种方法中，微分变换法的计算量最大。

3.4　静　态　力

本节介绍静态力和力矩的表示方法，以及它们在坐标系之间的变换和等效关节力矩的计算方法。

力和力矩都是矢量，要相对于某个确定的坐标系来进行描述。利用矢量 $\boldsymbol{f}$ 表示力，矢量 $\boldsymbol{m}$ 表示力矩，力与力矩合在一起用矢量 $\boldsymbol{F}$ 表示，称为广义力矢量 $\boldsymbol{F}$。从而三者之间的关系如下：

$$\boldsymbol{F}=[f_x \quad f_y \quad f_z \quad m_x \quad m_y \quad m_z]^{\mathrm{T}} \tag{3.57}$$

例如，一个力矢量 $\boldsymbol{f}=10\boldsymbol{i}+0\boldsymbol{j}-150\boldsymbol{k}$ 和一个力矩矢量 $\boldsymbol{m}=0\boldsymbol{i}-100\boldsymbol{j}+0\boldsymbol{k}$，可用一个 6 维广义力矢量表示为 $\boldsymbol{F}=[10 \quad 0 \quad -150 \quad 0 \quad -100 \quad 0]^{\mathrm{T}}$。

3.4.1　坐标系之间力的变换

虚功原理是指假定有一个广义力矢量 $\boldsymbol{F}$ 作用于一个物体，它引起一个微小的假想位移，称为虚位移 $\boldsymbol{D}_1$，如果物体实际上并未移动，它在这个物体上所做的功称为虚功，且虚功为零，即

$$\delta w = \boldsymbol{F}^{\mathrm{T}} \boldsymbol{D}_1 = 0 \tag{3.58}$$

其中,δw 表示虚功;$\boldsymbol{D}_1 = [d_x \quad d_y \quad d_z \quad \delta_x \quad \delta_y \quad \delta_z]^{\mathrm{T}}$ 表示虚位移的微分运动矢量,$\boldsymbol{F}$ 为力矢量。如果虚位移是由作用在物体上的另一个力向量造成的,那么它对物体的外部作用效果相同。假定这个虚位移用坐标系$\{C\}$来描述,那么就会得到相同的虚功:

$$\delta w = \boldsymbol{F}^{\mathrm{T}} \boldsymbol{D}_1 = {}^{C}\boldsymbol{F}^{\mathrm{T}\,C} \boldsymbol{D}_1 \tag{3.59}$$

即 $\boldsymbol{F}^{\mathrm{T}} \boldsymbol{D}_1 = {}^{C}\boldsymbol{F}^{\mathrm{T}\,C} \boldsymbol{D}_1$。

由于

$$\begin{bmatrix} {}^{C}d_x \\ {}^{C}d_y \\ {}^{C}d_z \\ {}^{C}\delta_x \\ {}^{C}\delta_y \\ {}^{C}\delta_z \end{bmatrix} = \begin{bmatrix} n_x & n_y & n_z & (\boldsymbol{p}\times\boldsymbol{n})_x & (\boldsymbol{p}\times\boldsymbol{n})_y & (\boldsymbol{p}\times\boldsymbol{n})_z \\ o_x & o_y & o_z & (\boldsymbol{p}\times\boldsymbol{o})_x & (\boldsymbol{p}\times\boldsymbol{o})_y & (\boldsymbol{p}\times\boldsymbol{o})_z \\ a_x & a_y & a_z & (\boldsymbol{p}\times\boldsymbol{a})_x & (\boldsymbol{p}\times\boldsymbol{a})_y & (\boldsymbol{p}\times\boldsymbol{a})_z \\ 0 & 0 & 0 & n_x & n_y & n_z \\ 0 & 0 & 0 & o_x & o_y & o_z \\ 0 & 0 & 0 & a_x & a_y & a_z \end{bmatrix} \begin{bmatrix} d_x \\ d_y \\ d_z \\ \delta_x \\ \delta_y \\ \delta_z \end{bmatrix} \tag{3.60}$$

即${}^{C}\boldsymbol{D}_1 = \boldsymbol{J}\boldsymbol{D}_1$,从而得到 $\boldsymbol{F}^{\mathrm{T}} \boldsymbol{D}_1 = {}^{C}\boldsymbol{F}^{\mathrm{T}} \boldsymbol{J} \boldsymbol{D}_1$,于是可以得到 $\boldsymbol{F}^{\mathrm{T}} = {}^{C}\boldsymbol{F}^{\mathrm{T}} \boldsymbol{J}$,转置后可得 $\boldsymbol{F} = \boldsymbol{J}^{\mathrm{T}\,C}\boldsymbol{F}$,即

$$\begin{bmatrix} f_x \\ f_y \\ f_z \\ m_x \\ m_y \\ m_z \end{bmatrix} = \begin{bmatrix} n_x & o_x & a_x & 0 & 0 & 0 \\ n_y & o_y & a_y & 0 & 0 & 0 \\ n_z & o_z & a_z & 0 & 0 & 0 \\ (\boldsymbol{p}\times\boldsymbol{n})_x & (\boldsymbol{p}\times\boldsymbol{o})_x & (\boldsymbol{p}\times\boldsymbol{a})_x & n_x & o_x & a_x \\ (\boldsymbol{p}\times\boldsymbol{n})_y & (\boldsymbol{p}\times\boldsymbol{o})_y & (\boldsymbol{p}\times\boldsymbol{a})_y & n_y & o_y & a_y \\ (\boldsymbol{p}\times\boldsymbol{n})_z & (\boldsymbol{p}\times\boldsymbol{o})_z & (\boldsymbol{p}\times\boldsymbol{a})_z & n_z & o_z & a_z \end{bmatrix} \begin{bmatrix} c_{fx} \\ c_{fy} \\ c_{fz} \\ {}^{c}m_x \\ {}^{c}m_y \\ {}^{c}m_z \end{bmatrix}$$

上式求逆得

$$\begin{bmatrix} {}^{C}f_x \\ {}^{C}f_y \\ {}^{C}f_z \\ {}^{C}m_x \\ {}^{C}m_y \\ {}^{C}m_z \end{bmatrix} = \begin{bmatrix} n_x & n_y & n_z & 0 & 0 & 0 \\ o_x & o_y & o_z & 0 & 0 & 0 \\ a_x & a_y & a_z & 0 & 0 & 0 \\ (\boldsymbol{p}\times\boldsymbol{n})_x & (\boldsymbol{p}\times\boldsymbol{n})_y & (\boldsymbol{p}\times\boldsymbol{n})_z & n_x & n_y & n_z \\ (\boldsymbol{p}\times\boldsymbol{o})_x & (\boldsymbol{p}\times\boldsymbol{o})_y & (\boldsymbol{p}\times\boldsymbol{o})_z & o_x & o_y & o_z \\ (\boldsymbol{p}\times\boldsymbol{a})_x & (\boldsymbol{p}\times\boldsymbol{a})_y & (\boldsymbol{p}\times\boldsymbol{a})_z & a_x & a_y & a_z \end{bmatrix} \begin{bmatrix} f_x \\ f_y \\ f_z \\ m_x \\ m_y \\ m_z \end{bmatrix}$$

由于正交矩阵的逆矩阵和其转置矩阵相等。将上式的上 3 行和下 3 行互换有

$$\begin{bmatrix} {}^{C}m_x \\ {}^{C}m_y \\ {}^{C}m_z \\ {}^{C}f_x \\ {}^{C}f_y \\ {}^{C}f_z \end{bmatrix} = \begin{bmatrix} n_x & n_y & n_z & (\boldsymbol{p}\times\boldsymbol{n})_x & (\boldsymbol{p}\times\boldsymbol{n})_y & (\boldsymbol{p}\times\boldsymbol{n})_z \\ o_x & o_y & o_z & (\boldsymbol{p}\times\boldsymbol{o})_x & (\boldsymbol{p}\times\boldsymbol{o})_y & (\boldsymbol{p}\times\boldsymbol{o})_z \\ a_x & a_y & a_z & (\boldsymbol{p}\times\boldsymbol{a})_x & (\boldsymbol{p}\times\boldsymbol{a})_y & (\boldsymbol{p}\times\boldsymbol{a})_z \\ 0 & 0 & 0 & n_x & n_y & n_z \\ 0 & 0 & 0 & o_x & o_y & o_z \\ 0 & 0 & 0 & a_x & a_y & a_z \end{bmatrix} \begin{bmatrix} m_x \\ m_y \\ m_z \\ f_x \\ f_y \\ f_z \end{bmatrix}$$

从而可知,力和力矩在坐标系之间的变换形式与微分平移和微分旋转的变换形式相同,有

$$\begin{aligned} {}^{C}m_x &= \boldsymbol{n} \cdot [(\boldsymbol{f}\times\boldsymbol{p}) + \boldsymbol{m}] \quad & {}^{c}f_x &= \boldsymbol{n} \cdot \boldsymbol{f} \\ {}^{C}m_y &= \boldsymbol{o} \cdot [(\boldsymbol{f}\times\boldsymbol{p}) + \boldsymbol{m}] \quad & {}^{c}f_y &= \boldsymbol{o} \cdot \boldsymbol{f} \\ {}^{C}m_z &= \boldsymbol{a} \cdot [(\boldsymbol{f}\times\boldsymbol{p}) + \boldsymbol{m}] \quad & {}^{c}f_z &= \boldsymbol{a} \cdot \boldsymbol{f} \end{aligned} \tag{3.61}$$

3.4.2 力雅可比矩阵

机器人与外界环境相互作用时,在接触的地方产生的力 $\boldsymbol{f}$ 和力矩 $\boldsymbol{m}$ 统称为末端广义力(操作力)矢量,记为

$$\boldsymbol{F}=\begin{bmatrix}\boldsymbol{f}\\ \boldsymbol{m}\end{bmatrix} \tag{3.62}$$

在静止状态下，广义力矢量 $\boldsymbol{F}$ 与各个关节的驱动力或力矩相平衡。n 个关节的驱动力或力矩组成 n 维矢量(关节力矢量)：

$$\boldsymbol{\tau}=[\tau_1,\tau_2,\cdots,\tau_n]^{\mathrm{T}} \tag{3.63}$$

利用虚功原理，令各个关节的虚位移为 δq_i，末端执行器相应的虚位移为 $\boldsymbol{D}_1$，各个关节所做的虚功之和与末端执行器所做的虚功应该相等，即关节力所做虚功：

$$\boldsymbol{W}=\boldsymbol{\tau}^{\mathrm{T}}\delta\boldsymbol{q}=\boldsymbol{\tau}_1\delta q_1+\boldsymbol{\tau}_2\delta q_2+\cdots+\boldsymbol{\tau}_n\delta q_n \tag{3.64}$$

末端执行器所做虚功

$$\boldsymbol{W}=\boldsymbol{F}^{\mathrm{T}}\boldsymbol{D}_1=\boldsymbol{f}^{\mathrm{T}}\boldsymbol{d}+\boldsymbol{n}^{\mathrm{T}}\boldsymbol{\delta}$$

从而有 $\boldsymbol{\tau}^{\mathrm{T}}\delta\boldsymbol{q}=\boldsymbol{F}^{\mathrm{T}}\boldsymbol{D}_1=\boldsymbol{W}$，又有 $\boldsymbol{D}_1=\boldsymbol{J}(\boldsymbol{q})d\boldsymbol{q}$，可得

$$\boldsymbol{\tau}=\boldsymbol{J}^{\mathrm{T}}(\boldsymbol{q})\boldsymbol{F} \tag{3.65}$$

$\boldsymbol{J}^{\mathrm{T}}(\boldsymbol{q})$称为操作臂的力雅可比矩阵，它表示在静态平衡状态下，操作力向关节力映射的线性关系。可以看出，操作臂的力雅可比矩阵 $\boldsymbol{J}^{\mathrm{T}}(\boldsymbol{q})$为运动雅可比矩阵 $\boldsymbol{J}(\boldsymbol{q})$的转置，因此静力传递关系与速度传递关系紧密相关，有 $\boldsymbol{\tau}=\boldsymbol{J}^{\mathrm{T}}(\boldsymbol{q})\boldsymbol{F}$ 和 $\boldsymbol{V}=\boldsymbol{J}(\boldsymbol{q})\dot{\boldsymbol{q}}$。

例 3.3　如图 3.4 所示，平面 2 自由度机械手的手爪端点与外界接触，手爪作用于外界环境的力为 ${}^0\boldsymbol{F}=(F_x,F_y)^{\mathrm{T}}[{}^{\mathrm{T}}\boldsymbol{F}=(f_x,f_y)^{\mathrm{T}}]$，若关节无摩擦力存在，求力 ${}^0\boldsymbol{F}$ 的等效关节力矩 $\boldsymbol{\tau}=(\tau_1,\tau_2)^{\mathrm{T}}$。

解：由前面的推导可知，${}^0\boldsymbol{J}=\begin{bmatrix}-l_1s_1-l_2s_{12} & -l_2s_{12}\\ l_1c_1+l_2c_{12} & l_2c_{12}\end{bmatrix}$，

所以得

$$\boldsymbol{\tau}=\begin{bmatrix}\tau_1\\ \tau_2\end{bmatrix}=\boldsymbol{J}^{\mathrm{T}\,0}\boldsymbol{F}=\begin{bmatrix}-l_1s_1-l_2s_{12} & -l_2s_{12}\\ l_1c_1+l_2c_{12} & l_2c_{12}\end{bmatrix}\begin{bmatrix}F_x\\ F_y\end{bmatrix}$$

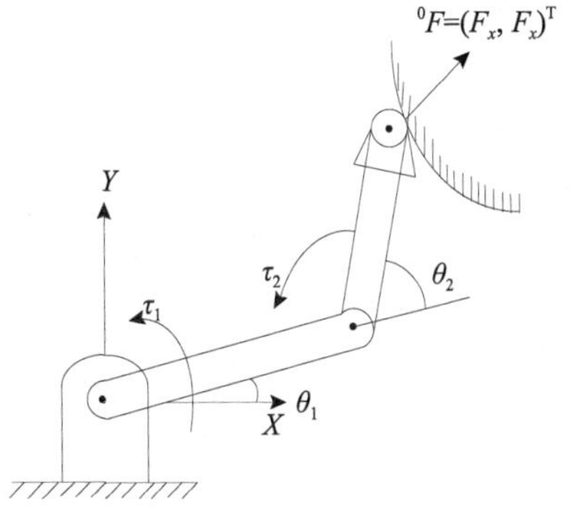

图 3.4　关节力和操作力的关系

设 n 为机器人关节数量，m 为操作空间的维数，则速度映射是从 n 维关节空间向 m 维操作空间的映射。当 $\boldsymbol{J}(\boldsymbol{q})$退化时，操作臂处于奇异形位。静力映射是从 m 维操作空间向 n 维关节空间的映射。利用瞬时运动和静力的对偶关系，可以从瞬时运动关系式(3.18)推导出相应的静力关系：

$$\begin{bmatrix}{}^B\boldsymbol{f}\\ {}^B\boldsymbol{n}\end{bmatrix}=\begin{bmatrix}{}_A^B\boldsymbol{R} & 0\\ \boldsymbol{S}({}^B\boldsymbol{p}_{Ao}){}_A^B\boldsymbol{R} & {}_A^B\boldsymbol{R}\end{bmatrix}\begin{bmatrix}{}^A\boldsymbol{f}\\ {}^A\boldsymbol{n}\end{bmatrix} \tag{3.66}$$

3.4.3　雅可比矩阵的奇异性

机器人腿的雅可比矩阵依赖形位 $\boldsymbol{q}$，关节空间的奇异形位 $\boldsymbol{q}$ 定义为，机器人 $6\times n$ 的雅可比矩阵的秩不是满秩的关节形位 $\boldsymbol{q}$，即满足

$$\mathrm{Rank}[\boldsymbol{J}(\boldsymbol{q})]<\min(6,n) \tag{3.67}$$

相应的操作空间中的点 $\boldsymbol{x}=\boldsymbol{x}(\boldsymbol{q})$为工作空间的奇异点，在奇异点处，操作臂丧失一个或多个操作自由度。一般而言，机器人的奇异形位一般可分为边界奇异形位和内部奇异形位。内部奇异形位通常有两个关节轴线或者多个关节轴线重合，导致机器人各个关节运动相抵消，不产生操作运动；而外部奇异形位一般是指机器人在边界上操作自由度丧失的形位。

习　　题

1. 简要叙述常用的机器人雅可比矩阵的求解方法。
2. 简要描述雅可比矩阵和力雅可比矩阵之间的关系。
3. 简要叙述并推导式(2.50)和式(3.55)表示形式的异同。

第4章 四足机器人动力学分析

为了对机器人的运动进行有效控制，以实现预期的轨迹运动，提高四足机器人的环境适应性和抗干扰能力，必须对四足机器人进行动力学控制。动力学模型的建模方法一般有拉格朗日法、牛顿-欧拉法、凯恩动力学法、高斯法、旋量对偶法。其中拉格朗日法运算量最大，牛顿-欧拉法次之，凯恩动力学法运算量最小且效率最高。

机器人的动力学描述的是机器人运动与其关节驱动力（力矩）之间的动态关系，机器人的动力学模型描述机器人运动与关节驱动力（力矩）间动态关系的微分方程，表示各个关节的关节变量对时间的一阶导数、二阶导数与各执行器驱动力或力矩之间的关系，主要用于机器人的设计和离线编程。

动力学问题分为正问题和逆问题，正动力学是指机器人各执行器的驱动力或力矩已知，求解机器人关节变量在关节变量空间的轨迹或末端执行器在笛卡尔空间的轨迹；逆动力学是指机器人在关节变量空间的轨迹已确定或末端执行器在笛卡尔空间的轨迹已确定（轨迹已被规划），求解机器人各执行器的驱动力或力矩。

本章首先介绍机器人动力的学数学和基础惯性参数的定义，包括转动惯量、惯性张量的概念，然后着重介绍基于拉格朗日方法和牛顿-欧拉法的动力学建模方法，最后给出单腿四足机器人的拉格朗日动力学推导过程。

4.1 机器人动力学数学基础

机器人的静力学和动力学分析是实现机器人动态分析的基础。机器人的静力学描述的是机器人缓慢运动时或静止时作用在机器人上的力和力矩问题，一般用来描述机器人末端与环境接触时，各个关节力（力矩）与接触力的关系；而机器人动力学（正问题和逆问题）主要研究机器人运动和受力之间的关系。正动力学问题主要用于机器人的仿真；逆动力学问题主要用于机器人的实时控制。由于四足机器人的结构比较复杂，其动力学模型非常复杂，难以用于实时控制。因此，如何基于四足机器人的动态特性，合理简化机器人的动力学模型，实现机器人的实时、高质量运动控制，是机器人动力学研究孜孜追求的目标。

机器人静力学、运动学和动力学参数之间的关系如图4.1所示。

静力学：在静止状态下，机器人的末端接触环境时，接触力 $\boldsymbol{F}$ 与关节驱动力 $\boldsymbol{\tau}$ 之间的关系；运动学：关节位移 $\boldsymbol{\theta}$、关节速度 $\dot{\boldsymbol{\theta}}$、关节加速度 $\ddot{\boldsymbol{\theta}}$ 与末端位移 $\boldsymbol{r}$，速度 $\dot{\boldsymbol{r}}$，加速度 $\ddot{\boldsymbol{r}}$ 之间的关系；动力学：在动态情况下，关节驱动力 $\boldsymbol{\tau}$ 和关节位移 $\boldsymbol{\theta}$、关节速度 $\dot{\boldsymbol{\theta}}$、关节加速度 $\ddot{\boldsymbol{\theta}}$ 之间的关系。

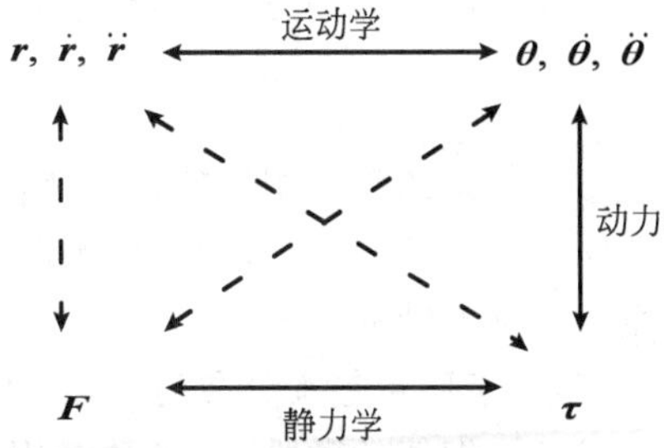

图4.1 机器人静力学、运动学和动力学参数之间的关系

4.2 动能和势能

机器人在运动过程中，要同时考虑机器人的动能和势能（也就是机械能）的影响。动能是指机器人由于运动而具有的能量，动能无方向，是一个大于或等于零的标量。动能的定义如下：

$$K=\frac{1}{2}mv^2 \tag{4.1}$$

其中,m 表示运动物体的质量,v 表示速度。对于由许多构件组成的机器人系统而言,系统的总动能是各个构件的动能之和。

机器人的势能一般只考虑重力势能,其定义为

$$P=mgh \tag{4.2}$$

其中,h 表示物体距离参考水平面的高度,参考坐标系不同,机器人势能就不同。机器人的动能和势能之和称为机器人的机械能,即 $E=K+P$。

4.3 惯性参数

机器人在运动过程中,除了移动,还有部分机构构件的转动,为了求得机器人的动能,需要将角速度信息转化为相应的速度信息。

在应用牛顿-欧拉方程或拉格朗日方程进行动力学分析和计算时,需要首先求解系统的惯性参数,惯性参数包括质量(对于移动)、转动惯量(定轴转动)、惯性张量(定点转动),其中,较为常见的为转动惯量,因此,本章首先介绍转动惯量的相关概念。

4.3.1 转动惯量

转动惯量是指刚体绕轴转动时惯性(旋转物体保持其匀速圆周运动或静止的特性)的量度。设有一转动质点,其角速度 ω 和速度 v 之间的关系为 $v=\omega r$,其中 r 表示质心转动半径。由公式(4.1)可知,质点的转动动能为

$$K=\frac{1}{2}mr^2\omega^2 \tag{4.3}$$

其中,mr^2 就是该质点绕定轴转动时的转动惯量。

刚体可以看成是由多个质点(此处设为 n 个)组成的,对于定轴转动,n 个质点的运动角速度都一样,刚体转动惯量的定义为

$$J=m_1r_1^2+\cdots+m_nr_n^2=\sum_{i=1}^{n}m_ir_i^2=mr_z^2 \tag{4.4}$$

其中,r_i 为质点 m_i 到转动轴 z 的距离,r_z 为刚体 m 相对转动轴 z 的旋转半径。

对于均质刚体(质量连续分布的刚体),设其密度为 ρ,则上式可写成积分形式,即

$$J=\int_m r^2\mathrm{d}m=\int_v r^2\rho\mathrm{d}v \tag{4.5}$$

形状规则的均质刚体的转动惯量可直接从定义式出发,通过积分计算其转动惯量。

例 4.1　如图 4.2 所示,求质量为 m、长为 L 的均质细棒对于通过棒的一个端点且与细棒相互垂直的轴的转动惯量。

解:对于质量连续分布的刚体,往往先取任一质量微元 $\mathrm{d}m$,然后利用密度这个中间量进行转化后求解。细棒的微段 $\mathrm{d}x$ 的质量用线密度 $\rho=m/L$ 表示为 $\mathrm{d}m=\rho\mathrm{d}x$。该微段产生的转动惯量为 $\mathrm{d}I=\mathrm{d}mx^2=\rho x^2\mathrm{d}x$

因此,对 $\mathrm{d}I$ 在长度方向上求积分,可得该细棒的转动惯量 I 为

$$\int_0^L\rho x^2\mathrm{d}x=\left(\frac{m}{L}\frac{x^3}{3}\right)_0^L=\frac{1}{3}mL^2$$

例 4.2　如图 4.3 所示,求质量为 m、长为 L 的均质细棒绕其质心旋转时的转动惯量。

解:先就细棒的一半来求解,然后加倍即可。假定 x 为离细棒中心的距离,则得到

$$I=2\int_{0}^{L/2}\rho x^{2}\mathrm{d}x=2\left(\frac{m}{L}\frac{x^{3}}{3}\right)_{0}^{L/2}=\frac{1}{12}mL^{2}$$

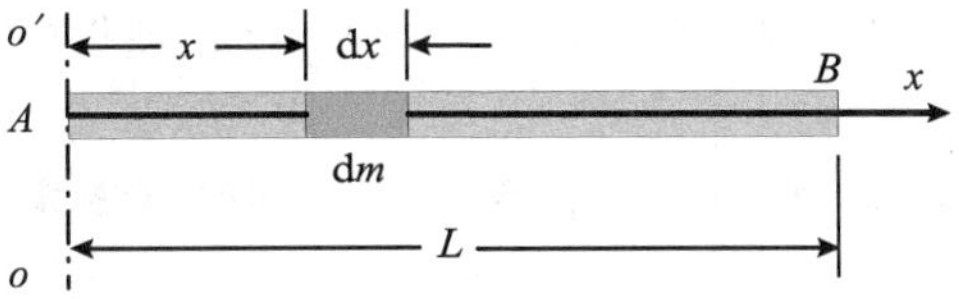

图 4.2　绕一个端点旋转的均质细棒

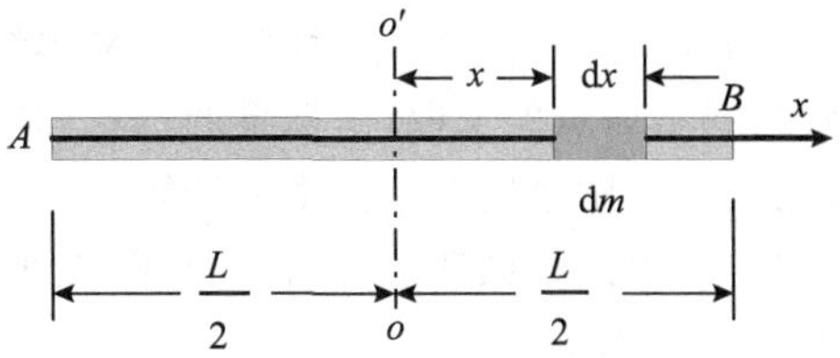

图 4.3　绕质心旋转的均质细棒

计算不同形状刚体的转动惯量时，有时会用到平行轴定理、垂直轴定理（也称正交轴定理）和延伸定则。

平行轴定理：刚体对任一轴的转动惯量，等于刚体对过质心且与该轴平行之轴的转动惯量加上刚体的质量与此两轴间距离平方的乘积。

例如，设刚体对过质心 c 的 Z_c 轴的转动惯量为 I_{zc}，对与 Z_c 轴平行的 Z 轴的转动惯量为 I_z，该两轴间的距离为 d，刚体的质量为 m，则 $I_z=I_{zc}+md^2$。

垂直轴定理：一个平面刚体薄板对于垂直它的平面的轴（称为垂直轴）的转动惯量等于绕平面内与垂直轴相交的任意两正交轴的转动惯量之和。

延伸定则：如果将一个物体的任何一点平行地沿着一直轴做任意大小的位移，则此物体对此轴的转动惯量保持不变。

例 4.3　如图 4.4 所示，求均质圆环对垂直于平面的中心轴的转动惯量（设圆盘质量为 m，半径为 R）。

解：将圆环分成若干微段 $\mathrm{d}m=m_i$，由于每段到中心轴的距离均为 R，所以圆环对中心轴的转动惯量为

$$I_z=\sum m_iR^2=R^2\sum m_i=mR^2$$

例 4.4　如图 4.5 所示，求均质圆板对中心轴的转动惯量（设圆板半径为 R，质量为 m）。

解：将圆板分为无数同心的薄圆环，任一圆环半径为 r_i，宽度为 dr_i，则圆环质量为

$$m_i=2\pi r_i\mathrm{d}r_i\rho_s$$

其中，$\rho_s=\dfrac{m}{\pi R^2}$为单位面积的质量。因此圆板对中心轴的转动惯量为

$$\mathrm{d}m=\frac{m}{\pi R^2}\mathrm{d}A=\frac{m}{\pi R^2}2\pi r\mathrm{d}r=\frac{2m}{R^2}r\mathrm{d}r$$

$$I_z=\int_0^R r^2\mathrm{d}m=\int_0^R\frac{2m}{R^2}r\mathrm{d}r\cdot r^2=\frac{1}{2}mR^2$$

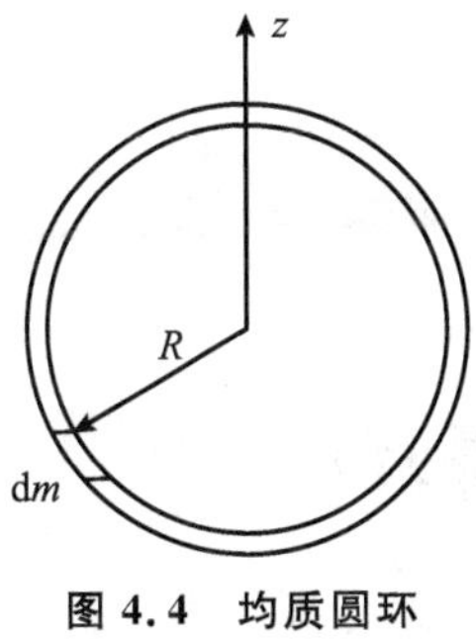

图 4.4　均质圆环

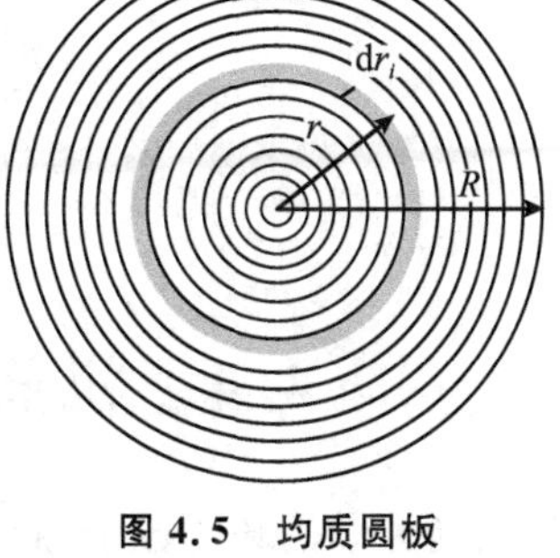

图 4.5　均质圆板

4.3.2 惯性张量

作为转动惯量的推广，惯性张量是刚体绕某一点转动时惯性的量度，表示刚体质量分布的特征。转动惯量与点的选取、坐标系的选取和刚体本身质量分布有关，若选取的坐标系使惯性积都为零，则相应的质量惯性矩为主惯性矩。

令$\{c\}$是以刚体的质心c为原点规定的一个坐标系，相对于坐标系$\{c\}$，惯性张量${}^{c}\boldsymbol{I}$定义为3×3的对称矩阵：

$$
{}^{c}\boldsymbol{I}=\begin{bmatrix} I_{xx} & -I_{xy} & -I_{xz} \\ -I_{xy} & I_{yy} & -I_{yz} \\ -I_{xz} & -I_{yz} & I_{zz} \end{bmatrix} \tag{4.6}
$$

式中，对角线元素是刚体绕三坐标轴x、y、z的惯性矩，即I_{xx}、I_{yy}、I_{zz}，其余元素为惯性积。

其中，对于一般物体，惯性矩

$$
\begin{cases} I_{xx}=\sum\limits_{i=1}^{n} m_i(y_i^2+z_i^2) \\ I_{yy}=\sum\limits_{i=1}^{n} m_i(x_i^2+z_i^2) \\ I_{zz}=\sum\limits_{i=1}^{n} m_i(y_i^2+x_i^2) \end{cases}
$$

惯性积

$$
\begin{cases} I_{xy}=\sum\limits_{i=1}^{n} m_i x_i y_i \\ I_{yz}=\sum\limits_{i=1}^{n} m_i y_i z_i \\ I_{zx}=\sum\limits_{i=1}^{n} m_i z_i x_i \end{cases}
$$

对于均质物体，惯性矩

$$
\begin{cases} I_{xx}=\int_v (y_i^2+z_i^2)\rho\,\mathrm{d}v \\ I_{yy}=\int_v (z_i^2+x_i^2)\rho\,\mathrm{d}v \\ I_{zz}=\int_v (x_i^2+y_i^2)\rho\,\mathrm{d}v \end{cases}
$$

惯性积

$$
\begin{cases} I_{xy}=\int_v xy\rho\,\mathrm{d}v \\ I_{yz}=\int_v yz\rho\,\mathrm{d}v \\ I_{zx}=\int_v zx\rho\,\mathrm{d}v \end{cases}
$$

4.4 机器人动力学建模方法

介绍了机器人动力学的基本数学知识之后，下一步讨论机器人动力学。前面章节介绍的运动学方程描述了机器人的运动，但是没有考虑驱动机器人运动的力和力矩，动力学方程明确地描述了机器人力和运动之间的关系，在机器人设计、运动仿真和控制算法设计中，都需要用到机器人的动力学描述方程。

4.4.1　拉格朗日法

拉格朗日(Lagrange)法是一种基于能量的动力学方法，基于机器人的机械能，以能量的观点建立基于广义坐标系的动力学方程，不考虑动力学的内力项，避开了力、速度、加速度等矢量的复杂运算。拉格朗日法适用于结构比较简单的动力学方程，而对复杂结构，拉格朗日函数的微分运算将变得非常烦琐。不过，这种方法可以与控制系统优化相结合，综合分析，有利于动力学分析与控制模型之间的转化。

系统的拉格朗日函数 L 定义为系统的动能 K 和势能 P 之差，可以表示为

$$L=K-P \tag{4.7}$$

其中，动能 K 和势能 P 可以在任何坐标系中表示，坐标系定义不同，势能 P 的表示形式不同。

对于一般的机器人系统，拉格朗日动力学模型的通用形式为

$$\boldsymbol{M}\ddot{\boldsymbol{q}}+\boldsymbol{C}\dot{\boldsymbol{q}}+\boldsymbol{G}=\boldsymbol{\tau} \tag{4.8}$$

其中，$\boldsymbol{M}$ 为质量矩阵，$\boldsymbol{C}$ 为哥氏力和向心力矩阵，$\boldsymbol{G}$ 为重力矩阵，$\boldsymbol{\tau}$ 为广义力向量。

用 $\boldsymbol{q}$ 表示多自由度机器人关节向量(旋转关节一般用 $\boldsymbol{\theta}$ 表示，平移关节用 $\boldsymbol{d}$ 表示)，则拉格朗日动力学方程可写为如下形式

$$\boldsymbol{\tau}=\frac{\mathrm{d}}{\mathrm{d}t}\frac{\partial L}{\partial \dot{q}}-\frac{\partial L}{\partial \boldsymbol{q}} \tag{4.9}$$

利用式(4.7)，拉格朗日函数 L 的重新表示为

$$L(\boldsymbol{q},\dot{\boldsymbol{q}})=K(\boldsymbol{q},\dot{\boldsymbol{q}})-P(\boldsymbol{q}) \tag{4.10}$$

从而式(4.9)可以写成

$$\boldsymbol{\tau}=\frac{\mathrm{d}}{\mathrm{d}t}\frac{\partial K}{\partial \dot{\boldsymbol{q}}}-\frac{\partial K}{\partial \boldsymbol{q}}+\frac{\partial P}{\partial \boldsymbol{q}} \tag{4.11}$$

下面以 1 自由度机械手(图 4.6)为例说明建立机器人拉格朗日动力学模型的方法，质心位置在连杆中心，广义坐标为 θ。

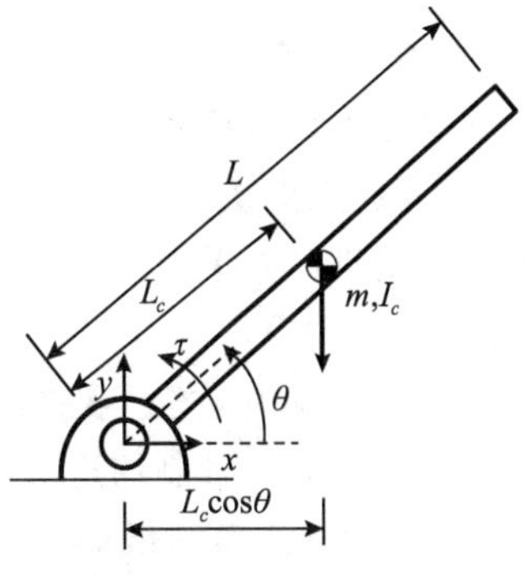

图 4.6　1 自由度机械手

例 4.5　设绕关节轴 z 的转动惯量(相对于 z 轴，而不是相对于刚体质心)为 I_z，z 轴方向为垂直纸面的方向。

解：绕关节轴 z 的转动惯量为 I_z，z 轴方向为垂直纸面的方向。因此总动能

$$K=\frac{1}{2}I\dot{\theta}^2$$

(I 相对于 z 轴，从而总动能只有这一项)

总势能

$$P=mgL_c\sin\theta$$

所以

$$L=K-P=\frac{1}{2}I\dot{\theta}^2-mgL_c\sin\theta$$

$$\frac{\partial L}{\partial \dot{\theta}}=I\dot{\theta}\quad \frac{\partial L}{\partial \theta}=-mgL_c\cos\theta$$

代入拉格朗日动力学方程得

$$I\ddot{\theta}+mgL_c\cos\theta=\tau$$

这里 $I=I_z=I_c+mL_c^2$。

思考：

(1) 若1自由度机械手为均质连杆，质量为 m，长度为 L，结果会怎样？

(2) 若1自由度机械手为集中质量连杆，长度为 L，集中质量 m 在连杆末端 L 处，结果会怎样？

4.4.2 牛顿-欧拉法

牛顿-欧拉法基于杆件受力进行递推，比较适用于实现迭代运算。简单来说就是分析多体系统中每个杆件的受力及惯性力状态，再计算出合力与合运动的过程。因此，如果单纯进行动力学模型的计算，在运算能力允许的情况下，可以通过推导过程逐步计算得出关节力矩，而不用推导出最后的解析表达式。同时，牛顿-欧拉法把运动过程中产生的交互力与内力均计算出来，这也为工程应用及优化过程中对受力状态设置边界条件或者优化函数提供了很大的便利。

牛顿-欧拉法是以牛顿第二运动定律为理论基础，该方法首先根据各个构件的单独受力分析，确定构件的力和加速度之间的关系，最后归纳出整个机器人整体受力与加速度之间的关系。

如果将机械手的连杆看成刚体，它的质心加速度 $\dot{v}_c$、总质量 m 与产生这一加速度的作用力 f 之间的关系足牛顿第二运动定律：

$$f=m\dot{v}_c \tag{4.12}$$

当刚体绕过质心的轴线旋转时，角速度 $\boldsymbol{\omega}$、角加速度 $\dot{\boldsymbol{\omega}}$、惯性张量 ${}^c\boldsymbol{I}$ 与作用力矩 $\boldsymbol{n}$ 之间满足欧拉方程：

$$\boldsymbol{n}={}^c\boldsymbol{I}\dot{\boldsymbol{\omega}}+\boldsymbol{\omega}\times({}^c\boldsymbol{I}\boldsymbol{\omega}) \tag{4.13}$$

两者合起来称为牛顿-欧拉方程。

在牛顿-欧拉动力学建模方法中，将机器人的每个杆件看成刚体，并确定每个杆件质心的位置和表征其质量分布的惯性张量矩阵。当确定机器人坐标系后，根据机器人关节速度和加速度，先由机器人机座开始向手部杆件正向递推出每个杆件在自身坐标系中的速度和加速度，再用牛顿-欧拉方程得到机器人每个杆件上的惯性力和惯性力矩，然后由机器人末端关节开始向第一个关节反向递推出机器人每个关节上承受的力和力矩，最终得到机器人每个关节所需要的驱动力(矩)，确定机器人关节的驱动力(矩)与关节位移、速度和加速度之间的函数关系，即建立了机器人的动力学方程。

例 4.6　试用牛顿-欧拉法推导例 4.5 中机械手的动力学方程。

解：由于关节轴制约连杆的运动，将欧拉方程看成绕固定轴的运动的形式，假设绕关节轴的惯性矩为 $\boldsymbol{I}$，取垂直于纸面方向为 z 轴方向，则由欧拉方程可得

$$\boldsymbol{n}=I\dot{\boldsymbol{\omega}}+\boldsymbol{\omega}\times(I\boldsymbol{\omega})$$

由于该运动是绕固定轴的转动，因此

$$\boldsymbol{\omega}=\begin{bmatrix}0\\0\\\dot{\theta}\end{bmatrix}\quad \dot{\boldsymbol{\omega}}=\begin{bmatrix}0\\0\\\ddot{\theta}\end{bmatrix}\quad I\dot{\boldsymbol{\omega}}=\begin{bmatrix}0\\0\\I\ddot{\theta}\end{bmatrix}\quad \dot{\boldsymbol{\omega}}\times(I\dot{\boldsymbol{\omega}})=\begin{bmatrix}0\\0\\\dot{\theta}\end{bmatrix}\times\begin{bmatrix}0\\0\\I\dot{\theta}\end{bmatrix}=\begin{bmatrix}0\\0\\0\end{bmatrix}$$

于是

$$\boldsymbol{n}=I\dot{\boldsymbol{\omega}}+\boldsymbol{\omega}\times(I\boldsymbol{\omega})=\begin{bmatrix}0\\0\\I\ddot{\theta}\end{bmatrix}+\begin{bmatrix}0\\0\\0\end{bmatrix}=\begin{bmatrix}0\\0\\I\ddot{\theta}\end{bmatrix} \tag{4.14}$$

另外，对于转动中心，由力矩平衡可知，对于 z 轴：

$$n_z=\tau-mgL_c\cos\theta$$

于是

$$n=\begin{bmatrix}0\\0\\\tau-mgL_c\cos\theta\end{bmatrix}\tag{4.15}$$

联立式(4.14)和式(4.15)可得

$$I\ddot{\theta}=\tau-mgL_c\cos\theta$$

即 $I\ddot{\theta}+mgL_c\cos\theta=\tau$，该方程为单自由度机械手的欧拉运动方程。

例 4.7　平面 RP 机械手如图 4.7 所示，连杆 1 和连杆 2 的质量分别为 m_1 和 m_2，质心的位置由 l_1 和 d_2 规定，惯性张量为(z 轴垂直于纸面)

$$I_{c1}=\begin{bmatrix}I_{xx1}&0&0\\0&I_{yy1}&0\\0&0&I_{zz1}\end{bmatrix}\quad I_{c2}=\begin{bmatrix}I_{xx2}&0&0\\0&I_{yy2}&0\\0&0&I_{zz2}\end{bmatrix}$$

如图 4.8 所示，根据所学的力学知识得知，三维运动刚体的动能是

$$K=\frac{1}{2}mv^2+\frac{1}{2}\omega\cdot h_G\tag{4.16}$$

这里 h_G 代表刚体关于 G 点的角动量。第一项表示的连杆质心线速度产生的动能；第二项表示连杆角速度产生的动能。

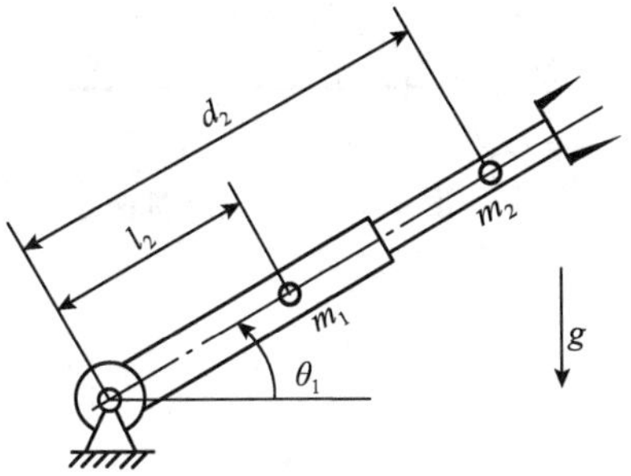

图 4.7　平面 RP 机械手

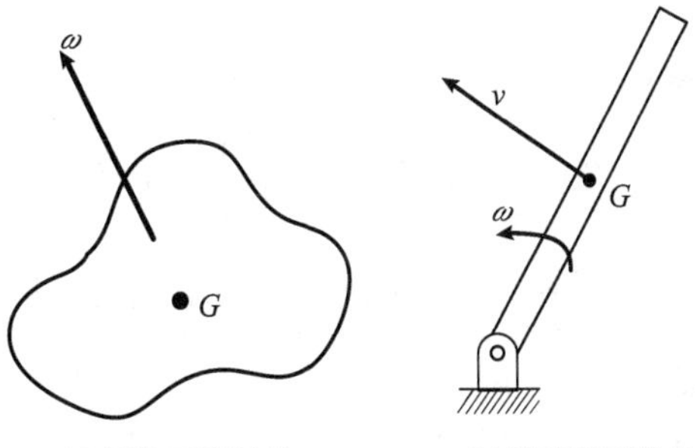

(a) 刚体三维运动　(b) 刚体平面运动

图 4.8 刚体运动过程中动能计算示意图

从而可得连杆 1、2 的动能分别为

$$K_1=\frac{1}{2}m_1l_1^2\dot{\theta}_1^2+\frac{1}{2}I_{zz1}\dot{\theta}_1^2$$

$$K_2=\frac{1}{2}m_2(d_2^2\dot{\theta}_1^2+\dot{d}_2^2)+\frac{1}{2}I_{zz2}\dot{\theta}_1^2$$

机械手总动能为各个连杆的动能之和，即

$$K=K_1+K_2=\frac{1}{2}(m_1{l_1}^2+I_{zz1}+I_{zz2}+m_2{d_2}^2){\dot{\theta}_1}^2+\frac{1}{2}m_2{\dot{d}_2}^2$$

连杆 1、2 的势能分别为

$$P_1=m_1l_1g\sin\theta_1$$

$$P_2=m_2d_2g\sin\theta_1$$

机械手总势能为

$$P=P_1+P_2=(m_1l_1+m_2d_2)g\sin\theta_1$$

根据式(4.11)，计算各偏导数，此处 $\boldsymbol{q}$ 为一个二维向量$[\theta,d]^{\mathrm{T}}$，关于 $\dot{\boldsymbol{q}}$ 求导就是关于$[\dot{\theta},\dot{d}]^{\mathrm{T}}$求导，从而可以得到

$$\frac{\partial K}{\partial \dot{\boldsymbol{q}}}=\begin{bmatrix}(m_1l_1^2+I_{zz1}+I_{zz2}+m_2{d_2}^2)\dot{\theta}_1\\ m_2\dot{d}_2\end{bmatrix}$$

$$\frac{\mathrm{d}}{\mathrm{d}t}\frac{\partial K}{\partial \dot{\boldsymbol{q}}}=\begin{bmatrix}(m_1l_1^2+I_{zz1}+I_{zz2}+m_2d_2^2)\ddot{\theta}_1+2m_2d_2\dot{\theta}_1\dot{d}_2\\ m_2\ddot{d}_2\end{bmatrix}$$

$$\frac{\partial K}{\partial \boldsymbol{q}}=\begin{bmatrix}0\\ m_2d_2\dot{\theta}_1^2\end{bmatrix}$$

$$\frac{\partial P}{\partial \boldsymbol{q}}=\begin{bmatrix}(m_1l_1+m_2d_2)g\cos\theta_1\\ m_2g\sin\theta_1\end{bmatrix}$$

将以上结果代入拉格朗日动力学方程得

$$\tau_1=(m_1l_1^2+I_{zz1}+I_{zz2}+m_2d_2^2)\ddot{\theta}_1+2m_2d_2\dot{\theta}_1\dot{d}_2+(m_1l_1+m_2d_2)g\cos\theta_1$$

$$\tau_2=m_2\ddot{d}_2-m_2d_2\dot{\theta}_1^2+m_2g\sin\theta_1$$

例 4.8　求图 4.9 所示的 2 自由度机械手的动力学方程。

解：由理论力学知识可知，各个连杆的动能可用连杆质心平移运动的能量和绕质心旋转运动的动能之和表示。

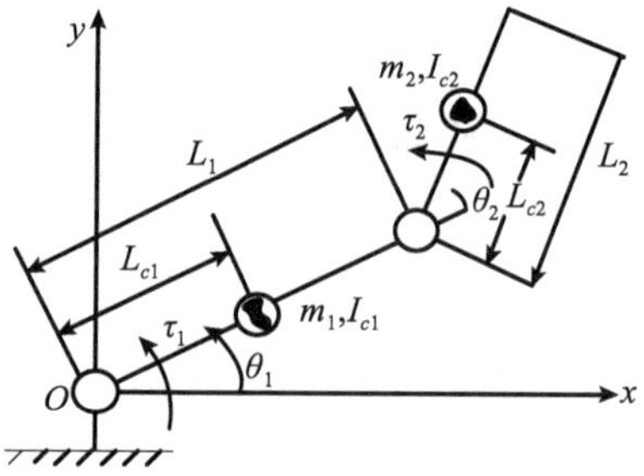

图 4.9　2 自由度机械手

动能

$$K_1=\frac{1}{2}m_1\dot{p}_{c1}{}^{\mathrm{T}}\dot{p}_{c1}+\frac{1}{2}I_{c1}\dot{\theta}_1{}^2$$

$$K_2=\frac{1}{2}m_2\dot{\boldsymbol{p}}_{c2}{}^{\mathrm{T}}\dot{\boldsymbol{p}}_{c2}+\frac{1}{2}I_{c2}(\dot{\theta}_1+\dot{\theta}_2)^2$$

势能

$$P_1=m_1gL_{c1}\sin\theta_1$$

$$P_2=m_2g[L_1\sin\theta_1+L_{c2}\sin(\theta_1+\theta_2)]$$

式中，$\boldsymbol{p}_{ci}=[p_{cix}\quad p_{ciy}]^{\mathrm{T}}(i=1,2)$是第 i 个连杆质心的位置向量，$p_{c1x}=L_{c1}\cos\theta_1$，$p_{c1y}=L_{c1}\sin\theta_1$；$p_{c2x}=L_1\cos\theta_1+L_{c2}\cos(\theta_1+\theta_2)$，$p_{c2y}=L_1\sin\theta_1+L_{c2}\sin(\theta_1+\theta_2)$；$\boldsymbol{p}_{c1}=[p_{c1x}\quad p_{c1y}]^{\mathrm{T}}=[L_{c1}\cos\theta_1\quad L_{c1}\sin\theta_1]^{\mathrm{T}}$，$\boldsymbol{p}_{c2}=[p_{c2x}\quad p_{c2y}]^{\mathrm{T}}=[L_1\cos\theta_1+L_{c2}\cos(\theta_1+\theta_2)\quad L_1\sin\theta_1+L_{c2}\sin(\theta_1+\theta_2)]^{\mathrm{T}}$。连杆 1 的质心速度为

$$\dot{\boldsymbol{p}}_{c1}=[-L_{c1}\sin\theta_1\cdot\dot{\theta}_1\quad L_{c1}\cos\theta_1\cdot\dot{\theta}_1]^{\mathrm{T}}$$

平移运动的动能为

$$K_{11}=\frac{1}{2}m_1\dot{\boldsymbol{p}}_{c1}{}^{\mathrm{T}}\dot{\boldsymbol{p}}_{c1}=\frac{1}{2}m_1[-L_{c1}\sin\theta_1\cdot\dot{\theta}_1\quad L_{c1}\cos\theta_1\cdot\dot{\theta}_1]\begin{bmatrix}-L_{c1}\sin\theta_1\cdot\dot{\theta}_1\\ L_{c1}\cos\theta_1\cdot\dot{\theta}_1\end{bmatrix}=\frac{1}{2}m_1L_{c1}{}^2\dot{\theta}_1{}^2$$

旋转运动的动能为

$$K_{12}=\frac{1}{2}I_{c1}\dot{\theta}_1{}^2$$

连杆 2 的质心速度为

$$\dot{\boldsymbol{p}}_{c2}=\{[-L_1\sin\theta_1-L_{c2}\sin(\theta_1+\theta_2)]\cdot\dot{\theta}_1-L_{c2}\sin(\theta_1+\theta_2)\cdot\dot{\theta}_2$$

$$[L_1\cos\theta_1+L_{c2}\cos(\theta_1+\theta_2)]\cdot\dot\theta_1+L_{c2}\cos(\theta_1+\theta_2)\cdot\dot\theta_2\}^{\mathrm T}$$

平移运动的动能为

$$\begin{aligned}K_{21}&=\frac{1}{2}m_2\dot{\boldsymbol p}_{c2}{}^{\mathrm T}\dot{\boldsymbol p}_{c2}\\&=\frac{1}{2}m_2\{[-L_1\sin\theta_1-L_{c2}\sin(\theta_1+\theta_2)]\cdot\dot\theta_1-L_{c2}\sin(\theta_1+\theta_2)\\&\quad\cdot\dot\theta_2[L_1\cos\theta_1+L_{c2}\cos(\theta_1+\theta_2)]\cdot\dot\theta_1+L_{c2}\cos(\theta_1+\theta_2)\cdot\dot\theta_2\}\\&\quad\cdot\begin{bmatrix}[-L_1\sin\theta_1-L_{c2}\sin(\theta_1+\theta_2)]\cdot\dot\theta_1-L_{c2}\sin(\theta_1+\theta_2)\cdot\dot\theta_2\\ [L_1\cos\theta_1+L_{c2}\cos(\theta_1+\theta_2)]\cdot\dot\theta_1+L_{c2}\cos(\theta_1+\theta_2)\cdot\dot\theta_2\end{bmatrix}\\&=\frac{1}{2}m_2[L_1{}^2\dot\theta_1{}^2+L_{c2}{}^2(\dot\theta_1+\dot\theta_2)2+2L_1L_{c2}(\dot\theta_1{}^2+\dot\theta_1\dot\theta_2)\cos\theta_2]\end{aligned}$$

旋转运动的动能为

$$K_{22}=\frac{1}{2}I_{c2}(\dot\theta_1+\dot\theta_2)^2$$

则拉格朗日算子为

$$\begin{aligned}L&=K_1+K_2-P_1-P_2\\&=\frac{1}{2}m_1L_{c1}{}^2\dot\theta_1{}^2+\frac{1}{2}I_{c1}\dot\theta_1{}^2+\frac{1}{2}m_2[L_1{}^2\dot\theta_1{}^2+L_{c2}{}^2(\dot\theta_1+\dot\theta_2)^2+2L_1L_{c2}(\dot\theta_1{}^2+\dot\theta_1\dot\theta_2)\cos\theta_2]\\&\quad+\frac{1}{2}I_{c2}(\dot\theta_1+\dot\theta_2)^2-m_1gL_{c1}\sin\theta_1-m_2g[L_1\sin\theta_1+L_{c2}\sin(\theta_1+\theta_2)]\end{aligned}$$

$$\frac{\partial L}{\partial\dot\theta_1}=(m_1L_{c1}^2+m_2L_1^2+I_{c1})\dot\theta_1+(m_2L_{c2}^2+I_{c2})(\dot\theta_1+\dot\theta_2)+m_2L_1L_{c2}(2\dot\theta_1+\dot\theta_2)\cos\theta_2$$

$$\begin{aligned}\frac{\mathrm d\left(\dfrac{\partial L}{\partial\dot\theta_1}\right)}{\mathrm dt}&=(m_1L_{c1}^2+m_2L_1^2+I_{c1}+m_2L_{c2}^2+I_{c2})\ddot\theta_1+(m_2L_{c2}^2+I_{c2})\ddot\theta_2\\&\quad+m_2L_1L_{c2}(2\ddot\theta_1+\ddot\theta_2)\cos\theta_2-m_2L_1L_{c2}(2\dot\theta_1+\dot\theta_2)\sin\theta_2\cdot\dot\theta_2\\&=(m_1L_{c1}^2+m_2(L_1^2+L_{c2}^2+2L_1L_{c2}\cos\theta_2)+I_{c1}+I_{c2})\ddot\theta_1\\&\quad+(m_2L_{c2}^2+I_{c2}+m_2L_1L_{c2}\cos\theta_2)\ddot\theta_2-2m_2L_1L_{c2}\dot\theta_1\dot\theta_2\sin\theta_2-m_2L_1L_{c2}\dot\theta_2^2\sin\theta_2\\&=[m_1L_{c1}^2+m_2(L_1^2+L_{c2}^2+2L_1L_{c2}\cos\theta_2)+I_{c1}+I_{c2}m_2(L_{c2}^2+L_1L_{c2}\cos\theta_2)\\&\quad+I_{c2}]\begin{bmatrix}\ddot\theta_1\\ \ddot\theta_2\end{bmatrix}-m_2L_1L_{c2}(2\dot\theta_1\dot\theta_2+\dot\theta_2^2)\sin\theta_2\end{aligned}$$

$$\frac{\partial L}{\partial\dot\theta_2}=m_2L_{c2}^2(\dot\theta_1+\dot\theta_2)+m_2L_1L_{c2}\dot\theta_1\cos\theta_2+I_{c2}(\dot\theta_1+\dot\theta_2)$$

$$\begin{aligned}\frac{\mathrm d\left(\dfrac{\partial L}{\partial\dot\theta_2}\right)}{\mathrm dt}&=m_2L_{c2}^2(\ddot\theta_1+\ddot\theta_2)+m_2L_1L_{c2}\ddot\theta_1\cos\theta_2-m_2L_1L_{c2}\dot\theta_1\dot\theta_2\sin\theta_2+I_{c2}(\ddot\theta_1+\ddot\theta_2)\\&=[m_2(L_{c2}^2+L_1L_{c2}\cos\theta_2)+I_{c2}]\ddot\theta_1+(m_2L_{c2}^2+I_{c2})\ddot\theta_2-m_2L_1L_{c2}\dot\theta_1\dot\theta_2\sin\theta_2\\&=[m_2(L_{c2}^2+L_1L_{c2}\cos\theta_2)+I_{c2}\quad m_2L_{c2}^2+I_{c2}]\begin{bmatrix}\ddot\theta_1\\ \ddot\theta_2\end{bmatrix}-m_2L_1L_{c2}\dot\theta_1\dot\theta_2\sin\theta_2\end{aligned}$$

$$\frac{\partial L}{\partial\theta_1}=-m_1gL_{c1}\cos\theta_1-m_2g[L_1\cos\theta_1+L_{c2}\cos(\theta_1+\theta_2)]$$

$$\frac{\partial L}{\partial \theta_2}=-m_2L_1L_{c2}(\dot{\theta}_1{}^2+\dot{\theta}_1\dot{\theta}_2)\sin\theta_2-m_2gL_{c2}\cos(\theta_1+\theta_2)$$

由拉格朗日动力学方程可得

$$\frac{\mathrm{d}\left(\frac{\partial L}{\partial \dot{\boldsymbol{q}}}\right)}{\mathrm{d}t}-\frac{\partial L}{\partial \boldsymbol{q}}=\boldsymbol{\tau}$$

即

$$\begin{bmatrix}\frac{\mathrm{d}\left(\frac{\partial L}{\partial \dot{\theta}_1}\right)}{\mathrm{d}t}\\ \frac{\mathrm{d}\left(\frac{\partial L}{\partial \dot{\theta}_2}\right)}{\mathrm{d}t}\end{bmatrix}-\begin{bmatrix}\frac{\partial L}{\partial \theta_1}\\ \frac{\partial L}{\partial \theta_2}\end{bmatrix}=\boldsymbol{\tau}$$

$$\Rightarrow \boldsymbol{\tau}=\begin{bmatrix}\frac{\mathrm{d}\left(\frac{\partial L}{\partial \dot{\theta}_1}\right)}{\mathrm{d}t}-\frac{\partial L}{\partial \theta_1}\\ \frac{\mathrm{d}\left(\frac{\partial L}{\partial \dot{\theta}_2}\right)}{\mathrm{d}t}-\frac{\partial L}{\partial \theta_2}\end{bmatrix}$$

$\Rightarrow$

$$\boldsymbol{\tau}=\begin{bmatrix}m_1L_{c1}^2+m_2(L_1^2+L_{c2}^2+2L_1L_{c2}\cos\theta_2)+I_{c1}+I_{c2} & m_2(L_{c2}^2+L_1L_{c2}\cos\theta_2)+I_{c2}\\ m_2(L_{c2}^2+L_1L_{c2}\cos\theta_2)+I_{c2} & m_2L_{c2}^2+I_{c2}\end{bmatrix}\begin{bmatrix}\ddot{\theta}_1\\ \ddot{\theta}_2\end{bmatrix}$$

$$+\begin{bmatrix}-m_2L_1L_{c2}(2\dot{\theta}_1\dot{\theta}_2+\dot{\theta}_2{}^2)\sin\theta_2\\ m_2L_1L_{c2}\dot{\theta}_1{}^2\sin\theta_2\end{bmatrix}+\begin{bmatrix}m_1gL_{c1}\cos\theta_1+m_2g[L_1\cos\theta_1+L_{c2}\cos(\theta_1+\theta_2)]\\ m_2gL_{c2}\cos(\theta_1+\theta_2)\end{bmatrix}$$

令

$$\boldsymbol{M}(\boldsymbol{\theta})=\begin{bmatrix}m_1L_{c1}^2+m_2(L_1^2+L_{c2}^2+2L_1L_{c2}\cos\theta_2)+I_{c1}+I_{c2} & m_2(L_{c2}^2+L_1L_{c2}\cos\theta_2)+I_{c2}\\ m_2(L_{c2}^2+L_1L_{c2}\cos\theta_2)+I_{c2} & m_2L_{c2}^2+I_{c2}\end{bmatrix}$$

则有

$$M_{11}=m_1L_{c2}^2+m_2(L_1^2+L_{c2}^2+2L_1L_{c2}\cos\theta_2)+I_{c1}+I_{c2}$$

$$M_{12}=M_{21}=m_2(L_{c2}^2+L_1L_{c2}\cos\theta_2)+I_{c2}$$

$$M_{22}=m_2L_{c2}^2+I_{c2}$$

$$\boldsymbol{C}(\boldsymbol{\theta},\dot{\boldsymbol{\theta}})\dot{\boldsymbol{\theta}}=\begin{bmatrix}c_1\\ c_2\end{bmatrix}=\begin{bmatrix}-m_2L_1L_{c2}(2\dot{\theta}_1\dot{\theta}_2+\dot{\theta}_2^2)\sin\theta_2\\ m_2L_1L_{c2}\dot{\theta}_1^2\sin\theta_2\end{bmatrix}$$

$$\boldsymbol{G}(\boldsymbol{\theta})=\begin{bmatrix}g_1\\ g_2\end{bmatrix}=\begin{bmatrix}m_1gL_{c1}\cos\theta_1+m_2g[L_1\cos\theta_1+L_{c2}\cos(\theta_1+\theta_2)]\\ m_2gL_{c2}\cos(\theta_1+\theta_2)\end{bmatrix}$$

则可将上式进一步简化为如下所示的矩阵形式

$$\boldsymbol{M}(\boldsymbol{\theta})\ddot{\boldsymbol{\theta}}+\boldsymbol{C}(\boldsymbol{\theta},\dot{\boldsymbol{\theta}})\dot{\boldsymbol{\theta}}+\boldsymbol{G}(\boldsymbol{\theta})=\tau \tag{4.17}$$

其中，$\boldsymbol{M}(\boldsymbol{\theta})\ddot{\boldsymbol{\theta}}$ 是惯性力，用来表示机器人动力学模型中的惯性力项，$\boldsymbol{M}(\boldsymbol{\theta})$ 表示机器人的质量矩阵，它是 $n\times n$ 的对称矩阵；$\boldsymbol{C}(\boldsymbol{\theta},\dot{\boldsymbol{\theta}})\dot{\boldsymbol{\theta}}$ 是一个 $n\times 1$ 的矩阵，表示机器人动力学模型中非线性的耦合力项，包括离心力（自耦力）和哥氏力（互耦力）；$\boldsymbol{G}(\boldsymbol{\theta})$ 也是一个 $n\times 1$ 的矩阵，表示机器

人动力学模型中的重力项。

对于多于 3 自由度的机械手,也可以用同样的方法推导出其动力学方程,但随着自由度的增加,计算量将大量增加。与此相反,着眼于每个连杆的运动,求其动力学方程式的牛顿-欧拉法,即便对于多自由度机械手,其计算量也不增加,且算法易于编程。

4.4.3　机器人动力学方程的性质

现在考虑一个由 n 个连杆组成的机械手,其拉格朗日动力学方程包含一些有助于实现机器人控制的重要性质:反对称性、相关无源性、参数线性化和惯性矩阵的界限。

性质 4.1　反对称性

反对称性是指式(4.8)中的惯性矩阵 $\boldsymbol{M}(\boldsymbol{q})$ 和矩阵 $\boldsymbol{C}(\boldsymbol{q},\dot{\boldsymbol{q}})$ 之间的一个重要关系。

令 $\boldsymbol{M}(\boldsymbol{q})$ 表示一个 n 连杆机器人的惯性矩阵,同时定义 $\boldsymbol{C}(\boldsymbol{q},\dot{\boldsymbol{q}})$ 为机器人动力学模型中非线性的耦合力项。那么,矩阵 $N(\boldsymbol{q},\dot{\boldsymbol{q}})=\dot{\boldsymbol{M}}(\boldsymbol{q})-2\boldsymbol{C}(\boldsymbol{q},\dot{\boldsymbol{q}})$ 是反对称的,即矩阵 $\boldsymbol{N}$ 中的元素 n_{jk} 满足 $n_{jk}=-n_{kj}$。

性质 4.2　无源性

与反对称性相关的是无源性,它是指存在一个常数 $\beta\geqslant 0$,使得

$$\int_0^T \dot{\boldsymbol{q}}^T(\zeta)\boldsymbol{\tau}(\zeta)\mathrm{d}\zeta \geqslant -\beta \quad \forall T>0 \tag{4.18}$$

表达式 $\int_0^T \dot{\boldsymbol{q}}^T(\zeta)\boldsymbol{\tau}(\zeta)\mathrm{d}\zeta$ 表示系统在时间间隔 $[0,T]$ 内所产生的能量。无源性意味着系统所消耗的能量具有由 $-\beta$ 给出的下界。

性质 4.3　参数线性化

机器人的动力学方程是通过连杆质量、惯性矩等参数进行定义的,机器人动力学建模的过程中必须确定这些参数,以便实现仿真和控制机器人实现期望的运动控制。动力学方程的复杂性使得确定这些参数成为一个难以完成的任务。

然而,这些动力学方程的惯性参数可以认为是线性的,即存在 $n\times l$ 的函数 $\boldsymbol{Y}(\boldsymbol{q},\dot{\boldsymbol{q}},\ddot{\boldsymbol{q}})$,以及 l -维向量 $\boldsymbol{p}_o$,使得拉格朗日动力学方程可写为

$$\boldsymbol{M}(\boldsymbol{q})\ddot{\boldsymbol{q}}+\boldsymbol{C}(\boldsymbol{q},\dot{\boldsymbol{q}})\dot{\boldsymbol{q}}+\boldsymbol{G}(\boldsymbol{q})=\boldsymbol{Y}(\boldsymbol{q},\dot{\boldsymbol{q}},\ddot{\boldsymbol{q}})\boldsymbol{p}_o \tag{4.19}$$

函数 $\boldsymbol{Y}(\boldsymbol{q},\dot{\boldsymbol{q}},\ddot{\boldsymbol{q}})$ 称为**回归方程**,而 $\boldsymbol{p}_o\in\Re^l$ 为**参数向量**。参数空间的维度(通过此种方式描述的动力学所需的参数数目)不是唯一的。一般情况下,一个给定的刚体可通过 10 个参数来描述,即总质量、惯性张量中的 6 个独立元素及质心的 3 个坐标。因此,一个 n 连杆机器人最多有 $10n$ 个动力学参数。但是,由于连杆运动受到约束且通过关节互连而相互耦合,实际上的独立参数数目少于 $10n$ 个。不过,寻找一个用来参数化动力学方程的最小化参数集,一般比较困难。

性质 4.4　惯性矩阵的界限

n 连杆机器人的惯性矩阵对称且正定,对于固定的广义坐标值 $\boldsymbol{q}$,令 $0<\lambda_1(\boldsymbol{q})\leqslant\cdots\leqslant\lambda_n(\boldsymbol{q})$ 表示矩阵 $\boldsymbol{M}(\boldsymbol{q})$ 的 n 个特征值。由于矩阵 $\boldsymbol{M}(\boldsymbol{q})$ 是正定矩阵,所以这些特征值是正值。因此可得

$$\lambda_1(\boldsymbol{q})\boldsymbol{I}_{n\times n}\leqslant\boldsymbol{M}(\boldsymbol{q})\leqslant\lambda_n(\boldsymbol{q})\boldsymbol{I}_{n\times n} \tag{4.20}$$

其中,$\boldsymbol{I}_{n\times n}$ 表示一个 $n\times n$ 的单位矩阵。即如果 $\boldsymbol{A}$ 和 $\boldsymbol{B}$ 均为 $n\times n$ 的矩阵,那么 $\boldsymbol{B}<\boldsymbol{A}$ 意味着矩阵 $\boldsymbol{A}-\boldsymbol{B}$ 为正定矩阵,而 $\boldsymbol{B}\leqslant\boldsymbol{A}$ 则意味着矩阵 $\boldsymbol{A}-\boldsymbol{B}$ 为半正定矩阵。

如果所有的关节均为转动关节,那么惯性矩阵仅含有那些涉及正弦函数和余弦函数的元素,因此对应矩阵是广义坐标的有界函数。所以,如果惯性矩阵具有一致的界限(与广义坐标 $\boldsymbol{q}$ 无关),那么可以找到常数 λ_m 和 λ_M,使得

$$\lambda_m\boldsymbol{I}_{n\times n}\leqslant\boldsymbol{D}(\boldsymbol{q})\leqslant\lambda_M\boldsymbol{I}_{n\times n}<\infty \tag{4.21}$$

4.5　四足机器人简化动力学推导

在介绍了基本的机器人动力学建模方法之后，本节重点关注四足机器人的建模过程。四足机器人是一个可以在三维空间自由运动的移动平台，机器人通过 4 条腿的运动带动机器人整体的运动。相比固定基座的工业机械手，四足机器人机身基坐标系多出 6 个虚拟自由度（3 个位置自由度、3 个方向自由度）。因此，传统工业机器人的运动学建模方法不能完全运用到四足机器人浮动基坐标系下。根据四足机器人样机原型，本书建立浮动基四足机器人空间模型及相应的关节坐标系，如图 4.10 为机器人右前腿坐标系示意图。

在坐标系的建立过程中，为了简单，仍然以四足机器人的右前腿为例，将中间过渡坐标系(x_0,y_0,z_0)移至机器人右前腿髋关节处，坐标轴 x_{hip}、z_0 和 z_1 的方向指向机器人的前进方向。

采用拉格朗日方法进行建模，拉格朗日动力学模型的通用形式见式(4.8)。拉格朗日动力学方程见式(4.9)。为了简单，由于所研究的四足机器人每条腿结构均相同，因此本部分内容只推导一条腿的动力学方程。以右前腿为例，首先，使用改进 D-H(MD-H)方法推导其正运动学方程。机器人每条腿有 3 个自由度，紧靠躯干的为一个横滚自由度，另两个为俯仰自由度。由坐标系可建立 MD-H 参数表，如表 4.1 所示。

表中，a_i 表示机器人腿关节中第 i 个杆件的长度，α_i 表示相应第 i 个杆件的扭角，d_i 表示关节 i 与关节 $i-1$ 的距离，θ_i 表示第 i 个关节的转角。对于确定的腿部机构来说，L_1、L_2、L_3 为常数，θ_1、θ_2、θ_3 为变量。由表 4.1 可得到各齐次矩阵

$$ {}_1^0\boldsymbol{T}=\begin{bmatrix}\cos\theta_1 & -\sin\theta_1 & 0 & 0\\ \sin\theta_1 & \cos\theta_1 & 0 & 0\\ 0 & 0 & 1 & 0\\ 0 & 0 & 0 & 1\end{bmatrix} \tag{4.22}$$

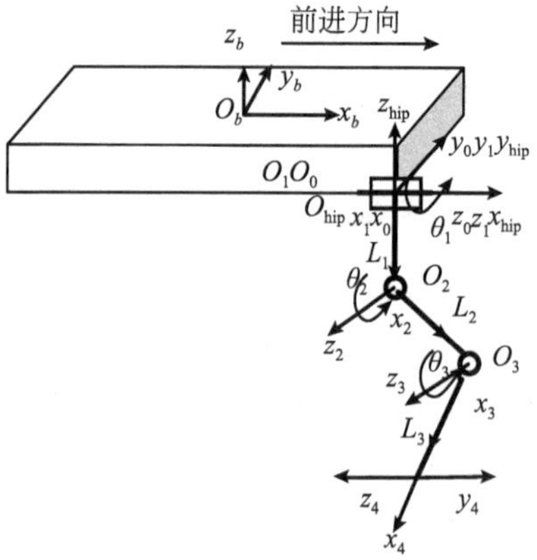

图 4.10　机器人右前腿坐标系示意图

表 4.1　右前腿 MD-H 参数表

编号 i	杆件长度 a_i	杆件扭角 α_i	关节距离 d_i	关节转角 θ_i
1	0	0	0	θ_1
2	L_1	$\frac{\pi}{2}$	0	θ_2
3	L_2	0	0	θ_3
4	L_3	0	0	0

$$ {}_2^1\boldsymbol{T}=\begin{bmatrix}\cos\theta_2 & -\sin\theta_2 & 0 & L_1\\ 0 & 0 & -1 & 0\\ \sin\theta_2 & \cos\theta_2 & 0 & 0\\ 0 & 0 & 0 & 1\end{bmatrix} \tag{4.23}$$

$$ {}_3^2\boldsymbol{T}=\begin{bmatrix}\cos\theta_3 & -\sin\theta_3 & 0 & L_2\\ \sin\theta_3 & \cos\theta_3 & 0 & 0\\ 0 & 0 & 1 & 0\\ 0 & 0 & 0 & 1\end{bmatrix} \tag{4.24}$$

$$ {}_4^3\boldsymbol{T}=\begin{bmatrix}1&0&0&L_3\\0&1&0&0\\0&0&1&0\\0&0&0&1\end{bmatrix} \tag{4.25}$$

另外，由图 4.10 中的坐标关系可得

$$ {}_0^b\boldsymbol{T}=\begin{bmatrix}0&0&1&x_{RF}\\0&1&0&y_{RF}\\-1&0&0&z_{RF}\\0&0&0&1\end{bmatrix} \tag{4.26}$$

于是

$$\begin{aligned} {}_4^b\boldsymbol{T} &= {}_0^b\boldsymbol{T}\,{}_1^0\boldsymbol{T}\,{}_2^1\boldsymbol{T}\,{}_3^2\boldsymbol{T}\,{}_4^3\boldsymbol{T}\\ &=\begin{bmatrix}s_{23}&c_{23}&0&x_{RF}+L_2s_2+L_3s_{23}\\ s_1c_{23}&-s_1s_{23}&c_1&y_{RF}+L_1s_1+L_2s_1c_2+L_3s_1c_{23}\\ -c_1c_{23}&c_1s_{23}&-s_1&z_{RF}-L_1c_1-L_2c_1c_2-L_3c_1c_{23}\\ 0&0&0&1\end{bmatrix}\end{aligned} \tag{4.27}$$

其中，s_1 表示 $\sin\theta_1$，c_1 表示 $\cos\theta_1$，s_2 表示 $\sin\theta_2$，c_2 表示 $\cos\theta_2$，s_{23} 表示 $\sin(\theta_2+\theta_3)$，c_{23} 表示 $\cos(\theta_2+\theta_3)$。于是，在躯干坐标系 O_b 下，右前腿的足端坐标为

$$ {}^b\boldsymbol{p}=\begin{bmatrix}x_{RF}+L_2s_2+L_3s_{23}\\ y_{RF}+L_1s_1+L_2s_1c_2+L_3s_1c_{23}\\ z_{RF}-L_1c_1-L_2c_1c_2-L_3c_1c_{23}\end{bmatrix} \tag{4.28}$$

在机器人的动力学推导过程中，K 为所有杆件的动能，P 为所有杆件的势能。为简化方程，所有坐标都在图 4.10 的髋关节坐标系 O_{hip} 下求取，$\boldsymbol{p}_{\text{org1}}$、$\boldsymbol{p}_{\text{org2}}$、$\boldsymbol{p}_{\text{org3}}$、$\boldsymbol{p}_{\text{org4}}$ 分别表示各个坐标原点的位置，其取值如下：

$$\boldsymbol{p}_{\text{org1}}=\begin{bmatrix}x_{\text{org1}}\\y_{\text{org1}}\\z_{\text{org1}}\end{bmatrix}=\begin{bmatrix}0\\0\\0\end{bmatrix} \tag{4.29}$$

$$\boldsymbol{p}_{\text{org2}}=\begin{bmatrix}x_{\text{org2}}\\y_{\text{org2}}\\z_{\text{org2}}\end{bmatrix}=\begin{bmatrix}0\\L_1s_1\\-L_1c_1\end{bmatrix} \tag{4.30}$$

$$\boldsymbol{p}_{\text{org3}}=\begin{bmatrix}x_{\text{org3}}\\y_{\text{org3}}\\z_{\text{org3}}\end{bmatrix}=\begin{bmatrix}L_2s_2\\L_1s_1+L_2s_1c_2\\-L_1c_1-L_2c_1c_2\end{bmatrix} \tag{4.31}$$

$$\boldsymbol{p}_{\text{org4}}=\begin{bmatrix}x_{\text{org4}}\\y_{\text{org4}}\\z_{\text{org4}}\end{bmatrix}=\begin{bmatrix}L_2s_2+L_3s_{23}\\L_1s_1+L_2s_1c_2+L_3s_1c_{23}\\-L_1c_1-L_2c_1c_2-L_3c_1c_{23}\end{bmatrix} \tag{4.32}$$

其中，缩写 org 表示各个坐标的原点(origin)。

分别表示对各坐标原点位置取微分，获得各坐标原点的运动速度：

$$\boldsymbol{v}_{\text{org1}}=\begin{bmatrix}\dot{x}_{\text{org1}}\\\dot{y}_{\text{org1}}\\\dot{z}_{\text{org1}}\end{bmatrix}=\begin{bmatrix}0\\0\\0\end{bmatrix} \tag{4.33}$$

$$\boldsymbol{v}_{\text{org2}}=\begin{bmatrix}\dot{x}_{\text{org2}}\\ \dot{y}_{\text{org2}}\\ \dot{z}_{\text{org2}}\end{bmatrix}=\begin{bmatrix}0\\ L_1\dot{\theta}_1c_1\\ L_1\dot{\theta}_1s_1\end{bmatrix} \tag{4.34}$$

$$\boldsymbol{v}_{\text{org3}}=\begin{bmatrix}\dot{x}_{\text{org3}}\\ \dot{y}_{\text{org3}}\\ \dot{z}_{\text{org3}}\end{bmatrix}=\begin{bmatrix}L_2\dot{\theta}_2c_2\\ L_1\dot{\theta}_1c_1+L_2\dot{\theta}_1c_1c_2-L_2\dot{\theta}_2s_1s_2\\ L_1\dot{\theta}_1s_1+L_2\dot{\theta}_1s_1c_2+L_2\dot{\theta}_2c_1s_2\end{bmatrix} \tag{4.35}$$

$$\boldsymbol{v}_{\text{org4}}=\begin{bmatrix}\dot{x}_{\text{org4}}\\ \dot{y}_{\text{org4}}\\ \dot{z}_{\text{org4}}\end{bmatrix}=\begin{bmatrix}0 & L_2c_2+L_3c_{23} & L_3c_{23}\\ L_1c_1+L_2c_1c_2+L_3c_1c_{23} & -L_2s_1s_2-L_3s_1s_{23} & -L_3s_1s_{23}\\ L_1s_1+L_2s_1c_2+L_3s_1c_{23} & L_2c_1s_2+L_3c_1s_{23} & L_3c_1s_{23}\end{bmatrix} \tag{4.36}$$

杆件 i 的总动能为

$$\begin{aligned}K_i&=\int_0^{L_i}\frac{m_i}{2L_i}\left(\frac{v_{\text{org}i+1}-v_{\text{org}i}}{L_i}x+v_{\text{org}i}\right)^2\mathrm{d}x\\ &=\frac{m_i}{6}(v_{\text{org}i+1}-v_{\text{org}i})^2+\frac{m_iv_{\text{org}i}v_{\text{org}i+1}}{2}\\ &=\frac{m_i}{6}(v_{\text{org}i+1}^2+v_{\text{org}i}^2+v_{\text{org}i}v_{\text{org}i+1})\end{aligned} \tag{4.37}$$

由式(4.37)可得各杆件的动能

$$K_1=\frac{1}{6}m_1L_1^2\dot{\theta}_1^2 \tag{4.38}$$

$$K_2=\frac{m_2}{12}[6L_1^2\dot{\theta}_1^2+L_2^2\dot{\theta}_1^2+2L_2^2\dot{\theta}_2^2+L_2^2\dot{\theta}_1^2\cos(2\theta_2)+6L_1L_2\dot{\theta}_1^2\cos\theta_2] \tag{4.39}$$

$$\begin{aligned}K_3=\frac{m_3}{12}&[6L_1^2\dot{\theta}_1^2+3L_2^2\dot{\theta}_1^2+6L_2^2\dot{\theta}_2^2+L_3^2\dot{\theta}_1^2+2L_3^2\dot{\theta}_2^2+2L_3^2\dot{\theta}_3^2\\ &+3L_2^2\dot{\theta}_1^2\cos(2\theta_2)+L_3^2\dot{\theta}_1^2\cos(2\theta_2+2\theta_3)+3L_2L_3\dot{\theta}_1^2\cos\theta_3\\ &+6L_1L_3\dot{\theta}_1^2\cos(\theta_2+\theta_3)+12L_1L_2\dot{\theta}_1^2\cos\theta_2+6L_2L_3\dot{\theta}_2^2\cos\theta_3\\ &+3L_2L_3\dot{\theta}_1^2\cos(2\theta_2+\theta_3)+6L_2L_3\dot{\theta}_2\dot{\theta}_3\cos\theta_3]+4L_3^2\dot{\theta}_2\dot{\theta}_3\end{aligned} \tag{4.40}$$

杆件 i 的总势能为

$$P_i=m_ig\,\frac{z_{\text{org}i}+z_{\text{org}i+1}}{2} \tag{4.41}$$

由式(4.41)可得各杆件的势能

$$P_1=-\frac{1}{2}m_1gL_1c_1 \tag{4.42}$$

$$P_2=-\frac{m_2g}{2}(2L_1c_1+L_2c_1c_2) \tag{4.43}$$

$$P_3=-\frac{m_3g}{2}[L_1c_1+c_1(L_1+L_3c_{23}+L_2c_2)+L_2c_1c_2] \tag{4.44}$$

将各杆件的动能和势能代入拉格朗日函数：

$$L=K_1+K_2+K_3-P_1-P_2-P_3 \tag{4.45}$$

然后由式(4.9)可得各广义力矩：

$$\tau_1=\frac{\mathrm{d}}{\mathrm{d}t}\frac{\partial L}{\partial\dot{\theta}_1}-\frac{\partial L}{\partial\theta_1}$$

$$
\begin{aligned}
&=\frac{\ddot{\theta}_1}{6}[2L_1^2m_1+6L_1^2m_2+6L_1^2m_3+L_3^2m_3+2L_2^2m_2\cos^2\theta_2+6L_2^2m_3\cos^2\theta_2\\
&\quad+L_3^2m_3\cos(2\theta_2+2\theta_3)+6L_1L_3m_3\cos(\theta_2+\theta_3)+12L_1L_2m_3\cos\theta_2\\
&\quad+6L_1L_2m_2\cos\theta_2+3L_2L_3m_3\cos\theta_3+3L_2L_3m_3\cos(2\theta_2+\theta_3)]\\
&\quad-\frac{\dot{\theta}_1\dot{\theta}_2}{3}[L_2^2m_2\sin(2\theta_2)+3L_1L_3m_3\sin(\theta_2+\theta_3)+L_3^2m_3\sin(2\theta_2+2\theta_3)\\
&\quad+3L_1L_2m_2\sin\theta_2+6L_1L_2m_3\sin\theta_2+3L_2L_3m_3\sin(2\theta_2+\theta_3)\\
&\quad+3L_2^2m_3\sin(2\theta_2)]-\frac{\dot{\theta}_1\dot{\theta}_3}{6}[2L_3^2m_3\sin(2\theta_2+2\theta_3)+3L_2L_3m_3\sin\theta_3\\
&\quad+6L_1L_3m_3\sin(\theta_2+\theta_3)+3L_2L_3m_3\sin(2\theta_2+\theta_3)]+\frac{g\sin\theta_1}{2}[L_1m_1\\
&\quad+2L_1m_2+2L_1m_3+L_3m_3\cos(\theta_2+\theta_3)+L_2m_2\cos\theta_2+2L_2m_3\cos\theta_2]
\end{aligned}
\tag{4.46}
$$

$$
\begin{aligned}
&\tau_2-\frac{\mathrm{d}}{\mathrm{d}t}\frac{\partial L}{\partial\dot{\theta}_2}-\frac{\partial L}{\partial\theta_2}\\
&=L_2^2m_3\ddot{\theta}_2+\frac{L_3^2m_3}{3}\ddot{\theta}_2+L_2L_3m_3\cos\theta_3\ddot{\theta}_2+\frac{L_3^2m_3}{3}\ddot{\theta}_3+\frac{L_2L_3m_3\cos\theta_3}{2}\ddot{\theta}_3\\
&\quad+\frac{L_2^2m_3\sin(2\theta_2)}{2}\dot{\theta}_1^2+\frac{L_2^2m_2\sin(2\theta_2)}{6}\dot{\theta}_1^2+\frac{L_3^2m_3\sin(2\theta_2+2\theta_3)}{6}\dot{\theta}_1^2\\
&\quad+\frac{L_2^2m_2}{3}\ddot{\theta}_2+\frac{L_1L_2m_2\sin\theta_2}{2}\dot{\theta}_1^2+L_1L_2m_3\sin\theta_2\dot{\theta}_1^2-\frac{L_2L_3m_3\sin\theta_3}{2}\dot{\theta}_3^2\\
&\quad+\frac{L_2L_3m_3\sin(2\theta_2+\theta_3)}{2}\dot{\theta}_1^2+\frac{L_1L_3m_3\sin(\theta_2+\theta_3)}{2}\dot{\theta}_1^2-L_2L_3m_3\sin\theta_3\dot{\theta}_2\dot{\theta}_3\\
&\quad+\frac{L_3gm_3\sin(\theta_2+\theta_3)}{2}+\frac{L_2gm_2\cos\theta_1\sin\theta_2}{2}+L_2gm_3\cos\theta_1\sin\theta_2
\end{aligned}
\tag{4.47}
$$

$$
\begin{aligned}
&\tau_3=\frac{\mathrm{d}}{\mathrm{d}t}\frac{\partial L}{\partial\dot{\theta}_3}-\frac{\partial L}{\partial\theta_3}\\
&=\frac{1}{3}L_3^2m_3\ddot{\theta}_2+\frac{1}{2}L_2L_3m_3\cos\theta_3\ddot{\theta}_2+\frac{1}{3}L_3^2m_3\ddot{\theta}_3+\frac{1}{2}L_1L_3m_3\sin(\theta_2+\theta_3)\dot{\theta}_1^2\\
&\quad+\frac{1}{4}L_2L_3m_3\sin\theta_3\dot{\theta}_1^2+\frac{1}{4}L_2L_3m_3\sin(2\theta_2+\theta_3)\dot{\theta}_1^2+\frac{1}{2}L_2L_3m_3\sin\theta_3\dot{\theta}_2^2\\
&\quad+\frac{1}{6}L_3L_3m_3\sin(2\theta_2+2\theta_3)\dot{\theta}_1^2-\frac{1}{2}L_2L_3m_3\sin\theta_3\dot{\theta}_2\dot{\theta}_3\\
&\quad+\frac{1}{2}gL_3m_3\sin(\theta_2+\theta_3)\cos\theta_1+\frac{1}{2}L_2L_3m_3\sin\theta_3\dot{\theta}_2\dot{\theta}_3
\end{aligned}
\tag{4.48}
$$

将动力学方程整理成式(4.10)的通用形式，结果为

$$
\begin{bmatrix} M_{11} & M_{12} & M_{13}\\ M_{21} & M_{22} & M_{23}\\ M_{31} & M_{32} & M_{33}\end{bmatrix}
\begin{bmatrix}\ddot{\theta}_1\\ \ddot{\theta}_2\\ \ddot{\theta}_3\end{bmatrix}
+\begin{bmatrix} C_{11} & C_{12} & C_{13} & C_{14} & C_{15} & C_{16}\\ C_{21} & C_{22} & C_{23} & C_{24} & C_{25} & C_{26}\\ C_{31} & C_{32} & C_{33} & C_{34} & C_{35} & C_{36}\end{bmatrix}
\begin{bmatrix}\dot{\theta}_1^2\\ \dot{\theta}_2^2\\ \dot{\theta}_3^2\\ \dot{\theta}_1\dot{\theta}_2\\ \dot{\theta}_1\dot{\theta}_3\\ \dot{\theta}_2\dot{\theta}_3\end{bmatrix}
+\begin{bmatrix} G_1\\ G_2\\ G_3\end{bmatrix}=\begin{bmatrix}\tau_1\\ \tau_2\\ \tau_3\end{bmatrix}
\tag{4.49}
$$

其中

$$M_{11}=\frac{1}{6}[2L_1^2m_1+6L_1^2m_2+6L_1^2m_3+L_3^2m_3+2L_2^2m_2\cos^2\theta_2+6L_2^2m_3\cos^2\theta_2+L_3^2m_3\cos(2\theta_2+2\theta_3)+6L_1L_3m_3\cos(\theta_2+\theta_3)+6L_1L_2m_2\cos\theta_2+12L_1L_2m_3\cos\theta_2+3L_2L_3m_3\cos\theta_3+3L_2L_3m_3\cos(2\theta_2+\theta_3)] \tag{4.50}$$

$$M_{22}=L_2^2m_3+\frac{L_3^2m_3}{3}+\frac{L_2^2m_2}{3}+L_2L_3m_3\cos\theta_3 \tag{4.51}$$

$$M_{23}=\frac{L_3^2m_3}{3}+\frac{L_2L_3m_3\cos\theta_3}{2} \tag{4.52}$$

$$M_{32}=\frac{1}{3}L_3^2m_3+\frac{1}{2}L_2L_3m_3\cos\theta_3 \tag{4.53}$$

$$M_{33}=\frac{1}{3}L_3^2m_3 \tag{4.54}$$

$$M_{12}=M_{13}=M_{21}=M_{31}=0 \tag{4.55}$$

$$C_{14}=-\frac{1}{3}[L_2^2m_2\sin(2\theta_2)+3L_2^2m_3\sin(2\theta_2)+L_3^2m_3\sin(2\theta_2+2\theta_3)+3L_1L_3m_3\sin(\theta_2+\theta_3)+3L_1L_2m_2\sin\theta_2+6L_1L_2m_3\sin\theta_2+3L_2L_3m_3\sin(2\theta_2+\theta_3)] \tag{4.56}$$

$$C_{15}=-\frac{1}{6}[2L_3^2m_3\sin(2\theta_2+2\theta_3)+6L_1L_3m_3\sin(\theta_2+\theta_3)+3L_2L_3m_3\sin\theta_3+3L_2L_3m_3\sin(2\theta_2+\theta_3)] \tag{4.57}$$

$$C_{21}=\frac{L_2^2m_2\sin(2\theta_2)}{6}+\frac{L_3^2m_3\sin(2\theta_2+2\theta_3)}{6}+\frac{L_2L_3m_3\sin(2\theta_2+\theta_3)}{2}+\frac{L_1L_2m_2\sin\theta_2}{2}+\frac{L_1L_3m_3\sin(\theta_2+\theta_3)}{2}+\frac{L_2^2m_3\sin(2\theta_2)}{2}+L_1L_2m_3\sin\theta_2 \tag{4.58}$$

$$C_{23}=-\frac{L_2L_3m_3\sin\theta_3}{2} \tag{4.59}$$

$$C_{26}=-L_2L_3m_3\sin\theta_3 \tag{4.60}$$

$$C_{31}=\frac{1}{2}L_1L_3m_3\sin(\theta_2+\theta_3)+\frac{1}{4}L_2L_3m_3\sin(2\theta_2+\theta_3)+\frac{1}{6}L_3L_3m_3\sin(2\theta_2+2\theta_3)+\frac{1}{4}L_2L_3m_3\sin\theta_3 \tag{4.61}$$

$$C_{32}=\frac{1}{2}L_2L_3m_3\sin\theta_3 \tag{4.62}$$

$$C_{36}=\frac{1}{2}L_2L_3m_3\sin\theta_3-\frac{1}{2}L_2L_3m_3\sin\theta_3 \tag{4.63}$$

$$C_{11}=C_{12}=C_{13}=C_{16}=C_{22}=C_{24}=C_{25}=C_{33}=C_{34}=C_{35}=0 \tag{4.64}$$

$$G_1=\frac{g\sin\theta_1}{2}[L_1m_1+2L_1m_2+L_3m_3\cos(\theta_2+\theta_3)+2L_1m_3+L_2m_2\cos\theta_2+2L_2m_3\cos\theta_2] \tag{4.65}$$

$$G_2=\frac{L_3gm_3\sin(\theta_2+\theta_3)}{2}+\frac{L_2gm_2\cos\theta_1\sin\theta_2}{2}+L_2gm_3\cos\theta_1\sin\theta_2 \tag{4.66}$$

$$G_3=\frac{1}{2}gL_3m_3\sin(\theta_2+\theta_3)\cos\theta_1 \tag{4.67}$$

习　题

1. 机器人动力学解决什么问题？什么是动力学正问题和逆问题？

2. 写出拉格朗日动力学模型，并简述各项的含义。

3. 图 4.6 所示 1 自由度机械手为均质连杆，质量为 m，长度为 L，推导机械手拉格朗日动力学方程。

第5章 四足机器人步态规划基础理论

在机器人的运动控制中，一般采用基于模型的控制方法。该方法采用"建模—规划—控制"的思路，通过对机器人本体的精确建模，利用设定的机器人足端轨迹来规划机器人的运动。在基于模型的四足机器人步态规划方法中，首先需要推导机器人的运动学方程，然后规划机器人腿处于支撑相和摆动相状态的运动轨迹。基于规划的足端轨迹和机器人逆运动学方程，推导出机器人腿各个关节的运动。

为了后续实现四足机器人稳定运动控制，本章主要介绍步态规划的基础理论和相关知识。

5.1 步态规划的基本概念

动物的运动具有多样性，表现为每一种动物都具有多种运动形式，如双足动物的"走""跑"，四足动物的"行走(walk)""对角小跑(trot)""遛步(pace，又称单侧小跑)""跳跃(bound)"和"奔跑(gallop)"等，因此，相应的仿生四足机器人也有较多的步行方法。

四足机器人的步行方法一般根据摆动腿的顺序和时序进行分类，一般用步态周期、步态长度、占空比、相对位移等概念来对步态进行定义。在四足机器人的运动中，首先要进行四足机器人步态分析中相关参数的定义。

(1) 步态(gait)：有关腿部摆动顺序及其时间相序等的步行模式。一般分为行走、对角小跑、遛步、跳跃和奔跑5种基本步态。

(2) 步行周期(walking period)：周期步态中某一条腿运动一个完整循环所需的时间。

(3) 支撑相(supporting phase)：腿部着地的状态称为支撑相。

(4) 摆动相(swinging phase)：腿部处于空中的状态称为摆动相。

(5) 支撑多边形(support polygon)：支撑腿着地点由凸形轮廓线所构成的凸多边形在水平面上的投影。

(6) 静态步行(static walk)：机器人合成质心在水平面上的垂直投影点处于支撑多边形内的状态称为静态稳定状态；始终保持静态稳定状态的步行称为静态步行。

(7) 动态步行(dynamic walk)、准动态步行(quasi-dynamic walk)：步行过程中某段时间不能保持静态稳定状态的步行称为准动态步行；步行中完全不能处于静态稳定状态的持续步行称为动态步行。

(8) 跨步(stride)：腿部的周期运动称为跨步。

(9) 步长(stride length)：单位周期内质心的移动距离称为步长。

(10) 占空系数β(duty factor)：在单位跨步运动中，某条腿着地时间与步行周期之比称为占空系数。

(11) 稳定裕量(stability margin)：机器人质心在水平面上的垂直投影点到支撑多边形各边的最短距离称为该时刻的稳定裕量。对于某一种周期性步态，在步行周期中稳定裕量的最小值称为步态的稳定裕量。

(12) 脚行程(step length、stroke length)：处于支撑相时，摆动腿足端相对于机体移动的距离，也称为步幅。

(13) 规则步态：所有腿的占空系数都相等的步态称为规则步态。

四足机器人的各种步态，一般可以根据占空系数 β 将步态分为静步态和动步态。静步态的占空比一般满足 $\beta>0.5$，动步态占空比一般满足 $\beta\leqslant 0.5$。再具体分，静步态主要是指行走(walk)步态，而动步态可以分为对角小跑(trot)步态、遛步(pace)步态、跳跃(bound)步态和奔跑(gallop)步态等。

在图 5.1 所示的动物的各种步态中，行走步态是一种静步态，任意时刻至少有三条腿着地；对角小跑步态是处于对角线上的两条腿同时摆动的动步态，一对腿处于支撑相，另一对腿处于摆动相；遛步步态与对角小跑步态不同的是，使用身体同一侧的双腿同时摆动，另一侧的双腿处于支撑相；跳跃步态是前后腿交替动作的步态，运动过程中躯干会有明显的俯仰运动；奔跑步态与跳跃步态的不同之处在于其先前双腿先后着地，再后双腿先后着地。

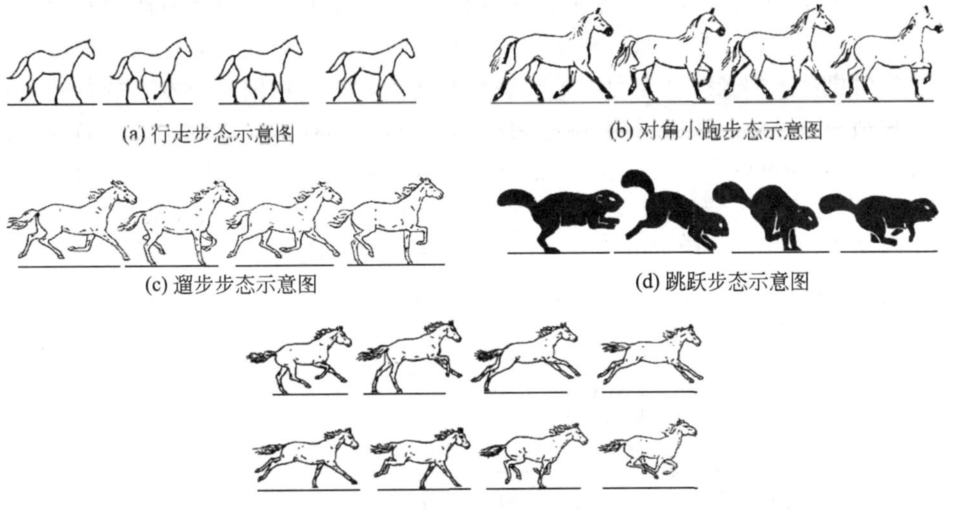

(a) 行走步态示意图　(b) 对角小跑步态示意图　(c) 遛步步态示意图　(d) 跳跃步态示意图　(e) 奔跑步态示意图

图 5.1　四足动物步态类型示意图

利用黑色部分表示机器人的支撑相，白色部分表示机器人的摆动相，横坐标表示步态所处时间，一个步态周期用 T 表示，纵坐标表示机器人的四条腿。腿 1 表示左前腿(left front，LF)、腿 2 表示右前腿(right front，RF)、腿 3 表示右后腿(right hind，RH)、腿 4 表示左后腿(left hind，LH)，则机器人的上述 5 种步态图如图 5.2 所示。

根据机器人的步态周期是否固定，可将步态分为周期步态和非周期步态(自由步态)。当四足机器人不同的运动部分(腿的抬起、落下、身体的运动)在一个步态周期内同时发生时，则称其为周期步态。

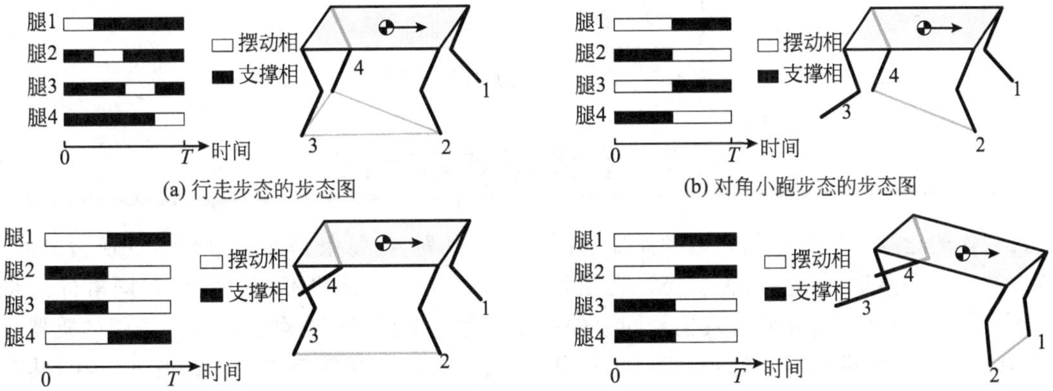

(a) 行走步态的步态图　(b) 对角小跑步态的步态图　(c) 遛步步态的步态图　(d) 跳跃步态的步态图

图 5.2　四足机器人步态图

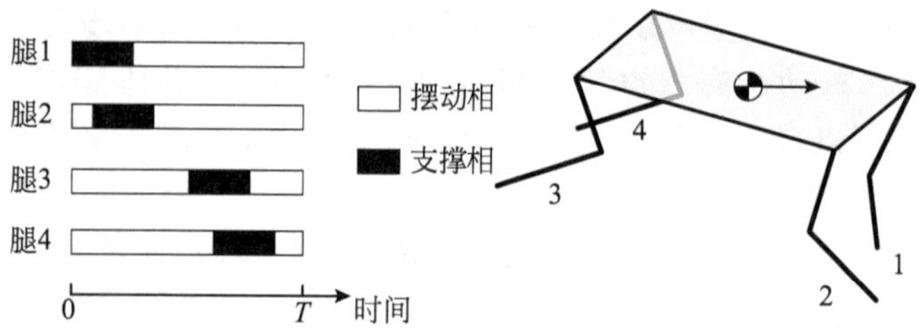

(e) 奔跑步态的步态图

图　5.2(续)

对于机器人来说，当其所处的环境比较复杂时，如地面崎岖不平或者有障碍物时，需要根据机器人所处的环境来进行步态的选择和运动的规划。若步态运动的周期性被打破，则称其为非周期步态。有时机器人的步态也分为连续步态和非连续步态。在四足机器人的行走过程中，如果身体始终保持一个恒定的速度运动，则称为连续步态，否则称为非连续步态。另外，根据机器人的行走方向，步态还可以分为直行步态（前进步态或者后退步态）和转弯步态。根据旋转半径的不同，转弯步态分可为旋转(spinning)步态和环绕(circling)步态。旋转步态以四足机器人的身体质心为旋转质心，基于一个固定的步态顺序，向同一个方向旋转一个固定的角度，当整个步态循环一次之后，四足机器人本体就会旋转这个固定的角度。

四足机器人步态分类可用图 5.3 表示。

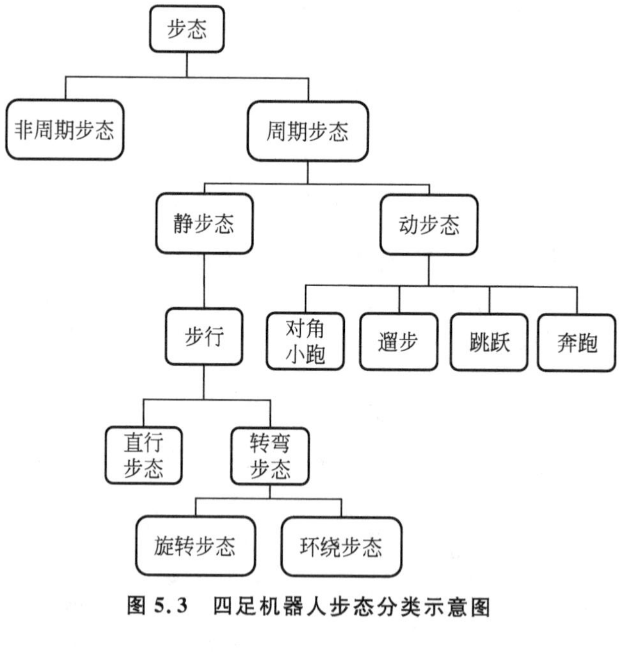

图 5.3　四足机器人步态分类示意图

5.2　静步态规划方法

机器人的运动可视为腿部触地和离地事件的组合序列，将每条腿的落地和悬空视为事件，则机器人的腿存在落地和悬空两种状态。在机器人领域，将同一条腿不同时发生相同事件的步态称为非奇异步态；同一条腿同时发生相同事件的步态称为奇异步态。对于具有 k 条腿的机器人来说，共有 $(2k-1)!$ 种非奇异步态，对于四足机器人来说，若每条腿每个周期只抬落各一次，共存在 5040 种非奇异步态。

对于四足机器人来说，所谓的静步态，一般是指机器人在运动过程中，至少有 3 条以上的支撑腿,或者说,机器人同时至少有 3 条腿处于支撑相。在四足机器人的静步态行走中,根据机器人 4 条腿迈步顺序的不同,可以将静步态分为直行步态和转弯步态。同时又根据步态之间方向的不同,直行步态可分为 *X*-方向直行步态,RX-方向直行步态,*Y*-方向直行步态,RY-方向直行步态,其中 *X*-方向直行步态是四足机器人从后向前的方向,RX-方向直行步态是四足机器人从前向后的方向,如图 5.4 所示。

O-Rotation 步态是四足机器人逆时针的转弯步态,RO-Rotation 步态是四足机器人顺时针的转弯步态,如图 5.5 所示。

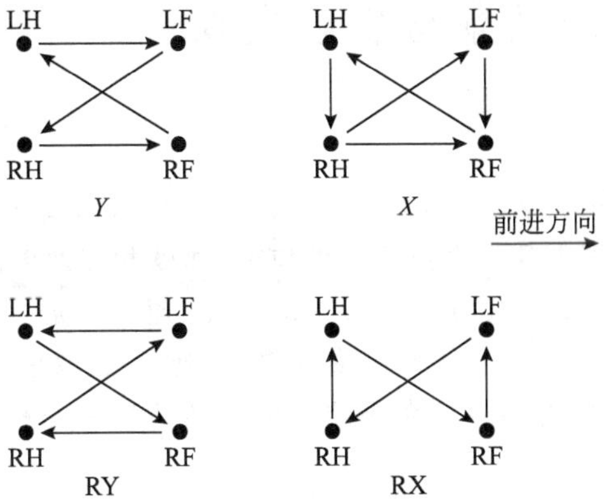

图 5.4　4 种直行静步态

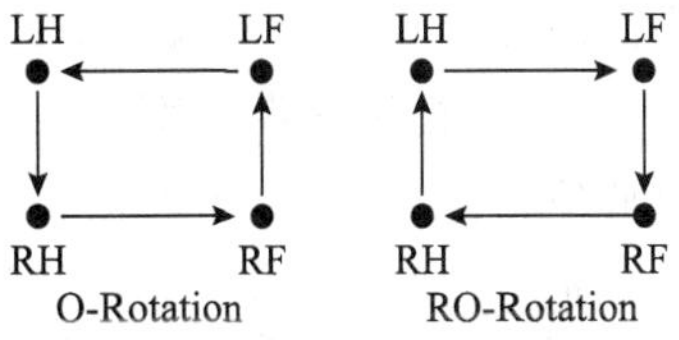

图 5.5　2 种转弯静步态

在上面的 6 种非奇异步态当中,只有 3 种能保证静态稳定,而能够使稳定裕度最大化的步态只有 1 种,称为匍匐静步态,如图 5.6 所示。

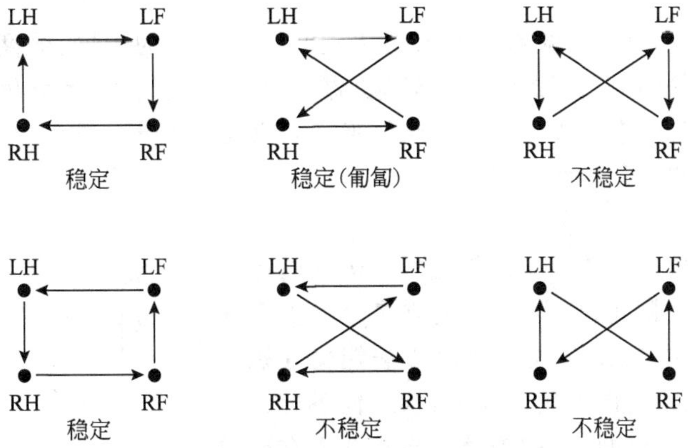

图 5.6　6 种静步态稳定性示意图

5.3　动步态规划方法

四足机器人在运动过程中,为了高效率地完成给定任务,一般采用具有较好动态特性的动步态运动模式。如上所述,机器人的动步态,一般分为对角小跑、遛步、跳跃和奔跑,它们属于两条腿同时摆动且占空比 $\beta \leqslant 0.5$ 的步态,且运动速度按照上述顺序越来越快。与其他动步态相比,对角小跑步态是一种更具有实用性的动步态,理由如下。

(1) 对角小跑步态具有较高的能效和较大的速度适应范围,即使对角线上的两条支撑腿翻倒,借助于另一对角线上两条摆动腿的快速触地也可有效防止机器人整体跌倒。

(2) 在对角小跑步态中,对角线上前、后腿运动相位相同,理论上能同时触地和离地,易于实现机器人步行运动的对称性，保持机器人运动的自稳定性，减轻机器人姿态控制的负担，减少稳定调节过程中的动作次数。

(3) 对角小跑步态与直行步态的适配性好，仅改变占空比(从占空比为 0.75 的直行步态到占空比为 0.5 的对角小跑步态)就能连续生成与目标速度相适应的步态，有利于步态之间平滑切换的实现，可提高四足机器人的环境适应性。

因此，在机器人的步态规划中，一般都采用具有良好动态稳定性的对角小跑步态，又称 trot 步态。

5.4　机器人轨迹规划与步态生成

5.4.1　机器人轨迹规划

常见的机器人作业有点到点作业和连续路径作业。机器人在运动过程中，需要进行运动轨迹的规划，这里所谓的轨迹是指机械手或者机器人在运动过程中的位姿、速度和加速度。

机器人的轨迹规划一般要求对于选定的轨迹节点(插值点)上的位姿、速度和加速度给出一组显式约束(如连续性和光滑程度等)，轨迹规划器从一类函数(如 n 次多项式)选取参数化轨迹，对节点进行插值，并满足约束条件。轨迹规划方法一般是在机器人的初始位置和目标位置之间用多项式函数来"内插"或"逼近"给定的路径，并产生一系列的控制点。

所谓"内插"或"逼近"，主要是指插值。插值，就是给定一组离散点列，求出一条曲线，把这些点按照次序连接起来。插值包含很多方法，包括分段线性插值、拉格朗日插值和样条插值等。将已知的每两个相邻的点用直线连接起来，如此形成一条折线，就是分段线性插值；插值点之间采用拉格朗日函数连接，就是拉格朗日插值；样条插值是指采用三次样条函数来构造已知数据点之间的插值函数。

在机器人的步态规划中，一般点的约束为抬腿和落地时刻的位置、速度和加速度约束，部分考虑机器人抬腿高度的约束。因此，为了提高机器人运动的连续性，降低机器人对地面的冲击，一般采用三次或更高阶的多项式作为插值函数来规划机器人的步态曲线。下面重点介绍常用的三次多项式插值方法和分段线性插值方法。

1. 三次多项式插值方法

在三次多项式插值方法中，只给定机器人运动的起始点和终止点的关节角度即可，中间可以生成多个三次多项式曲线，如图 5.7 所示。三次多项式插值方法能保证机器人在工作过程中角度、角速度和角加速度连续，但不能保证机器人在起始点和终止点的加速度连续。当机器人在起始点加速度由 0 突变为某一值时，在终止点则由某值突变为 0 时，这样由于关节变量的加速度突变，必将引起机器人启动或者停止时末端执行器的抖动，影响机器人工作的平稳性。

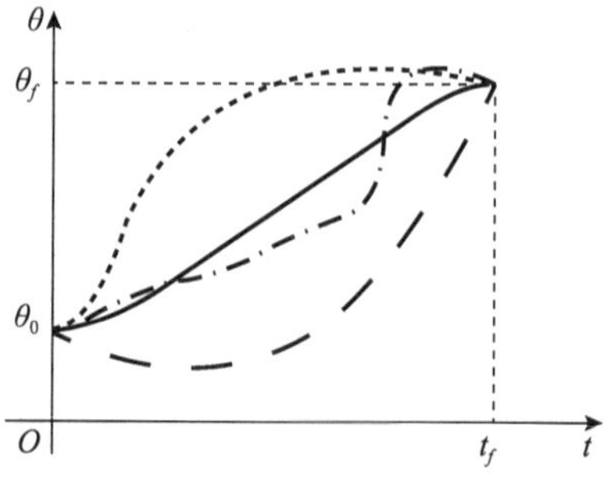

图 5.7　三次多项式曲线生成示意图

三次多项式函数可以用式(5.1)表示：

$$\theta(t)=a_0+a_1t+a_2t^2+a_3t^3 \tag{5.1}$$

式中，a_0、a_1、a_2、a_3 是 4 个待定系数，可以由起始点和终止点两点的函数值及其一阶导数列出 4 个方程，进而求出 4 个系数。

机器人为了实现平稳运动，其轨迹函数的 4 个约束条件定义如下。

(1) 满足起始点关节角度约束：$\theta(0)=\theta_0$。

(2) 满足终止点关节角度约束：$\theta(t_f)=\theta_f$。

(3) 满足起始点关节速度约束：$\dot{\theta}(0)=0$。

(4) 满足终止点关节速度约束：$\dot{\theta}(t_f)=0$。

将约束条件代入式(5.1)，可得

$$a_0=\theta_0 \quad a_1=0 \quad a_2=\frac{3}{t_f^2}(\theta_f-\theta_0) \quad a_3=-\frac{2}{t_f^3}(\theta_f-\theta_0) \tag{5.2}$$

例 5.1　设 1 自由度的旋转关节机械手处于静止状态时，$\theta_0=15°$，要在 3s 内平稳运动到达终止位置($\theta_f=75°$)，并且在终止点的速度为零，求该机械手的关节角度约束和速度约束。

解：将已知条件代入式(5.2)可得 $\theta(t)=15.0+20.0t^2-4.44t^3$，$\dot{\theta}(t)=40.0t-13.32t^2$。

2. 过路径点的三次多项式插值

机器人在运动过程中，在运动路径的过程中有时候有些特殊要求，如抬腿结束和落地开始要保证平滑或者加速度为 0。该方法把所有路径点都看成起始点或终止点，求解逆运动学方程，得到相应的机器人关节矢量值。然后确定所要求的三次多项式插值函数，把路径点平滑地连接起来，如图 5.8 所示。此时，这些起始点和终止点的关节速度不再是零，从而约束条件可设为 $\dot{\theta}(0)=\dot{\theta}_0$，$\dot{\theta}(t_f)=\dot{\theta}_f$。

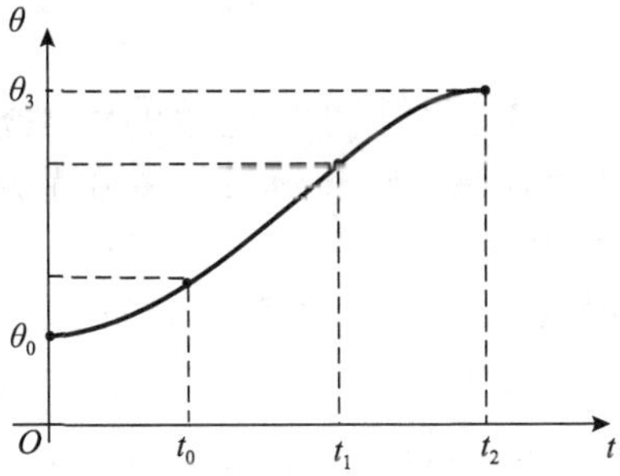

图 5.8　过路径点的三次多项式插值

利用上述约束条件和式(5.2)同理可以求得此时的三次多项式系数

$$\begin{cases} a_0=\theta_0 \\ a_1=\dot{\theta}_0 \\ a_2=\dfrac{3}{t_f^2}(\theta_f-\theta_0)-\dfrac{2}{t_f}\dot{\theta}_0-t_f\dot{\theta}_f \\ a_3=-\dfrac{2}{t_f^3}(\theta_f-\theta_0)+\dfrac{1}{t_f^2}(\dot{\theta}_0+\dot{\theta}_f) \end{cases} \tag{5.3}$$

由上式确定的三次多项式描述了起始点和终止点具有任意给定位置和速度的运动轨迹。在此基础上，计算路径点上的关节速度有下述 3 种方法。

(1) 根据工具坐标系在直角坐标空间中的瞬时线速度和角速度来确定每个路径点的关节速度。

(2) 为了保证每个路径点上的加速度连续，由控制系统按照此要求自动地选择路径点的关节速度。

(3) 在直角坐标空间或关节空间中采用某种适当的启发式方法，由控制系统自动地选择路径点的关节速度。

对于方法(2)，为了保证路径点处的加速度连续，可以设法用两条三次曲线在路径点处按照一定的规则联系起来，拼凑成所要求的轨迹。其约束条件是：连接处不仅速度要连续，加速度也要连续，如图 5.9 所示。

对于方法(3)，假设用线段把这些路径点依次连接起来，若相邻线段的斜率在路径点处改变符号，则把速度选定为零；若相邻线段不改变符号，则选择路径点两侧的线段斜率的平均值作为该点的速度，如图 5.10 所示。

如果对运动轨迹的要求更为严格，约束条件增多，那么三次多项式就不能满足需要，必须用更高阶的多项式对运动轨迹的路径段进行插值。例如，对某段路径的起始点和终止点都规定了关节的位置、速度和加速度(有 6 个未知系数)，则要用一个五次多项式进行插值。

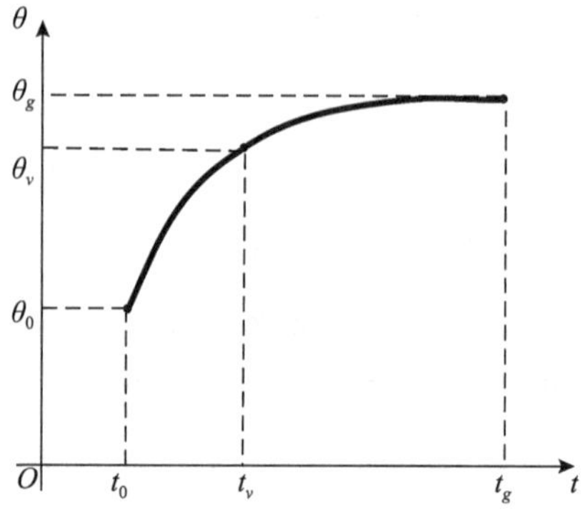

图 5.9　方法(2)

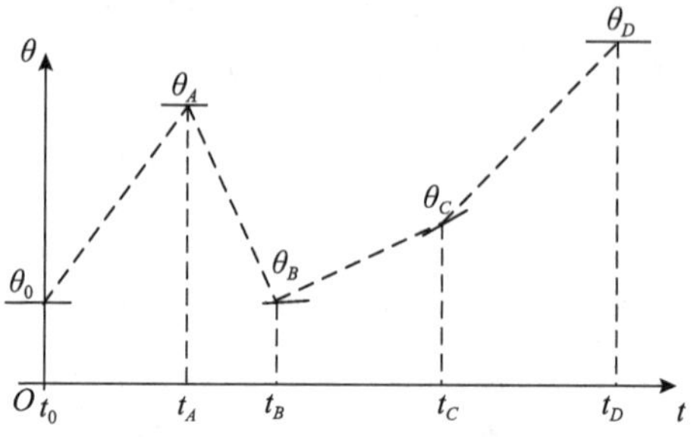

图 5.10　方法(3)

3. 用抛物线过渡的线性插值

单纯线性插值将导致在节点处关节运动速度不连续,加速度无限大。为了解决上述问题,使用线性插值时,在每个节点的邻域内增加一段抛物线的"缓冲区段",从而使整个轨迹上的位移和速度都连续,如图 5.11 所示。

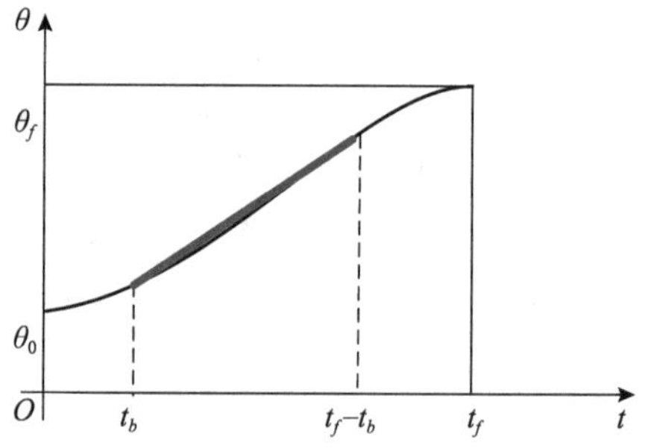

图 5.11　用抛物线过渡的线性插值

4. 过路径点的用抛物线过渡的线性插值

如图 5.12 所示,某个关节在运动中设有 n 个路径点,其中三个相邻的路径点表示为 j、k 和 l,每两个相邻的路径点之间都以线性函数相连,而所有的路径点附近则由抛物线过渡(同样存在多解)。

5. 带"伪节点"的线性插值

当要求机器人通过某个节点且速度不为零时,常采用此方法。此方法在节点两端规定两个"伪节点",令原节点在两伪节点的连线上,并位于两过渡域之间的线性域上,如图 5.13 所示。

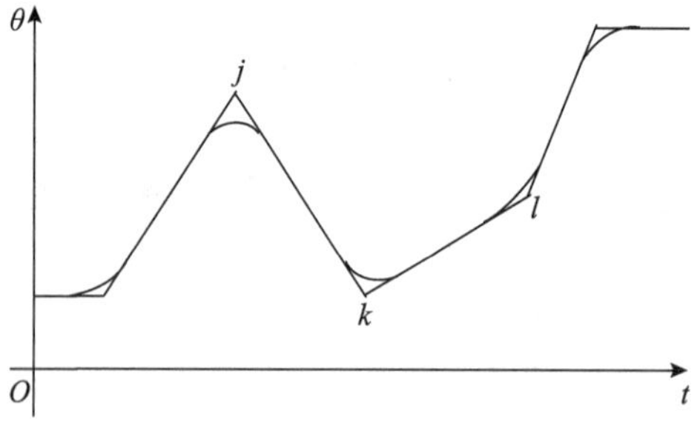

图 5.12　过路径点的用抛物线过渡的线性插值

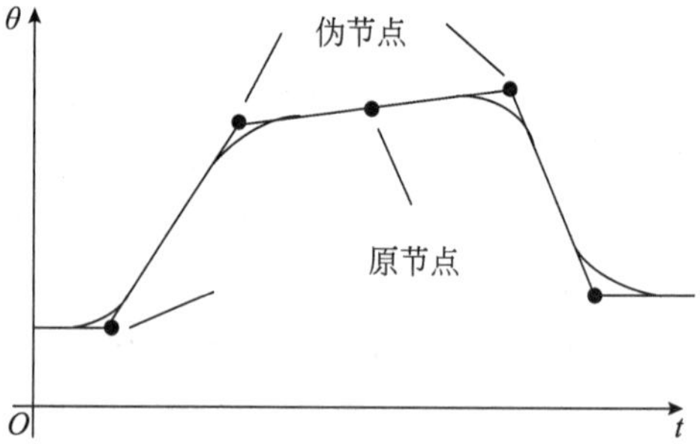

图 5.13　带"伪节点"的线性插值

5.4.2　机器人步态生成方法

向前行走是四足机器人移动控制最基本的问题,其他行走方式均为向前行走的扩展,最常见的是基于足端轨迹规划的向前行走方法,首先规划足端运动轨迹,然后使用逆运动学计算各个关节角度,最后使用伺服控制器实现关节位置伺服。足端轨迹多种多样,基本的轨迹规划方法都具有以下特点。

(1) 轨迹连续。

(2) 速度连续。

(3) 摆动腿在触地前即开始后撤。

(4) 支撑腿在离地后仍后撤一段距离。

(5) 支撑相速度基本恒定。

常见的四足机器人的步态生成方法有三次曲线法、复合摆线法、改进复合摆线法和三次贝塞尔曲线规划法等。

1. 三次曲线法

在三次曲线法中，利用三次多项式对机器人的步态进行规划。在机器人的步态规划中，为了降低步态规划的难度，一般分别单独规划前进方向(x 轴)和上下方向(z 轴)的足端运动轨迹，其中 x 轴方向实现足端的前后摆动，z 轴方向实现足端的抬落。

在 x 轴方向的步态运动中，分为支撑相和摆动相，前半个周期$[0,0.5T]$为支撑相，后半个周期$(0.5T,T)$为摆动相。支撑相的足端轨迹为直线，摆动相使用三次多项式曲线，其运动曲线单位化之后的表示公式如下：

$$\begin{cases} x(t)=S\times\left(1-\dfrac{4t}{T}\right) & t\in[0,0.5T] \\ x(t)=S\times\left(-\dfrac{64t^3}{T^3}+\dfrac{144t^2}{T^2}-\dfrac{100t}{T}+21\right) & t\in(0.5T,T) \end{cases} \tag{5.4}$$

式中，S 表示四足机器人行走过程中的腿摆幅，t 表示当前周期流逝的时间，T 表示一个完整步态周期总时间。

在 z 轴方向的步态运动中，也分为支撑相和摆动相，其中支撑相速度为恒定值，摆动相可以使用比较简单的曲线(如正弦或者余弦曲线)，其中使用余弦曲线的公式可表示为

$$\begin{cases} z(t)=0 & t\in[0,0.5T] \\ z(t)=H\times\dfrac{1-\cos\left(\dfrac{4\pi t}{T}\right)}{2} & t\in(0.5T,T) \end{cases} \tag{5.5}$$

式中，H 表示跨步高度。可以根据地面的不平坦程度和机器人运动速度的需求修改参数 S、H 和 T 以实现对机器人步长、步高和步频的控制。

基于式(5.4)和式(5.5)，利用 MATLAB 编程，经单位化后，向前行走时的 x 轴足端轨迹如图 5.14 所示，z 轴足端轨迹如图 5.15 所示，矢状平面内合成后的足端轨迹如图 5.16 所示。

在机器人的步态规划中，各条腿足端的步态运动轨迹一致，各条腿之间的步态运动曲线只有相位之间的差别，因此，基于机器人各个步态的定义，可以通过调整机器人的各条腿的相位差实现其他腿的运动曲线规划，从而实现基于位置的机器人整体步态运动。

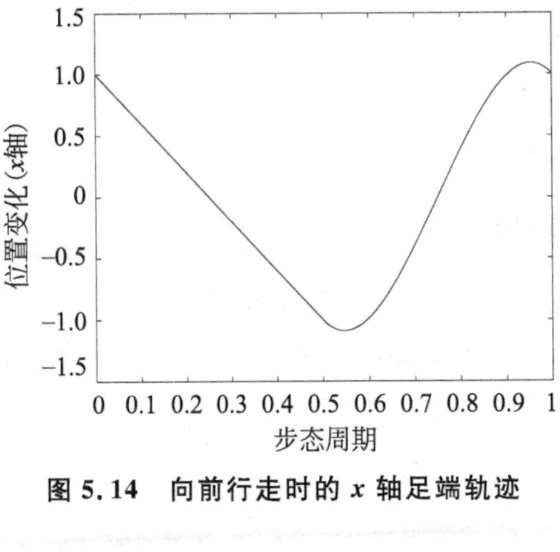

图 5.14　向前行走时的 x 轴足端轨迹

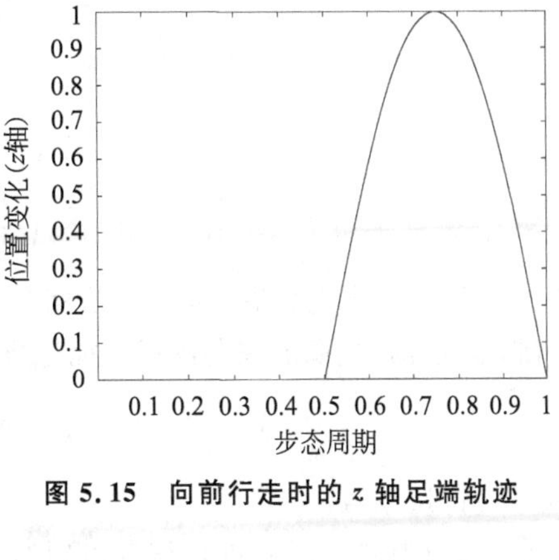

图 5.15　向前行走时的 z 轴足端轨迹

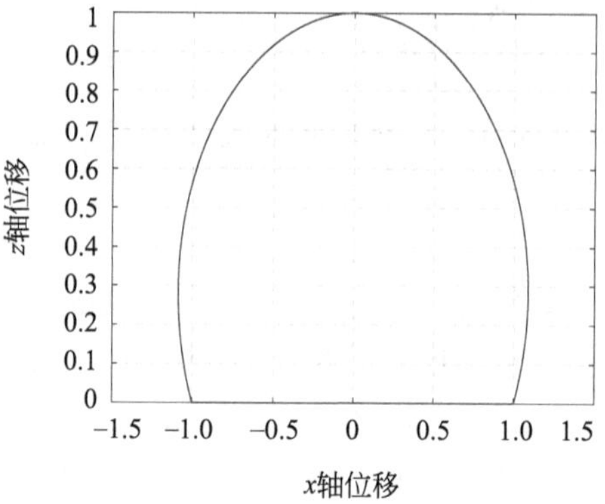

图 5.16　向前行走时的矢状平面内合成后的足端轨迹

2. 复合摆线法

复合摆线法将数学中的摆线方程引入足端轨迹的规划中，满足在机器人抬腿和落地瞬间实现零冲击和落地软着陆，关节速度和加速度变化平滑、连续、无奇点，足端在抬腿和落地瞬间前进方向和竖直方向上速度和加速度分量皆为零等足端规划要求。这种摆线运动轨迹主要具有抬腿高度可变，落地角与地面垂直，不打滑，适用于弹性腿的特点。

在复合摆线法中，首先假设在摆动周期和支撑周期之间的连接点处速度为 0，作为速度的边界条件。另外，人和四足动物正常行走时，足的运动接近于正弦曲线，从而定义

$$\ddot{x}=A_{\mathrm{m1}}\sin(2\pi t/T_y) \tag{5.6}$$

式中，A_{m1} 为待定参数，T_y 为摆动腿摆动时间，t 为步行时间。

由上式可得关于速度的表达式为

$$\dot{x}=\frac{A_{\mathrm{m1}}T_y}{2\pi}\left(1-\cos 2\pi\frac{t}{T_y}\right) \tag{5.7}$$

由式(5.7)得，当 $t=0$ 且 $t=T_y$ 时，$\dot{x}=0$。对式(5.7)中的 t 进行积分，可得机器人步态规划的位置表达式为

$$x=\frac{A_{\mathrm{m1}}T_y}{2\pi}\left(t-\frac{T_y}{2\pi}\sin 2\pi\frac{t}{T_y}\right)+c_1 \tag{5.8}$$

当 $t=0$ 时，$x=0$；当 $x=S_0$ 时，$t=T_y$，有

$$c_1=0\quad A_{\mathrm{m1}}=\frac{2\pi S_0}{T_y^2} \tag{5.9}$$

式中，S_0 为步长。将式(5.9)代入式(5.6)～式(5.8)中，依次得到式(5.10)～式(5.12)

$$\ddot{x}=\frac{2\pi S_0}{T_y^2}\sin 2\pi\frac{t}{T_y} \tag{5.10}$$

$$\dot{x}=\frac{S_0}{T_y}\left(1-\cos 2\pi\frac{t}{T_y}\right) \tag{5.11}$$

$$x=S_0\left(\frac{t}{T_y}-\frac{1}{2\pi}\sin 2\pi\frac{t}{T_y}\right) \tag{5.12}$$

在 z 轴运动中，设定足端运动的边界条件，使在出发点、最大足端高度和落地点的加速度和速度为 0。将脚重复撞击地面的周期性运动视为凸轮轴的一种垂直运动，加速度呈正弦规律变化。

$$\ddot{z}=A_{\mathrm{m2}}\sin 4\pi\frac{t}{T_y} \tag{5.13}$$

式中，A_{m2} 为待定系数。

速度是通过对式(5.13)进行积分得到的

$$\dot{z}=\frac{A_{m2}T_y}{4\pi}\left(1-\cos 4\pi\frac{t}{T_y}\right) \tag{5.14}$$

由式(5.14)可知,当 $t=0$ 或 $t=T_y/2$ 时,$\dot{z}=0$。

位置是由式(5.14)对 t 积分得到的

$$z=\frac{A_{m2}T_y}{4\pi}\left(\frac{T_y}{2}-\frac{T_y}{4\pi}\sin 4\pi\frac{t}{T_y}\right) \tag{5.15}$$

$$A_{m2}=\frac{8\pi H_0}{T_y^2} \tag{5.16}$$

由式(5.15)、式(5.16)得,当 $t=0$ 或 $T_y/2$ 时,$Z=H_0$,其中,H_0 为摆动腿抬起的高度。

将式(5.16)代入式(5.13)~式(5.15)中,得到以下结果

$$\ddot{z}=\frac{8\pi H_0}{T_y^2}\sin 4\pi\frac{t}{T_y} \tag{5.17}$$

$$\dot{z}-\frac{2H_0}{T_y}\left(1-\cos 4\pi\frac{t}{T_y}\right) \tag{5.18}$$

$$z=2H_0\left(\frac{t}{T_y}-\frac{1}{4\pi}\sin 4\pi\frac{t}{T_y}\right) \tag{5.19}$$

基于式(5.12)和式(5.19),利用 MATLAB 编程,经单位化后,向前行走时的 x 轴足端轨迹如图 5.17 所示,z 轴足端轨迹如图 5.18 所示,矢状平面内合成后的足端轨迹如图 5.19 所示。

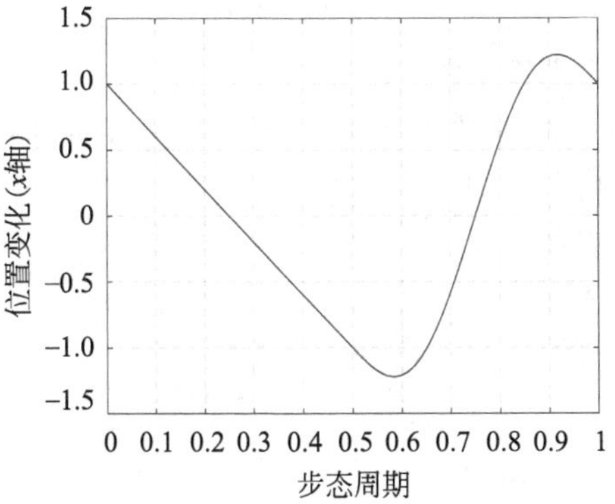

图 5.17　向前行走时的 x 轴足端轨迹

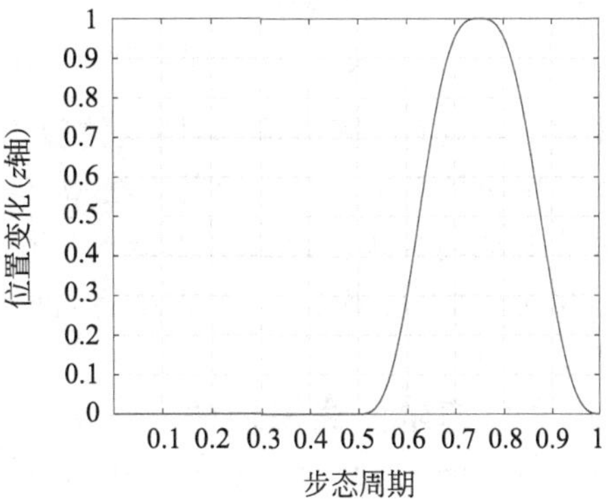

图 5.18　向前行走时的 z 轴足端轨迹

图 5.20 为三次曲线法和复合摆线法矢状平面内合成后的足端轨迹对比,从轨迹上可以看出,两者的运动轨迹基本一致。

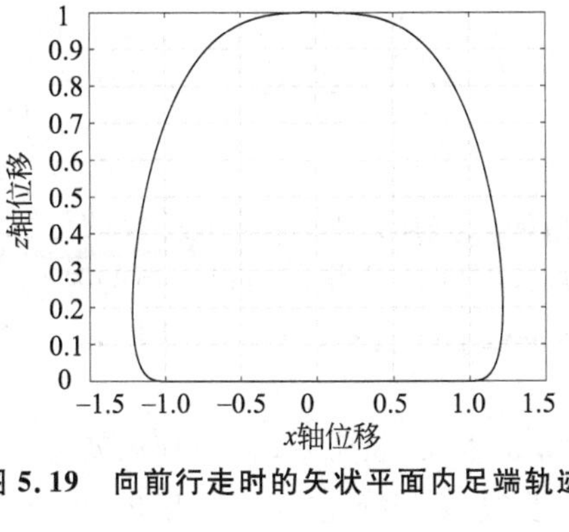

图 5.19　向前行走时的矢状平面内足端轨迹

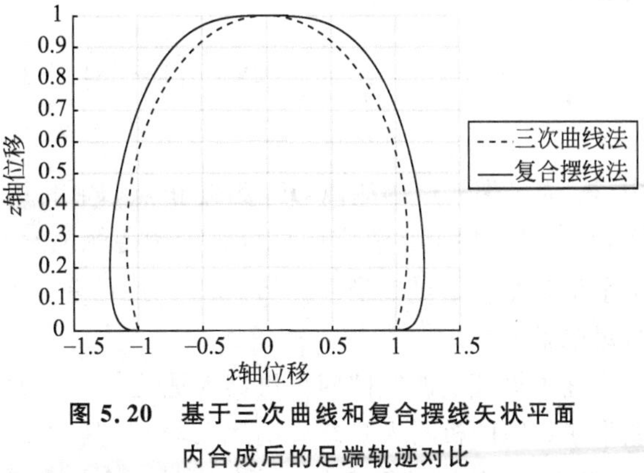

图 5.20　基于三次曲线和复合摆线矢状平面内合成后的足端轨迹对比

3. 改进复合摆线法

为了防止当足底与地面接触时产生滑动，在步态规划中，摆动腿的抬腿速度和落地速度均为0。为了防止机器人行走过程中产生拖地现象，仅在 x 轴方向(机器人前进方向)步态规划中采用复合摆线的形式。修改后的四足机器人摆动腿的步态规划轨迹定义为

$$\begin{aligned} x(t)&=S_0\left[\frac{t}{T}-\frac{1}{2\pi}\sin\left(2\pi\frac{t}{T_y}\right)\right] \\ z(t)&=H_0\left[\frac{1}{2}-\frac{1}{2}\cos\left(2\pi\frac{t}{T_y}\right)\right] \end{aligned} \tag{5.20}$$

式中，S_0 和 H_0 分别表示四足机器人行走过程中的步长和步高，t 是步态轨迹的采样时间，T_y 为摆动腿摆动时间。可以根据地面的不平坦程度和机器人运动速度的要求修改参数。

设 $S_0=0.5$，$H_0=0.2$，$T_y=1$，则一个步态运动周期内的摆动腿足端步态规划轨迹如图 5.21 所示。进行四足机器人足端轨迹规划后，利用机器人逆运动学模型即可规划出摆动腿各个旋转关节的角度取值。

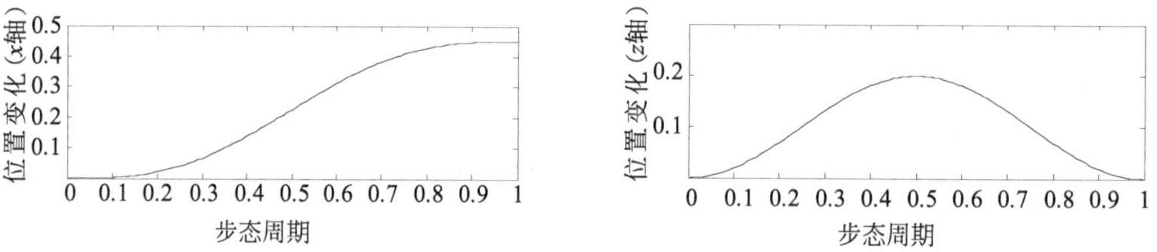

图 5.21　摆动腿足端步态规划轨迹

设支撑腿与地面之间无滑动，则支撑腿推动身体向前移动等效于足端轨迹反向水平后移。从而可以利用四足机器人的逆运动学模型，生成相应的支撑腿各个关节的运动轨迹。设四足机器人在行走过程中始终保持机体和地面平行，姿态不变，直线行走时支撑腿的运行轨迹如图 5.22 所示。

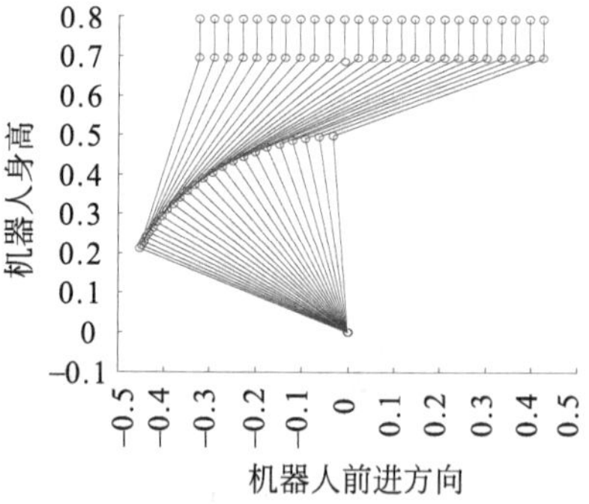

图 5.22　支撑腿运行轨迹

4. 三次贝塞尔曲线规划法

贝塞尔曲线是一种典型的差值曲线，其最初是按照由已知曲线参数方程来确定 4 个点的思路设计的，是应用于二维图形应用程序的数学曲线。一般的矢量图形软件通过它来精确画出曲线，具有曲线平滑、计算量小的特点。考虑到加速度的平滑，至少选择三次插值方法。典型三次贝塞尔曲线的方程为

$$\boldsymbol{B}(t)=\begin{cases}\boldsymbol{P}_0\left(1-\dfrac{t}{T}\right)^3+3\,\boldsymbol{P}_1\dfrac{t}{T}\left(1-\dfrac{t}{T}\right)^2+3\,\boldsymbol{P}_2\left(\dfrac{t}{T}\right)^2\left(1-\dfrac{t}{T}\right)+\boldsymbol{P}_3\left(\dfrac{t}{T}\right)^3 & 0\leqslant t\leqslant T \\ \boldsymbol{B}(t)=\boldsymbol{P}_3 & t>T\end{cases} \tag{5.21}$$

式中，$\boldsymbol{P}_0$ 为足端轨迹起始点，$\boldsymbol{P}_3$ 为终止点，$\boldsymbol{P}_1$ 和 $\boldsymbol{P}_2$ 分别决定起始点处和终止点处的运动方向(根据摩擦锥的要求自适应调整)，T 为预备触地阶段的最长时间，t 为该阶段已流逝的时间，$\boldsymbol{B}(t)$ 为水平坐标系中的足端坐标。当 $t>T$ 时，足端已到达预备触地的位置，令 $\boldsymbol{B}(t)=\boldsymbol{P}_3$，锁定位置，等待足端触地。

在基于贝塞尔曲线的四足机器人适应性步态规划中，如图 5.23 所示，首先利用两条贝塞尔曲线生成封闭的机器人步态周期运动轨迹，其中 H 表示步高，L 表示步长。利用 $\boldsymbol{P}_1$ 和 $\boldsymbol{P}_2$ 相对于 $\boldsymbol{P}_0$ 和 $\boldsymbol{P}_3$ 的位置进行机器人足端离地和入地角度的调整，防止机器人运动过程中出现滑动；利

用定义的滤波参数 z_r（崎岖度调整参数）对步态周期曲线进行截断处理，实现从摆动阶段到支撑阶段的过渡，以适应高低不平的地形环境；当机器人在斜坡或不平整地面上行走时，利用定义的斜面坡度参数 z_s 对机器人的摆动曲线进行坡度调整，实现机器人步态规划对斜坡的自适应调整（当地面存在坡度时，z_s 被激活，当在水平地面上行走时，z_s 取值为 0）。

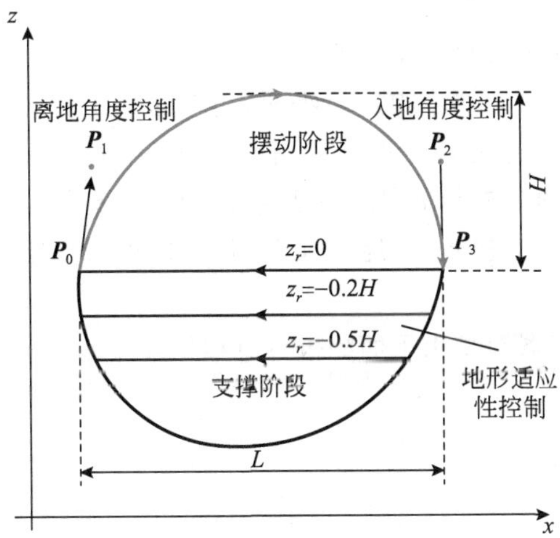

图 5.23　基于贝塞尔曲线的四足机器人适应性步态规划

5. 基于 CPG 的步态生成方法

传统基于模型的机器人控制方法存在建模复杂、解不唯一、单周期规划等问题，不利于实现多足机器人的快速稳定运动，非结构环境适应性较差。中枢模式发生器（central pattern generator，CPG）是一种生物神经网络，能够产生动物的节律性运动，例如，行走、奔跑、咀嚼、心跳等。这种位于脊椎动物的脊髓或无脊椎动物神经节中的 CPG 不需要外部输入作用，通过神经元之间的相互抑制实现自激振荡，产生具有稳定相位互锁关系的多路或单路周期信号，控制肢体或躯体相关部位的节律运动。CPG 中各神经元之间的突触连接具有可塑性，因而能够产生多种输出，控制动物实现多种运动模式。在机器人运动控制中，CPG 控制对噪声和扰动不敏感，具有很好的鲁棒性。近年来，很多学者应用 CPG 的这种功能来控制机器人的节律运动，用其实现机器人的步态规划。例如，张秀丽在 Matsuoka 神经振荡器和 Kimura 神经振荡器的基础上，构造了四足机器人的 CPG 控制策略，利用 CPG 控制机器人的髋关节运动，相应的膝关节运动信号由髋-膝映射函数确定，实现了四足机器人的基本行走。Ijspeert 和他的团队在 Hopf 振荡器的基础上，提出了基于被动力学的四足机器人 CPG 控制策略，利用 CPG 控制髋关节，基于 pantograph mechanism 来控制“Cheetah”机器人步态。在机器人控制学中，利用 CPG 来进行机器人步态运动的控制有很多优点。

（1）具有自动稳定性，CPG 是一种耦合振荡系统，能在缺乏高层控制信号和外周反馈信息的情况产生稳定的振荡行为，利用神经元之间的相互抑制实现稳定的相位互锁，并通过自激振荡激发肢体的节律运动。CPG 与输入信号耦合后，可以根据输入信号的振幅、频率以及多个信号之间的相位关系决定输出的运动模式。

（2）环境适应性较强，CPG 能根据需要调整其振荡频率使动物能够应对复杂的环境，具有自动修正功能。

（3）参数化特性，CPG 模型将机器人与外界环境交互的复杂的运动学、动力学通过调整其有限的参数来实现，不需要对整个系统进行建模，降低了机器人的控制难度。

基于 Wilson-Cowan 神经振荡器，李彬在 2010 年构造了一种新的四足机器人 CPG 控制模型，该模型相对于 Matsuoka 神经振荡器和 Hodgkin-Huxley 神经振荡器构成的 CPG 模型，结构简单，可调初始参数少。仿真结果表明，该模型参数设定方便，可以产生稳定的、具有严格相位关系的四种基本四足机器人节律运动步态：行走(walk)、小跑(trot)、遛步(pace)、跳跃(bound)。

Wilson-Cowan 神经振荡器由两个神经元组成，一个为兴奋神经元，另一个为抑制神经元，两个神经元的连接如图 5.24 所示，u 为兴奋神经元，v 为抑制神经元，两个神经元通过相互耦合产生稳定的极限环振荡，只要在稳定区域选定初始点，经过几个周期，即进入稳定的振荡。

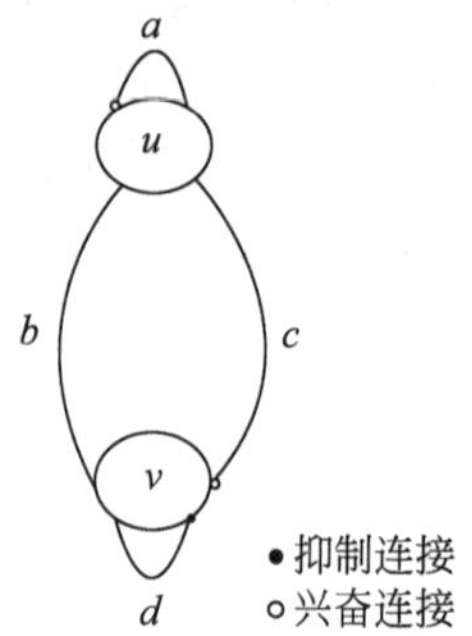

图 5.24　Wilson-Cowan 神经振荡器模型

Wilson-Cowan 神经振荡器模型由下面的微分方程描述

$$
\begin{aligned}
&T_u \frac{\mathrm{d}u}{\mathrm{d}t} = -u + f_\mu(au - bv + S_u) \\
&T_v \frac{\mathrm{d}v}{\mathrm{d}t} = -v + f_\mu(cu - dv + S_v) \\
&f_\mu(x) = \tanh(\mu x)
\end{aligned}
\tag{5.22}
$$

式中，u、v 分别表示兴奋和抑制神经元。参数 a、d 表示神经元本身的权值连接强度，a 为兴奋连接，d 为抑制连接。b 表示神经元 v 对神经元 u 的抑制连接。c 表示神经元 u 对神经元 v 的兴奋连接。S_u、S_v 表示外部输入信号，一般为恒定激励输入。T_u、T_v 表示时间常数，可以认为分别是上升时间常数和适应时间常数。$f_\mu(x)$表示变换函数，μ 为变换函数增益参数。

在 Wilson-Cowan 神经振荡器中，u、v 初始参数的选择，不需要精细调整，该微分方程即可产生稳定的极限环振荡，特别是初值矩阵比 Matsuoka 神经振荡器构成的 CPG 少了一倍，具有良好的可应用性。

为了将 Wilson-Cowan 神经振荡器用于四足机器人控制，作者改进如下。

(1) 用兴奋神经元 u 和抑制神经元 v 的差来线性合成振荡器的输出，即 $y_{\text{out}} = u - v$。在四足机器人的 CPG 控制中，利用四个 Wilson-Cowan 神经振荡器分别控制机器人四条腿，每个振荡器的合成输出 y_{out}，控制相应的腿动作。

(2) 为了使得四足机器人能够产生节律运动，协调四个振荡器输出的相位，在公式(5.22)中引入步态矩阵$[\boldsymbol{w}_{ij}]$，定义为腿(也即振荡器)j 到 i 的连接权重，用来协调四足机器人的步态运动。

改进后的基于 Wilson-Cowan 神经振荡器的 CPG 微分方程表示如下：

$$
\begin{cases}
T_{u_i} \dfrac{\mathrm{d}u_i}{\mathrm{d}t} = -u_i + f_\mu\left(au_i - bv_i + \sum\limits_{j=1}^{n} w_{ij}u_j + S_{u_i}\right) \\
T_{v_i} \dfrac{\mathrm{d}v_i}{\mathrm{d}t} = -v_i + f_\mu\left(cu_i - dv_i + \sum\limits_{j=1}^{n} w_{ij}v_j + S_{v_i}\right) \\
f_\mu(x) = \tanh(\mu x) \\
y_{\text{out}}^i = u_i - v_i \\
i, j = 1,2,3,4
\end{cases}
\tag{5.23}
$$

式中，i、j 表示 Wilson-Cowan 神经振荡器个数。w_{ij} 表示振荡器之间的连接权值，$\boldsymbol{W} \in \Re^{4\times 4}$ 用来表示由 w_{ij} 组成的权矩阵。y_{out} 表示由 Wilson-Cowan 神经振荡器控制的四足机器人腿的运动输出。CPG 的优点之一是能够实现多种运动模式，多模式运动的实现来源于网络模型的连接权重矩阵$[w_{ij}]$能够描述振荡器之间的相位关系，如图 5.25 所示，机器人行走方向如图中箭头所示。全对称 CPG 网络能够表达任意两个振荡器之间的相位信息，因此，利用一个固定结构的 CPG 网络，通过权值调节可以产生各个振荡器之间不同的相位信息，控制机器人实现不同步态。全对称 CPG 网络的连接权重矩阵 $\boldsymbol{W}$ 与步态存在特定对应关系，根据动物运动的基本规律，本文 $\boldsymbol{W}$ 取值原则如下。

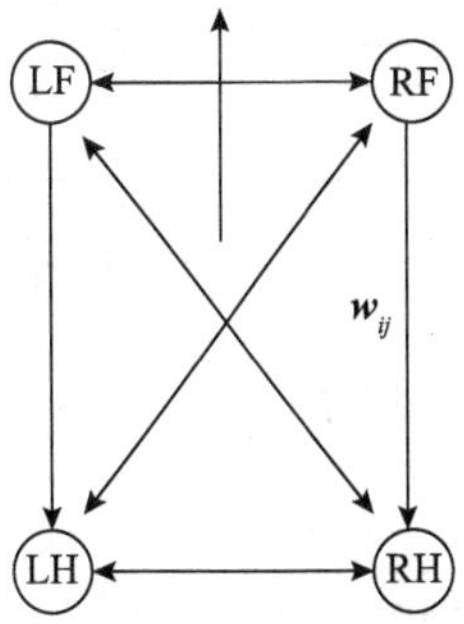

图 5.25　四足机器人 CPG 控制拓扑结构

(1) CPG 网络中不存在自抑制，因此每条腿自身的连接权值为 0。

(2) 任意两条腿的抑制关系是相互的、同等的。

(3) 任意两条腿如果有同相关系，采用兴奋连接，取值为一小的正值；具有异相或反相关系，采用抑制连接，取值为负。

在基于 CPG 步态生成过程中，CPG 参数采用试凑的方式，设置为：$T_u=0.2$，$T_v=0.2$，$a=5.5$，$b=5.5$，$c=2.5$，$d=0$，$S_u=0$，$S_v=0$，初值矩阵为较小的随机数，利用四阶龙格-库塔(Runge-Kutta)法计算 CPG 微分方程。在参数的设置过程中，通过计算机仿真可知，T_u、T_v 一般取值相同，且取值越大，CPG 输出曲线周期越长。根据 $\boldsymbol{W}$ 的取值原则，四足机器人四种典型步态的权值矩阵分别为

$$
\boldsymbol{W}_{\text{walk}}=\begin{bmatrix} 0 & -.1 & -.1 & -.1 \\ -.1 & 0 & -.1 & -.1 \\ -.1 & -.1 & 0 & -.1 \\ -.1 & -.1 & -.1 & 0 \end{bmatrix}\quad
\boldsymbol{W}_{\text{trot}}=\begin{bmatrix} 0 & -.1 & .1 & -.1 \\ -.1 & 0 & -.1 & .1 \\ .1 & -.1 & 0 & -.1 \\ -.1 & .1 & -.1 & 0 \end{bmatrix}
$$

$$
\boldsymbol{W}_{\text{pace}}=\begin{bmatrix} 0 & -.1 & -.1 & .1 \\ -.1 & 0 & .1 & -.1 \\ -.1 & .1 & 0 & -.1 \\ -.1 & .1 & 0 & -.1 \\ .1 & -.1 & -.1 & 0 \end{bmatrix}\quad
\boldsymbol{W}_{\text{bound}}=\begin{bmatrix} 0 & .1 & -.1 & -.1 \\ .1 & 0 & -.1 & -.1 \\ -.1 & -.1 & 0 & .1 \\ -.1 & -.1 & .1 & 0 \end{bmatrix}
$$

矩阵中，.1 表示为 0.1 的简写。

图 5.26～图 5.29 为 CPG 控制输出曲线，从图形上可以看出，经过几个周期的不稳定振荡，所构造的 CPG 网络能够产生稳定的输出。其中，行走步态各腿相位差 1/4；小跑步态 LF、RH 和 RF、LH 相位相差 1/2；遛步步态 LF、LH 和 RF、RH 相位相差 1/2；跳跃步态 LF、RF 和 LH、RH 相位相差 1/2；图形曲线严格符合四足机器人步态相位差，从而 CPG 能够作为四足机器人协调步态控制的一种策略和步态生成的一种方法，也进一步验证了 CPG 用来控制机器人节律步态的可行性和有效性。

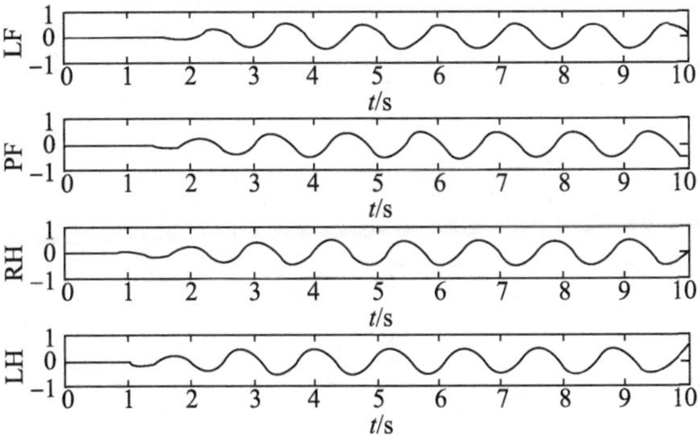

图 5.26　行走步态

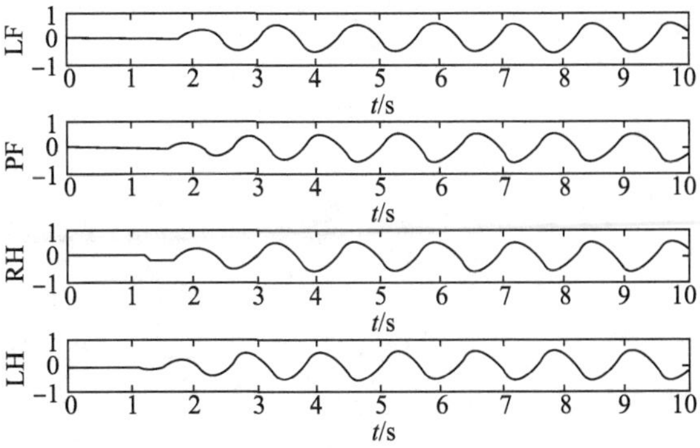

图 5.27　小跑步态

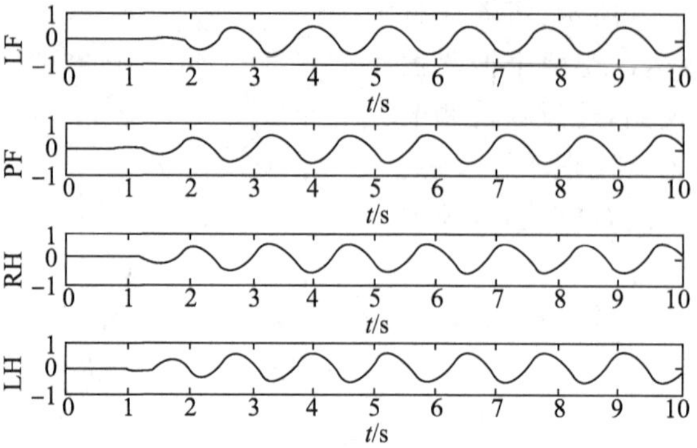

图 5.28　遛步步态

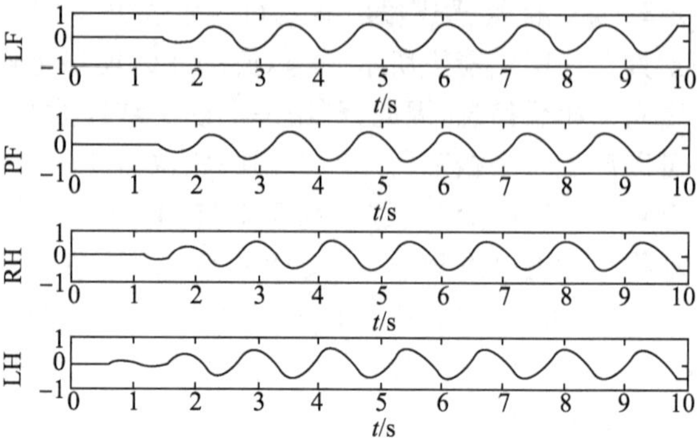

图 5.29　跳跃步态

习　　题

1. 什么是机器人的周期步态？周期步态的优势在什么地方？
2. 一般用什么来区分静步态和动步态？与静步态相比，动步态有什么优势和缺点？
3. 机器人步态规划中，三次曲线法和复合摆线法有什么区别？

第 6 章　四足机器人路径规划算法

机器人路径规划就是在已有的全局或局部环境描述中，在多种约束条件下，根据机器人的任务需要，优化出一条从起始点到终止点的可行路径，使该路径与环境中的障碍物无碰撞，并实现规划路径长度短、机器人行进能耗低、算法计算速度快等优化目标。

由于机器人所处环境特征不同，以及设计目标的多样性，路径规划问题也有很多不同的分类。根据环境描述的完备性，路径规划问题可以分为环境全部已知的全局路径规划和仅机器人周边环境已知的局部路径规划；根据环境中障碍物的状态，路径规划问题可以分为全部是静态障碍物的静态路径规划和存在运动障碍物的动态路径规划。

6.1　地图创建与地形识别

在机器人路径规划中，首先要已知自身所处的环境，对周围的地图和地形进行识别。因此，机器人在运动之前，为了提高与环境的自主交互能力，要进行地图创建(环境建模)。创建地图的目的是供机器人进行自主定位、路径规划等。常用的地图类型情况如图 6.1 所示。

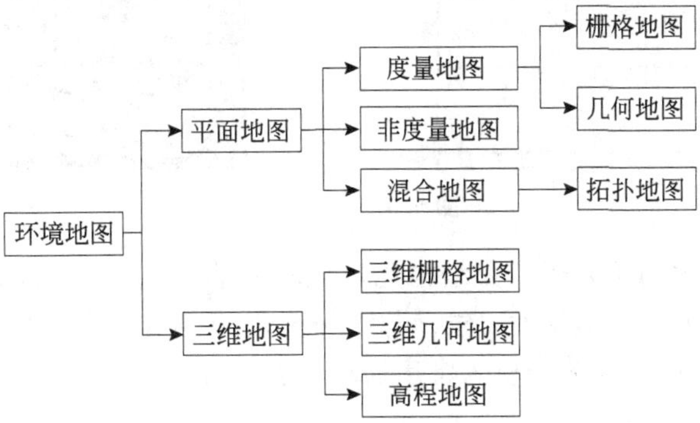

图 6.1　常用地图类型

拓扑地图在机器人领域中应用较早，其在创建过程中无须精确的距离度量信息，构建简单，如图 6.2 所示。然而当环境中存在两个具有相似拓扑结构的区域时，拓扑地图很难对其进行区分，因此其应用存在一定的局限性。

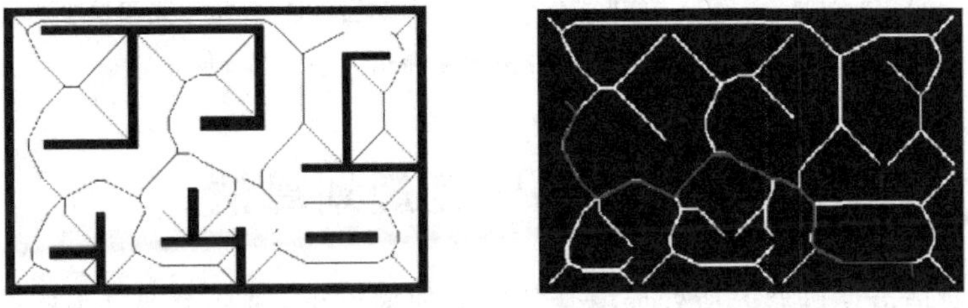

图 6.2　拓扑地图

几何地图又称基于特征的地图，它使用全局坐标表示环境中的一些基本几何图元，如图 6.3 所示。由于能提供路径规划，机器人定位所需要的度量信息且存储量相对较小，因此其在基于视觉的同步定位与地图创建研究中应用较多。

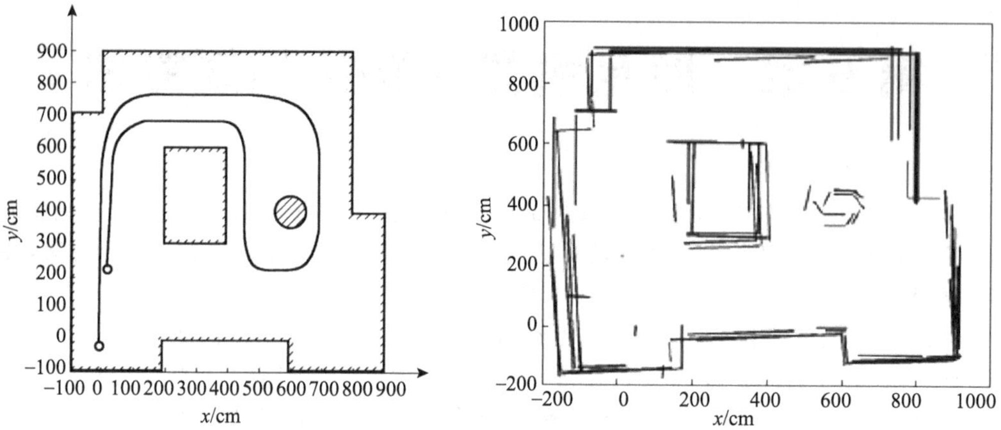

图 6.3　几何地图

栅格地图如图 6.4 所示，是对传统几何地图的离散化表示，它将空间表示成连续的区域，每个栅格代表了固定区域的大小且可以用于记录不同的信息，但其缺点为占用的数据量相对较大，对于大场景下的机器人自主导航任务，较难适应。

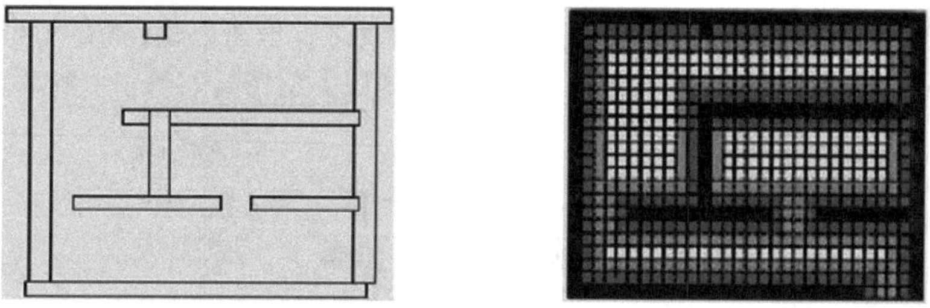

图 6.4　栅格地图

随着四足机器人技术的研究逐步由结构化环境转向非结构化环境，上述平面地图已经较难适用于复杂环境下机器人环境感知的要求。与之相比，三维环境地图(图 6.5)由于记录了更加丰富的环境信息，现在成了机器人领域更为常用的环境表示方式。

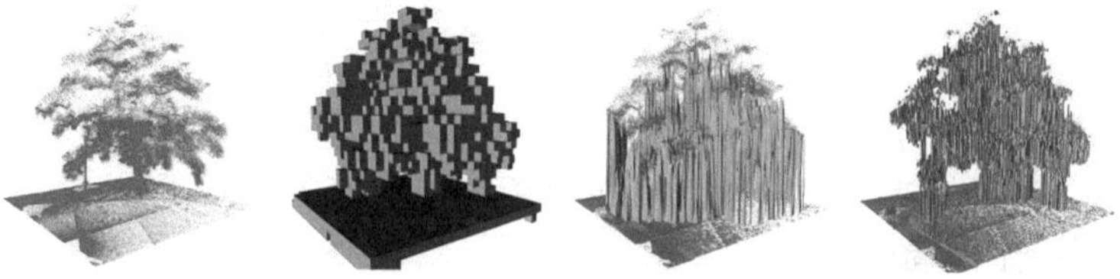

(a) 原始数据　(b) 三维栅格地图　(c) 高程地图　(d) 多层地图

图 6.5　三维地图表示方法

6.2　全局路径规划算法

全局路径规划是指在机器人所处环境全部已知的情况下，对环境建立地图描述，并通过多种搜索算法在建立的环境地图描述中搜索无碰撞优化路径。

全局路径规划过程中常用的算法有栅格法、可视图法、自由空间法等，常用的路径搜索算法有基于图的搜索算法、基于采样的路径规划算法等。

基于图的搜索算法包括 Dijkstra 算法、A^* 算法、D^* 算法等。Dijkstra 算法采用贪心搜索的思想，搜索从起始点到当前节点花费代价最小的路径。Dijkstra 算法能够找到两点之间的最短路径。A* 算法通过引入启发函数，计算机器人距起始点和终止点的距离和，使得该算法在能够找到两点之间最短路径的同时，拥有比 Dijkstra 算法更高的搜索效率。

其中，基于采样的路径规划算法有概率路标法(probabilistic road map，PRM)和快速扩展随机树算法(rapidly exploring random tree，RRT)。概率路标法(图 6.6)首先在状态空间中进行采样，获取 n 个采样点，之后将 n 个采样点相互连接，舍弃掉与障碍物碰撞的连线，形成可行无碰撞的线路图，最后通过图搜索获得从起始点到目标点的路径。

1998 年提出的快速扩展随机树算法通过随机地在地图中采样，从路径规划的起始点生长一棵节点树，结合地图信息进行碰撞检测，控制节点树在状态空间中快速生长，直至生长到目标点邻域，即可获得一条可行无碰撞路径。

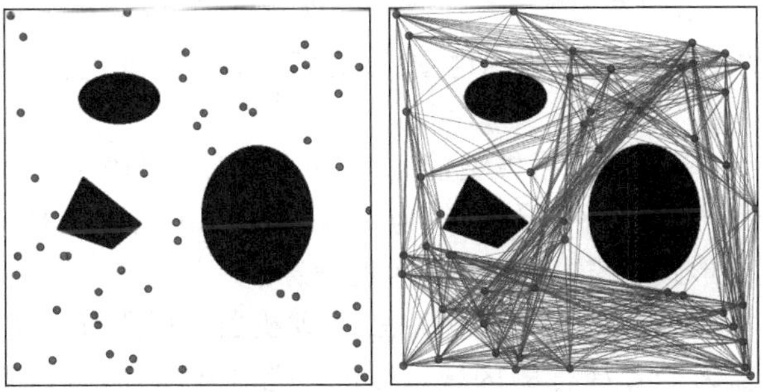

图 6.6　概率路标法

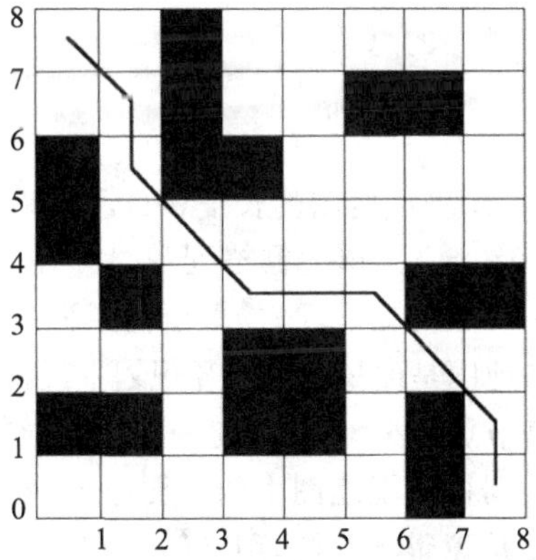

图 6.7　栅格法

6.2.1　栅格法

栅格法(图 6.7)在地图建模中应用十分广泛。通过将地图划分为均匀网格，将地图空间栅格化，通过每个栅格内的数据信息记录地图特征。对于简单的地图建模，可使用二值化栅格地图，即将障碍物所在栅格标记为 1，将非障碍物所在栅格标记为 0。对于包含可通过性及穿越代价等信息的复杂的地图建模，除标记该栅格是否可通过之外，栅格地图中还记录着机器人穿越可通行栅格花费的代价，如在室外环境中，机器人穿越山坡、沼泽等地形的代价要高于穿越平坦坚实地形的代价。栅格地图中栅格的分辨率影响着地图建模的精度：栅格过大，会导致地图建模不够精确，路径精确度降低，甚至导致无法发现路径；栅格过小，会增加路径规划的计算量，需要较长的规划时间。

在环境地图建模中，如何描述障碍物是一个关键的问题，对障碍物的表示做以下两点假设。

(1) 二维栅格地图中的障碍物面积即障碍物实体相对地面的最大投影面积，障碍物的高度信息不参与计算。

(2) 环境中障碍物的位置和大小信息通过各种传感器采集得到，经过计算机处理，转化为二值信息栅格。

一般情况下，划分栅格的流程如下。

步骤 1：选定环境空间中的障碍物。

步骤 2：用多个矩形包络障碍物，可得出边长的最大、最小值：l_{max}、l_{min}。

步骤 3：分别求解每个矩形 i 的面积。

$$S_i = a_i \times b_i \tag{6.1}$$

式中，a_i 为矩形的长，b_i 为矩形的宽，i 指第 i 个矩形。

步骤 4：求解 m 个矩形的区域面积。

$$S_m = \sum_{i=1}^{m} S_i \tag{6.2}$$

式中，S_m 表示 m 个矩形面积之和。

步骤 5：第 i 个栅格的长度：

$$l_i = \frac{S_m}{S} \times l_{\max} \tag{6.3}$$

栅格单元的长度：

$$d = \begin{cases} l_i & l_i > l_{\min} \\ l_{\min} & 其他 \end{cases} \tag{6.4}$$

栅格的总数：

$$N = \frac{L}{d} \times \frac{W}{d} = n_x \cdot n_y \tag{6.5}$$

式中，L 表示地图的长度(m)，W 表示地图的宽度(m)，S 表示地图的总面积为(m^2)，n_x 为单元栅格行数，n_y 为单元栅格列数。

一般情况下，N 的取值范围为 100～900；在高密度栅格模型情况下，可以取数万个栅格。均匀栅格地图是度量地图路径规划中最常用的表达方式，它将环境分解为一系列离散的节点，并且所有栅格节点大小统一、均匀分布，栅格经过赋值的形式来描述障碍物位置的信息。

栅格环境地图由两类栅格构成：一类是自由栅格，用 $f(x)=0$ 表示，即机器人可通行区域；另一类是障碍物栅格，用 $f(x)=1$ 表示，是机器人需要绕行的区域。在进行路径规划之前，需要先将可通行区域栅格用白色表示，将不可通行区域栅格用黑色表示，再将栅格进行编号处理。栅格的标识方法主要有直角坐标系法和序号法两种。

1. 直角坐标系法

在二维栅格环境模型上创建直角坐标系，以该二维栅格环境模型的左上角为坐标原点 O，以环境模型的水平方向为 x 轴，以环境模型的竖直方向为 y 轴，并令两坐标轴的单元长度均与单元栅格的边长成整倍数关系。在已创建的直角坐标系中，任意第 m 个单元栅格的位置 X_m 均可由对应的坐标(x_m，y_m)来确定，用 $M(x_m, y_m)$来代表直角坐标系下的栅格环境模型，则栅格环境的数学模型可表示为

$$M(x_m, y_m) = \{X_m \mid X_m = 0, X_m = 1, m \in \mathbf{N}\} \tag{6.6}$$

式中，$X_m=0$ 表示当前栅格为自由栅格，$X_m=1$ 表示当前栅格为障碍栅格。二值栅格环境模型如图 6.8 所示，直角坐标法栅格环境模型如图 6.9 所示，图 6.9 中的各个坐标就是单元栅格的坐标。

0	0	0	0	0	0	0	0
0	1	0	0	0	1	1	0
0	0	0	0	0	0	1	0
0	1	1	1	1	1	1	0
0	1	0	0	0	0	0	0
0	1	1	0	0	0	1	0
0	0	0	0	0	0	0	0
0	0	0	0	0	0	0	0

图 6.8 二值栅格环境模型

O → x；y ↓

(1,1)	(2,1)	(3,1)	(4,1)	(5,1)	(6,1)	(7,1)	(8,1)
(1,2)	(2,2)	(3,2)	(4,2)	(5,2)	(6,2)	(7,2)	(8,2)
(1,3)	(2,3)	(3,3)	(4,3)	(5,3)	(6,3)	(7,3)	(8,3)
(1,4)	(2,4)	(3,4)	(4,4)	(5,4)	(6,4)	(7,4)	(8,4)
(1,5)	(2,5)	(3,5)	(4,5)	(5,5)	(6,5)	(7,5)	(8,5)
(1,6)	(2,6)	(3,6)	(4,6)	(5,6)	(6,6)	(7,6)	(8,6)
(1,7)	(2,7)	(3,7)	(4,7)	(5,7)	(6,7)	(7,7)	(8,7)
(1,8)	(2,8)	(3,8)	(4,8)	(5,8)	(6,8)	(7,8)	(8,8)

图 6.9 单元栅格的坐标

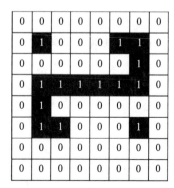

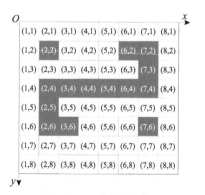

2. 序号法

序号法的思想是为每个单元栅格赋序列值，以此来使所有单元栅格序列化，具体过程如下：首先在二维栅格环境模型上创建直角坐标系，创建过程与直角坐标系法相同，假设序列集 $\boldsymbol{C}=\{1,2,3,\cdots,u,u\in\mathbf{N}\}$，若 m 代表序列号，$m\in\boldsymbol{C}$，对每个栅格从上到下、从左到右依次赋一序列值 m，单元栅格序列化的结果，即序号法栅格环境模型如图 6.10 所示。在直角坐标系中，直角坐标系法与序号法相互对应，直角坐标系法中每个单元栅格的坐标位置(x_m, y_m)均可由序号 m 来确定：

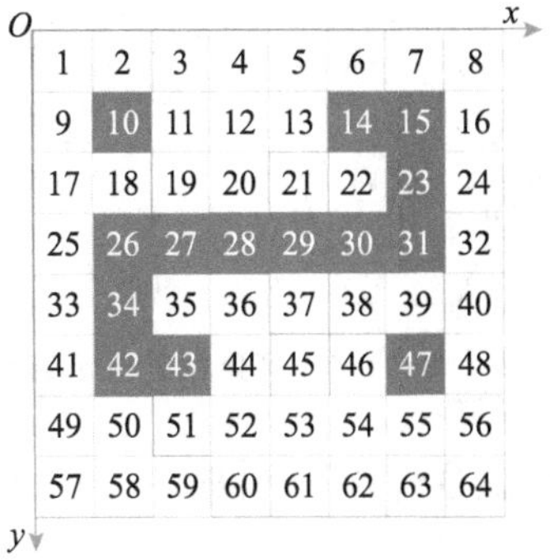

图 6.10　序号法栅格环境模型

$$x_m=(m-1)\operatorname{mod} n_x+1 \tag{6.7}$$

$$y_m=\operatorname{int}\frac{m-1}{n_x}+1 \tag{6.8}$$

式中，n_x 为单元栅格行数，mod 为求余运算，int 为向下取整运算。

6.2.2　可视图法

可视图法将障碍物转化为地图中的不规则多边形，并将机器人起始点、终止点及各个多边形之间的可见顶点对两两连接，构成可视图，如图 6.11 所示。之后根据可视图中存在的连接线进行路径搜索即可获得从起始点到目标点的无碰撞可行路径。该方法适用于障碍物稀疏分布的环境，对于障碍物数量较多且分布杂乱的情况，障碍物多边形的顶点过多，可视图边数会大大增加，增加了路径搜索的耗时。另外由于路径是由障碍物顶点连接而成的，因此该方法适用于机器人能够紧贴障碍物行进的场景中。

可视图法通常以障碍物多边形作为环境表示，对起始点 s_{start}、目标点 s_{goal} 和多边形障碍物的各顶点（设 V_0 是所有障碍物的顶点构成的集合）进行组合连接，要求起始点和障碍物各顶点之间、目标点和障碍物各顶点之间及障碍物顶点与顶点之间的连线均不能穿越障碍物，即直线是“可视的”。为图中的边赋权值，构造可见图 $G(V,E)$，点集 $V=V_0\cup\{s_{\text{start}},s_{\text{goal}}\}$，$E$ 为所有弧段，即可见边的集合。然后采用某种算法搜索从起始点 s_{start} 到目标点 s_{goal} 的最优路径，则规划最优路径的问题转化为从起始点至目标点经过这些可视直线的最短距离问题。

障碍物环境示意图如图 6.12 所示，O_1、O_2 表示的封闭多边形分别代表两个障碍物，s、g 分别表示起始点和目标点。其对应的可视图如图 6.13 所示，由起始点、目标点与各障碍物顶点之间的可视直线构成。

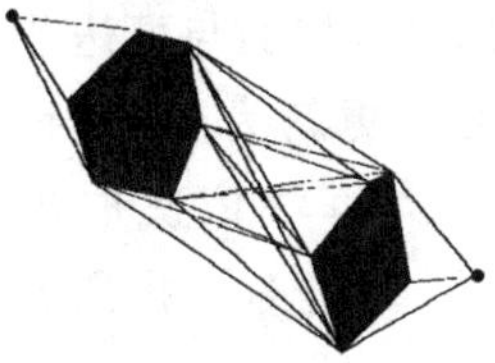

图 6.11　可视图

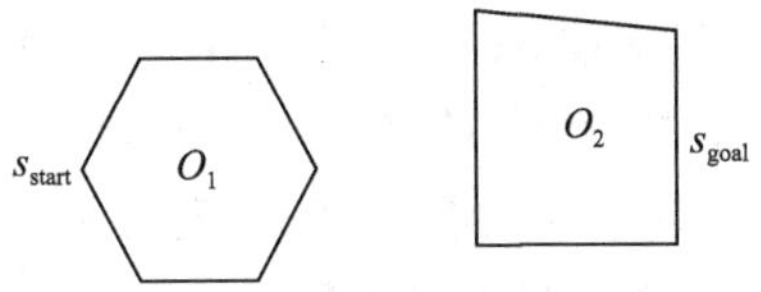

图 6.12　障碍物环境示意图

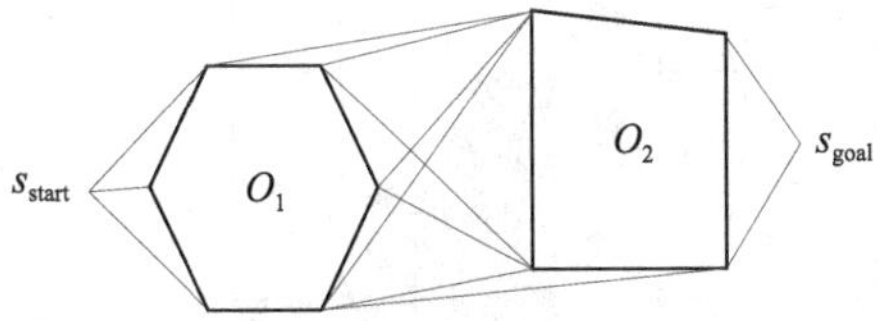

图 6.13　对应的可视图

由此可见，利用可视图法规划避障路径主要在于构建可视图，而构建可视图的关键在于障碍物各顶点之间可见性的判断。判断时主要分为两种情况，同一障碍物各顶点之间可见性的判断及不同障碍物之间顶点可见性的判断。

(1) 同一障碍物中，相邻顶点可见（通常不考虑凹多边形障碍物中不相邻顶点也有可能可见的情况），不相邻顶点不可见，权值赋为∞。

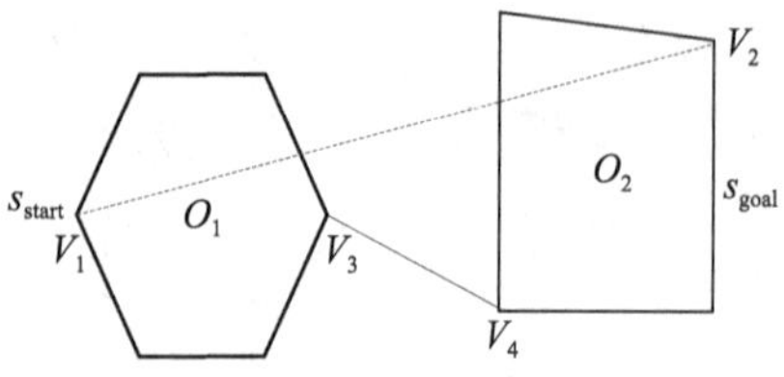

图 6.14　可见性判断示意图

(2) 不同障碍物之间顶点可见性的判断则转化为判断顶点连线是否会与其他顶点连线相交的几何问题。如图 6.14 中的虚线所示，V_1、V_2 分别是障碍物 O_1、O_2 的顶点，但 V_1 与 V_2 的连线与障碍物其他顶点的连线相交，故 V_1、V_2 之间不可见；而实线所示的 V_3 与 V_4 连线不与障碍物其他顶点的连线相交，故 V_3、V_4 之间可见。

6.2.3　A* 算法

A* 算法是建立在 Dijkstra 算法基础上的一种启发式搜索算法，它可以规划从起始点 $s_{start} \in S$ 到目标点 $s_{goal} \in S$ 的最优路径，其中 S 是有限状态空间中一系列节点的集合。

A* 算法使用如下评估函数进行路径搜索：

$$f(s)=g(s)+h(s) \tag{6.9}$$

式中，$f(s)$表示所搜索到的栅格点 s 的代价值，$g(s)$反映了从起始点到栅格点 s 的路径长度，$h(s)$为栅格点 s 到目标点的路径长度，通常采用 Manhattan 函数进行计算，目标点的 f 值即最优路径的长度，其程序流程图如图 6.15 所示。

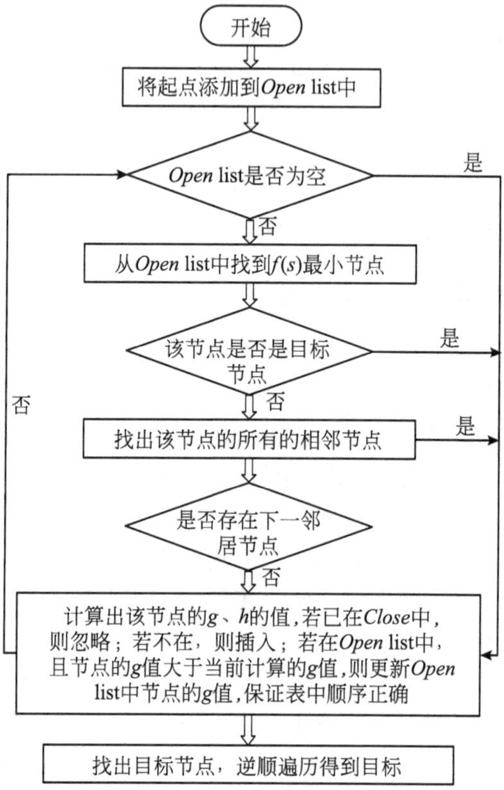

图 6.15　A* 算法流程图

为了寻找最优路径，A* 算法将每个路径节点 s 与起始点 s_{start} 的路径长度值存储为$g(s)$，并且在初始时刻，所有路径点的 $g(s)=\infty$。同时 A* 算法设置了两个列表，*Open* 列表与 *Close* 列表，*Open* 列表存储所有遍历到但未考察的节点，*Close* 列表记录已考察过的节点。A* 算法启动时，首先将起始点的 g 值置为零，即 $g(s_{start})=0$，然后将起始点存入 *Open* 列表中，其值为 $g(s_{start})+h(s_{start},s_{goal})$，$h(s)$为节点 s 与终止点 s_{goal} 之间距离的启发式估计函数。

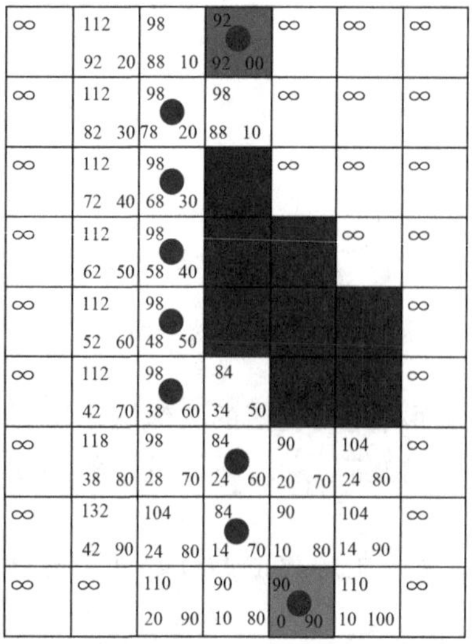

图 6.16　A* 搜索过程

Open 列表在存储时按照每个元素的大小进行从小到大排列，并在每次搜索时将第一个元素 s 取出队列，同时更新该元素所有可达节点的估计值，即如果该元素的 $g(s)$加上与可达节点 s'的距离值 $c(s,s')$小于 $g(s')$，则 $g(s')$更新为 $g(s)+c(s,s')$，同时将 s' 置于 *Open* 列表中。A* 算法依次取出 *Open* 列表中的元素，直到取到目标点为止，此时即寻找到了连接起始点与目标点的最优路径。

一次完整的 A* 搜索过程如图 6.16 所示，图中每个栅格的尺寸为 10×10，其中浅灰色栅格表示起始点位置(第 9 行 5 列)，深灰色栅格表示目标点位置(第 1 行 4 列)，黑色栅格表示障碍物位置。A* 算法遍历栅格时所得出的 g 值、h 值及 f 值分别标注在栅格的左下角、右下角及左上角。图中实心圆点所在路径即 A* 算法搜索到的最优路径。

6.2.4　快速扩展随机树算法

在快速扩展随机树算法(RRT)中,当随机树的某个节点扩展至目标点邻域范围内时,则将目标点作为树的一个节点加入该随机树,并形成一条从起始点到目标点之间的由树节点组成的可行无碰撞路径。

快速扩展随机树算法通过碰撞检测进行扩展,无须对空间环境进行建模,因此在环境建模存在困难的高维空间,以及环境中存在复杂障碍物的情况下,该方法能够快速有效地找到可行路径。但是由于状态空间采样的随机性,使得快速扩展随机树算法得到的路径并不是最优的。

6.2.5　Bi-Directional 快速扩展随机树算法

该算法选取起始点和目标点为树的根节点,分别生成两棵随机扩展树,向对方生长。当两棵扩展树节点之间的距离小于连接阈值时,将两树相连并形成一条可行无碰撞路径。该算法加速了 RRT 算法的收敛,进一步加快了 RRT 算法的计算速度。

根据机器人运动空间构建状态空间,根据机器人运动空间中的障碍物位置构建二值化地图矩阵。地图矩阵中障碍物区域的值为 1,非障碍物区域的值为 0。设定路径规划的起始点与目标点坐标,确保起始点与目标点都位于非障碍物区域。Bi-Directional RRT 算法流程图如图 6.17 所示。

分别以起始点和目标点为扩展树的根节点,同时向对方扩展叶节点。在每次生长叶节点时,根据随机概率 p_{rand} 决定该采样点是由随机采样生成,还是直接选取目标点为采样点。随机生成 0 到 1 之间的随机数 rand,设定概率 p_{th} 值。当 rand$\leqslant p_{\text{th}}$ 时,采样点由随机采样生成;当 rand$>p_{\text{th}}$ 时,选择目标点作为采样点。当采样点选择随机点时,扩展树向状态空间随机方向扩展,当采样点选择目标点时,扩展树向目标点方向扩展。通过调整 p_{th} 值可以调整随机树扩展的随机性与指向性,当朝目标方向生长过程中遇到障碍物时,可以增大 p_{th} 值以增加扩展树的随机性,使扩展树快速绕过障碍物;当朝目标方向生长过程中无障碍物时,可以减小 p_{th} 值以增加扩展树的指向性,朝向目标点快速生长。

获得采样点之后,遍历扩展树寻找距离采样点最近的节点,以该节点为起始点,向采样点扩展 s 距离。s 为步长,决定每一次生长扩展的距离。遍历 s 上所有的点,检查是否在障碍物区域内。若生长距离内某点在障碍物区内,则该次生长无效,重新选择采样点;若生长距离内所有的点都在非障碍区内,则扩展树生长出一个有效的叶节点。之后遍历另一扩展树上的所有点,计算与新叶节点的距离是否小于连接距离阈值,若小于,则两扩展树汇合,形成一条可行路径。

创建一张二值化地图,尺寸为 480×640。设起始点坐标为(10,10),目标点坐标为(430,600)。分别使用 A* 算法、人工势场法(将在 6.3.1 小节介绍)、RRT 算法和 Bi-Directional RRT 算法进行路径规划对比实验,实验规划出的路径结果如图 6.18 所示。

4 种路径规划方法得到的路径长度及用时如表 6.1 所示。

表 6.1　4 种路径规划方法的路径长度及用时表

路径规划方法	路径长度	用时/s
A* 算法	790.4000	0.6684275
人工势场法	—	—
RRT 算法	901.7852	0.07239985
双树 RRT 算法	999.2681	0.06955933

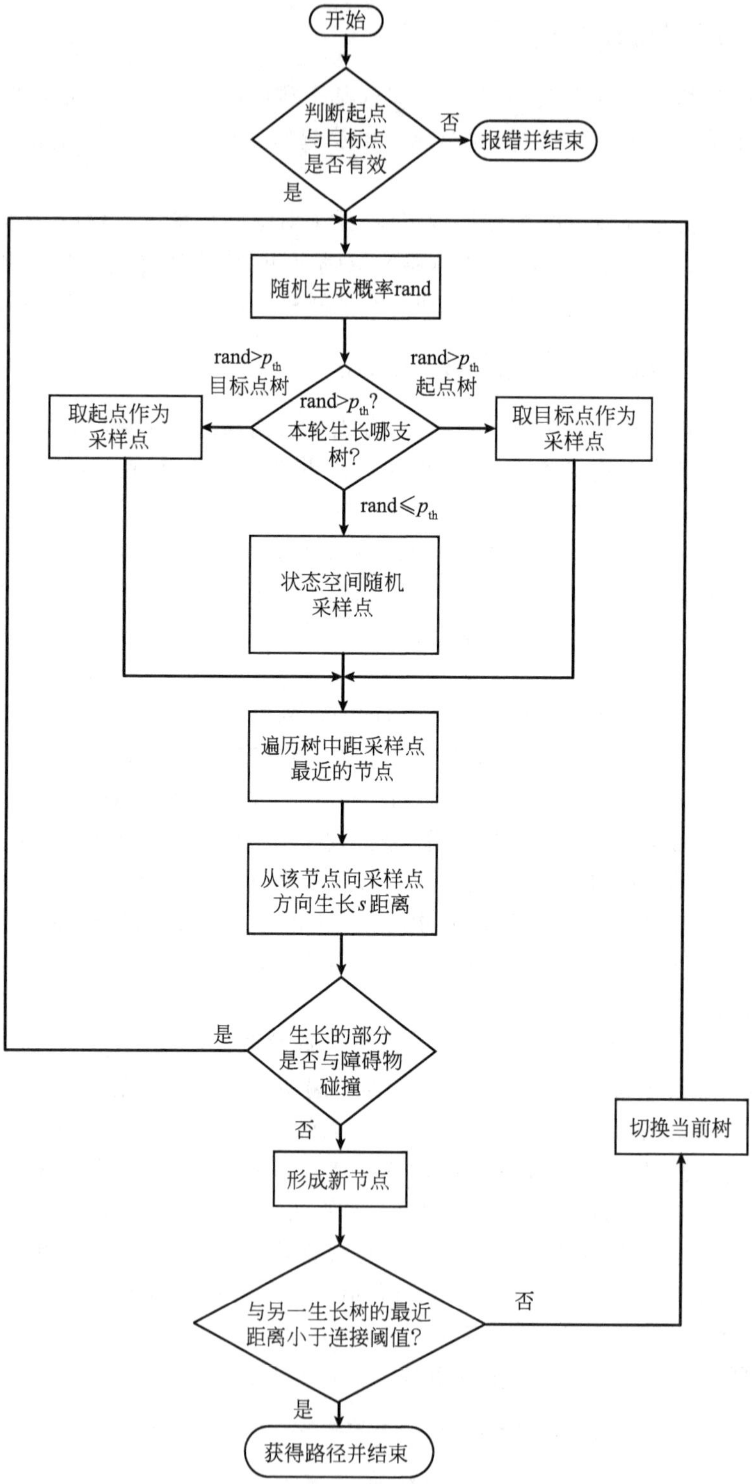

图 6.17　Bi-Directional RRT 算法流程图

对比实验中，A* 算法用时较长，但获得的路径最短；人工势场法在地图左下角位置陷入了合力为零的局部极小值，未能成功进行路径规划；RRT 算法和 Bi-Directional RRT 算法运行快，但是获得的路径并非最优路径，且每次运行结果都不同。由于地图较为简单，因此两种 RRT 算法耗时相近。在复杂地图情况下，Bi-Directional RRT 算法用时接近 RRT 算法的一半。

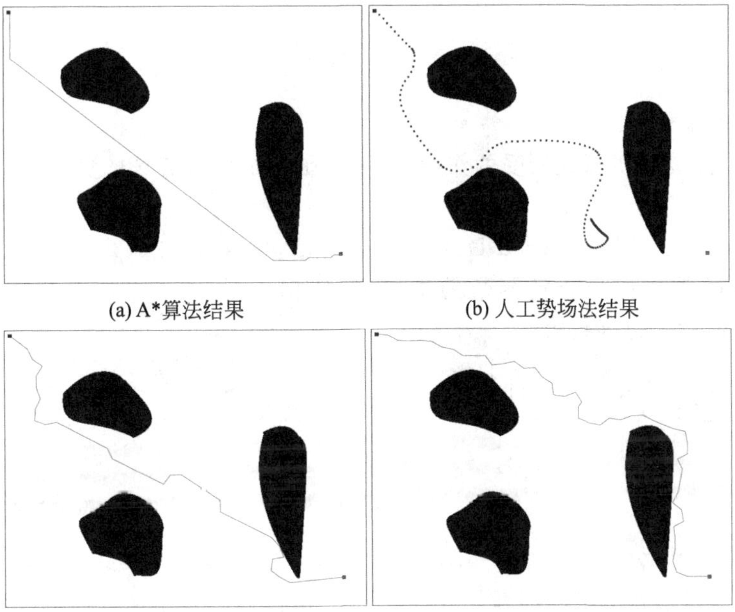

(a) A*算法结果　(b) 人工势场法结果

(c) RRT算法结果　(d) Bi-Directional RRT 算法结果

图 6.18　4 种路径规划算法对比

6.3　局部路径规划算法

局部路径规划算法不依赖于全局环境信息，依靠机器人自身携带的传感器对周围环境进行感知，并实时进行路径规划。局部路径规划无法一次生成从起始点到目标点的完整路径，而是通过局部优化组合成全局优化的结果。局部路径规划常用的算法有人工势场法、动态窗口法、神经网络法、强化学习法等，下面详细介绍人工势场法和神经网络法。

6.3.1　人工势场法

人工势场法将势能引入状态空间，目标点对机器人形成引力，障碍物对机器人形成斥力，通过环境对机器人产生的合力引导机器人从高势能起始点向低势能目标点运动。人工势场法的实质是通过定义机器人运动区域的虚拟势场，将环境中目标的引力场和障碍物的斥力场进行叠加。传统的人工势场定义如下。

假设机器人的当前位置为 $X=(x,y)$，目标位置为 $X_t=(x_t,y_t)$，目标位置与机器人之间的引力势场函数为

$$U_a=\frac{1}{2}\lambda(X-X_t)^2 \tag{6.10}$$

式中，λ 为引力势场常量，$X-X_t$ 为机器人与目标的距离。

障碍物的斥力势场函数定义为

$$U_r=\begin{cases}\dfrac{1}{2}\mu\left(\dfrac{1}{\rho}-\dfrac{1}{\rho_0}\right)^2 & \rho\leqslant\rho_0\\ 0 & \rho>\rho_0\end{cases} \tag{6.11}$$

式中，μ 为斥力势场常量，ρ_0 为斥力势场的最大影响距离，ρ 为障碍物与机器人之间的直线距离，当 ρ 大于 ρ_0 时，该障碍物对机器人所产生的斥力为 0。

合势场函数为

$$U = U_a + \sum_{i=1}^{n} U_r^i \tag{6.12}$$

式中，n 为障碍物的个数。

势能函数负梯度就是机器人所受的作用力，引力函数是引力势场的负梯度，依据式(6.10)可得引力函数为

$$F_a = -\operatorname{grad}(U_a) = -\lambda(X - X_t) = \lambda(X_t - X) \tag{6.13}$$

同样地，斥力函数是斥力势场函数的负梯度，依据式(6.11)可得，障碍物斥力函数为

$$F_r = -\operatorname{grad}(U_r) = \begin{cases} \mu\left(\dfrac{1}{\rho} - \dfrac{1}{\rho_0}\right)\dfrac{1}{\rho^2}\dfrac{\partial \rho}{\partial X} & \rho \leqslant \rho_0 \\ 0 & \rho > \rho_0 \end{cases} \tag{6.14}$$

机器人所受到的合力为

$$F = F_a + \sum_{i=1}^{n} F_r^i \tag{6.15}$$

人工势场法的基本原理如图 6.19 所示。

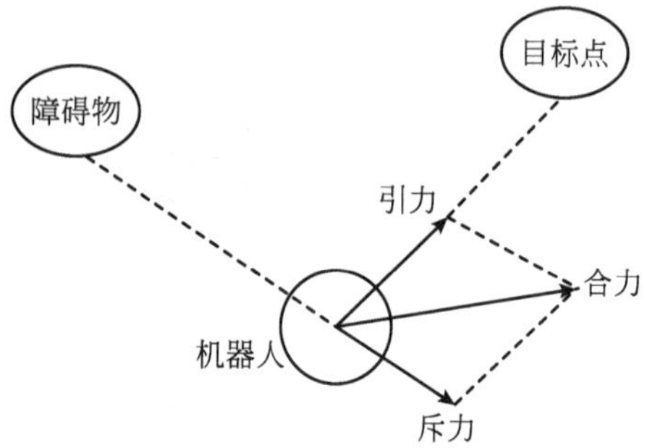

图 6.19　传统的人工势场法

6.3.2　神经网络法

近年来，随着神经网络、遗传算法等智能方法的广泛应用，路径规划方法也有了长足的进展，许多研究者把目光放在了基于智能方法的路径规划研究上。基于神经网络的路径规划，一般利用神经网络结构定义其能量函数，根据路径点位于障碍物内外的不同位置选取不同的动态运动方程。下面给出一种基于径向基函数神经网络的动态实时路径规划算法，主要包括路径规划原理、环境映射方法、路径规划算法(基于递归神经网络的实时路径规划方法)和计算机仿真与分析。

1. 路径规划原理

在基于神经网络的路径规划方法中，机器人的运动空间是由神经网络组成的拓扑状态空间，所有神经元的活性值被初始化为 0，其中每个神经元活性值的变化由下式表示：

$$\frac{\mathrm{d}x_i}{\mathrm{d}_t} = -Ax_i + (B - x_i)\left([I_i]^+ + \sum_{j=1}^{k} w_{ij}[x_j]^+\right) - (D + x_i)[I_i]^- \tag{6.16}$$

式中，变量 x_i 为第 i 个神经元的活性值，A 为正常数，代表衰减率，B 为神经元活性值的上界，$-D$ 为神经元活性值的下界，I_i 为第 i 个神经元的外部输入，如果 i 处为目标点，则 $I_i = E$，如果 i 处为障碍物，则 $I_i = -E$，否则 I_i 为 0，其中 E 是一个远远大于 B 的常数；$\left([I_i]^+ + \sum_{j=1}^{k} w_{ij}[x_j]^+\right)$ 和$[I_i]^-$ 分别表示兴奋输入和抑制输入，$[a]^+ = \max\{a, 0\}$，$[a]^- = \min\{-a, 0\}$，k 代表邻近神经元的个数。

神经网络中第 i 个神经元与第 j 个神经元之间的连接权值 w_{ij} 表示为

$$w_{ij} = f(|\boldsymbol{q}_i - \boldsymbol{q}_j|) \tag{6.17}$$

$|\boldsymbol{q}_i - \boldsymbol{q}_j|$ 表示两个向量 $\boldsymbol{q}_i$ 和 $\boldsymbol{q}_j$ 之间的欧几里得距离。连接权值函数的 $f(x)$ 采用单调递减函数，表示环境对机器人的影响与距离成反比，用公式表示为

$$f(x) = \begin{cases} \mu / x & 0 < x < r_0 \\ 0 & x > r_0 \end{cases} \tag{6.18}$$

上式表明，神经元间只在一个小区域$(0, r_0)$内有局部连接；若 $a \leqslant r_0$，则 $f(a) = 0$，若 $0 < a < r_0$，则 $f(a) = u/a$，u 是一个常数。

机器人的路径生成过程是：机器人从起始点出发，判断当前邻近处各神经元的活性值大小，如果都不大于当前神经元的活性值，则机器人待在原处不动，否则下一个位置为邻近神经元中具有最大活性值的神经元所在处。机器人由当前位置到达下一位置后，下一位置成为新的当前位置，再由同样的方法到达下一位置，依此循环，直到到达终止点。

2. 环境映射方法

采用神经网络的路径规划算法需要先将环境地图映射入神经网络，并设置神经元的值来表征不同的地图状况，再通过对神经网络的训练来获取最优的神经元集合，以组成路径。

对于现有的神经网络路径规划算法，是在地图映射入神经网络后，对所有的神经元都进行若干次全局训练，最后再得到一条最优路径，这样的算法在静态已知的地图下能取得较好的效果，但在环境事先未知的，甚至是动态环境的情况下，由于无法了解全部地图信息，在训练后得到的效果非常不理想，搜索的随机性很大，经常会出现错误和冗余路径的问题。

一般来说，神经网络的学习样本确定如下：学习样本表示障碍物的位置信息及机器人相对于障碍物的位置信息，只有对机器人的工作空间进行划分，才能通过这个样本集训练出一个好的神经网络来完成交给它的路径规划任务。用栅格对机器人的工作空间进行划分，机器人在 2 个长度单位的距离处开始检测，且检测距离机器人最近的障碍物，栅格内含有障碍物用 1 表示，不含障碍物用 0 表示。寻路搜索方向为从机器人上方开始顺时针一圈的 8 个方向，如图 6.20 所示，其中 R 表示机器人(Robot)。图 6.20 中，每个方向用一个维数表示，这里设置目标点始终在起始点的右上方，并且允许机器人有后退的动作，故需检测所有的 8 个方向，即学习样本需要用 8 维的向量表示。

8	1	2
7	R	3
6	5	4

图 6.20　机器人工作空间划分

3. 基于递归神经网络的实时路径规划方法

为了在动态环境中实时地生成避障路径，并且可以对移动的目标点进行有效的跟踪。本节中，移动机器人的结构空间用神经网络组成的拓扑结构来表示，神经网络中所有神经元之间只存在局部的侧连接，每个神经元的活性值表示其相应位置的势场值。目标节点具有全局最大的正外部输入，从而使目标点神经元产生全局最大的正活性值，该活性值在全局范围内逐渐衰减地向整个工作空间其他节点传播，在所有和目标节点存在连通路径的节点上产生正的输出；障碍物及其周围局部区域节点的输出被抑制为零。这样可以保证每个和目标点存在连通路径的节点，都可以沿着最快梯度上升方向到达目标节点。

机器人工作空间为二维有界环境，允许对环境的障碍物信息完全未知，对障碍物形状不做凸假设。利用局部连接的递归神经网络来表示机器人工作的结构空间，神经网络中每个神经元与其邻域内神经元的连接形式都相同，其中第 i 个神经元与其邻域内神经元的连接形式如图 6.21 所示。神经网络具有高度并行的体系结构，神经元之间信息的传播是双向的，每个神经元节点对应于离散化结构空间中的一个位置。

神经网络中神经元某一时刻的活性值只与其邻域内的神经元状态和它自身前一时刻的状态有关。设第 i 个神经元邻域内神经元的活性值状态用向量 x_i 表示 $x_i=(x_{i1},\cdots,x_{in})$；第 i 个神经元与其邻域内神经元之间的连接权用向量 w_i 表示 $w_i=(w_{i1},\cdots,w_{in})$；则可以将神经网络看作是一个由一系列神经元状态向量组成的离散时间动力学系统。

神经网络的第 i 个神经元代表结构空间的第 i 个位置状态，用向量 $\boldsymbol{q}_i$ 表示，$\boldsymbol{q}_i\in\Re^2$，则第 i 个神经元离散时间动

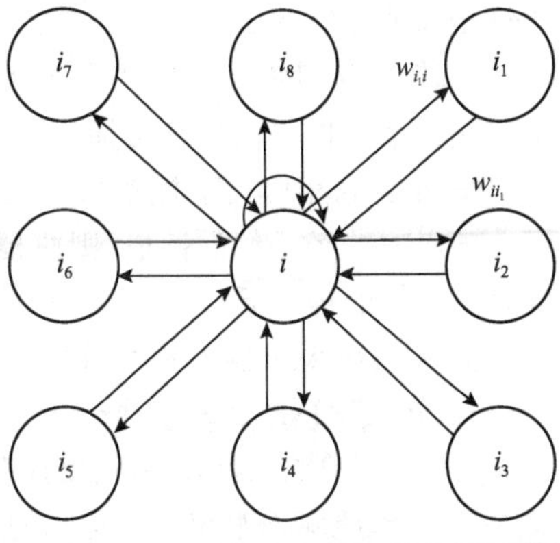

图 6.21　机器人工作空间划分

态方程为

$$x_i(t+1)=f\left[\sum_{j}^{N} w_{ij}x_j(t)+wx_i(t)+I_i\right] \tag{6.19}$$

式中，$x_i(t)$为第 i 个神经元在 t 时刻的活性值，N 为第 i 个神经元邻域内的神经元个数，w 为较小的正数，表示第 i 个神经元当前时刻的活性值受其前一时刻状态的影响程度。$\sum w_{ij}x_i(t)+wx_i(t)$ 和 I_i 分别表示第 i 个神经元在 t 时刻的激励输入和抑制输入。w_{ij} 为第 j 个神经元到第 i 个神经元的连接权，计算公式如式(6.20)所示。

$$w_{ij}=\begin{cases} \mathrm{e}^{-\eta|\boldsymbol{q}_i-\boldsymbol{q}_j|^2} & |\boldsymbol{q}_i-\boldsymbol{q}_j|\leqslant r \\ 0 & |\boldsymbol{q}_i-\boldsymbol{q}_j|>r \end{cases} \tag{6.20}$$

式中，$|\boldsymbol{q}_i-\boldsymbol{q}_j|$为结构空间中向量 $\boldsymbol{q}_i$ 和 $\boldsymbol{q}_j$ 之间的欧式距离，η 和 r 为正的常数，显然 $w_{ij}=w_{ji}$。

$$f(x)=\begin{cases} 0 & x\leqslant 0 \\ kx & 0<x<1 \\ 1 & x\geqslant 1 \end{cases} \tag{6.21}$$

式中，函数 $f(x)$为传递函数，它是一个单调递增的函数 $k\in(0,1)$。根据神经元的外部输入，$f(x)$保证了目标点位置神经元具有全局最大的正神经元活性值，障碍物区域神经元的活性值则被抑制为零。利用式(6.19)和式(6.21)，目标点位置正的神经元活性值能够通过神经元的局部侧连接逐渐衰减地传播到整个状态空间，并且目标点神经元活性值在传播过程中如果遇到障碍物就会被阻断，从而保证目标点全局地吸引机器人，而障碍物只是在局部将机器人推开实现避障。

$$I_i=\begin{cases} E & x_i(t)=\text{目标点} \\ -E & x_i(t)=\text{障碍物} \\ 0 & \text{其他} \end{cases} \tag{6.22}$$

式中，I_i 为第 i 个神经元的外部输入，是由目标点和障碍物的位置信息在神经网络拓扑结构中映射产生的。障碍物区域对应的神经元具有负的外部输入，目标点神经元具有正的外部输入。参数 E 决定了障碍物区域和目标点对应的神经元的外部输入值，为了保证目标点神经元具有全局最大的神经元活性值，而障碍物区域神经元具有全局最小的神经元活性值，E 的值应该远远大于神经元的输入总和。由于神经元侧连接输入与自反馈输入总和最大可能值为 9，所以 E 的取值应为远大于 9 的常数。

整个路径规划的实时算法流程表示如下。

步骤 1：将神经网络所有神经元活性值初始化为零，并利用式(6.19)和式(6.21)使目标点位置正的神经元活性值通过神经元之间的局部侧连接传播到出发点。

步骤 2：在动态环境中，根据目标点和障碍物的位置信息在神经网络拓扑结构中的映射产生神经元的外部输入。

步骤 3：利用式(6.19)和式(6.21)使目标点位置正的神经元活性值通过神经元之间的局部侧连接在整个工作空间进行传播。

步骤 4：利用爬山法搜索当前位置邻域内活性值最大的神经元，如果邻域内神经元活性值都不大于当前神经元的活性值，则机器人保持在原处不动；否则下一个位置的神经元为邻域内具有最大活性值的神经元。

步骤 5：如果机器人到达目标点则路径规划过程结束，否则转步骤 2。

4. 计算机仿真与分析

为了验证算法的有效性，给出针对算法在静态及动态环境下的模拟仿真结果。考虑到便于实现，仅选择 4 个矩形障碍物和 1 个运动的多圆点障碍物，在 MATLAB 中，障碍物分别如下。

1 号障碍物，X：[0.15 0.2]，Y：[0.3 0.8]；

2 号障碍物，X：[0.4 0.6]，Y：[0.65 0.7]；

3 号障碍物，X：[0.55 0.6]，Y：[0.4 0.65]；

4 号障碍物，X：[0.8 0.9]，Y：[0.2 0.8]。

其中，X 值区间表示地图中 X 的范围区间取值，Y 值区间表示地图中 Y 的范围区间取值，[X Y]表示由 X，Y 域组成的矩形障碍物区域。

5 号运动障碍物，即在 2 号障碍物上的多圆点物体。同时起始点为[0.1 0.2]，路径规划终止点为[0.9 0.9]。设定栅格数为 50，神经元外部输入为 100，为了便于计算，设定终止点的开始值为最大值 100，障碍物区域中初始值为最小值－100，无障碍物区域初始值为 0。

神经网络进行路径规划时，学习样本的选取除注意样本数目要合理之外，学习样本还应进行归一化处理，在网络训练时，将原始数据规范到[0,1]。首先，设定机器人本体四周从 0°～360°均匀安装有 8 个距离传感器，探测范围为 2 个长度单位，机器人可以同时采集四周 8 个方位的障碍物情况。同时，把数据放入输入数据库中，映射入输入层。然后按照神经网络学习算法，应用高斯函数训练神经网络，其中 l 为 8，即输入向量为 8 维的。最后，计算路径下一位置输出，直到规划结束。

图 6.22 所示为本算法开始时的起始点和终止点，其中左下角的点为起始点[0.1 0.2]，右上角的点为路径规划的终止点[0.9 0.9]。

图 6.23 为无障碍物时路径规划图。从仿真图中可以看出，机器人可以选择最短路径，从起始点运动到终止点，验证了方法的可行性和有效性。

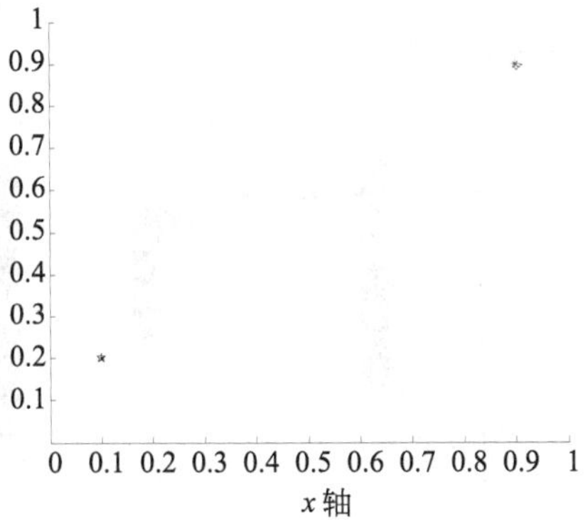

图 6.22　起始点与终止点

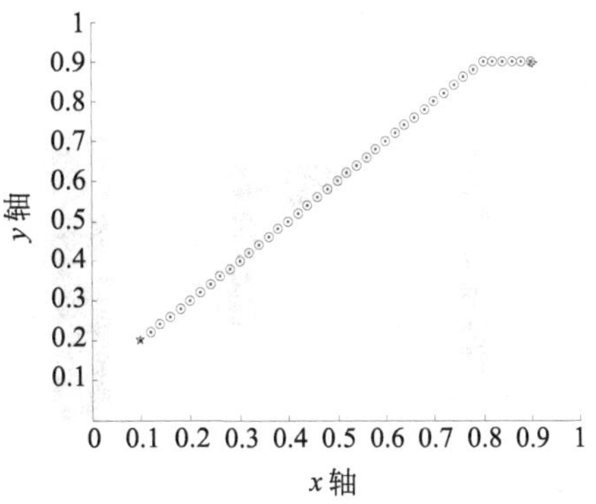

图 6.23　无障碍物时路径规划

图 6.24 为具有 1 号、2 号和 4 号障碍物时的路径规划；图 6.25 为具有 1 号、3 号和 4 号障碍物时的路径规划。从图中可以看出，当机器人遇到障碍时，可以较好地实现避障运动。

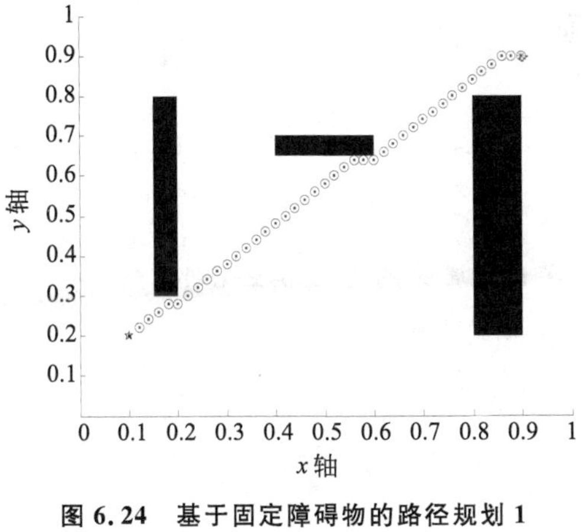

图 6.24　基于固定障碍物的路径规划 1

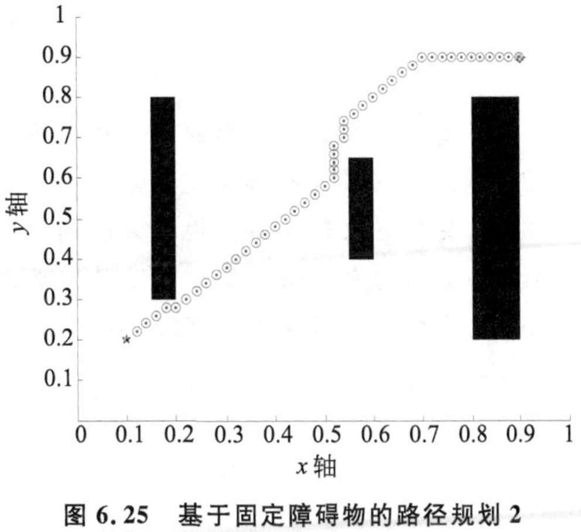

图 6.25　基于固定障碍物的路径规划 2

图 6.26 为具有起始点、终止点和 4 个矩形障碍物时的路径规划算法开始时的图像；图 6.27 为机器人的仿真路径规划结果，从图中可以看出，当机器人在较为复杂的环境中时，也可实现较好的路径规划和避障。

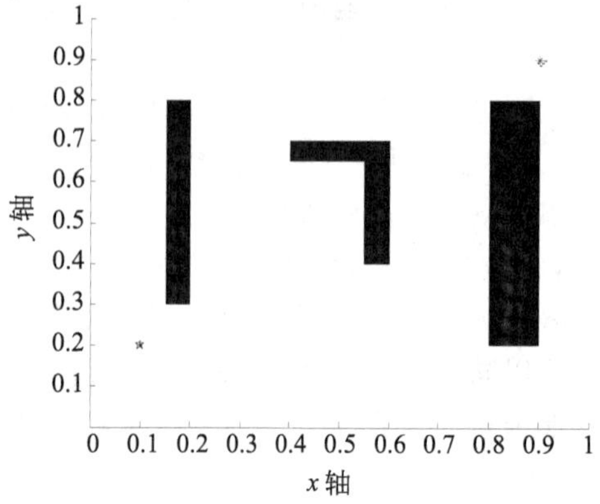

图 6.26　起始点、终止点与障碍物 1

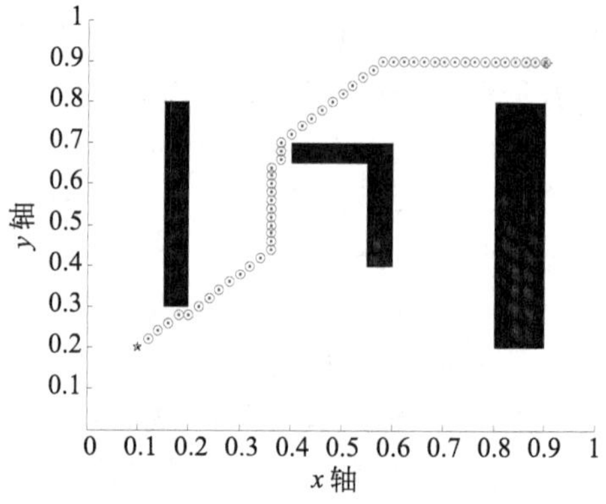

图 6.27　基于固定障碍物的路径规划 3

图 6.28 为具有 5 号运动障碍物和 4 个矩形障碍物开始时的情况。图 6.29 为机器人完整路径规划示意图，从图中可以看出，在具有动态障碍物时，机器人也能实现较好的路径规划和避障，从而验证了算法的可行性和有效性。

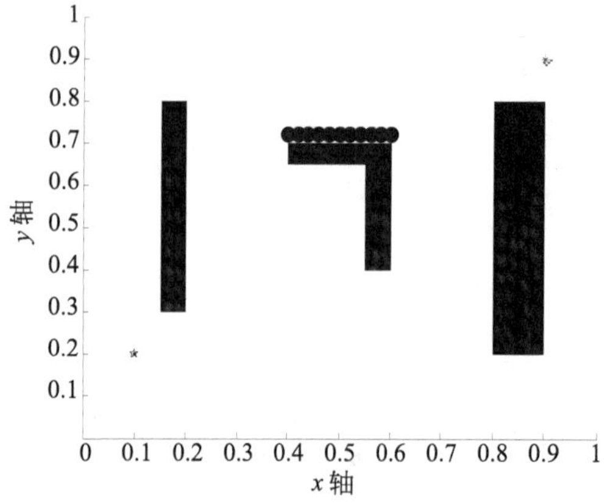

图 6.28　起始点、终止点与障碍物 2

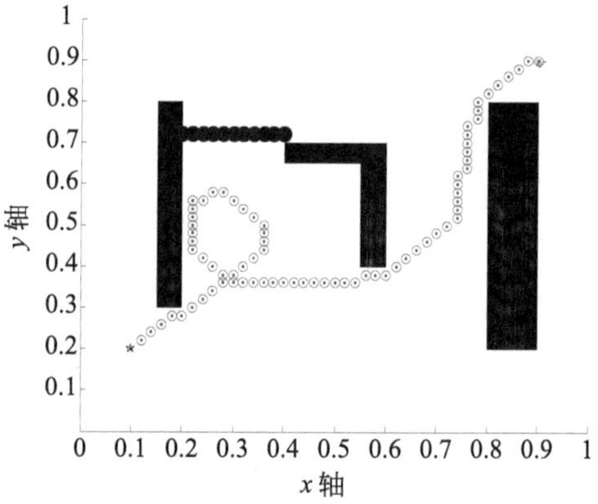

图 6.29　完整路径规划

习　题

1. 简要叙述机器人常用的地形识别方法。
2. 什么是机器人的路径规划方法？
3. 简要叙述机器人路径规划方法的分类。
4. 机器人的全局路径规划方法的定义是什么？简要叙述常见的全局路径规划方法。
5. 简要描述机器人神经网络路径规划方法的基本思想和步骤。

第 7 章　机器人的基本控制方法

大多数情况下，在机器人的控制中，PID 控制是使用较多的一种控制方法，但是当机器人与复杂环境进行交互时，需要实现机器人的高速、高精度运动，另外，复杂的机器人腿部结构设计也增加了机器人参数估计的难度，简单的 PID 控制难以解决上述问题。本章在讨论基本 PID 控制方法的基础上，主要介绍机器人的轨迹跟踪控制，重点讲解近年来机器人领域广泛关注的滑模控制、自适应控制、神经网络补偿控制、阻抗控制等策略。

7.1　控制预备知识介绍

自动控制是构成机器人智能的基础，机器人的自动控制程序越高级，机器人的"智商"越高，本节首先介绍自动控制的基本内容。

自动控制是指在没有人直接参与的情况下，利用外加的设备或装置，通过自动地采集运动信息，使系统的某个工作状态或参数自动地按照预定的规律运行的控制方法。

图 7.1 所示为一个简单的水箱水位自动控制系统。如图所示的水箱液面，因生产和生活需要，希望液面高度 h 维持恒定。当水的流入量与流出量平衡时，水箱液面高度维持在预定高度上。当水的流出量增大或流入量减小时，平衡则被破坏，液面高度不能自然地维持恒定。所谓控制，就是强制性地改变某些物理量（如图 7.1 中的进水量），而使另外某些特定的物理量（如液面高度 h）维持在某种特定的标准上。

控制系统按照是否有反馈控制分为开环控制系统和闭环控制系统，图 7.2 是开环控制系统典型方框图，如图所示，主要包括输入量、输出量，控制器和被控对象 4 部分。

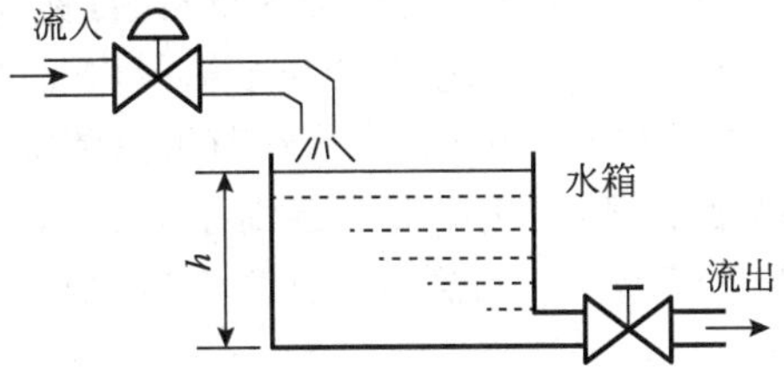

图 7.1　水箱水位自动控制系统

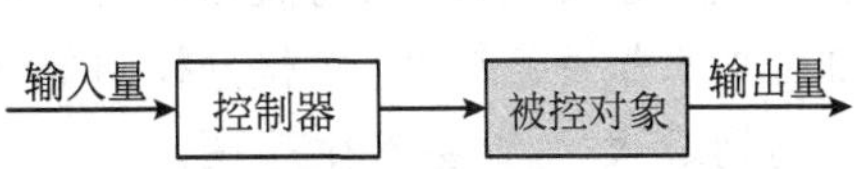

图 7.2　开环控制系统典型方框图

在开环控制系统中，系统的输出量对系统的控制作用没有影响，故称为开环控制系统。其控制量与被控制量之间只有前向通道而没有反向通道，信息的传递路径不是闭合的。在闭环控制系统中，如图 7.3 所示，系统的输出信号对控制作用有直接的影响。在闭环控制系统中，控制装置对被控对象所施加的控制作用（控制器输出）若部分或全部取自被控量的反馈信息，则这种控制原理称为反馈控制原理。正是由于引入了反馈信息，因此整个控制过程是闭合的。

在机器人控制系统中，使用最多、最典型的控制器是 PID 控制器。PID 控制器是一个在工业控制中常用的闭环控制部件，如图 7.4 所示，由比例单元 P、积分单元 I 和微分单元 D 组成。比例控制单元 P 为 PID 控制基础，但单纯采用比例单元有可能会出现稳态误差；加入积分控制项后可消除稳态误差，但可能会出现超调，导致调试花费时间过长；加入微分控制项可以加快系统响应速度并且降低超调。

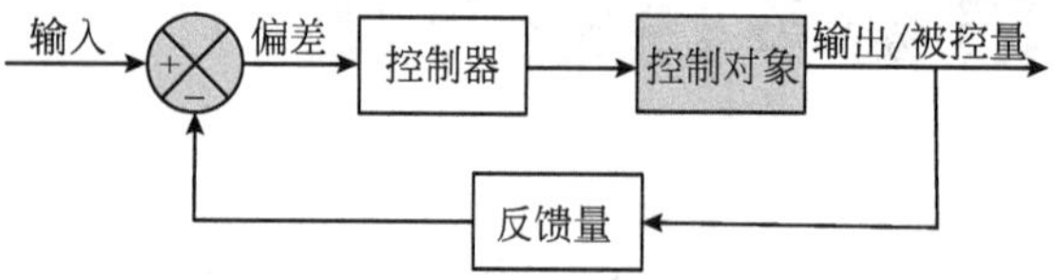

图 7.3　闭环控制系统典型方框图

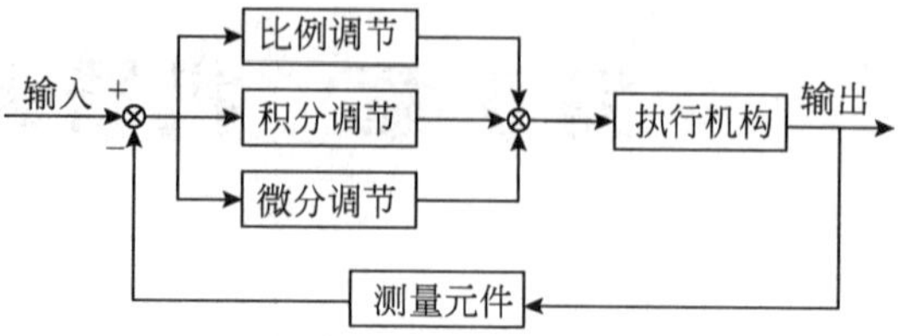

图 7.4　典型 PID 控制系统方框图

下面以经典的水箱水位自动控制系统进行详述。

1. 比例环节

假设面对的是一个水箱水位自动控制系统，要从空水箱开始加水直到达到指定高度，而能控制的变量是一次加水的多少。如果只用比例控制项，那么加水量 u 和当前液面与目标液面的高度距离差 e 是成正比的，即 $u=k_{\mathrm{p}}e$。

简单地说，也就是在水箱当前液面高度距离目标高度大的时候多加点水，小的时候少加点水，随着逐步接近目标高度，慢慢停止加水。此时，k_{p} 的大小代表了加水的幅度，幅度越大，调得越快，因此增大比例系数一般会加快系统响应。

假设这个水箱存在持续漏水的情况，漏水量为 c，液面变化为 $\mathrm{d}x$，则该系统数学模型为 $\mathrm{d}x=u-c$。这时如果控制器只有一个比例控制项，当系统稳定时，也就是当 $\mathrm{d}x=0$ 时，$e=\dfrac{c}{k_{\mathrm{p}}}$。$e$ 在系统稳定时不为 0，液面高度离目标高度总为 e，产生了稳态误差（又叫静差）。这时漏水量 c 是固定的，k_{p} 增大，则 e 减小。因此增大比例系数 k_{p} 可以减小稳态误差。

2. 比例环节＋积分环节

从 $e=\dfrac{c}{k_{\mathrm{p}}}$ 可知，系统恒存在误差，若要消除误差到达目标液面高度，此时引入一个分量，该分量和误差的积分成正比，此时的控制方式为比例环节＋积分环节：$u=k_{\mathrm{p}}e+k_{\mathrm{i}}\int_0^t e\mathrm{d}t$。相当于多了一个人来加水，这个人加水的规则是：水位比目标高度低就不停地增加加水量；比目标高度高，就不停地减少加水量。如果漏水速度不变，那么早晚新来的人加水速度会与水箱漏水速度相同，此时系统就与一开始的系统相同，即处于没有稳态误差的状态。因此，积分环节可以消除系统稳态误差。在这个系统中，在当前液面高度到达目标高度前，随着液面高度逐渐接近目标高度，比例控制部分加水量逐渐减小，而积分控制部分加水量逐渐增多。当到达目标高度时，积分控制部分加水量达到最大，因此会产生超调。

由上述“比例环节＋积分环节”的公式可知，$k_{\mathrm{i}}=\dfrac{k_{\mathrm{p}}}{T_{\mathrm{i}}}$，$T_{\mathrm{i}}$ 为时间积分。k_{i} 值越大，系统振荡越大，调整时间变短；k_{i} 值越小，系统振荡小，但调整的时间也会变得较长。

3. 微分环节

微分环节控制的就是 e 的差值，即 t 时刻和 $t-1$ 时刻 e 的差值，$u=k_{\mathrm{d}}[e(t)-e(t-1)]$。微分控制项是负数，即在系统中加入一个负数项，用来抑制控制量超过目标。在水箱水位控制的例子当中，加入微分项，可以防止液面高度超过目标高度，因此微分环节可以减少系统控制过程中的振荡。

7.2　机器人的控制方法及仿真分析

机器人的控制方法可根据控制量处于空间的不同、控制量的不同分为多种类型。按照控制量处于空间的不同，机器人控制可分为关节空间控制和笛卡儿空间控制。对于串联式多关节机器人，关节空间控制是针对机器人各个关节变量进行的控制，笛卡儿空间控制是针对机器人末端变量进行的控制。按照控制量的不同进行分类，机器人控制可以分为位置控制、速度控制、力控制、力位混合控制等。下面对几种常用的控制方法进行简要介绍。

7.2.1　机器人动力学模型

在介绍机器人的控制方法之前，首先给出机器人单腿动力学模型的简化形式、相关性质和回归方程描述，以便为后续的控制提供相应的模型和理论基础。

四足机器人在实际构造中，在单腿关节中，髋关节外摆自由度一般和髋关节横滚自由度在同一个轴上，因此外摆自由度的长度可以简化为 0，从而机器人单腿可以用如下的 3 自由度机械手表示。

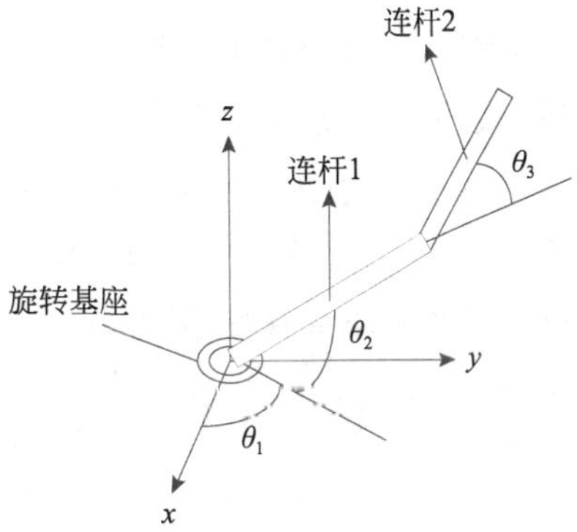

图 7.5　机器人单腿 3 自由度简化示意图(3 自由度机械手)

机器人关节参数如表 7.1 所示，由相关参数定义和图 7.5 所示坐标系的定义可知，机械手末端位置坐标位置 $\boldsymbol{P}$ 可表示为

$$\boldsymbol{P}=\begin{bmatrix}p_x\\p_y\\p_z\end{bmatrix}=\begin{bmatrix}l_1c_1c_2+l_2c_1c_{23}\\l_1s_1c_2+l_2s_1c_{23}\\l_1s_2+l_2s_{23}\end{bmatrix}\tag{7.1}$$

式中，$c_1=\cos\theta_1$，$s_1=\sin\theta_1$，$c_{23}=\cos(\theta_2+\theta_3)$，$s_{23}=\sin(\theta_2+\theta_3)$，其他以此类推。

表 7.1　机器人关节参数

类　型	符号	值	单位
连杆 1 的长度	l_1	0.297	m
连杆 2 的长度	l_2	0.297	m
连杆 1 的质量	m_1	0.38	kg
连杆 2 的质量	m_2	0.34	kg
连杆 1 的惯量	l_1	0.234×10^{-3}	$kg\cdot m^2$
连杆 2 的惯量	l_2	0.068×10^{-3}	$kg\cdot m^2$
重力加速度矢量	g	9.8	m/s^2

机械手对应的雅可比矩阵为

$$\boldsymbol{J}(\theta_1,\theta_2,\theta_3)=\begin{bmatrix}-l_1s_1c_2-l_2s_1c_{23} & -l_1c_1s_2-l_2c_1s_{23} & -l_2c_1s_{23}\\ l_1c_1c_2+l_2c_1c_{23} & -l_1s_1s_2-l_2s_1s_{23} & -l_2s_1s_{23}\\ 0 & l_1c_2+l_2c_{23} & l_2c_{23}\end{bmatrix}\tag{7.2}$$

机器人单腿 3 自由度的简化动力学方程为

$$\boldsymbol{M}(\boldsymbol{\theta})\ddot{\boldsymbol{\theta}}+\boldsymbol{C}(\boldsymbol{\theta},\dot{\boldsymbol{\theta}})\dot{\boldsymbol{\theta}}+\boldsymbol{G}(\boldsymbol{\theta})=\boldsymbol{\tau}\tag{7.3}$$

式中，$\boldsymbol{\theta}$、$\dot{\boldsymbol{\theta}}$、$\ddot{\boldsymbol{\theta}}\in\Re^n$ 分别为关节位置、速度和加速度矢量，$\boldsymbol{M}(\boldsymbol{\theta})\in\Re^{n\times n}$ 为对称正定惯性矩阵，$\boldsymbol{C}(\boldsymbol{\theta},\dot{\boldsymbol{\theta}})\in\Re^{n\times n}$ 为科氏力和离心力矩阵，$\boldsymbol{G}(\boldsymbol{\theta})\in\Re^n$ 为重力矢量，$\boldsymbol{\tau}\in\Re^{n\times n}$ 为控制力矩矢量。

由第 4 章知识可知，式(7.3)具有以下性质。

性质 7.1(有界性)　存在 4 个正定常数 c_1、c_2、c_3、c_4，对任意的 $\boldsymbol{x}$、$\boldsymbol{y}$、$\boldsymbol{z}\in\Re^n$ 使得 $0\leqslant c_1\boldsymbol{I}_n\leqslant$

$\boldsymbol{M}(\boldsymbol{\theta})\leqslant c_2\boldsymbol{I}_n$，$\|\boldsymbol{C}(\boldsymbol{x},\boldsymbol{y})\boldsymbol{z}\|\leqslant c_3\|\boldsymbol{x}\|\|\boldsymbol{z}\|$，$\|\boldsymbol{G}(\boldsymbol{\theta})\|\leqslant c_4$。

性质 7.2(反对称性) 矩阵 $\dot{\boldsymbol{M}}-2\boldsymbol{C}$ 是反对称的，即 $\boldsymbol{x}^{\mathrm{T}}(\dot{\boldsymbol{M}}-2\boldsymbol{C})\boldsymbol{x}=0,\boldsymbol{x}\in\Re^n$。

性质 7.3(参数线性化) 对 $\forall x,y\in\Re^n$，式(7.3)关于常数参数向量 $\boldsymbol{\theta}$ 可通过以下参数进行线性化 $\boldsymbol{M}(\boldsymbol{\theta})\boldsymbol{x}+\boldsymbol{C}(\boldsymbol{\theta},\dot{\boldsymbol{\theta}})\boldsymbol{y}+\boldsymbol{G}(\boldsymbol{\theta})=\boldsymbol{Y}(\boldsymbol{\theta},\dot{\boldsymbol{\theta}},\boldsymbol{x},\boldsymbol{y})p_0$，其中 $\boldsymbol{Y}(\boldsymbol{\theta},\dot{\boldsymbol{\theta}},\boldsymbol{x},\boldsymbol{y})$ 是回归矩阵。

本节还需要用到以下定理、引理。

引理 7.1(Lyapunov 引理) 如果标量函数 $V(t,x)$ 存在下界，其导数 $\dot{V}(t,x)<0$，且 $\dot{V}(t,x)$ 关于时间 t 是一致连续的，那么 $\lim\limits_{t\to\infty}\dot{V}(t,x)=0$。

Lyapunov 引理虽然在实际系统稳定性分析中得到了广泛应用，但是应用该定理分析系统的渐进稳定性时，导数为负定的 Lyapunov 函数有时难以找到。众所周知，Lasalle 不变集定理在研究自治系统时非常有效，因为当 $\dot{V}<0$ 时，利用 Lasalle 不变集定理可以很容易推出其渐近稳定。但是，它不能应用于非自治系统，因为构造具有负定的 Lyapunov 函数通常很困难。因此，非自治系统的稳定性分析比一般自治系统难得多。然而，Barbalat 引理恰恰能部分弥补这个缺陷，如果能将其恰当地应用于动力学系统，很多渐近稳定性问题能够得到很好的解决。所以 Barbalat 引理成了分析非自治系统稳定性的一个简单而又重要的工具。下面给出 Barbalat 引理及其相关推论。

引理 7.2(Barbalat 引理) 如果可微函数 $f(t)$ 在 $t\to\infty$ 时存在有限极限，且 $\dot{f}(t)$ 一致连续，那么当 $t\to\infty$ 时，$\dot{f}(t)\to 0$。

推论 7.1 如果可微函数 $f(t)$ 在 $t\to\infty$ 时存在有限极限，$\ddot{f}(t)$ 存在并且有界，那么当 $t\to\infty$ 时 $\dot{f}(t)\to 0$。

机器人单腿 3 自由度的简化动力学方程[式(7.3)]具体参数如下：

$$\boldsymbol{M}(\boldsymbol{\theta})=\begin{bmatrix}M_{11} & 0 & 0\\ 0 & M_{22} & M_{23}\\ 0 & M_{23} & M_{33}\end{bmatrix}\tag{7.4}$$

式中，$M_{11}=m_2l_1^2\cos^2\theta_2+2m_2l_1l_2\cos\theta_2\cos(\theta_2+\theta_3)+m_2l_2^2\cos^2(\theta_2+\theta_3)+m_1l_1^2\cos^2\theta_2+I_1$，$M_{22}=m_1l_1^2+m_2l_1^2+2m_2l_1l_2\cos\theta_3+m_2l_2^2+I_2+I_3$，$M_{23}=m_2l_1l_2\cos\theta_3+m_2l_2^2+I_3$，$M_{33}=m_2l_2^2+I_3$。

$$\boldsymbol{C}(\boldsymbol{\theta},\dot{\boldsymbol{\theta}})=\begin{bmatrix}C_{11} & C_{12} & C_{13}\\ C_{21} & C_{22} & C_{23}\\ C_{31} & C_{32} & 0\end{bmatrix}\tag{7.5}$$

式中，$C_{11}=-m_2l_1^2s_2c_2\dot{\theta}_2-m_2l_1l_2s_2c_{23}\dot{\theta}_2-m_1l_1^2s_2c_2\dot{\theta}_2-m_2l_1l_2c_2s_{23}(\dot{\theta}_2+\dot{\theta}_3)-m_2l_2^2s_{23}c_{23}(\dot{\theta}_2+\dot{\theta}_3)$，$C_{12}=-m_2l_1^2s_2c_2\dot{\theta}_1-m_2l_1l_2c_2s_{23}\dot{\theta}_1-m_2l_1l_2s_2c_{23}\dot{\theta}_1-m_2l_2^2s_{23}c_{23}\dot{\theta}_1-m_1l_1^2s_2c_2\dot{\theta}_1$，$C_{13}=-m_2l_1l_2c_2s_{23}\dot{\theta}_1-m_2l_2^2s_{23}c_{23}\dot{\theta}_1$，$C_{21}=m_2l_1^2s_2c_2\dot{\theta}_1+m_2l_1l_2c_2s_{23}\dot{\theta}_1+m_2l_1l_2s_2c_{23}\dot{\theta}_1+m_2l_2^2s_{23}c_{23}\dot{\theta}_1+m_1l_1^2s_2c_2\dot{\theta}_1$，$C_{22}=-m_2l_1l_2s_3\dot{\theta}_3$，$C_{23}=-m_2l_1l_2s_3(\dot{\theta}_2+\dot{\theta}_3)$，$C_{31}=m_2l_1l_2c_2s_{23}\dot{\theta}_1+m_2l_2^2s_{23}c_{23}\dot{\theta}_1$，$C_{32}=m_2l_1l_2s_3\dot{\theta}_2$。

$$\boldsymbol{G}(\boldsymbol{\theta})=g\begin{bmatrix}0\\ m_1l_1c_2+m_2l_1c_2+m_2l_2c_{23}\\ m_2l_2c_{23}\end{bmatrix}\tag{7.6}$$

根据性质 7.3，对式(7.3)进行线性化，得到如下方程：

$$\boldsymbol{M}(\boldsymbol{\theta})\ddot{\boldsymbol{\theta}}+\boldsymbol{C}(\boldsymbol{\theta},\dot{\boldsymbol{\theta}})\dot{\boldsymbol{\theta}}+\boldsymbol{G}(\boldsymbol{\theta})=\boldsymbol{Y}(\boldsymbol{\theta},\dot{\boldsymbol{\theta}},\ddot{\boldsymbol{\theta}})p_0\tag{7.7}$$

式中，回归矩阵 $\boldsymbol{Y}(\boldsymbol{\theta},\dot{\boldsymbol{\theta}},\ddot{\boldsymbol{\theta}})$ 可表示为

$$\begin{bmatrix} \ddot{\theta}_1 & 0 & 0 & x_1 & x_2 & x_3 & 0 & 0 & 0 \\ 0 & \ddot{\theta}_2 & (\ddot{\theta}_2+\ddot{\theta}_3) & x_4 & s_2c_2\dot{\theta}_1^2 & x_5 & c_2g & c_{23}g & \ddot{\theta}_2 \\ 0 & 0 & 0 & x_6 & 0 & x_7 & 0 & c_{23}g & 0 \end{bmatrix} \tag{7.8}$$

$$x_1=(c_{23}^2\ddot{\theta}_1-2c_{23}s_{23})(\dot{\theta}_1\dot{\theta}_2+\dot{\theta}_1\dot{\theta}_3)$$

$$x_2=c_2^2\ddot{\theta}_1-2c_2\sin(q_2)\dot{\theta}_1\dot{\theta}_2$$

$$x_3=2c_{23}c_2\ddot{\theta}_1-2c_{23}s_2\dot{\theta}_1\dot{\theta}_2-2s_{23}c_2(\dot{\theta}_1\dot{\theta}_2+\dot{\theta}_1\dot{\theta}_3)$$

$$x_4=\ddot{\theta}_2+c_{23}s_{23}\dot{\theta}_1^2+\ddot{\theta}_3$$

$$x_5=2c_3\ddot{\theta}_2+c_{23}\sin(q_2)\dot{\theta}_1^2+s_{23}c_2\dot{\theta}_1^2+\cos(\ddot{\theta}_3)-s_3(\dot{\theta}_3^2+2\dot{\theta}_2\dot{\theta}_3)$$

$$x_6=\ddot{\theta}_3+c_{23}s_{23}\dot{\theta}_1^2+\ddot{\theta}_2$$

$$x_7=s_3\dot{\theta}_2^2+s_{23}c_2\dot{\theta}_1^2+c_3\ddot{\theta}_2$$

注意：回归矩阵中含有二阶导数，所以考虑具有未知参数的动力学方程并对其进行参数线性化时，通常应用滑模控制法达到降阶目的，使其满足微分方程的解。

7.2.2　机器人控制方法和控制器设计

1. PD 控制

1）基本原理

在机器人的运动控制中，控制的目标是在存在时变扰动情况下，通过设计合理的控制算法，使得其能够跟踪期望的运动轨迹 $\theta_d(t)$。

定义追踪误差：$\boldsymbol{e}=\boldsymbol{\theta}_d-\boldsymbol{\theta}$，当 $\boldsymbol{\theta}_d$ 为常数时，显然有 $\dot{\boldsymbol{\theta}}_d=\ddot{\boldsymbol{\theta}}_d=0$，$\dot{\boldsymbol{e}}=-\dot{\boldsymbol{\theta}}$。设计如下力矩控制器：

$$\boldsymbol{\tau}=\boldsymbol{k}_p\boldsymbol{e}+\boldsymbol{k}_d\dot{\boldsymbol{e}}+\boldsymbol{G}(\boldsymbol{\theta}) \tag{7.9}$$

这里的 $\boldsymbol{k}_p$ 和 $\boldsymbol{k}_d$ 是控制增益，然后得到

$$\boldsymbol{M}(\boldsymbol{\theta})\ddot{\boldsymbol{\theta}}+\boldsymbol{C}(\boldsymbol{\theta},\dot{\boldsymbol{\theta}})\dot{\boldsymbol{\theta}}=\boldsymbol{k}_p\boldsymbol{e}+\boldsymbol{k}_d\dot{\boldsymbol{e}} \tag{7.10}$$

为了证明平衡点的稳定性，引入如下 Lyapunov 函数：

$$\boldsymbol{V}(t)=\frac{1}{2}\dot{\boldsymbol{\theta}}^{\mathrm{T}}\boldsymbol{M}(\boldsymbol{\theta})\dot{\boldsymbol{\theta}}+\frac{1}{2}\boldsymbol{e}^{\mathrm{T}}\boldsymbol{k}_p\boldsymbol{e} \tag{7.11}$$

对 $\boldsymbol{V}$ 求导得

$$\begin{aligned}\dot{\boldsymbol{V}}(t)&=\dot{\boldsymbol{\theta}}^{\mathrm{T}}\boldsymbol{M}(\boldsymbol{\theta})\ddot{\boldsymbol{\theta}}+\frac{1}{2}\dot{\boldsymbol{\theta}}^{\mathrm{T}}\dot{\boldsymbol{M}}(\boldsymbol{\theta})\dot{\boldsymbol{\theta}}+\boldsymbol{e}^{\mathrm{T}}\boldsymbol{k}_p\dot{\boldsymbol{e}}\\&=\dot{\boldsymbol{\theta}}^{\mathrm{T}}\boldsymbol{M}(\boldsymbol{\theta})\ddot{\boldsymbol{\theta}}+\frac{1}{2}\dot{\boldsymbol{\theta}}^{\mathrm{T}}\dot{\boldsymbol{M}}(\boldsymbol{\theta})\dot{\boldsymbol{\theta}}-\dot{\boldsymbol{\theta}}^{\mathrm{T}}\boldsymbol{k}_p\boldsymbol{e}-\frac{1}{2}\dot{\boldsymbol{\theta}}^{\mathrm{T}}(\boldsymbol{M}(\boldsymbol{\theta})-2\boldsymbol{C})\dot{\boldsymbol{\theta}}\\&=\dot{\boldsymbol{\theta}}(\boldsymbol{M}\ddot{\boldsymbol{\theta}}+\boldsymbol{C}\dot{\boldsymbol{\theta}}-\boldsymbol{k}_p\boldsymbol{e})=-\dot{\boldsymbol{\theta}}^{\mathrm{T}}\boldsymbol{k}_d\dot{\boldsymbol{\theta}}\end{aligned} \tag{7.12}$$

为了证明闭环系统的渐近稳定性，Lasalle 不变集定理适用于 $\{\boldsymbol{x}\mid\dot{\boldsymbol{V}}\equiv0\}$ 集合中的最大不变集。当 $\dot{\boldsymbol{V}}\equiv0$ 时 $\dot{\boldsymbol{\theta}}\equiv0$，所以 $\ddot{\boldsymbol{\theta}}\equiv0$。由式(7.10)可知，当 $\boldsymbol{k}_p>0$ 时，$\boldsymbol{e}=0$，因此，通过使用 LaSalle 不变集定理来实现全局渐近稳定，该定理指出，如果在整个状态空间中 $V(x)$ 是径向无界的且 $\dot{\boldsymbol{V}}(x)\leqslant0$，则所有解全局渐近收敛到集 $\{\boldsymbol{x}\mid\dot{\boldsymbol{V}}\equiv0\}$ 中的最大不变集。

2）仿真实现

在机器人的仿真实现中，基本参数取值如表 7.1 所示。期望运动轨迹（单位 rad）为

$$\boldsymbol{q}_{\mathrm{d}}=[0.2+2\sin(2t)\quad -1.7+1.8\cos(2t)\quad -1.5+0.8\sin(4t)]^{\mathrm{T}} \tag{7.13}$$

初始位置（单位 rad）为 $\boldsymbol{q}(0)=[1\quad -1\quad 2]^{\mathrm{T}}$，初始速度（单位 rad/s）为 $\dot{\boldsymbol{q}}(0)=[0\quad 0\quad 0]^{\mathrm{T}}$（这表明初始状态时机器人是静止不动的），分散 PD 控制增益 $\boldsymbol{k}_{\mathrm{p}}=(60,50,100)$，$\boldsymbol{k}_{\mathrm{d}}=\mathrm{diag}(5,5,10)$。

PD 控制的位置跟踪曲线和跟踪误差、速度跟踪曲线和跟踪误差及控制力矩如图 7.6～图 7.12 所示。从仿真结果中可以看出，PD 控制可以实现各个关节的跟踪控制，速度跟踪曲线存在一定的误差。

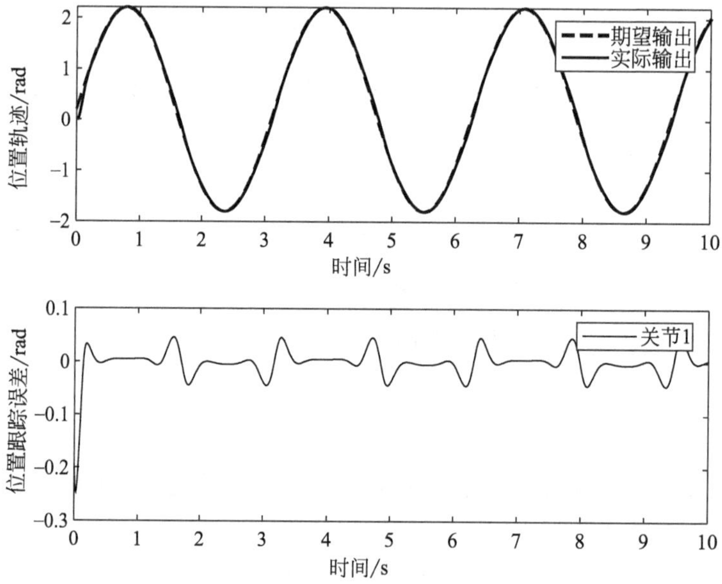

图 7.6　关节 1 基于 PD 控制的位置跟踪曲线和跟踪误差

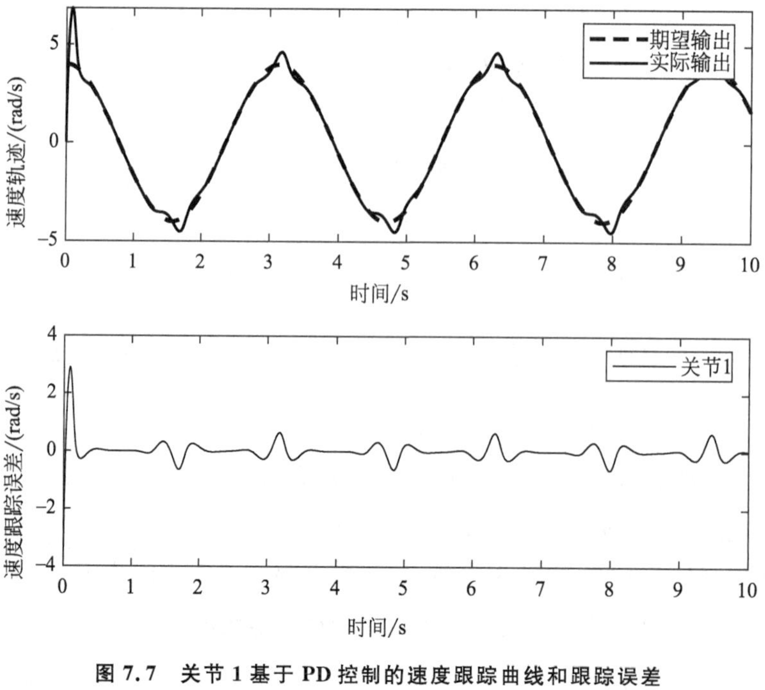

图 7.7　关节 1 基于 PD 控制的速度跟踪曲线和跟踪误差

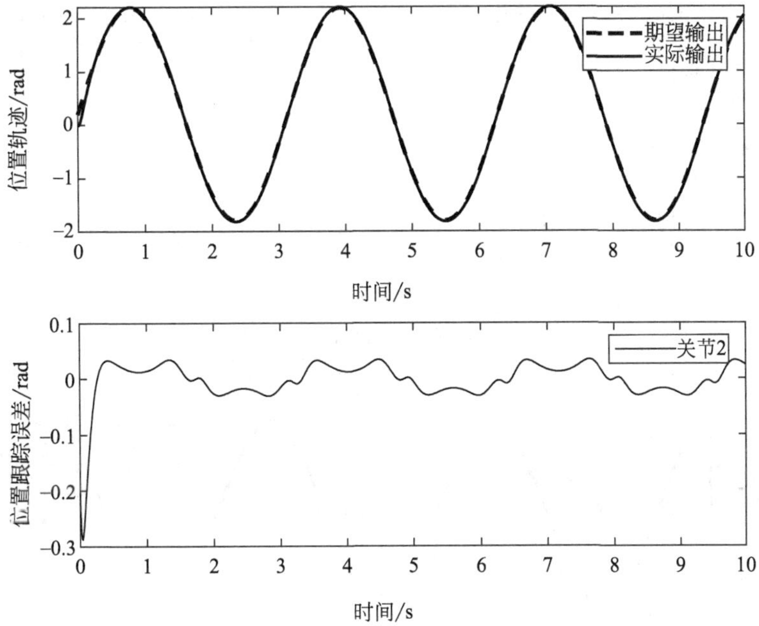

图 7.8　关节 2 基于 PD 控制的位置跟踪曲线和跟踪误差

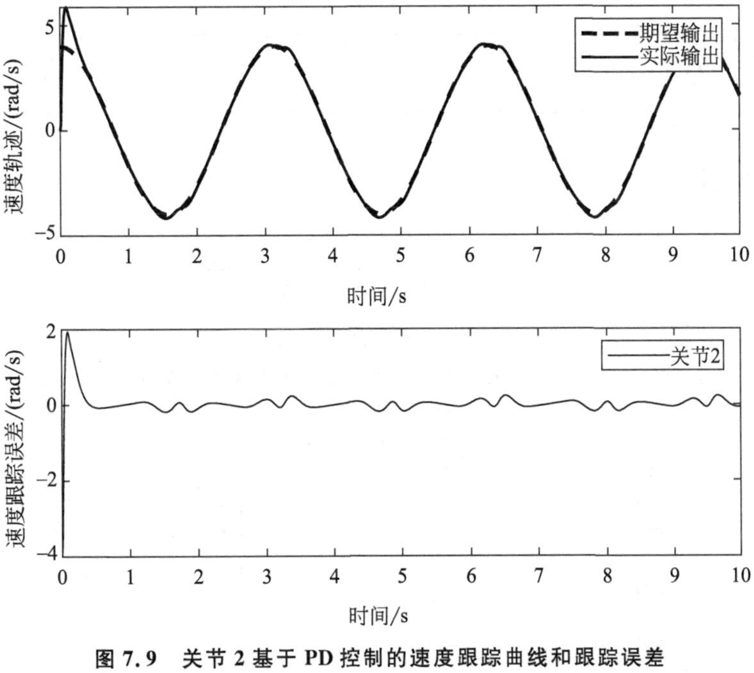

图 7.9　关节 2 基于 PD 控制的速度跟踪曲线和跟踪误差

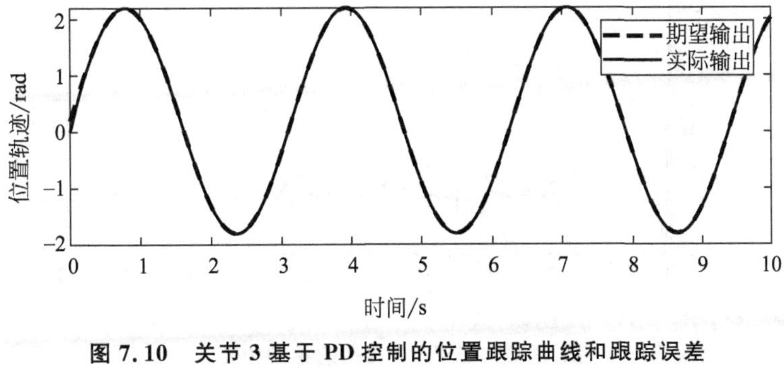

图 7.10　关节 3 基于 PD 控制的位置跟踪曲线和跟踪误差

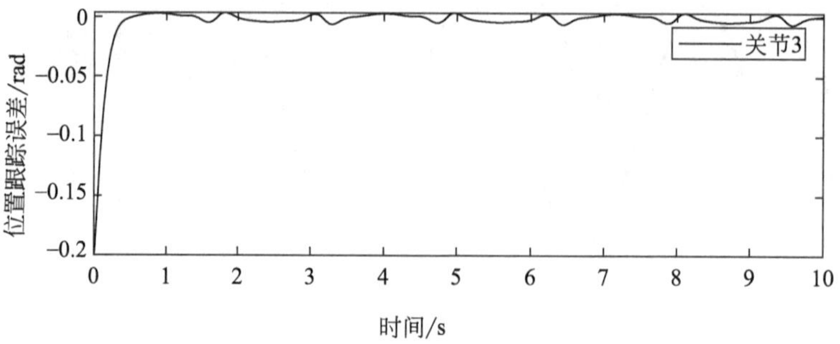

图　7.10(续)

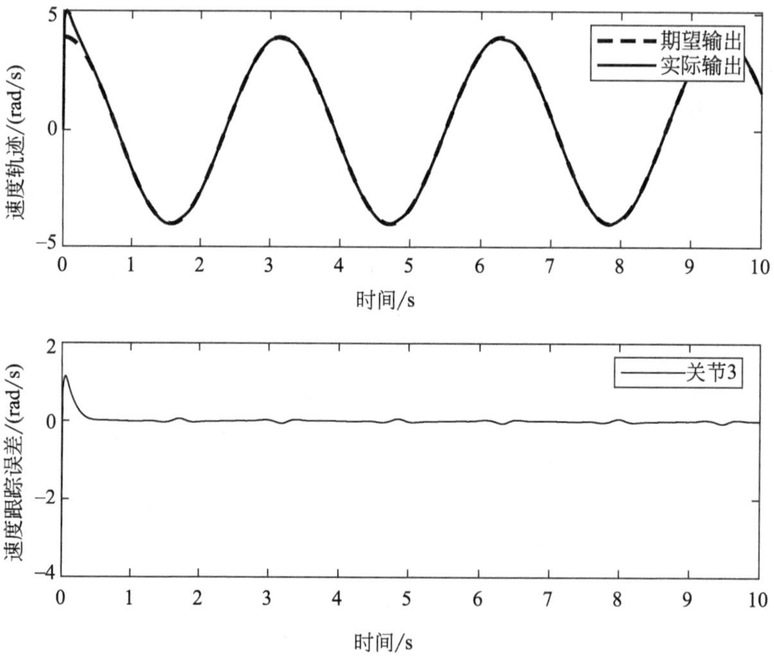

图 7.11　关节 3 基于 PD 控制的速度跟踪曲线和跟踪误差

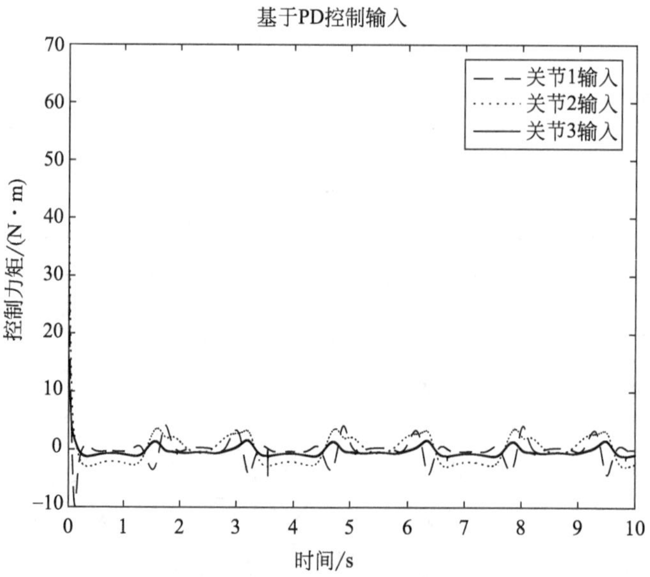

图 7.12　基于 PD 控制的控制力矩

2. 自适应控制

1）基本原理

自适应控制是控制系统设计中一种极重要的方法。它的基本思想是估计系统未知参数的值，通过适当设计的反馈控制律驱使系统达到期望的目标。自适应控制系统通过更新律来处理参数的不确定性，从而提高系统的整体性能。

考虑非线性系统

$$\dot{\boldsymbol{x}} = f(\boldsymbol{x},\boldsymbol{\theta}) + g(\boldsymbol{x},\boldsymbol{\theta})u, \quad x \in \Re^n, u \in \Re^m \tag{7.14}$$

式中，f 和 g 是光滑的，$f(0,\boldsymbol{\theta})=0$，$g(0,\boldsymbol{\theta})\neq 0$，$\boldsymbol{\theta}$ 为未知参数向量。全局自适应控制是指找到合适的连续定常状态反馈控制器 $u=\mu(\boldsymbol{x},\hat{\boldsymbol{\theta}})$ 和一个更新律 $\dot{\hat{\boldsymbol{\theta}}}=\boldsymbol{\rho}(\boldsymbol{x},\hat{\boldsymbol{\theta}})$，使得闭环系统：

$$\begin{cases} \dot{\boldsymbol{x}} = f(\boldsymbol{x},\boldsymbol{\theta}) + g(\boldsymbol{x},\boldsymbol{\theta})\mu(\boldsymbol{x},\hat{\boldsymbol{\theta}}) \\ \dot{\hat{\boldsymbol{\theta}}} = \boldsymbol{\rho}(\boldsymbol{x},\hat{\boldsymbol{\theta}}) \end{cases} \tag{7.15}$$

是 Lyapunov 稳定的，当 $t\to\infty$ 时，相应于任何初始值 $x(0)=x_0\in\Re^n$ 的解 $x(t)$ 趋于 0。

应用自适应控制策略实现不确定非线性机器人系统的全局渐近稳定轨迹跟踪控制，机器人动力学系统通常满足参数线性化的性质，即

$$\boldsymbol{M}(\boldsymbol{\theta})\ddot{\boldsymbol{\theta}}_{\mathrm{d}} + \boldsymbol{C}(\boldsymbol{\theta},\dot{\boldsymbol{\theta}})\dot{\boldsymbol{\theta}}_{\mathrm{d}} + \boldsymbol{G}(\boldsymbol{\theta}) = \boldsymbol{Y}(\boldsymbol{\theta},\dot{\boldsymbol{\theta}},\dot{\boldsymbol{\theta}}_{\mathrm{d}},\ddot{\boldsymbol{\theta}}_{\mathrm{d}})p_0 \tag{7.16}$$

式中，$\boldsymbol{Y}(\boldsymbol{\theta},\dot{\boldsymbol{\theta}},\dot{\boldsymbol{\theta}}_{\mathrm{d}},\ddot{\boldsymbol{\theta}}_{\mathrm{d}})$ 称为回归矩阵，其为机器人关节实际和期望的位置、速度和加速度的已知函数，p_0 为恒定的未知参数。

基于上述的参数线性化特性，设 $\hat{\boldsymbol{M}}(\boldsymbol{\theta})$、$\hat{\boldsymbol{C}}(\boldsymbol{\theta},\dot{\boldsymbol{\theta}})$、$\hat{\boldsymbol{G}}(\boldsymbol{\theta})$ 相应是 $\boldsymbol{M}(\boldsymbol{\theta})$、$\boldsymbol{C}(\boldsymbol{\theta},\dot{\boldsymbol{\theta}})$、$\boldsymbol{G}(\boldsymbol{\theta})$ 的估计值，则自适应轨迹跟踪控制律可设计为

$$\boldsymbol{\tau} = \hat{\boldsymbol{M}}(\boldsymbol{\theta})\ddot{\boldsymbol{\theta}}_{\mathrm{r}} + \hat{\boldsymbol{C}}(\boldsymbol{\theta},\dot{\boldsymbol{\theta}})\dot{\boldsymbol{\theta}}_{\mathrm{r}} + \hat{\boldsymbol{G}}(\boldsymbol{\theta}) - \boldsymbol{K}\boldsymbol{s} = \boldsymbol{Y}(\boldsymbol{\theta},\dot{\boldsymbol{\theta}},\dot{\boldsymbol{\theta}}_{\mathrm{r}},\ddot{\boldsymbol{\theta}}_{\mathrm{r}})\hat{\boldsymbol{p}}_0 - \boldsymbol{K}\boldsymbol{s} \tag{7.17}$$

式中，$\boldsymbol{s}$ 为跟踪滤波误差（滑模向量），定义为

$$\boldsymbol{s} = \dot{\boldsymbol{e}} + \lambda\boldsymbol{e} \tag{7.18}$$

式中，$\boldsymbol{e}=\boldsymbol{\theta}-\boldsymbol{\theta}_{\mathrm{d}}$，$\boldsymbol{K}$ 是对角常数矩阵，λ 是正常数。当 $t\to\infty$ 时，有 $\boldsymbol{s}\to 0$，$\dot{\boldsymbol{e}}\to 0$。定义辅助参考速度：$\dot{\boldsymbol{\theta}}_{\mathrm{r}}=\dot{\boldsymbol{\theta}}_{\mathrm{d}}-\lambda\boldsymbol{e}$，$\ddot{\boldsymbol{\theta}}_{\mathrm{r}}=\ddot{\boldsymbol{\theta}}_{\mathrm{d}}-\lambda\dot{\boldsymbol{e}}$，则有

$$\dot{\hat{\boldsymbol{\theta}}} = -\boldsymbol{\Gamma}\,\boldsymbol{Y}^{\mathrm{T}}(\boldsymbol{\theta},\dot{\boldsymbol{\theta}},\dot{\boldsymbol{\theta}}_{\mathrm{r}},\ddot{\boldsymbol{\theta}}_{\mathrm{r}})\boldsymbol{s} \tag{7.19}$$

式中，$\boldsymbol{\Gamma}$ 是自适应增益矩阵。

定义参数 $\boldsymbol{p}_0$ 的估计误差 $\tilde{\boldsymbol{p}}_0$ 如下：

$$\tilde{\boldsymbol{p}}_0 = \hat{\boldsymbol{p}}_0 - \boldsymbol{p}_0 \tag{7.20}$$

通常 $\dot{\tilde{\boldsymbol{p}}}_0=\dot{\hat{\boldsymbol{p}}}_0$。

将式(7.17)和式(7.19)所示的自适应控制律代入式(7.3)，可得闭环系统的动力学方程为

$$\boldsymbol{M}(\boldsymbol{\theta})\dot{\boldsymbol{s}} + \boldsymbol{C}(\boldsymbol{\theta},\dot{\boldsymbol{\theta}})\boldsymbol{s} + \boldsymbol{K}\boldsymbol{s} = -\boldsymbol{M}(\boldsymbol{\theta})\ddot{\boldsymbol{\theta}}_{\mathrm{r}} - \boldsymbol{C}(\boldsymbol{\theta},\dot{\boldsymbol{\theta}})\dot{\boldsymbol{\theta}}_{\mathrm{r}} - \boldsymbol{G}(\boldsymbol{\theta}) + \boldsymbol{Y}(\boldsymbol{\theta},\dot{\boldsymbol{\theta}},\dot{\boldsymbol{\theta}}_{\mathrm{r}},\ddot{\boldsymbol{\theta}}_{\mathrm{r}})\hat{\boldsymbol{p}}_0 \tag{7.21}$$

应用式(7.16)所示的回归矩阵和式(7.20)，可以得到如下闭环系统

$$\boldsymbol{M}(\boldsymbol{\theta})\dot{\boldsymbol{s}} + \boldsymbol{C}(\boldsymbol{\theta},\dot{\boldsymbol{\theta}})\boldsymbol{s} + \boldsymbol{K}\boldsymbol{s} = \boldsymbol{Y}(\boldsymbol{\theta},\dot{\boldsymbol{\theta}},\dot{\boldsymbol{\theta}}_{\mathrm{r}},\ddot{\boldsymbol{\theta}}_{\mathrm{r}})\tilde{\boldsymbol{p}}_0 \tag{7.22}$$

这里可以应用 Lyapunov 稳定性理论对闭环系统进行稳定性分析，显然根据式(7.22)，系统的平衡点为零。因此，考虑以下 Lyapunov 候选函数

$$\boldsymbol{V} = \frac{1}{2}\boldsymbol{s}^{\mathrm{T}}\boldsymbol{M}(\boldsymbol{\theta})\boldsymbol{s} + \frac{1}{2}\tilde{\boldsymbol{p}}_0^{\mathrm{T}}\boldsymbol{\Gamma}^{-1}\tilde{\boldsymbol{p}}_0 \tag{7.23}$$

其沿闭环系统轨迹的微分为

$$\dot{V}=\frac{1}{2}\boldsymbol{s}^{\mathrm{T}}\dot{\boldsymbol{M}}(\boldsymbol{\theta})\boldsymbol{s}+\boldsymbol{s}^{\mathrm{T}}\boldsymbol{M}(\boldsymbol{\theta})\dot{\boldsymbol{s}}+\tilde{\boldsymbol{p}}_0^{\mathrm{T}}\boldsymbol{\Gamma}^{-1}\dot{\tilde{\boldsymbol{p}}}_0 \tag{7.24}$$

将由式(7.22)求得的 $\boldsymbol{M}(\boldsymbol{\theta})\dot{\boldsymbol{s}}$ 和由式(7.20)求得的 $\dot{\tilde{\boldsymbol{p}}}_0=\dot{\hat{\boldsymbol{p}}}_0$，并利用 $\dot{\boldsymbol{M}}(\boldsymbol{\theta})-2\boldsymbol{C}(\boldsymbol{\theta},\dot{\boldsymbol{\theta}})$ 为反对称矩阵的特性，可得

$$\dot{V}=\boldsymbol{s}^{\mathrm{T}}\boldsymbol{Y}\tilde{\boldsymbol{p}}_0-\boldsymbol{s}^{\mathrm{T}}(\boldsymbol{K}+\boldsymbol{D})\boldsymbol{s}+\tilde{\boldsymbol{p}}_0^{\mathrm{T}}\boldsymbol{\Gamma}^{-1}\dot{\tilde{\boldsymbol{p}}}_0 \tag{7.25}$$

应用参数自适应律，上式可重写为

$$\dot{V}=-\boldsymbol{s}^{\mathrm{T}}(\boldsymbol{K}+\boldsymbol{D})\boldsymbol{s} \tag{7.26}$$

即前述所定义的 Lypunov 函数是正定正则的，其沿闭环系统轨迹的微分 $\dot{V}$ 是半负定的。这也可以说 $s_i\in L_2\cap L_\infty$ 及 $\tilde{\theta}\in L_\infty$。利用拉格朗日系统的有界性，有 $\boldsymbol{M}(\boldsymbol{\theta})\ddot{\boldsymbol{\theta}}_{\mathrm{r}}+\boldsymbol{C}(\boldsymbol{\theta},\dot{\boldsymbol{\theta}})\dot{\boldsymbol{\theta}}_{\mathrm{r}}+\boldsymbol{G}(\boldsymbol{\theta})=\boldsymbol{Y}(\boldsymbol{\theta},\dot{\boldsymbol{\theta}},\dot{\boldsymbol{\theta}}_{\mathrm{r}},\ddot{\boldsymbol{\theta}}_{\mathrm{r}})\boldsymbol{p}_0$，可以得出回归矩阵 $\boldsymbol{Y}(\boldsymbol{\theta},\dot{\boldsymbol{\theta}},\dot{\boldsymbol{\theta}}_{\mathrm{r}},\ddot{\boldsymbol{\theta}}_{\mathrm{r}})$ 是有界的(因为 $\boldsymbol{M}(\boldsymbol{\theta}),\boldsymbol{C}(\boldsymbol{\theta},\dot{\boldsymbol{\theta}}),\boldsymbol{G}(\boldsymbol{\theta}),\ddot{\boldsymbol{\theta}}_{\mathrm{r}},\dot{\boldsymbol{\theta}}_{\mathrm{r}}$ 是有界的)。进而观察式(7.22)可得 $\dot{\boldsymbol{s}}$ 是有界的，从而得到 $\ddot{V}=-2\boldsymbol{s}^{\mathrm{T}}(\boldsymbol{K}+\boldsymbol{D})\dot{\boldsymbol{s}}$ 有界，因此 $\dot{V}$ 一致连续。由 Barbalat 引理，推出当 $t\to\infty$ 时，$\dot{V}\to 0$，因此当 $t\to\infty$ 时，$\boldsymbol{s}\to 0$。下面进一步分析当 $t\to\infty$ 时，$\boldsymbol{\theta}\to\boldsymbol{\theta}_{\mathrm{d}}$。由式 $\boldsymbol{s}=\dot{\boldsymbol{e}}+\lambda\boldsymbol{e}$ 可知，$\dot{\boldsymbol{e}}=-\lambda\boldsymbol{e}+\boldsymbol{s}$，因为 λ 是正常数，系统是输入/输出稳定的，所以当 $t\to\infty$ 时，$\boldsymbol{e}\to 0$。从而，$\lim\limits_{t\to\infty}\|\boldsymbol{\theta}-\boldsymbol{\theta}_{\mathrm{d}}\|=0$(注意，这是一个非线性时变系统，因此我们不能应用 LaSalle 不变性原理来进行系统的闭环渐近稳定性分析，只能应用 Barbalat 引理来获得闭环系统是否渐近稳定的结论)。

2) 仿真实现

在机器人的仿真实现中，参数取值与上一节相同，期望运动轨迹(单位：rad)同样为 $\boldsymbol{q}_{\mathrm{d}}=[0.2+2\sin(2t)-1.7+1.8\cos(2t)-1.5+0.8\sin(4t)]^{\mathrm{T}}$ 初始位置(单位：rad)为 $\boldsymbol{q}(0)=[0\ \ 0\ \ 0]^{\mathrm{T}}$，初始速度(单位：rad/s)为 $\dot{\boldsymbol{q}}(0)=[0\ \ 0\ \ 0]^{\mathrm{T}}$，增益 $K=\mathrm{diag}(20,20,10)$。

针对本节自适应滑模控制算法，相应的回归矩阵、估计参数等如下：

$\boldsymbol{Y}(\boldsymbol{\theta},\dot{\boldsymbol{\theta}},\dot{\boldsymbol{\theta}}_{\mathrm{r}},\ddot{\boldsymbol{\theta}}_{\mathrm{r}})=$

$$\begin{bmatrix} \ddot{\theta}_{\mathrm{r1}} & 0 & 0 & x_1 & x_2 & x_3 & 0 & 0 & 0 \\ 0 & \ddot{\theta}_{\mathrm{r2}} & (\ddot{\theta}_{\mathrm{r2}}+\ddot{\theta}_{\mathrm{r3}}) & x_4 & \sin\theta_2\cos\theta_2\dot{\theta}_{\mathrm{r1}}^2 & x_5 & \cos\theta_2 g & \cos\theta_2+\theta_3 g & \ddot{\theta}_{\mathrm{r2}} \\ 0 & 0 & 0 & x_6 & 0 & x_7 & 0 & \cos\theta_2+\theta_3 g & 0 \end{bmatrix} \tag{7.27}$$

其中

$$\dot{\theta}_{\mathrm{r}i}=\dot{\theta}_{\mathrm{d}i}-\lambda e_i \quad \ddot{\theta}_{\mathrm{r}i}=\ddot{\theta}_{\mathrm{d}i}-\lambda\dot{e}_i \quad (i=1,2,3)$$

$$x_1=\cos^2(\theta_2+\theta_3)\ddot{\theta}_{\mathrm{r1}}-2\cos(\theta_2+\theta_3)\sin(\theta_2+\theta_3)(\dot{\theta}_{\mathrm{r1}}\dot{\theta}_{\mathrm{r2}}+\dot{\theta}_{\mathrm{r1}}\dot{\theta}_{\mathrm{r3}})$$

$$x_2=\cos^2(\theta_2)\ddot{\theta}_{\mathrm{r1}}-2\cos(\theta_2)\sin(\theta_2)\dot{\theta}_{\mathrm{r1}}\dot{\theta}_{\mathrm{r2}}$$

$$\begin{aligned} x_3=&2\cos(\theta_2+\theta_3)\cos(\theta_2)\ddot{\theta}_{\mathrm{r1}}-2\cos(\theta_2+\theta_3)\sin(q_2)\dot{\theta}_{\mathrm{r1}}\dot{\theta}_{\mathrm{r2}}\\ &-2\sin(\theta_2+\theta_3)\cos(q_2)(\dot{\theta}_{\mathrm{r1}}\dot{\theta}_{\mathrm{r2}}+\dot{\theta}_{\mathrm{r1}}\dot{\theta}_{\mathrm{r3}}) \end{aligned}$$

$$x_4=\ddot{\theta}_{\mathrm{r2}}+\cos(\theta_2+\theta_3)\sin(\theta_2+\theta_3)\dot{\theta}_{\mathrm{r1}}^2+\ddot{\theta}_{\mathrm{r3}}$$

$$\begin{aligned} x_5=&2\cos(\theta_3)\ddot{\theta}_{\mathrm{r2}}+\cos(\theta_2+\theta_3)\sin(\theta_2)\dot{\theta}_{\mathrm{r1}}^2+\sin(\theta_2+\theta_3)\cos(\theta_2)\dot{\theta}_{\mathrm{r1}}^2\\ &+\cos(\theta_3)\ddot{\theta}_{\mathrm{r3}}-\sin(\theta_3)(\dot{\theta}_{\mathrm{r3}}^2+2\dot{\theta}_{\mathrm{r2}}\dot{\theta}_{\mathrm{r3}}) \end{aligned}$$

$$x_6=\ddot{\theta}_{\mathrm{r3}}+\cos(\theta_2+\theta_3)\sin(\theta_2+\theta_3)\dot{\theta}_{\mathrm{r1}}^2+\ddot{\theta}_{\mathrm{r2}}$$

$$x_7=\sin(\theta_3)\dot{\theta}_{r2}^2+\sin(\theta_2+\theta_3)\cos(\theta_2)\dot{\theta}_{r1}^2+\cos(\theta_3)\ddot{\theta}_{r2}$$

估计参数为

$$\boldsymbol{p}_0=[I_1\quad I_2\quad I_3\quad l_2^2m_2\quad l_1^2(m_1+m_2)\quad l_1l_2m_2\quad l_1(m_1+m_2)\quad l_2m_2\quad l_1^2m_1]^{\mathrm{T}}$$

仿真结果如图 7.13～图 7.19 所示。

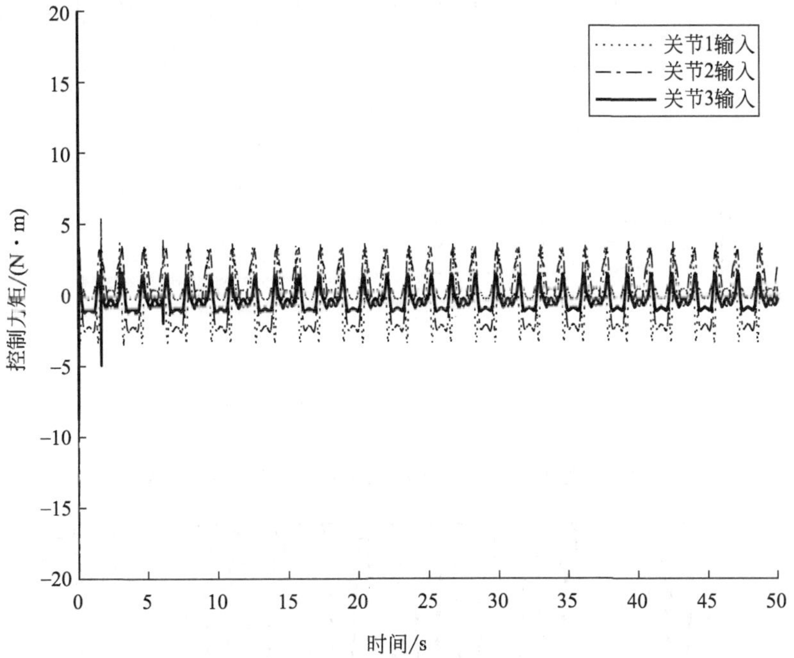

图 7.13　基于自适应控制的控制力矩

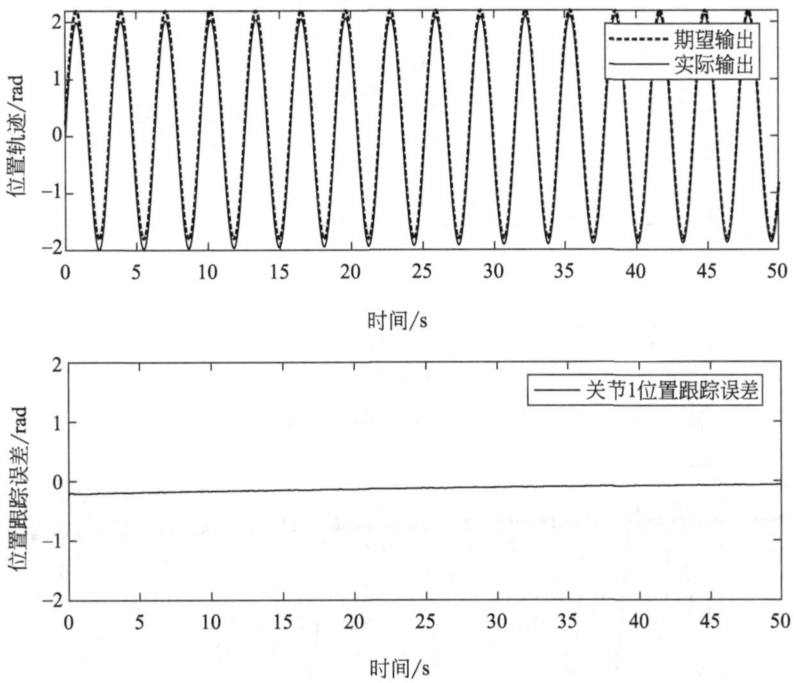

图 7.14　关节 1 基于自适应控制的位置跟踪曲线和跟踪误差

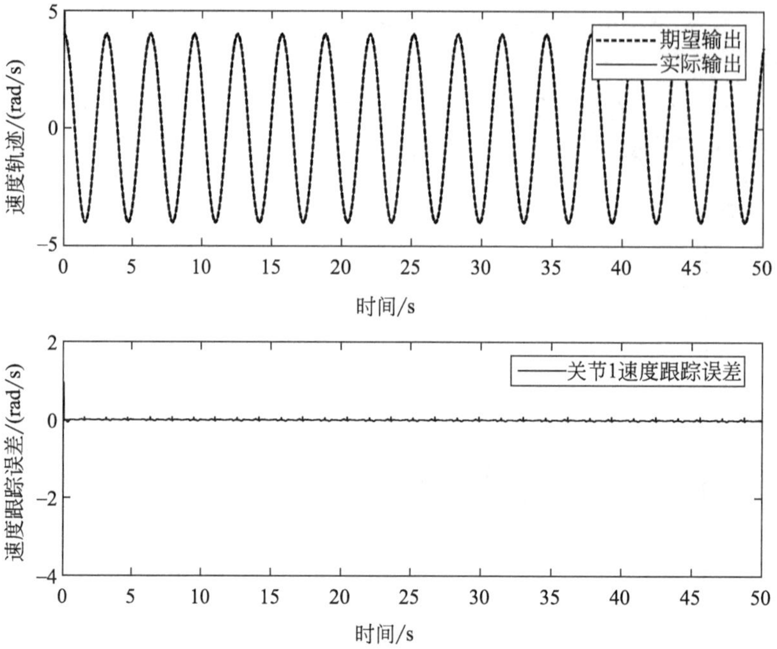

图 7.15　关节 1 基于自适应控制的速度跟踪曲线和跟踪误差

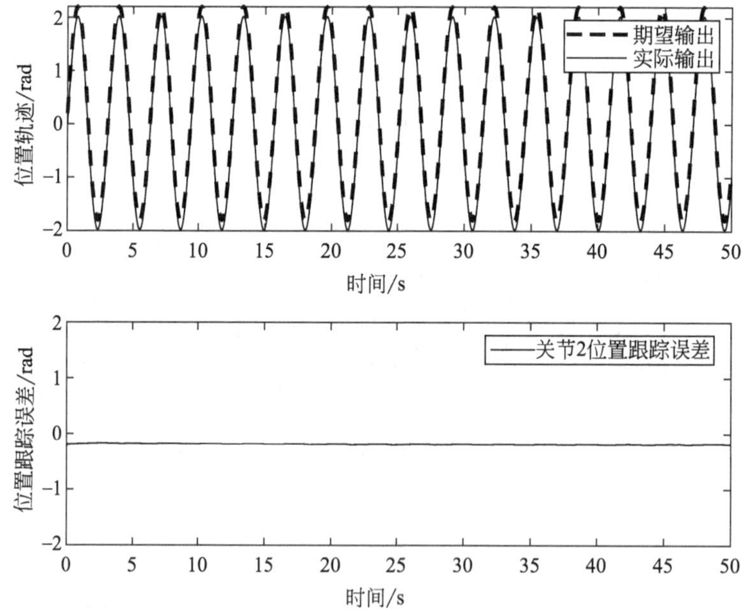

图 7.16　关节 2 基于自适应控制的位置跟踪曲线和跟踪误差

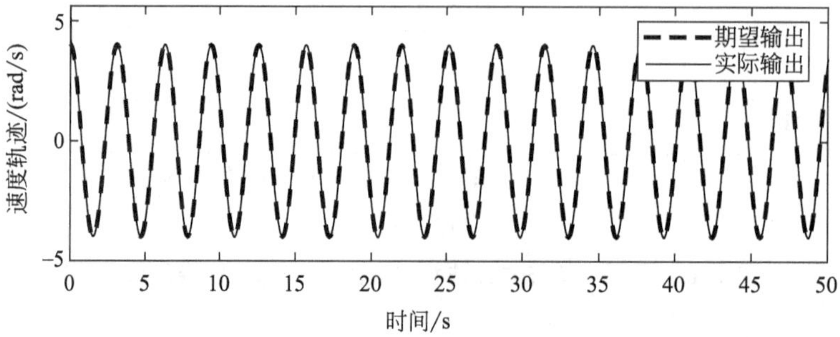

图 7.17　关节 2 基于自适应控制的速度跟踪曲线和跟踪误差

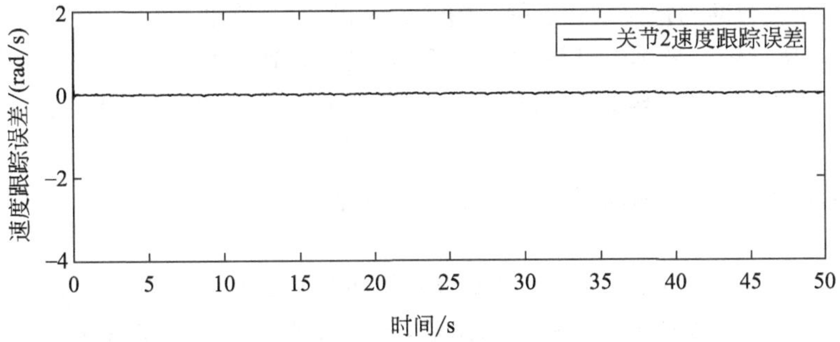

图　7.17(续)

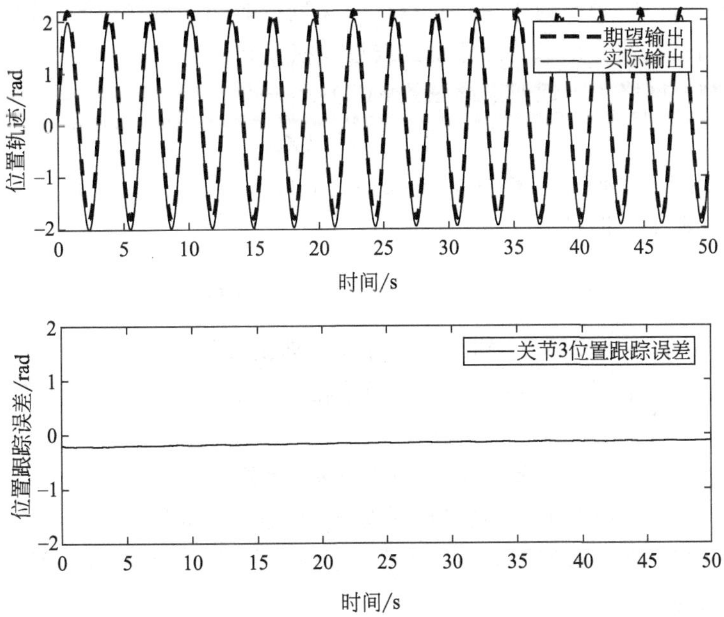

图 7.18　关节 3 基于自适应控制的位置跟踪曲线和跟踪误差

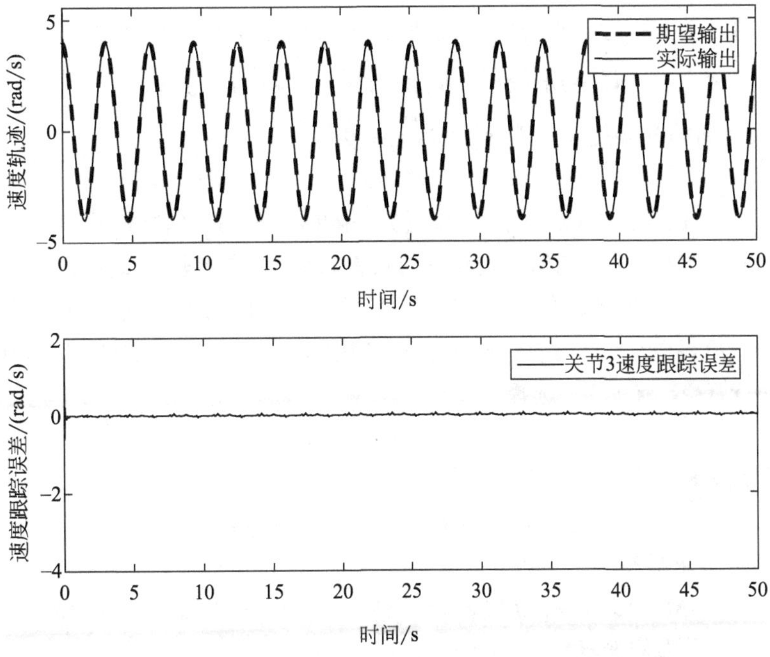

图 7.19　关节 3 基于自适应控制的速度跟踪曲线和跟踪误差

图 7.13 是各个关节的力矩控制示意图。图 7.14～图 7.19 给出了各个关节的轨迹状态，速度响应及与期望轨迹与速度的误差图。从图中可以看出，应用自适应控制公式(7.17)和式(7.19)，机器人各个关节均能追踪到预先给定的期望轨迹和期望速度，这说明本节提出的滑模自适应控制算法是非常有效的。

3. 状态信息完全已知情况下的神经网络控制

1）基本原理

在传统人工智能算法中，径向基函数(RBF)神经网络由于具有良好的函数逼近能力，常被作为控制系统建模的工具。该神经网络由三层组成，输入层节点的作用是传递信号到隐层；隐层节点由径向基函数构成；输出层节点通常是简单的线性函数。在径向基函数神经网络中，从输入层到隐层的变换是非线性的，隐层的作用是对输入向量进行非线性变换，而从隐层到输出层的变换是线性的，也就是网络的输出是隐节点输出的线性加权和。

本书的 RBF 神经网络用于近似连续函数 $\boldsymbol{h}(\boldsymbol{Z}):R^n \rightarrow R$。

$$\boldsymbol{h}(\boldsymbol{Z})=\hat{\boldsymbol{W}}^{\mathrm{T}}\boldsymbol{S}(\boldsymbol{Z}) \tag{7.28}$$

式中，$\boldsymbol{Z}\in\boldsymbol{\Omega}_Z$ 是输入变量，$\hat{\boldsymbol{W}}\in\mathfrak{R}^l$ 是权重，$\boldsymbol{S}(\boldsymbol{Z})=[s_1(Z),\cdots,s_l(Z)]^{\mathrm{T}}$ 是基函数，l 是神经元的数量，选取常用的高斯函数形式为

$$s_i(Z)=\exp\left(\frac{-(\boldsymbol{Z}-\boldsymbol{v}_i)^{\mathrm{T}}(\boldsymbol{Z}-\boldsymbol{v}_i)}{\varphi_i^2}\right) \quad i=1,2,\cdots,l \tag{7.29}$$

式中，$\boldsymbol{v}_i=[v_{i1},v_{i2},\cdots,v_{in}]^{\mathrm{T}}$ 是感受野的中心，φ_i 是高斯函数的宽度。

众所周知，RBF 神经网络可以将一个连续函数在一个紧集 $\boldsymbol{\Omega}_Z$ 内近似到任意期望的精度，如下所示。

$$\boldsymbol{h}(\boldsymbol{Z})=\boldsymbol{W}^{*\mathrm{T}}\boldsymbol{S}(\boldsymbol{Z})+\boldsymbol{\delta} \quad \forall \boldsymbol{Z}\in\boldsymbol{\Omega}_Z \tag{7.30}$$

式中，$\boldsymbol{W}^*$ 是理想最优权重，且 $\|\boldsymbol{\delta}\|\leqslant\varepsilon$ 是逼近误差，$\varepsilon>0$ 是一个常数。

事实上，理想的神经网络权值矩阵 $\boldsymbol{W}^*$ 只是一个用于分析的“人工”量，需要在控制设计中进行估计。$\boldsymbol{W}^*$ 被定义为

$$W^*\triangleq\arg\min_{\boldsymbol{W}\in\mathfrak{R}^l}\left\{\sup_{\boldsymbol{Z}\in\boldsymbol{\Omega}_Z}|\boldsymbol{h}(\boldsymbol{Z})-\boldsymbol{W}^{\mathrm{T}}\boldsymbol{S}(\boldsymbol{Z})|\right\} \tag{7.31}$$

当机器人的动力学方程考虑外界时变扰动时，则可以写成如下的形式

$$\boldsymbol{M}(\boldsymbol{\theta})\ddot{\boldsymbol{\theta}}+\boldsymbol{C}(\boldsymbol{\theta},\dot{\boldsymbol{\theta}})\dot{\boldsymbol{\theta}}+\boldsymbol{G}(\boldsymbol{\theta})=\boldsymbol{\tau}-\boldsymbol{J}^{\mathrm{T}}(\boldsymbol{\theta})\boldsymbol{f} \tag{7.32}$$

式中，$\boldsymbol{f}$ 为机器人受到的外界扰动。令 $\boldsymbol{x}_1=\boldsymbol{\theta}$，$\boldsymbol{x}_2=\dot{\boldsymbol{\theta}}$，且

$$\dot{\boldsymbol{x}}_1=\boldsymbol{x}_2 \tag{7.33}$$

$$\dot{\boldsymbol{x}}_2=\boldsymbol{M}^{-1}(\boldsymbol{x}_1)[\boldsymbol{\tau}-\boldsymbol{J}^{\mathrm{T}}(\boldsymbol{x}_1)\boldsymbol{f}-\boldsymbol{C}(\boldsymbol{x}_1,\boldsymbol{x}_2)\boldsymbol{x}_2-\boldsymbol{G}(\boldsymbol{x}_1)] \tag{7.34}$$

为了设计控制力矩使得系统能够实现较好的目标跟踪，设参考轨迹 $\boldsymbol{x}_{\mathrm{r}}(t)$ 可以表示为 $\boldsymbol{x}_{\mathrm{r}}(t)=[\theta_{1\mathrm{r}}(t),\theta_{2\mathrm{r}}(t),\theta_{3\mathrm{r}}(t)]^{\mathrm{T}}$。在状态信息 $\boldsymbol{x}_1$ 和 $\boldsymbol{x}_2$ 完全已知的情况下，定义一个广义的跟踪误差 $\boldsymbol{z}_1(t)=\boldsymbol{x}_1(t)-\boldsymbol{x}_{\mathrm{r}}(t)$，且 $\dot{\boldsymbol{z}}_1(t)=\boldsymbol{x}_2(t)-\dot{\boldsymbol{x}}_{\mathrm{r}}(t)$。通过引入一个虚拟控制 $\boldsymbol{\alpha}_1(t)$ 和第二个错误变量定义为 $\boldsymbol{z}_2(t)=\boldsymbol{x}_2(t)-\boldsymbol{\alpha}_1(t)$。选择

$$\boldsymbol{\alpha}_1=-K_1\boldsymbol{z}_1+\dot{\boldsymbol{x}}_{\mathrm{r}} \tag{7.35}$$

这里的增益矩阵 $\boldsymbol{K}_1=\boldsymbol{K}_1^{\mathrm{T}}>0$，于是有

$$\dot{\boldsymbol{z}}_1=\boldsymbol{z}_2+\boldsymbol{\alpha}_1-\dot{\boldsymbol{x}}_{\mathrm{r}}=\boldsymbol{z}_2-\boldsymbol{K}_1\boldsymbol{z}_1 \tag{7.36}$$

将 $\boldsymbol{z}_2$ 对时间进行求导得

$$\dot{\boldsymbol{z}}_2=\boldsymbol{M}^{-1}(\boldsymbol{x}_1)[\boldsymbol{\tau}-\boldsymbol{J}^{\mathrm{T}}(\boldsymbol{x}_1)\boldsymbol{f}-\boldsymbol{C}(\boldsymbol{x}_1,\boldsymbol{x}_2)\boldsymbol{x}_2-\boldsymbol{G}(\boldsymbol{x}_1)]-\dot{\boldsymbol{\alpha}}_1(t) \tag{7.37}$$

考虑一个李亚普诺夫候选函数

$$\boldsymbol{V}_1=\frac{1}{2}\boldsymbol{z}_1^{\mathrm{T}}\boldsymbol{z}_1 \tag{7.38}$$

结合式(7.36)对 $\boldsymbol{V}_1$ 求时间导数

$$\dot{\boldsymbol{V}}_1=-\boldsymbol{z}_1^{\mathrm{T}}\boldsymbol{K}_1\boldsymbol{z}_1+\boldsymbol{z}_1^{\mathrm{T}}\boldsymbol{z}_2 \tag{7.39}$$

之后考虑李亚普诺夫候选函数

$$\boldsymbol{V}_2=\frac{1}{2}\boldsymbol{z}_1^{\mathrm{T}}\boldsymbol{z}_1+\frac{1}{2}\boldsymbol{z}_2^{\mathrm{T}}\boldsymbol{M}(\boldsymbol{x}_1)\boldsymbol{z}_2 \tag{7.40}$$

上式对时间求导得

$$\begin{aligned}\dot{\boldsymbol{V}}_2&=-\boldsymbol{z}_1^{\mathrm{T}}\boldsymbol{K}_1\boldsymbol{z}_1+\boldsymbol{z}_1^{\mathrm{T}}\boldsymbol{z}_2+\boldsymbol{z}_2^{\mathrm{T}}[\boldsymbol{\tau}-\boldsymbol{J}^{\mathrm{T}}(\boldsymbol{x}_1)\boldsymbol{f}-\boldsymbol{C}(\boldsymbol{x}_1,\boldsymbol{x}_2)\boldsymbol{x}_2-\boldsymbol{G}(\boldsymbol{x}_1)-\boldsymbol{M}(\boldsymbol{x}_1)\dot{\boldsymbol{\alpha}}_1(t)]\\&\quad+\frac{1}{2}\boldsymbol{z}_2^{\mathrm{T}}\dot{\boldsymbol{M}}(\boldsymbol{x}_1)\boldsymbol{z}_2\\&=-\boldsymbol{z}_1^{\mathrm{T}}\boldsymbol{K}_1\boldsymbol{z}_1+\boldsymbol{z}_1^{\mathrm{T}}\boldsymbol{z}_2+\boldsymbol{z}_2^{\mathrm{T}}\Big[\boldsymbol{\tau}-\boldsymbol{J}^{\mathrm{T}}(\boldsymbol{x}_1)\boldsymbol{f}+\frac{1}{2}(\dot{\boldsymbol{M}}(\boldsymbol{x}_1)-2\boldsymbol{C}(\boldsymbol{x}_1,\boldsymbol{x}_2))\boldsymbol{z}_2-\boldsymbol{G}(\boldsymbol{x}_1)\\&\quad-\boldsymbol{C}(\boldsymbol{x}_1,\boldsymbol{x}_2)\boldsymbol{\alpha}_1(t)-\boldsymbol{G}(\boldsymbol{x}_1)-\boldsymbol{M}(\boldsymbol{x}_1)\dot{\boldsymbol{\alpha}}_1(t)\Big]\\&=-\boldsymbol{z}_1^{\mathrm{T}}\boldsymbol{K}_1\boldsymbol{z}_1+\boldsymbol{z}_1^{\mathrm{T}}\boldsymbol{z}_2+\boldsymbol{z}_2^{\mathrm{T}}[\boldsymbol{\tau}-\boldsymbol{J}^{\mathrm{T}}(\boldsymbol{x}_1)\boldsymbol{f}-\boldsymbol{C}(\boldsymbol{x}_1,\boldsymbol{x}_2)\boldsymbol{\alpha}_1(t)-G(\boldsymbol{x}_1)-\boldsymbol{M}(\boldsymbol{x}_1)\dot{\boldsymbol{\alpha}}_1(t)]\end{aligned}$$

从而基于模型的控制率可以设计如下：

$$\boldsymbol{\tau}_0=-\boldsymbol{z}_1-\boldsymbol{K}_2\boldsymbol{z}_2+\boldsymbol{J}^{\mathrm{T}}(\boldsymbol{x}_1)\boldsymbol{f}+\boldsymbol{C}(\boldsymbol{x}_1,\boldsymbol{x}_2)\boldsymbol{\alpha}_1(t)+\boldsymbol{G}(\boldsymbol{x}_1)+\boldsymbol{M}(\boldsymbol{x}_1)\dot{\boldsymbol{\alpha}}_1(t) \tag{7.41}$$

这里的增益矩阵 $\boldsymbol{K}_2=\boldsymbol{K}_2^{\mathrm{T}}>0$，将式(7.41)代入李亚普诺夫候选函数可得

$$\dot{\boldsymbol{V}}_2=-\boldsymbol{z}_1^{\mathrm{T}}\boldsymbol{K}_1\boldsymbol{z}_1-\boldsymbol{z}_2^{\mathrm{T}}\boldsymbol{K}_2\boldsymbol{z}_2 \tag{7.42}$$

如果 $\boldsymbol{f}$ 未知，我们假设存在一个正常数向量 $\bar{\boldsymbol{f}}$，当 $\forall t\geqslant 0$ 时，有 $\boldsymbol{f}\leqslant\bar{\boldsymbol{f}}$。

注意：这是一个合理的假设，因为时变扰动 $\boldsymbol{f}(t)$ 具有有限的能量，因此是有界的，即 $\boldsymbol{f}(t)\in L_\infty$。

算子"⊙"定义

$$\boldsymbol{a}\odot\boldsymbol{b}=[a_1,a_2]^{\mathrm{T}}\odot[b_1,b_2]^{\mathrm{T}}=[a_1b_1,a_2b_2]^{\mathrm{T}}\quad\forall\boldsymbol{a},\boldsymbol{b}\in\mathfrak{R}^2 \tag{7.43}$$

$$\frac{1}{\boldsymbol{a}}\odot\boldsymbol{b}=\left[\frac{b_1}{a_1},\frac{b_2}{a_2}\right]^{\mathrm{T}},\forall\boldsymbol{a},\boldsymbol{b}\in\mathfrak{R}^2 \tag{7.44}$$

这里的 $\boldsymbol{a}=[a_1,a_2]^{\mathrm{T}}$ 和 $\boldsymbol{b}=[b_1,b_2]^{\mathrm{T}}$ 是两个二维向量。

基于上述模型建立控制器为

$$\boldsymbol{\tau}'=-\boldsymbol{z}_1-\boldsymbol{K}_2\boldsymbol{z}_2-\mathrm{sgn}(\boldsymbol{z}_2^{\mathrm{T}})\odot\boldsymbol{J}^{\mathrm{T}}(\boldsymbol{x}_1)\bar{\boldsymbol{f}}+\boldsymbol{C}(\boldsymbol{x}_1,\boldsymbol{x}_2)\boldsymbol{\alpha}_1(t)+\boldsymbol{G}(\boldsymbol{x}_1)+\boldsymbol{M}(\boldsymbol{x}_1)\dot{\boldsymbol{\alpha}}_1(t) \tag{7.45}$$

这里的增益矩阵 $\boldsymbol{K}_2=\boldsymbol{K}_2^{\mathrm{T}}>0$，从而

$$\dot{\boldsymbol{V}}_2=-\boldsymbol{z}_1^{\mathrm{T}}\boldsymbol{K}_1\boldsymbol{z}_1-\boldsymbol{z}_2^{\mathrm{T}}\boldsymbol{K}_2\boldsymbol{z}_2-\boldsymbol{z}_2^{\mathrm{T}}\mathrm{sgn}\odot(\boldsymbol{z}_2^{\mathrm{T}})\boldsymbol{J}^{\mathrm{T}}(\boldsymbol{x}_1)\bar{\boldsymbol{f}}_1-\boldsymbol{z}_2^{\mathrm{T}}\boldsymbol{J}^{\mathrm{T}}(\boldsymbol{x}_1)\boldsymbol{f} \tag{7.46}$$

$$\leqslant-\boldsymbol{z}_1^{\mathrm{T}}\boldsymbol{K}_1\boldsymbol{z}_1-\boldsymbol{z}_2^{\mathrm{T}}\boldsymbol{K}_2\boldsymbol{z}_2 \tag{7.47}$$

由于在参数 $\boldsymbol{M}(\boldsymbol{x}_1)$、$\boldsymbol{C}(\boldsymbol{x}_1,\boldsymbol{x}_2)$、$\boldsymbol{G}(\boldsymbol{x}_1)$、$\boldsymbol{f}$ 中存在不确定性，利用 RBF 神经网络估计器来逼近机器人参数的不确定性，提高机器人的跟踪性能，将控制律重新设计为

$$\boldsymbol{\tau}=-\boldsymbol{z}_1-\boldsymbol{K}_2\boldsymbol{z}_2+\hat{\boldsymbol{W}}^{\mathrm{T}}\boldsymbol{S}(\boldsymbol{Z}) \tag{7.48}$$

这里的 $\hat{\boldsymbol{W}}$ 是神经网络的权值，$\boldsymbol{S}(z)$ 是基函数，此神经网路 $\hat{\boldsymbol{W}}^{\mathrm{T}}\boldsymbol{S}(\boldsymbol{Z})$ 近似为 $\boldsymbol{W}^{*\mathrm{T}}\boldsymbol{S}(\boldsymbol{Z})$，即

$$\boldsymbol{W}^{*\mathrm{T}}\boldsymbol{S}(\boldsymbol{Z})=\boldsymbol{J}^{\mathrm{T}}(\boldsymbol{x}_1)\boldsymbol{f}+\boldsymbol{C}(\boldsymbol{x}_1,\boldsymbol{x}_2)\boldsymbol{\alpha}_1(t)+\boldsymbol{G}(\boldsymbol{x}_1)+\boldsymbol{M}(\boldsymbol{x}_1)\dot{\boldsymbol{\alpha}}_1(t)-\boldsymbol{\delta}(\boldsymbol{Z}) \tag{7.49}$$

这里的 $\boldsymbol{Z}=[\boldsymbol{x}_1^{\mathrm{T}},\boldsymbol{x}_2^{\mathrm{T}},\boldsymbol{\alpha}_1^{\mathrm{T}},\dot{\boldsymbol{\alpha}}_1^{\mathrm{T}}]$是输入变量来适应神经网络，$\boldsymbol{\delta}(\boldsymbol{Z})\in\mathfrak{R}^n$ 是近似误差，自适应律设计为

$$\dot{\hat{\boldsymbol{W}}}_i=-\boldsymbol{\Gamma}_i[\boldsymbol{S}_i(\boldsymbol{Z})\boldsymbol{z}_{2i}+\boldsymbol{\sigma}_i\hat{\boldsymbol{W}}_i] \tag{7.50}$$

这里的 $\boldsymbol{\Gamma}_i$ 是常数增益矩阵，且 $\sigma_i>0(i=1,2,\cdots,n)$ 是小值常数。

2）仿真实现

仿真实现中，RBF 神经网络的隐层神经元设为 256 个，中心取值为 1，宽度取值为0.02，$\boldsymbol{\Gamma}$ 取值为 10，神经网络的初始权值为较小的随机数，初始位置为 0，$K_1=K_2=20$，期望轨迹 $\boldsymbol{x}_r=[0.2+2\sin(2t)-1.7+1.8\cos(2t)-1.5+0.8\sin(4t)]^{\mathrm{T}}$。外界扰动为 $f=\sin(\pi t)+2\sin(2\pi t)+3\sin(3\pi t)$。

仿真结果如图 7.20～图 7.27 所示。

图 7.20～图 7.25 分别展示了机器人三个关节的位置跟踪曲线和跟踪误差，速度跟踪曲线和跟踪误差。图 7.26 是三个关节的控制输入，图 7.27 表示三个关节位置与速度的误差和。由以上仿真结果可以看出，神经网络控制对实现机器人轨迹追踪行为是有效的，三个关节均能准确地追踪到预先给定的期望轨迹与期望速度。

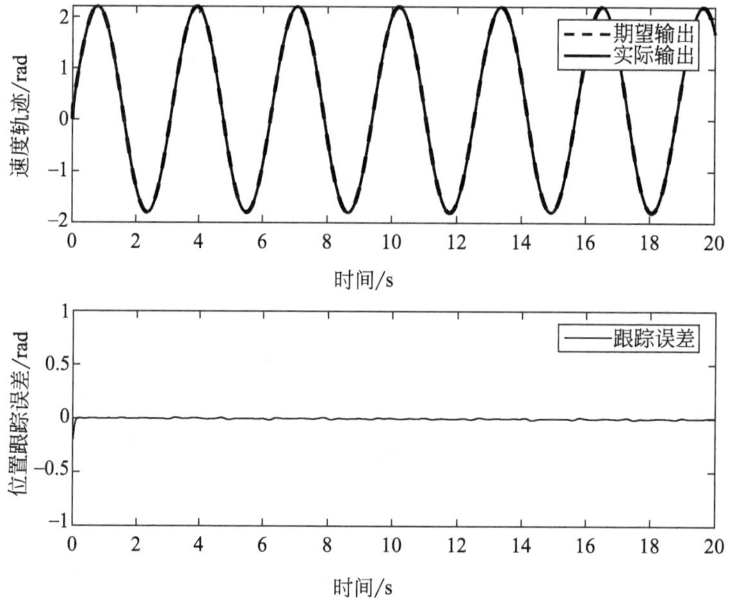

图 7.20　关节 1 基于神经网络控制的位置跟踪曲线和跟踪误差

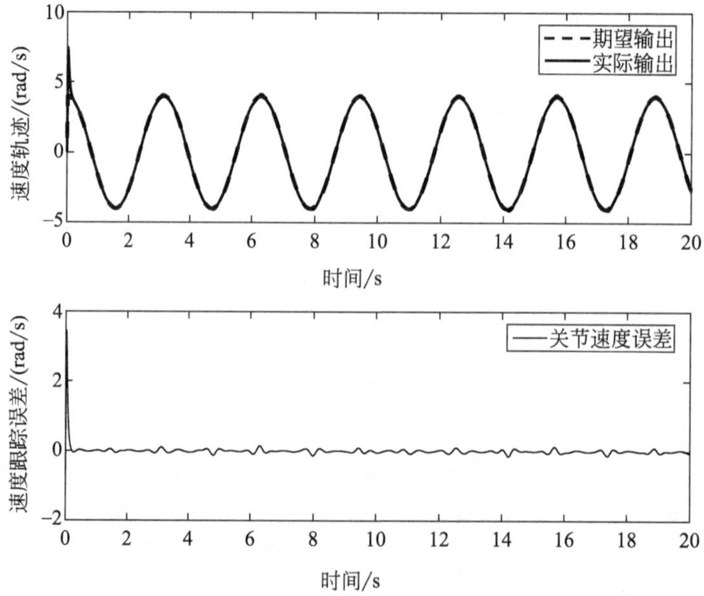

图 7.21　关节 1 基于神经网络控制的速度跟踪曲线和跟踪误差

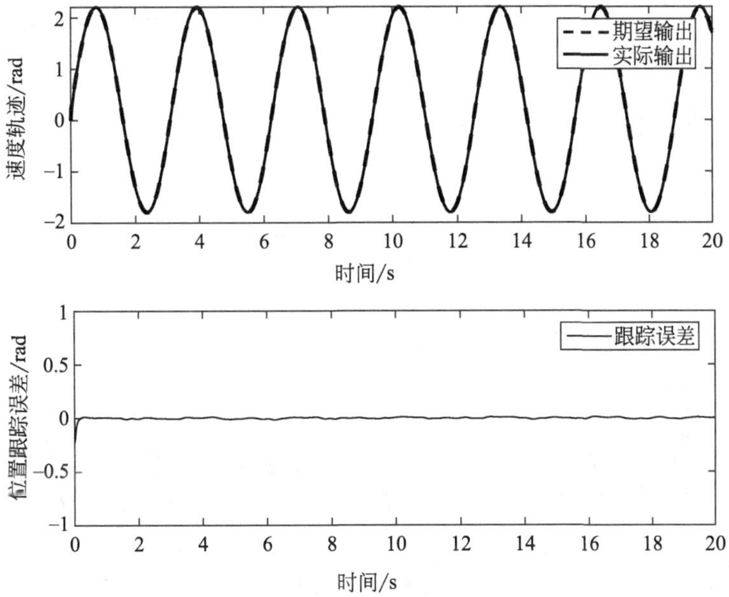

图 7.22　关节 2 基于神经网络控制的位置跟踪曲线和跟踪误差

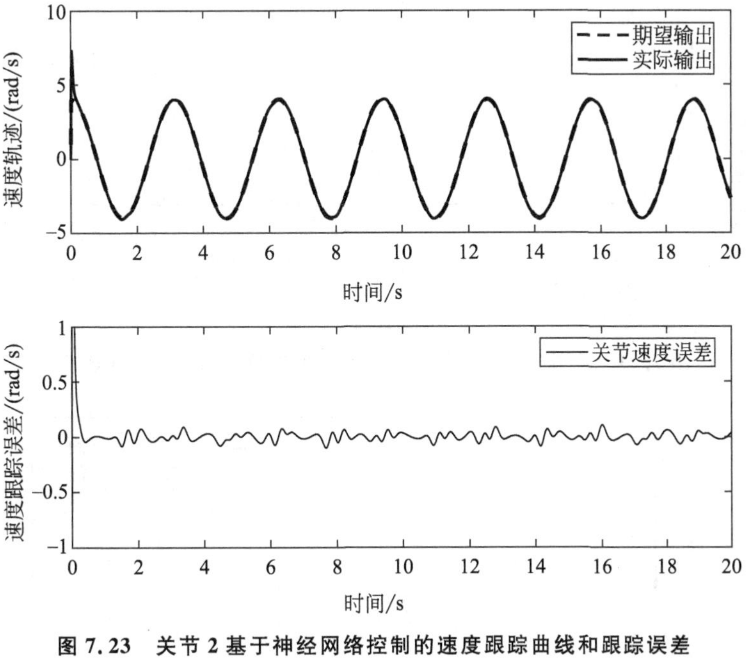

图 7.23　关节 2 基于神经网络控制的速度跟踪曲线和跟踪误差

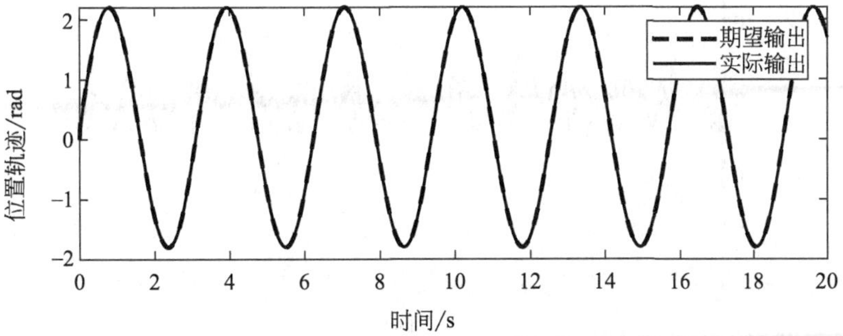

图 7.24　关节 3 基于神经网络控制的位置跟踪曲线和跟踪误差

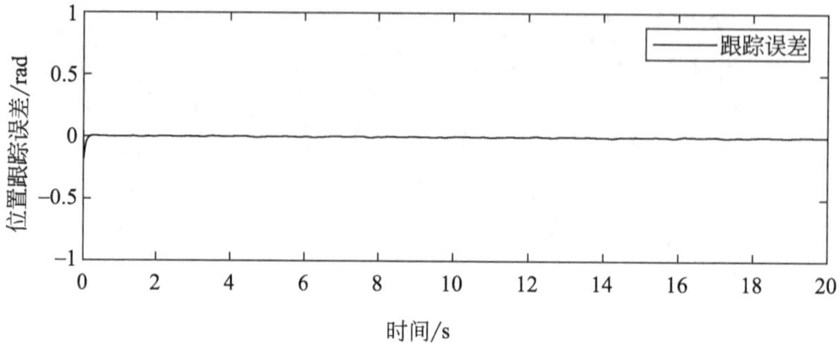

图　7.24(续)

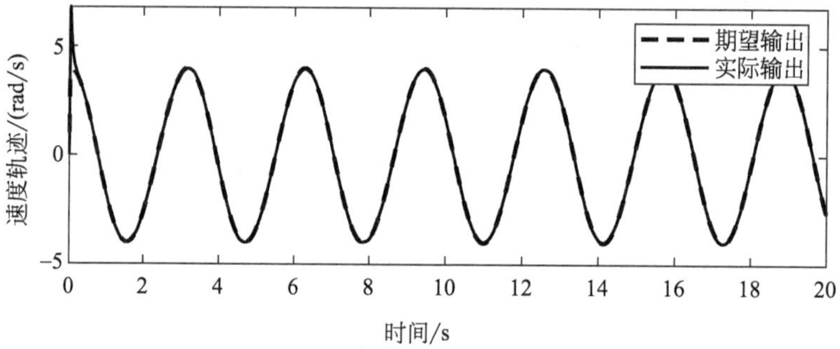

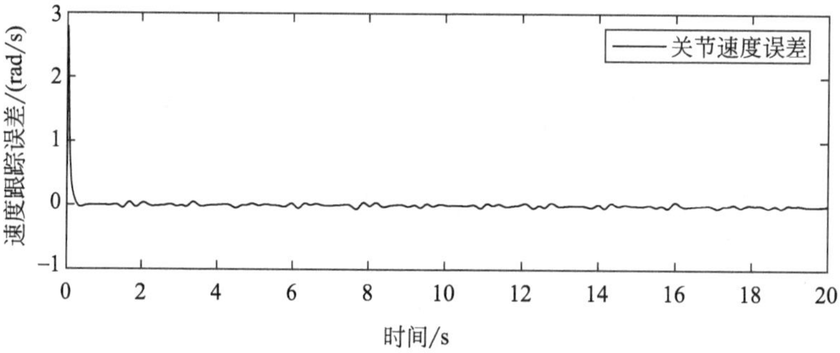

图 7.25　关节 3 基于神经网络控制的速度轨迹跟踪曲线和误差

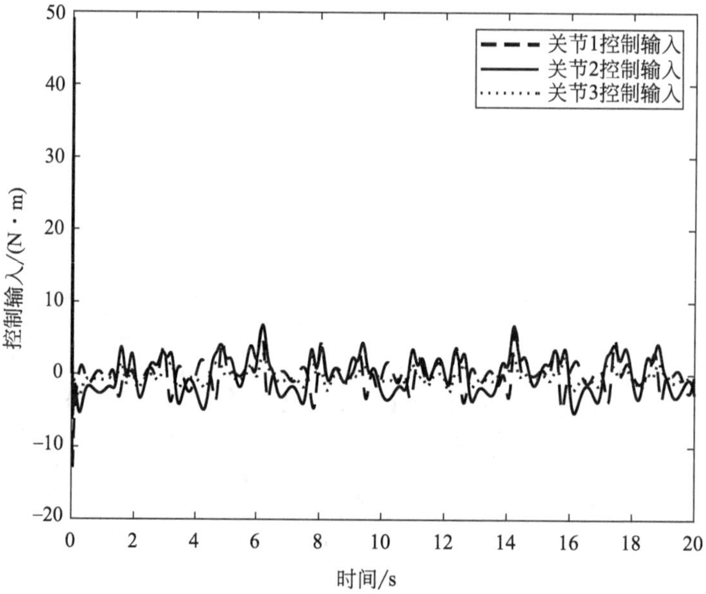

图 7.26　基于神经网络算法的控制输入

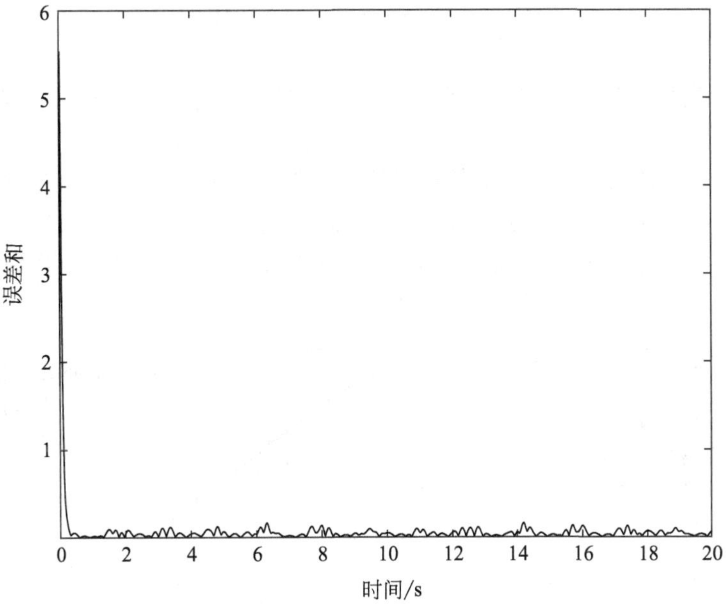

图 7.27　位置与速度的误差和

4. 部分状态信息未知情况下的神经网络控制

1）基本原理

第 3 部分设计的控制器 $\boldsymbol{\tau}=-\boldsymbol{z}_1-\boldsymbol{K}_2\boldsymbol{z}_2+\hat{\boldsymbol{W}}^{\mathrm{T}}\boldsymbol{S}(\boldsymbol{Z})$ 需要执行完整的状态反馈 $x_1(t)$ 和 $x_2(t)$。当 $x_2(t)$ 不确定时，可以利用确定性、等价性和分离原理，引入了一种高增益观测器来估计 $x_2(t)$。

引理 7.3　假设一个系统输出 $y(t)$ 及其前 n 阶导数有界，使得 $|y^{(k)}|<Y_K$ 且常数 Y_K 为正，可以考虑以下线性系统：

$$\begin{cases}\varepsilon\dot{\pi}_i=\pi_{i+1} \quad i=1,\cdots,n-1\\ \varepsilon\dot{\pi}_n=-\bar{\lambda}_1\pi_n-\bar{\lambda}_2\pi_{n-1}-\cdots-\bar{\lambda}_{n-1}\pi_2-\pi_1+x_1(t)\end{cases} \tag{7.51}$$

这里的 ε 是任意小的正常数，参数 $\bar{\lambda}_1,\cdots,\bar{\lambda}_{n-1}$ 是从赫尔维茨多项式 $s^n+\bar{\lambda}_1s^{n-1}+\cdots+\bar{\lambda}_{n-1}s+1$ 中选择的，有以下性质

$$\xi_k=\frac{\pi_k}{\varepsilon^{k-1}}-x_1^{(k-1)}=-\varepsilon\psi^{(k)} \quad k=1,\cdots,n-1 \tag{7.52}$$

这里的 $\psi=\pi_n+\bar{\lambda}_1\pi_{n-1}+\cdots+\bar{\lambda}_{n-1}\pi_1$，$\psi^{(k)}$ 表示 ψ 的 k 阶导数。存在正常数 t^* 和 h_k，使得对于 $\forall t>t^*$，有 $\|\xi_k\|\leqslant\varepsilon h_k(k=1,2,3,\cdots,n)$。

由引理 1 可知，$\dfrac{\pi_{k+1}}{\varepsilon^k}$ 渐近收敛于 $\eta^{(k)}$，x_2 的 k 阶导数，即 ξ_k，收敛于零小时间常数且 x_2 及其 k 阶导数是有界的。因此，$\dfrac{\pi_{k+1}}{\varepsilon^k}$ 适用于作为观察器估计输出的 n 阶偏导数。系统的观测器设计为 $n=2$，不可测状态向量 $\boldsymbol{z}_2$ 的估计可定义为

$$\hat{\boldsymbol{z}}_2=\pi_2/\varepsilon-\boldsymbol{\alpha}_1 \tag{7.53}$$

在全状态反馈的情况下，可通过修改控制律 $\boldsymbol{\tau}=-\boldsymbol{z}_1-\boldsymbol{K}_2\boldsymbol{z}_2+\hat{\boldsymbol{W}}^{\mathrm{T}}\boldsymbol{S}(\boldsymbol{Z})$ 和自适应律 $\dot{\hat{\boldsymbol{W}}}_i=-\Gamma_i[\boldsymbol{S}_i(Z)\boldsymbol{z}_{2i}+\sigma_i\hat{\boldsymbol{W}}_i]$，得到相应的输出反馈控制的控制律和自适应律

$$\boldsymbol{\tau}=-\boldsymbol{z}_1-\boldsymbol{K}_2\hat{\boldsymbol{z}}_2+\hat{\boldsymbol{W}}^{\mathrm{T}}\boldsymbol{S}(\hat{\boldsymbol{Z}}) \tag{7.54}$$

$$\dot{\hat{\boldsymbol{W}}}_i = -\Gamma_i(\boldsymbol{S}_i(\hat{\boldsymbol{Z}}_i)\hat{z}_2, i+\sigma_i\hat{\boldsymbol{W}}_i) \tag{7.55}$$

2）仿真实现

在本节具有输出反馈的自适应神经网络控制中，初始值、追踪路径及系统参数与上一节选取相同，仿真结果如下。

图 7.28～图 7.30 分别是三个关节的位置轨迹曲线与位置跟踪误差曲线，图 7.31 表示所有轨迹位置误差和，图 7.32 是系统的控制输入，状态向量 $\hat{z}_2$ 的估计图在图 7.33 中给出，图 7.34 是系统的观测误差图。观察这些图可以得出结论，具有高增益观测器的输出反馈自适应神经网络控制协议对实现机器人轨迹追踪行为是十分有效的。

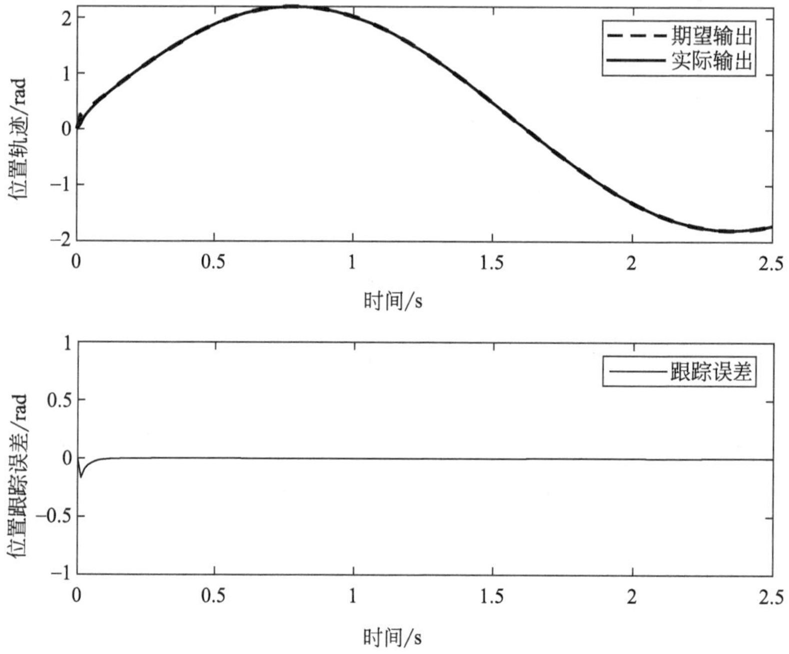

图 7.28　关节 1 位置轨迹曲线和位置跟踪误差曲线

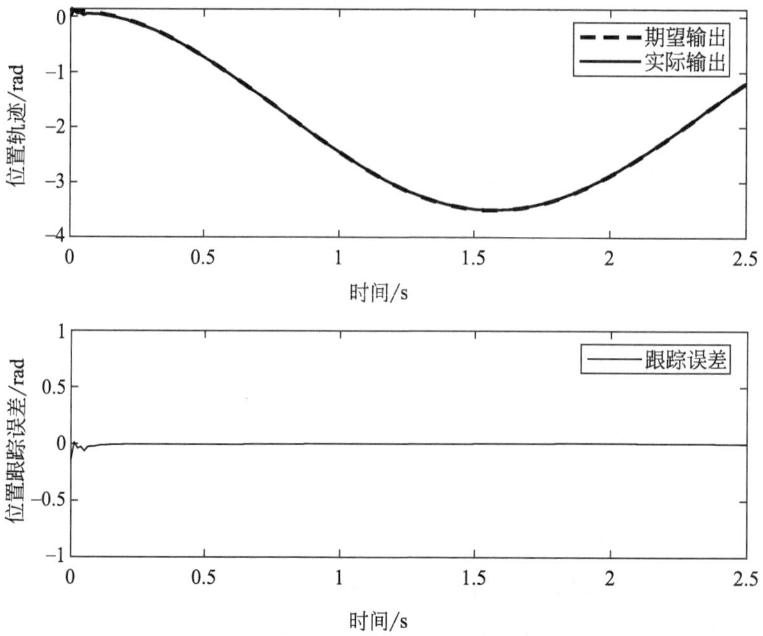

图 7.29　关节 2 位置轨迹曲线和位置跟踪误差曲线

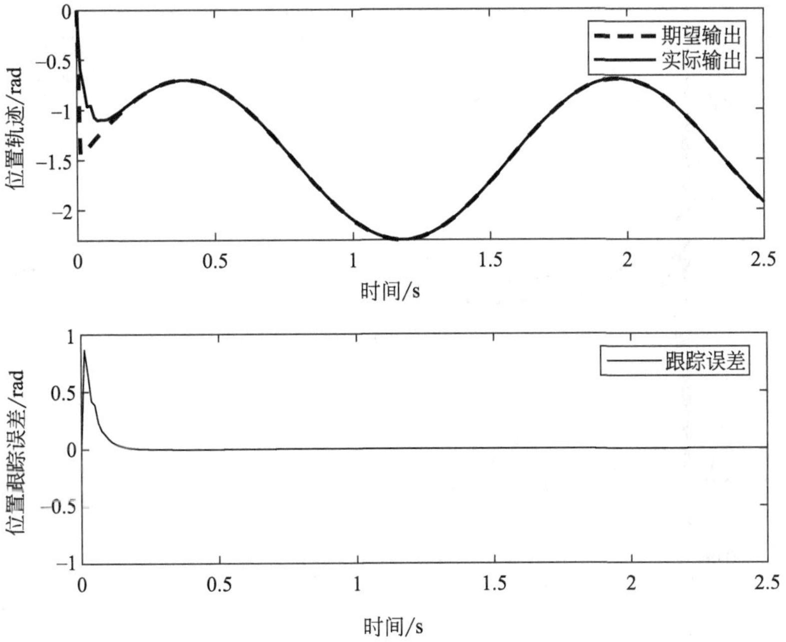

图 7.30　关节 3 位置轨迹曲线和位置跟踪误差曲线

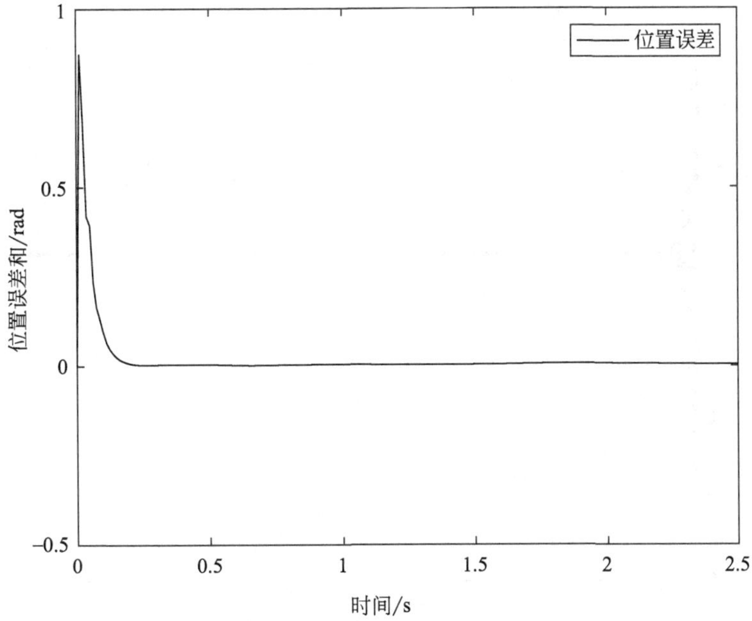

图 7.31　位置误差和

5. 滑模控制

1）基本原理

上面设计的控制器，其控制律是光滑的。事实上，在控制系统的设计中，不连续反馈也能起到很好的作用。变结构控制作为控制理论活跃的研究领域之一及实用的工具之一，在许多领域得到了较广泛的应用。尤其是作为变结构控制的主要形式的滑模控制，能够使被控系统收敛或停留在给定的限定曲面上，并且对某些内外扰动具有很好的鲁棒性，在非线性控制和系统状态估计领域得到了成功的应用。

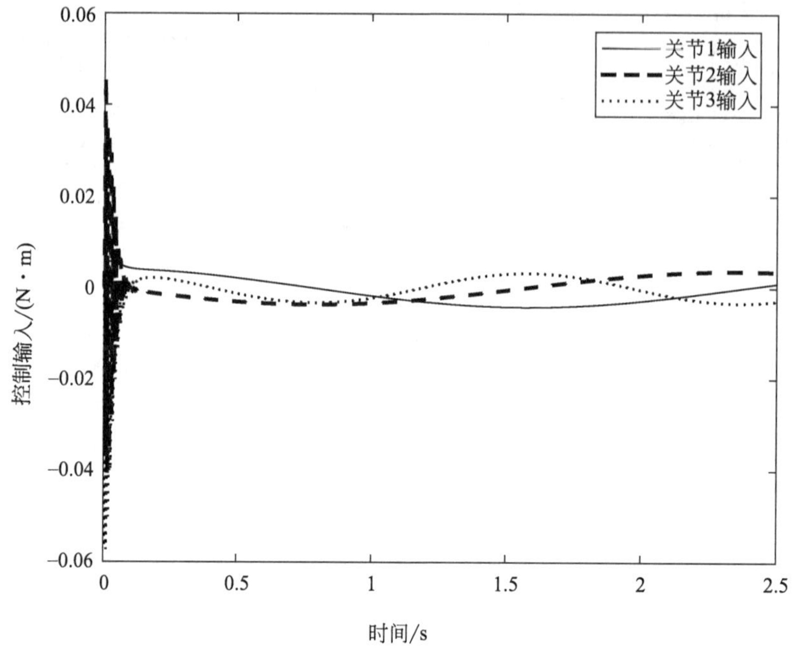

图 7.32 基于输出反馈神经网络算法的控制输入

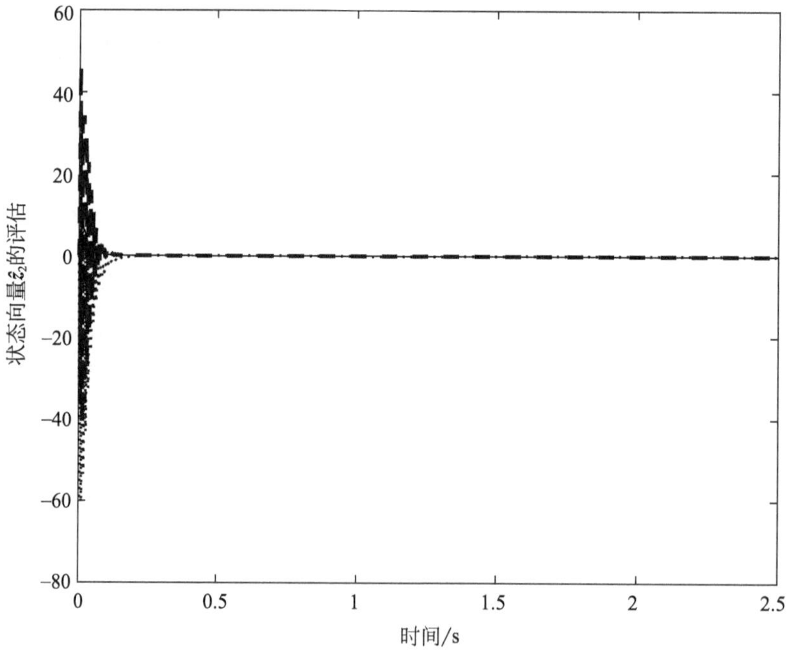

图 7.33 状态向量 $\hat{z}_2$ 的估计

本节首先介绍滑模控制的一些基本概念，然后详述非线性机器人系统轨迹跟踪的滑模控制设计过程。

定义 7.1 考虑单入单出的非线性控制系统

$$\dot{x}=f(x)+g(x)u \quad x\in\mathfrak{R}^n, u\in\mathfrak{R} \tag{7.56}$$

假定 $s:\mathfrak{R}^n\to\mathfrak{R}$ 是一组满足

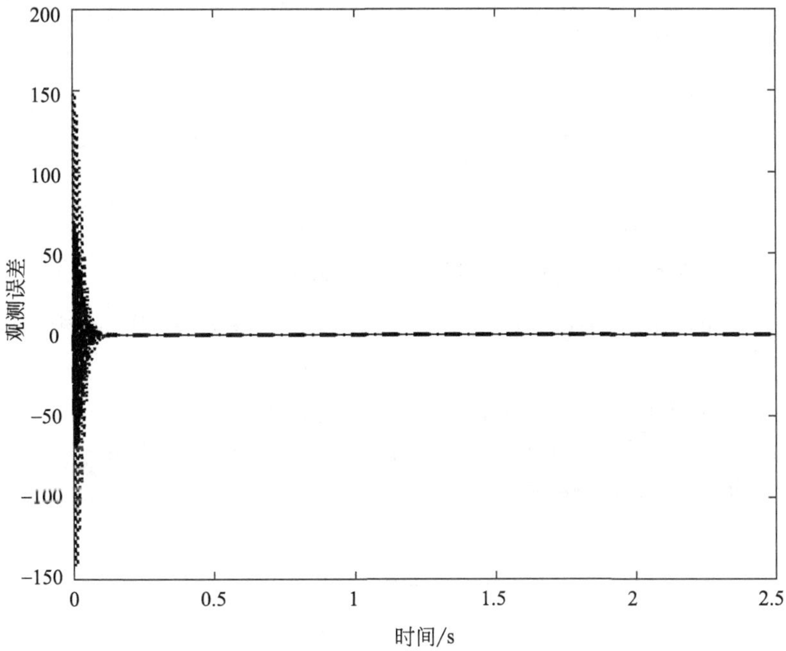

图 7.34　观测误差图

$$\frac{\partial s}{\partial x_1},\cdots,\frac{\partial s}{\partial x_n}\neq 0 \tag{7.57}$$

的光滑函数。如果存在反馈控制律 $u(x)$，使得

(1) 若 $s(x)=0$，则 $\dot{s}(x)=0$。

(2) 若 $s(x)\neq 0$，则 $s(x)\dot{s}(x)<0$。

则称子集 $\boldsymbol{S}=\{x \mid s(x)=0\}$ 为系统[式(7.56)]的滑模。

根据上述定义的条件(1)，滑模上的一个理想的滑动模态可表示为

$$\begin{cases} s(x)=0 \\ \dot{s}(x)=0 \end{cases} \tag{7.58}$$

换言之，若存在适当反馈，$\boldsymbol{S}$ 应当是系统的一个不变子集。满足上式的控制称为一个等价控制，可写成 $u_{\mathrm{eq}}(x)$。

滑模控制的基本思想是：选择一个滑动集，然后确定一个滑模控制律，驱使滑动集外的状态进入滑动集；最后，用一个 $u_{\mathrm{eq}}(x)$ 使滑动模上的状态沿着滑模到达期望的平衡点。因此，滑模控制系统的稳定性问题基本上可转变为如何寻找一个适当的滑模和设计滑模控制律的问题。

例如，对于给定系统 $\ddot{x}=f+u$，我们可得等价控制为 $u_{\mathrm{eq}}(x)=-f+\ddot{x}_{\mathrm{d}}-\lambda\dot{\tilde{x}}$，其中 $\tilde{x}=x-x_{\mathrm{d}}$，$\lambda$ 为大于零的常数，其可使系统保持在滑动模态上，即 $\ddot{x}=f+u_{\mathrm{eq}}(x)=\ddot{x}_{\mathrm{d}}-\lambda\dot{\tilde{x}}$。在几何上，该等价控制 u_{eq} 可构造如下：

$$u_{\mathrm{eq}}=\alpha u_{+}+(1-\alpha)u_{-} \tag{7.59}$$

该式也就是滑模两侧控制作用的凸组合，α 的值可由式(7.58)中的第二个式子确定。这种直观的构造方法如图 7.35 所示，其中 $\boldsymbol{f}_{+}=[\dot{x}\ \ f+u_{+}]^{\mathrm{T}}$，$\boldsymbol{f}_{-}=[\dot{x}\ \ f+u_{-}]^{\mathrm{T}}$，$\boldsymbol{f}_{\mathrm{eq}}=[\dot{x}\ \ f+u_{\mathrm{eq}}]^{\mathrm{T}}$，是由俄罗斯数学家 Filippov 提出来，常被称为 Filippov 等价构造。

实际上，我们完全可以不理会上述的滑模控制设计方法，而直接应用 Lyapunov 直接方法来进行设计。下面就以非线性机器人系统的轨迹跟踪控制为例说明这个过程。

设跟踪滤波误差为

$$\boldsymbol{s}=\dot{\boldsymbol{e}}+\boldsymbol{\Lambda e} \tag{7.60}$$

式中，$\boldsymbol{\Lambda}$ 为任意恒定对角正定矩阵。

引入参考速度矢量

$$\dot{\boldsymbol{\theta}}_{\mathrm{r}}=\dot{\boldsymbol{\theta}}_{\mathrm{d}}-\boldsymbol{\Lambda e} \tag{7.61}$$

则式(7.60)可重写为

$$\boldsymbol{s}=\dot{\boldsymbol{\theta}}-\dot{\boldsymbol{\theta}}_{\mathrm{r}} \tag{7.62}$$

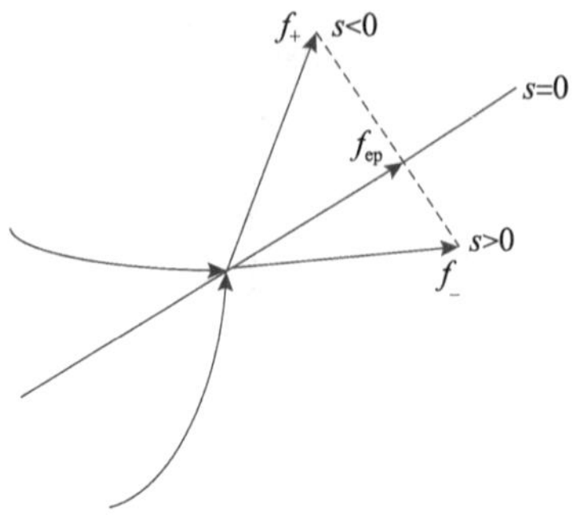

图 7.35　等价控制作用 u_{eq} 构造示意图

假设机器人系统的标称模型已知，设计如下滑模控制律

$$\boldsymbol{\tau}=\hat{\boldsymbol{M}}(\boldsymbol{\theta})\ddot{\boldsymbol{\theta}}_{\mathrm{r}}+\hat{\boldsymbol{C}}(\boldsymbol{\theta},\dot{\boldsymbol{\theta}})\dot{\boldsymbol{\theta}}_{\mathrm{r}}+\hat{\boldsymbol{D}}\dot{\boldsymbol{\theta}}_{\mathrm{r}}+\hat{\boldsymbol{G}}(\boldsymbol{\theta})-\boldsymbol{K}_{\mathrm{r}}\operatorname{sgn}(\boldsymbol{s}) \tag{7.63}$$

式中，$\boldsymbol{K}_{\mathrm{r}}$ 为恒定对角正定鲁棒增益矩阵，$\operatorname{sgn}(s)\in\Re^n$ 为以下矢量

$$\operatorname{sgn}(\boldsymbol{s})=[\operatorname{sgn}(s_1)\cdots\operatorname{sgn}(s_n)]^{\mathrm{T}} \tag{7.64}$$

式中，$\operatorname{sgn}(\cdot)\in\Re$为标准符号函数，即

$$\operatorname{sgn}(x)=\begin{cases}1 & x>0\\ 0 & x=0\\ -1 & x<0\end{cases} \tag{7.65}$$

将式(7.63)代入机器人动力学系统方程，并应用式(7.60)和式(7.61)，可得闭环系统的动力学方程为

$$\boldsymbol{M}(\boldsymbol{\theta})\dot{\boldsymbol{s}}+\boldsymbol{C}(\boldsymbol{\theta},\dot{\boldsymbol{\theta}})\boldsymbol{s}+\boldsymbol{D}\boldsymbol{s}+\boldsymbol{K}_{\mathrm{r}}\operatorname{sgn}(\boldsymbol{s})=\tilde{\boldsymbol{M}}(\boldsymbol{\theta})\ddot{\boldsymbol{\theta}}_{\mathrm{r}}+\tilde{\boldsymbol{C}}(\boldsymbol{\theta},\dot{\boldsymbol{\theta}})\dot{\boldsymbol{q}}_{\mathrm{r}}+\tilde{\boldsymbol{D}}\dot{\boldsymbol{\theta}}_{\mathrm{r}}+\tilde{\boldsymbol{g}}(\boldsymbol{\theta}) \tag{7.66}$$

式中，$\tilde{\boldsymbol{M}}(\boldsymbol{\theta})$，$\tilde{\boldsymbol{C}}(\boldsymbol{\theta},\dot{\boldsymbol{\theta}})$，$\tilde{\boldsymbol{D}}$，$\tilde{\boldsymbol{g}}$ 分别表示模型估计误差，即

$$\begin{cases}\tilde{\boldsymbol{M}}(\boldsymbol{\theta})=\hat{\boldsymbol{M}}(\boldsymbol{\theta})-\boldsymbol{M}(\boldsymbol{\theta})\\ \tilde{\boldsymbol{C}}(\boldsymbol{\theta},\dot{\boldsymbol{\theta}})=\hat{\boldsymbol{C}}(\boldsymbol{\theta},\dot{\boldsymbol{\theta}})-\boldsymbol{C}(\boldsymbol{\theta},\dot{\boldsymbol{\theta}})\\ \tilde{\boldsymbol{C}}=\hat{\boldsymbol{C}}-\boldsymbol{D}\\ \tilde{\boldsymbol{g}}(\boldsymbol{\theta})=\hat{\boldsymbol{G}}(\boldsymbol{\theta})-\boldsymbol{g}(\boldsymbol{\theta})\end{cases} \tag{7.67}$$

为了应用 Lyapunov 直接方法证明闭环系统的稳定性，提出如下正定正则的 Lyapunov 函数

$$V_0=\frac{1}{2}\boldsymbol{s}^{\mathrm{T}}\boldsymbol{M}(\boldsymbol{\theta})\boldsymbol{s} \tag{7.68}$$

其沿闭环系统式(7.66)轨迹的微分为

$$\dot{V}_0=\frac{1}{2}\boldsymbol{s}^{\mathrm{T}}\dot{\boldsymbol{M}}(\boldsymbol{\theta})\boldsymbol{s}+\boldsymbol{s}^{\mathrm{T}}\boldsymbol{M}(\boldsymbol{\theta})\dot{\boldsymbol{s}} \tag{7.69}$$

将由式(7.66)求得的 $\boldsymbol{M}(\boldsymbol{\theta})\dot{\boldsymbol{s}}$ 代入式(7.68)，可得

$$V_0=\boldsymbol{s}^{\mathrm{T}}[\tilde{\boldsymbol{M}}(\boldsymbol{\theta})\ddot{\boldsymbol{\theta}}_{\mathrm{r}}+\tilde{\boldsymbol{C}}(\boldsymbol{\theta},\dot{\boldsymbol{\theta}})\dot{\boldsymbol{\theta}}_{\mathrm{r}}+\tilde{\boldsymbol{D}}\dot{\boldsymbol{\theta}}_{\mathrm{r}}+\tilde{\boldsymbol{g}}(\boldsymbol{\theta})]-\boldsymbol{s}^{\mathrm{T}}\boldsymbol{K}_{\mathrm{r}}\operatorname{sgn}(\boldsymbol{s}) \tag{7.70}$$

若选择鲁棒控制增益 k_{ri} 使得

$$k_{ri}>\boldsymbol{s}^{\mathrm{T}}\left|[\tilde{\boldsymbol{M}}(\boldsymbol{\theta})\ddot{\boldsymbol{\theta}}_{\mathrm{r}}+\tilde{\boldsymbol{C}}(\boldsymbol{\theta},\dot{\boldsymbol{\theta}})\dot{\boldsymbol{\theta}}_{\mathrm{r}}+\tilde{\boldsymbol{D}}\dot{\boldsymbol{\theta}}_{\mathrm{r}}+\tilde{\boldsymbol{g}}(\boldsymbol{\theta})]_i\right|+a_i \tag{7.71}$$

式中，a_i 为任意小的正数，则可得到如下的滑模控制条件

$$V_0<-\sum_{i=1}^{n}a_i|s_i| \tag{7.72}$$

像单入单出系统的情形那样，上述滑模条件确保了状态在有限时间内到达滑动面$s=0$，并且一旦到达滑动面就保留在那里，且以指数的形式收敛到 $\boldsymbol{\theta}_{\mathrm{d}}(t)$。

采用滑模控制法，既可以消除稳态位置误差，又可以消除速度误差。$\boldsymbol{\theta}$ 的期望轨迹是 $\boldsymbol{\theta}_{\mathrm{d}}$。轨

迹误差 $\tilde{\boldsymbol{\theta}}=\boldsymbol{\theta}-\boldsymbol{\theta}_{\mathrm{d}}$。利用误差估计，滑动面误差为

$$\boldsymbol{s}=\dot{\tilde{\boldsymbol{\theta}}}+\boldsymbol{\Lambda}\tilde{\boldsymbol{\theta}} \tag{7.73}$$

这里的 $\boldsymbol{\Lambda}$ 是一个常数矩阵，其特征值的实部是严格正的。通过式(7.73)的超平面，速度和位置误差可以收敛到零。同时参考轨迹 $\boldsymbol{\theta}_{\mathrm{r}}$ 用 $\boldsymbol{\theta}_{\mathrm{d}}$ 代替。

$$\boldsymbol{\theta}_{\mathrm{r}}=\boldsymbol{\theta}_{\mathrm{d}}-\boldsymbol{\Lambda}\int_{0}^{t}\tilde{\boldsymbol{\theta}}\,\mathrm{d}t \tag{7.74}$$

同样，$\dot{\boldsymbol{\theta}}_{\mathrm{r}}$ 和 $\ddot{\boldsymbol{\theta}}_{\mathrm{r}}$ 都可以被替换成

$$\dot{\boldsymbol{\theta}}_{\mathrm{r}}=\dot{\boldsymbol{\theta}}_{\mathrm{d}}-\boldsymbol{\Lambda}\tilde{\boldsymbol{\theta}} \tag{7.75}$$

$$\ddot{\boldsymbol{\theta}}_{\mathrm{r}}=\ddot{\boldsymbol{\theta}}_{\mathrm{d}}-\boldsymbol{\Lambda}\dot{\tilde{\boldsymbol{\theta}}} \tag{7.76}$$

这样，控制律和自适应律可以设计为

$$\boldsymbol{\tau}=\hat{\boldsymbol{M}}(\boldsymbol{\theta})\ddot{\boldsymbol{\theta}}_{\mathrm{r}}+\dot{\boldsymbol{C}}(\boldsymbol{\theta},\dot{\boldsymbol{\theta}})\dot{\boldsymbol{\theta}}_{\mathrm{r}}+\hat{\boldsymbol{G}}(\boldsymbol{\theta})\quad \boldsymbol{K}_{\mathrm{D}}\boldsymbol{s} \tag{7.77}$$

$$\dot{\hat{\boldsymbol{a}}}=-\boldsymbol{\Gamma}^{-1}\boldsymbol{Y}^{\mathrm{T}}(\boldsymbol{\theta},\dot{\boldsymbol{\theta}},\dot{\boldsymbol{\theta}}_{\mathrm{r}},\ddot{\boldsymbol{\theta}}_{\mathrm{r}})\boldsymbol{s} \tag{7.78}$$

利用上述控制律和自适应律，可将李亚普诺夫函数可以设计为

$$V(t)=\frac{1}{2}\boldsymbol{s}^{\mathrm{T}}\boldsymbol{H}\boldsymbol{s}+\frac{1}{2}\tilde{\boldsymbol{a}}^{\mathrm{T}}\boldsymbol{\Gamma}\tilde{\boldsymbol{a}} \tag{7.79}$$

可推导出：

$$\dot{V}(t)=-\boldsymbol{s}^{\mathrm{T}}\boldsymbol{K}_{\mathrm{D}}\boldsymbol{s}\leqslant 0 \tag{7.80}$$

当 $s\to 0$ 时，$\dot{\tilde{\boldsymbol{\theta}}}$ 和 $\tilde{\boldsymbol{\theta}}$ 都收敛于 0。因此使用了式(7.77)和式(7.78)中所示的控制律和自适应律，可以保证系统的位置和速度的稳态误差均为零。

控制目标是跟踪期望的轨迹 $\boldsymbol{x}_{\mathrm{r}}(t)=[\theta_{1\mathrm{r}}(t)\ \ \theta_{2\mathrm{r}}(t)\ \ \cdots\ \ \theta_{n\mathrm{r}}(t)]^{\mathrm{T}}$，同时确保所有信号都有界且不违反输出约束，即 $|x_1|\leqslant k_{\mathrm{c}}$，$\forall t\geqslant 0$，其中 $k_{\mathrm{c}}=[k_{\mathrm{c1}}\ \ k_{\mathrm{c2}}\ \ \cdots\ \ k_{\mathrm{c}n}]^{\mathrm{T}}$ 是一个正的常数向量。

假设 7.1　对于任何 $k_{\mathrm{c}}>0$，存在正的常数向量 $k_{\mathrm{d}}=[k_{\mathrm{d1}}\ \ k_{\mathrm{d2}}\ \ \cdots\ \ k_{\mathrm{d}n}]^{\mathrm{T}}$，使 $|x_{\mathrm{r}}|\leqslant k_{\mathrm{d}}\leqslant k_{\mathrm{c}}$，$\forall t\geqslant 0$。

假设 7.2　对于任何 $k_{\mathrm{c}}>0$，存在正的常数向量 $\bar{Y}_0$，$\underline{Y}_0$，A_0，满足最大 $\bar{Y}_0$，$\underline{Y}_0\leqslant A_0\leqslant k_{\mathrm{c}}$ 使得期望轨迹 $y_{\mathrm{d}}(t)$ 满足 $-\bar{Y}_0\leqslant y_{\mathrm{d}}(t)\leqslant \underline{Y}_0$，$\forall t\geqslant 0$。

为了防止输出形式违反约束，我们采用了障碍李雅普诺夫函数。将一般跟踪误差定义为 $z_1(t)=x_1(t)-x_{\mathrm{r}}(t)$，并具有 $\dot{z}_1(t)=x_2(t)-\dot{x}_{\mathrm{r}}(t)$。引入一个虚拟控制 $\alpha_1(t)$，并将第二个误差变量定义为 $z_2(t)=x_2(t)-\alpha_1(t)$。选择

$$\alpha_1=-(\boldsymbol{k}_{\mathrm{b}}^{\mathrm{T}}\boldsymbol{k}_{\mathrm{b}}-\boldsymbol{z}_1^{\mathrm{T}}\boldsymbol{z}_1)\boldsymbol{K}_1\boldsymbol{z}_1+\dot{x}_{\mathrm{r}} \tag{7.81}$$

式中，增益矩阵 $\boldsymbol{K}_1=\boldsymbol{K}_1^{\mathrm{T}}>0$，有

$$\dot{z}_1=z_2\alpha_1=-(\boldsymbol{k}_{\mathrm{b}}^{\mathrm{T}}\boldsymbol{k}_{\mathrm{b}}-\boldsymbol{z}_1^{\mathrm{T}}\boldsymbol{z}_1)K_1 z_1+\dot{x}_{\mathrm{r}} \tag{7.82}$$

对 z_2 关于时间的微分，有

$$\dot{z}_2=\boldsymbol{M}^{-1}(x_1)[\tau-\boldsymbol{J}^{\mathrm{T}}(x_1)f-\boldsymbol{C}(x_1,x_2)x_2-\boldsymbol{G}(x_1)]-\dot{\alpha}_1(t) \tag{7.83}$$

考虑一个障碍李亚普诺夫候选函数为

$$\dot{V}_1=\frac{1}{2}\log\frac{\boldsymbol{k}_{\mathrm{b}}^{\mathrm{T}}\boldsymbol{k}_{\mathrm{b}}}{\boldsymbol{k}_{\mathrm{b}}^{\mathrm{T}}\boldsymbol{k}_{\mathrm{b}}-\boldsymbol{z}_1^{\mathrm{T}}\boldsymbol{z}_1} \tag{7.84}$$

式中，log(·)表示(·)的自然对数，$k_{\mathrm{b}}=k_{\mathrm{c}}-A_0$ 是 z_1 的约束，即 $|z_1|\leqslant k_{\mathrm{b}}$。

取式(7.84)沿式(7.81)的时间导数，得到

$$\dot{V}_1=\frac{1}{2}\log\frac{\boldsymbol{z}_1^{\mathrm{T}}\dot{\boldsymbol{z}}_1}{\boldsymbol{k}_{\mathrm{b}}^{\mathrm{T}}\boldsymbol{k}_{\mathrm{b}}-\boldsymbol{z}_1^{\mathrm{T}}\boldsymbol{z}_1}=-\boldsymbol{z}_1^{\mathrm{T}}K_1\boldsymbol{z}_1+\frac{\boldsymbol{z}_1^{\mathrm{T}}\boldsymbol{z}_2}{\boldsymbol{k}_{\mathrm{b}}^{\mathrm{T}}\boldsymbol{k}_{\mathrm{b}}-\boldsymbol{z}_1^{\mathrm{T}}\boldsymbol{z}_1} \tag{7.85}$$

然后，将李雅普诺夫候选函数视为

$$V_2=\frac{1}{2}\log\frac{\boldsymbol{k}_{\mathrm{b}}^{\mathrm{T}}\boldsymbol{k}_{\mathrm{b}}}{\boldsymbol{k}_{\mathrm{b}}^{\mathrm{T}}\boldsymbol{k}_{\mathrm{b}}-\boldsymbol{z}_1^{\mathrm{T}}\boldsymbol{z}_1}+\frac{1}{2}\boldsymbol{z}_2^{\mathrm{T}}\boldsymbol{M}(x_1)\boldsymbol{z}_2 \tag{7.86}$$

将式(7.86)关于时间求微分，得到

$$\begin{aligned}\dot{V}_2=&-\boldsymbol{z}_1^{\mathrm{T}}K_1\boldsymbol{z}_1+\frac{\boldsymbol{z}_1^{\mathrm{T}}\boldsymbol{z}_2}{\boldsymbol{k}_{\mathrm{b}}^{\mathrm{T}}\boldsymbol{k}_{\mathrm{b}}-\boldsymbol{z}_1^{\mathrm{T}}\boldsymbol{z}_1}+\boldsymbol{z}_2^{\mathrm{T}}[\boldsymbol{\tau}-\boldsymbol{J}^{\mathrm{T}}(\boldsymbol{x}_1)\boldsymbol{f}-\boldsymbol{C}(\boldsymbol{x}_1,\boldsymbol{x}_2)\boldsymbol{\alpha}_1(t)\\&-\boldsymbol{G}(\boldsymbol{x}_1)-\boldsymbol{M}(\boldsymbol{x}_1)\dot{\boldsymbol{\alpha}}_1(t)]\end{aligned} \tag{7.87}$$

然后，将基于模型的控制设计为

$$\tau_0=-\frac{\boldsymbol{z}_1}{\boldsymbol{k}_{\mathrm{b}}^{\mathrm{T}}\boldsymbol{k}_{\mathrm{b}}-\boldsymbol{z}_1^{\mathrm{T}}\boldsymbol{z}_1}-K_2\boldsymbol{z}_2+\boldsymbol{J}^{\mathrm{T}}(x_1)\boldsymbol{f}+\boldsymbol{C}(\boldsymbol{x}_1,\boldsymbol{x}_2)\boldsymbol{\alpha}_1(t)+\boldsymbol{G}(\boldsymbol{x}_1)+\boldsymbol{M}(\boldsymbol{x}_1)\dot{\boldsymbol{\alpha}}_1(t) \tag{7.88}$$

式中，增益矩阵 $\boldsymbol{K}_2=\boldsymbol{K}_2^{\mathrm{T}}>0$。将式(7.88)代入式(7.87)，得到

$$\dot{\boldsymbol{V}}_2=-\boldsymbol{z}_1^{\mathrm{T}}K_1\boldsymbol{z}_1-\dot{\boldsymbol{V}}_2-\boldsymbol{z}_2^{\mathrm{T}}K_2\boldsymbol{z}_2 \tag{7.89}$$

由于参数 $\boldsymbol{M}(\boldsymbol{x}_1)$、$\boldsymbol{C}(\boldsymbol{x}_1,\boldsymbol{x}_2)$、$\boldsymbol{G}(\boldsymbol{x}_1)$、$\boldsymbol{f}$ 存在不确定性，基于模型的控制设计可能无法实现。为了克服这一挑战，基于神经网络的控制可以通过在线估计来逼近上述参数的不确定性，提高系统的性能。从而设计控制器如下：

$$\boldsymbol{\tau}=-\frac{\boldsymbol{z}_1}{\boldsymbol{k}_{\mathrm{b}}^{\mathrm{T}}\boldsymbol{k}_{\mathrm{b}}-\boldsymbol{z}_1^{\mathrm{T}}\boldsymbol{z}_1}-K_2\boldsymbol{z}_2+\hat{\boldsymbol{W}}^{\mathrm{T}}\boldsymbol{S}(\boldsymbol{Z}) \tag{7.90}$$

式中，$\hat{\boldsymbol{W}}$ 是神经网络的权值，$\boldsymbol{S}(\boldsymbol{Z})$是基函数。神经网络 $\hat{\boldsymbol{W}}^{\mathrm{T}}S(Z)$近似于如下定义的 $\boldsymbol{W}^{*\mathrm{T}}\boldsymbol{S}(Z)$。

$$\boldsymbol{W}^{*\mathrm{T}}\boldsymbol{S}(\boldsymbol{Z})=\boldsymbol{J}^{\mathrm{T}}(\boldsymbol{x}_1)\boldsymbol{f}+\boldsymbol{C}(\boldsymbol{x}_1,\boldsymbol{x}_2)\boldsymbol{\alpha}_1(t)+\boldsymbol{G}(\boldsymbol{x}_1)+\boldsymbol{M}(\boldsymbol{x}_1)\dot{\boldsymbol{\alpha}}_1(t)-\boldsymbol{\varepsilon}(\boldsymbol{Z}) \tag{7.91}$$

式中，$\boldsymbol{Z}=[\boldsymbol{x}_1^{\mathrm{T}}\ \ \boldsymbol{x}_2^{\mathrm{T}}\ \ \boldsymbol{\alpha}_1^{\mathrm{T}}\ \ \dot{\boldsymbol{\alpha}}_1^{\mathrm{T}}]$是自适应神经网络的输入变量，并且 $\boldsymbol{\varepsilon}(\boldsymbol{Z})\in\Re^n$ 是近似误差。自适应律设计为

$$\dot{\hat{\boldsymbol{W}}}_i=-\boldsymbol{\Gamma}_i[\boldsymbol{S}_i(\boldsymbol{Z})\boldsymbol{z}_{2i}+\sigma_i\hat{\boldsymbol{W}}_i] \tag{7.92}$$

式中，$\boldsymbol{\Gamma}_i$ 是常数增益矩阵，$\sigma_i>0(i=1,2,\cdots,n)$是一个小的常数。

2) 仿真实现

本节针对具有输出约束条件的机器人动力学系统应用神经网络的控制算法进行数值仿真。神经网络包含 256 个节点，$K_1=K_2=10$，$A_0=0.02$，期望轨迹和上节相同。

本节仿真结果可以看出，通过在控制器中加入约束项，系统可以实现小的超调。在这个仿真实例中，边界 $A_0=0.02$，在这个边界条件下，错误超调不能超过此值。θ_{1d}、θ_1 分别表示关节 1 的期望输出和实际输出；同理，θ_{2d}、θ_2、θ_{3d}、θ_3 的定义以此类推。从图 7.36～图 7.44 中可以看出，神经网络约束控制器在实现机器人位置和速度跟踪方面是十分有效的，且其关节误差都是收敛的。

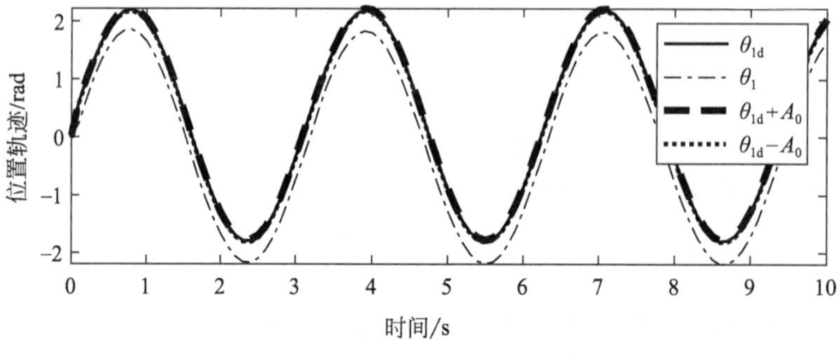

图 7.36　关节 1 基于模型约束控制跟踪的位置轨迹跟踪曲线和误差

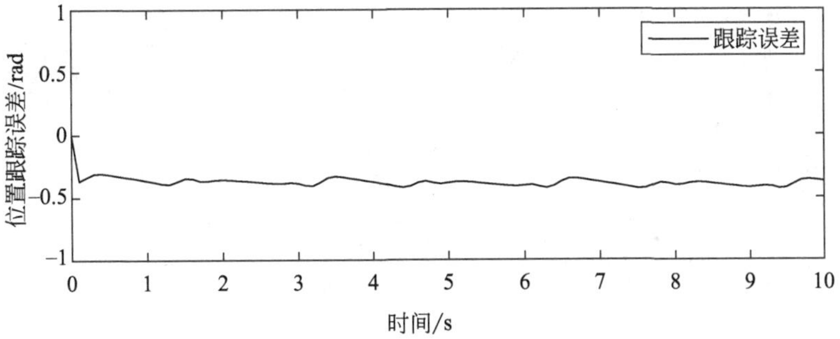

图 7.36(续)

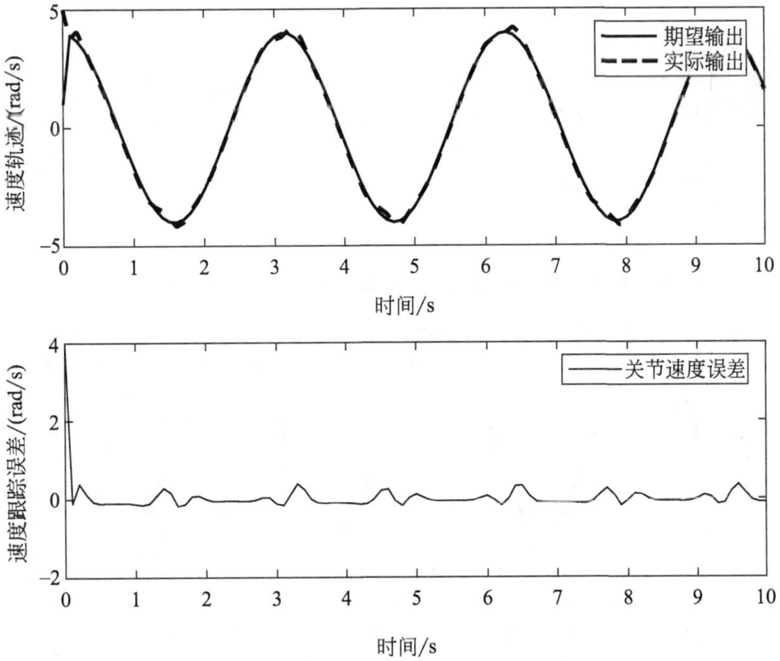

图 7.37 关节 1 基于模型约束控制跟踪的速度轨迹跟踪曲线和误差

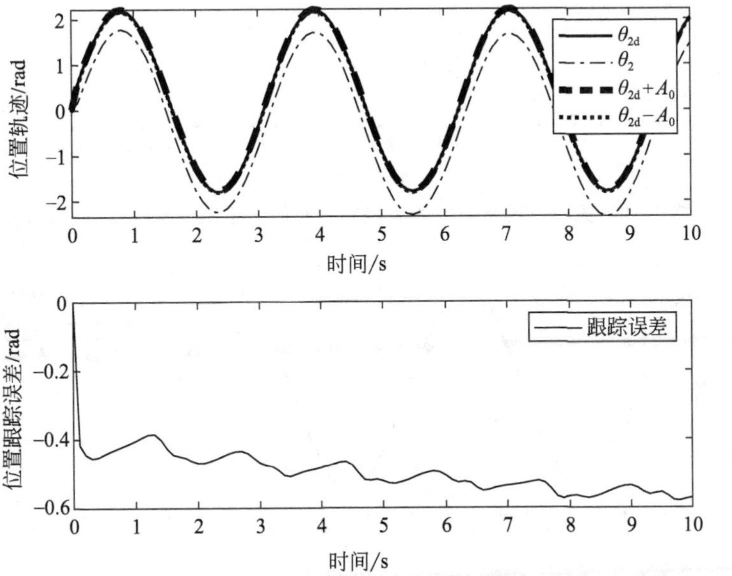

图 7.38 关节 2 基于模型约束控制跟踪的位置轨迹跟踪曲线和误差

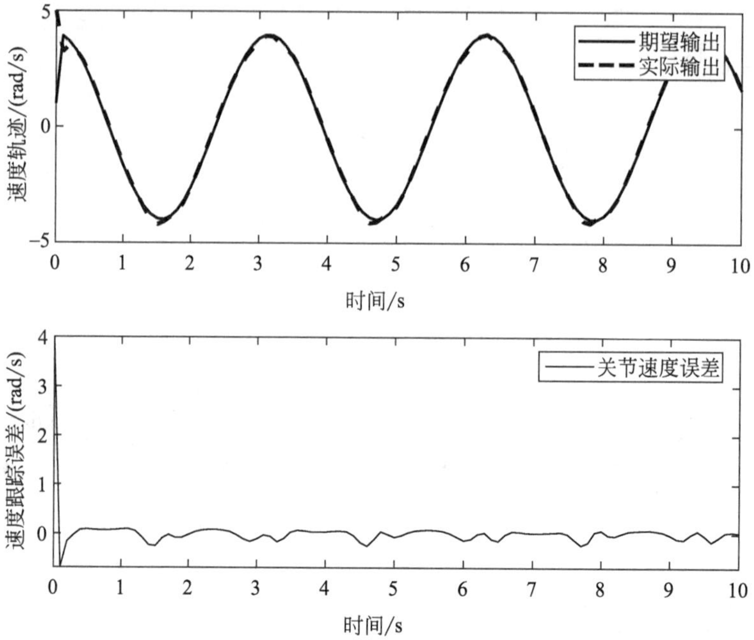

图 7.39　关节 2 基于模型约束控制跟踪的速度轨迹跟踪曲线和误差

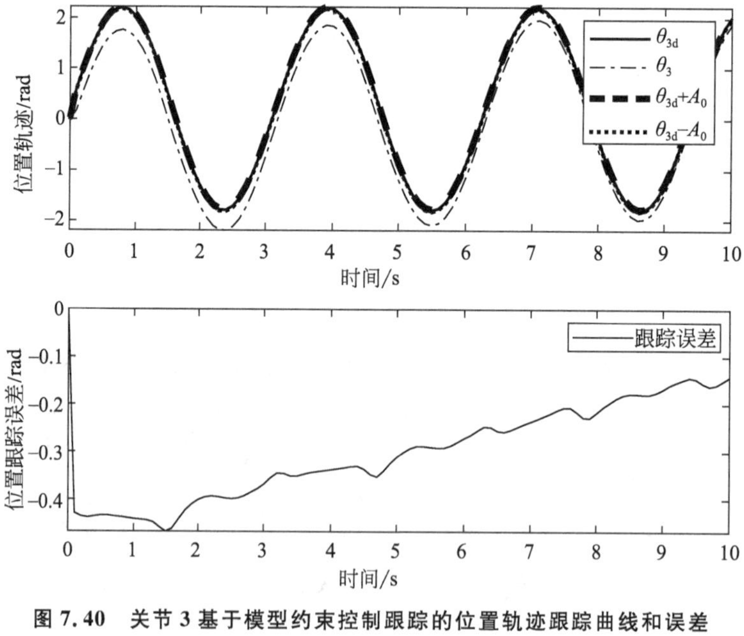

图 7.40　关节 3 基于模型约束控制跟踪的位置轨迹跟踪曲线和误差

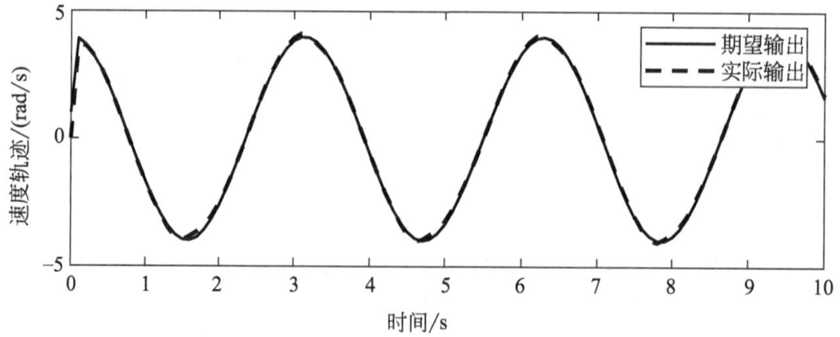

图 7.41　关节 3 基于模型约束控制跟踪的速度轨迹跟踪曲线和误差

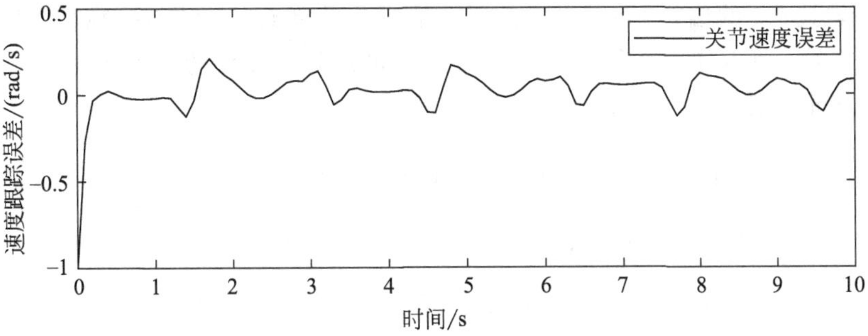

图　7.41(续)

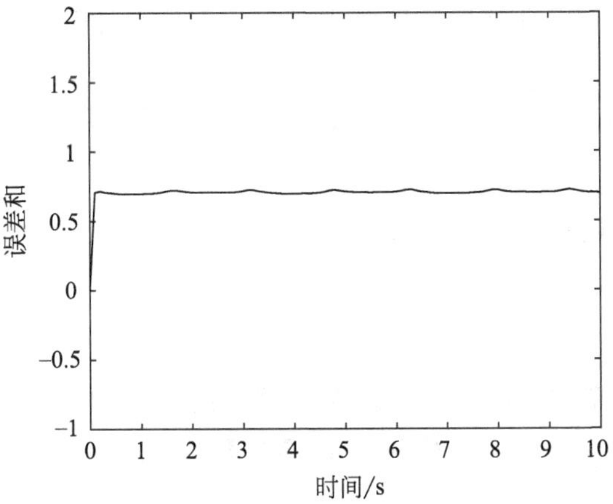

图 7.42　位置与速度的误差和

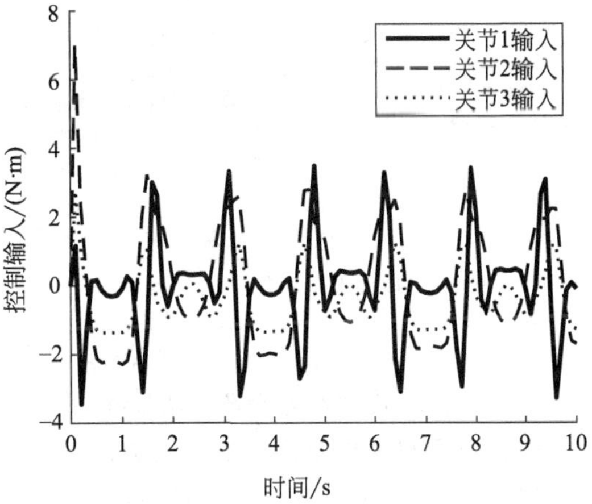

图 7.43　系统控制输入

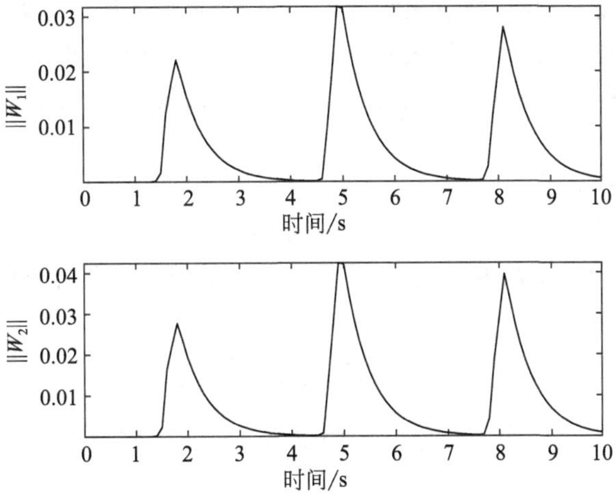

图 7.44　$\hat{W}_1$,$\hat{W}_2$ 的范数

6. 阻抗控制

1) 阻抗控制原理

阻抗控制是将机器人的力/位置控制系统等效为一个弹簧质量阻尼系统,使用该系统描述机器人与环境间接触力和位置的关系,可以通过调节阻抗控制器的惯性参数、阻尼参数和刚度参数来调节机器人与环境间接触力和位置的关系。

图 7.45　期望阻抗模型

图 7.45 所示为期望阻抗模型,系统输入为所考察对象末端实际

轨迹 X 与期望轨迹 X_d 的偏差 $E=X-X_d$，系统输出为对象末端与环境接触时产生的接触力 F，Z 为等效阻抗模型。可以使用二阶微分方程的形式描述阻抗系统等效数学模型，主要有以下三种形式的目标阻抗模型，如下式所示。

$$\begin{cases}\boldsymbol{M}_d\ddot{\boldsymbol{X}}+\boldsymbol{B}_d\dot{\boldsymbol{X}}+\boldsymbol{K}_d(\boldsymbol{X}-\boldsymbol{X}_d)=-\boldsymbol{F}\\ \boldsymbol{M}_d\ddot{\boldsymbol{X}}+\boldsymbol{B}_d(\dot{\boldsymbol{X}}-\dot{\boldsymbol{X}}_d)+\boldsymbol{K}_d(\boldsymbol{X}-\boldsymbol{X}_d)=-\boldsymbol{F}\\ \boldsymbol{M}_d(\ddot{\boldsymbol{X}}-\ddot{\boldsymbol{X}}_d)+\boldsymbol{B}_d(\dot{\boldsymbol{X}}-\dot{\boldsymbol{X}}_d)+\boldsymbol{K}_d(\boldsymbol{X}-\boldsymbol{X}_d)=-\boldsymbol{F}\end{cases}\tag{7.93}$$

式中，$\boldsymbol{M}_d$、$\boldsymbol{B}_d$、$\boldsymbol{K}_d$ 分别表示等效目标阻抗模型的惯性矩阵、阻尼矩阵和刚度矩阵，$\boldsymbol{X}$ 表示机器人末端实际轨迹，含有在空间三维方向的位置、速度和加速度，$\boldsymbol{X}_d$ 表示机器人末端的期望轨迹，$\boldsymbol{F}$ 表示机器人在空间三维方向受到的力向量。将力偏差 $\boldsymbol{e}_f=\boldsymbol{F}_d-\boldsymbol{F}$ 引入阻抗模型，可得如下目标阻抗模型

$$\begin{cases}\boldsymbol{M}_d\ddot{\boldsymbol{X}}+\boldsymbol{B}_d\dot{\boldsymbol{X}}+\boldsymbol{K}_d(\boldsymbol{X}-\boldsymbol{X}_d)=\boldsymbol{e}_f\\ \boldsymbol{M}_d\ddot{\boldsymbol{X}}+\boldsymbol{B}_d(\dot{\boldsymbol{X}}-\dot{\boldsymbol{X}}_d)+\boldsymbol{K}_d(\boldsymbol{X}-\boldsymbol{X}_d)=\boldsymbol{e}_f\\ \boldsymbol{M}_d(\ddot{\boldsymbol{X}}-\ddot{\boldsymbol{X}}_d)+\boldsymbol{B}_d(\dot{\boldsymbol{X}}-\dot{\boldsymbol{X}}_d)+\boldsymbol{K}_d(\boldsymbol{X}-\boldsymbol{X}_d)=\boldsymbol{e}_f\end{cases}\tag{7.94}$$

采用第三组目标阻抗模型，并令 $\boldsymbol{E}=\boldsymbol{X}-\boldsymbol{X}_d$，则

$$\boldsymbol{M}_d\ddot{\boldsymbol{E}}+\boldsymbol{B}_d\dot{\boldsymbol{E}}+\boldsymbol{K}_d\boldsymbol{E}=\boldsymbol{e}_f\tag{7.95}$$

式中，$\boldsymbol{M}_d$、$\boldsymbol{B}_d$、$\boldsymbol{K}_d$ 均为对角矩阵，所以目标阻抗模型在空间三个方向是非耦合的，为了简化对问题的分析，我们只考虑空间中的一个方向，令 $\boldsymbol{m}$、$\boldsymbol{b}$、$\boldsymbol{k}$、$\boldsymbol{f}$、$\boldsymbol{f}_d$ 代替 $\boldsymbol{M}_d$、$\boldsymbol{B}_d$、$\boldsymbol{K}_d$、$\boldsymbol{F}$、$\boldsymbol{F}_d$ 及 $\boldsymbol{e}=\boldsymbol{x}-\boldsymbol{x}_d$。则可以将其中一个方向的目标阻抗模型表示为

$$\boldsymbol{m}\ddot{e}+\boldsymbol{b}\dot{e}+\boldsymbol{k}\boldsymbol{e}=\boldsymbol{f}_d-\boldsymbol{f}\tag{7.96}$$

当机械手末端与环境接触时，通过阻抗控制器将实际接触力与期望接触力偏差转换为位置偏差用于修正机械手期望运动轨迹，间接调整机械手末端与环境之间的接触力，进而实现机械手力/位置控制。根据实现方式的不同，可以将阻抗控制分为基于力的阻抗控制和基于位置的阻抗控制两种方式。

机器人的运动学方程表示为

$$\boldsymbol{x}(t)=\boldsymbol{\phi}(\theta)\tag{7.97}$$

式中，$\boldsymbol{x}(t)$、$\boldsymbol{\theta}\in\Re^n$ 和 n 分别是笛卡尔空间(操作空间)、关节坐标和自由度中的位置/方向。把公式(7.97)关于时间微分，有

$$\dot{\boldsymbol{x}}(t)=\boldsymbol{J}(\boldsymbol{\theta})\dot{\boldsymbol{\theta}}\tag{7.98}$$

式中，$\boldsymbol{J}(\boldsymbol{\theta})=\dfrac{\partial\boldsymbol{\phi}}{\partial\boldsymbol{\theta}}\in\Re^{n\times n}$ 是在有限工作空间中假定为非奇异的雅可比矩阵。

还有

$$\ddot{\boldsymbol{x}}(t)=\dot{\boldsymbol{J}}(\boldsymbol{\theta})\dot{\boldsymbol{\theta}}+\boldsymbol{J}(\boldsymbol{q})\ddot{\boldsymbol{\theta}}\tag{7.99}$$

n 连杆刚性机器人系统的动力学描述如下：

$$\boldsymbol{M}(\boldsymbol{\theta})\ddot{\boldsymbol{\theta}}+\boldsymbol{C}(\boldsymbol{\theta},\dot{\boldsymbol{\theta}})\dot{\boldsymbol{\theta}}+\boldsymbol{G}(\boldsymbol{\theta})=\boldsymbol{\tau}(t)-\boldsymbol{J}^{\mathrm{T}}(\boldsymbol{\theta})f(t)\tag{7.100}$$

式中，$\boldsymbol{\theta}\in\Re^n$ 为关节坐标，$\boldsymbol{\tau}\in\Re^n$ 为关节力矩，$\boldsymbol{M}(\boldsymbol{\theta})\in\Re^{n\times n}$ 为对称正定惯性矩阵，$\boldsymbol{C}(\boldsymbol{\theta},\dot{\boldsymbol{\theta}})\dot{\boldsymbol{\theta}}\in\Re^{n\times n}$ 为向心力矩和科氏力矩，$\boldsymbol{G}(\boldsymbol{\theta})\in\Re^{n\times n}$ 为重力，$\boldsymbol{f}(t)\in\Re^{n\times n}$ 是环境施加的约束力的矢量，当机械手与环境没有接触时为 $\boldsymbol{0}$。

从而笛卡尔空间中的机器人动力学重写为

$$\boldsymbol{M}_x(x)\ddot{x}+\boldsymbol{C}_x(x,\dot{x})\dot{x}+\boldsymbol{G}_x(x)=\boldsymbol{J}^{-\mathrm{T}}(\boldsymbol{\theta})\boldsymbol{\tau}(t)-f(t) \tag{7.101}$$

式中，$x\in\Re^{n\times n}$ 是机器人的位置坐标，并且

$$\boldsymbol{M}_x(\boldsymbol{x})=\boldsymbol{J}^{-\mathrm{T}}(\boldsymbol{\theta})\boldsymbol{M}(\boldsymbol{\theta})\boldsymbol{J}^{-1}(\boldsymbol{\theta}) \tag{7.102}$$

$$\boldsymbol{C}(\boldsymbol{x},\dot{\boldsymbol{x}})=\boldsymbol{J}^{-\mathrm{T}}(\boldsymbol{\theta})[\boldsymbol{C}(\boldsymbol{\theta},\dot{\boldsymbol{\theta}})-\boldsymbol{M}(\boldsymbol{\theta})\boldsymbol{J}^{-1}(\boldsymbol{\theta})\dot{\boldsymbol{J}}(\boldsymbol{\theta})]\boldsymbol{J}^{-1}(\boldsymbol{\theta}) \tag{7.103}$$

$$\boldsymbol{G}_x(x)=\boldsymbol{J}^{-\mathrm{T}}(\boldsymbol{\theta})G(\boldsymbol{\theta}) \tag{7.104}$$

将 $\boldsymbol{M}_x$、$\boldsymbol{C}_x$ 和 $\boldsymbol{G}_x$ 的元素分别表示为 m_{ij}、c_{ij} 和 $g_i(i=1,2,\cdots,n,j=1,2,\cdots,n)$，它们的神经网络近似表示为

$$\boldsymbol{m}_{ij}(\boldsymbol{x})=\boldsymbol{\theta}_{Mij}^{\mathrm{T}}\boldsymbol{\xi}_{Mij}+\boldsymbol{\varepsilon}_{Mij} \tag{7.105}$$

$$\boldsymbol{c}_{ij}(\boldsymbol{x},\dot{\boldsymbol{x}})=\boldsymbol{\theta}_{Cij}^{\mathrm{T}}\boldsymbol{\xi}_{Cij}+\boldsymbol{\varepsilon}_{Cij} \tag{7.106}$$

$$\boldsymbol{g}_i(x)=\boldsymbol{\theta}_{Gi}^{\mathrm{T}}\boldsymbol{\xi}_{Gi}+\boldsymbol{\varepsilon}_{Gi} \tag{7.107}$$

式中，$\boldsymbol{\varepsilon}_{Mij}$、$\boldsymbol{\varepsilon}_{Cij}$ 和 $\boldsymbol{\varepsilon}_{Gi}$ 是近似误差，$\boldsymbol{\theta}_{Mij}$、$\boldsymbol{\theta}_{Mij}$ 和 $\boldsymbol{\theta}_{Mij}$ 是神经网络权值的列向量，$\boldsymbol{\xi}_{Mij}$、$\boldsymbol{\xi}_{Cij}$ 和 $\boldsymbol{\xi}_{Gi}$ 是高斯函数(基函数)输出向量。

为了简化神经网络的表达式，引入 GL 乘积算子，令

$$\boldsymbol{\Theta}=\begin{bmatrix}\theta_{11} & \theta_{12} & \cdots & \theta_{1n}\\ \theta_{21} & \theta_{22} & \cdots & \theta_{2n}\\ \vdots & \vdots & \ddots & \vdots\\ \theta_{n1} & \xi_{n2} & \cdots & \xi_{nn}\end{bmatrix}=\begin{bmatrix}\boldsymbol{\theta}_1\\ \boldsymbol{\theta}_2\\ \vdots\\ \boldsymbol{\theta}_n\end{bmatrix} \tag{7.108}$$

$$\boldsymbol{\Xi}=\begin{bmatrix}\xi_{11} & \xi_{12} & \cdots & \xi_{1n}\\ \xi_{21} & \xi_{22} & \cdots & \xi_{2n}\\ \vdots & \vdots & \ddots & \vdots\\ \xi_{n1} & \xi_{n2} & \cdots & \xi_{nn}\end{bmatrix}=\begin{bmatrix}\xi_1\\ \xi_2\\ \vdots\\ \xi_n\end{bmatrix} \tag{7.109}$$

$$\boldsymbol{\Gamma}_i=\boldsymbol{\Gamma}_i^{\mathrm{T}}=[\boldsymbol{\gamma}_{i1}\quad \boldsymbol{\gamma}_{i2}\quad \cdots\quad \boldsymbol{\gamma}_{in}] \tag{7.110}$$

式中，$\boldsymbol{\theta}_{ij}$、$\boldsymbol{\xi}_{ij}$、$\boldsymbol{\gamma}_{ij}$ 是具有合适维数的向量。

那么，我们有

$$\boldsymbol{\Theta}\cdot\boldsymbol{\Xi}=\begin{bmatrix}\theta_{11}\xi_{11} & \theta_{12}\xi_{12} & \cdots & \theta_{1n}\xi_{1n}\\ \theta_{21}\xi_{11} & \theta_{22}\xi_{22} & \cdots & \theta_{2n}\xi_{2n}\\ \vdots & \vdots & \ddots & \vdots\\ \theta_{n1}\xi_{11} & \xi_{n2}\xi_{n2} & \cdots & \xi_{nn}\xi_{nn}\end{bmatrix} \tag{7.111}$$

$$\boldsymbol{\Gamma}_i\cdot\xi_i=[\gamma_{i1}\xi_{i1}\quad \gamma_{i2}\xi_{i2}\quad \cdots\quad \gamma_{in}\xi_{in}] \tag{7.112}$$

式中，· 是 GL 算子。

通过使用 GL 算子的概念，$\boldsymbol{M}_x$、$\boldsymbol{C}_x$ 和 $\boldsymbol{G}_x$ 被描述为

$$\boldsymbol{M}_x(\boldsymbol{q})=\boldsymbol{\Theta}_M^{\mathrm{T}}\cdot\boldsymbol{\Xi}_M(\boldsymbol{x})+E_M(\boldsymbol{x}) \tag{7.113}$$

$$\boldsymbol{C}_x(\boldsymbol{q},\dot{\boldsymbol{q}})=\boldsymbol{\Theta}_C^{\mathrm{T}}\cdot\boldsymbol{\Xi}_C(\boldsymbol{x},\dot{\boldsymbol{x}})+E_C(\boldsymbol{x},\dot{\boldsymbol{x}}) \tag{7.114}$$

$$\boldsymbol{G}_x(\boldsymbol{q})=\boldsymbol{\Theta}_G^{\mathrm{T}}\cdot\boldsymbol{\Xi}_G(\boldsymbol{x})+E_G(\boldsymbol{x}) \tag{7.115}$$

式中，$\boldsymbol{\Theta}_M$、$\boldsymbol{\Theta}_C$ 和 $\boldsymbol{\Theta}_G$ 分别是由 θ_{Mij}、θ_{Cij} 和 θ_{Gi} 组成的矩阵，$\boldsymbol{\Xi}_M$、$\boldsymbol{\Xi}_C$ 和 $\boldsymbol{\Xi}_G$ 分别是由 ξ_{Mij}、ξ_{Cij} 和 ξ_{Gi} 组成的矩阵，E_M、E_C、E_G 分别是由 ε_{Mij}、ε_{Cij}、ε_{Gi} 形成的近似误差。

在笛卡尔空间(代替关节空间)中给出的所需阻抗模型如下：

$$\boldsymbol{M}_{\mathrm{d}}(\boldsymbol{x})(\ddot{\boldsymbol{x}}-\ddot{\boldsymbol{x}}_{\mathrm{d}})+\boldsymbol{C}_{\mathrm{d}}(\boldsymbol{x},\dot{\boldsymbol{x}})(\ddot{\boldsymbol{x}}-\ddot{\boldsymbol{x}}_{\mathrm{d}})+\boldsymbol{G}_{\mathrm{d}}(\boldsymbol{x}-\boldsymbol{x}_{\mathrm{d}})=-\boldsymbol{f}(t) \tag{7.116}$$

式中，$\boldsymbol{x}_{\mathrm{d}}$ 是笛卡尔空间中的期望轨迹，$\boldsymbol{M}_{\mathrm{d}}$、$\boldsymbol{C}_{\mathrm{d}}$、$\boldsymbol{G}_{\mathrm{d}}$ 分别是期望惯性、阻尼和刚度矩阵。

假设动态模型和期望阻抗模型是完全已知的，我们可以设计基于模型的阻抗控制。设 $\boldsymbol{\tau}(t)=\boldsymbol{J}^{\mathrm{T}}\boldsymbol{\tau}_0(t)$，提出以下控制：

$$\boldsymbol{\tau}_0(t)=\boldsymbol{f}(t)+\boldsymbol{G}_x(\boldsymbol{x})+\boldsymbol{C}_x(\boldsymbol{x},\dot{\boldsymbol{x}})\dot{\boldsymbol{x}}+\boldsymbol{M}_x(\boldsymbol{x})\{\ddot{\boldsymbol{x}}_\mathrm{d}-\boldsymbol{M}_\mathrm{d}^{-1}(\boldsymbol{x})[\boldsymbol{C}_\mathrm{d}(\boldsymbol{x},\dot{\boldsymbol{x}})(\ddot{\boldsymbol{x}}-\ddot{\boldsymbol{x}}_\mathrm{d})+\boldsymbol{G}_\mathrm{d}(\boldsymbol{x}-\boldsymbol{x}_\mathrm{d})+\boldsymbol{f}(t)]\} \tag{7.117}$$

上述系统的阻抗模型是时变的，基于神经网络的阻抗控制也可以通过在线估计和阻抗自适应来改善系统的性能。在这一部分中，我们将设计自适应神经网络阻抗控制，以逼近受约束机器人的未知模型。

定义 $\boldsymbol{e}=\boldsymbol{x}_\mathrm{d}-\boldsymbol{x}$，有

$$\boldsymbol{G}_x(\boldsymbol{x})=\boldsymbol{J}^{-\mathrm{T}}(\boldsymbol{q})\boldsymbol{G}(\boldsymbol{q})+\boldsymbol{G}_\mathrm{d}\boldsymbol{e}=\boldsymbol{f}(t) \tag{7.118}$$

考虑以下动力学补偿

$$\dot{\boldsymbol{z}}=\boldsymbol{D}\boldsymbol{z}+\boldsymbol{K}_v\dot{\boldsymbol{e}}-\boldsymbol{K}_p\boldsymbol{e}+\boldsymbol{K}_f\boldsymbol{M}_\mathrm{d}^{-1}\boldsymbol{f} \tag{7.119}$$

式中，$\boldsymbol{D}\in\Re^{n\times n}$ 是一个正定常数矩阵。$\boldsymbol{K}_p\in\Re^{n\times n}$、$\boldsymbol{K}_v\in\Re^{n\times n}$、$\boldsymbol{K}_f\in\Re^{n\times n}$ 是稍后确定的矩阵。定义

$$\boldsymbol{s}(\boldsymbol{e},\dot{\boldsymbol{e}},\boldsymbol{z})=\dot{\boldsymbol{e}}+\boldsymbol{K}_1\boldsymbol{e}+\boldsymbol{K}_2\boldsymbol{z} \tag{7.120}$$

式中，$\boldsymbol{K}_1\in\Re^{n\times n}$、$\boldsymbol{K}_2\in\Re^{n\times n}$，均是常数正定矩阵，有

$$\ddot{\boldsymbol{e}}+(\boldsymbol{K}_1+\boldsymbol{K}_2\boldsymbol{K}_v-\boldsymbol{K}_2\boldsymbol{D}\boldsymbol{K}_2^{-1})\dot{\boldsymbol{e}}+\boldsymbol{K}_2(\boldsymbol{K}_p-\boldsymbol{D}\boldsymbol{K}_2^{-1}\boldsymbol{K}_1)\boldsymbol{e}=\boldsymbol{K}_2(\boldsymbol{K}_f\boldsymbol{M}_\mathrm{d}^{-1}\boldsymbol{f}-\boldsymbol{D}\boldsymbol{K}_2^{-1}\boldsymbol{s}+\dot{\boldsymbol{s}}) \tag{7.121}$$

其中

$$\boldsymbol{K}_v=\boldsymbol{K}_2^{-1}(\boldsymbol{M}_\mathrm{d}^{-1}\boldsymbol{C}_\mathrm{d}+\boldsymbol{K}_2\boldsymbol{D}\boldsymbol{K}_2^{-1}-\boldsymbol{K}_1)\quad \boldsymbol{K}_p=\boldsymbol{K}_2^{-1}\boldsymbol{M}_\mathrm{d}\boldsymbol{G}_\mathrm{d}+\boldsymbol{D}\boldsymbol{K}_2^{-1}\boldsymbol{K}_1\quad \boldsymbol{K}_f=\boldsymbol{K}_2^{-1}$$

然后，可以得到

$$\ddot{\boldsymbol{e}}+\boldsymbol{M}_\mathrm{d}^{-1}\boldsymbol{C}_\mathrm{d}\dot{\boldsymbol{e}}+\boldsymbol{M}_\mathrm{d}^{-1}\boldsymbol{C}_\mathrm{d}\boldsymbol{e}=\boldsymbol{M}_\mathrm{d}^{-1}\boldsymbol{f}+\sigma(s) \tag{7.122}$$

式中，$\sigma(s)=\boldsymbol{K}_2(\dot{\boldsymbol{s}}-\boldsymbol{D}\boldsymbol{K}_2^{-1}\boldsymbol{s})$，很明显，当 $\sigma(s)=0$ 时，达到了所需的阻抗。我们把控制器设计成

$$\boldsymbol{\tau}=\hat{\boldsymbol{M}}_x\ddot{\boldsymbol{x}}_{eq}+\boldsymbol{K}_s\boldsymbol{s}+d\,\mathrm{sgn}(\boldsymbol{s})+\hat{\boldsymbol{C}}_x\dot{\boldsymbol{x}}_{eq}+\hat{\boldsymbol{G}}_x+\boldsymbol{f} \tag{7.123}$$

其中

$$\dot{\boldsymbol{x}}_{eq}=\dot{\boldsymbol{x}}_\mathrm{d}+\boldsymbol{K}_1\boldsymbol{e}+\boldsymbol{K}_2\boldsymbol{z} \tag{7.124}$$

$$\ddot{\boldsymbol{x}}_{eq}=\ddot{\boldsymbol{x}}_\mathrm{d}+\boldsymbol{K}_1\dot{\boldsymbol{e}}+\boldsymbol{K}_2\dot{\boldsymbol{z}} \tag{7.125}$$

$\mathrm{sgn}(s)=[\mathrm{sgn}(s_1)\quad \mathrm{sgn}(s_2)\quad \cdots\quad \mathrm{sgn}(s_n)]$作为符号函数，$\boldsymbol{K}_s$ 为矩阵，d 为常数标量，$\hat{\boldsymbol{M}}_x$、$\hat{\boldsymbol{C}}_x$、$\hat{\boldsymbol{G}}_x$ 是参数估计值矩阵。定义

$$\hat{\boldsymbol{M}}_x(\boldsymbol{x})=\hat{\boldsymbol{\Theta}}_M^\mathrm{T}\cdot\boldsymbol{\Xi}_M(x) \tag{7.126}$$

$$\hat{\boldsymbol{C}}_x(\boldsymbol{x},\dot{\boldsymbol{x}})=\hat{\boldsymbol{\Theta}}_C^\mathrm{T}\cdot\boldsymbol{\Xi}_C(x,\dot{x}) \tag{7.127}$$

$$\hat{\boldsymbol{G}}_x(\boldsymbol{x})=\hat{\boldsymbol{\Theta}}_G^\mathrm{T}\cdot\boldsymbol{\Xi}_G(x) \tag{7.128}$$

自适应律设计为

$$\dot{\hat{\Theta}}_{Mij}=\boldsymbol{\Gamma}_{Mij}\boldsymbol{\xi}_{Mij}\ddot{\boldsymbol{x}}_{eqj}s_i-\sigma_M\boldsymbol{\Gamma}_{Mij}\hat{\Theta}_{Mij} \tag{7.129}$$

$$\dot{\hat{\Theta}}_{Cij}=\boldsymbol{\Gamma}_{Cij}\boldsymbol{\xi}_{Cij}\dot{\boldsymbol{x}}_{eqj}s_i-\sigma_C\boldsymbol{\Gamma}_{Mij}\hat{\Theta}_{Cij} \tag{7.130}$$

$$\dot{\hat{\Theta}}_{Gi}=\boldsymbol{\Gamma}_{Gi}\boldsymbol{\xi}_{Gi}s_i-\sigma_G\boldsymbol{\Gamma}_{Gi}\hat{\Theta}_{Gi} \tag{7.131}$$

式中，$\boldsymbol{\Gamma}_{Mij}$、$\boldsymbol{\Gamma}_{Cij}$ 和 $\boldsymbol{\Gamma}_{Gi}$ 是常数对称正定矩阵，s_i 是 $\boldsymbol{s}$ 的第 i 个元素，x_{eqj} 是 $\boldsymbol{x}_{eq}$ 的第 j 个元素，σ_M、σ_C、σ_G 是小的正常数。

2) 数值仿真

下面针对机器人动力学系统应用基于阻抗控制的神经网络算法进行数值仿真。关节的期望轨迹为 $\boldsymbol{q}_\mathrm{d}=[0.14\cos(0.5t)\ 0.14\sin(0.5t)\ 0.14\cos(0.5t)]$，接触力为 $\boldsymbol{f}=[-5\ \ 5\ \ 5]$，初始位置 $\boldsymbol{q}(0)=[0\ 0\ 0]$，$\boldsymbol{M}_\mathrm{d}=[2\ 2\ 2]$，$\boldsymbol{C}_\mathrm{d}=[5\ 5\ 5]$，$\boldsymbol{G}_\mathrm{d}=[50\ 50\ 50]$，$\boldsymbol{K}_1=[1\ 1\ 1]$，$\boldsymbol{K}_2=[10\ 10\ 10]$，$\boldsymbol{K}_s=[50\ 50\ 50]$，$d=[0.1\ 0.1\ 0.1]$，$D=[0.1\ 0.1\ 0.1]$。

图 7.46～图 7.49 展示了关节位置轨迹与跟踪误差。图 7.50 给出了系统的力矩控制输入。

可以看出，基于阻抗控制神经网络算法实现三自由度机器人轨迹跟踪控制是非常有效的，机器人所有的关节都能准确跟踪预先设定的期望轨迹。

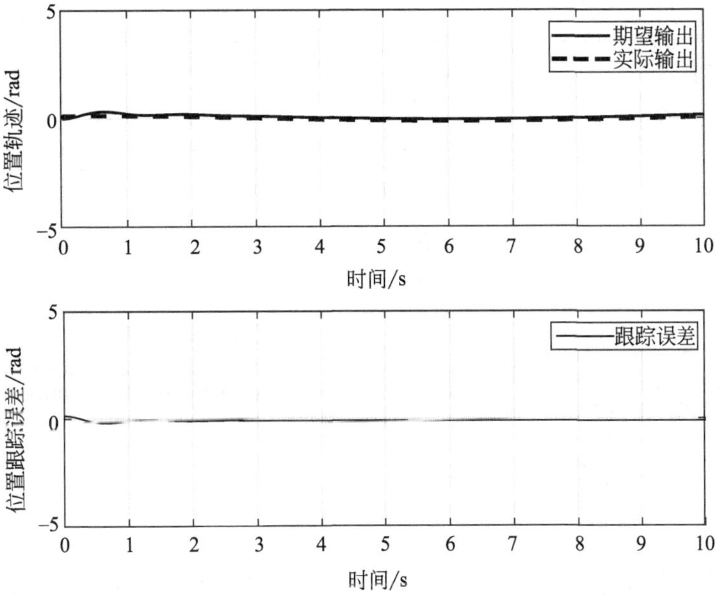

图 7.46　关节 1 基于阻抗控制跟踪的位置轨迹跟踪曲线和误差

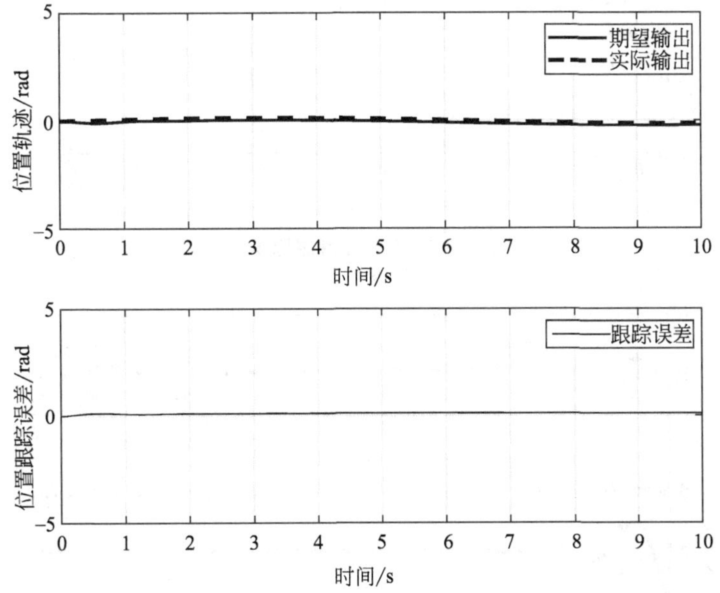

图 7.47　关节 2 基于阻抗控制跟踪的位置轨迹跟踪曲线和误差

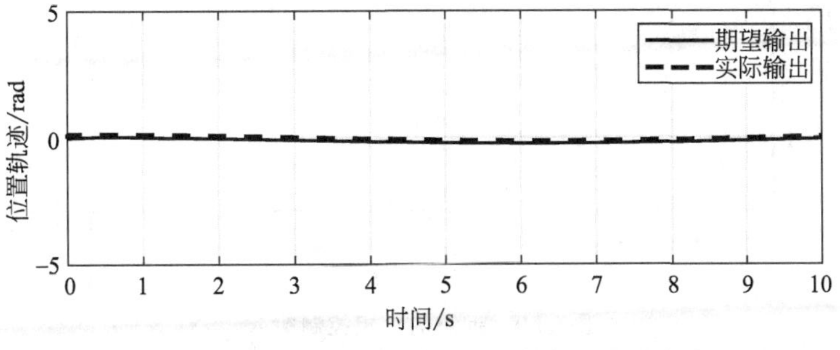

图 7.48　关节 3 基于阻抗控制跟踪的位置轨迹跟踪曲线和误差

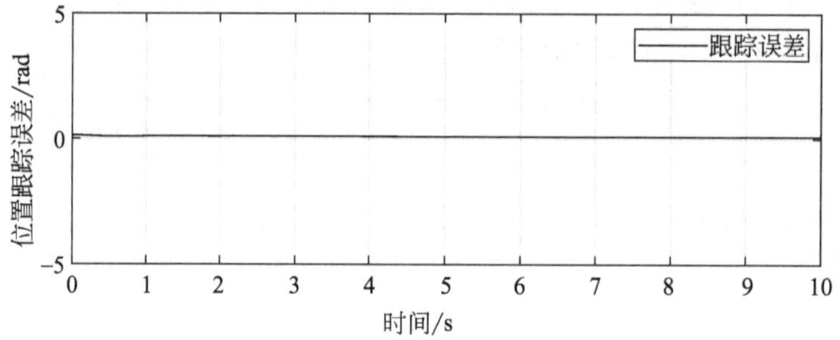

图　7.48(续)

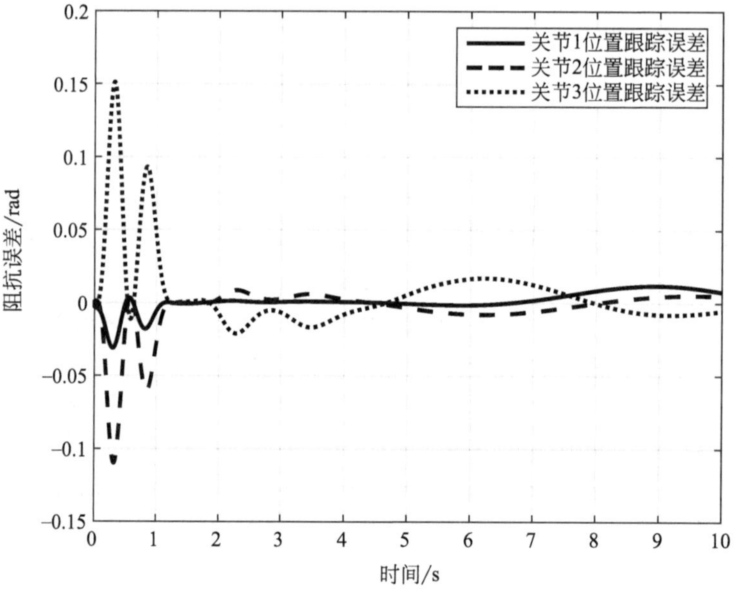

图 7.49　关节位置跟踪误差

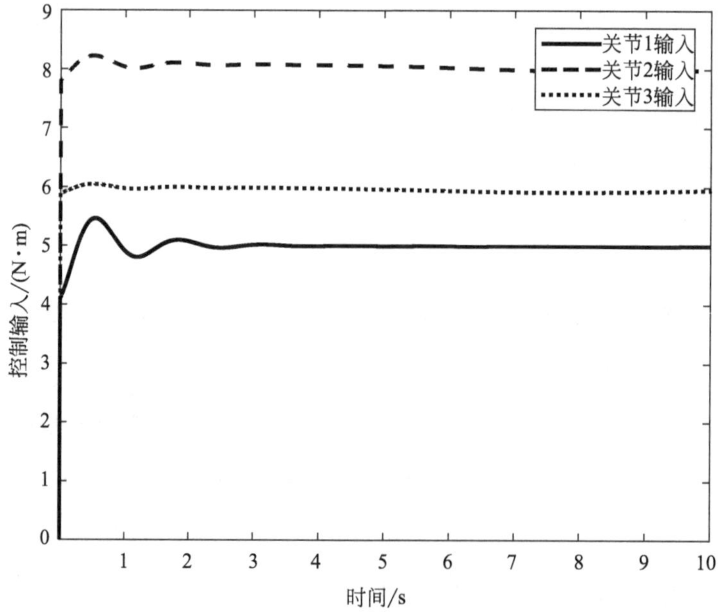

图 7.50　系统的力矩控制输入

习　　题

1. 简要叙述比例、微分和积分控制的各自优缺点。
2. 简要叙述自适应控制的基本原理。
3. 神经网络补偿控制的思想是什么?
4. 简要叙述滑模控制的基本思想。
5. 利用滑模控制,定义并证明其 Lyapunov 函数的稳定性。
6. 简要叙述阻抗控制和神经网络补偿控制结合的优点。

第8章　四足机器人稳定性判定方法

在四足机器人的运动控制中，需要考虑机器人运动过程中的稳定性。当机器人在静态行走和奔跑时，为了防止身体失稳，出现跌倒或者倾覆，甚至机器人损坏，必须考虑机器人的稳定性控制问题。为了保证机器人运动的稳定性，首先要考虑衡量机器人稳定性的准则或者机器人稳定性的判定方法，在机器人运动控制中，融合机器人的稳定性判定准则或者腿部力的优化分配方法，可以提高机器人的运动稳定性和抗扰动冲击能力。因此，本章主要讲解四足机器人稳定性判定方法，为后续机器人的稳定运动控制提供较好的理论基础。

机器人的稳定性判定方法与机器人的步态密切相关，根据机器人步态的不同，其可以分为静步态稳定判定方法和动步态稳定判定方法。四足机器人在动步态运动中，必须始终保持运动才能维持身体的稳定，而静步态的稳定依赖于身体重心和支撑腿所形成的支撑多边形的关系。这类似于骑车，当骑三轮车时，一般情况下，无论速度多慢都不会发生倾覆的现象，除非人为地加上很大的外力，而自行车要想保持平衡，必须维持一定的速度。

8.1　四足机器人步态选择策略

自然界中，四足动物对环境具有无与伦比的灵活性和高效性，一个重要的方面在于它们具有不同速度下选择不同步态的能力，因此，为了提高四足机器人的环境适应能力和能量利用效率，缩小机器人与其仿生的四足动物之间技术的差距，需要研究四足机器人的步态选择策略和不同步态之间的切换控制算法。

如图 8.1 所示，从马在不同速度下移动单位距离消耗氧气的变化示意图可以看出，基于氧气的消耗量这个指标作为能量消耗的大小的指标，任何速度条件下的自然步态（静态行走、慢跑、飞奔）都有一个最小的能量消耗，也就是说，四足动物在不同的步态下，都有一个消耗能量最小的速度与之对应。同理，四足机器人在不同步态下，为了使得所消耗的能量最小，都要选择一个合适的速度与之对应。

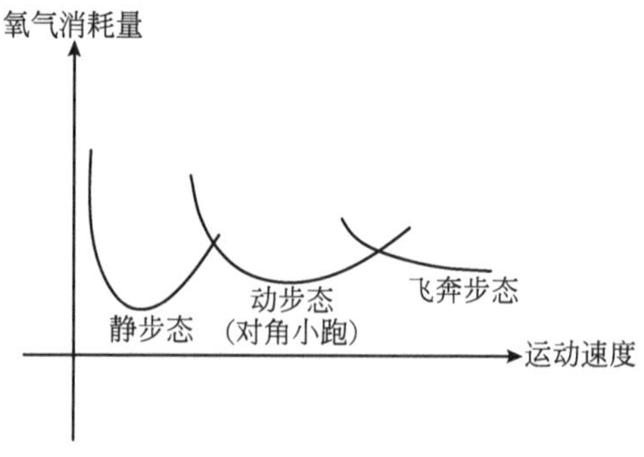

图 8.1　马在不同速度下移动单位距离氧气消耗量的变化示意图

一般情况下，可以用弗劳德（Froude）数来比较不同生物的步态。不同种类的四足动物在相同的步态下运动速度不同，其定义形式如下：

$$\text{弗劳德数}=\frac{u^2}{gh} \tag{8.1}$$

式中，u 表示动物的运动速度，g 表示重力加速度，h 表示身体躯干中心与地面的距离。对于四足动物来说，当弗劳德数为 0.5 左右时，运动步态一般从静步态（爬行）转换成动步态（trot 或者 pace），当弗劳德数为 2.5 左右时，运动步态从动步态转换成飞奔步态。例如，一般情况下，狗从动步态转换成飞奔步态的速度为 3.5m/s，而骆驼的转换速度为 6.1m/s，但是，考虑两者腿的长度不同，其弗劳德数一样，均为 2.5。因此，如果四足机器人的运动与四足动物的运动类似，为了使其能耗最优，当弗劳德数达到临界状态时，四足机器人的运动步态必须随之改变，也就是说，可以根据四足动物的运动步态来构造四足机器人的步态，以实现运动过程中的最优能耗，从而可以用弗劳德数作为判定四足机器人步态变换的一个参考依据。

动物步态的改变不仅与速度变化有关，还与动物的负重有关，对于马这种四足动物来说，其负重较多与不负重时的步态变换条件是不一样的。多种不同四足动物的负重与步态速度、步态频率、能量消耗的关系如表 8.1 所示。从表中可以看出，在不同的速度下，步态速度、步态频率、能量消耗和负重的关系由参数 a、b 共同决定。

表 8.1　步态速度、步态频率、能量消耗与负重之间的关系

等价速度	步态速度与负重之间的关系		步态频率与负重之间的关系		能量消耗与负重之间的关系	
	系数 a	系数 b	系数 a	系数 b	系数 a	系数 b
最优小跑速度	1.09	0.222	3.35	−0.130	5.35	−0.046
小跑-奔跑步态	1.54	0.216	4.19	−0.150	5.39	−0.011
最优奔跑步态	2.78	0.176	4.44	−0.156	7.21	0.04

多种四足动物的负重和步态速度、步态频率、能量消耗的关系为

$$\text{步态速度(步态频率、能量消耗)} = a(M_b)^b \tag{8.2}$$

式中，a、b 为待定常数，M_b 为四足动物负重，单位为 kg。

综上所述，四足机器人步态选择与其稳定性的衡量密切相关，而步态选择策略与机器人的能量消耗和负重相关，上述理论结果为构造负重四足机器人的运动步态和步态频率提供了一定的理论支持，从而可以基于规定的运动步态来进行机器人稳定性的研究和判定。

8.2　四足机器人稳定性基本概念

四足机器人的行走步态分为静态行走和动态行走，相应的稳定性判定方法分为静态稳定性判定方法和动态稳定性判定方法。四足机器人静态稳定行走的判定标准有很多种，如中心投影法、能量稳定边界法。要想保持四足机器人的静态稳定性，只需要保证其质量中心在支撑多边形区域内部即可。支撑多边形即构成支撑图形的支撑腿之间所组成的多边形，支撑腿之间的连线称为支撑多边形的支撑边界。但是四足机器人动态行走的稳定性判定，迄今为止还没有详细的理论推导和方法存在。因为四足机器人在动态行走过程中，一般情况下，至多只有两条腿与地面同时接触，不存在支撑多边形区域，也就无法定义动态稳定性。

下面给出机器人基本稳定性判定参数的定义。

8.2.1　稳定裕度

在机器人的研究中，支撑模式这个术语常用来代替支撑多边形。通过忽略身体和腿部加速度所引起的惯性作用，我们可以保证如果质心(center of mass，CoM)的投影在支撑模式内，那么机器人就可以保持平衡，如图 8.2 所示。

对一个给定构型的行走机器人，稳定裕度 S_m 定义为质心的垂直投影与水平面上的支撑模式边界的最小距离，如图 8.3(a)所示。此外，人们还提出了一个来解析地求解最优步态的指标，即水平稳定裕度 S_l，其被定义为质心的垂直投影与支撑模式边界在平行于运动方向时的最小距离，如图 8.3(b)所示。

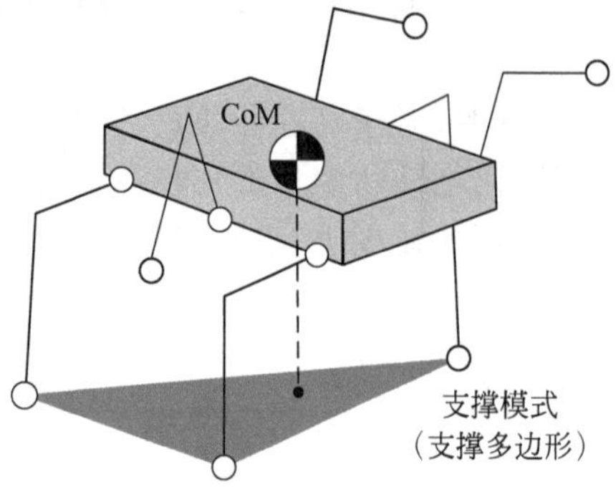

图 8.2　四足机器人的支撑模式

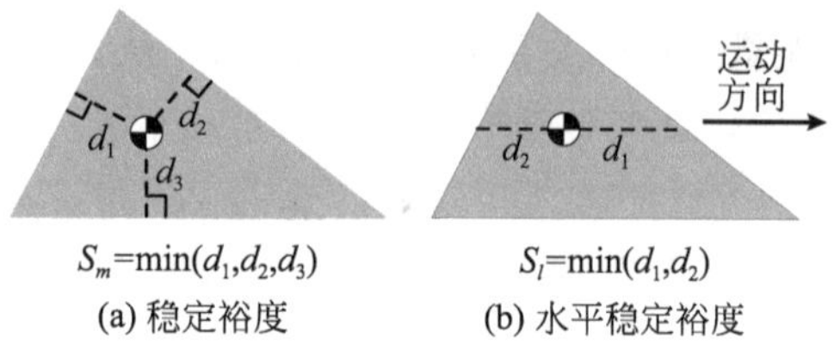

图 8.3　稳定裕度的定义

8.2.2　占空比

如前所述，占空比 β 可以用来区分机器人的静步态和动步态，它被定义为

$$\beta=\frac{\text{支撑期}}{\text{周期}} \tag{8.3}$$

当 $\beta \geqslant 0.5$ 时，一般认为机器人的步态为静步态，而当 $\beta<0.5$ 时，步态为动步态。

8.2.3　阻力系数

阻力系数是一个重要的无量纲数，用来描述运动的平滑性，与前述定义的弗劳德数类似，它也可以用来评价一个机器人的能量效率，其定义形式为

$$\varepsilon=\frac{E}{Mgd} \tag{8.4}$$

式中，E 是行走距离为 d 时的总耗能，M 是机器人的总质量，g 是重力加速度。

当把一个质量为 M 的箱子在摩擦系数为 μ 的地上推动距离 d 时，消耗的能量是 $Mg\mu d$，阻力系数 $\varepsilon=\mu$。

8.3　静态稳定性判定方法

在机器人的静态稳定性定义中，一般利用机器人的重心在足支撑平面上的垂直投影到由各足支撑点构成的支撑模式各边的最短距离作为静态稳定裕度的衡量标准，这个稳定性策略基于几何的概念，不考虑机器人的运动和动态参数。当机器人在水平面上运动时，其具有直观简便的优点。常用的静态稳定性判定方法有静态稳定边界法、纵向稳定边界法、偏转纵向稳定边界法和能量稳定裕度法。机器人静态稳定性定义示意图如图 8.4 所示。

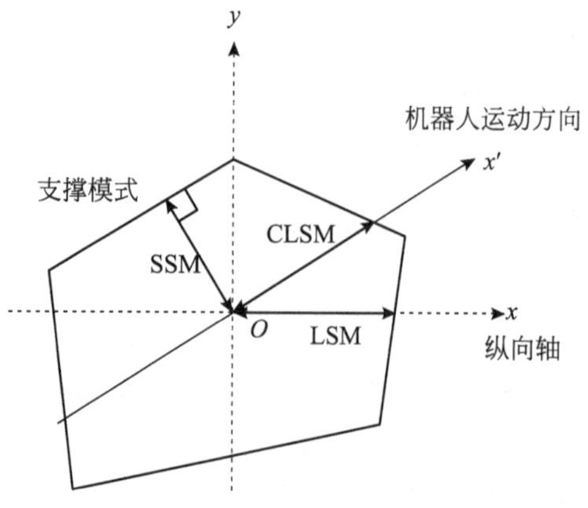

图 8.4　机器人静态稳定性定义示意图

1. 静态稳定边界法

静态稳定边界（static stability margin，SSM）法使用 SSM 作为判定标准。

在给定的支撑模式内，机器人重心投影至支撑模式各边界距离的最小值称为 SSM。

2. 纵向稳定边界法

纵向稳定边界(longitudinal stability margin，LSM)法使用 LSM 作为判定标准。

在给定的支撑模式内，机器人重心的垂直投影至支撑模式前、后边界的较小纵向距离称为 LSM。与 SSM 法比较，LSM 法计算较为简单。

3. 偏转纵向稳定边界法

偏转纵向稳定边界(crab longitudinal stability margin，CLSM)法使用 CLSM 为作为判定标准。

沿着机器人运动方向，机器人重心投影到支撑模式前、后边界的最小距离称为 CLSM。当考虑机器人加速过程中的惯性力影响时，该方法比较有效。

上述静态稳定性方法采用机器人重心投影与支撑模式边界之间的距离进行判定，计算比较简单，在判定四足机器人稳定性时效率较高，但是这种简单是以忽略系统的动态性为代价的，在实际预测四足机器人的稳定性时，静态稳定裕度并不是一个精确的方法，这是因为对于大多数的四足机器人的动态运动来说，机器人的腿部和躯干存在较大的惯性力，机器人的运动一般也是在较为复杂、比较崎岖的环境中的，这时静态稳定性判定方法就会失效。在机器人运动过程中，倾覆力矩不可避免，但即使存在间歇的倾覆力矩，四足机器人也有稳定的极限环存在。

4. 能量稳定裕度法

能量稳定裕度(energy stability margin，ESM)是指当前机器人在其支撑模式各边倾倒过程中的所需的最小势能，如图 8.5 所示，也就是

$$S_{ESM}=\min_{i}^{l_s}(mgh_i) \tag{8.5}$$

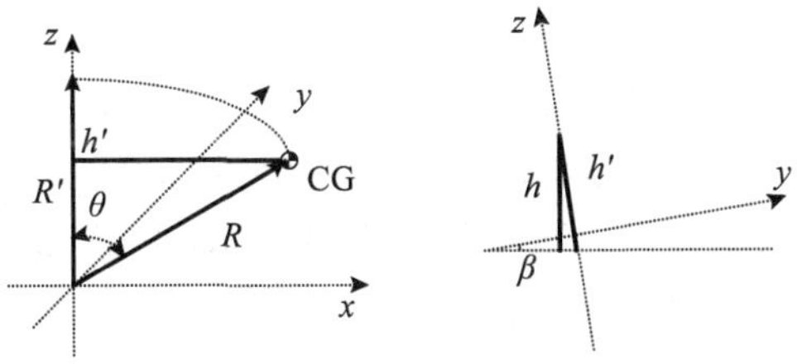

图 8.5　ESM 定义示意图

式中，i 表示所考虑旋转角度的支撑模式的各个边，l_s 表示支撑腿的个数，h_i 表示质心的高度变化，其表示形式为

$$h_i=R_i(1-\cos\theta)\cos\beta \tag{8.6}$$

式中，R_i 表示质心到旋转角度的距离，θ 表示 R 和垂直轴之间的角度，β 表示旋转轴相对于水平面的倾角。

对 ESM 进行标准化，可以得到标准能量稳定裕度(NESM)，定义如下：

$$S_{NESM}=\frac{S_{ESM}}{mg}=\min_{i}^{l_s}h_i \tag{8.7}$$

ESM 法避开了机器人支撑是否水平的问题，但是没有考虑外界干扰项的影响，如外界动态因素和非支撑腿摆动的影响。

8.4　动态稳定性判定方法

机器人的动态稳定性判定方法一般是机器人在利用动步态行走、在崎岖地形环境下行走或者在强外界干扰情况下行走需要考虑的方法。动态稳定性判定方法在一定条件下也可以用来判定机器人的静态稳定性。四足机器人常用的动态稳定性判定方法有零点力矩(zero moment point，ZMP)法、动态稳定性裕度(dynamic stability margin，DSM)法、倾倒稳定性判定(tumble stability judgment，TSJ)法、标准动态能量稳定裕度(normalized dynamic energy stability margin，NDESM)法、改进的泛稳定裕量(modified wide stability margin，MWSM)法和落地一致性比率(landing accordance ration，LAR)法等。

1. 零点力矩法

对于机器人的动态运动来说，一般判定其稳定性采用零点力矩法，有时也称为压力中心

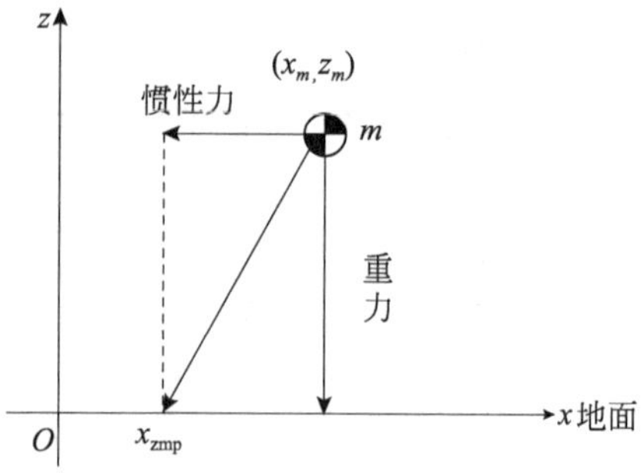

图 8.6　ZMP 公式推导侧面示意图

(centre of pressure,CoP)法,零点力矩(zero moment point,ZMP)理论是南斯拉夫学者 Vukobratovic 等人提出的用于判定机械系统动态平衡的经典理论,它最早被用于判定双足步行机器人在步行中的动态稳定性,至今仍被广泛应用。

四足机器人动态平衡和静态平衡有所不同,当机器人处于运动状态时,其平衡的必要条件为机器人重力与所受惯性力的合力延长线位于机器人支撑模式内。其延长线与支撑平面的交点称为 ZMP,即 ZMP 必须落在支撑模式内。根据 ZMP 的定义,所有力矩之和为 0,如图 8.6 所示,可以得出

$$0=z_m\ddot{x}_m-(x_m-x_{ZMP})(\ddot{z}_m+g) \tag{8.8}$$

$$x_{ZMP}=x_m-\frac{z_m}{\ddot{z}_m+g}\ddot{x}_m \tag{8.9}$$

在行走过程中,当四足机器人的质心保持一个恒定高度时,有 $z=z_m$,$\ddot{z}_m=0$,从而式(8.9)可简化为

$$x_{ZMP}=x_m-\frac{z_m}{g}\ddot{x}_m \tag{8.10}$$

直接计算上式的逆问题比较困难,其逆问题即根据一个期望的 ZMP 运动轨迹得出需要的质心运动轨迹的问题。因此,为了求解这个问题,在二阶系统中加入水平加速度作为状态变量,使之成为一个三阶系统,使得 x_{ZMP} 可以表示成一个状态变量的输出,从而问题描述如下。

定义一个新的变量 u_x,令其为质心的水平加速度关于时间 t 的导数,即

$$\frac{\mathrm{d}\ddot{x}_m}{\mathrm{d}t}=u_x \tag{8.11}$$

把 u_x 当成式(8.10)的输入,从而可以把 ZMP 方程[式(8.10)]转换成一个严格的动态系统

$$\begin{gathered}\frac{\mathrm{d}}{\mathrm{d}t}\begin{bmatrix}x_m\\ \dot{x}_m\\ \ddot{x}_m\end{bmatrix}=\begin{bmatrix}0&1&0\\0&0&1\\0&0&0\end{bmatrix}\begin{bmatrix}x_m\\ \dot{x}_m\\ \ddot{x}_m\end{bmatrix}+\begin{bmatrix}0\\0\\1\end{bmatrix}u_x\\ x_{ZMP}=\begin{bmatrix}1&0&-z_m/g\end{bmatrix}\begin{bmatrix}x_m\\ \dot{x}_m\\ \ddot{x}_m\end{bmatrix}\end{gathered} \tag{8.12}$$

该系统是一个可控可观的动态系统。其中,z_m 为机器人质心的离地高度,g 为重力加速度。同理,可以定义关于 y_{ZMP} 的动态系统方程。通过使用式(8.12),可以构造一个行走模式生成器作为 ZMP 跟踪控制系统。这个系统能够产生一个质心的轨迹使得 ZMP 与其期望的参考轨迹产生尽可能小的误差。

ZMP 跟踪控制系统框图如图 8.7 所示。

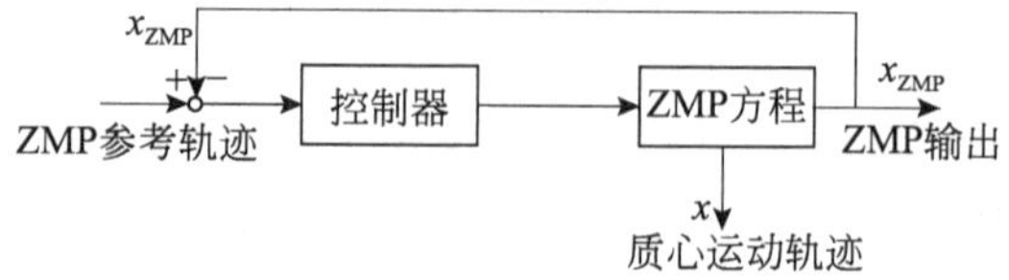

图 8.7　ZMP 跟踪控制系统框图

2. 动态稳定性裕度法

四足机器人在运动过程中,作用在机器人质心上的力和动量会使机器人变得不稳定,如果要保持机器人的质心稳定,基于机器人的动量稳定性准则,需要满足下面的动态方程

$$F_I=F_S+F_G+F_M \tag{8.13}$$

$$M_I=M_S+M_G+M_M \tag{8.14}$$

式中，下标 I、S、G、M 分别表示惯性力、支撑力、重力和外界对机器人的影响。

在四足机器人倾倒过程中，大部分的支撑腿不再与地面接触，机器人与地面只存在一个旋转轴。这时，仅存在机器人与地面之间的相互作用力 F_R 和动量 M_R，它们分别是各腿反作用力 F_{ri} 和在机器人质心周围生成的动量之和。因此，为了确保机器人的稳定性，必须对这个反作用力和在旋转轴 i 上生成的动量 M_i 进行补偿，当这种补偿不充分时，机器人的状态称为动态不稳定。

基于上述描述，动态稳定性裕度（dynamic stability margin，DSM）可定义为支撑模式上每个旋转轴的动量 M_i 的最小值的标准化

$$\boldsymbol{S}_{\mathrm{DSM}}=\min_i \frac{\boldsymbol{e}_i(\boldsymbol{F}_R\times\boldsymbol{P}_i+\boldsymbol{M}_R)}{mg} \tag{8.15}$$

式中，$\boldsymbol{P}_i$ 是质心到第 i 个支撑腿的位置向量，$\boldsymbol{e}_i$ 是沿着支撑边界顺时针方向的一个单位向量。如果所有的动量相对于 $\boldsymbol{e}_i$ 都是正的，则称系统是稳定的。

3. 倾倒稳定性判定法

倾倒稳定性判定（tumble stability judgment，TSJ）法中，把机器人的腿看作无质量的刚性杠杆，所以腿的支撑力和地面反作用力重合，从而 F_R 和动量 M_R 的形式变为

$$F_R=F_I-F_G-F_M \tag{8.16}$$

$$M_R=M_I-M_G-M_M \tag{8.17}$$

从而作用于旋转轴上的动量 $\boldsymbol{M}_i$ 计算如下：

$$\boldsymbol{M}_i=\boldsymbol{M}_R\boldsymbol{e}+\boldsymbol{F}_R\times\boldsymbol{P}_i\boldsymbol{e}_i \tag{8.18}$$

从上式可以看出，其动量 $\boldsymbol{M}_i$ 的计算方法与式(8.15)一样，从而

$$\boldsymbol{S}_{\mathrm{TSM}}=\min_i \frac{\boldsymbol{M}_i}{mg} \tag{8.19}$$

如果在旋转方向上存在任意支撑腿 j 使得系统不倾倒，则称系统是动态稳定的。为了简化计算，F_R 和 M_R 也可以利用安装在足底末端的力传感器测量得到。

4. 标准动态能量稳定裕度法

如图 8.8 所示，四足机器人在行走的某个瞬间，机器人的质心绕着支撑模式的某支撑边翻转，该支撑边由机器人的支撑腿与地面的接触点 i 和 $i+1$ 之间的连线组成。

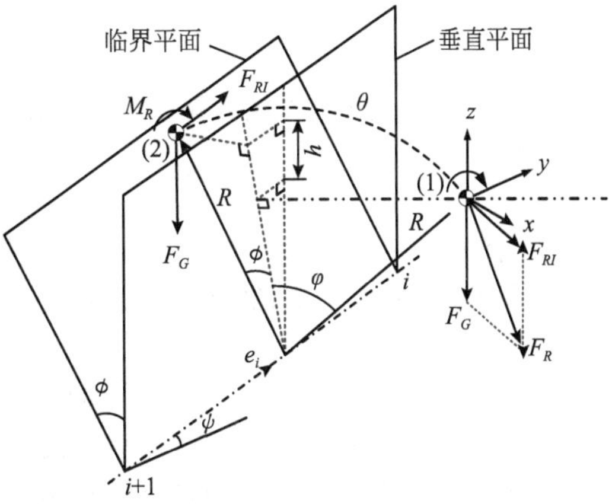

图 8.8　NDESM 计算示意图

当机器人在不规则地形上行走时，该支撑边有可能与水平面存在倾角，设旋转轴的支撑边与水平面的夹角为 ψ。由于机器人质心上的力和力矩的作用，机器人存在绕支撑边旋转的动能。为了保证机器人系统在行走过程中的稳定性，机器人和地面接触点处的合力 F_R 和合力矩 M_R 必须产生足够的补偿。当足底接触力矩和绕着旋转轴的倾覆力矩相等时，机器人处于临界稳定状态，此时，质心位于临界平面内，该临界平面和通过旋转轴的垂直平面之间的夹角为 ϕ。

在倾覆之前的初始位置 1（垂直平面）上，机器人质心受 6 种力和力矩的作用：惯性力 F_I、惯性力矩 M_I，重力 F_G、重力矩 M_G、操纵力 F_M、操纵力矩 M_G。机器人腿不同状态之间的变换引起的干扰也可视为操纵力。从而有

$$F_R=F_G+F_M-F_I \tag{8.20}$$

$$M_R=M_G+M_M-M_I \tag{8.21}$$

在机器人由初始位置 1 绕旋转轴转到临界平面时，其他力都是变化的，只有重力的大小和方向不变。为了简单，合力分为重力和非重力之和

$$\boldsymbol{F}_{RI}=\boldsymbol{F}_R-\boldsymbol{F}_G \tag{8.22}$$

在倾覆过程中，机器人能量改变可用下式表示

$$E_i=V_2-V_1+K_2-K_1 \tag{8.23}$$

式中，V_1 和 K_1 是位置 1 时刻的机器人质心所具有的势能和动能，V_2 和 K_2 是位置 2(临界平面）时刻的机器人质心所具有的势能和动能，亦即由初始位置 1 转动到临界平面时，在临界平面上机器人质心的能量。

根据前面临界平面的定义，在临界状态下，机器人质心绕旋转轴的合力矩为 **0**，质心速度为 **0**，从而动能为 **0**。此时，有

$$E_i=V_2-V_1-K_1 \tag{8.24}$$

势能的增加量 V_2-V_1 为重力 F_G 和其余的力 F_{RI} 和力矩 M_R 势能改变量之和，表示如下：

$$V_2-V_1=\Delta V_G+\Delta V_F+\Delta V_M \tag{8.25}$$

$$\Delta V_G=mgh \tag{8.26}$$

$$\Delta V_F=\int_{\theta_1}^{\theta_2}(\boldsymbol{F}_{RI}\times\boldsymbol{R})\cdot\boldsymbol{e}_i\,\mathrm{d}\theta \tag{8.27}$$

$$\Delta V_M=\int_{\theta_1}^{\theta_2}\boldsymbol{M}_R\cdot\boldsymbol{e}_i\,\mathrm{d}\theta \tag{8.28}$$

式中，$\boldsymbol{R}$ 和 $\boldsymbol{e}_i$ 是图 8.8 中所示的向量，$\boldsymbol{e}_i$ 是沿着支撑边界顺时针方向的一个单位向量，$\boldsymbol{R}$ 的方向由旋转支撑边界指向机器人质心。

现在考虑在位置 1 时刻机器人质心的速度 v_{cg}。该时刻的动能可以通过角动量的表示公式获得，如下所示。

$$L_i=(\boldsymbol{R}\times mv_{cg})\cdot\boldsymbol{e}_i \tag{8.29}$$

式中，m 为机器人的质量。从而，该时刻的角速度为

$$\omega_i=\frac{L_i}{I_i} \tag{8.30}$$

式中，I_i 为机器人绕旋转轴的转动惯量。相应的动能为

$$K_1=\frac{1}{2}I_i\omega_i^2 \tag{8.31}$$

对于一个移动机器人来说，如果足与地接触产生的绕支撑模式任意一个边界的力矩均为正值，那么这个系统是稳定的，当力矩为 **0** 时，机器人系统处于临界稳定状态。公式表示如下：

$$\begin{gathered}M_i>0\quad i=1,2,\cdots,n-1\\ \boldsymbol{M}_i=(\boldsymbol{F}_R\times\boldsymbol{R}+\boldsymbol{M}_R)\cdot\boldsymbol{e}_i\end{gathered} \tag{8.32}$$

其中，所谓正方向，就是力矩沿着支撑模式的顺时针方向。

从而，标准动态能量稳定裕度(normalized dynamic energy stability margin，NDESM)法的倾覆稳定性是指机器人绕支撑模式的所有边的能量变换最小值 E 与其重量的比值，就是

$$S_{\mathrm{NDESM}}=\frac{\min(E_i)}{mg} \tag{8.33}$$

5. 改进的泛稳定裕量法

以泛稳定裕量(wide stability margin，WSM)法为基础，考虑机器人动态行走时惯性力这一重要因素，将机器人重心投影改进为考虑惯性力的动态 ZMP(零力矩投影点，也称压力中心)的方法称为改进的泛稳定裕量(modified wide stability margin，MWSM)失稳判据法，如图 8.9 所示。该判据根据动态 ZMP 到四只脚围成的四边形各条边的最短距离判断机器人的动态稳定性及其

稳定裕量，ZMP 则根据惯性测量传感器测得的加速度进行估算。考虑到 ZMP 的估算误差和机器人-地面系统作用的复杂性，具体的稳定裕量由实验确定。

首先，对于零力矩投影点在不受惯性力影响和受到惯性力影响两种情况下在前进方向上差值 d 进行计算

$$\int_0^d mg\ \frac{x}{h}\mathrm{d}x = \frac{1}{2}mv^2 \tag{8.34}$$

式中，h 为机体重心高度，v 为停止瞬间机体前进速度。

利用式(8.34)求得 d 值如下：

$$d = \sqrt{\frac{v^2 h}{g}} \tag{8.35}$$

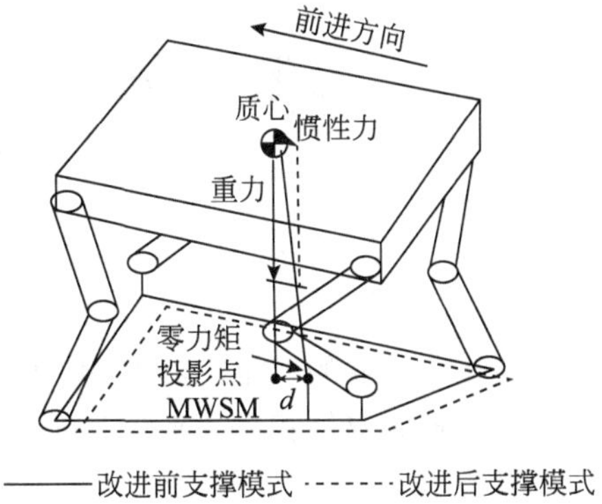

图 8.9　改进的泛稳定裕量失稳判据法

为使机器人保持原有稳定域度，不受惯性力的影响，首先，应在匀加速开始的第一周期内，使四足摆动距离较给定标准步长短 d，支撑模式在其他情况不变的基础上也较原来的支撑模式少向前移动 d；其次，恢复给定标准步长，使改进的支撑模式始终位于改进前支撑模式后方 d 处；最后，当匀加速运动结束时，在一个周期内使足端向前摆动步长较标准步长增加 d，恢复为改进前的支撑模式。

这样，在机器人匀加速阶段，为抵消惯性力对机身产生的影响，此方法同时考虑重力和惯性力，在两力的合力方向寻找重心投影点。

6. 落地一致性比率法

在多数情况下，四足机器人在动态行走过程中，一般采用的步态是对角小跑步态，这是四足动物常用的中等运动速度步态。如果四足机器人没有受到外力干扰，地面作用力是唯一的外力，因此为了保持对角小跑步态的稳定性，必须调整地面作用力对四足机器人的作用，在对角小跑步态中，对角线上的两条腿步态一致，在四足机器人的实际运动中，当对角线上的腿步态不一致时，会对四足机器人产生额外的作用力矩，有可能使得机器人不稳定，甚至倾覆。因此，定义如下的对角小跑步态稳定的判定依据，称为 LAR，表示如下：

$$\lambda = \frac{t - t_{td}}{t} \tag{8.36}$$

式中，λ 表示 LAR，t 表示对角线上的腿的支撑时间，t_{td} 表示对角线上两条腿触地时的不协调时间。由此可知，λ 取值在 0～1，当 $\lambda = 1$ 时表示此时四足机器人保持动态稳定性。

这种落地一致性比率(landing accordance ration，LAR)法能够保证在对角小跑步态下，对角线上的腿的协调一致，但是并不能完全保证四足机器人真正的稳定，当四足机器人的身体受到较大的惯性力时，仍然很容易倾覆。该判定标准仅是在对角小跑步态下的判定标准，缺乏一般性。

习　　题

1. 简要叙述静态稳定性和动态稳定性有哪些方法。
2. 静态稳定性和动态稳定性主要区别在什么地方？
3. 简要叙述静态稳定裕度的定义。
4. 在机器人动态稳定判定方法中，LAR 方法能否单独用来实现机器人的稳定行走？
5. 改进的泛稳定裕量判定法与原始的泛稳定裕量判定法相比，优势体现在什么地方？

第 9 章　四足机器人结构设计与安装流程

基于所开发的四足机器人，本章重点介绍机器人的结构设计和安装流程，以便为后续机器人的维修和控制提供相应的平台基础。

9.1　四足机器人结构设计

机器人物理平台的研发现阶段进行了两次更新迭代，第一款膝关节自由度和电机之间为皮带连接，基于皮带连接的四足机器人在电机输出力矩较大时，容易造成皮带打滑，需要重新调整电机零位。第二款膝关节处采用连杆连接方式，其他机构和硬件设计与第一款一致，解决了第一款机器人电机打滑、零位调整的问题。因此，在本节的四足机器人结构设计介绍中采用连杆四足机器人，其他章节部分则采用基于皮带连接的四足机器人，不影响对相关内容的理解和掌握。

本书所开发的四足机器人（膝关节采用连杆方式）整体结构如图 9.1 所示，整机结构主要由尾部壳体、头部壳体及电机外包固定单元、躯干腔体和四条腿组成，其中每条腿有 3 个动力单元，利用安装的 3 个电机分别控制大腿侧摆、大腿俯仰和小腿的伸缩。

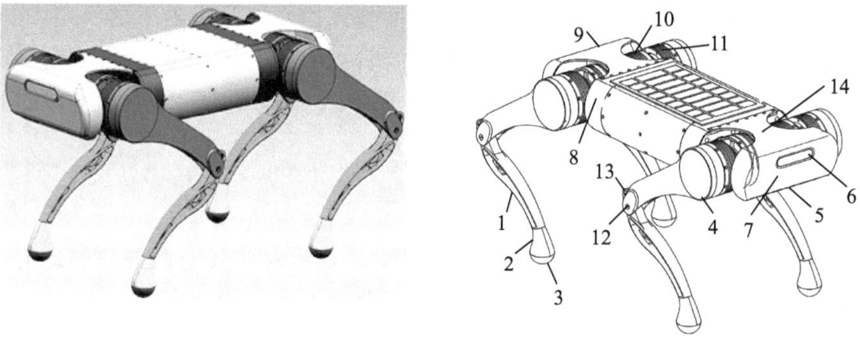

图 9.1　四足机器人整体结构示意图

1—机器人小腿；2—可拆卸足端；3—脚底缓冲；4—防撞保护盖；5—底部相机；6—面部相机；7—显示装置；8—电机保护；9—尾部保护盖；10—大腿电机；11—小腿电机；12—小腿关节销钉；13—小腿连杆销钉；14—面部端盖

机器人的整机侧面剖视图如图 9.2 所示，机器人的整机横向剖视图和关节动力图如图 9.3 和图 9.4 所示。

机器人腿部机构简图如图 9.5 所示。机器人腿部采用连杆机构，连杆机构中的运动副一般为低副，其元素之间的接触是面接触，因此磨损相应较少，另外，构成这些运动副的元素加工比较简单，且易得到较高的制造精度，能起到增力或扩大行程的作用。在四足机器人上，连杆机构的构型设计体现在腿部传动中，即小腿电机通过四连杆机构将动力传递到小腿、足底上。在腿部的连杆传动机构中，为减少控制成本，采用平行四边形机构来传递动力，以保证对边的边长相等，以便可以将电机的力同角度地传递到小腿关节处，这样能确保小腿转动的关节角度正好等于电机的旋转角度。

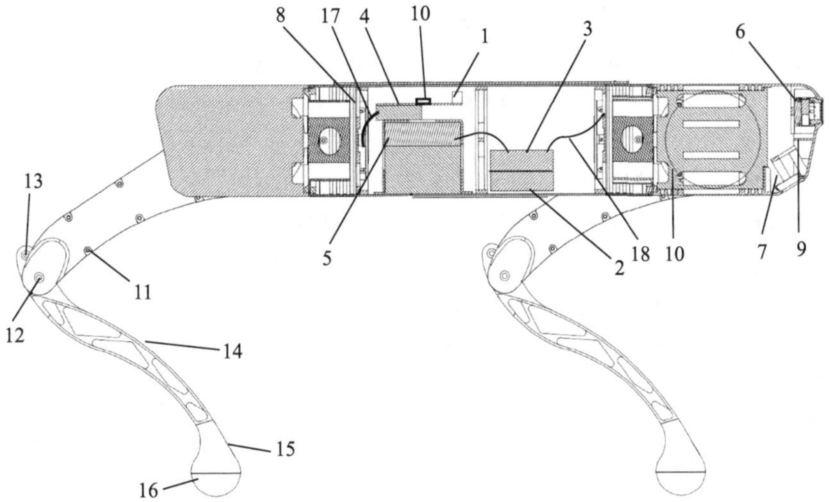

图 9.2　整机侧面剖视图

1—无线数据传输模块；2—运动控制 CPU；3—AI 处理器；4—电源管理板；5—本地数据 CAN 转换板；6—前方相机；7—下方相机；8—分电板；9—显示屏幕；10—限流等级拨码开关；11—腿部端盖紧固螺丝孔；12—小腿贯穿螺母销钉；13—小腿连杆贯穿螺母销钉；14—小腿结构；15—足端支撑件；16—足端减震缓冲半球；17—尾部分电板信号与功率总线；18—前部分电板信号与功率总线

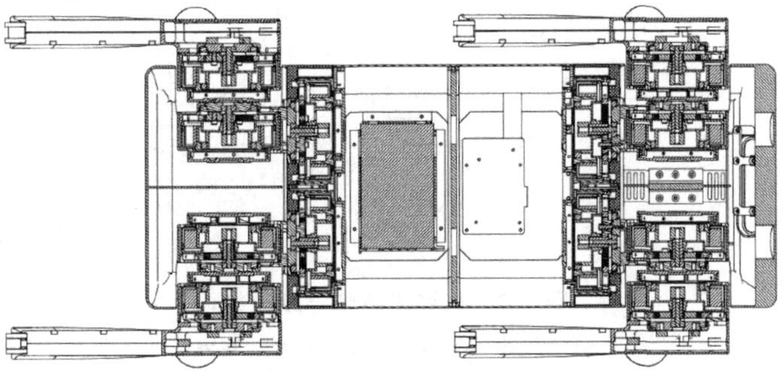

图 9.3　整机横向剖视图

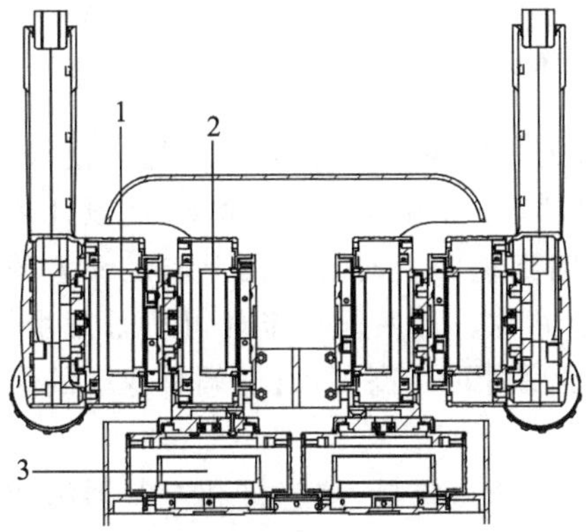

图 9.4　关节动力图

1—小腿动力单元；2—大腿动力单元；3—侧摆关节动力单元

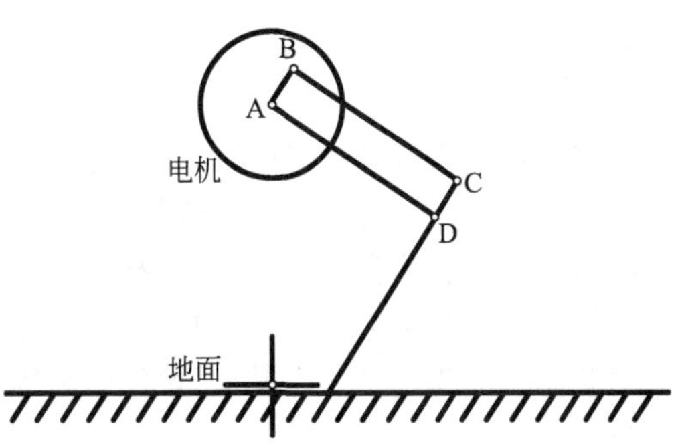

图 9.5　机器人腿部机构简图

A—电机中心轴位置；B—连杆第一铰链点；C—连杆第二铰链点；D—小腿与大腿的连接铰链点

AB 可以绕着 A 点转动、DC 可以绕着 D 点转动、AD 与电机的固定连接、BC 随着 AB 的转动带动 CD 转动

根据平行四边形的连杆特性，可以知道 AB 的转速与 CD 的转速是一致的。那么在已知电机转速 n_1、减速器减速比 i 的时候可以求出 CD 转速 $n_2=in_1$，即小腿转速是电机转速的 i 倍。

根据平行四边形的连杆受力特性可以知道,理论上 A 点的扭矩等于 D 点的扭矩,根据减速器的减速特性,理论上可以认为减速器的输出扭矩＝输入扭矩/减速比 i,所以小腿 D 点的扭矩是电机的 $1/i$ 倍。

机器人腿部组成和详细结构如图 9.6 和图 9.7 所示,在机器人腿部连杆传动设计过程中,值得注意的是,在小腿伸缩到极限时,需要一个机械限位,否则四边形连杆机构在超过极限位置时会卡死。解决办法是增加限位单元,在机器人外侧壳体上铸造一块的凸起挡块,当小腿伸展开的时候,凸轮盘带动连杆运动,当连杆顶端顶到凸起挡块时,起到限位作用,避免在伸展腿时超过死区,腿收起到极限时,小腿弧线和大腿弧线会部分重合,挤压在一起,起到收腿极限限位作用。

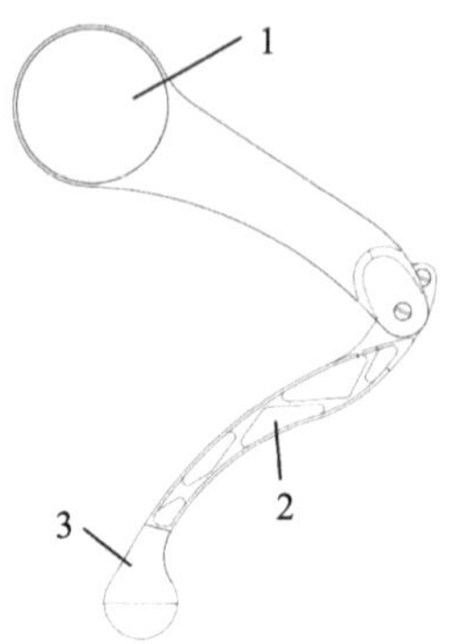

图 9.6　机器人腿部组成

1—保护橡胶盖板;2—小腿镂空减重结构;3—足端可拆卸骨架

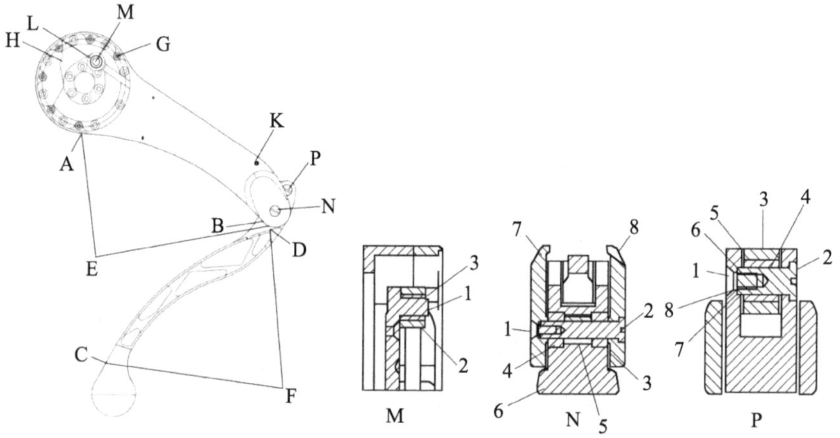

图 9.7　机器人腿部详细结构

L—凸轮输出盘;H—限位凸起;M—输出销柱;G—上下大腿盖压紧螺丝;K—客户 DIY 预留螺丝孔;
P—小腿连杆贯穿销钉;N—小腿关节贯穿销钉;M. 1—凸轮盘输出销柱;M. 2—传动连杆;M. 3—滚针轴承;
N. 1—小腿关节转轴锁紧螺钉;N. 2—小腿关节贯穿螺母;N. 3(4)—小腿关节轴承;N. 5—防锁死环形中空顶柱管;
N. 6—小腿;N. 7—大腿左侧壳;N. 8—大腿右侧壳;P. 1—小腿连杆转轴锁紧螺钉;P. 2—小腿转轴锁紧内螺母;
P. 3—小腿连杆;P. 4—小腿连杆滚针轴承;P. 5—垫片;P. 6— 螺母止动点;P. 7(8)—锁紧位置示意点

为了降低机器人运动时的噪声,实现足-地接触时的机械缓冲,本书开发了机器人足底结构,如图 9.8 所示,为了减轻重量,足底骨架采用中空架构,材料可以为塑胶或者金属,此设计可保证足底具有尽量平坦且面积大的弧面,这样可以保证其踩踏到地面上时与地面形成足够大的面接触,而不是点接触,足够大的面接触可以保证机器人稳定站立。足底缓冲半球可以采用由橡胶、硅胶等材料制成的柔性单元。另外,设计的足底缓冲与足底骨可调高度,通过调整橡胶的柔性和高度可以轻易获得不同的弹性效果。

每个动力单元都是一样的,如图 9.9 所示,单个关节引擎由电机、减速机和控制器组成。电机的工作原理如下:由外转子及内部定子三相无刷线圈组成基本动力单元,其在驱动电路板的控制下完成对关节的位置、速度、力矩混合控制,电机转子中心输出力经过太阳轮和行星轮,以及齿圈组成基本行星减速单元,将电机减速;增大扭矩后的力通过法兰盘输出,在这种大力矩场合下,电机本体和内部经常受强烈冲击,因此输出单元采用薄壁交叉滚子轴承完成,使外部冲击被交叉滚子器件所承担,保护内部器件不受冲击。

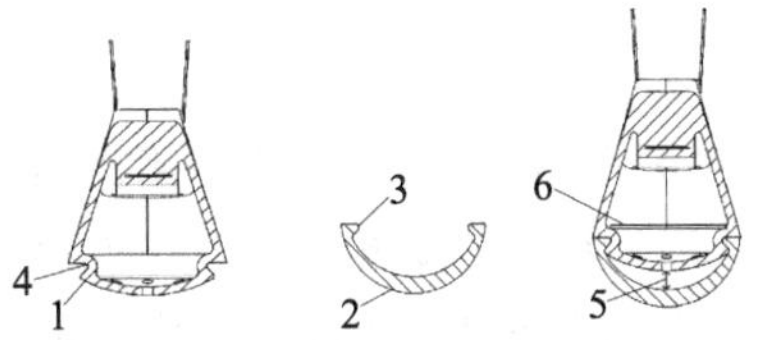

图 9.8　机器人足底结构

1—足底骨架；2—足底缓冲半球；3—装配凸起；
4—装配凹槽；5—足底缓冲与足底骨可调高度；
6—足底压力与无线装置

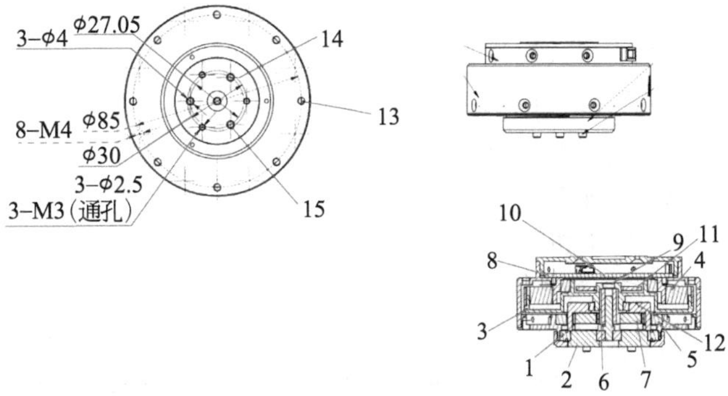

图 9.9　动力单元

1—交叉滚子轴承；2—输出法兰盘；3—转子；4—定子线圈；5—齿圈；
6—太阳轮；7—行星轮；8—驱动板；9—编码器磁铁；
10—编码器 IC；11—法兰盘编码器霍尔；12—法兰盘位置磁铁；
13—螺纹孔；14—行星架；15—行星轮轴

为了批量化生产，内部尽量少的走线是必需的，本书设计的机器人将前后腿电机固定在一块底板上，并且设置通信线，如图 9.10 所示。另外，在板子上设计有单个电机的保护装置。图 9.10 中的两个侧摆电机同时贯穿 PCB 板的安装梁电机背部的螺丝孔，将三者组合起来形成一个前部模组，这样的设计大幅减少了机身内线束，方便装配和维修。

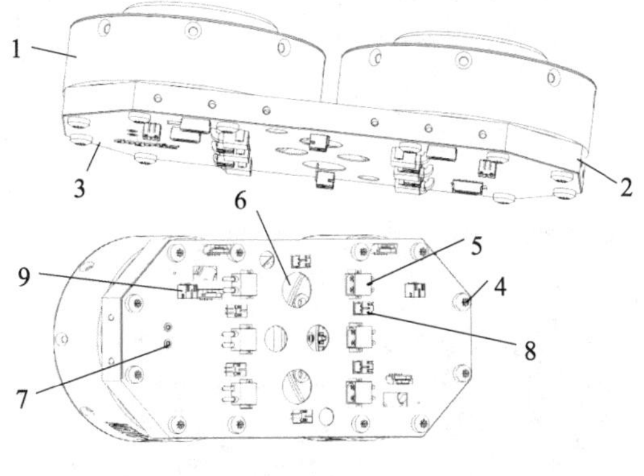

图 9.10　分电板设计

1—侧摆关节电机；2—关节电机安装梁；3—功率与信号分配板；4—锁紧螺钉；5—电机电源插头；
6—电机信号线电源线进入机身 PCB 开孔；7—总板功率电源线输出端；8—CAN 信号线给电机；9—CAN 信号线进入

9.2　四足机器人安装流程

四足机器人的安装主要包括电机的装配、腿部机构的装配、关节模组的装配、躯干的装配和腿部整体安装。下面逐个介绍各个模块的装配流程，为机器人的使用和维护提供相应的技术指导。

9.2.1　电机的装配

首先检查电机各零件是否完好，有无毛刺等加工质量问题，然后进行电机的装配，步骤如下。

(1) 装配转子。

(2) 装配定子线圈。

(3) 装配定/转子。

(4) 装配齿圈。

(5) 装配减速器。

(6) 装配电机端盖。

(7) 装配电机机械。

(8) 装配电机驱动板。

(9) 对电机进行初始化设置。

1. 装配转子

转子装配零配件如图 9.11 所示。转子装配过程中，首先将酒精喷洒在钢圈内表面，并使用厨房用纸将内表面油污擦干净。将转子支架嵌入钢圈内并压紧，如图 9.12 所示。在转子支架垭口处涂少量磁钢胶(可选用乐泰 AA326)，将分离好的磁铁插入垭口[注意两个相邻磁铁之间侧面(朝圆心方向)相斥]，将装配好的转子磁铁上多余的胶水擦除，并将转子置于 60℃加热保温箱中保温 30 分钟(或在常温下静置 4 小时)。转子磁铁装入过程如图 9.13 所示。

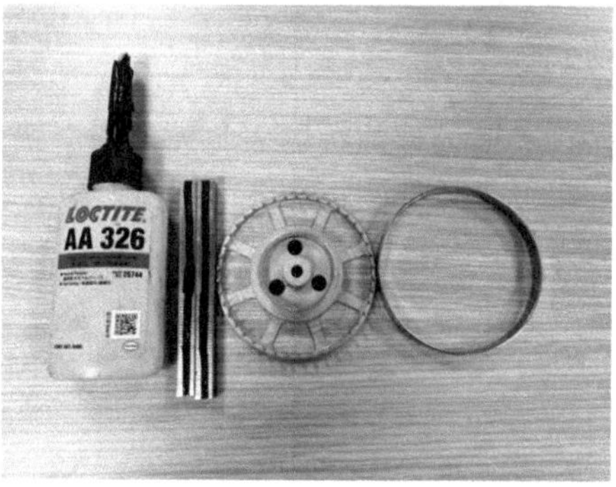

图 9.11　转子装配零配件图

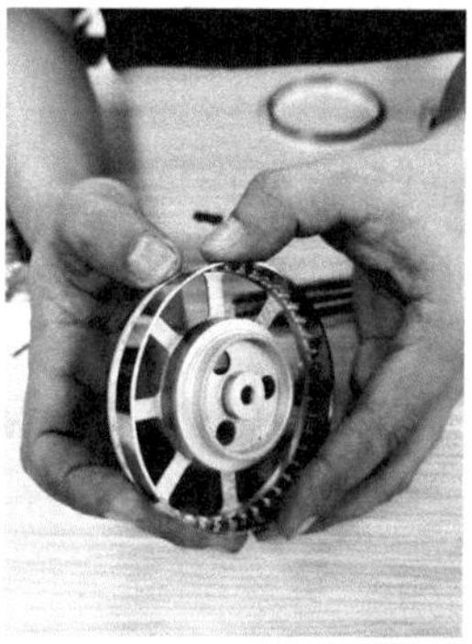

图 9.12　转子支架嵌入钢圈内

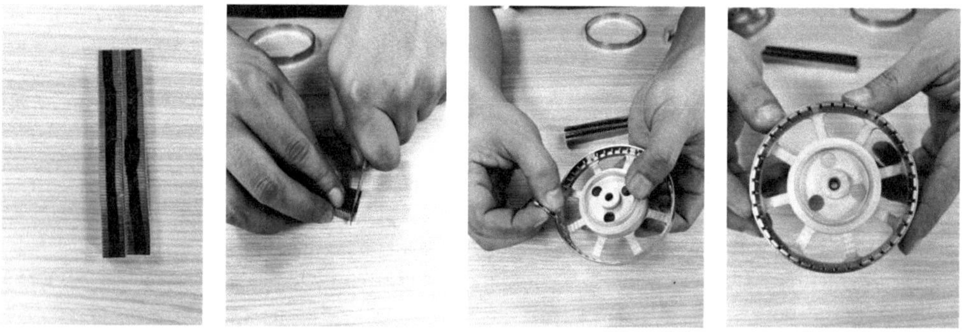

(a) 磁铁划线　(b) 磁铁分离　(c) 磁铁装配　(d) 安装完毕

图 9.13　转子磁铁装入过程

磁铁安装过程的注意事项：

(1) 检查转子支架垭口与磁铁尺寸是否匹配。

(2) 转子磁铁安装前需要提前划线，不同批次划线时需要先检查磁铁的方向，且不同批次划线时不得使用同一颜色油漆笔，如图 9.13(a)所示。

(3) 涂胶过程中避免胶水粘在备用磁铁上。

(4) 磁铁要安装到位(竖直装入，安装到底，确保与钢圈贴合紧密)。

(5) 安装完成后手工检查磁铁是否有突起。

(6) 检查无误后，将安装好的转子放置在无铁屑等杂质的干净位置上。

转子保温结束后，使用工装治具和压力机将太阳轮压装在转子支架上，如图 9.14 所示，压装之前需要在太阳轮底部和转子支架的太阳轮孔内涂抹适量固持胶（可选用乐泰 648）。压装太阳轮后须清理多余的胶水，避免裸露在外面的太阳轮表面粘上胶水。

(a) 太阳轮对中　(b) 太阳轮压装完毕　(c) 划线

图 9.14　太阳轮装配过程

太阳轮装配过程的注意事项：

(1) 太阳轮安装前需要使用清洗剂浸泡 5 分钟（人员需要做好防护，避免皮肤直接接触清洗剂），浸泡后使用清水清洗干净，用气压喷气装置快速清除其上的多余水分。

(2) 在太阳轮底部（约占齿长 1/3 处）涂抹一圈胶水。

(3) 压装过程中至少需要进行 2 次压力机泄压，并转动转子支架，以免压偏太阳轮。

(4) 压装作业完成后须擦除多余胶水，擦除胶水时要注意胶水不能粘在裸露的齿面上，且需要擦除太阳轮中心轴孔内的胶水。此外，每次压装后需要擦除工装内胶水。之后使用油漆笔在太阳轮和转子支架上画一条标记线，以便于维修时检查太阳轮是否松动。

2. 装配定子线圈

装配定子线圈所需的材料如图 9.15 所示，包括电动螺丝刀、螺丝、AB 胶、铜线圈、转子、轴承、电机外壳。

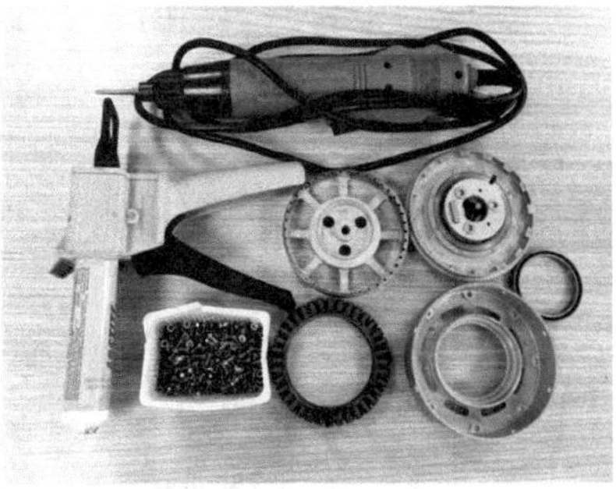

图 9.15　定子线圈装配材料

装配过程如图 9.16 所示。首先试装定子线圈是否到位：将合格的定子线圈放入定子支架（此时注意线圈三相线的出线位置），观察线圈是否在定子支架上晃动。

检查合格后，取出定子线圈并在其内表面涂上 AB 胶水（可选用 ERGO 9900），然后将线圈粘在定子支架上，最后使用万用表检查定子线圈的绝缘性。

定子线圈装配过程的注意事项：

(1) 将线圈放入定子支架之前，要将三根较长的电源线捋顺，将短接线竖起。

(2) 确认线圈在定子支架上的出线位置，电源线置于大缺口对应的后一个出线口，避免短接线贴紧定子支架。

(3) 试装时将定子线圈放入定子支架后（不涂胶），确保其不晃动，使用万用表检测绝缘情况，出现短路立刻取出，调整后重新放入。

(4) 将 AB 胶（黄豆大小）用工具混合均匀后，涂抹在线圈内表面，将线圈粘在定子支架上，把短接线按平，用万用表检查其绝缘情况，出现短路立刻取出，调整后重新放入，直到万用表检查绝缘情况无问题。

(5) 擦除多余胶水，并将胶水混合工具清理干净。

(6) 将定子支架的线圈部位朝上放置至少 1 小时。

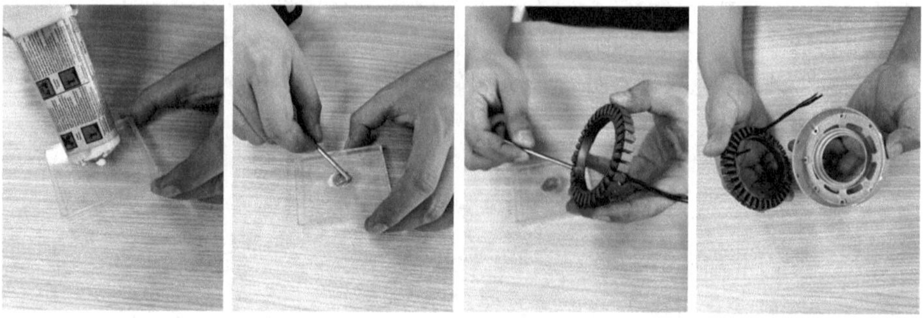

(a) 准备AB胶水　(b) 混合胶水　(c) 线圈内部涂抹胶水　(d) 粘接线圈

(e) 确认出线位置　(f) 擦除多余胶水　(g) 静置

图 9.16　定子线圈装配过程

3. 装配定/转子

定/转子装配过程如图 9.17 所示。在深沟球轴承表面涂抹少量润滑脂，以便于装入轴承且避免划伤工件表面。装配时，先将轴承装入定子支架上（检查轴承安装后是否运转顺畅），再将已装好的转子扣置在已装好的定子上，然后使用夹具治具和台钻将转子压进转子轴承内，压到位后检查转子是否运转良好且无卡顿现象。

(a) 准备轴承　(b) 安装轴承　(c) 安装转子　(d) 转子安装完毕

图 9.17　定/转子装配过程

定/转子装配过程的注意事项：

（1）安装前需要检查定子线圈的绝缘情况和转子磁铁有无凸起。

（2）安装后用手转动转子，确保无卡顿现象。

（3）压装过程中，应当挤压转子支架中间圆柱部位，不得用力挤压转子支架连接筋的位置。

4. 装配齿圈

齿圈装配过程如图 9.18 所示。首先清理齿圈外表面，并在齿圈外表面与电机端盖齿圈孔处涂抹固持胶（可选用乐泰 648），然后使用工装治具和台钻将齿圈压进电机端盖（压装过程中，各边应均匀受力，避免压偏）。压装完成后，在齿圈和电机端盖上用油漆笔画一条线，以便后期拆解维修时判断齿圈有无松动。

(a) 电机端盖抹胶　(b) 齿圈外侧抹胶　(c) 下工装治具　(d) 上工装治具

(e) 压装齿圈　(f) 检查齿圈　(g) 划线

图 9.18　齿圈装配过程

齿圈装配过程的注意事项：齿圈安装前需要使用清洗剂浸泡 5 分钟（人员需要做好防护，避免皮肤直接接触清洗剂），然后使用清水将齿圈清洗干净，并用气压喷气装置快速清除其上多余水分。

5. 装配减速器

减速器装配材料如图 9.19 所示，装配过程如图 9.20 所示。首先将小轴承外圈涂上润滑脂，然后使用工装将小轴承压进行星架下的轴承孔中；再检查交叉滚子轴承是否嵌入良好，旋转有无卡顿情况，然后在交叉滚子轴承内表面涂抹润滑脂，以方便交叉滚子轴承放入行星架下，将交叉滚子轴承放置好后，依次安装行星齿轮轴、不锈钢垫片、滚针轴承于行星架上，拧紧固定螺钉（螺钉上需要涂抹螺纹胶）。

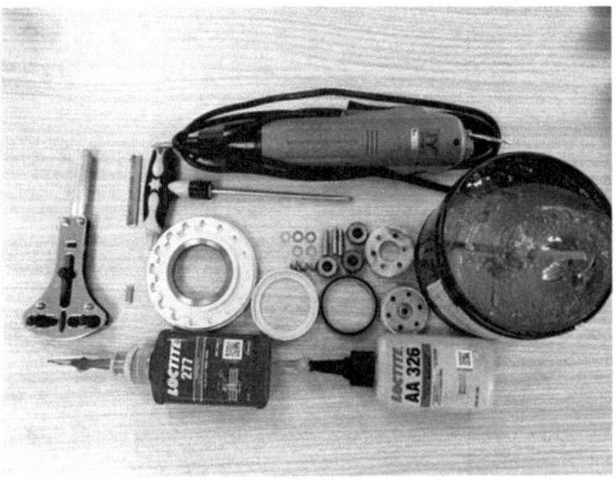

图 9.19　减速器装配材料

减速器装配过程的注意事项：

(1) 轴承需要安装到位。

(2) 安装垫片前保证行星齿轮轴安装到位，且安装过程中不能触碰行星齿轮轴后面的突起位置。

(3) 装滚针轴承后需要在滚针轴承外表面涂少量润滑脂。

(4) 行星架需要贴合紧密，垫片不能变形，运行顺畅。

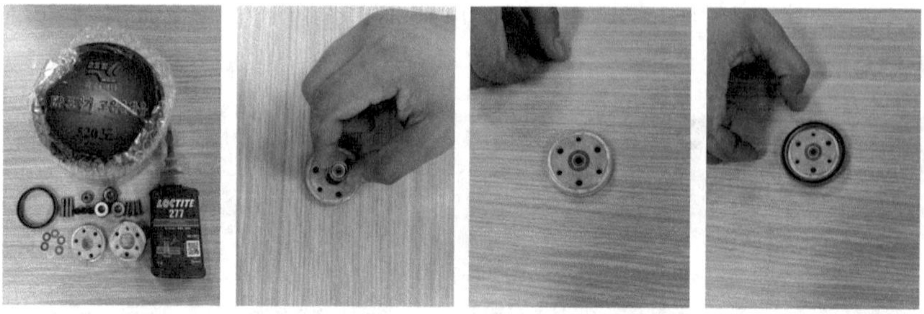

(a) 准备零部件　(b) 安装中心轴承　(c) 中心轴承安装完毕　(d) 安装外轴承

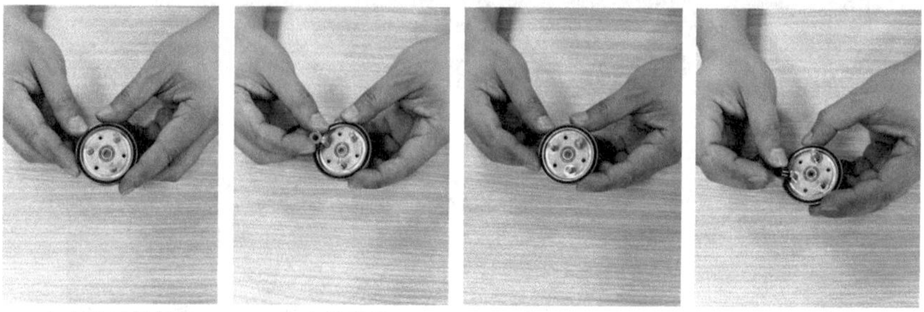

(e) 安装行星轴　(f) 安装垫片　(g) 涂抹润滑脂　(h) 安装滚针轴承

(i) 轴承涂抹润滑脂　(j) 安装行星轮　(k) 磁铁装配　(l) 安装垫片

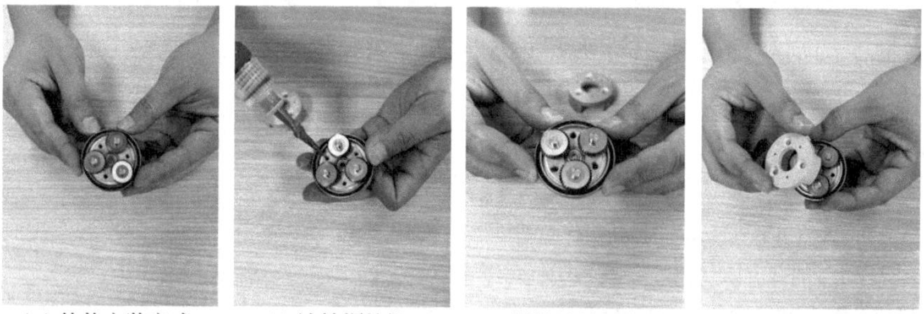

(m) 垫片安装完成　(n) 涂抹螺纹胶　(o) 螺纹胶涂抹完毕　(p) 安装上行星架

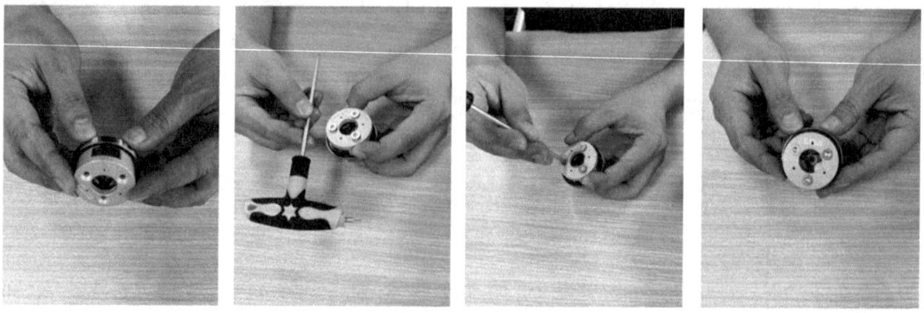

(q) 上下行星架对齐　(r) 安装螺栓　(s) 螺栓紧固　(t) 减速器装配完成

图 9.20　减速器装配过程

6. 装配电机端盖

电机端盖装配过程如图 9.21 所示。首先将上一步的减速器部分装在电机端盖上(要缓慢插入),并在电机端盖螺纹上打上高强度螺纹胶(可选用乐泰 277),用三爪卡盘拧紧轴承、压紧盖。在行星架上涂抹磁钢胶(可选用乐泰 AA326),用安装工具判断霍尔磁铁方向后,将其粘在行星架上。使用工具给减速器注入润滑脂,此处润滑脂应选用黏度大的润滑脂。

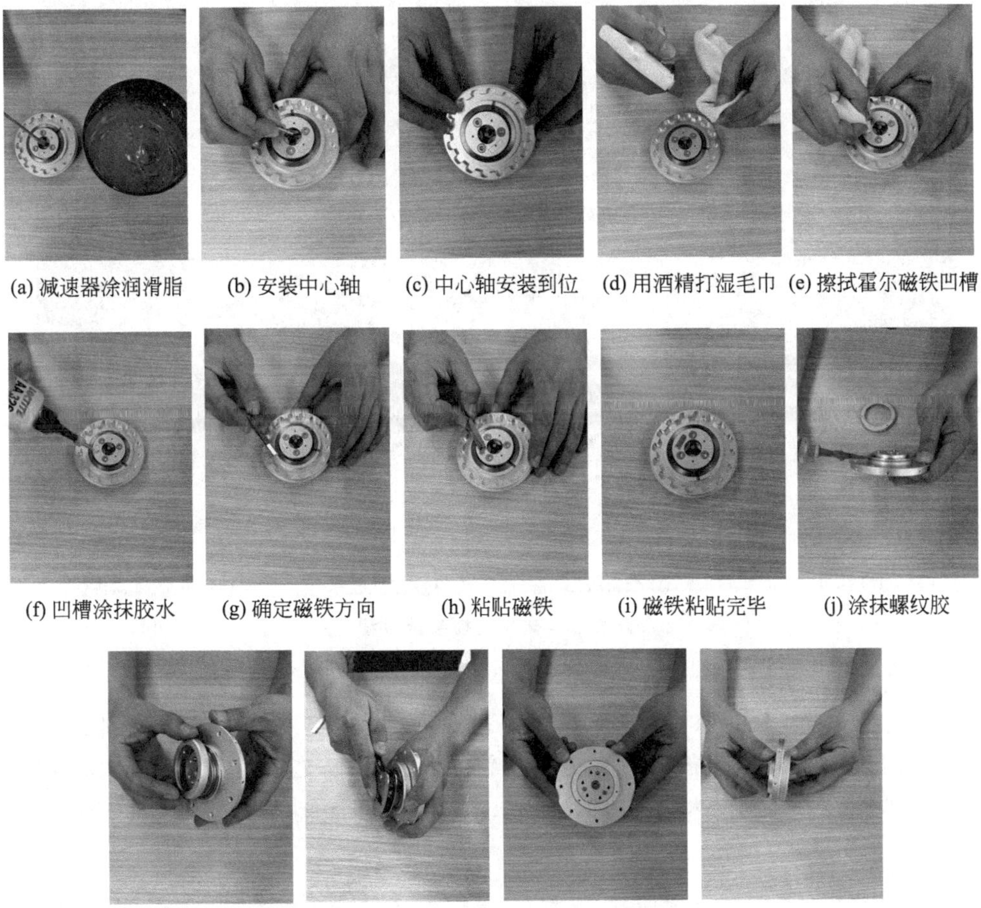

(a) 减速器涂润滑脂 (b) 安装中心轴 (c) 中心轴安装到位 (d) 用酒精打湿毛巾 (e) 擦拭霍尔磁铁凹槽

(f) 凹槽涂抹胶水 (g) 确定磁铁方向 (h) 粘贴磁铁 (i) 磁铁粘贴完毕 (j) 涂抹螺纹胶

(k) 安装电机端盖 (l) 紧固电机端盖 (m) 电机端盖装配完成 (n) 检查

图 9.21 电机端盖装配过程

电机端盖装配过程的注意事项:

(1) 减速器需要安装到位,旋转无卡顿。

(2) 霍尔磁铁在粘贴之前需用酒精擦洗安装位置,安装过程中注意霍尔磁铁的安装方向。

(3) 安装后,在摆放时应使霍尔磁铁朝上,且电机端盖不能重叠堆放。

7. 装配电机机械

电机机械装配过程如图 9.22 所示。首先将中心轴插入太阳轮孔中,之后将定/转子部分和减速器部分装配到一起,在螺钉处涂抹低强度螺纹胶(可选用乐泰 426),并拧紧螺钉。安装完成后,用手转动电机输出盘,检查电机是否运转顺畅无噪声。使用磁铁胶在转子支架另一端粘贴编码器圆形磁铁,之后清理多余的胶水。

电机机械装配过程的注意事项:

(1) 中心轴必须完全插到底部,避免出现未到位情况。

(2) 确保在螺钉上打胶。

(3) 圆形磁铁无正反方向。

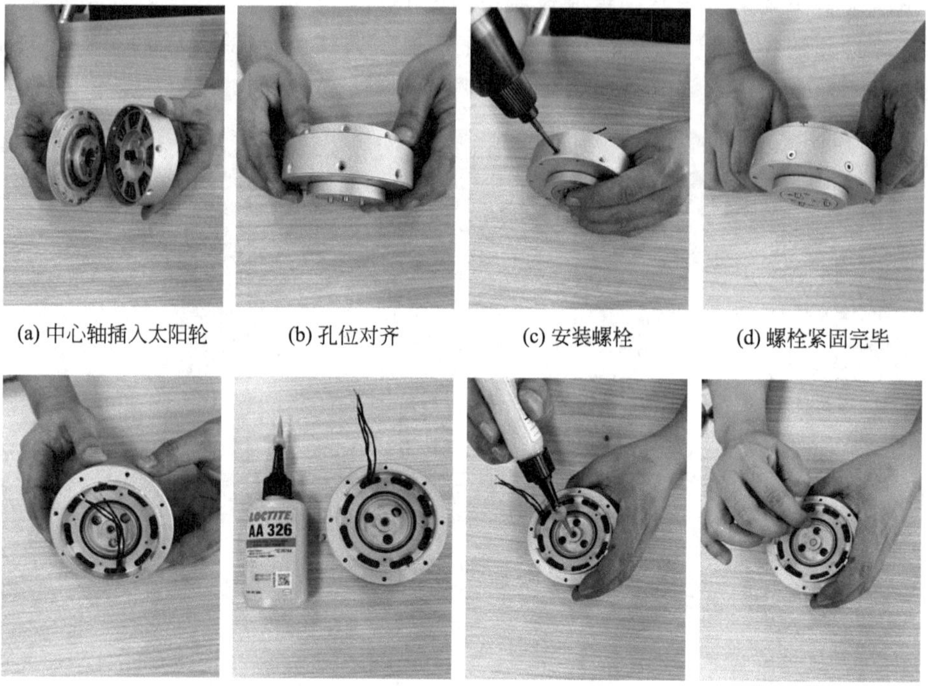

(a) 中心轴插入太阳轮　(b) 孔位对齐　(c) 安装螺栓　(d) 螺栓紧固完毕

(e) 检查　(f) 准备胶水　(g) 涂抹胶水　(h) 粘贴编码器磁铁

图 9.22　电机机械装配过程

8. 装配电机驱动板

电机驱动板装配过程如图 9.23 所示。在安装驱动板时，需要再次检测电机线圈是否绝缘，然后在驱动板下的螺丝孔处垫尼龙垫片，并用螺钉紧固驱动板；之后，按照接线定义的要求焊接驱动板引线。此外要注意的是大腿电机的引线短，小腿电机的引线长，侧摆电机的驱动板和腿部电机的驱动板不同。

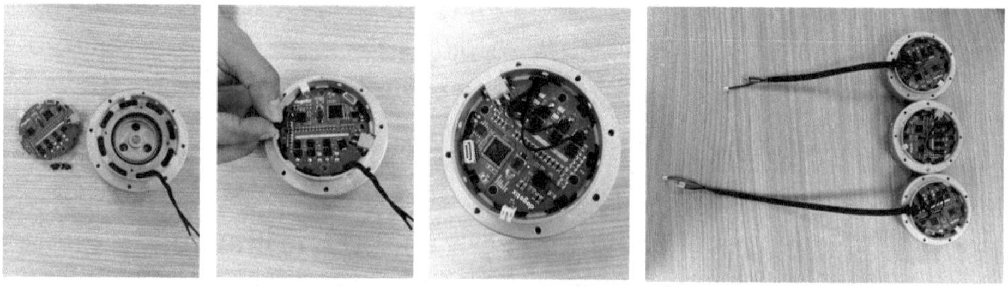

(a) 准备物料　(b) 安装螺栓　(c) 焊接线圈线　(d) 三款电机

图 9.23　电机驱动板装配过程

电机驱动板装配过程的注意事项：

(1) 确保垫入尼龙垫片，且避免垫片掉入线圈内。

(2) 焊接后检查焊点和外壳间是否绝缘。

9. 对电机进行初始化设置

电机装配完成后，需要对其进行初始化。电机电源接口如图 9.24 所示，供电电压为 12～24V。电机 CAN 口如图 9.25 所示。

电机初始化的调试口如图 9.26 和图 9.27 所示，包含接地端 GND、指令发送端 TXD(PA2)、指令接收端 RXD(PA3)、时钟端 SWCLK、数据端 SWDIO 和复位端 RST。

图 9.24　电机电源接口

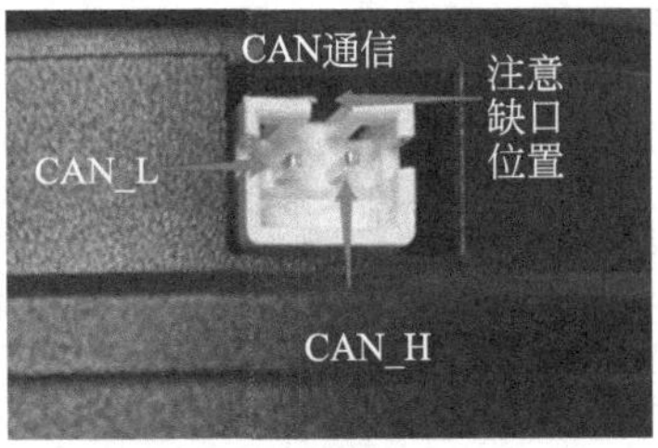

图 9.25　电机 CAN 接口

图 9.26　电机调试口 1

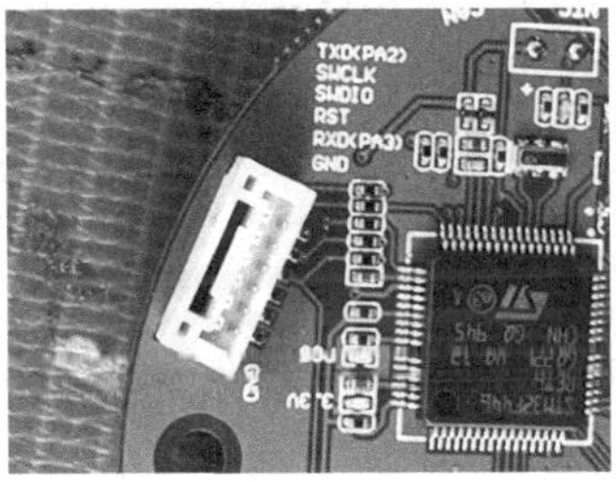

图 9.27　电机调试口 2

如图 9.28 所示，电机配置之前，需要提前准备好调试线，方便电机配置。调试之前，将调试线与电机接口相连，实现电机的初始化线路连接，如图 9.29、图 9.30 所示。推荐使用 ST-LINK 串口下载设备(USB 转 TTL)。

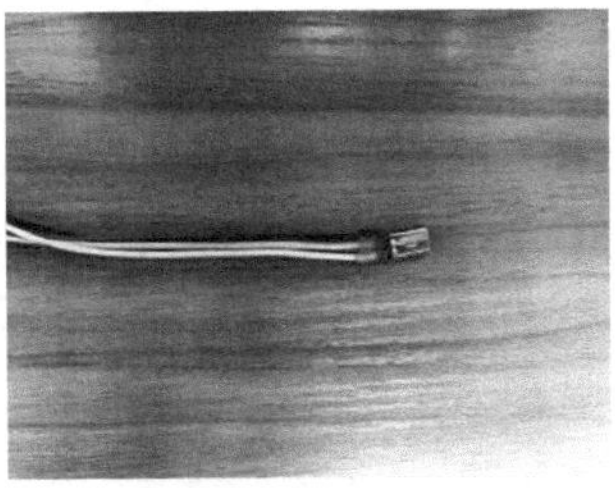

图 9.28　串口 1 调试线

图 9.29　髋关节调试接口位置

图 9.30　其他关节调试接口位置

电机配置所需软件环境：操作系统—Windows 10、编译器—Keil 5.27 及以上版本、运行环境—Keil.STM32F4xx_DFP.2.14.0.pack。

电机初始化配置的过程如下。

(1) 确认电机版本。通过计算机连接串口到电机，打开串口调试软件(推荐使用串口调试助手)，将波特率设置为 921600，输入/输出设置为 ASCII 码。图 9.31 所示为电机初上电时串口调试软件的打印信息。其中，Commands 各个选项的意义如下：m—电机驱动模式；c—校准编码器；s—设置电机通信相关参数；e—打印当前编码器信息；z—以当前角度作为零位；p—打印当前角度信息。

(2) 矫正编码器。将关节摆动到工作空间的中间值外(或者保证在矫正过程中不会运动到关节限位即可)，在串口调试软件窗口输入指令 c 并发送，此时电机会自动运行矫正。矫正完成后断电重启。

(3) 取霍尔最小值。输入指令 r 并发送，此时界面会打印霍尔信息，如图 9.32 所示。其中，D0、D1、D2、D3、D4、D5 分别代表 6 个霍尔元件。转动关节时，这些元件的值会发生变化，持续转动关节，直到数值变化不大后，再输入指令 u 并发送，然后断电重启。

```
HobbyKing Cheetah


Debug Info:
Firmware Version: 1.9
ADC1 Offset: 1996    ADC2 Offset: 2038
Position Sensor Electrical Offset:    2.1877
Output Zero Position:  2.0279
CAN ID:  3
H0=2119 H1=2087 H2=1947 H3=2037 H4=1909 H5=2080 HS=2.390 MS=12.204



Commands:
m - Motor Mode
c - Calibrate Encoder
s - Setup
e - Display Encoder
z - Set Zero Position
esc - Exit to Menu
HA0=117 H1=1 H2=4 H3=5 H4=3 H5=2 P0=0 P1=0 RAW=2.864 POS=0.000  MSH=1640

HA0=116 H1=0 H2=4 H3=5 H4=3 H5=3 P0=0 P1=3 RAW=2.864 POS=0.474  MSH=1640

HA0=117 H1=1 H2=4 H3=5 H4=3 H5=2 P0=0 P1=3 RAW=2.863 POS=0.472  MSH=1639
HA0=117 H1=1 H2=2 H3=5 H4=4 H5=2 P0=0 P1=3 RAW=2.862 POS=0.472  MSH=1640

HA0=117 H1=1 H2=4 H3=6 H4=3 H5=2 P0=0 P1=3 RAW=2.864 POS=0.473  MSH=1640

HA0=116 H1=1 H2=4 H3=5 H4=4 H5=3 P0=0 P1=3 RAW=2.863 POS=0.473  MSH=1640

TEST=0
```

图 9.31　电机初上电时串口调试软件的打印信息

```
D0=1076 D1=1108 D2=1104 D3=1584 D4=1112 D5=1116
D0=1076 D1=1108 D2=1104 D3=1584 D4=1112 D5=1116
D0=1076 D1=1108 D2=1104 D3=1584 D4=1112 D5=1116
D0=1076 D1=1108 D2=1104 D3=1584 D4=1112 D5=1116
D0=1076 D1=1108 D2=1104 D3=1584 D4=1112 D5=1116
D0=1076 D1=1108 D2=1104 D3=1584 D4=1112 D5=1116
D0=1076 D1=1108 D2=1104 D3=1584 D4=1112 D5=1116
D0=1076 D1=1108 D2=1104 D3=1584 D4=1112 D5=1116
D0=1076 D1=1108 D2=1104 D3=1584 D4=1112 D5=1116
D0=1076 D1=1108 D2=1104 D3=1584 D4=1112 D5=1116
D0=1076 D1=1108 D2=1104 D3=1584 D4=1112 D5=1116
D0=1076 D1=1108 D2=1104 D3=1584 D4=1112 D5=1116
D0=1076 D1=1108 D2=1104 D3=1584 D4=1112 D5=1116
D0=1076 D1=1108 D2=1104 D3=1584 D4=1112 D5=1116
D0=1076 D1=1108 D2=1104 D3=1584 D4=1112 D5=1116
D0=1076 D1=1108 D2=1104 D3=1584 D4=1112 D5=1116
D0=1076 D1=1108 D2=1104 D3=1584 D4=1112 D5=1116
```

图 9.32　霍尔信息

（4）取霍尔中间值。输入指令 t 并发送，此时界面仍出现 6 个霍尔元件。转动关节，使得任意两个相邻的霍尔元件的值相等，如图 9.33 所示，再输入指令 u 并发送，然后断电重启。

（5）零位初始化。

机器人零位调整方法 1

将腿部摆动到图 9.34 所示的位姿处，具体表现为，髋关节横向水平，大腿纵向水平，小腿朝上摆动到关节限位处。若是后腿，则小腿需要反向摆到关节限位处。

在串口调试软件上输入指令 z 并发送，即可设置当前位置为零位，该命令需多次执行，直到返回值变化不大为止，然后重新上电并输入命令 p，观看输出的角度信息是否正确。

注意：前三个操作步骤为配置编码器，如果后续需要重调零位，只需要执行第五个步骤即可。若发生机械位置变动（如拆装），则需重新执行所有步骤。

```
HA0=6 H1=5 H2=77 H3=76 H4=2 H5=6 P0=2 P1=3 RAW=3.603 POS=21.989  MSH=2064

HA0=8 H1=3 H2=77 H3=76 H4=3 H5=6 P0=2 P1=3 RAW=3.603 POS=21.989  MSH=2064
HA0=7 H1=3 H2=77 H3=77 H4=4 H5=7 P0=3 P1=3 RAW=3.604 POS=21.989  MSH=2065

HA0=7 H1=3 H2=75 H3=76 H4=3 H5=5 P0=3 P1=2 RAW=3.603 POS=21.989  MSH=2064

HA0=8 H1=3 H2=76 H3=76 H4=3 H5=7 P0=3 P1=3 RAW=3.603 POS=21.989  MSH=2064

HA0=6 H1=3 H2=77 H3=76 H4=3 H5=7 P0=2 P1=3 RAW=3.603 POS=21.989  MSH=2064

HA0=8 H1=4 H2=76 H3=76 H4=4 H5=5 P0=3 P1=3 RAW=3.603 POS=21.989  MSH=2064
```

图 9.33　取霍尔中间值

图 9.34　小腿零位姿

机器人零位调整方法 2

使用电机调零板进行机器人各电机零位的调整，其初始界面如图 9.35 所示，其中调零板使用 USB 转接线供电，通过 CAN 口连接线实现与电机 CAN 口（图 9.25）通信。电机上电，按下调零板复位按钮 RESET，此时调零板屏幕上会出现两个选项：SET_CAN_ID 1、SET_MOTOR_ZERO 2，按下 KEY2 键，即选择电机调零选项，之后调零板屏幕上会显示需要调零的电机（NOW_CAN_ID=00003），如图 9.36 所示，此时转动调零板黑色旋钮，找到要调零的电机 ID，最后按下 KEY1 键，实现所选电机的零位调整，电机调零完毕界面如图 9.37 所示。

（6）设置关节通信序号。

关节通过 CAN 口进行通信，一条腿使用一个 CAN 口，因此需要对关节进行编号以进行区分。序号划分规则为：髋关节、大腿和小腿依次是 1、2 和 3。

图 9.35　电机调零板初始界面

图 9.36　电机端口选择界面

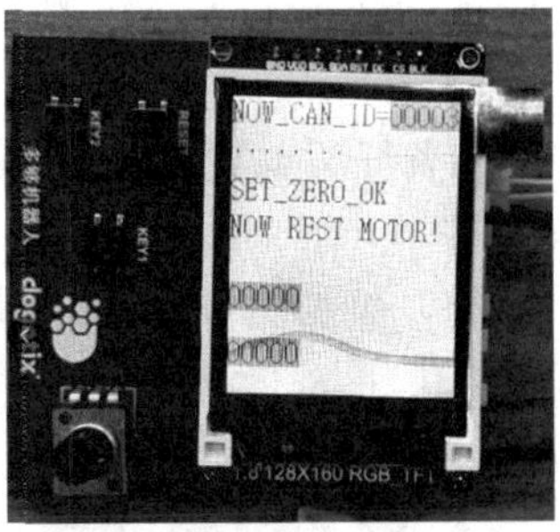

图 9.37　电机调零完毕界面

以修改髋关节的 CAN 序号为例：电机重新上电并在调试软件菜单界面输入命令 s，进入配置界面，如图 9.38 所示，输入命令 i 并发送，根据配置界面可知 i 代表的是 CAN ID；再输入 01 并发送，代表序号 1，即髋关节；再按下回车键作为符号（或者输入回车的 ASCII 码）然后发送，即可修改成功。其他关节对应修改即可，所有关节均需修改，且每条腿内的关节序号均按照髋关节、大腿、小腿的顺序设置为 1、2 和 3。

```
prefix parameter                          min    max     current value

b      Current Bandwidth (Hz)             100    2000    1000.0
i      CAN ID                             0      127     2
m      CAN Master ID                      0      127     0
l      Current Limit (A)                  0.0    40.0    40.0
f      FW Current Limit (A)               0.0    33.0    0.0
t      CAN Timeout (cycles)(0 = none)     0      100000  0

To change a value, type 'prefix''value''ENTER'
i.e. 'b1000''ENTER'
```

图 9.38　电机通信配置界面

9.2.2　腿部机构的装配

四足机器人腿部机构的装配主要包括装配和胶粘足底、装配大带轮、装配大带轮/小腿、装配惰轮和装配大腿/小腿等。

1. 装配和胶粘足底

胶粘足底装配过程如图 9.39 所示。提前准备好所有材料：AB 胶、壁球、剪刀、尼龙脚支架、0.1g 电子秤、一次性纸杯、皱纹胶带。首先将壁球按图示剪开一个缺口备用，缺口比打印件略大；然后准备好电子秤，打开 AB 胶的盖子，取一个一次性纸杯放在电子秤上之后去皮清零，倒入一定量的 A 溶液得到读数 a，再去皮清零，倒入 B 溶液得到读数 b，此时注意 b 的数值必须是 a 的2 倍，且 a 加 b 的和是 6 的整数倍；接着，将混合好的溶液从电子秤上取下使用玻璃棒或者木棒快速搅拌，取一个剪开的壁球放在电子秤上并去皮清零，将搅拌好的胶（6g）从壁球的剪口处倒入，取下壁球，在剪口处插入脚支架，用皱纹纸将壁球和脚支架绕成十字状封好。

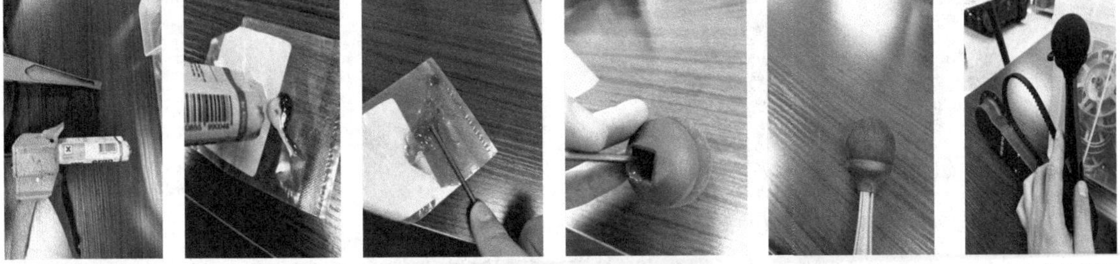

(a) 材料　(b) 挤胶　(c) 混合充分胶水　(d) 足底涂胶　(e) 足底与小腿粘合　(f) 竖直向上放置足底

图 9.39　胶粘足底装配过程

按压出两个黄豆大小的 9900 胶，用工具搅拌均匀，取适量的胶放在脚支架的凹槽内涂抹均匀，再将铝件插入脚支架的凹槽内，并上下左右地活动一下，放出凹槽里面的空气，清理多余的胶水，放置 2 小时后即可使用。

注意：AB 胶混合后 30 秒左右凝固。

2. 装配大带轮

先准备好所有材料：大带轮、大挡片、深沟球轴承（尺寸：17mm×23mm×4mm）、轴套、花型圆头 M3×6 螺钉、乐泰 277 胶。

如图 9.40 所示，首先在大带轮的一侧孔内涂抹乐泰 277 胶，然后将大挡片穿过大带轮的凸起处对好螺纹孔；再将花型圆头 M3×6 的螺钉拧入螺纹孔紧定，挡片和螺钉在带轮的两侧对称安装。最后，将轴套插入大带轮的中心孔，随后放入深沟球轴承，并使用压力机压装到位。

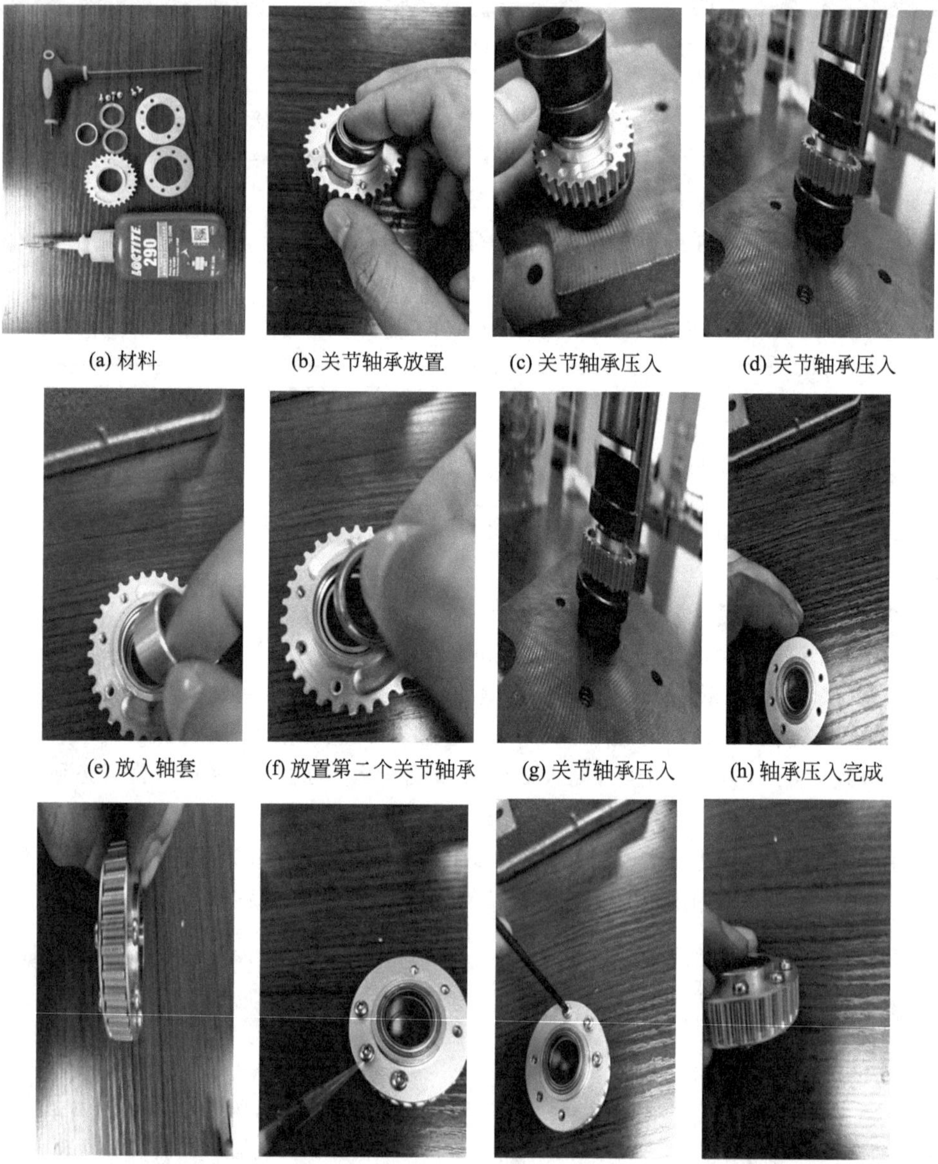

(a) 材料　(b) 关节轴承放置　(c) 关节轴承压入　(d) 关节轴承压入

(e) 放入轴套　(f) 放置第二个关节轴承　(g) 关节轴承压入　(h) 轴承压入完成

(i) 放置垫片和螺钉　(j) 螺钉涂抹290胶水　(k) 拧紧螺钉　(l) 螺钉拧紧完成

图 9.40　大带轮装配过程

3. 装配大带轮/小腿

先准备好所有材料：小腿、装配好的大带轮、皮带、乐泰 426 胶、沉头花型螺钉 M3×8。如图 9.41 所示，将加强皮带放入小腿插口里，然后将大齿轮插入小腿对准螺纹孔，再将螺纹胶（乐泰 426 胶）涂抹在螺纹孔内，将沉头花型螺钉 M3×8 的螺钉拧入螺纹孔并紧定。

(a) 物料　(b) 皮带和小腿正确放置　(c) 螺纹孔涂胶　(d) 拧紧螺钉

图 9.41　大带轮/小腿装配过程

4. 装配惰轮

先准备好所有材料：H 形架、惰轮轴、垫片、惰轮轴承（滚针轴承 4mm×8mm×8mm）、卡簧 C4、卡簧钳。如图 9.42 所示，首先将垫片和轴承放入 H 形架的大缺口处并对准孔位，然后放入惰轮轴，调整好惰轮轴的位置，使其可以两侧让出放卡簧的位置，最后用卡簧钳将卡簧 C4 放入。

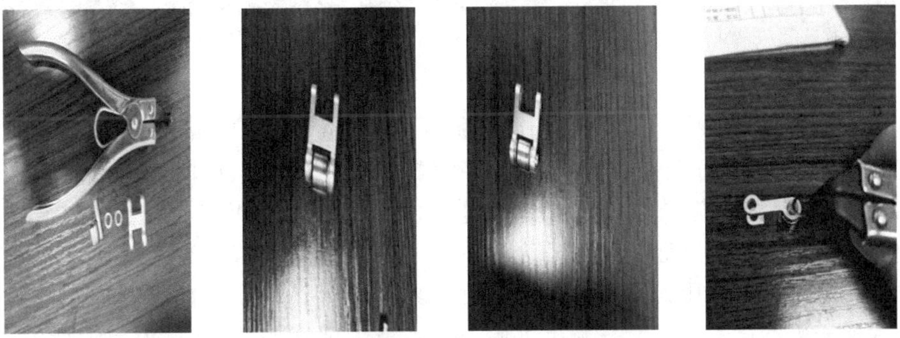

(a) 材料　(b) 组合放置轴承和垫片　(c) 穿入轴　(d) 放置卡簧

图 9.42　惰轮装配过程

5. 装配大腿/小腿

大腿/小腿装配分为皮带腿和连杆腿装配两部分。

1）皮带腿的安装过程

准备好所有材料：大腿连接件、大腿内壳、大腿外壳、装带轮的小腿、惰轮组件、惰轮轴套、花型盘头螺钉 M3×16、盘头螺钉 M3×22、花型沉头螺钉 M4×6、乐泰胶 426。皮带轮装配过程如图 9.43 所示。

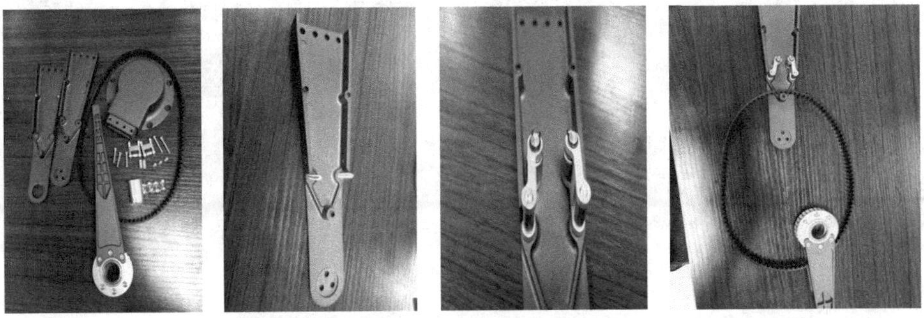

(a) 材料　(b) 外侧板穿入螺钉　(c) 螺钉　(d) 放置皮带

图 9.43　皮带轮装配过程

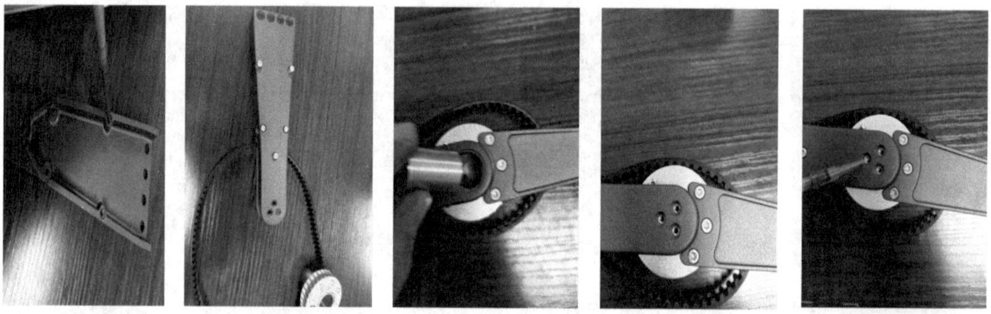

(e) 外侧板涂胶　(f) 内外板扣合拧螺钉　(g) 穿关节轴　(h) 对准轴螺纹孔　(i) 螺纹孔涂胶

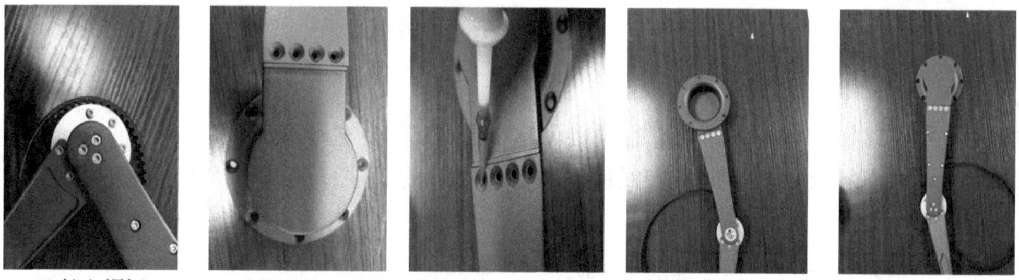

(j) 拧入螺钉　(k) 大腿连接件安装　(l) 螺纹孔涂胶　(m) 拧上螺钉　(n) 装配完成

图　9.43(续)

首先，取大腿外壳，在其一个缺口处的两个螺纹位置穿过 M3×22 的螺钉，将惰轮轴套放进惰轮组件的另一个缺口处对好孔位，穿入刚刚放好的 M3×22 的螺钉，此时注意惰轮组件的出入方向和位置；其次，取大腿内壳，在所有的螺钉孔内涂抹乐泰 426 胶，再将小腿上的皮带放入穿好惰轮的大腿外壳上，使皮带能够套住大腿外壳最下面的螺纹孔；再次，将涂好胶的大腿内壳放在大腿外壳上并对好螺纹孔，使用工具拧紧 M3×22 的螺钉，再将 M3×16 的螺钉依次拧入剩余的螺纹孔，把在大腿一侧的皮带经过惰轮穿出大腿；最后，取大腿连接件，穿过大腿上侧的孔，并使皮带可以穿出大腿连接件，在大腿连接件上可以看到皮带的一侧与大腿内壳同侧。

2) 连杆腿的装配过程

连杆装配的材料如图 9.44 所示，中间连杆装配过程如图 9.45 所示，使用工装和手动压力机把滚针轴承压入连杆孔。

注意：

(1) 轴承在压入的过程中不能倾斜。

(2) 要把轴承完全压入孔内，使轴承端面与孔端面平齐。

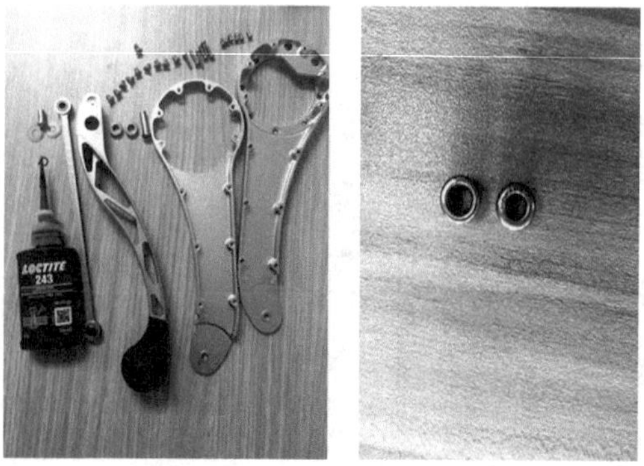

图 9.44　连杆装配的材料

(a) 压入滚针轴承　(b) 连接杆压入轴承完毕

图 9.45　中间连杆装配过程

膝关节轴承装配过程如图 9.46 所示，将使用工装和手动压力机将深沟球轴承压入轴承座。

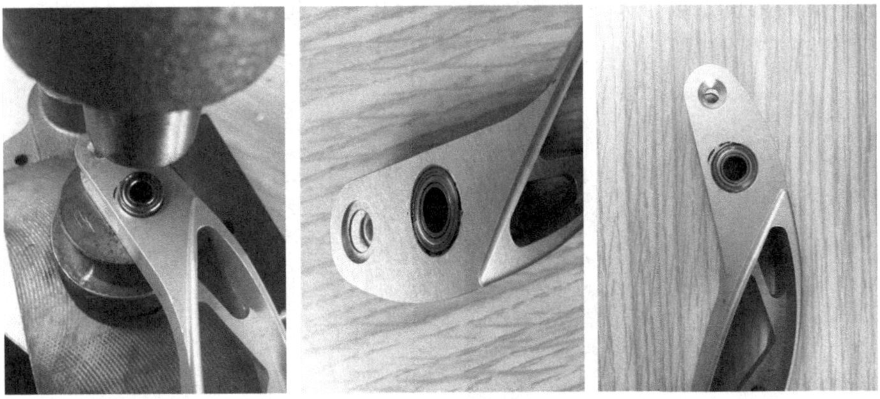

(a) 深沟球轴承压入　　(b) 左侧压入完成　　(c) 右侧压入完成

图 9.46　膝关节轴承装配过程

注意：

（1）轴承在压入的过程中不能倾斜。

（2）要把轴承完全压入孔内，使轴承端面与孔端面平齐。

中间连杆和小腿连杆装配过程如图 9.47 所示，将提前准备好的垫片和销钉轴及之前安装好的中间连杆和小腿连杆按图中顺序（从左到右）装配。

(a) 材料　　(b) 穿销轴放垫片　　(c) 穿好销轴

(d) 螺孔涂胶　　(e) 拧入螺钉　　(f) 完成

图 9.47　中间连杆和小腿连杆装配过程

注意：

（1）销钉轴安装要到位，销钉在插入过程中可能被第二个垫片卡住而不能进入预定位置，这时可以调整垫片使销钉钉帽完全沉入沉孔内。

（2）销钉的轴向固定螺钉要涂抹螺纹紧固胶。

连杆大腿装配过程如图 9.48 所示。首先通过压力机把销钉轴穿过大腿外侧钣金和安装好的小腿，然后将大腿内侧钣金与大腿外侧钣金按孔位扣在一起，最后依次将销钉轴的固定螺钉和六个钣金固定螺钉安装拧紧。

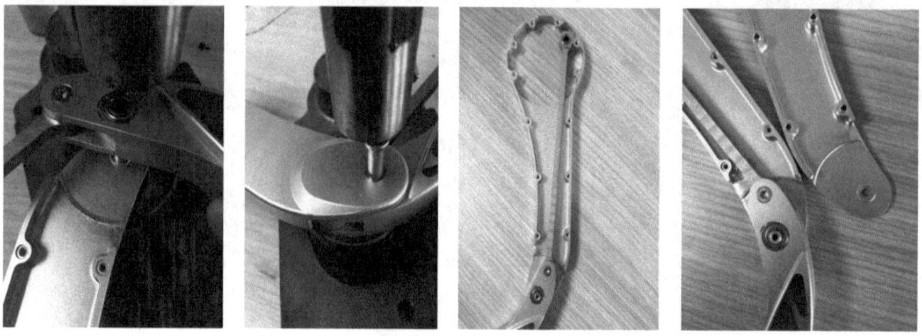

(a) 压入长销轴 (1)　(b) 压入长销轴 (2)　(c) 销轴压好　(d) 取另一侧板

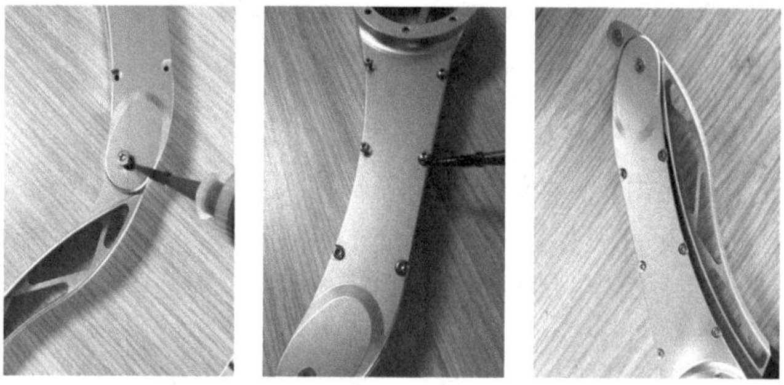

(e) 螺纹孔涂胶(1)　(f) 螺纹孔涂胶(2)　(g) 安装螺钉

图 9.48　连杆大腿装配过程

注意：

（1）在压入销钉的过程中需要把中间连杆的位置确定好。

（2）小腿与大腿的连接关节不可以装反。

（3）连杆腿部安装有左右之分。

接下来进行腿与电机减速器的装配。首先进行遥杆装配，如图 9.49 所示，在摇杆装配过程中，要将遥杆上的定位盲孔与减速器的定位销配合安装，减速器上的六个螺纹孔要涂抹乐泰 277 胶水，然后放置沉头锥形 M4×8 螺钉并依次拧紧。

注意：

（1）减速器有两种规格的齿圈安装座，安装遥杆的减速器必须使用图 9.49(c)中上面的减速器，即 8 个螺钉孔的分度圆相对较小的那个减速器(可以看出，上面的减速器螺栓孔距离边缘比较远)。

（2）螺钉需要正向、完全拧入。

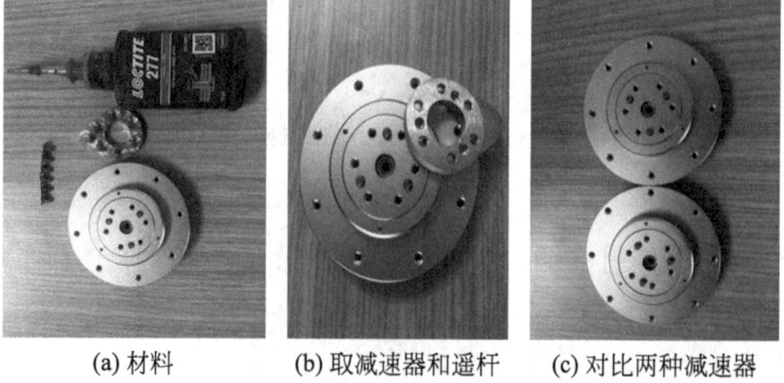

(a) 材料　(b) 取减速器和遥杆　(c) 对比两种减速器

图 9.49　遥杆装配过程

(d) 对准孔位放好　(e) 涂抹胶水　(f) 拧紧螺钉

图　9.49(续)

装配好电机减速器和腿部之后按图 9.50(a)所示的方式把中间连杆的另一端轴承放入遥杆的关节轴上，并且在关节轴上安装卡簧。为了将腿固定在减速器上，将锥形沉头螺钉 M4×8(涂胶后)穿过大腿内侧钣金拧入减速器的螺栓孔(与遥杆安装时减速器的选择相关联)。最后把锥形沉头螺钉 M3×8 的螺钉拧入事先打好的螺钉孔中。

(a) 连杆与遥杆连接　(b) 放置卡簧　(c) 涂抹胶水　(d) 安装螺钉

(e) 螺钉涂胶　(f) 螺钉安装　(g) 螺钉安装完毕　(h) 腿安装完成

图 9.50　大腿连杆装配过程

注意：

(1) 卡簧安装要到位。

(2) 安装 M4×8 螺钉时要调整好相对位置防止遥杆与机械限位产生机械摩擦。

(3) 小腿电机的出线位置和大腿的相对位置要正确。

9.2.3　关节模组的装配

图 9.51　侧摆关节模组装配材料

侧摆关节模组装配材料如图 9.51 所示，装配过程如图 9.52 所示。将侧摆电机装上 CAN 线后安装在支撑板上，拧紧 2 个螺钉(注意支撑板和电机孔位的对应关系);将电机连接架固定在侧摆电机输出盘上,此处螺钉需涂抹螺纹胶(可选用乐泰 277);最后装上塑料过线板。

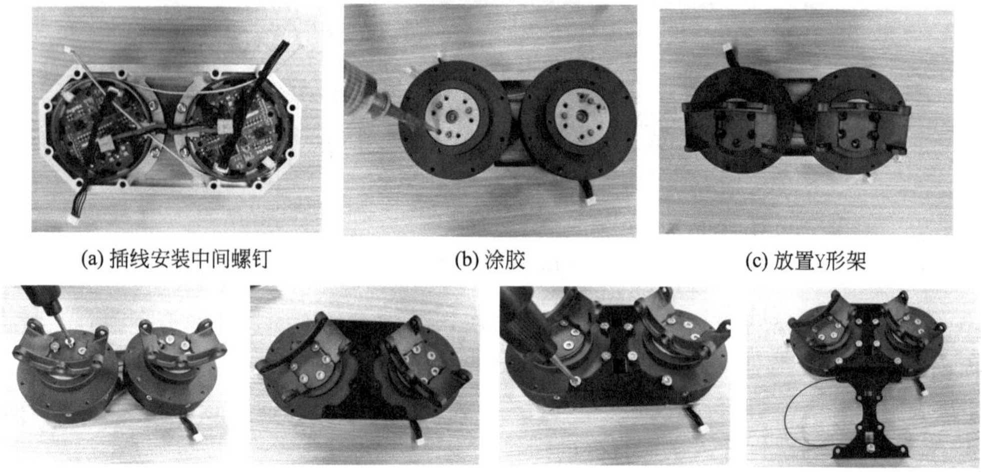

(a) 插线安装中间螺钉　(b) 涂胶　(c) 放置Y形架

(d) 安装螺钉　(e) 安装螺钉完毕　(f) 安装穿线架　(g) 穿线架分好上下和前后

图 9.52　侧摆关节模组装配过程

注意:

(1) 确认螺钉规格,避免错用。

(2) 装 CAN 线时要从支撑板内部穿出,避免损坏接头。

(3) 侧摆电机安装中,电源线结构应在中间。

大腿电机关节模组装配材料如图 9.53 所示,装配过程如图 9.54 所示。将驱动板保护盖安装在大腿电机输出盘后部,在螺钉处涂抹螺纹胶。

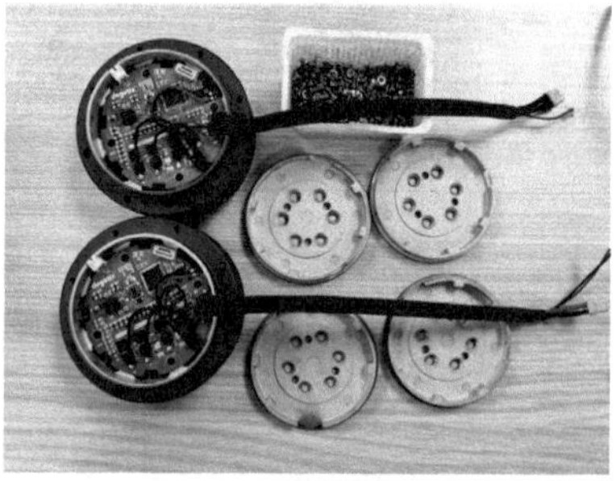

图 9.53　大腿电机关节模组装配材料

注意:

(1) 大腿电机后盖出线位置处的螺钉不需要安装(方便后期维护)。

(2) 确认螺钉规格,避免错用。

(3) 电机的出线方向应正确。

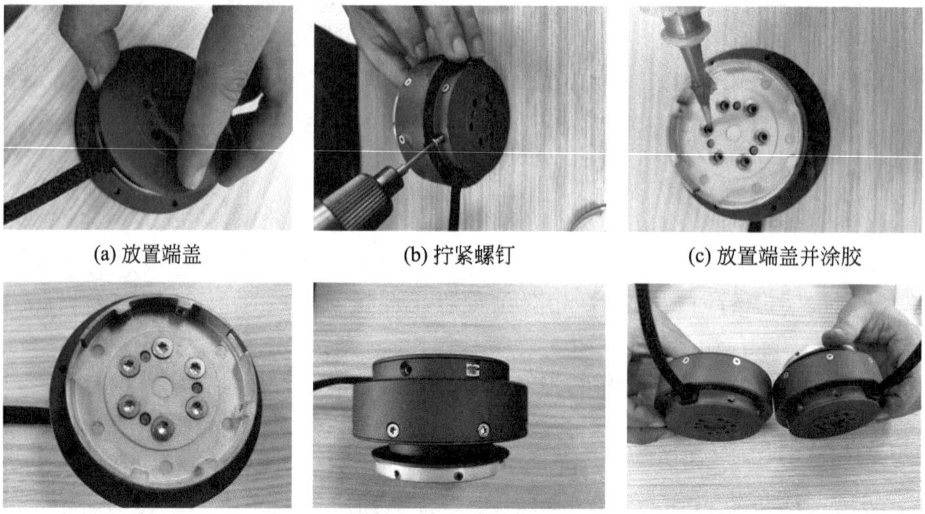

(a) 放置端盖　(b) 拧紧螺钉　(c) 放置端盖并涂胶

(d) 拧上螺钉　(e) 螺钉安装完毕　(f) 分出左右电机

图 9.54　大腿电机关节模组装配过程

(g) 对好螺纹孔

(h) 对准螺纹孔放好

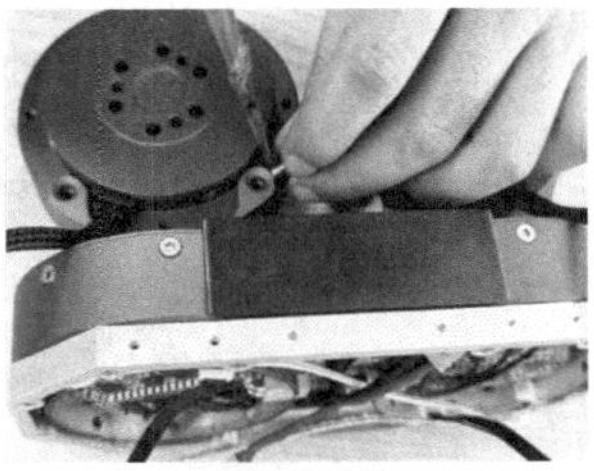
(i) 螺纹涂胶

(j) 安装螺钉

(k) 螺钉涂胶

(l) 安装螺钉

(m) 最终安装效果

图　9.54(续)

小腿电机模组装配过程如图 9.55 所示。将下齿轮盖固定在小腿电机输出盘上，在螺钉处涂抹螺纹胶(可选用乐泰 277)，将销钉压入小齿轮。再将小齿轮固定在下齿轮盖上，把上齿轮盖装在小齿轮上(此处应注意上齿轮盖安装方向)。然后拧紧固定螺钉，在螺钉处涂抹螺纹胶。最后将小腿电机和大腿电机固定在一起(此处螺钉应该严格按照规定的大小使用，否则可能造成电路短路)，在螺钉处涂抹螺纹胶。

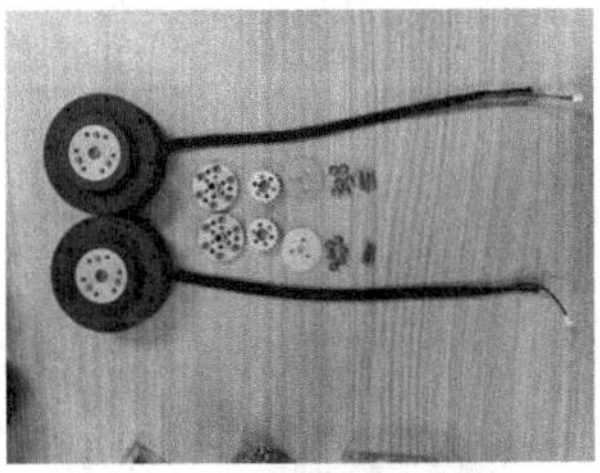
(a) 材料

(b) 螺纹孔涂胶

(c) 放置小带轮轴

(d) 安装螺钉

(e) 涂胶

(f) 放置小带轮

(g) 放置挡片

(h) 取小腿电机和端盖安装

(i) 安装螺钉

图 9.55　小腿电机模组装配过程

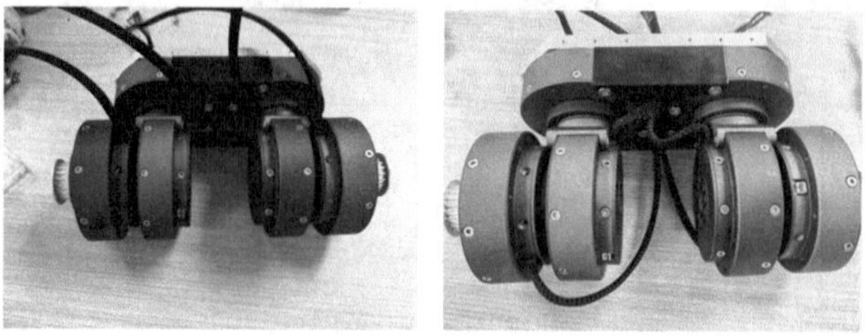

(j) 安装完成　　(k) 穿线完成

图 9.55(续)

分电板装配过程如图 9.56 所示。安装分电板及布置前/后部分的走线时，需要遵循短线从上部走、长线从下部走的原则。连线过程中需要认真对应相应的接口，避免接错位置。安装分电板时，避免压到或损坏接线。

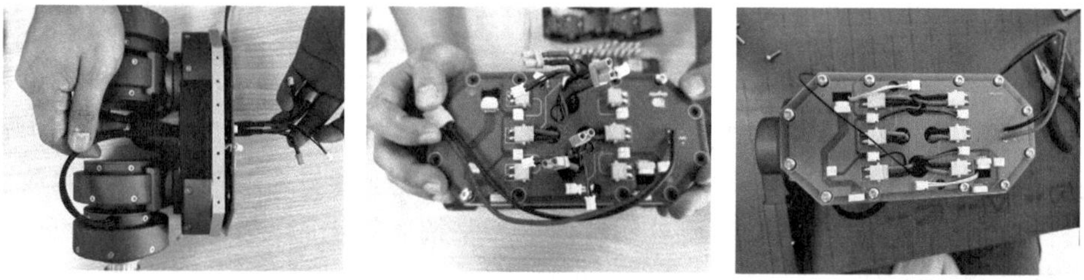

(a) 放置分电板　　(b) 穿线　　(c) 穿连接器安装螺钉

图 9.56　分电板装配过程

9.2.4　躯干的装配

躯干材料如图 9.57 所示，装配过程如图 9.58 所示。在安装电池时，需要先确定电池的安装位置，也就是确定机身下盖板的正反方向(此处可以按 UP board 板的位置确定正反方向，电池和 UP board 板安装方向相同)。确定安装位置后，在电池安装位置处先贴一层绝缘胶带，之后再贴绝缘双面胶，以固定电池(避免其晃动)；在电池上部四个角粘贴减震单面胶，把电池放入电池架内，应注意电池线的位置，避免夹坏电池线，将电池安装在机身下盖板上，拧紧螺钉。与此同时，安装机身中的支撑骨架。

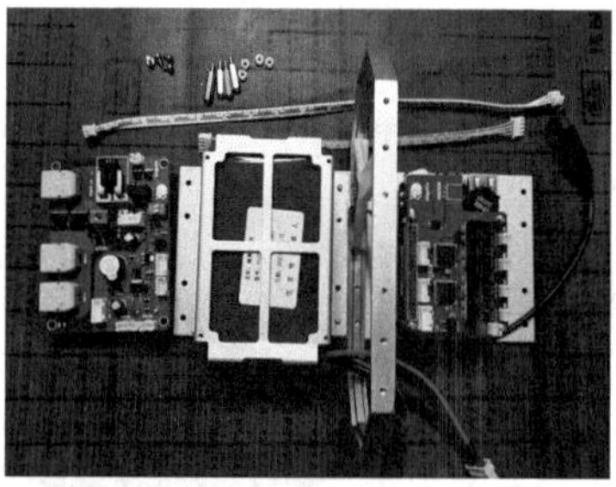

图 9.57　躯干的装配材料

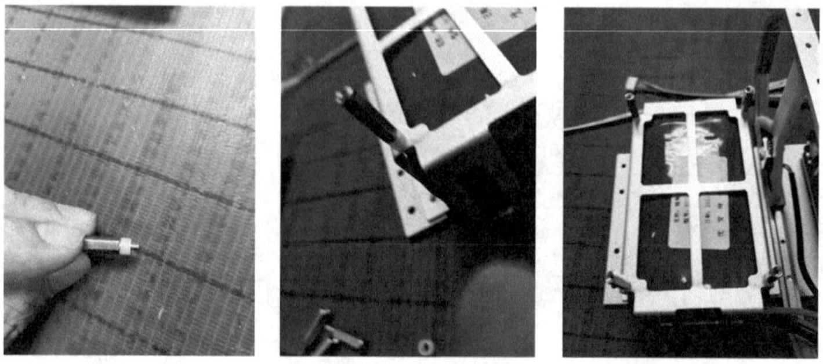

(a) 铜柱挂垫片　　(b) 铜柱拧在电池安装框上　　(c) 拧好的螺柱

图 9.58　躯干安装过程

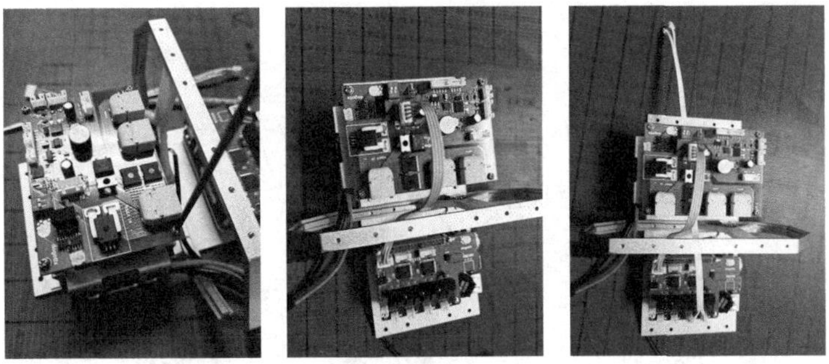

(d) 电源板固定在螺柱上　(e) 4P线插装　(f) 2P线插装

图　9.58(续)

在电源架上安装铜柱，铜柱上应放置垫片，以免铜柱伸出电源架损坏电池。然后将电源板安装在铜柱上，拧紧螺钉。

把 UP board 板安装在机身下盖板上，两者之间用塑料柱绝缘，拧紧螺钉，将原 UP board 板上的螺钉拧下，换成尼龙柱，把 SPI 板固定在尼龙柱上，注意插针对齐。连接引线，把机身下盖板和上一部分装配好的关节模组固定在一起，拧紧螺钉。在机身左侧板上固定网线接口和开关，然后装配。安装机身右侧板，连接前/后两个分电板和 SPI 板及 UP board 板的接线，检查线路是否连接正确。最后装上机身上盖板。

9.2.5　腿部整体安装

在腿部整体安装过程中，首先把皮带穿过大腿连接件内部，将皮带装在小齿轮上，拉紧皮带，紧固大腿连接件和小腿电机的紧固螺钉。然后把膝关节轴、膝关节轴承、膝关节轴套装在大腿内壳上，固定大腿内壳与大腿连接件，拧紧固定螺钉，安装惰轮部件，并同时安装大腿外壳。

四足机器人装配完毕后，机器人的实际物理平台示意图如图 9.59 所示，每条腿由 3 个电机组成，分别有 1 个横滚自由度和 2 个俯仰自由度，其长、宽、高等详细物理参数如表 9.1 所示，其内部硬件结构如图 9.60 所示。以 UP board 控制板作为控制核心，机器人可对上位机或控制手柄传达的指令进行算法计算，其以惯性测量单元作为姿态检测装置，以 STM32F446 电机驱动板作为驱动装置，以无刷直流电机为执行单元，由锂电池提供各模块所需电量。UP board 控制板根据各个关节的角度与足端接触力及机器人姿态实时计算机器人的力矩，并通过 CAN 信号与电机驱动板实时通信，由电机驱动板输出不同电流值来控制电机的转角，实现机器人的运动。

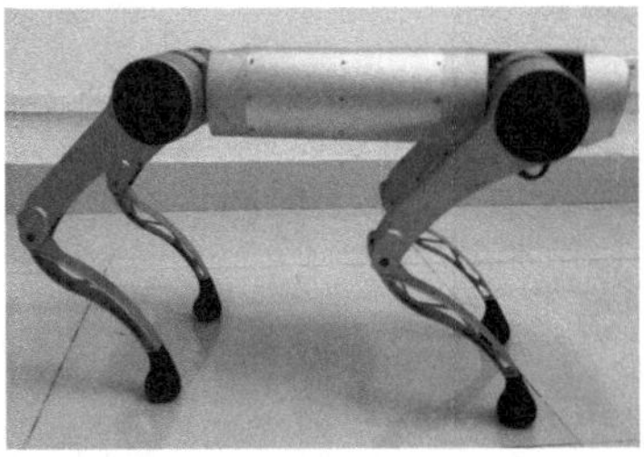

图 9.59　四足机器人实际物理平台示意图

表 9.1　四足机器人物理参数

参　数	数　值
长度	48.5cm
宽度	27.5cm
高度	37cm
质量	10.5kg
自由度	12 个主动自由度

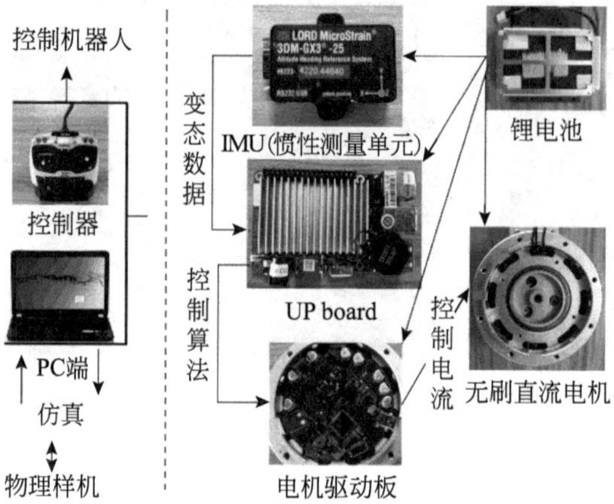

图 9.60　机器人内部硬件结构关系图

习　　题

1. 简要叙述四足机器人四连杆腿部机构的构成原理。
2. 掌握四足机器人电机初始化设置的方法。
3. 了解四足机器人各个部件安装过程中的注意事项。

第10章 四足机器人硬件和电路结构介绍

本章主要介绍四足机器人的硬件、电路结构框架及电路原理图，以提高读者对机器人内部结构的理解。

电路硬件设计是机器人设计的重要部分，是连接软件和机械本体的桥梁。优秀的硬件设计既可以降低电路的复杂度，又可以保证系统的稳定性。本书所搭建的四足机器人硬件系统主要包含以下6部分内容。

第1部分是执行器，执行器是机器人的主要部件，采用模块化设计，驱动机器人的12个关节。所有关节的执行器采用相同的电机和硬件驱动电路。由于小腿的执行器通过皮带或者连杆连接小腿，因此减速机构略有不同。使用皮带的机器人，小腿减速比固定为1∶9，大腿减速比固定为1∶6；使用连杆的机器人减速比则为1∶1。为了降低机器人内部接线的复杂程度，执行器采用了统一的硬件接口：一个XT60端子的供电接口，一个PH2.0端子的CAN通信接口，一个GH1.25端子的调试下载接口。

第2部分是动力源，包括锂电池模块和电源管理板，锂电池是机器人的动力来源，所采用的电池具有较高的放电倍率，额定电压为24V，额定电流为6A，额定容量为6.4A·h。电源管理板在机器人开关电源时起保护作用。打开电源时，电源管理板先通过一个MOS管和一个限流电阻为执行器的电容预充电，关闭电源时电源管理板上的反接二极管释放掉后端电容储存的电荷。

第3部分是UP board，该部分是机器人的大脑，运行机器人控制算法，该硬件采用Intel一款为x86处理器设计的嵌入式控制板，其上部署了Ubuntu操作系统，并安装了PREEMPT-RT补丁，可实现实时操作。

第4部分是遥控器[用于远程控制(remote control，RC)]，用来控制机器人的启动和停止，以及机器人的各种运动和不同运动状态之间的切换。

第5部分是SPIne信号转接板，该部分有两个功能：一是通过SPI(SPIne)与UP board通信，然后将UP board的指令通过CAN接口发送给执行器，同时读取执行器反馈的状态数据发送给UP board；二是读取遥控器的指令数据，然后发送给UP board。

第6部分是接线转接板，该硬件分为两部分，分别位于机器人头部和尾部，作用是简化机器人内部电气接线。电源管理板和UP board的电源线和信号线均可连接到此转接板上，然后通过PCB上的接口连接到相应的执行器上。

本章主要讲述四足机器人的硬件电路框架以及各电路之间的联系及其在实物上的位置。四足机器人硬件系统框图如图10.1所示。本书涉及的四足机器人具有12个关节电机，对应每条腿3个关节电机，采用CAN总线进行通信。为了提高数据传输速率，采用4个独立的CAN接口，对应4条腿，每条腿使用一路CAN总线，同一条腿上的3个关节使用一路CAN总线。电路包含两个STM32系列单片机用于数据通信。每个单片机设计了独立的调试接口，用来下载程序进行参数配置。操作者通过控制手柄发送操作指令，由SPIne信号转接板接收后传输给UP board，UP board结合惯性测量单元(inertial measurement unit，IMU)测得机器人的当前位置、姿态、速度和加速度，采用基于模型预测控制(model predictive control，MPC)的算法，计算得到机器人下一阶段运动的控制量(包括关节的期望运动速度、期望位置和期望控制力矩)，然后将控制量以CAN信号经接线转接板传送给对应地址序号模块中的机器人驱动器，使机器人完成运动。机器人在运动过程中由第 2 部分动力源供电。此外，操作者还可通过计算机连接的方式，利用安装的上位机为机器人传达指令，从而通过修改相应的程序和控制命令实现机器人的编程操作。

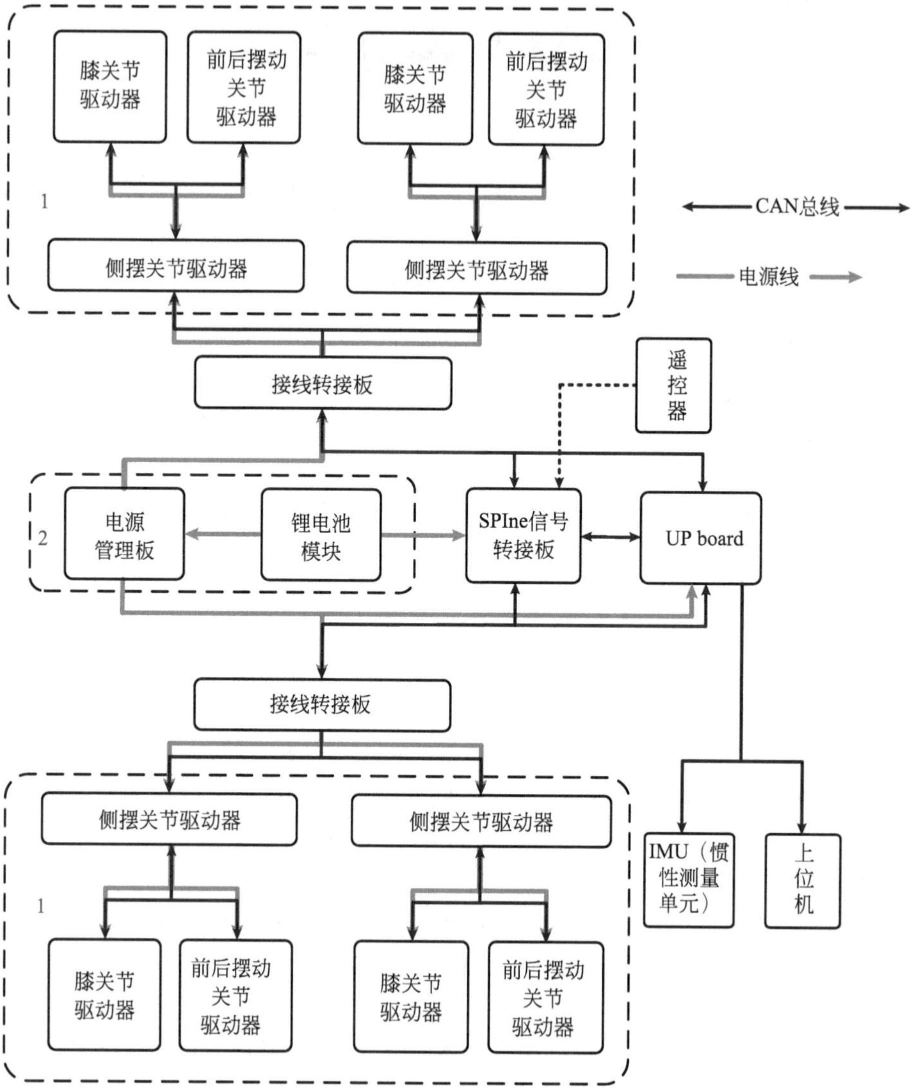

图 10.1　四足机器人硬件系统框图

10.1　执　行　器

执行器是机器人运动的核心部件，执行器硬件电路的主要功能是驱动三相直流无刷电机。其电路设计原理图如图 10.2 所示，此设计使用了一款三相集成栅极驱动芯片，可以驱动 3 个高端和 3 个低端 N 沟道 MOSFET。执行器电路主要模块的功能介绍如下：硬件驱动电路主要包含驱动算法处理、位置检测、电流检测、功率桥、功率管驱动等电路；驱动算法处理电路是驱动电路的核心，采用 STM32F446 作为主控制器，完成模拟信号采样、位置采样、FOC(field-oriented control)计算、通信处理等功能；位置检测电路完成电机转子的绝对位置获取，给驱动算法提供依据；电流检测电路检测电机三相绕组的电流，给 FOC 算法提供磁场计算需要的电流信号；功率桥电路给电机定子绕组提供需要的电压和电流，由处理器通过功率管驱动电路对功率管进行开关处理，完成对电流和电压的调节。

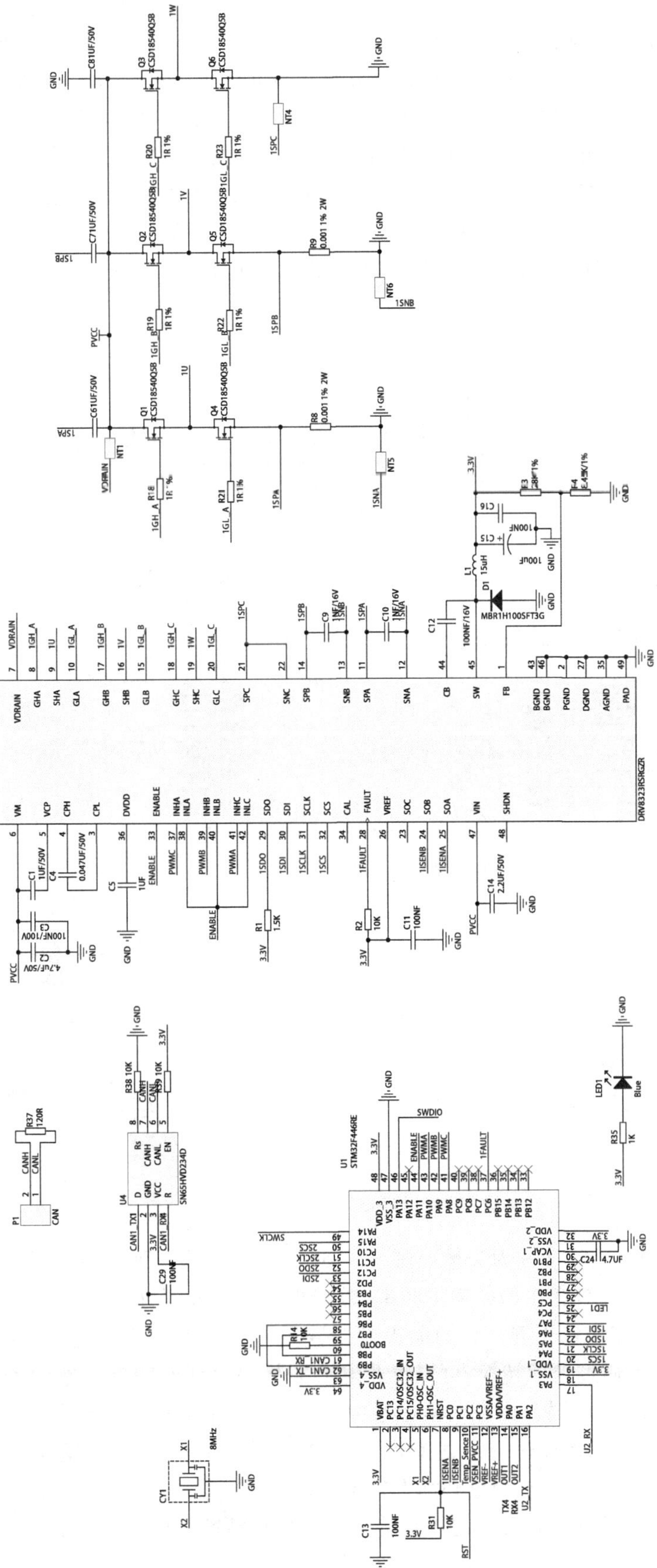

图10.2　执行器电路设计原理图

注：本书软件导出电路图为保持与软件一致，单位未按国际单位进行修改，以下同。

电机驱动电路主 CPU 采用 STM32F446(主频 180MHz,内置硬件浮点运算单元,可以满足高达 40kHz 的 FOC 运算需求)作为主控制器,其引脚图如图 10.3 所示。根据 FOC 框架,主控制器至少需要 2～3 路 ADC、1 路 SPI(读取编码器数值)。1 路 SPI(进行驱动芯片配置)和 3 路互补 PWM 输出。电机对外通信需要留出 CAN 接口(进行系统设置)和串口(调试)。STM32F446 的调试和仿真接口由 P2 引出。为确保电机在高温时通信的稳定性,系统时钟采用外部晶振。STM32F446 的 CAN 接口接收 SPIne 信号转接板发来的指令,经过计算后产生 PWMA、PWMB、PWMC 信号,通过 DRV8323 驱动 Q1、Q2、Q3、Q4、Q5、Q6,从而驱动三相电机旋转。FOC 算法还需要用到三相电流,硬件部分只采集了 A 相和 B 相电流,C 相电流可通过计算得出。

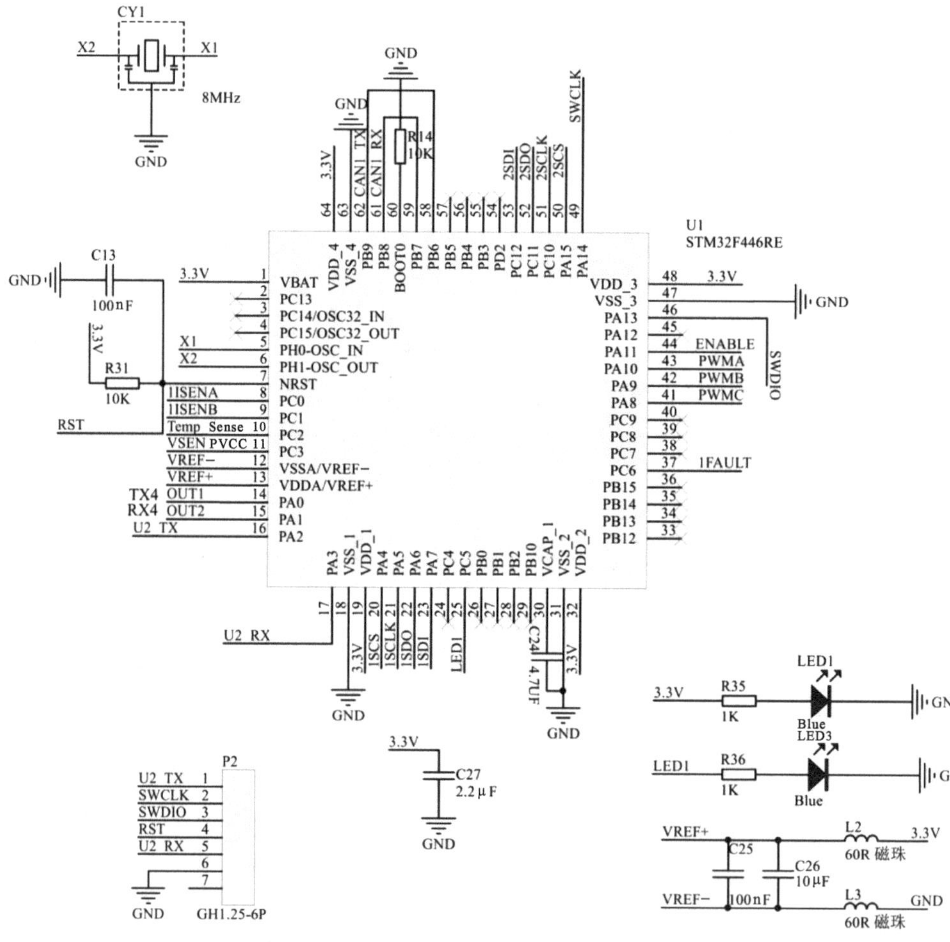

图 10.3　STM32F446 引脚图

FOC 称为磁场定向控制,又称为矢量控制(vector control),是一种利用变频器(VFD)控制三相交流电机的技术,通过调整变频器的输出频率、输出电压的大小及角度,来控制发动机的输出。利用 FOC 控制原理,在三相定子侧流动的电流可以合成一个等效电流向量,它旋转的角速度就是输入电源的角频率 ω,通过坐标转换,可以将此电流向量映射到两轴旋转坐标系中。如果此两轴坐标系也同样以角速度 ω 旋转,则在此坐标系中,电流向量可视为是静止的;换言之,电流向量在此坐标系中是直流电流。但要进行上述操作还需要满足一些条件,包括发动机的转子磁通必须与 d 轴重合,且电流向量的 d 轴分量必须保持定值。满足以上的条件后,交流发动机的转矩将与定子电流成正比,对定子电流向量值的控制就变得简易且精准。FOC 工作原理图如图 10.4 所示。根据图 10.4,电机基本运作流程如下。

(1) 采集两相电流。

(2) 经过 Clarke 变换后得到两轴正交电流量。

(3) 经过旋转变换后得到正交的电流量 I_d、I_q，其中 I_q 与转矩有关，I_d 与磁通有关。在实际控制中，常将 I_d 置为 0。由于得到的这两个量不是时变的，因此可以单独地对这两个量进行控制，类似控制直流量，而不需要具体知道三相电机的电压为多少。

(4) 将第(3)步中得到的 I_q 与 I_d 分别送进 PI 调节器，得到对应的输出 V_q 和 V_d。

(5) 通过传感器得到电机转过的角度。

(6) 进行逆 Park 变换，得到二轴电流量。

(7) 对第(6)步中的 V_α、V_β 进行 Clarke 逆变换，得到实际需要的三相电压并将其输入逆变电桥，驱动电机转动。

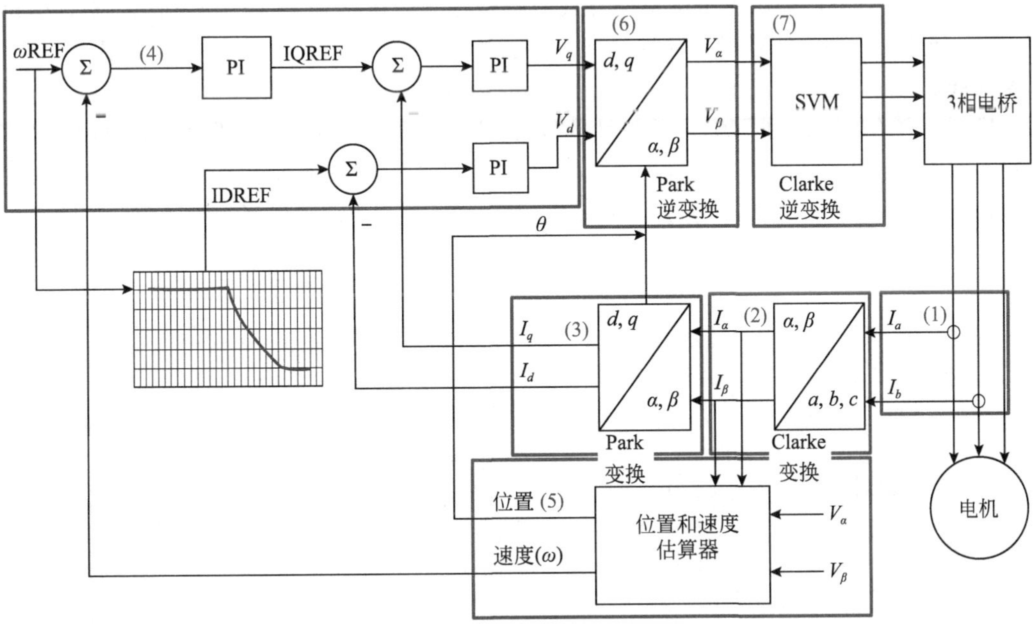

图 10.4　FOC 工作原理示意图

以四足机器人的外转子电机为例进一步说明。外转子上有磁铁，内部定子上有三相线圈，改变三相线圈内电流的大小和方向，可以把三相电流合成一个磁场矢量，这个磁场矢量和转子磁铁磁场作用后，形成一定的转角，三相正弦电流可以较好地合成连续旋转的磁场，改变三相电流的大小和相位，就能改变这个由线圈产生的旋转磁场。这个旋转磁场在形成时候，既有产生扭矩的 q 轴，也有不产生磁场但对合成磁场强度有影响的 d 轴，这两个轴互相垂直。这就是最终形成的合成磁场矢量，它可以分解成 q 轴磁场和 d 轴磁场，但是这个 q 轴和 d 轴磁场最终还是由流过三相线圈的电流合成的，也就是说，流过三相线圈的正弦电流最终合成一个矢量磁力，这个矢量磁力可以分解为对应于传统直流电机的 I_q 和 I_d。对于固定的转速和转矩，流过线圈的电流是三相脉冲的，但是分解成的 I_q 和 I_d 是固定值。所以对于一个期望的转速和转矩，就可以用一个固定的期望值 I_q 和 I_d 去标识，可以与实际检测三相电机电流得到的 I_q 与 I_d 做比较。

FOC 电机程序的代码量并不大，且有成熟的代码可以参考，比如意法半导体(STMicroelectronics, ST)的 FOC 电机库、德州仪器(Texas instruments, TI)的电机库等。这些代码包含了图 10.4 描述的 FOC 工作原理，该框架下可以不带位置和速度环路。因为无刷电机经过 FOC 力控驱动起来后，可以直接调用力控环路，在这个基础上用 PID 做速度和位置控制是较容易的。在本书的四足机器人系统中，并没有独立的速度环 PID 和位置环 PID。

在上述控制中，大部分 PID 环节和 FOC 算法都是需要调试的，一般的调试原则是从内到外，调试步骤如下。

(1) 先从 FOC 算法开始调试，采用空间矢量脉宽调制(space vector pulse width modulation，SVPWM)方法，人为给 U_α、U_β 赋值，确保电机能运行，确认 SVPWM 没问题后，给 V_q、V_d 手动赋值。

(2) 确认第(1)步之后开始调试采样电流和编码器的角度输出。

(3) 人为给定 I_d 的 REF=0 和 I_q 的 REF=×××，通过实时采样电流，调试电流环的 PID 参数，使启动响应的速度足够快，平衡运行的波动足够小。通过 DAC 输出实时的采样电流来进行观测调试。

(4) 人为给定速度调试速度环的 PID 参数，输出 I_q 的 REF，目标是根据需要在足够宽的速度范围内平稳启动和运行电机，根据速度的范围分段调试 PID 参数。

(5) 位置环的调节：采用人工试凑的方式使电机在一个位置和另一个位置之间来回移动，保证停止静差足够小，速度的增减足够快(瞬时速度大)，且需要根据位置路径的长度规划一个合理的速度曲线。

电机驱动电路的设计为 FOC 硬件设计的核心，优良的驱动电路设计(图 10.5)能保证 MOS 管的正确时序，在过压、欠压及干扰情况下，MOS 管均能正确完全导通和完全关闭，并且具备足够低的发热和导通损耗。另外，为了最大限度保障系统的安全性，驱动电路也应当具备过流保护功能。

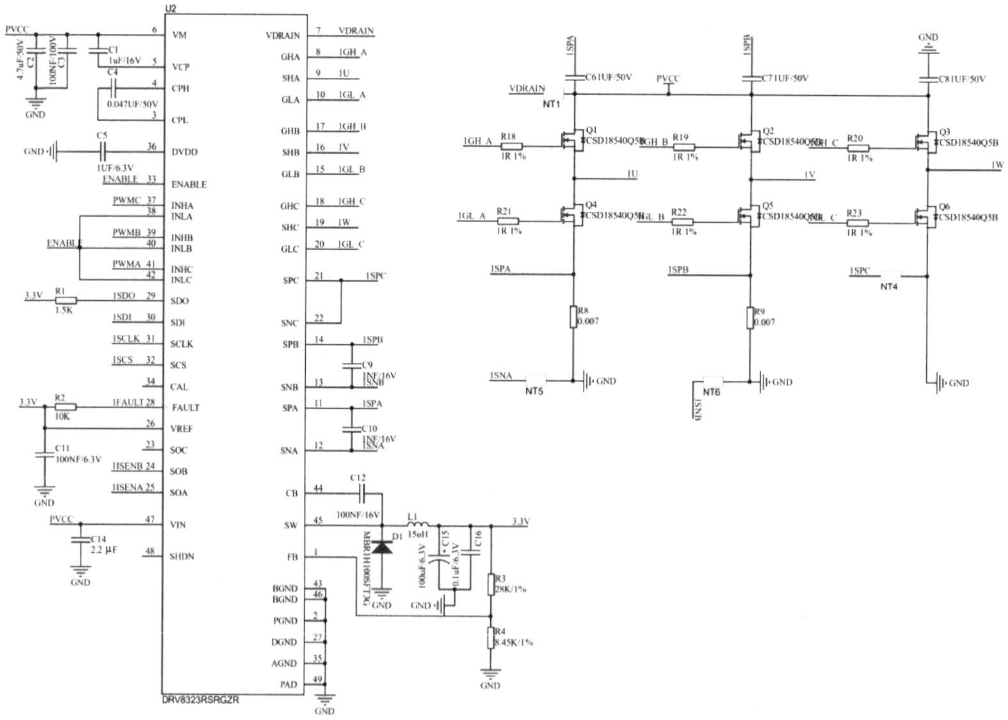

图 10.5　驱动电路设计

为了较好地提高电机驱动电路的稳定性和设计质量，本书选用 DRV8323 器件，其属于集成式栅极驱动器，适用于三相应用。DRV8323 结构框图如图 10.6 所示。此类器件具有三个半桥栅极驱动器，每个驱动器都能够驱动高侧和低侧 N 通道功率 MOSFET。DRV832x 使用集成电荷泵为高侧 MOSFET 生成合适的栅极驱动电压，并使用线性稳压器为低侧 MOSFET 生成合适的栅极驱动电压。智能栅极驱动架构支持高达 1A 的峰值栅极驱动拉电流和 2A 的峰值栅极驱动灌电流。DRV8323 可由单个电源供电运行，支持适用于栅极驱动器的 6～60V 电压，适用于可选降压稳压器的 4～60V 宽输入电源范围。栅极驱动器和器件配置具有高度可配置性，可通过 SPI 或硬件(H/W)接口实现。DRV8323 和 DRV8323R 器件具有三个集成的低侧分流放大器，可实现在驱动级的所有三个相位上进行双向电流感测。DRV8320R 和 DRV8323R 器件集成了 600mA 降压稳压器，提供了低功耗睡眠模式，以通过关断大部分内部电路来实现较低的静态电流消耗。针对欠压锁定、电荷泵故障、MOSFET 过流、MOSFET 短路、栅极驱动器故障和过热等情况，其可提供内部保护功能。其故障状况及故障详情可显示在 nFAULT 引脚上。

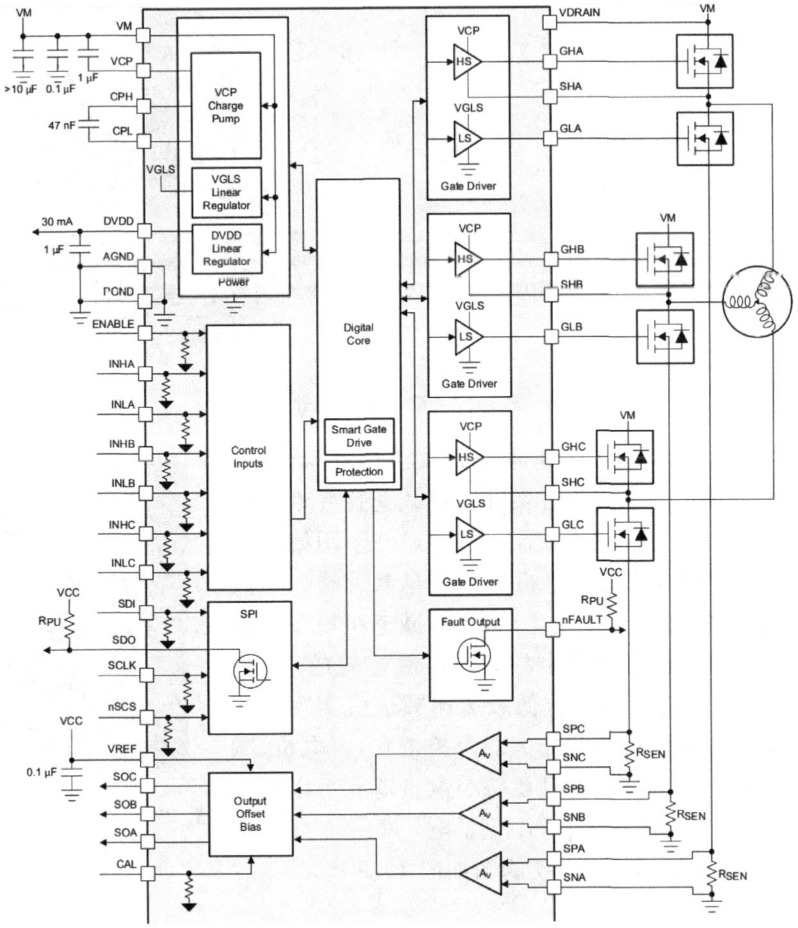

图 10.6　DRV8323 结构框图

MOSFET 选择：三相电动机控制器的核心是三相逆变器。逆变器由三个晶体管半桥组成，这三个半桥将电压施加到三个电机线圈端子上，线圈作为逆变器的一部分。由于所用电动机的电感非常低，约为 30μH，因此使用了较高的开关频率和 40kHz 的控制环路频率，以实现快速闭环电流控制，并最小化 PWM 引起的电流纹波。对于每个半桥，我们可以估算出恒定转矩下的损耗。传导损耗主要包括线圈的电阻损耗和铁心的铁损。开关损耗主要包括电流流过 MOS 管造成的热损耗。

编码器选择：若要 FOC 正确运行，则需知道定子和转子之间的绝对位置关系，需要使用较高精度的编码器。编码器有增量式和绝对式两种，本系统采用绝对式磁编码器，其优点是体积小、安装方便、抗干扰性强、价格低廉、集成度高和电路结构简单。如图 10.7 所示，磁编码器与径向磁铁同轴安装，磁铁随电机轴旋转，磁编码器通过监测磁铁磁场的变化，测量电机轴的角度变化。STM32F446 使用 SPI 总线读取磁编码器的测量值。其中，AS5047P 是一款高分辨率、高速(可达 28krpm)的旋转位置传感器，测量范围为完整的 360°角。一个标准的 4 线 SPI 串行接口允许主机从 AS5047P 读 14 位绝对角位置的数据和程序的非易失性的设置数据。

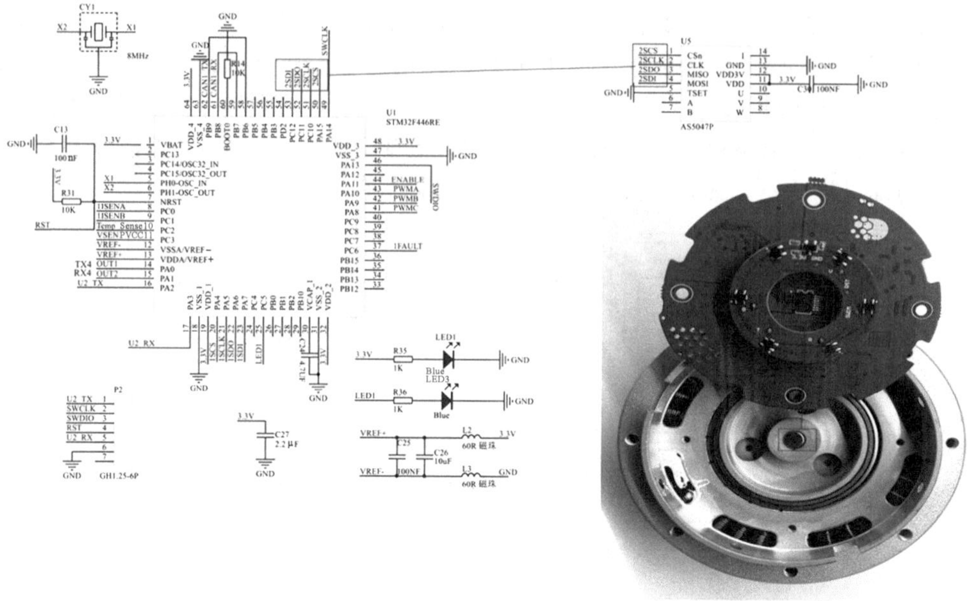

图 10.7　磁编码器电路图

图 10.8　本书所设计的四足机器人采用的电机实物图

关节选择：对于四足机器人的仿生足式关节选择来说，通常有两种方案，低减速比的准直驱方案和由高减速比弹性串联机构组成的带扭矩测量单元的制动器方案。本书采用第一种方案，使用惯量轻、极数多的盘式电机外加行星减速机。盘式电机价格低、工艺成熟，方便大批量生产；行星减速机属于传统减速机构，加工工艺简单，综合成本只有谐波减速机的 1/10。该方案采用高扭矩密度电机并配合低减速比减速机实现高扭矩密度，有较高的反向可驱动性及较大的力控带宽，将电机、减速机和控制器做在一个腔体内，并且使每个电机单元可以做到电源和信号线并联形式的链式连接，简化了电气电路布线。本书所设计的四足机器人采用的电机实物图如图 10.8 所示。

10.2　动　力　源

四足机器人的动力源采用锂电池，配合电源管理板，实现电源管理、控制隔离、浪涌抑制和过流保护等功能。

1. 电池系统

本系统中电机瞬间电流能达到 40A，因此电池必须要有足够大的放电能力，本系统选择了 18650 电池，其具有放电倍率大的优点、具有 20A 的连续放电能力且两节并联能产生 40A 的放电能力，瞬间电流可达 100A，足够本系统使用。

2. 电源管理板总体设计

电源管理板的功能如下。

(1) 开机启动浪涌电流限制。

(2) 整机供电高低压转换与电路系统隔离。

(3) 电流检测与电流保护。

(4) 电池电压检测。

(5) 系统开关机。

(6) 异常报警及对外通信。

开机启动通过延时上电,首先给控制器上电(弱电),经过延时之后打开强电控制回路,从而限制大电流造成的影响。隔离部分电路将高压系统和低压系统完全隔离开,保证控制系统和通信系统不受大电流部分电路的电磁干扰。电流检测完成整个系统的电流监控功能,并通过拨码开关来设置保护电流阈值。电池电压检测电路对电池电压进行实时检测,当超出阈值时,使用蜂鸣器进行异常情况报警。

电源管理板的硬件实物如图 10.9 所示。其中,24V 外部调试电源或者锂电池电源从 P2 输入,经过 MOS 管 Q2 和 Q4 控制开关后,由 J3 和 J4 输出给两条前腿和两条后腿,J1 和 J2 分别控制 UP board 电源和电机电源,外接普通开关。完全隔离后的电源由 P1 输出给 UP board 和 SPIne 信号转接板,确保了低电压逻辑系统供电的纯净。异常电流的阈值可以通过拨码开关 DIP1 进行设置。另外,锂电池 24V 动力源可以经过 P5 输出。

图 10.9　电源管理板

3. 控制隔离

电机是干扰比较大的负载,在电流变化的瞬间,将产生很高的浪涌电流及反向电动势,若系统隔离不足,则会导致系统死机或器件被击穿,因此必须要将系统的电源进行隔离,包括将电机供电与系统供电隔离,以及将低压系统和高压系统之间的数据隔离。在本系统中,需要保证微处理器 x86 系统和低压 5V 系统的安全,并且保证核心 CPU 在工作过程中不会因为电流冲击而复位和跑飞。控制隔离电路如图 10.10 所示。

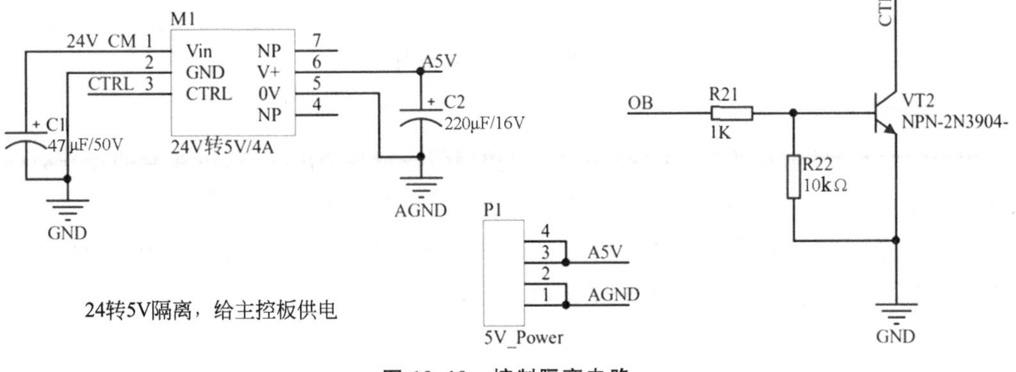

图 10.10　控制隔离电路

4. 保护电路

在系统中，在调试的过程中经常发生电机过载、跑飞等现象，因此在电池系统中需要有基本的保护电路，如图 10.11 所示，确保电路在意外短路时不产生爆燃，同时要保证系统不受剧烈的震动和过高温度的影响。根据实际调试，机器人处于站立姿态时，系统电流在 2A 左右，机器人在行走时系统平均电流在 5A 左右，最大峰值在 15A 左右。根据系统特性，本电路在设计时加入了电源管理功能，可以即时检测流过系统的电流，设置保护电流模式。如上描述，机器人正常行走过程中可以把系统整机硬件设置在 15A 的峰值电流保护模式下，这样只要系统检测到峰值电流超过 15A 就会触发保护。

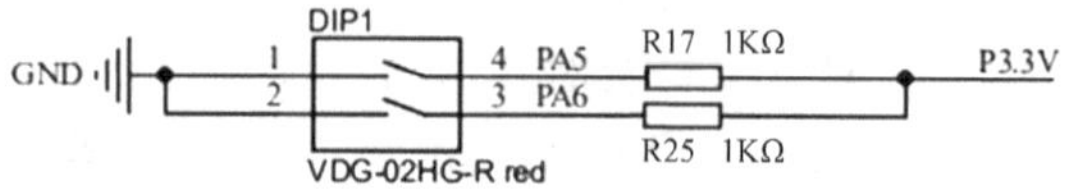

图 10.11 保护电路

5. 延时上电保护

由于 12 个电机控制器并联在一起具有很大的输入电容，当输入电压为 24V 时，输入电容的总储能约为 1.5J，因此开启电机电源前电机必须能够耗散掉这部分能量，因为通过电阻为电容充电的效率基本上是 50%，所以，当电容通过一个非常小的电阻开始充电时，瞬时开启电机电源会导致巨大的电流涌入。为了减轻这些影响，我们为执行器电源开关设计了预充电电路(电源管理延时上电开关部分)，如图 10.12 所示，利用该电路来实现延时上电保护。预充电电路首先通过功率电阻缓慢地对电容充电，持续时间为 80ms，然后另一个晶体管自动打开，将电流传递给执行器。当电源开关关闭时，会打开一个 12V 电源对 MOSFET Q1 的栅极充电，这允许输出电容 Cout 通过功率电阻器 R1 充电，将充电电流限制在最大值。再由 R2、R3 和 C1 构成的 RC 滤波器设置的固定时间常数延迟之后，比较器输出，打开 MOSFET Q2，从而绕过功率电阻器。当开关关闭时，反激二极管 D1 允许电流继续流动，因此输出端的电感不会引起电压尖峰，从而保护通晶体管或电机驱动器。

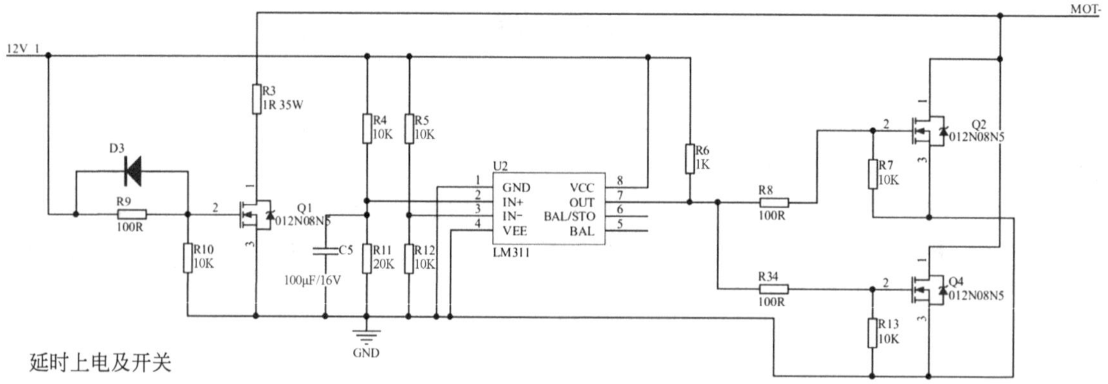

图 10.12 预充电电路

6. 通信接口

电源板预留 CAN 通信接口，为系统扩展、保护阈值设置等留出接口，以在后期设计时便于进行软件保护设置等。电源管理板 CAN 通信部分如图 10.13 所示。

电源控制的 CPU 采用同系列的处理器 STM32F103，完成电流采样、保护阈值设置、CAN 通信处理等功能。电源管理板 CPU 部分如图 10.14 所示。

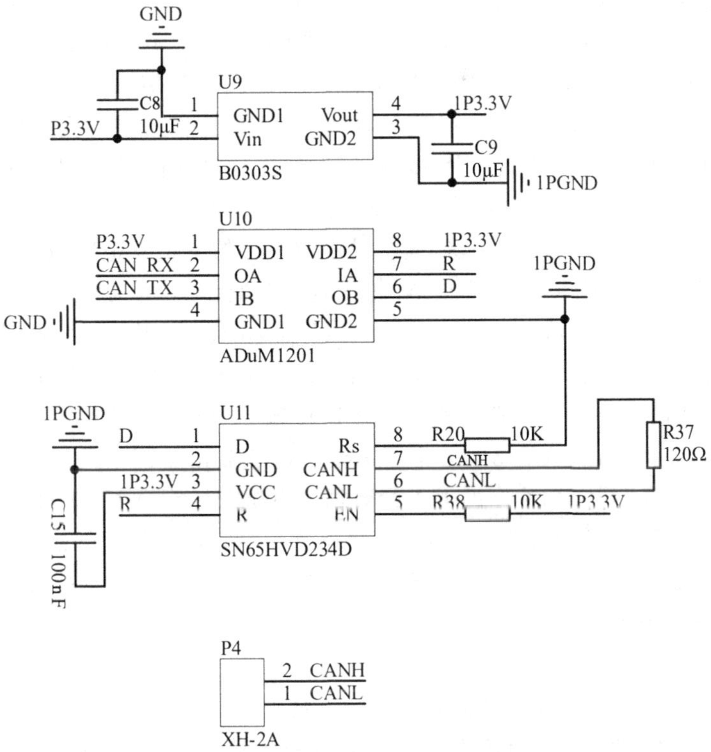

图 10.13 电源管理板 CAN 通信部分

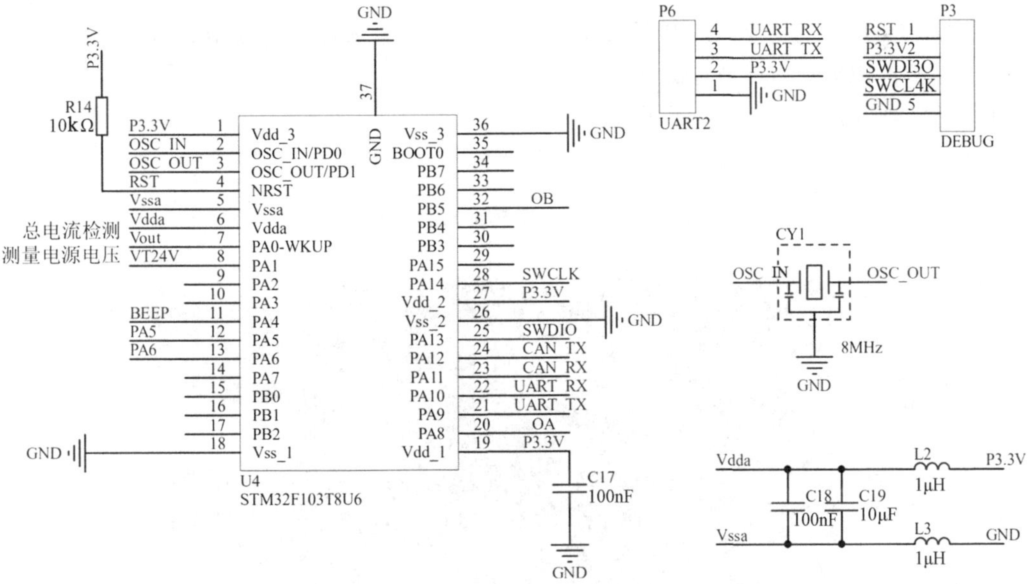

图 10.14 电源管理板 CPU 部分

10.3 UP board

UP board 负责机器人运动学与动力学运算及整套运动控制算法的实现，UP board 根据机身姿态及 12 个关节当前的位置和力矩，算出每个关节所需要的扭矩。UP board 自带 RJ-45 网口，可以实现机器人自身传感器的信息和外界的交互。原则上 UP board 不仅可以运行整套算法框架,还可以集成编译环境,编译整套顶层 x86 系统的源码。UP board 采用1.44GHz 主频的 CPU,运行整套算法后,CPU 还有 60%的空闲。但是整套运行代码和仿真代码较为庞大,若放在 UP board 上全编译一遍,至少需要 30 分钟左右的时间;并且运行动力学仿真 GUI 后,3D 界面经常会导致 UP board 的 CPU 卡死,因此 UP board 只适合执行目标代码,开发环境时最好使用性能更强的主机进行编译和仿真。在机器人开发时,存在两个主机,一个是 UP board(CPU:Intel Z8385),另一个是用来编译和仿真的主机(通常是用户自己的笔记本电脑或台式机),两者经过一条网线连接,利用轻量级本地共享协议 LCM 技术,实现两台主机数据共享。用户个人计算机编译完后的代码可以经过网线传输到 UP board 上。UP board 不同于传统系统,其具备一个 SPI 接口,数据传输波特率可以达到 20～50Mbps,这是由 UP board 上的一个 FPGA 实现的。这个 SPI 接口的数据速率和通信实时性可以满足整机对数据传输的要求。SPI 协议是一个高效本地近距离的数据交互协议,简单易用。UP board 上所需要的信息数据流都要经过 SPI 这个物理接口进行传输,包括电机的位置、扭矩和速度的上下行数据。电机分散到离 UP board 20～50cm 外的关节上,这样的距离不适合 SPI 这样的通信协议,并且分布电容和电机运转后的噪声将导致数据错乱,为了克服此类干扰,提高本地控制信号传输的可靠性和传输效率,本书设计的四足机器人采用 485 总线和 CAN 总线传输的方式。

本书采用的 UP board 是一款小型、低功耗的嵌入式 x86 计算机,具有 4 核 Intel Atom X5-Z8350 处理器、4GB RAM 和约 5W 的峰值功耗。UP board 运行带有 preempt-rt 补丁的 Linux 内核,以实现代码的软实时运行。UP board 上运行的各种软件可以通过 LCM 插件进行通信,LCM 还允许快速记录每条命令、传感器测量值和内部控制变量等数据,方便控制算法的开发和调试。其中,x86 处理器提供了充足的计算性能,带 preempt-rt 补丁的 Linux 内核在保证代码实时运行的基础上,可以使用丰富的开源软件库:如局域网轻量级通信与数据封送库 LCM、矩阵运算库 Eigen 等,方便机器人控制算法的开发。

UP board 硬件接口如图 10.15 所示。

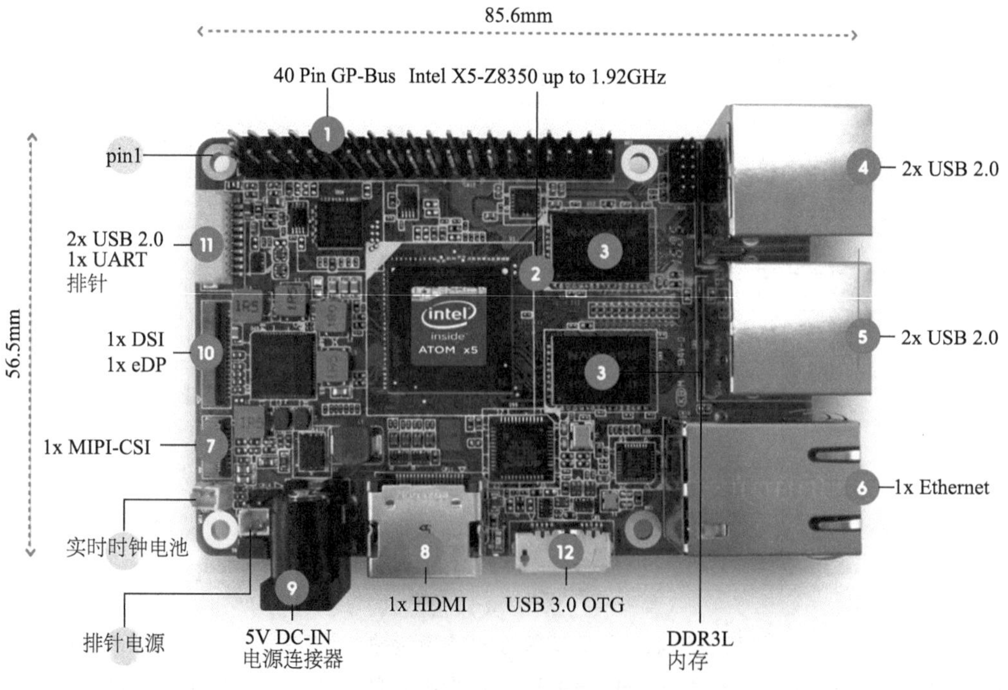

图 10.15　UP board 硬件接口

图 10.15 中，1 为 40 针通用 I/O 引脚；2 是 CPU，采用 Intel X5-Z8350，拥有 2MB 内存，装载 64 位系统，4 核处理器，主频高达 1.92GHz；3 是两片内存芯片，采用 DDR3 内存规格，可选择 1GB、2GB、4GB 内存；4 和 5 是 4 个 USB 2.0 接口；6 为千兆位以太网接口，用于 UP board 和 PC 上位机局域网通信，可通过以太网使用 LCM 库将 UP board 计算的实时数据发送到 PC 上位机中进行显示和记录；7 为应用于高清显示技术的串行接口，可用来连接高清摄像头；8 为 HDMI 接口，用于连接外部显示器，在配置 UP board 时显示桌面信息；9 是输入电源接口，可使用 5V/2A 的电源适配器输出；10 也是一个高清摄像头接口；11 为 USB 2.0 和 UART 接口，使用其中的 UART 接口接收 IMU 数据；12 为 USB 3.0 OTG 接口。

其中当前使用到的针脚如表 10.1 所示。

表 10.1　当前使用的针脚表

引脚编号	信号名	用　途
Pin 2 4	5V	给 UP board 供电
Pin 6 9 25 34 39	0V	给 UP board 供电
Pin 19 21 23 24 26	SPI 接口	处理执行器相关数据

本书四足机器人使用的 UP board 基于 x86 架构，功耗平均在 7W 左右，内置了电子硬盘和足够的内存，CPU 的运算速度在运行四足机器人的模型预测控制（MPC）和全身运动控制（whole body control，WBC）动力学与运动学控制算法后，还有 40%左右的空闲。UP board 体积虽然不大，但引出了一台主机所必要的接口，如 HDMI 显示接口、RJ-45 通信网口和 USB 数据接口，完全可以当成一台计算机用。这款小型主机，在标准 x86 架构下用 FPGA 模拟出了 UART 接口和 SPI 接口，便于和下位机 MCU 进行高效数据交互。

UP board 实物图如图 10.16 所示，丰富的对外扩展接口经过双排 DIP40 排针引出。其中，我们用到了 DIP40 排针的 SPI 接口、一个电源供电接口和 RJ-45 网口（用于程序更新和宿主机联合调试），以及 USB 接口和扩展的 UART 接口（用于 IMU 陀螺仪和无线遥控手柄通信）。

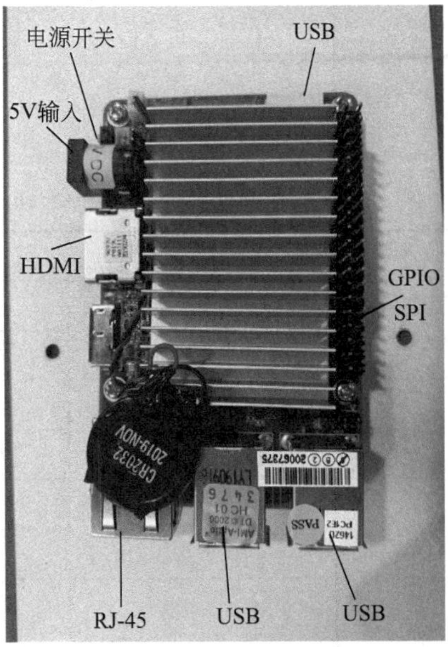

图 10.16　UP board 实物图

10.4　遥　控　器

遥控器用于控制机器人运动和状态的切换，其各个功能键的名称如图 10.17 所示，主要用到的功能键功能如表 10.2 所示。

注意：处于 Passive 模式时，四足机器人电机输出力（力矩）为 0，该模式可用于急停。遥控器功能定义可根据遥控器的说明书和本工程的源码按照个人意愿进行更改。突发情况下，将遥控器 END 键按下，关闭四足机器人指令控制功能，再关闭四足机器人总电源。

通过遥控器启动四足机器人：

首先将遥控器各功能键复位到初始位置，如图 10.18 所示，即 SwB、SwC、SwD 处于上方，SwA、SwE、SwF、SwH 处于下方，SwG 处于中间。

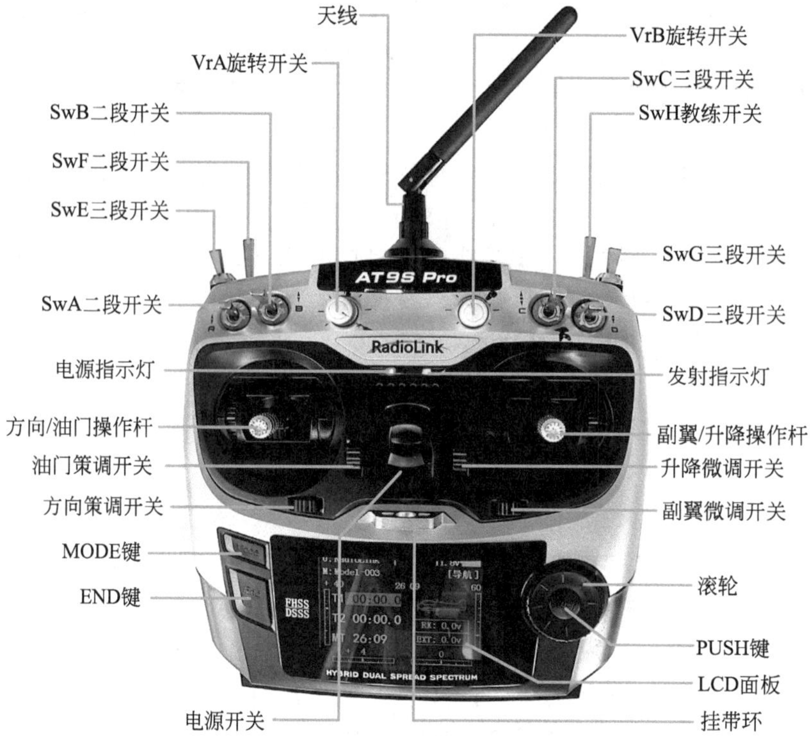

图 10.17　遥控器示意图

表 10.2　遥控器主要用到的功能键的功能

功　能　键	功　　能
方向油门操作杆	上/下：调整四足机器人运动过程中的俯仰角
	左/右：控制四足机器人转向
副翼/升降操作杆	上/下：控制四足机器人前进/后退
	左/右：控制四足机器人左/右横移
SwA 二段开关	上：进入 Locomotion(动)模式
	下：BalanceStand(平衡站立)模式，该模式可以进行姿态展示
SwC 三段开关和 SwD 三段开关	SwC 在上，SwD 在上：Trot 步态
	SwC 在上，SwD 在下：Flyingtrot 步态
	SwC 在中间，SwD 在上：Slowtrot 步态
	SwC 在中间，SwD 在下：Bound 步态
	SwC 在下，SwD 在上：Pace 步态
	SwC 在下，SwD 在下：Gallop 步态
SwE 三段开关	上：进入运动模式选择
	中：RecoveryStand(恢复站立)模式
	下：Passive(被动)模式
SwG 三段开关	上：前空翻
	中：无功能
	下：后空翻

续表

功　能　键	功　　能
VrA 旋钮开关	控制机器人站高(范围:0.18～0.35m)
VrB 旋钮开关	控制步高(范围:0～0.1m)

图 10.18　遥控器各功能键初始状态

(1) 将四足机器人摆动到初始位置,需确认线没有缠绕现象且不会干涉四足机器人启动,如图 10.19 所示。

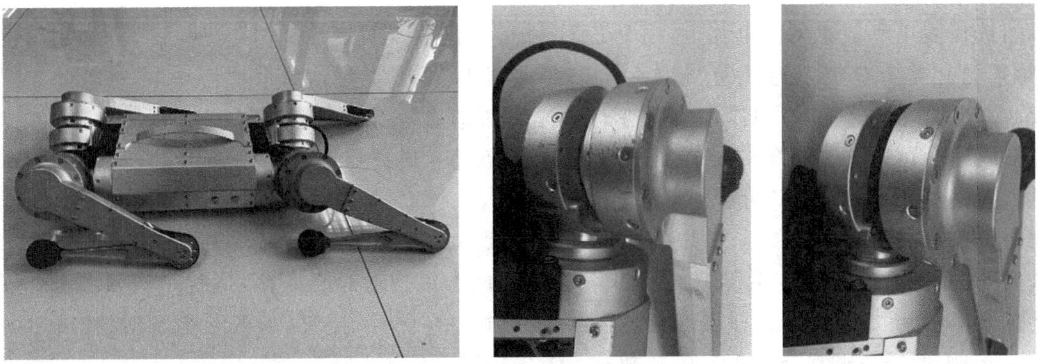

(a) 四足机器人初始位置　　(b) 正确示例　　(c) 错误示例

图 10.19　机器人初始状态

(2) 开机,需将图 10.20 所示的两个功能键都按下。左边的功能键是电机开关,右边的功能键是总开关。

注意:关闭时若只关闭电机开关则电机和电机的控制板会断电,但机身的控制板仍正常运行。若关闭总开关,则机器人所有部件均断电。

(3) 等待 1～2 分钟,四足机器人自动上电并进入 Passive 模式。

(4) 向上拨动遥控器 SwE 至中间位置,等待四足机器人自动处于站立姿态,如图 10.21 所示。

(5) 向上拨动遥控器 SwE 至最上方,四足机器人处于平衡站立模式。该模式下,推动摇杆可以执行姿态展示功能。

(6) 向上拨动遥控器 SwA,机器人进入运动模式,在该模式下拨动 SwC 和 SwD 可以执行步态切换功能。

注意:如果需要关闭运动模式,则向下拨动 SwA;如果有紧急情况需要急停(停掉电机输出),则将 SwE 拨到最下方。如果机器人翻倒或处于其他状态,且想要处于恢复站立模式时,拨动 E 至中间位置。

图 10.20　四足机器人开关功能键示意图

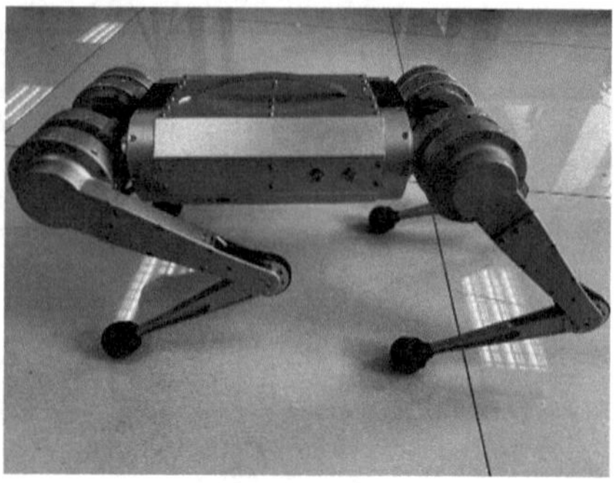

图 10.21　四足机器人站立姿态

10.5　SPIne 信号转接板

目前机器人系统大多采用总线式设计，总线式设计的优点是将所有通信节点直接整合到两条线上，这样极大节省了布线空间，且容易增加和删除现有系统的节点，既不影响原有系统，也不需要额外布线。目前可选的成熟总线有：485 总线、CAN 总线以及 ECAT 总线，本系统选取了 CAN 总线，原因是其协议简单、硬件简单、通信数据量够用。在能满足系统要求的情况下，我们尽可能选择简单和成本低的电路，本书所设计的四足机器人具有 12 个关节电机，分布在 4 条腿上，每条腿有 3 个电机。为了使机器人生产尽量便捷及模块化，12 个核心电机的电路部分和 SPIne 对外接口完全一样。实际上，12 个电机全部并联在一条 24V 电源线上，原理上，12 个电机的通信线完全可以并在一条 CAN 总线上，这样系统简单到只需要两条电源线和两条 CAN 总线即可。但是单个 CAN 接口的数据承载量为 1Mbps，去掉 CAN 帧格式的仲裁位和附加数据帧结构，真正有效的通信只占 70%，所以其数据响应的频率大概为 1kHz。单个 CAN 总线不足以承担这么大的物理数据流，在本系统中扩了四路 CAN 总线，每条腿对应一路，也就是说每条腿上的三个电机通信 CAN 总线并在一起，四条腿需要四个独立的 CAN 接口，由于一个 STM32 单片机能提供两路，因此需要两个 STM32 单片机作为数据通信及调试接口，调试接口经过 USB 接口引出，USB 接口引出了电机内部 CPU 仿真接口 STM32 和 CPU 串口。

SPIne 信号转接板安装在 UP board 的上方，通过 40 针 I/O 引脚与 UP board 连接。其主要功能如下。

(1) 在 SPIne 信号转接板上，P8 端子接收来自锂电池控制板输出的 5V 电源。输入的 5V 电源一部分通过 40 脚排针给 UP board 供电，另一部分通过 U15 转化为 3.3V 电压给本板的元器件供电，原理如图 10.22 所示。

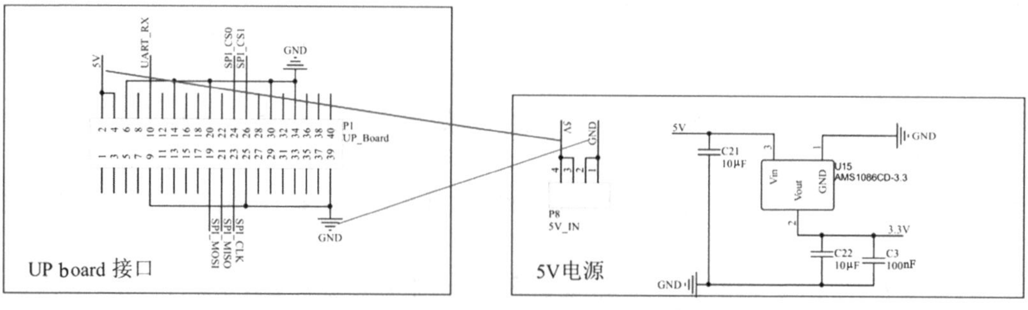

图 10.22　SPIne 信号转接板电源接口

(2) 在 SPIne 信号转接板上使用 STM32F446 芯片将 SPIne 总线上 UP board 发出的控制信息通过芯片自带的 CAN 总线发送给执行器,原理如图 10.23 所示。由于 CAN 总线带宽为 1Mbps,通过计算 1 路 CAN 总线可以在 1kHz 带宽下控制 3 个执行器,因此将四足机器人的 12 个执行器按照每条腿分一组,共可分成 4 组,需要使用 4 路 CAN 总线。由于每个 STM32F446 芯片只有 2 路 CAN 接口,因此使用 2 个 STM32F446 芯片。

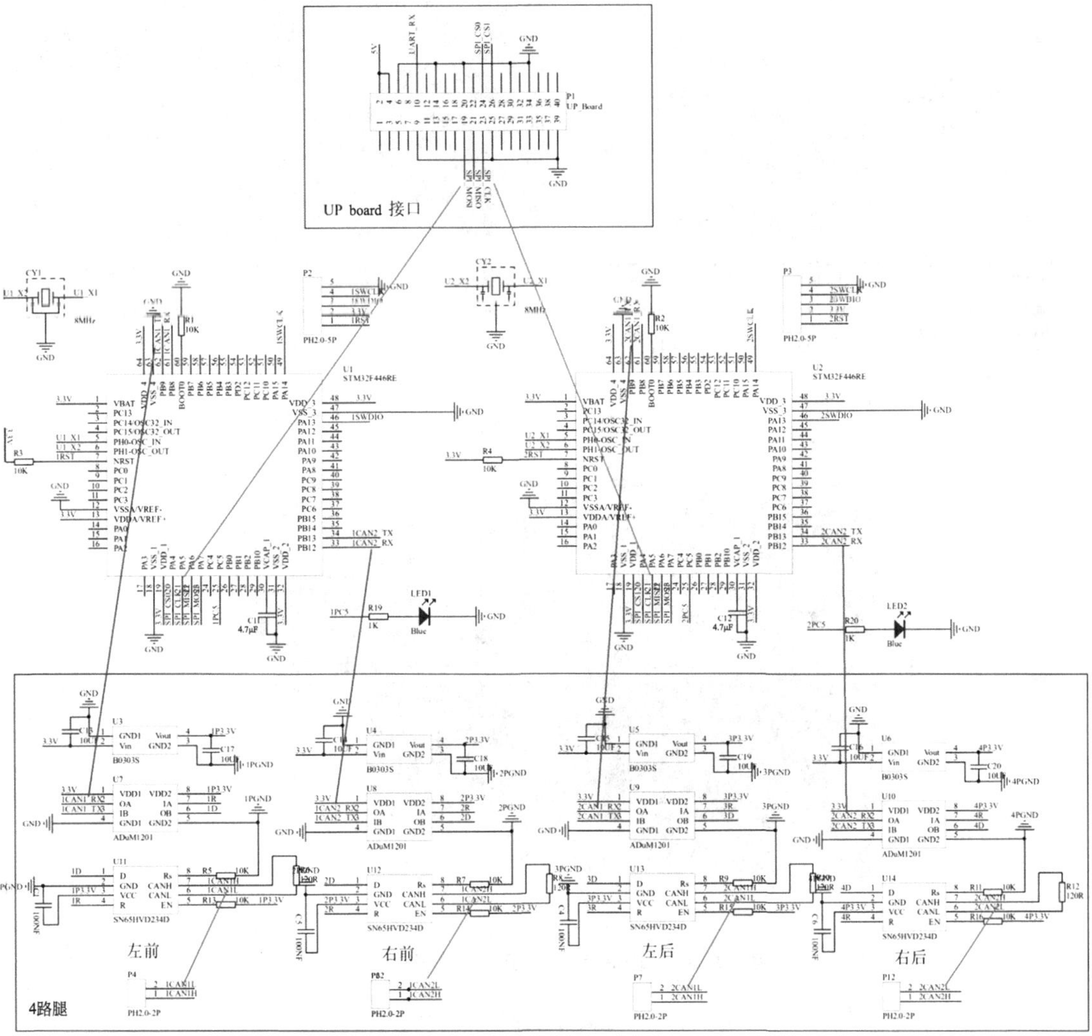

图 10.23 SPIne 信号转接板 CAN 通信接口

(3) 在 SPIne 信号转接板上使用 STM32F446 芯片的串口 1(PA2、PA3)读取 IMU 数据然后通过串口 4(PA0、PA1)发送给 UP board,如图 10.24 所示。基于图 10.24,UP board 搭载 SPIne 信号转接板后,实物图如图 10.25 所示,其主要把 UP board 上的资源用 DIP40 双排针印出来,UP board 运算后的信息经过 P1 上的 SPIne 硬件接口频率 CS1、CS2 选通信息传递给 U1 或 U2;U1 或 U2 运行后,x86 内核会以 1000Hz 或者 500Hz 的频率经过 CS1 或者 CS2 与 U1 或者 U2 通信。每个 MCU 被选通期间,x86 内核将会通过 SPIne 数据线传递 132 字节的数据给 U1 或者 U2,这 132 字节包括前部或者后部两条腿的控制信息,具体是两条腿、6 个关节电机的目标位置、目标速度和目标力矩信息。U3 为隔离电源模块,U7 是双路磁隔离芯片,U11 是 CAN 接口芯片,最终四条腿的信号经过四个接插件输出到 P4 中。P5 是 SBUS 接收模块,即一条数据线经过反向后,直接输出到 x86 内核上的串口。而 IMU 数据则是经过 USB 口直接传到 x86 内核中的，RJ-45 接一条延长线后直接输出到机身上。

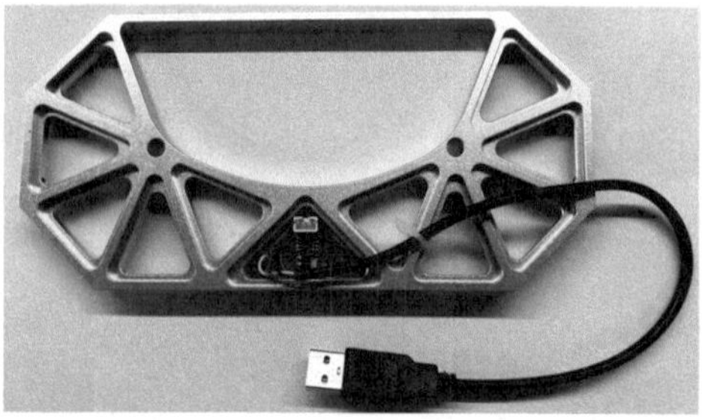

图 10.24　SPIne 信号转接板与 IMU 串口通信

图 10.25　UP board 搭载 SPIne 板实物图

SPIne 信号转接板实物各个接口如图 10.26 所示，相应接口说明如表 10.3 所示。

图 10.26　SPIne 信号转接板实物各个接口

表 10.3　SPIne 信号转接板接口说明

序号	名　称	序号	名　称
2-1	5V 供电接口	2-6	右后腿 CAN 信号线接口
2-2	单片机 1 程序下载接口	2-7	左前腿 CAN 信号线接口
2-3	单片机 2 程序下载接口	2-8	右前腿 CAN 信号线接口
2-4	SBUS 无线接收器接口	2-9	备用调试接口
2-5	左后腿 CAN 信号线接口		

SPIne 信号转接板部分的主要程序解读如下。

在整机系统中，UP board 是主动通信器件，也就是说，所有的数据传递都是由 UP board 发起的。每个 MCU 接收到的数据包格式如下：

```
struct spi_command_t                 //控制左右各一条腿,每条腿三个关节
{
    float q_des_abad[2];             //一条腿三个关节的位置信息
    float q_des_hip[2];
    float q_des_knee[2];
    float qd_des_abad[2];            //一条腿三个关节的速度信息
    float qd_des_hip[2];
    float qd_des_knee[2];
    float kp_abad[2];                //一条腿三个关节的 KP 增益信息
    float kp_hip[2];
    float kp_knee[2];
    float kd_abad[2];                //一条腿三个关节的 KD 增益信息
    float kd_hip[2];
    float kd_knee[2];
    float tau_abad_ff[2];            //一条腿三个关节的前馈扭矩增益信息
    float tau_hip_ff[2];
    float tau_knee_ff[2];
    int32_t flags[2];                //附加标志,可以控制电机的启停等附加信息
    int32_t checksum;                //累加校验和
};
```

每个从 UP board 传递到单个 MCU 的数据包格式如上所述,完整的包含了在力控体系下控制每个关节的信息,主要包括控制这个电机的目标位置、目标速度、目标刚度及前馈指定力矩,还附带了每条腿电机的附加控制位。由于数据传输可能被干扰或在特殊情况下发生错乱,而经过累加校验后这种情况环境发生的概率非常小,因此 MCU 数据包格式的最后是累加校验和。MCU 数据包合计 132 字节,包括 128 字节的数据加 4 字节的累加校验和。

```
//after reading,save into spi_command
//should probably check checksum first!
uint32_t calc_checksum = xor_checksum((uint32_t* )rx_buff,32);
```

上面的函数在每次 MCU 收到 x86 内核发过来的一个数据包后进行校验,校验字数是 32,在整机系统中,x86 内核是主动通信器件,也就是说,所有的数据传递由 x86 内核先发起、发送和查询,根据上面的知识可以知道,x86 内核和 MCU 的通信采用 SPIne 协议,即 x86 内核以一定的频率主动经过 SPIne 与下面的 MCU 进行通信,实际上,x86 内核经过 SPIne 准确地以 1kHz 或者 500Hz 的频率与起桥梁作用的两个 SPIne CPU 进行通信。也就是说,SPIne 上的每个 CPU 每秒会收到 1000 个 spi_command_t 类型的完整数据包(132 字节)。SPIne 通信的特点是主控端 x86 的发送端有多少个数据位发出来,就会有多少位的数据从设备端被移到 x86 上的接收端中。即在 MCU 收到 132 字节时,MCU 就会有 132 字节的数据上传到 x86 系统中。

```
void spi_isr(void)
{
    GPIOC-> ODR |= (1 < <8);
    GPIOC-> ODR &= ~(1 < <8);
    int bytecount = 0;
    SPI1-> DR = tx_buff[0];
    while(cs = =0) {
        if(SPI1- > SR&0x1) {
            rx_buff[bytecount] = SPI1- > DR;   //接收来自 UP board 的数据命令
```

```
            bytecount+ +;
            if(bytecount< TX_LEN) {
               SPI1-> DR = tx_buff[bytecount];
            //把准备上报的关节数据上传给 UP board 进行数据交换
            }
        }
    }
    uint32_t calc_checksum = xor_checksum((uint32_t* ) rx_buff, 32);
    for(int i = 0; i < CMD_LEN; i+ + )
    {
        ((uint16_t* ) (&spi_command)) [i] =  rx_buff[i];
    }
    if(calc_checksum ! = spi_command.checksum) {
    spi_data.flags[1] = 0xdead; }
    control();
    PackAll();        //把 UP board 发过来的信息封装到每条腿上
    WriteAll();       //把信息经过 CAN 发送给每个关节
}
```

上面的函数是 x86 内核主动给 SPIne 板上的 CPU 发送数据时 CPU 引起的中断，在中断函数中一次性接收 132 字节放入 rx_buff 数组中，而把 MCU 发给 x86 的数据 SPI1－＞DR＝tx_buff[bytecount]放入发送缓冲区中进行数据交换。这样 x86 下发 1 字节的数据，下面的 MCU 就会准备好上传 1 字节的数据。可以理解为：x86 需要每个关节电机按照指定的位置、速度、前馈力矩和系统刚度对每个电机进行控制，当然每个电机也需要将实际执行结果再反馈给 x86 系统，使系统进行控制判断。

接着，分析主程序，主程序如下：

```
int main() {
    pc.baud(921600);
    pc.attach(&serial_isr);
    estop.mode(PullUp);
    can1.frequency(1000000);//set bit rate to 1Mbps
    //can1.attach(&rxISR1);//attach 'CAN receive- complete' interrupt handler
    can1.filter(CAN_ID< < 21,0xFFE00004,CANStandard,0); //set up can filter
    can2.frequency(1000000);//set bit rate to 1Mbps
    //can2.attach(&rxISR2);//attach 'CAN receive- complete' interrupt handler
    can2.filter(CAN_ID< < 21,0xFFE00004,CANStandard,0); //set up can filter
    memset(&tx_buff,0,TX_LEN *  sizeof(uint16_t));
    memset(&spi_data,0,sizeof(spi_data_t));
    memset(&spi_command,0,sizeof(spi_command_t));
    NVIC_SetPriority(TIM5_IRQn,1);
    printf("\n\r SPIne\n\r");
    a1_can.len = 8;          //446 对左腿侧摆电机发送 8 字节一个 CAN 包
    a2_can.len = 8;          //446 对右腿侧摆电机发送 8 字节一个 CAN 包
    h1_can.len = 8;          //446 对左腿大腿电机发送 8 字节一个 CAN 包
    h2_can.len = 8;          //446 对右腿大腿电机发送 8 字节一个 CAN 包
    k1_can.len = 8;
    k2_can.len = 8;
    rxMsg1.len = 6;          //从电机 MCU 返回给 SPINE 板 MCU 6 字节
```

```
    rxMsg2.len = 6;          //从电机 MCU 返回给 SPINE 板 MCU 6 字节
    a1_can.id = 0x1;
    a2_can.id = 0x1;
    h1_can.id = 0x2;
    h2_can.id = 0x2;
    k1_can.id = 0x3;
    k2_can.id = 0x3;
    pack_cmd(&a1_can,l1_control.a);
    pack_cmd(&a2_can,l2_control.a);
    pack_cmd(&h1_can,l1_control.h);
    pack_cmd(&h2_can,l2_control.h);
    pack_cmd(&k1_can,l1_control.k);
    pack_cmd(&k2_can,l2_control.k);
    WriteAll();
    //SPI doesn't work if enabled while the CS pin is pulled low
    //Wait for CS to not be low,then enable SPI
    if(! spi_enabled)  {
        while((spi_enabled= = 0) && (cs.read() = = 0)){wait_us(10);}
        init_spi();
        spi_enabled =  1;
    }
    while(1) {
        counter+ + ;
        can2.read(rxMsg2);
        unpack_reply(rxMsg2,&l2_state);
        can1.read(rxMsg1);  //read message into Rx message storage
        unpack_reply(rxMsg1,&l1_state);
        wait_us(10);
    }
}
```

主程序为 SPIne 信号转接板的整个初始化过程和程序过程。程序刚开始初始化了串口(SPI 接口和 CAN 接口)，并且规定了从 SPIne 信号转接板下发到电机的是一个 8 字节满负载的标准 CAN 包，而接收的只需要是 6 字节的标准 CAN 包。初始化完成后，系统处于等待状态，SPIne 板只有在接收到来自 x86 的 CS 选通线为低电平时才进入工作状态。最后系统进入主循环，循环接收电机反馈的 CAN1 和 CAN2，即左右腿实际执行信息。之后的函数代表每个电机反馈给 SPIne 板的 MCU 的一个数据包，包含 6 字节，第一字节代表 CAN_ID，说明哪个关节发回来的数据，紧接着是 2 字节是位置信息及 12 位的速度信息，最后是实际的 12 位电流信息，这个电流信息代表电机当前真实的力矩。得到每个关节实际执行的信息后，这个信息最终要经过 SPIne 板反馈给 x86 系统，系统主循环不停获取 CAN1、CAN2 中每个关节返回来的信息。

将信息解压[void unpack_reply(CANMessage msg,leg_state * leg)]并保存，信息主要包含位置、速度和扭矩等。对这些信息进行 SPI 格式封包，封包后的数据存放到 tx_buff 中。

```
///CAN Reply Packet Structure ///
///16 bit position,between - 4* pi and 4* pi
///12 bit velocity,between - 30 and + 30 rad/s
///12 bit current,between - 40 and 40;
```

```
///CAN Packet is 5 8-bit words
///Formatted as follows.  For each quantity,bit 0 is LSB
///0: [CAN_ID[7-0]]
///1: [position[15-8]]
///2: [position[7-0]]
///3: [velocity[11-4]]
///4: [velocity[3-0],current[11-8]]
///5: [current[7-0]]
void unpack_reply(CANMessage msg,leg_state * leg){
    ///unpack ints from can buffer///
    uint16_t id = msg.data[0];
    uint16_t p_int = (msg.data[1]<<8)|msg.data[2];
    uint16_t v_int = (msg.data[3]<<4)|(msg.data[4]>>4);
    uint16_t i_int = ((msg.data[4]&0xF)<<8)|msg.data[5];
    ///convert uints to floats///
    float p = uint_to_float(p_int,P_MIN,P_MAX,16);
    float v = uint_to_float(v_int,V_MIN,V_MAX,12);
    float t = uint_to_float(i_int,-T_MAX,T_MAX,12);
    if(id==1){
        leg->a.p = p;
        leg->a.v = v;
        leg->a.t = t;
    }
    else if(id==2){
        leg->h.p = p;
        leg->h.v = v;
        leg->h.t = t;
    }
    else if(id==3){
        leg->k.p = p;
        leg->k.v = v;
        leg->k.t = t;
    }
}
```

由此可见,系统大部分工作都是在 void spi_isr(void)中完成的,而此函数只有在 x86 系统主动访问时才被中断调用。SPIne 主程序只完成不停地用查询方式获取每个关节经过 CAN 总线返回来的关节数据这一个任务,大部分组包和数据收发任务都在 void spi_isr(void)中完成。值得注意的是,在主程序循环中获取到的每个关节实际执行信息在 SPI_ISR 中将被打包成 SPI 准备发送的数据。

打包工作由 void control()函数完成,该函数简述如下:该函数主要把来自 UP board 的数据打包成 CAN 数据包格式,把每个电机及来自 CAN 的信息打包成 SPI 数据包格式,返回给 x86 系统。仔细观察函数会发现一个细节:来自关节电机的速度、位置信息被打包了,而扭矩信息并没有被打包,也就是反馈的扭矩信息被丢弃了。原因是这套方案是准直驱方案,即 x86 发送多大的扭矩(电流指令),关节电机就立刻输出多大的扭矩。因为电流环有足够高的带宽,因此在很多场合我们无须知道具体的扭矩信息,大部分情况给定的扭矩会立刻被执行成当前的设定扭矩,即指定扭矩=反馈扭矩。

```
void control()
{
    spi_data.q_abad[0] = l1_state.a.p;
    //将 CAN 中断每个关节获取的信息取出来准备回应给 UP board
    spi_data.q_hip[0] = l1_state.h.p;
    spi_data.q_knee[0] = l1_state.k.p;
    spi_data.qd_abad[0] = l1_state.a.v;
    spi_data.qd_hip[0] = l1_state.h.v;
    spi_data.qd_knee[0] = l1_state.k.v;
    spi_data.q_abad[1] = l2_state.a.p;
    spi_data.q_hip[1] = l2_state.h.p;
    spi_data.q_knee[1] = l2_state.k.p;
    spi_data.qd_abad[1] = l2_state.a.v;
    spi_data.qd_hip[1] = l2_state.h.v;
    spi_data.qd_knee[1] = l2_state.k.v;
    l1_control.a.p_des = spi_command.q_des_abad[0];
    l1_control.a.v_des = spi_command.qd_des_abad[0];
    l1_control.a.kp = spi_command.kp_abad[0];
    l1_control.a.kd = spi_command.kd_abad[0];
    l1_control.a.t_ff = spi_command.tau_abad_ff[0];
    l1_control.h.p_des = spi_command.q_des_hip[0];
    l1_control.h.v_des= spi_command.qd_des_hip[0];
    l1_control.h.kp = spi_command.kp_hip[0];
    l1_control.h.kd = spi_command.kd_hip[0];
    l1_control.h.t_ff = spi_command.tau_hip_ff[0];
    l1_control.k.p_des = spi_command.q_des_knee[0];
    l1_control.k.v_des = spi_command.qd_des_knee[0];
    l1_control.k.kp = spi_command.kp_knee[0];
    l1_control.k.kd = spi_command.kd_knee[0];
    l1_control.k.t_ff = spi_command.tau_knee_ff[0];
    l2_control.a.p_des = spi_command.q_des_abad[1];
    l2_control.a.v_des = spi_command.qd_des_abad[1];
    l2_control.a.kp = spi_command.kp_abad[1];
    l2_control.a.kd = spi_command.kd_abad[1];
    l2_control.a.t_ff = spi_command.tau_abad_ff[1];
    l2_control.h.p_des = spi_command.q_des_hip[1];
    l2_control.h.v_des = spi_command.qd_des_hip[1];
    l2_control.h.kp = spi_command.kp_hip[1];
    l2_control.h.kd = spi_command.kd_hip[1];
    l2_control.h.t_ff = spi_command.tau_hip_ff[1];
    l2_control.k.p_des = spi_command.q_des_knee[1];
    l2_control.k.v_des = spi_command.qd_des_knee[1];
    l2_control.k.kp = spi_command.kp_knee[1];
    l2_control.k.kd = spi_command.kd_knee[1];
    l2_control.k.t_ff = spi_command.tau_knee_ff[1];
    //得到来自 UP board 上的命令,取出,准备经过 CAN 下发给对应的关节
    spi_data.flags[0] = 0;
    spi_data.flags[1] = 0;
    spi_data.flags[0] |= softstop_joint(l1_state.a, &l1_control.a,
        A_LIM_P, A_LIM_N);
    spi_data.flags[0] |= (softstop_joint(l1_state.h, &l1_control.h,
```

```
        H_LIM_P,H_LIM_N))< < 1;
    //spi_data.flags[0] |=(softstop_joint(l1_state.k,&l1_control.k,
        K_LIM_P,K_LIM_N))< < 2;
    spi_data.flags[1] |=softstop_joint(l2_state.a,&l2_control.a,
        A_LIM_P,A_LIM_N);
    spi_data.flags[1] |= (softstop_joint(l2_state.h,&l2_control.h,
        H_LIM_P,H_LIM_N))< < 1;
  }
  spi_data.checksum = xor_checksum((uint32_t* )&spi_data,14);
  for(int i =  0; i < DATA_LEN; i+ + ){
        tx_buff[i] = ((uint16_t* )(&spi_data))[i];}
                //将 CAN 获取的关节信息存放在 SPI 发送缓冲区中
  }
```

10.6　接线转接板

四足机器人有 12 个执行器，每个执行器都需要接电源和 CAN 信号这两条线缆，因此机器人内部会有很多线缆和接头，为了方便接线，防止出错，我们设计了一个电路接线转接板，安装在机器人头部和尾部。这样，只需将前后腿执行器的接头按顺序分别插接在接线转接板相应接口上即可。图 10.27 所示是机器人前腿接线或后腿接线转接板实物图，其中各接口定义如表 10.4 所示。

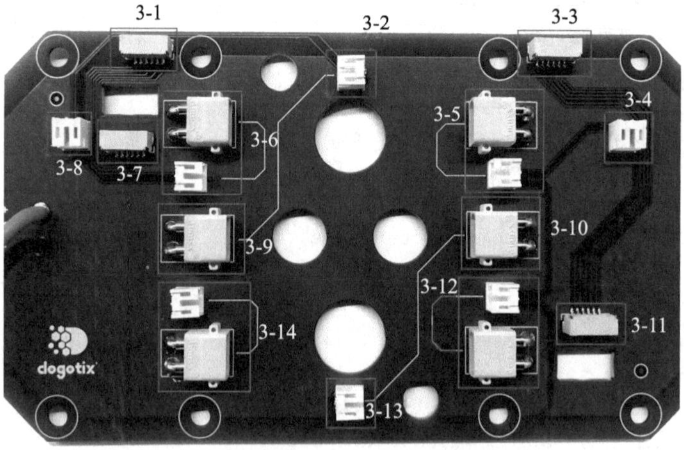

图 10.27　前腿(后腿)接线转接板实物图

表 10.4　接线转接板接口定义(以前腿为例)

序号	名　称	序号	名　称
3-1	左前腿髋关节调试接口	3-8	左前腿通信接口
3-2	左前腿髋关节通信接口	3-9	左前腿髋关节供电接口
3-3	右前腿髋关节调试接口	3-10	右前腿髋关节供电接口
3-4	右前腿通信接口	3-11	右前腿髋关节通信转接接口
3-5	右前大腿通信接口及供电接口	3-12	右前小腿通信及供电接口
3-6	左前大腿通信接口及供电接口	3-13	右前腿髋关节通信接口
3-7	左前腿髋关节调试转接接口	3-14	左前小腿通信及供电接口

下面以前腿接线转接板为例介绍。

图 10.28 为前腿接线转接板连接实物图，每条腿由侧摆电机、大腿电机和小腿电机等组成，每个电机只需要把电源线和 CAN 信号线引出到一条电缆中，简化整个设计，每条腿仅用一条线缆，也就是说，将一条腿的电源线和信号线并在一起，使得走线数量少很多，为了让走线进一步简洁和模块化，我们将半身所有电源和 CAN 信号线做到一个 PCB 上，并将 PCB 固定在机身上。而这个 PCB 对上一层只需要接图 10.28 所示的 24V 动力源和两条腿的 CAN 信号即可。图 10.29 是单个关节电机对外接口实物图，正常使用时只需要用如图所示的黑色电缆，其内部有两条 24V 电源线和两条 CAN 信号线。

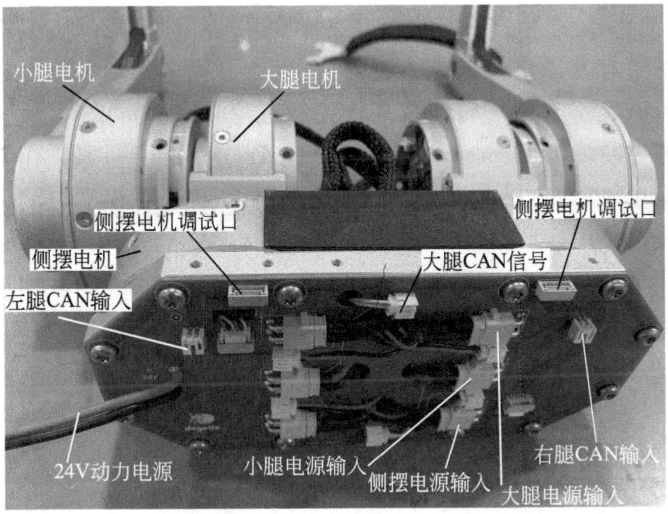

图 10.28　前腿接线转接板连接实物图

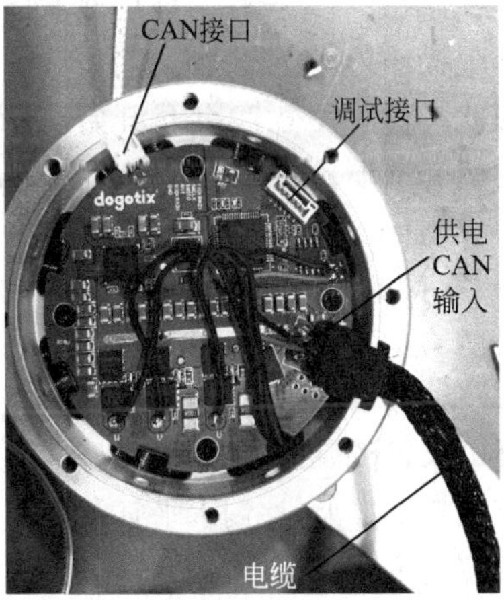

图 10.29　单个电机对外接口实物图

习　　题

1. 理解四足机器人的硬件系统框图和各部分之间的关系。
2. 简要叙述 FOC 控制原理。
3. 简要叙述电源管理板各部分的功能。

第 11 章　基于模型预测控制的四足机器人全身运动控制方法

11.1　模型预测控制基础知识介绍

随着过程工业日益趋于连续化、大型化，工业生产过程变得复杂多变，往往具有非线性、强耦合性、信息不完全性与滞后性等特征，并且存在着多种约束条件，工业生产过程中的动态行为还会随操作条件变换、催化剂失活等因素而改变，这使得传统及现代控制理论具有一定的局限性。因此，从 20 世纪 70 年代开始，模型预测控制（model predictive control，MPC）引起了科研工作者的研究兴趣。例如：1978 年，法国的 Richalet 等人在系统脉冲响应的基础上，提出了模型预测启发控制（model predictive heuristic control，MPHC），并介绍了其在工业过程控制中的应用效果；1982 年，Rouhani 和 Mehra 给出了基于脉冲响应的模型算法控制（model algorithmic control）；1987 年，Clarke 等人在保持最小方差自校正控制的在线辨识、输出预测、最小方差控制的基础上，基于参数模型提出了兼具自适应控制与预测控制性能的广义预测控制算法。自预测控制算法问世以来，计算机技术的发展与日益复杂的工业系统对先进控制的要求，使得预测控制算法的应用范围日渐扩大，控制水平日益提高，目前预测算法控制已经成为工业控制领域应用最多的一种先进控制策略。

MPC 是一种能够优化目标和约束的控制方法。MPC 的核心思想是预测系统的未来输出值，其将所得到的最优控制序列的第 1 个优化解作用于系统，并依次滚动向前进行。预测模型具有控制效果好、鲁棒性强等优点，可以有效克服过程的不确定性、关联性和非线性，并能方便地处理过程被控变量及操纵变量中的各种约束。

MPC 的实现基本可分为预测模型、滚动优化和反馈校正 3 个步骤，以下分别对这 3 个步骤进行介绍。

预测模型：模型预测控制的模型称为预测模型。模型预测控制对模型的要求与其他传统控制方法不同，强调的是模型的功能而不是模型的结构，只要模型可利用过去已知数据信息预测系统未来的输出行为，就可以作为预测模型。预测模型的主要功能是基于对象历史信息和未来输入来预测系统未来的输出。对于预测模型的形式没有严格的定义，状态方程式、传递函数等模型可以作为预测模型来使用。

滚动优化：MPC 求解所需指标的最优解，将其作为控制的输入。滚动优化的目的是按照某个目标函数确定当前和未来控制作用的大小，这些控制作用将使未来输出预测序列沿某个参考轨迹“最优地”达到期望输出设定。优化过程不是采用一成不变的全局最优化目标，而是采用滚动式的有限时域优化策略。优化过程不是离线进行的，而是在线反复进行的，包括优化计算、滚动实施等过程，从而使由失配、时变、干扰等引起的模型不确定性及时得到弥补，提高系统的控制效果。

反馈校正：由于实际系统中存在非线性、不确定性等因素，因此在预测控制算法中，基于不变模型的预测输出不可能与系统的实际输出完全一致，而在滚动优化过程中，又要求模型输出与实际系统输出保持一致，为此，采用反馈校正来弥补这一缺陷。反馈校正后的滚动优化可有效地克服系统中的不确定性，提高系统的控制精度和稳健性。每到一个新的采样时刻，系统都要根据最新实测数据对前一时刻的过程输出预测序列做出校正，或基于不变模型的预测输出进行修正，抑或对基础模型进行在线修正，然后进行新的优化。不断根据系统的实际输出对预测输出值做出修正，能使滚动优化不但基于模型，而且利用了反馈信息，构成了闭环优化。

11.2　MPC 控制策略在四足机器人中的应用

由于 MPC 的良好性能，近年来，MPC 逐渐被运用到四足机器人的稳定运动控制中，取得了较好的运动控制效果，使得越来越多的学者对 MPC 进行深入研究。实现机器人足端位置、足底力控制的优化与求解，从而可以较好提高机器人控制的鲁棒性。下面介绍利用 MPC 实现四足机器人的稳定运动控制的一般方法。

11.3　四足机器人整体运动控制框架

11.3.1　一般四足机器人整体运动控制框架

在四足机器人的运动控制中，一般给定期望的平移速度和航向变化速率，高层控制器基于上述给定的指令规划一个平滑、可控的机器人质心参考轨迹，然后映射到机器人的躯干和腿部控制器中。其中 $\boldsymbol{x}_d$ 表示期望的身体姿态(包括三个位置和三个方向角度)；s_ϕ 表示布尔状态变量，取值为 0 表示摆动，为 1 表示触地；$\boldsymbol{f}$ 表示足端输出力，$\boldsymbol{p}_f$ 表示足端位置；$\boldsymbol{t}_d$ 表示足端关节跟踪运动力矩；$\hat{\boldsymbol{x}}$ 和 $\hat{s}$ 分别表示机器人的实时状态和概率估计的足端触地情况。

在机器人整体运动控制框架中，系统基于用户输入的指令，生成机器人的足端期望力矩，然后将机器人状态估计参数输入机器人质心状态估计和腿接触检测算法中，最后利用控制算法实现期望的跟踪控制。机器人整体运动控制框架如图 11.1 所示，不同的控制器和规划器生成力控制指令，从而实现机器人的力矩控制、摆动腿控制和关节力矩控制。

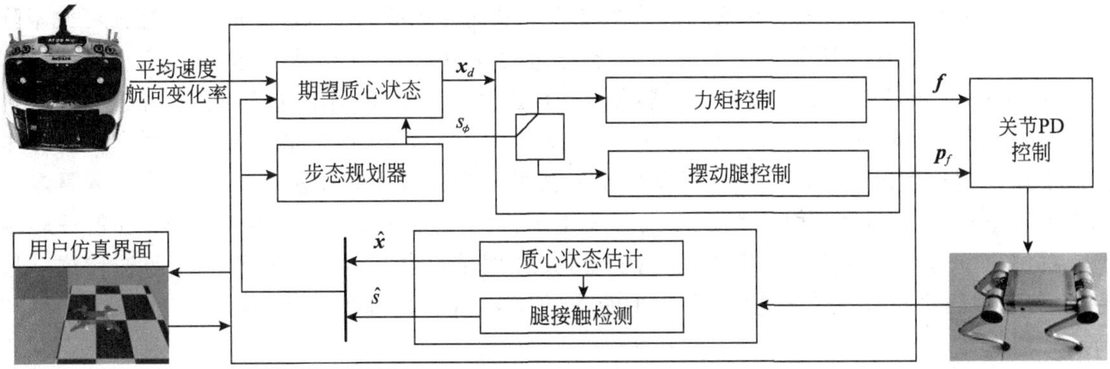

图 11.1　机器人整体运动控制框架

11.3.2　基于 MPC 的四足机器人运动控制框架

如图 11.2 所示，在基于 MPC 的四足机器人稳定运动控制过程中，机器人首先利用从遥控器中获得用户输入的机器人步态类型、运动速度和方向指令，由 MPC(模型预测控制)控制器中的运动学/动力学模型计算机器人的足端接触力和位置信息 $\boldsymbol{q}^d$、由状态估计器得到机器人身体姿态信息(速度 $\boldsymbol{v}$、加速度 $\dot{\boldsymbol{v}}$)。然后，基于 MPC 的计算结果，WBC(全身控制)计算关节力矩 $\boldsymbol{\tau}$、位置和速度指令，然后传递给每个关节驱动器。以此循环，完成机器人运动控制。

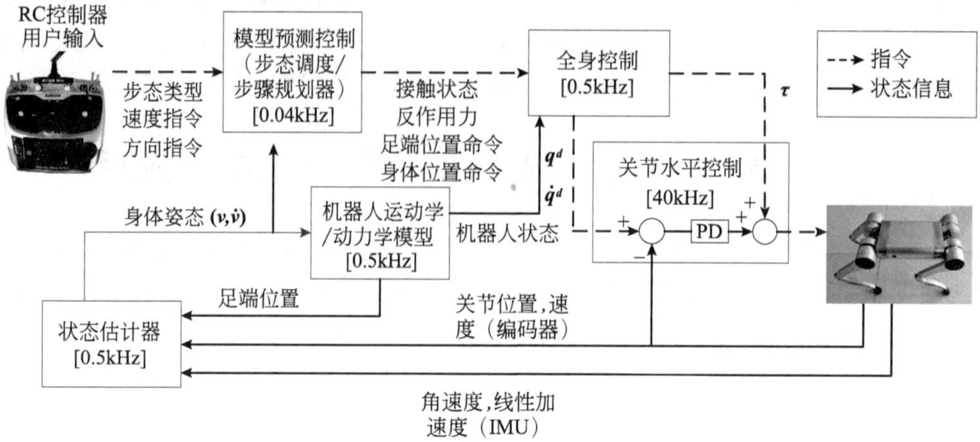

图 11.2　基于 MPC 的机器运动控制框架

11.4　基于 MPC 的动态运动控制

11.4.1　MPC 控制框架

本文四足机器人的基本控制模型是 MPC 模型，其原理是利用离散有限预测时域控制器来实现机器人足端期望接触力的计算。模型预测控制器每次迭代时，从当前状态开始，基于控制输入和状态轨迹的约束条件，在有限预测时域中，寻找控制输入的最优序列和对应的状态轨迹（最优足底力），上述过程在每次迭代中重复进行。

基于上述原理，MPC 控制器在每一次迭代时利用有限时域开环最优控制得到当前控制动作的一个解，因此不需要建立复杂的非线性机器人模型。MPC 控制流程如图 11.3 所示，初始时，根据操作员的指令生成四足机器人运动的参考轨迹，并作为控制输入的不等式约束 **C**，并结合 MPC 刚体模型中机器人动力学模型和状态估计器求解出最优的足底力 $\boldsymbol{f}_i$，该足底力经过雅可比矩阵（$\boldsymbol{R}_i^{\mathrm{T}}$）计算后得到关节扭矩 $\boldsymbol{\tau}_i$；机器人动态运动过程中，控制器将惯性测量单元（inertial measurement unit，IMU）实时输出的机器人运动加速度（$\boldsymbol{a}_{\mathrm{IMU}}$）、运动学计算的在世界坐标系下机器人腿的速度 ${}_b\boldsymbol{v}_i$ 和足端位置 ${}_b\boldsymbol{p}_i$ 作为输入量传递到状态估计器，状态估计器将机器人在世界坐标系下摆动腿速度 ${}_b\boldsymbol{v}_{i,\mathrm{ref}}$、位置 ${}_b\boldsymbol{p}_{i,\mathrm{ref}}$ 以及机器人在机体坐标系下的加速度 $\boldsymbol{a}_{i,\mathrm{ref}}$ 作为输入量参与到参考轨迹的生成中，摆动轨迹在机器人对角正定比例矩阵 $\boldsymbol{K}_{\mathrm{p}}$、导数增益矩阵 $\boldsymbol{K}_{\mathrm{d}}$ 和前馈转矩 $\boldsymbol{\tau}_{i,ff}$ 的约束下，计算得到机器人腿的落地位置，并在四足机器人运动过程不断循环迭代这一过程，最终实现四足机器人具有较强抗外扰能力的稳定运动。MPC 模型的控制流程如图 11.3 所示。

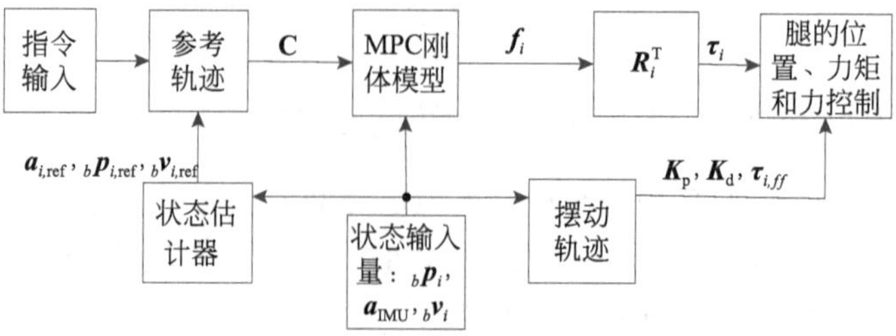

图 11.3　MPC 模型的控制流程

1. 支撑腿和摆动腿控制

根据着地状态不同，机器人腿可分为摆动腿和支撑腿。采用状态机的方式分别对其进行控制，当机器人腿从支撑腿转换为摆动腿时，调用摆动腿控制器，反之，当机器人腿从摆动腿转换为支撑腿时，则调用地面接触力控制器，相应的控制器框架如图 11.3 所示。

1) 支撑腿控制

对于支撑相，关节扭矩的计算如下：

$$\boldsymbol{\tau}_i = \boldsymbol{J}_i^{\mathrm{T}} \boldsymbol{f}_{i,ff} + \boldsymbol{J}_i^{\mathrm{T}} [\boldsymbol{K}_{\mathrm{stanc\_}d} (\boldsymbol{v}_{i,\mathrm{ref}} - \boldsymbol{v}_i)] \tag{11.1}$$

式中，$\boldsymbol{J}_i \in \mathfrak{R}^{3\times 3}$ 是腿部的雅可比矩阵，$\boldsymbol{f}_{i,ff}$ 是由 MPC 计算出来的(最优足底力作为前馈力)，$\boldsymbol{K}_{\mathrm{stanc\_}d} \in \mathfrak{R}^{3\times 3}$ 是支撑相微分调节矩阵，$\boldsymbol{v}_i \in \mathfrak{R}^3$ 是第 i 条腿的速度，$\boldsymbol{v}_{i,\mathrm{ref}} \in \mathfrak{R}^3$ 是相应的摆动腿轨迹的参考速度。

2) 摆动腿控制

将摆动相关节扭矩计算映射到 MPC 模型下，使摆动控制器计算并跟踪机器人腿在世界坐标系中的轨迹。轨迹跟踪控制器通过反馈项和前馈项之和来计算关节力矩。利用控制律计算腿 i 的关节力矩的公式如下：

$$\boldsymbol{\tau}_i = \boldsymbol{J}_i^{\mathrm{T}} [\boldsymbol{K}_{\mathrm{p}} ({}_b\boldsymbol{p}_{i,\mathrm{ref}} - {}_b\boldsymbol{p}_i) + \boldsymbol{K}_{\mathrm{d}} ({}_b\boldsymbol{v}_{i,\mathrm{ref}} - {}_b\boldsymbol{v}_i)] + \boldsymbol{\tau}_{i,ff} \tag{11.2}$$

式中，$\boldsymbol{J}_i \in \mathfrak{R}^{3\times 3}$ 是足端雅可比矩阵，$\boldsymbol{K}_{\mathrm{p}}$、$\boldsymbol{K}_{\mathrm{d}} \in \mathfrak{R}^{3\times 3}$ 是对角正定比例和导数增益矩阵，${}_b\boldsymbol{p}_i$、${}_b\boldsymbol{v}_i \in \mathfrak{R}^3$ 为第 i 腿的位置和速度，${}_b\boldsymbol{p}_{i,\mathrm{ref}}$、${}_b\boldsymbol{v}_{i,\mathrm{ref}} \in \mathfrak{R}^3$ 为摆动腿的位置和速度的参考运动轨迹，$\boldsymbol{\tau}_{i,ff} \in \mathfrak{R}^3$ 为前馈转矩，相应的计算公式为

$$\boldsymbol{\tau}_{i,ff} = \boldsymbol{J}^{\mathrm{T}} \boldsymbol{\Lambda}_i ({}_b\boldsymbol{a}_{i,\mathrm{ref}} - \dot{\boldsymbol{J}}_i \dot{\boldsymbol{q}}_i) + \boldsymbol{C}_i \dot{\boldsymbol{q}}_i + \boldsymbol{G}_i \tag{11.3}$$

式中，$\boldsymbol{\Lambda}_i \in \mathfrak{R}^{3\times 3}$ 是操作空间的惯性矩阵，$\boldsymbol{a}_{i,\mathrm{ref}} \in \mathfrak{R}^3$ 是机体坐标系中的参考加速度；$\boldsymbol{q}_i \in \mathfrak{R}^3$ 是关节位置的矢量，$\boldsymbol{C}_i \dot{\boldsymbol{q}}_i + \boldsymbol{G}_i$ 是腿的重力和科里奥利力产生的力矩。

为了确保上述腿运动过程中的高增益稳定性，必须对矩阵 $\boldsymbol{K}_{\mathrm{p}}$ 进行调整，以保证在腿的表观质量(动态等效质量)改变时，闭环系统的固有频率保持相对恒定。$\boldsymbol{K}_{\mathrm{p}}$ 的第 i 个轴方向上的第 i 个对角线元素需要保持一个恒定的固有频率 ω_i，可以近似表示为

$$\boldsymbol{K}_{\mathrm{p},i} = \omega_i^2 \boldsymbol{\Lambda}_{i,i} \tag{11.4}$$

式中，$\boldsymbol{\Lambda}_{i,i}$ 是质量矩阵的第$\{i,i\}$项，对应于沿着第 i 轴的腿的表观质量。

2. 触地探测算法

在四足机器人运动过程中，在复杂地形环境下，机器人有可能出现提前触地、延迟触地或者打滑情况，因此，需要实现机器人与地面之间的触地探测，进行不同状态之间的变换。

1) 机器人与触地过程分析

在一个步态周期中，机器人腿的运动过程分为摆动阶段和支撑阶段。设机器人在运动过程中与地面之间的接触力为 $\boldsymbol{f}$，运动速度为 $\boldsymbol{v}$，则腿摆动阶段约束如下。

自然约束：足底力 $f_x=0, f_y=0, f_z=0$；

人工约束：足底速度 $v_x=v_1, v_y=v_2, v_z=v_3$。

腿支撑阶段约束如下。

自然约束：足底力 $f_x=f_1, f_y=f_2, f_z=f_3$；

人工约束：足底速度 $v_x=0, v_y=0, v_z=0$。

由于传感器信息存在错误和不确定性，因此，利用单个的传感器信息进行机器人腿是否触地的探测会导致错误。必须利用多种有用的信息，通过信息融合的方式，进行腿是否触地的判定。当机器人足底与地面进行接触时，垂直方向速度会急剧减小，足底与地面的接触力会增加。从而，一个较好的判定足底与地面是否接触的条件为

$$s_i=(\Delta v_l<0)\text{和}(\Delta p_l>0)\text{和}(p_l>p_{l\mathrm{TH}}) \tag{11.5}$$

式中，Δv_l 是足底速度的变化，Δp_l 是足驱动伺服器（或足底）的压力变化，$p_{l\mathrm{TH}}$ 是足驱动伺服器（或足底）的压力阈值。

从开始接触阶段到支撑开始阶段，接触结束条件为

$$s_c=[(v_l<0)\text{和}(|p_{le}|<p_{le\mathrm{TH}})]\text{或}(t_c>T_c) \tag{11.6}$$

式中，v_l 是小腿速度，p_{le} 是小腿压力误差，$p_{le\mathrm{TH}}$ 是小腿压力误差压阈值，t_c 是接触时间，T_c 是定义的接触超时值。

2) 机器人打滑过程分析

机器人与地面接触时，为了防止机器人打滑，机器人足端的受力必须满足摩擦锥要求。如图 11.4 所示，设机器人与地面的接触力为 f，当接触力的水平分量 f_x 超过地面的最大静摩擦力时，机器人产生向前的滑动。即当 $f_x>\mu_s f_z$ 时，足端与地面之间产生滑动，此时，f_x 位于摩擦锥之外。式中，μ_s 为静摩擦系数。

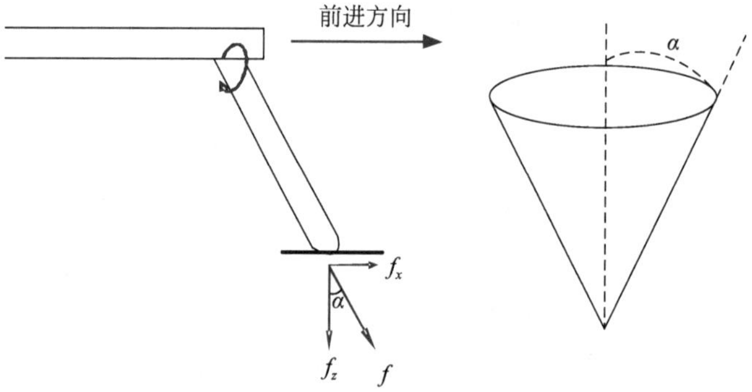

图 11.4　足端摩擦力和摩擦锥示意图

在支撑阶段，当机器人腿关节与地面之间的角度发生变化时，有可能打滑，为了方便分析，仅分析机器人径向平面的滑动情况。当

$$f_x>\mu_s|f_z| \tag{11.7}$$

时产生滑动，此时，在 x 方向上导致滑动的力可计算为

$$f_x-\mu_k f_z\,\mathrm{sgn}(v_x) \tag{11.8}$$

式中，$v_y=0$，$v_z=0$，μ_k 为滑动摩擦系数，小于静摩擦系数 μ_s。

可以利用上述公式对滑动的力进行补偿，从而减小或者消除滑动。采用的方法一般有两种：通过增加垂直方向作用力 f_z 或者通过减小水平方向作用力 f_x（增加腿关节与地面的夹角，使之满足摩擦锥约束条件）。

当机器人打滑时，x 方向的绝对速度会增加（一般情况下，落地时，滑动方向与机器人运动方向一致；离地时，滑动方向与机器人运动方向相反）。

判定足底是否打滑的条件如下：

$$c_i=(\Delta|p_m|<0)\text{和}(\Delta|v_m|>0)\text{和}(|v_m|>v_{m\mathrm{TH}}) \tag{11.9}$$

式中，$\Delta|p_m|$是足底压力的变化，$\Delta|v_m|$是支撑阶段足底的变化，$v_{m\mathrm{TH}}$ 是支撑阶段腿的速度变化阈值。

利用滑动补偿控制方法使足底力满足摩擦锥要求后，则满足

$$v_x=0\quad f_x=f_1\quad |f_1|<\mu_s f_z$$

足底不再打滑的条件如下：

$$c_c=[(|p_{m\varepsilon}|<p_{m\varepsilon\mathrm{TH}})\text{和}(|v_m|<v_{m\mathrm{TH2}})]\text{或}(t_s>T_s) \tag{11.10}$$

式中，v_m 是小腿速度（水平方向上），$v_{m\mathrm{TH2}}$ 是不滑动时，小腿速度（水平方向上）阈值，$p_{m\varepsilon}$ 是竖直

方向上驱动器压力误差，$p_{m\varepsilon \mathrm{TH}}$ 是不滑动时，竖直方向上驱动器压力误差阈值，t_s 是滑动时间，T_s 是定义的滑动超时值。

在本书设计的四足机器人的运动控制中，主要利用接触检测算法检测并处理是否触地，如果检测到摆动腿与地面接触，控制器立即切换到支撑相并开始地面作用力控制。

四足机器人的当前的状态用 s 表示，$s=0$ 表示摆动状态，$s=1$ 表示触地状态。但是，若无传感器信息帮助，s 的取值较难判断，一般利用机器人腿的摆动相和支撑相之间的相位关系（图 11.5）进行机器人是否触地的判定，定义为 $s_\phi=0$ 表示摆动状态，$s_\phi=1$ 表示触地状态。其中，$\phi\in[0,1)$ 表示机器人步态的相位变量，其定义形式如下：

$$\phi=\frac{t-t_0}{T} \tag{11.11}$$

式中，t 表示当前时间，t_0 表示步态周期的开始时间，T 表示机器人的步态周期。图 11.5 所示是典型的 trot 步态相位关系图，图中虚线部分表示机器人的摆动状态，用 $\bar{c}_\phi$ 表示；实线部分表示机器人的触地状态，用 c_ϕ 表示。从而支撑状态可表示为 $c_\phi:=\{s_\phi=1\}$，摆动状态可表示为 $\bar{c}_\phi:=\{s_\phi-0\}$。

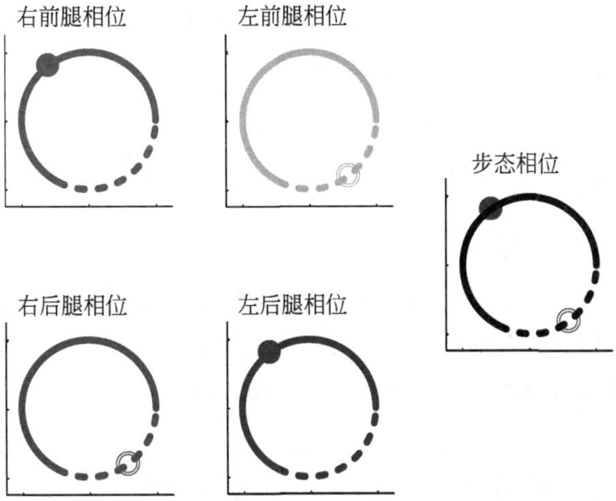

图 11.5　步态相位关系图（以 trot 步态为例）

机器人在运动过程中，ϕ 利用不同腿之间的相位差（offset）来控制机器人的步态周期，对于机器人的第 i 条腿，相位变量表示为 $\phi_i=\phi+\phi_{i,\mathrm{offset}}$。四足机器人在运动过程中，据摆动和触地状态进行控制的切换，在摆动阶段，机器人利用阻抗控制实现机器人步态运动曲线的准确跟踪；在支撑阶段，机器人利用平衡控制实现机器人的稳定运动。

四足机器人在实际运动中，利用公式（11.6）作为机器人的触地条件，具有较好的可操作性。$s_c=1$ 表示机器人处于触地状态，$s_c=0$ 表示机器人处于摆动状态。从而可以根据 s_c 和 s_ϕ 和前面定义的接触超时值 T_c 来定义机器人提前触地和延迟触地的状态，如图 11.6 所示。

3. 地面作用力控制

在地面作用力控制过程中，关节力矩表示为

$$\boldsymbol{\tau}_i=\boldsymbol{J}_i^{\mathrm{T}}\boldsymbol{R}_i^{\mathrm{T}}\boldsymbol{f}_i \tag{11.12}$$

$$\dot{\boldsymbol{R}}=[\boldsymbol{x}]_\times R \tag{11.13}$$

式中，$\boldsymbol{J}\in\mathfrak{R}^{3\times3}$ 是足端雅可比矩阵，$\boldsymbol{f}$ 是模型预测控制器在世界坐标系中计算出的力向量，$\boldsymbol{R}$ 是将机体变换为世界坐标的旋转矩阵，$[\boldsymbol{x}]_\times\in\mathfrak{R}^{3\times3}$ 是定义的斜对称矩阵，对于所有的 $\boldsymbol{x}$、$\boldsymbol{y}\in\mathfrak{R}^3$，满足 $[\boldsymbol{x}]_\times\boldsymbol{y}=\boldsymbol{x}\times\boldsymbol{y}$。

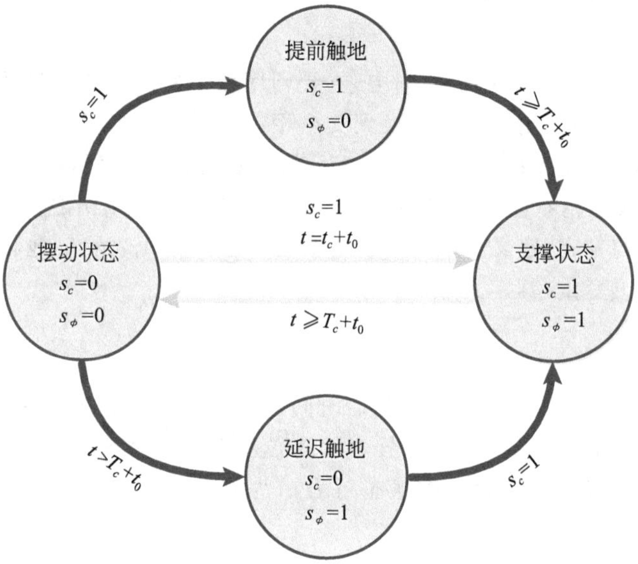

图 11.6　机器人接触状态有限状态机

4. 四足机器人状态估计器设计

通过利用一个两阶段传感器融合算法分别估计机器人躯干方向和躯干位置、速度。首先利用躯干处的 IMU 估计躯干方向，然后使用线性卡尔曼滤波方法融合加速度计和腿部运动学来估计躯干位置和速度。

1）状态估计器第一阶段设计

状态估计器的第一阶段使用 IMU 陀螺仪和加速度计读数进行滤波融合。该滤波方法的主要思想是陀螺仪可以提供高频定向动力学的精确读数，而加速度计上存在的重力偏差允许它在相对较低的频率下消除估计值的漂移，方向速度估计的更新方法为：

$$ {}^{0}\dot{\hat{\boldsymbol{R}}}_b={}^{0}\hat{\boldsymbol{R}}_b[{}^{b}\boldsymbol{\omega}_b+\kappa\boldsymbol{\omega}_{\mathrm{corr}}]_\times \tag{11.14}$$

式中，${}^{0}\hat{\boldsymbol{R}}_b$ 为 IMU 测得的方向估计位移，${}^{b}\boldsymbol{\omega}_b$ 为 IMU 测得的角速度，$\kappa>0$ 是速度校正增益，$\boldsymbol{\omega}_{\mathrm{corr}}$ 是校正角速度，该值通过加速度计的读数 $\boldsymbol{a}_b$ 和重力加速度的偏移来计算，计算方法如下：

$$\boldsymbol{\omega}_{\mathrm{corr}}=\frac{\boldsymbol{a}_b}{\|\boldsymbol{a}_b\|}\times{}^{0}\hat{\boldsymbol{R}}_b\begin{bmatrix}0\\0\\1\end{bmatrix} \tag{11.15}$$

实际应用中，g 是重力加速度，由于$\|\boldsymbol{a}_b\|$远大于 g，所有 κ 在高动态运动中变得很小，κ 可以设计为

$$\kappa=\kappa_{\mathrm{ref}}\max[\min(1,1-\|\boldsymbol{a}_b-g\|/g),0] \tag{11.16}$$

式中，$\kappa_{\mathrm{ref}}=0.1$。

上述消除漂移的方法，对机器人的俯仰角和横滚角的漂移效果较好，但是对偏航角的误差累计效果一般，需要额外借助于视觉或其他外部传感器信息。

2）状态估计器第二阶段设计

第二个阶段的状态估计器利用各条腿的运动学测量结果，基于方向估计${}^{0}\hat{\boldsymbol{R}}_b$，进行机器人腿的位置和速度估计，与以往用扩展卡尔曼滤波器的状态估计技术来解决此问题相比，本方法允许将二次融合作为一个传统的卡尔曼滤波器，这简化了滤波器的分析和调谐，保证了滤波器方程在有限时间内不会发散。

在连续时间里，躯干位置和速度的过程方程建模如下：

$$\begin{aligned} &{}^{0}\dot{\boldsymbol{p}}_b={}^{0}\boldsymbol{v}_b \\ &{}^{0}\dot{\boldsymbol{v}}_b={}^{0}\hat{\boldsymbol{R}}_b a_b+{}^{0}\boldsymbol{a}_g+\boldsymbol{w}_v \\ &{}^{0}\dot{\boldsymbol{p}}_i=\boldsymbol{w}_{pi} \quad \forall i=\{1,2,3,4\} \end{aligned} \tag{11.17}$$

式中，${}^{0}\boldsymbol{p}_b$ 表示躯干的位置，${}^{0}\boldsymbol{v}_b$ 表示躯干的速度，${}^{0}\boldsymbol{a}_g=[0\ \ 0\ \ g]^{\mathrm{T}}$ 表示重力加速度，${}^{0}\boldsymbol{p}_i$ 表示第 i 条腿的位置，$\boldsymbol{w}_v$ 和 $\boldsymbol{w}_{pi}$ 表示加速度计和腿位置的高斯噪声。将${}^{0}\hat{\boldsymbol{R}}_b\boldsymbol{a}_b+{}^{0}\boldsymbol{a}_g$ 作为系统的输入，则上述方程可以视为一个线性时不变过程，将其离散化后，可以代入传统的卡尔曼滤波方程。

腿部运动学为每条腿和身体之间的相对位置矢量提供测量值，降漂移估计每条腿的${}^{0}\hat{\boldsymbol{p}}_b$、${}^{0}\hat{\boldsymbol{v}}_i$、${}^{0}\hat{\boldsymbol{p}}_i$。从而，可以用每个腿的位置估计躯干的位置，用${}^{0}\boldsymbol{p}_{\mathrm{rel}}(\boldsymbol{q}_i,{}^{0}\hat{\boldsymbol{R}}_b)$表示通过关节位置和躯干方向运动学计算的足端位置，该位置是足端相对于躯干的位置。通过腿部运动学计算的残差为

$$\boldsymbol{e}_{p,i}=({}^{0}\hat{\boldsymbol{p}}_i-{}^{0}\hat{\boldsymbol{p}}_b)-{}^{0}\boldsymbol{p}_{\mathrm{rel}}(\boldsymbol{q}_i,{}^{0}\hat{\boldsymbol{R}}_b) \tag{11.18}$$

同理，机器人足端相对于躯干的速度也可以通过腿的角度、速度和躯干方向和角速度计算，表示为${}^{0}\dot{\boldsymbol{p}}_{\mathrm{real}}(\boldsymbol{q}_i,\dot{\boldsymbol{q}}_i,{}^{0}\hat{\boldsymbol{R}}_b,{}^{b}\boldsymbol{\omega}_b)$。基于上述假设，每个腿固定的情况下，机器人腿运动速度的测量残差为

$$\boldsymbol{e}_{v,i}=(-{}^{0}\hat{\boldsymbol{v}}_b)-{}^{0}\dot{\boldsymbol{p}}_{\mathrm{real}}(\boldsymbol{q}_i,\dot{\boldsymbol{q}}_i,{}^{0}\hat{\boldsymbol{R}}_b,{}^{b}\boldsymbol{\omega}_b) \tag{11.19}$$

最后，机器人第 i 条腿的接触高度定义为 h_i，则机器人支撑相腿的高度测量残差为

$$\boldsymbol{e}_{h,i}=([0\ \ 0\ \ 1]^{\mathrm{T}\,0}\hat{\boldsymbol{p}}_i)-h_i \tag{11.20}$$

上述残差可以利用随机多元高斯方法进行估计。四足机器人在运动过程中，腿测量的协方差在摆动过程中会增大到一个较大的值，在融合过程中可以忽略摆动腿的度量。

5. 四足机器人期望质心估计

为了较好地利用机器人运动过程中不同步态之间的优良特性[静步态适用于崎岖地形环境，动步态(较常采用 trot 步态)适用于平坦地形环境等]，需要较好地实现机器人在不同步态之间变化时稳定性的度量。为此，定义一种虚拟支撑多边形的计算方法，来实现适用于所有步态四足机器人的期望质心估计。当机器人的接触模式发生变化(摆动腿和支撑腿变换)时，虚拟支撑多边形会偏离支撑相即将结束的腿。并转向即将处于支撑相的腿，该策略可使机器人在步态中保持前进的动量。在四足机器人运动过程中，可利用选择的机器人落足点来创建一条平滑的躯干参考运动轨迹，以便于自动适应机器人的在线足端运动。

此处定义一种基于阶段的方法，该方法将每条腿的贡献(包括摆动腿)分配到预测支撑多边形中。该方法的目的是设计一种非线性加权策略，其在机器人处于摆动状态和触地状态下分别进行计算，需要利用机器人哪条腿将处于摆动相或支撑相及这些状态的改变将在何时发生等相关数据信息。机器人在支撑状态和摆动状态下的权重因子计算如下：

$$K_{c_\phi}=\frac{1}{2}\left[\mathrm{erf}\left(\frac{\phi}{\sigma_{c_0}\sqrt{2}}\right)+\mathrm{erf}\left(\frac{1-\phi}{\sigma_{c_1}\sqrt{2}}\right)\right] \tag{11.21}$$

$$K_{\bar{c}_\phi}=\frac{1}{2}\left[2+\mathrm{erf}\left(\frac{-\phi}{\sigma_{\bar{c}_0}}\right)+\mathrm{erf}\left(\frac{\phi-1}{\sigma_{\bar{c}_1}}\right)\right] \tag{11.22}$$

$$\Phi=s_\phi K_{c_\phi}+\bar{s}_\phi K_{\bar{c}_\phi} \tag{11.23}$$

式中，K_{c_ϕ} 和 $K_{\bar{c}_\phi}$ 分别对应支撑状态和摆动状态的自适应权重因子，erf()称为高斯误差函数。总量 Φ 表示所有足端的总权重因子。从公式可以看出，机器人在运动过程中，越接近支撑相中间段的腿越适合作为支撑腿，而越接近摆动相中间段的腿越不适合作为下一时刻的落足腿来实现机器人的稳定调整。

使用上述权重因子 K_{c_ϕ} 和 $K_{\bar{c}_\phi}$ 时,需要为每条腿定义一组虚拟点。对于机器人运动过程中的每条腿来说,相对于与其相邻的腿而言,每条腿相对可用性的预测可以利用这些虚拟点实现。

在步态周期中,这些虚拟点在每条腿的足端和其相邻腿的足端之间的二维地面投影连线之间滑动。每条腿都有两个虚拟点,可由式(11.24)得出:

$$\begin{bmatrix}\xi_i^-\\ \xi_i^+\end{bmatrix}=\begin{bmatrix}p_i & p_{i-}\\ p_i & p_{i+}\end{bmatrix}\begin{bmatrix}\Phi_i\\ 1-\Phi_i\end{bmatrix}\quad i\in\{\mathrm{FR,FL,BR,BL}\}\tag{11.24}$$

式中,上标表示机器人的当前腿以顺时针(−)或逆时针(+)方向与其相邻腿相邻,$p_i=(p_i^x,p_i^y,p_i^z)$表示机器人第 i 条腿的位置。有了当前足端位置后,就可以将第 i 条腿的预测支撑多边形的顶点表示为

$$\xi_i=\frac{\Phi_i p_i+\Phi_{i-}\xi_i^-+\Phi_{i+}\xi_i^+}{\Phi_i+\Phi_{i-}+\Phi_{i+}}\tag{11.25}$$

从而,期望质心位置表示为这些加权虚拟支撑多边形顶点的平均值,定义如下:

$$\hat{p}_{\mathrm{CoM},d}=\frac{1}{N}\sum_{i=1}^{N}\xi_i\tag{11.26}$$

图 11.7 显示了这个虚拟预测支撑多边形在机器人 trot 步态过程中的示例(这个方法适用于四足机器人所有的步态)。根据上述公式定义的 ξ_i、ξ_i^- 和 ξ_i^+,机器人右前腿(RF)的虚拟点如图 11.7 所示,当机器人以一个恒定的速度向右运动时,预测支撑多边形(黑色实线)预估腿的落脚点,保证机器人躯干的质心远离瞬时物理支撑线(黑色虚线),朝着下一步的支撑接触点模式切换。在这个序列中,由于期望摆动腿着地并提供支撑,质心会从站立的中间段的支撑线上移动到未来的支撑多边形处。

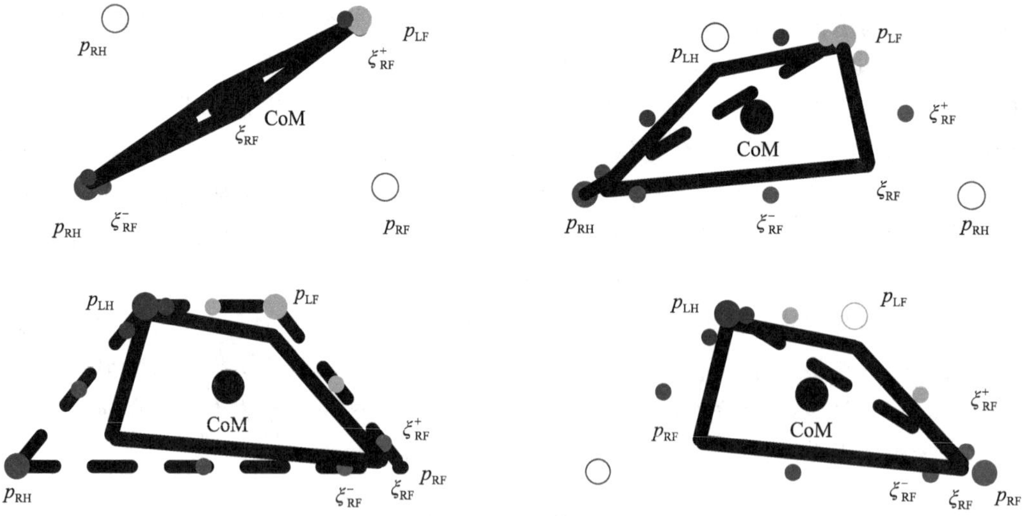

图 11.7　预测支撑多边形

11.4.2　机器人躯干简化动力学建模

躯干是四足机器人各种受力与运动传递的集合点,充当着媒介的角色。四足机器人躯干单刚体受力简化模型如图 11.8 所示。图中,首先给出了机器人的世界坐标系和机体坐标系设定。

不考虑四足机器人的腿部动力学,只对其躯干建立动力学模型。对四足机器人进行受力分析可知,机器人受到地面反作用力和重力,机器人在世界坐标系中的刚体动力学方程(牛顿方程)为

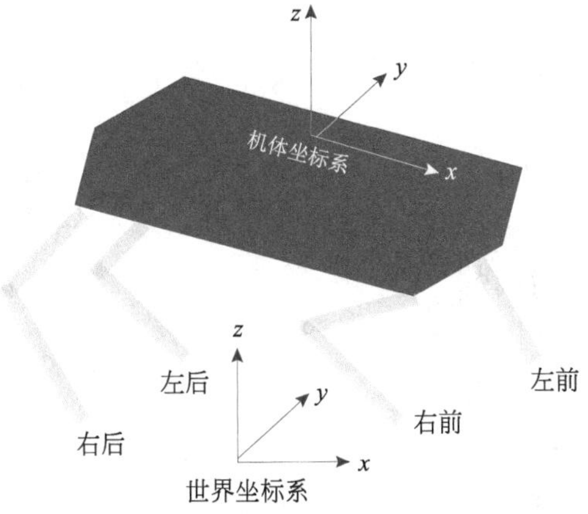

图 11.8　四足机器人躯干单刚体受力模型

$$\ddot{\boldsymbol{p}}_{\mathrm{CoM}}=\frac{\sum_{i=1}^{n}\boldsymbol{f}_i}{m}-\boldsymbol{g} \tag{11.27}$$

式中，$\boldsymbol{p}_{\mathrm{CoM}}\in\Re^3$ 表示机器人质心在世界坐标系下的位置，$\ddot{\boldsymbol{p}}_{\mathrm{CoM}}\in\Re^3$ 表示四足机器人在世界坐标系下的加速度，m 表示四足机器人质量，$\boldsymbol{g}\in\Re^3$ 表示重力加速度，$\boldsymbol{f}_i\in\Re^3$ 表示四足机器人每个足端受到的地面反作用力，i 表示机器人的第 i 条腿，n 表示机器人运动过程中与地面接触的腿的条数。

由角动量与转矩的关系可得欧拉方程：

$$\frac{\mathrm{d}}{\mathrm{d}t}(\boldsymbol{I}\boldsymbol{\omega})\approx\boldsymbol{I}\dot{\boldsymbol{\omega}}=\sum_{i=1}^{n}\boldsymbol{r}_i\times\boldsymbol{f}_i \tag{11.28}$$

式中，$\boldsymbol{I}\in\Re^{3\times3}$ 表示四足机器人在世界坐标系下的惯性张量，$\boldsymbol{\omega}\in\Re^{3\times1}$ 表示四足机器人在世界坐标系下的角速度，$\boldsymbol{r}_i\in\Re^{3\times1}$ 表示机器人第 i 个腿在地面的接触点相对于机器人躯干中心的位置。

假设机器人运动过程中横滚角和俯仰角变化不大，即世界坐标系的 z 轴与躯干坐标系的 z 轴平行，则可以进行机器人角速度动力学简化估计。由于机器人的方向向量由 zyx 形式的欧拉角表示，即$[\phi\ \ \theta\ \ \psi]^{\mathrm{T}}$，其中 ψ 为偏航角(偏转角)，θ 为俯仰角，ϕ 为横滚角(偏转角)。它们的角度对应于一系列的旋转，因此从机体到世界坐标的转换可以表示为

$$\boldsymbol{R}=\boldsymbol{R}_z(\psi)\boldsymbol{R}_y(\theta)\boldsymbol{R}_x(\phi) \tag{11.29}$$

式中，$\boldsymbol{R}_n(\alpha)$表示 α 绕 n 轴的正旋转。

通过各个轴的旋转速度可以计算末端的角速度，针对 zyx 形式的欧拉角，每次旋转的角速度 $[\dot{\phi}\quad\dot{\theta}\quad\dot{\psi}]^{\mathrm{T}}$ 都是针对当前坐标系的，图 11.9 表示旋转过程，图 11.10 展示了各个轴计算角速度的过程。

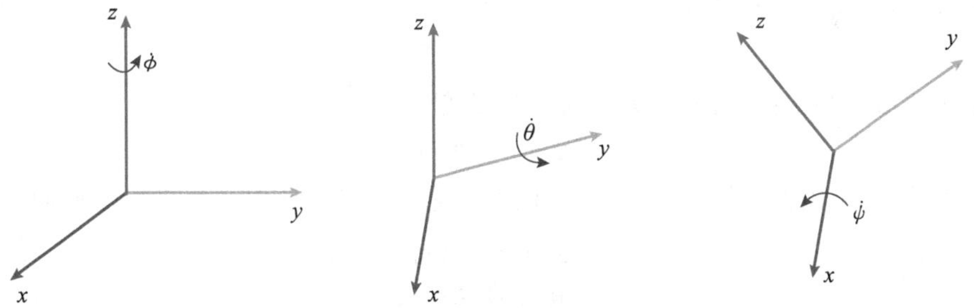

图 11.9　欧拉角旋转过程

基于上述两个图形的操作可知，沿着 z 轴以 $\dot{\phi}$ 速度旋转后

$$[\omega_x\quad\omega_y\quad\omega_z]^{\mathrm{T}}=\dot{\phi}[0\quad0\quad1]^{\mathrm{T}} \tag{11.30}$$

由 $\boldsymbol{R}_z(\psi)=\begin{bmatrix}\cos\psi & -\sin\psi & 0\\ \sin\psi & \cos\psi & 0\\ 0 & 0 & 1\end{bmatrix}$，可得沿着 y 轴以 $\dot{\theta}$ 速度旋转后

$$[\omega_x\quad\omega_y\quad\omega_z]^{\mathrm{T}}=\dot{\theta}[-\sin\varphi\quad\cos\varphi\quad0]^{\mathrm{T}} \tag{11.31}$$

由 $\boldsymbol{R}_z(\psi)\boldsymbol{R}_y(\theta)=\begin{bmatrix}\cos\psi & -\sin\psi & 0\\ \sin\psi & \cos\psi & 0\\ 0 & 0 & 1\end{bmatrix}\begin{bmatrix}\cos\theta & 0 & \sin\theta\\ 0 & 1 & 0\\ -\sin\theta & 0 & \cos\theta\end{bmatrix}=$

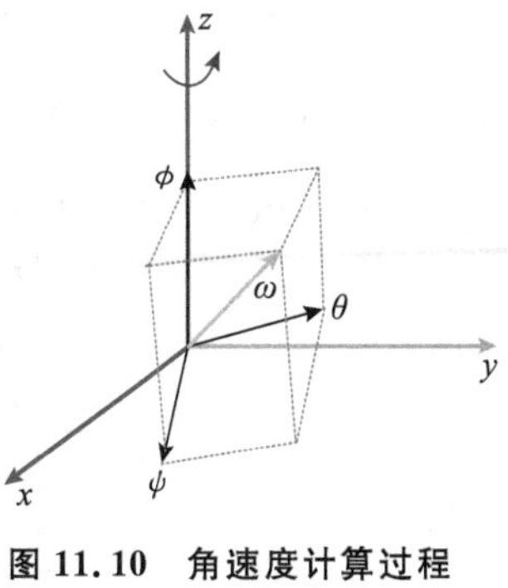

图 11.10　角速度计算过程

$\begin{bmatrix} \cos\psi\cos\theta & -\sin\psi & \cos\psi\sin\theta \\ \cos\theta\sin\psi & \cos\psi & \sin\psi\sin\theta \\ -\sin\theta & 0 & \cos\theta \end{bmatrix}$，可得沿着 x 轴以 $\dot{\psi}$ 速度旋转后：

$$[\omega_x \quad \omega_y \quad \omega_z]^{\mathrm{T}}=\dot{\psi}[\cos(\theta)\cos(\psi) \quad \cos(\theta)\sin(\psi) \quad 0]^{\mathrm{T}} \tag{11.32}$$

用这些角的变化率可以求出世界坐标中的角速度

$$\boldsymbol{\omega}=\begin{bmatrix} \cos\theta\cos\psi & -\sin\psi & 0 \\ \cos\theta\sin\psi & \cos\psi & 0 \\ 0 & 0 & 1 \end{bmatrix}\begin{bmatrix} \dot{\phi} \\ \dot{\theta} \\ \dot{\psi} \end{bmatrix} \tag{11.33}$$

若 $\cos(\theta)\neq 0$，则可以反向求出

$$\begin{bmatrix} \dot{\phi} \\ \dot{\theta} \\ \dot{\psi} \end{bmatrix}=\begin{bmatrix} \cos\psi/\cos\theta & \sin\psi/\cos\theta & 0 \\ -\sin\psi & \cos\psi & 0 \\ \cos\psi\tan\theta & \sin\psi\tan\theta & 1 \end{bmatrix}\boldsymbol{\omega} \tag{11.34}$$

在四足机器人运动过程中，一般要求其躯干保持水平。假设四足机器人的俯仰角和横滚角很小，只需要考虑偏航角的影响。对小的横滚角和俯仰角的值(ϕ,θ)，式(11.34)可以近似为

$$\begin{bmatrix} \dot{\phi} \\ \dot{\theta} \\ \dot{\psi} \end{bmatrix}\approx\begin{bmatrix} \cos\psi & \sin\psi & 0 \\ -\sin\psi & \cos\psi & 0 \\ 0 & 0 & 1 \end{bmatrix}\boldsymbol{\omega} \tag{11.35}$$

相当于

$$\begin{bmatrix} \dot{\phi} \\ \dot{\theta} \\ \dot{\psi} \end{bmatrix}\approx\boldsymbol{R}_z(\psi)\boldsymbol{\omega} \tag{11.36}$$

四足机器人在世界坐标系下的惯性张量 $\boldsymbol{I}$ 可以用旋转矩阵 $\boldsymbol{R}$ 和四足机器人在机体坐标系下的惯性张量 ${}_{\mathrm{B}}\boldsymbol{I}$，表示为

$$\boldsymbol{I}=\boldsymbol{R}_{\mathrm{B}}\boldsymbol{I}\boldsymbol{R}^{\mathrm{T}} \tag{11.37}$$

对于小的横滚角和俯仰角，机器人的惯性张量可表示为

$$\hat{\boldsymbol{I}}=\boldsymbol{R}_z(\psi)_{\mathrm{B}}\boldsymbol{I}\boldsymbol{R}_z(\psi)^{\mathrm{T}} \tag{11.38}$$

基于以上分析，可以做出第一个假设：横滚角和俯仰角都很小时可将坐标变换如下：

$$\dot{\boldsymbol{\Phi}}\approx\boldsymbol{R}_z(\psi)\boldsymbol{\omega} \tag{11.39}$$

$${}_{g}\boldsymbol{I}\approx\boldsymbol{R}_z(\psi)_{\mathrm{B}}\boldsymbol{I}\boldsymbol{R}_z(\psi)^{\mathrm{T}} \tag{11.40}$$

式中，$\dot{\boldsymbol{\Phi}}=[\dot{\phi} \quad \dot{\theta} \quad \dot{\psi}]^{\mathrm{T}}$ 分别是滚转角加速度，俯仰角加速度及偏航角加速度；$\boldsymbol{R}_z(\psi)$是一个由世界坐标系向机体坐标系转换的旋转矩阵；${}_{g}\boldsymbol{I}$ 和${}_{\mathrm{B}}\boldsymbol{I}$ 分别为全局坐标系和机体坐标系中的惯性张量。

基于上述简化的动力学建模，为描述机器人的运动状态，由世界坐标系下机器人质心的位置 $\boldsymbol{p}_{\mathrm{CoM}}$，躯干的姿态角 $\dot{\boldsymbol{\Phi}}$，躯干质心速度 $\dot{\boldsymbol{p}}_{\mathrm{CoM}}$ 和世界坐标系下躯干姿态角速度 $\boldsymbol{\omega}$ 构建机器人的状态空间，即 $\boldsymbol{x}=[\boldsymbol{p}_{\mathrm{CoM}} \quad \dot{\boldsymbol{\Phi}} \quad \dot{\boldsymbol{p}}_{\mathrm{CoM}} \quad \boldsymbol{\omega} \quad -g]^{\mathrm{T}}$，根据式(11.27)、式(11.28)和式(11.36)可以得到如下关系

$$\underbrace{\frac{\mathrm{d}}{\mathrm{d}t}\begin{bmatrix} \boldsymbol{p}_{\mathrm{CoM}} \\ \boldsymbol{\Phi} \\ \dot{\boldsymbol{p}}_{\mathrm{CoM}} \\ \boldsymbol{\omega} \\ -g \end{bmatrix}}_{\dot{\boldsymbol{x}}(t)}=\underbrace{\begin{bmatrix} \boldsymbol{0}_{3\times 3} & \boldsymbol{0}_{3\times 3} & \boldsymbol{1}_{3\times 3} & \boldsymbol{0}_{3\times 3} & \boldsymbol{0}_{3\times 1} \\ \boldsymbol{0}_{3\times 3} & \boldsymbol{0}_{3\times 3} & \boldsymbol{0}_{3\times 3} & \boldsymbol{R}_z(\psi) & \boldsymbol{0}_{3\times 1} \\ \boldsymbol{0}_{3\times 3} & \boldsymbol{0}_{3\times 3} & \boldsymbol{0}_{3\times 3} & \boldsymbol{0}_{3\times 3} & \boldsymbol{0}_{3\times 1} \\ \boldsymbol{0}_{3\times 3} & \boldsymbol{0}_{3\times 3} & \boldsymbol{0}_{3\times 3} & \boldsymbol{0}_{3\times 3} & \boldsymbol{0}_{3\times 1} \\ \boldsymbol{0}_{1\times 3} & \boldsymbol{0}_{1\times 3} & \boldsymbol{0}_{1\times 3} & \boldsymbol{0}_{1\times 3} & \boldsymbol{S}_g \end{bmatrix}}_{\boldsymbol{A}_c(\psi)}\underbrace{\begin{bmatrix} \boldsymbol{p}_{\mathrm{CoM}} \\ \boldsymbol{\Phi} \\ \dot{\boldsymbol{p}}_{\mathrm{CoM}} \\ \boldsymbol{\omega} \\ -g \end{bmatrix}}_{\boldsymbol{x}(t)}$$

$$+\underbrace{\begin{bmatrix} \mathbf{0}_{3\times 3} & \mathbf{0}_{3\times 3} & \cdots & \mathbf{0}_{3\times 3} \\ \mathbf{0}_{3\times 3} & \mathbf{0}_{3\times 3} & \cdots & \mathbf{0}_{3\times 3} \\ \dfrac{\mathbf{1}_{3\times 3}}{m} & \dfrac{\mathbf{1}_{3\times 3}}{m} & \cdots & \dfrac{\mathbf{1}_{3\times 3}}{m} \\ \boldsymbol{I}_{\mathrm{w}}^{-1}\boldsymbol{r}_{\mathrm{CoM1}}\times & \boldsymbol{I}_{\mathrm{w}}^{-1}\boldsymbol{r}_{\mathrm{CoM2}}\times & \cdots & \boldsymbol{I}_{\mathrm{w}}^{-1}\boldsymbol{r}_{\mathrm{CoM}n}\times \\ \mathbf{0}_{1\times 3} & \mathbf{0}_{1\times 3} & \cdots & \mathbf{0}_{1\times 3} \end{bmatrix}}_{\boldsymbol{B}_c}\underbrace{\begin{bmatrix} f_1 \\ f_2 \\ \vdots \\ f_n \end{bmatrix}}_{\boldsymbol{u}\{(t)\}} \tag{11.41}$$

式中，$\boldsymbol{S}_g=[0\quad 0\quad 1]^{\mathrm{T}}$，$g$ 表示重力加速度，一般取值为 $g=9.81\mathrm{m/s}$；$\boldsymbol{r}_{\mathrm{CoM}i}=\boldsymbol{p}_i+\boldsymbol{\Delta}_{\mathrm{CoM}}$，$\boldsymbol{p}_i$ 表示第 i 个支撑腿在机体坐标系下的位置向量，$\boldsymbol{\Delta}_{\mathrm{CoM}}$ 表示实际机器人质心位置相对于几何中心的偏移向量，建模中对于质心位置的偏差可以通过 $\boldsymbol{\Delta}_{\mathrm{CoM}}$ 来修正。

在求解上述线性时变系统过程中，需要进行离散化求解，得到最优的 $\boldsymbol{u}$，在求解间隔时间内，假设机器人能够保持状态轨迹跟随，将线性时变系统简化成单位时间间隔内的线性时不变系统，在离散化过程中使用零阶保持器，以固定时间间隔 Δt 进行离散化，可以把动力学方程变成简便的状态空间形式：

$$\dot{\boldsymbol{x}}(t)=\boldsymbol{A}_c(\psi)\boldsymbol{x}(t)+\boldsymbol{B}_c(r_1,\cdots,r_n,\psi)\boldsymbol{u}(t) \tag{11.42}$$

式中，$\boldsymbol{A}_c(t)\in\mathfrak{R}^{13\times 13}$，$\boldsymbol{B}_c(t)\in\mathfrak{R}^{13\times 3n}$。这种形式只受偏转和足端位置影响。如果可以提前计算它们，则动力学方程就变成了线性时变方程，可以适用于后续的凸模型预测控制方法。

11.4.3 MPC 实现

1. MPC 控制器设计

基于被控系统的模型，结合系统的姿态角、位置等状态量和控制输入量，可构建 k 维的状态，MPC 控制器根据这些状态可以预测出系统稳定运行的最优足底力。将简化的动力学模型离散化后，再转化为二次规划(QP)最优值问题，将预测的最优足底力作为前馈力，实现机器人稳定快速的运动。

可利用离散有限时域预测控制器来实现四足机器人足端期望接触力的计算。一般情况下，MPC 控制器在每次迭代时，从当前状态开始，基于控制输入和状态轨迹的约束条件，在有限预测时域中寻找控制输入的最优序列和对应的状态轨迹。上述过程在每次迭代中都是重复进行的，只需要设定第一次计算控制输入轨迹的时间步长。考虑一个具有步长 k 的标准形式的 MPC 问题，设 $\boldsymbol{x}_{i+1,\mathrm{ref}}$ 是第 $i+1$ 时刻的系统参考轨迹，$\boldsymbol{x}_{i+1}$ 是第 $i+1$ 时刻系统状态，求解下面方程最优化的值

$$\min_{x,u}\sum_{i=0}^{k-1}\|\boldsymbol{x}_{i+1}-\boldsymbol{x}_{i+1,\mathrm{ref}}\|\boldsymbol{Q}_i+\|\boldsymbol{u}_i\|\boldsymbol{R}_i \tag{11.43}$$

约束

$$\boldsymbol{x}_{i+1}=\boldsymbol{A}_i\boldsymbol{x}_i+\boldsymbol{B}_i\boldsymbol{u}_i\quad i=0,\cdots,k-1 \tag{11.44}$$

$$\underline{\boldsymbol{c}}_i\leqslant\boldsymbol{C}_i\boldsymbol{u}_i\leqslant\overline{\boldsymbol{c}}_i\quad i=0,\cdots,k-1 \tag{11.45}$$

$$\boldsymbol{D}_i\boldsymbol{u}_i=0\quad i=0,\cdots,k-1 \tag{11.46}$$

式中，$\boldsymbol{x}_i$ 为第 i 步时的系统状态，$\boldsymbol{u}_i$ 为第 i 步时的控制输入，$\boldsymbol{Q}_i$ 和 $\boldsymbol{R}_i$ 是权值的对角半正定矩阵，$\boldsymbol{A}_i$ 和 $\boldsymbol{B}_i$ 表示离散时间系统动力学系数，$\boldsymbol{C}_i$、$\overline{\boldsymbol{c}}_i$、$\underline{\boldsymbol{c}}_i$ 表示控制输入的不等式约束，$\boldsymbol{D}_i$ 是选择时间步长为 i 时，处于摆动相的腿所对应的力的矩阵。

上述控制器通过最优化寻找一个控制输入序列，该序列将保证系统沿着 x_{ref} 参考轨迹运行，在控制效果和跟踪进度之间进行折中。

机器人与地面接触时，为了防止机器人打滑，机器人足端的受力必须满足摩擦锥要求。当滑动产生后，机器人与地面之间的水平方向力 f_x 可表示为

$$f_x>\pm\mu_k f_z \tag{11.47}$$

式中，μ_k 是动摩擦系数。

将式(11.47)结合摩擦锥进行受力分析，将所有的离开地面的足端所受到的足底力设为 0，在式(11.47)中，每条腿的 6 个不等式约束如下：

$$\begin{aligned} &f_{\min}\leqslant f_z\leqslant f_{\max}\\ &-\mu_k f_z\leqslant f_x\leqslant \mu_k f_z\\ &-\mu_k f_z\leqslant \pm f_y\leqslant \mu_k f_z \end{aligned} \tag{11.48}$$

2. MPC 控制器求解

根据构建完成的 MPC 控制器，求解 MPC 方程，MPC 方程求解时需要先将 MPC 状态方程进行离散化，然后求解最优值。根据连续系统离散化的方法，本书采用精确离散法将式(11.43)进行离散化，离散化的过程需要使用零阶保持器进行采样，假设以固定的很小的时间周期 Δt 进行采样、离散化，$\boldsymbol{A}_c$ 和 $\boldsymbol{B}_c$ 离散化后可表示为

$$\begin{aligned} \boldsymbol{A}_d &= \mathrm{e}^{\boldsymbol{A}_c\Delta t}\\ \boldsymbol{B}_d &= \int_0^{\Delta t}\mathrm{e}^{\boldsymbol{A}_c t}\boldsymbol{B}_c\,\mathrm{d}t \end{aligned} \tag{11.49}$$

由于 Δt 很小，为方便计算，此处使用近似化离散方法

$$\begin{aligned} \boldsymbol{A}_d &= \boldsymbol{I}+\Delta t\boldsymbol{A}_c\\ \boldsymbol{B}_d &= \Delta t\boldsymbol{B}_c \end{aligned} \tag{11.50}$$

由此得到离散化后的状态变换形式

$$\begin{aligned} \boldsymbol{x}_{k+1} =& \underbrace{\begin{bmatrix} \mathbf{1}_{3\times 3} & \mathbf{0}_{3\times 3} & \Delta t\mathbf{1}_{3\times 3} & \mathbf{0}_{3\times 3} & \mathbf{0}_{3\times 1}\\ \mathbf{0}_{3\times 3} & \mathbf{1}_{3\times 3} & \mathbf{0}_{3\times 3} & \Delta t\boldsymbol{R}_z(\psi) & \mathbf{0}_{3\times 1}\\ \mathbf{0}_{3\times 3} & \mathbf{0}_{3\times 3} & \mathbf{1}_{3\times 3} & \mathbf{0}_{3\times 3} & \mathbf{0}_{3\times 1}\\ \mathbf{0}_{3\times 3} & \mathbf{0}_{3\times 3} & \mathbf{0}_{3\times 3} & \mathbf{1}_{3\times 3} & \mathbf{0}_{3\times 1}\\ \mathbf{0}_{1\times 3} & \mathbf{0}_{1\times 3} & \mathbf{0}_{1\times 3} & \mathbf{0}_{1\times 3} & \Delta t\boldsymbol{S}_g \end{bmatrix}}_{\boldsymbol{A}_i}\boldsymbol{x}_k\\ &+\underbrace{\begin{bmatrix} \mathbf{0}_{3\times 3} & \mathbf{0}_{3\times 3} & \cdots & \mathbf{0}_{3\times 3}\\ \mathbf{0}_{3\times 3} & \mathbf{0}_{3\times 3} & \cdots & \mathbf{0}_{3\times 3}\\ \Delta t\dfrac{\mathbf{1}_{3\times 3}}{m} & \Delta t\dfrac{\mathbf{1}_{3\times 3}}{m} & \cdots & \Delta t\dfrac{\mathbf{1}_{3\times 3}}{m}\\ \Delta t\boldsymbol{I}_{\mathrm{w}}^{-1}\boldsymbol{r}_{\mathrm{CoM1}}\times & \Delta t\boldsymbol{I}_{\mathrm{w}}^{-1}\boldsymbol{r}_{\mathrm{CoM2}}\times & \cdots & \Delta t\boldsymbol{I}_{\mathrm{w}}^{-1}\boldsymbol{r}_{\mathrm{CoM}n}\times\\ \mathbf{0}_{1\times 3} & \mathbf{0}_{1\times 3} & \cdots & \mathbf{0}_{1\times 3} \end{bmatrix}}_{\boldsymbol{B}_i}\boldsymbol{u}_k \end{aligned} \tag{11.51}$$

结合线性系统的离散化公式，上式可以化为下面的简约形式

$$\boldsymbol{x}[n+1]=\boldsymbol{A}_d\boldsymbol{x}[n]+\boldsymbol{B}_d[n]\boldsymbol{u}[n] \tag{11.52}$$

将离散后的方程扩展到 k 维，将 k 维的 MPC 问题转换成 QP 问题，则有

$$\begin{cases} \boldsymbol{A}_{qp}=\begin{bmatrix}\boldsymbol{A}_d\\ \boldsymbol{A}_d^2\\ \vdots\\ \boldsymbol{A}_d^k\end{bmatrix}_{13k\times 13}\\ \boldsymbol{B}_{qp}=\begin{bmatrix}\boldsymbol{B}_d & \mathbf{0} & \mathbf{0} & \mathbf{0}\\ \boldsymbol{A}_d\boldsymbol{B}_d & \boldsymbol{B}_d & \mathbf{0} & \mathbf{0}\\ \vdots & \vdots & \vdots & \mathbf{0}\\ \boldsymbol{A}_d^k\boldsymbol{B}_d & \boldsymbol{A}_d^{k-1}\boldsymbol{B}_d & \cdots & \boldsymbol{B}_d\end{bmatrix}_{13k\times 13} \end{cases} \tag{11.53}$$

进行求解

$$X=A_{qp}x_0+B_{qp}U \tag{11.54}$$

式中，X 表示下一刻的状态，A_{qp} 和 B_{qp} 是式(11.52)离散化后得到的矩阵，x_0 是系统的初始状态，即上一时刻的系统状态。

那么目标函数可以写成

$$J(U)=(A_{qp}x_0+B_{qp}U-x_{\text{ref}})^{\mathrm{T}}L(A_{qp}x_0+B_{qp}U-x_{\text{ref}})+U^{\mathrm{T}}KU \tag{11.55}$$

式中，矩阵 L 和矩阵 K 是对角阵。

令 $X=A_{qp}x_0-x_{\text{ref}}$，则

$$\begin{aligned}J(U)&=(X+B_{qp}U)^{\mathrm{T}}L(X+B_{qp}U)+U^{\mathrm{T}}KU\\&=X^{\mathrm{T}}LX+X^{\mathrm{T}}LB_{qp}U+U^{\mathrm{T}}B_{qp}^{\mathrm{T}}LX+U^{\mathrm{T}}B_{qp}^{\mathrm{T}}LB_{qp}U+U^{\mathrm{T}}KU\\&=X^{\mathrm{T}}LX+U^{\mathrm{T}}(B_{qp}^{\mathrm{T}}LB_{qp}+K)U+U^{\mathrm{T}}(2B_{qp}^{\mathrm{T}}LX)\end{aligned} \tag{11.56}$$

参照 QP 问题标准形式，只保留含有 $U^{\mathrm{T}}HU$ 和 $U^{\mathrm{T}}g$ 的项，则

$$\begin{aligned}J(U)&=U^{\mathrm{T}}(B_{qp}^{\mathrm{T}}LB_{qp}+K)U+U^{\mathrm{T}}(B_{qp}^{\mathrm{T}}LX)\\&=\frac{1}{2}U^{\mathrm{T}}[2(B_{qp}^{\mathrm{T}}LB_{qp}+K)]U+U^{\mathrm{T}}(2B_{qp}^{\mathrm{T}}LX)\end{aligned} \tag{11.57}$$

得到目标函数标准形式

$$\min_U \frac{1}{2}U^{\mathrm{T}}HU+U^{\mathrm{T}}g \tag{11.58}$$

$$\text{s.t.}\quad \underline{c}\leqslant CU\leqslant \overline{c}$$

式中，C 是约束矩阵，$H=2(B_{qp}LB_{qp}+K)$，$g=2B_{qp}^{\mathrm{T}}L(A_{qp}x_0-x_{\text{ref}})$。

此外，利用 qpOASES 开源库对式(11.43)进行求解，可以得到最优的控制输入量 U，即足底力 F_i。qpOASES 是一个可二次开发的二次规划求解器，能够使用在线有效集策略处理和解决凸二次规划问题。

3. 基于 MPC 的全身运动控制

本章设计了基于零空间映射全身运动控制(whole body control，WBC)方法，实现把低优先级任务映射到高优先级任务的零空间中，完成具有优先级的多任务运动。四足机器人的运动控制任务按照优先级可以分为躯干的位置任务、躯干的姿态任务、支撑腿的任务和摆动腿的任务。通过零空间映射得到了满足所有优先级任务的关节位置、关节速度和关节加速度，对于关节位置和速度，可通过关节空间的 PD 控制来稳定姿态，而对于关节加速度和 MPC 计算的前馈支撑力，可通过 QP 方式得到满足实加速度误差和前馈力误差最小条件的调整量，最终加速度可通过动力学方程计算得到。

1) 具有优先级的任务 WBC 控制器设计

定义 $q=[q_f^{\mathrm{T}}\quad q_j^{\mathrm{T}}]$表示整个机器人的配置空间，其中，$q_f^{\mathrm{T}}$ 表示躯干的 6 个自由度，q_j^{T} 表示四条腿关节的 12 个自由度。机器人的动力学方程可表示为如下：

$$A\ddot{q}+b+g=S_j^{\mathrm{T}}\tau+J_{\text{int}}^{\mathrm{T}}F_{\text{int}}+J_c^{\mathrm{T}}F_{\mathrm{r}} \tag{11.59}$$

式中，A 表示惯性矩阵，b 表示科式力和离心力，g 表示重力项，S_j 是选择矩阵，用于将主动关节的扭矩映射为整个配置空间下的力，F_{int} 是内力，F_{r} 是支撑力，J_c 为支撑腿的雅可比矩阵。在介绍零空间下的 WBC 时先引出两个基本规则，动态连续雅可比矩阵的逆为

$$\bar{J}=A^{-1}J^{\mathrm{T}}(JA^{-1}J^{\mathrm{T}})^{-1} \tag{11.60}$$

零空间映射矩阵

$$N=I-\bar{J}J \tag{11.61}$$

基于以上两个矩阵，可以计算一个高优先级任务(Task 1)的零空间 N1。将次优先级任务

(Task 2)投影到高优先级任务的空间后，可实现在不影响 Task 1 条件下执行 Task 2。由此迭代实现 NSP(null space pursuit，零空间追踪)下的优先级任务规划，基于此，具有优先级的任务可表示如下迭代求解过程：

$$\Delta \boldsymbol{q}_i = \Delta \boldsymbol{q}_{i-1} + \bar{\boldsymbol{J}}_{i|\text{pre}}(\boldsymbol{e}_i - \boldsymbol{J}_i \Delta \boldsymbol{q}_{i-1}) \tag{11.62}$$

$$\dot{\boldsymbol{q}}_i^{\text{cmd}} = \dot{\boldsymbol{q}}_{i-1}^{\text{cmd}} + \bar{\boldsymbol{J}}_{i|\text{pre}}(\dot{\boldsymbol{X}}_i^{\text{des}} - \boldsymbol{J}_i \dot{\boldsymbol{q}}_{i-1}^{\text{cmd}}) \tag{11.63}$$

$$\ddot{\boldsymbol{q}}_i^{\text{cmd}} = \ddot{\boldsymbol{q}}_{i-1}^{\text{cmd}} + \bar{\boldsymbol{J}}_{i|\text{pre}}(\ddot{\boldsymbol{X}}_i^{\text{des}} - \dot{\boldsymbol{J}}_i \dot{\boldsymbol{q}} - \boldsymbol{J}_i \ddot{\boldsymbol{q}}_{i-1}^{\text{cmd}}) \tag{11.64}$$

其中

$$\boldsymbol{J}_{i|\text{pre}} = \boldsymbol{J}_i \boldsymbol{N}_{i-1} \tag{11.65}$$

$$\begin{gathered}\boldsymbol{N}_{i-1} = \boldsymbol{N}_0 \boldsymbol{N}_{1|0} \cdots \boldsymbol{N}_{i-1|i-2} \\ \boldsymbol{N}_0 = \boldsymbol{I} - \bar{\boldsymbol{J}}_c \boldsymbol{J}_c \\ \boldsymbol{N}_{i|i-1} = \boldsymbol{I} - \bar{\boldsymbol{J}}_{i|i-1} \boldsymbol{J}_{i|i-1}\end{gathered} \tag{11.66}$$

有 $i \geqslant 1$，且

$$\begin{gathered}\Delta \boldsymbol{q}_0, \dot{\boldsymbol{q}}_0^{\text{cmd}} = 0 \\ \ddot{\boldsymbol{q}}_0^{\text{cmd}} = \bar{\boldsymbol{J}}_c^{\text{dyn}}(-\boldsymbol{J}_c \dot{\boldsymbol{q}})\end{gathered} \tag{11.67}$$

$\boldsymbol{e}_i$ 是位置误差，通过 $\boldsymbol{X}_i^{\text{des}} - \boldsymbol{X}_i$ 定义，$\ddot{\boldsymbol{X}}_i^{\text{cmd}}$ 是第 i 个任务的加速度命令，通过以下公式定义

$$\ddot{\boldsymbol{X}}_i^{\text{cmd}} = \ddot{\boldsymbol{X}}^{\text{des}} + K_{\text{p}}(X_i^{\text{des}} - x_i) + K_{\text{d}}(\dot{X}^{\text{des}} - \dot{X}) \tag{11.68}$$

式中，K_{p} 和 K_{d} 分别是位置和速度反馈增益，注意在迭代的第一个式子中没有反馈增益，可以用单位增益来解释。$\bar{\boldsymbol{J}}_{i|\text{pre}}^{\text{dyn}}$ 是第 i 个任务的雅可比矩阵到前一个任务的零空间的投影。

式(11.62)和式(11.63)分别被用来为关节 PD 控制器求解所需的关节位置和速度，通过将式(11.62)中的关节位置与测量的关节位置相加，可计算出所需的关节位置

$$\boldsymbol{q}_i^{\text{cmd}} = \boldsymbol{q}_i + \Delta \boldsymbol{q}_i \tag{11.69}$$

计算出的关节位置 $\boldsymbol{q}_i^{\text{cmd}}$ 和关节速度 $\dot{\boldsymbol{q}}_i^{\text{cmd}}$ 被送到关节水平 PD 控制器中，关节加速度 $\ddot{\boldsymbol{q}}_i^{\text{cmd}}$ 被送到 QP 优化方程中，用来寻找相应的关节输出扭矩。

根据动力学公式，当知道目标加速度后若要想求解关节扭矩，还需要知道地面支撑力 $\boldsymbol{F}_{\text{r}}$。$\boldsymbol{F}_{\text{r}}$ 作为一个前馈量可以根据支撑腿相位平均分配，当然使用通过 MPC 计算的结果效果更好。$\boldsymbol{F}_{\text{r}}$ 作为外力控制整个机器人的运动，即 $\boldsymbol{F}_{\text{r}}$ 要满足躯干上 6 维度的加速度 $\ddot{\boldsymbol{q}}_f^{\text{cmd}}$ 的要求。

2) 基于 QP 的任务求解

以上分析可以理解为我们要对 $\boldsymbol{F}_{\text{r}}$ 和 $\ddot{\boldsymbol{q}}_f^{\text{cmd}}$ 进行微调，使它们满足动力学方程中躯干上的加速度约束。将该问题变换成一个 QP 问题，设定优化变量为 $\boldsymbol{F}_{\text{r}}$ 和 $\ddot{\boldsymbol{q}}_f^{\text{cmd}}$ 的调整量 $\boldsymbol{\delta}_{f_r}$ 和 $\boldsymbol{\delta}_f$，即该问题可描述为

$$\begin{aligned} &\min_{\boldsymbol{\delta}_{f_r}, \boldsymbol{\delta}_f} {}^{\text{T}}\boldsymbol{Q}[\boldsymbol{\delta}_f \quad \boldsymbol{\delta}_{f_r}] \\ \text{s.t.} \quad &\boldsymbol{S}_f(\boldsymbol{A}\ddot{\boldsymbol{q}} + \boldsymbol{b} + \boldsymbol{g}) = \boldsymbol{S}_f \boldsymbol{J}_c^{\text{T}} \boldsymbol{F}_r \\ &\ddot{\boldsymbol{q}} = \ddot{\boldsymbol{q}}^{\text{cmd}} + \begin{bmatrix} \boldsymbol{\delta}_f \\ 0_{nj} \end{bmatrix} \\ &\boldsymbol{F}_r = \boldsymbol{F}_r^{\text{MPC}} + \boldsymbol{\delta}_{f_r} \\ &\boldsymbol{W}\boldsymbol{F}_r \geqslant 0 \end{aligned} \tag{11.70}$$

式中，$\boldsymbol{F}_r^{\text{MPC}}$ 和 $\boldsymbol{S}_f$ 分别是通过 MPC 计算出的反力和浮动基选择矩阵，$\boldsymbol{J}_c$ 和 $\boldsymbol{W}$ 分别是增广接触雅可比矩阵和接触约束矩阵，$\boldsymbol{\delta}_f$ 和 $\boldsymbol{\delta}_{f_r}$ 分别是浮动基加速度和反力的松弛变量。式(11.70)中，约

束的第一条为躯干上的加速度等式约束，最后一条为支撑腿对应的摩擦锥约束。该 QP 实现在 $\boldsymbol{\delta}_{f_r}$ 和 $\boldsymbol{\delta}_f$ 最小情况下求得动力学方程的解，并通过该最优解得到最后的加速度 $\ddot{\boldsymbol{q}}$ 和最终的支撑力 $\boldsymbol{F}_r$，然后求解主动关节需要施加的扭矩：

$$\begin{bmatrix}\tau_f\\ \tau_j\end{bmatrix}=\boldsymbol{A}\ddot{\boldsymbol{q}}+\boldsymbol{b}+\boldsymbol{g}-\boldsymbol{J}_c^{\mathrm{T}}\boldsymbol{F}_r \tag{11.71}$$

本节介绍了一种结合 MPC 和 WBC 的控制方法。该方法的核心思想是通过将运动控制分成两部分来降低复杂性：MPC 使用一个简单的模型在较长时间范围内找到一个最优的反力分布，WBC 基于 MPC 计算出的反力计算关节扭矩，关节位置和关节速度。整体控制框架如图 11.11 所示。

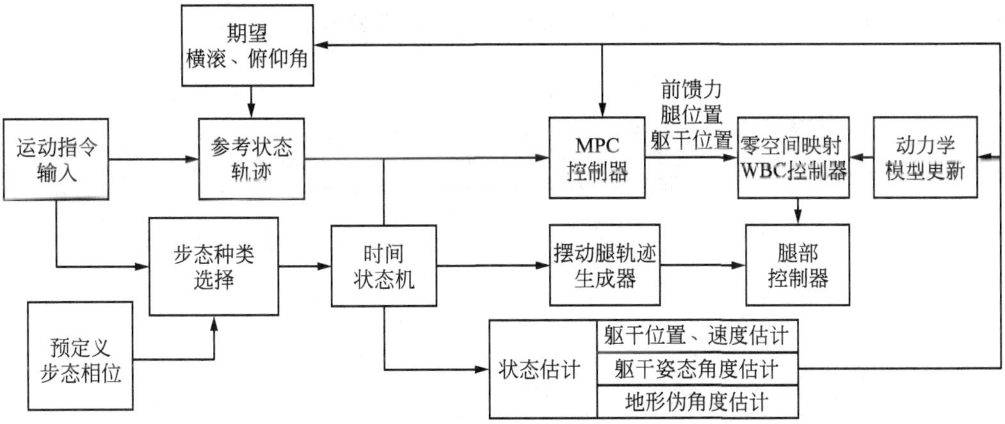

图 11.11 整体控制框架图

11.5 基于 MPC 方法的运动规划

11.5.1 步态规划

MPC 应用中的一个关键是提高问题的求解速度，基于当前的硬件和算法效率，针对四足机器人典型问题的 MPC 求解时间是几十毫秒(ms)，使用稀疏化等方式可提高问题的求解速度。当前，针对四足机器人的实时系统控制周期一般小于 1ms，MPC 的求解速度小于控制频率，使得一次 MPC 的求解结果要在多个控制周期中使用。在这种情况下，在步态设计中使用具体的时间序列会导致其与 MPC 的更新时间不匹配，造成步态运动中支撑力更新不及时，为此，在步态设计中使用 MPC 的更新时间作为基本状态单元来设计步态，即假设 MPC 的更新时间为 Δt，机器人在 Δt 时间内各条腿的支撑状态和摆动状态不发生改变。

基于上述思想的步态设计中，将具体的时间序列变成以 MPC 更新时间 Δt 为单位的腿部状态设计，即步态设计就是四条腿相位状态设计。图 11.12 表示以 10 个 Δt 为周期的 trot 步态序列，灰色表示支撑相时间段，白色表示摆动相时间段，其中 10 这个数字应该和 MPC 模型的预测维度相同，使得 MPC 能够提供整个步态周期的前馈力。

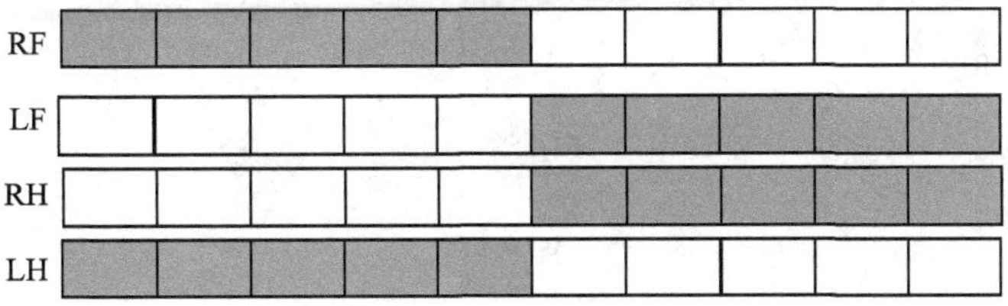

图 11.12 trot 步态序列

因此，机器人运动步态的规划就简化为 3 个参数的规划：步态周期 Δt 时间段个数、支撑相的 Δt 时间段个数、支撑相相位偏移 Δt 时间段个数。在图 11.12 表示的 trot 步态中，总的步态周期 Δt 时间段个数为 10，右前腿(RF)的支撑相相位偏移 Δt 时间段个数为 0。支撑相的 Δt 时间段个数为 5。

图 11.13 显示了 5 种常见的四足机器人运动步态相位进度，前三种步态：trot、flying trot 和 bound 为对称步态，后两种 pronk 和 gallop 为非对称步态，任何步态都是通过指定每条腿的相位偏移、支撑相相位比例和摆动相相位比例来确定的，此处相位的间隔时间统一于离散化中的 Δt。当步态周期确定后，根据机器人当前运行时间可以确定无相位偏移的相位，加上每条腿的偏移相位后按照图 11.12 设计的相位规律可查询每条腿的相位状态，上述步态周期 Δt 时间段个数统一为 10。

对于非典型步态，同样需要通过相位偏移、支撑相和摆动相相位比例来设计，例如，设置每条腿的相位偏移为 0，支撑相相位比例为 1，则对应站立不动的步态。

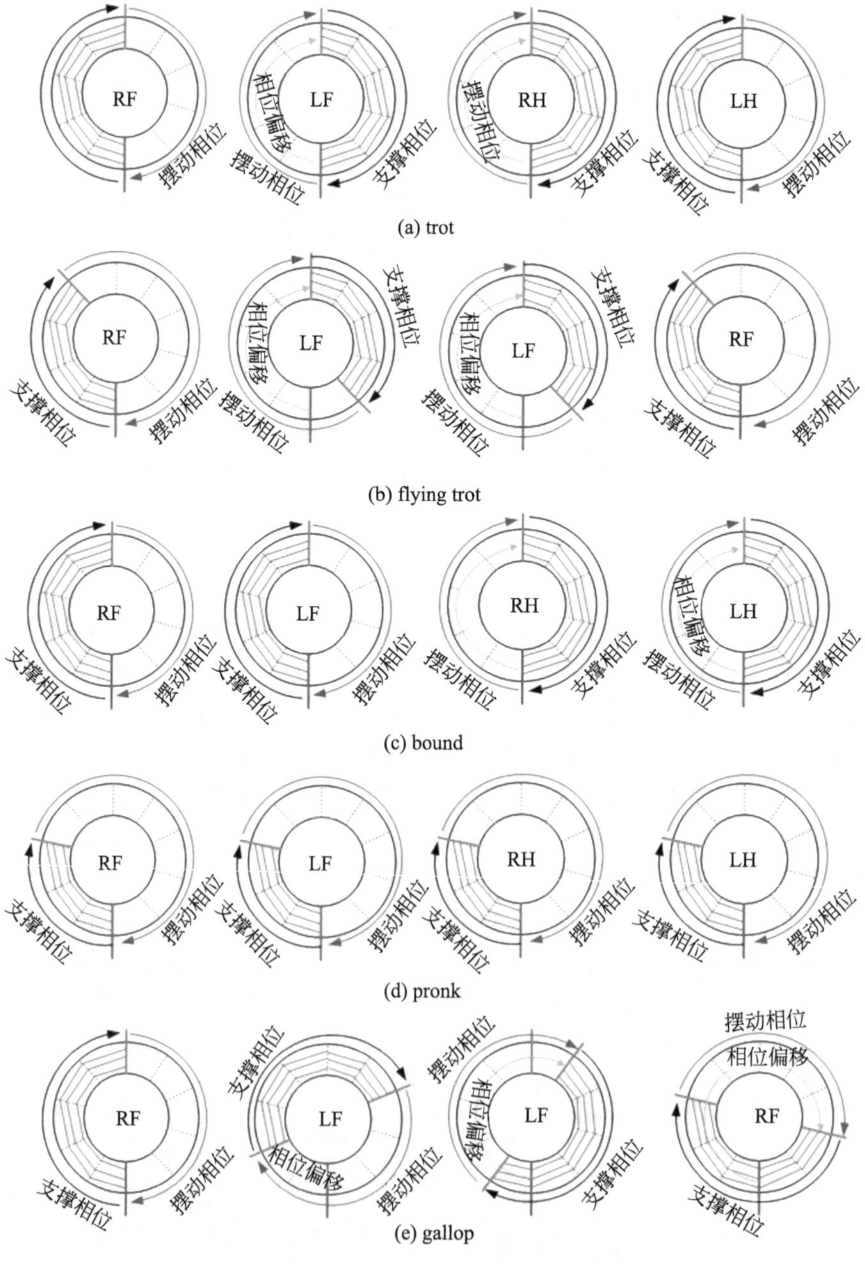

图 11.13　典型步态相位进度

11.5.2　足端轨迹规划

可使用以下公式确认即将到来的足端位置信息：

$$\boldsymbol{r}_i^{\mathrm{cmd}}=\boldsymbol{p}_{\mathrm{shoulder},i}+\boldsymbol{p}_{\mathrm{symmetry}}+\boldsymbol{p}_{\mathrm{centrifugal}} \tag{11.72}$$

式中：

$$\boldsymbol{p}_{\mathrm{shoulder},i}=\boldsymbol{p}_k+\boldsymbol{R}_z(\psi_k)\boldsymbol{I}_i \tag{11.73}$$

$$\boldsymbol{p}_{\mathrm{symmetry}}=\frac{t_{\mathrm{stance}}}{2}v+k(v-v^{\mathrm{cmd}}) \tag{11.74}$$

$$\boldsymbol{p}_{\mathrm{centrifugal}}=\frac{1}{2}\sqrt{\frac{h}{g}}v\times\omega^{\mathrm{cmd}} \tag{11.75}$$

在式(11.73)中，$\boldsymbol{p}_k$ 是第 k 个时间间隔的机器人的身体位置，$\boldsymbol{I}_i$ 是机器人第 i 个髋关节相对于机体坐标系的位置，因此，$\boldsymbol{p}_{\mathrm{shoulder},i}$ 是机器人第 i 个髋关节相对于世界坐标系的位置。$\boldsymbol{p}_{\mathrm{symmetry}}$ 是利用 Raibert 启发式规则计算出的一个量，在机器人以一个确定的速度前进时，其可使机器人腿的落地角度和离地角度保持一致。

11.5.3　基于 MPC 方法的步态切换

基于上述相位设计的步态在进行步态切换时仅需调整相位切换点和每条腿相位偏移点。假设原来步态周期 T_{old}，指定步态变换时间为 T_{new}，通常将 T_{new} 设置为 T_{old} 的整数倍，即 $T_{\mathrm{new}}=kT_{\mathrm{old}}$，其中 k 为正整数。则步态切换周期

$$T_{\mathrm{switch}}=\frac{T_{\mathrm{new}}+T_{\mathrm{old}}(S_{\mathrm{switch}}-1)}{T_{\mathrm{new}}} \tag{11.76}$$

式中，$S_{\mathrm{switch}}\in(0,1)$ 表示步态中支撑相相位比例，该值和步态种类有关，一般高速步态下的 S_{switch} 较小，如标准的 trot 步态对应的 $S_{\mathrm{switch}}=0.5$，而 flying trot 步态下 $S_{\mathrm{switch}}<0.5$。由此定义了新的支撑相和摆动相切换时间。

每条腿的相位偏移更新为

$$S_{\mathrm{leg},i}=\frac{T_{\mathrm{new}}+T_{\mathrm{old}}(S_{\mathrm{leg},i}-1)}{T_{\mathrm{new}}} \tag{11.77}$$

式中，$S_{\mathrm{leg},i}$ 表示当前第 i 条腿的相位进度，该公式更新了第 i 条腿相位切换的时间。通过上述两个步态变量的调整可使得机器人的步态在 T_{switch} 时间内过渡到新步态相位，从而实现步态切换。

11.5.4　基于 MPC 的四足机器人斜坡地形的姿态调整

1. 简化的斜坡地形自适应方法

为了实现四足机器人的不依赖足端接触传感器和视觉信息的鲁棒稳定运动控制，且使机器人能够较好地实现盲爬楼梯和稳定地在斜坡地形上行走，本书利用四足机器人每条腿的当前位置 $\boldsymbol{p}_i=[p_i^x\ \ p_i^y\ \ p_i^z]$来估计机器人的行走过程中所处当前地形的坡度，以实现自身身体姿态的调整。机器人行走的倾斜地形被建模成一个平面 $z(x,y)=a_0+a_1x+a_2y$，系数 $\boldsymbol{a}=[a_0\ \ a_1\ \ a_2]^{\mathrm{T}}$ 是通过求解最小二乘问题得到的：

$$\boldsymbol{a}=(\boldsymbol{W}^{\mathrm{T}}\boldsymbol{W})^{\dagger}\boldsymbol{W}^{\mathrm{T}}\boldsymbol{p}^{Z} \tag{11.78}$$

$$\boldsymbol{W}=[\mathbf{1}\quad \boldsymbol{p}^x\quad \boldsymbol{p}^y]_{4\times 3} \tag{11.79}$$

通过上式可确定离每条腿最近的接触点，其中 $\boldsymbol{p}^x$、$\boldsymbol{p}^y$、$\boldsymbol{p}^z$ 包含了每条腿的数据信息，例如，$\boldsymbol{p}^x=[p_1^x\ \ p_2^x\ \ p_3^x\ \ p_4^x]$而$(\boldsymbol{W}^{\mathrm{T}}\boldsymbol{W})^{\dagger}$ 是 $\boldsymbol{W}^{\mathrm{T}}\boldsymbol{W}$ 的穆尔-彭罗斯广义逆矩阵。机器人在估计的步行地面

上调整姿态，以适应不平整的崎岖地形。

2. 稳定域可调的斜坡地形自适应方法

1）斜坡地形稳定性分析

当四足机器人以 trot 步态在斜坡上行走时，其质心(center of mass，CoM)沿重力方向上的投影(center of mass projection，CoP)在机器人四足支撑平面内的位置会偏移到斜面负梯度方向，影响机器人在坡面上的稳定性，四足机器人需要依据 IMU 反馈的姿态信息进行足端位置的调整，以实现机器人在斜坡上的稳定性。但足端位置的调整会导致机器人前腿足端可用工作空间减少，制约机器人的移动步幅，降低机器人的移动速度。此外，当机器人面对坡度较大的地形时，会出现前腿抬足受限，后腿踏空的现象。为使机器人足端在落地时达到合适的位置，需对机器人进行躯干的姿态调整。

要实现上述稳定性调整，需要对机器人质心位置进行规划，基于零点力矩(zero moment point，ZMP)稳定条件，通过对足端位置与躯干姿态的两步调整，可实现机器人质心对斜坡的适应。机器人在坡面上以 trot 步态运动时，初始状态如图 11.14 所示，β 为机器人所处斜坡坡度，以质心作为 ZMP 的稳定性参考，以机体坐标系原点作为机器人质心，足端调整前机器人质心投影落在支撑足对角线偏后方，若坡度较大，则会导致投影点落在支撑多边形外部，使机器人失稳倾倒。

如图 11.15 所示，以两条支撑对角线交点为原点作半径为 R_0 的稳定圆，当机器人质心投影在稳定圆内时，投影点与两条支撑对角线距离 S 的最大值小于圆的半径，即 $S<R_0$，此时机器人满足 ZMP 稳定判据。

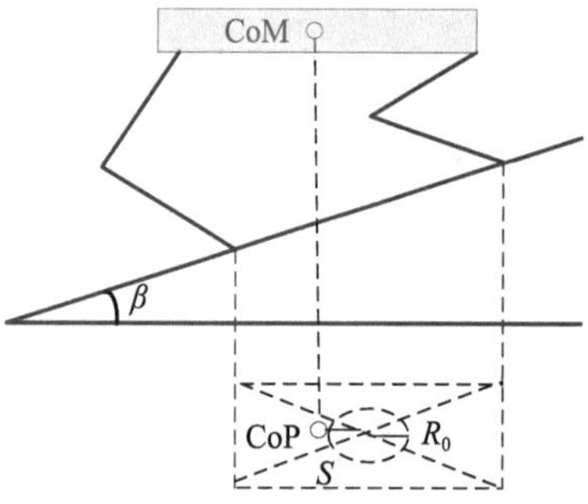

图 11.14　调整前机器人质心投影

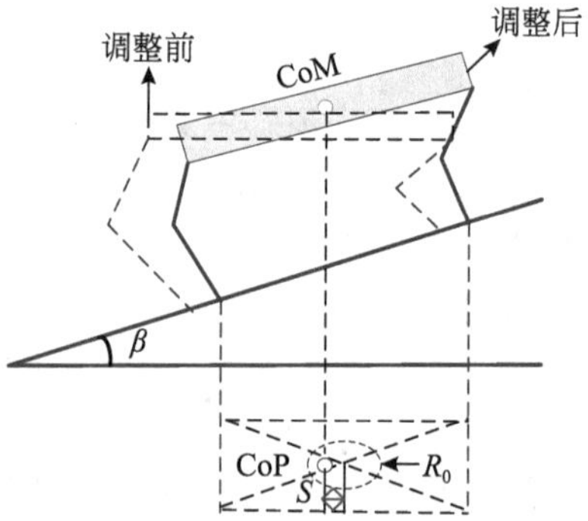

图 11.15　调整后机器人质心投影

据此，调整机器人足端位置与躯干姿态，使其质心投影点落在稳定圆内，即可保证质心投影点同时位于两条支撑对角线的支撑多边形内，达到了机器人在斜坡地形上自适应调整的目的。

2）足端位置调整

要实现机器人斜坡足端位置调整，需定义 4 个坐标系，如图 11.16 所示。

机体坐标系$\{a\}$：原点 O_a 位于机器人机体质心处，x_a 轴与机器人躯干平行，y_a 轴指向机器人的左方，z_a 轴垂直于机体向上。

世界坐标系$\{b\}$：z_b 轴垂直水平面向上，x_b 轴为 x_a 轴在水平面的垂直投影，y_b 轴的方向遵循右手螺旋准则。

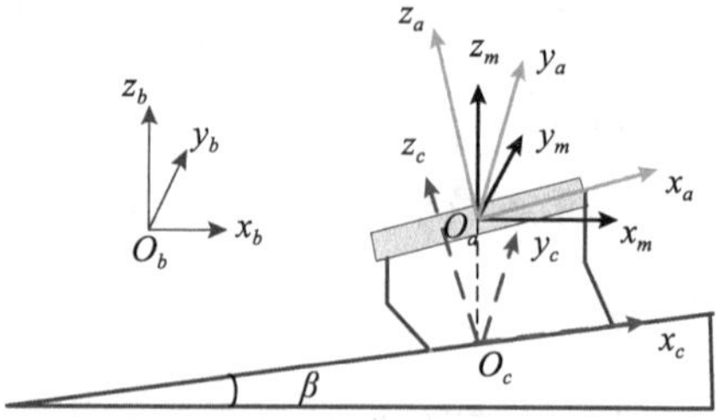

图 11.16　斜坡上各坐标系之间的位置关系

前进坐标系$\{m\}$：原点与 O_a 重合，坐标系$\{m\}$由坐标系$\{a\}$旋转而成。x_m 轴方向与水平方向相同。

斜面坐标系$\{c\}$：原点为机器人质心在斜面的投影，坐标系$\{c\}$由坐标系$\{m\}$旋转和平移得到。

由以上各坐标系间旋转、平移关系可以得到：

$$\boldsymbol{p}_t^{ph}=\boldsymbol{R}_y(\theta_{ad})\boldsymbol{R}_x(\varphi_{ad})(\boldsymbol{p}_t^{ch}+\boldsymbol{p}_h^{c})+\boldsymbol{p}_c^{m}-\boldsymbol{p}_h^{m} \tag{11.80}$$

式中，$\boldsymbol{p}_t^{ph}$ 为坐标系$\{m\}$中足端相对于髋关节的位置，$\boldsymbol{p}_t^{ch}$ 为坐标系$\{c\}$中足端相对于髋关节的位置，$\boldsymbol{p}_h^{c}$ 和 $\boldsymbol{p}_h^{m}$ 为坐标系$\{c\}$和$\{m\}$中髋关节相对于原点的位置，$\boldsymbol{p}_c^{m}$ 为坐标系$\{c\}$在$\{m\}$的位置。$\boldsymbol{R}_x$、$\boldsymbol{R}_y$ 分别为坐标系$\{m\}$到$\{c\}$变换时绕 x 轴、y 轴的旋转矩阵，θ_{ad}、φ_{ad} 分别为坐标系$\{m\}$到$\{c\}$变换时绕 y 轴、x 轴的调整角。足端位置调整需要结合机器人躯干姿态，此处将引用前面章节得出的俯仰角角度，由坐标系间的关系可得

$$\boldsymbol{p}_t^{ah}=\boldsymbol{R}'_x(-\varphi_{\text{ref}})\boldsymbol{R}'_y(-\theta_{\text{ref}})\boldsymbol{R}'_z(-\phi_{\text{ref}})(\boldsymbol{p}_t^{ph}+\boldsymbol{p}_h^{m}+\boldsymbol{p}_b^{m})-\boldsymbol{p}_h^{a} \tag{11.81}$$

式中，$\boldsymbol{p}_t^{ah}$ 为坐标系$\{a\}$中足端相对于髋关节的位置，$\boldsymbol{p}_h^{a}$ 为坐标系$\{a\}$中髋关节的位置，$\boldsymbol{R}'_x$、$\boldsymbol{R}'_y$、$\boldsymbol{R}'_z$分别为坐标系$\{m\}$到$\{a\}$变换时绕 x 轴、y 轴和 z 轴的旋转矩阵，ϕ_{ref}、θ_{ref} 与 φ_{ref} 分别表示坐标系$\{m\}$到$\{a\}$变换时绕 z 轴、y 轴和 x 轴的偏航角、俯仰角与横滚角。

当四足机器人爬坡时，各坐标系之间的相对位置与机器人的俯仰角及横滚角的变化一致（机器人直线行走时无偏转角），可得

$$\begin{cases}\theta_{ad}=\theta_{\text{ref}}=\alpha\\ \varphi_{ad}=\varphi_{\text{ref}}=\varphi_{\text{IMU}}\end{cases} \tag{11.82}$$

式中，α 为 IMU 测得的躯干俯仰角，φ_{IMU} 为测得的横滚角。将式(11.81)和式(11.82)合并简化后，可得

$$\boldsymbol{p}_t^{ah}=\boldsymbol{p}_t^{ch}+\boldsymbol{R}''_x(-\varphi_{\text{IMU}})\boldsymbol{R}''_y(-\alpha)\boldsymbol{p}_c^{m} \tag{11.83}$$

式中，$\boldsymbol{R}''_x$、$\boldsymbol{R}''_y$为坐标系$\{a\}$到$\{b\}$变换时绕 x 轴、y 轴的旋转矩阵；$\boldsymbol{p}_c^{m}=[0\quad 0\quad -H]^{\text{T}}$ 是保持坐标系$\{c\}$原点在坐标系$\{m\}$中的常向量，H 为机器人站立时的质心高度。上述方程依据躯干姿态信息实现了足端位置的坐标映射，四足机器人可根据此映射实现斜坡足端位置的调整，以此达到机器人的稳定。

3）躯干姿态调整

为减小斜坡对机器人足端运动空间的限制，需要对躯干进行姿态调整，使其能够平行于斜坡。调整前后的姿态如图 11.17 所示。

机器人上坡过程中，在调整足端位置的同时也需同步调整躯干姿态。在躯干姿态调整中，本书提出了“虚拟斜坡”概念。“虚拟斜坡”如图 11.18 所示，是四足机器人由平坦路面运动到斜坡时前后两支撑足端所形成的二维平面（此时前腿支撑足落在斜坡上，后腿支撑足落在地平面上）。

以下公式给出了四足机器人斜坡姿态调整算法原理

$$p=(L+\Delta_F+\Delta_H)\cos\alpha \tag{11.84}$$

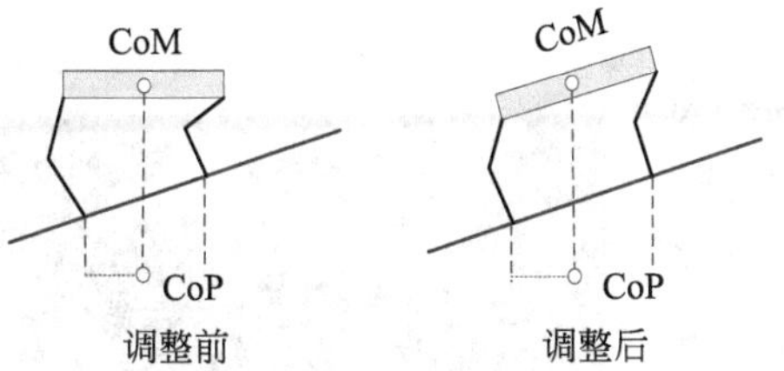

图 11.17　机器人躯干姿态调整

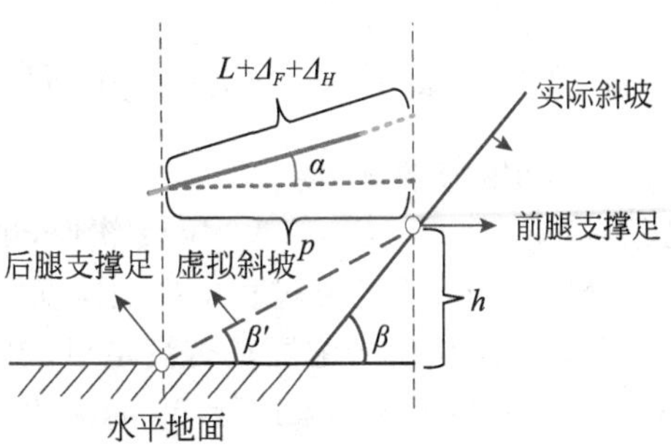

图 11.18　机器人“虚拟斜坡”

$$\beta' = \arctan \frac{h}{p} \tag{11.85}$$

$$\beta' = \alpha = \beta \tag{11.86}$$

式中，p 为前后两足在水平地面上的投影，L 为机器人躯干长度，Δ_F 为机器人前腿足端相对于前腿髋关节的位移，Δ_H 为机器人后腿足端相对于后腿髋关节的位移，α 为 IMU 实时测得的躯干俯仰角(调整值)，β' 为前后足端所成虚拟斜坡的角度，h 是基于状态估计器得到的机器人前后支撑足的高度差。

在躯干姿态调整过程中，“虚拟斜坡”的角度随着机器人的前进而实时改变，同时机器人的躯干受“虚拟斜坡”的影响而发生俯仰；此时 IMU 将当前状态下测得的躯干俯仰角 α 作为输入参数传递给自适应调整算法，求得此时 p 大小，并将此时的 p 赋给自适应调整算法，求得当前状态下“虚拟斜坡”的角度，最后将此角度作为下一时刻机器人俯仰角的调整值，以此往复。当“虚拟斜坡”的角度、躯干俯仰角和实际斜坡角度三者相等时，算法循环完毕，实现了坡面姿态自适应调整。

11.6　基于 Webots 软件平台的 MPC 方法仿真验证

图 11.19　Webots 简化模型

针对预研的电驱四足机器人指标：快速运动(10km/h)、大负重(自重的 40%)，以及多步态运动能力，在 Webots 中搭建机器人简化模型，如图 11.19 所示，机器人参数如表 11.1 所示。通过动力学仿真验证所提方法可实现机器人灵活高效、鲁棒性较强的多种步态运动。

表 11.1　机器人参数

参　数　名	符号	量值	单位
躯干质量	m	10	kg
躯干长度	L_{body}	0.286	m
躯干宽度	W_{body}	0.158	m
大腿长度	L_1	0.22	m
小腿长度	L_2	0.18	m
躯干惯量矩阵	$\boldsymbol{I}_{xx}$	11.253	kg/m^2
	$\boldsymbol{I}_{yy}$	36.203	kg/m^2
	$\boldsymbol{I}_{zz}$	42.673	kg/m^2

11.6.1　Ubuntu 下 Webots 仿真环境搭建

1. Webots 软件安装

安装最新 Linux 版本的 Webots 软件，由于 Webots 对显卡要求较高，当发现仿真过程中出现速度慢、卡顿、闪退等问题时，首先需确认显卡配置是否满足对应版本要求，推荐使用 GTX 1050 以上显卡来进行 Webots 仿真。

系统会根据用户使用的操作系统匹配相应的版本，下载页面如图 11.20 所示。

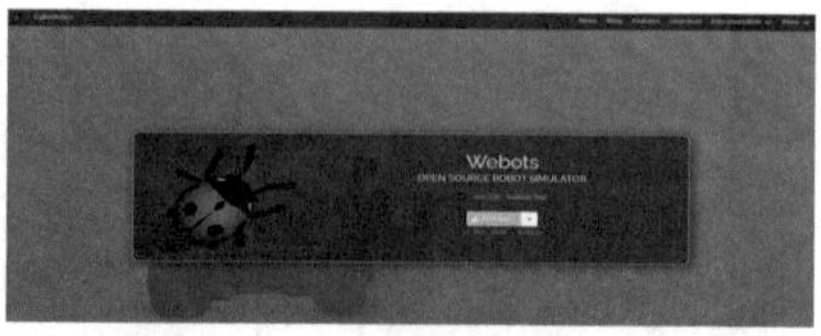

图 11.20　Webots 下载页面

解压文件，然后配置 WEBOTS_HOME 环境变量指向 Webots 解压后的目录。

例如，打开/etc/profile 进行编辑，在文件最后添加：export WEBOTS_HOME=/home/username/webots，如图 11.21 所示。

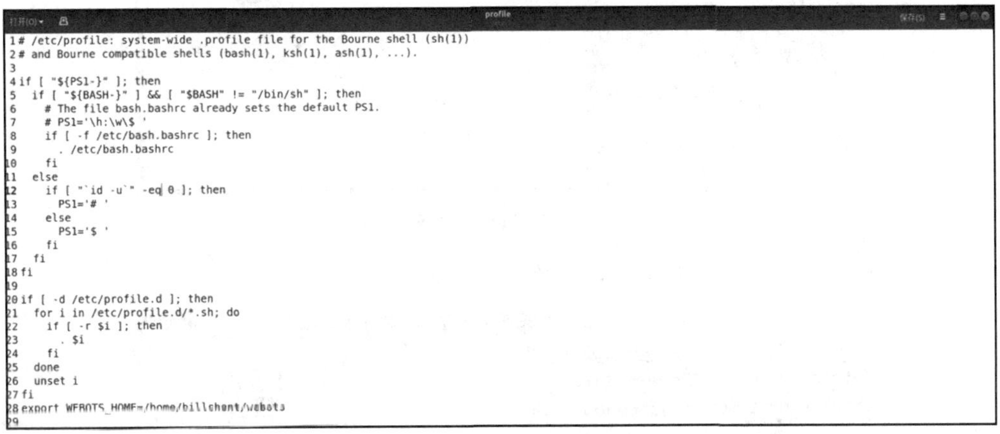

图 11.21　Webots 安装环境配置

Webots 安装完毕后，在 terminal 中打开 Webots。

2. 机器人模型搭建

首先建立一个简化的四足机器人模型，即通过圆柱体、立方体等基本形状搭建机器人模型(后期会将 SolidWorks 设计图中的模型形状导入 Webots 使得机器人更加的逼真)。虽然简化模型和实际机器人有很大差距，但赋予每个关节、连杆与物理平台相同的尺寸、质量、惯量等属性后，其仿真效果配与物理平台有很高的一致性，这种简化可以提高前期方法验证、结构优化阶段的效率。

首先在仿真环境中添加一个机器人节点，如图 11.22 所示。

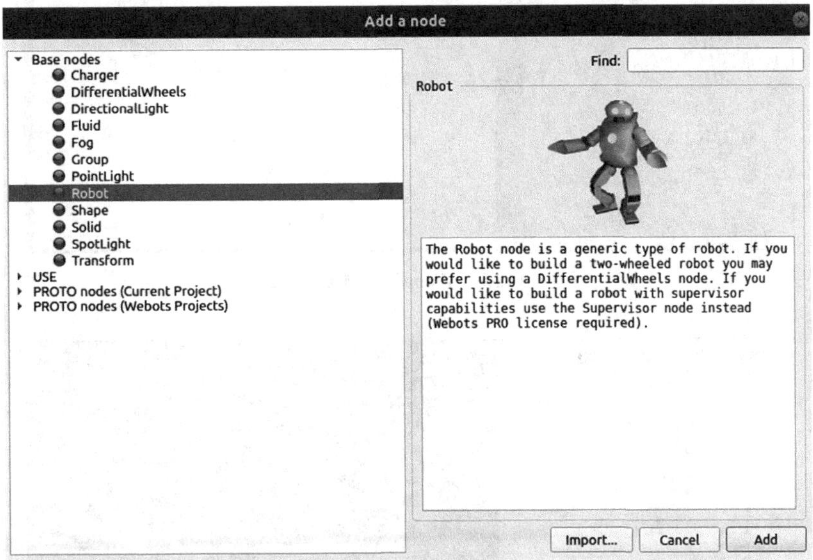

图 11.22　Webots 添加一个机器人节点

以一个长方体作为机器人的躯干，这个躯干应该是一个有质量的实体，所以在长方体之外放置一个 Solid，如图 11.23 所示。

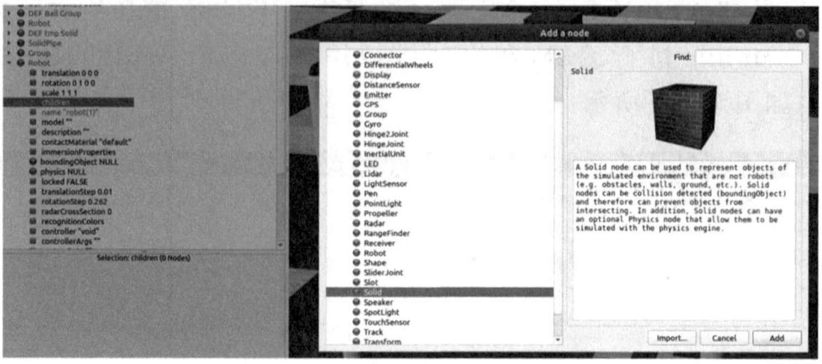

图 11.23　Webots 实体添加(1)

再在 Solid 中放置一个立方体 Shape,如图 11.24 所示。

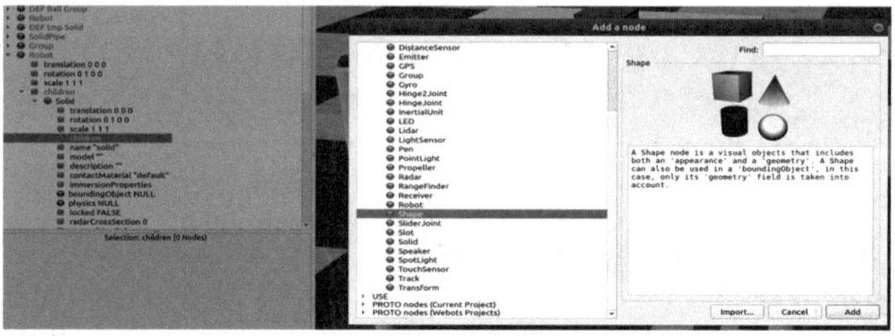

图 11.24　Webots 实体添加(2)

设置一个 Box 形式的 Shape,设置其尺寸、质量、颜色,同时给这个 Shape 起名字(叫 Trunk),用这个 Shape 作为 BoundingObject 的外形,如图 11.25、图 11.26 所示。

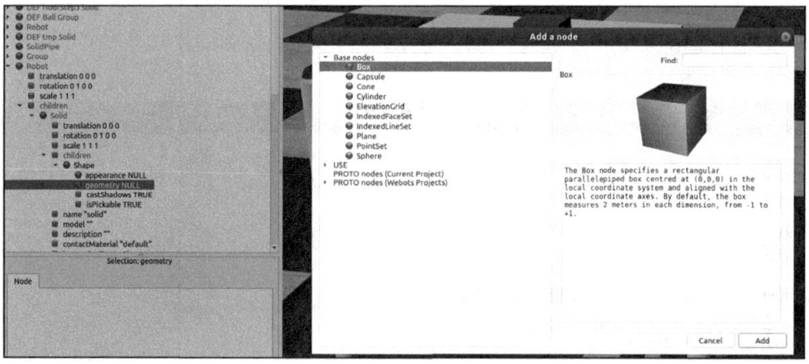

图 11.25　Webots 实体添加(3)

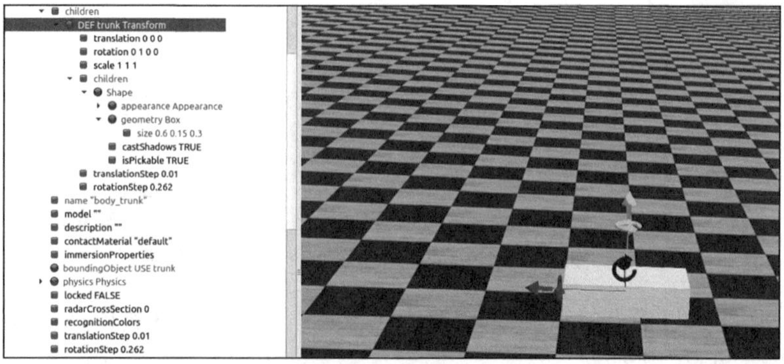

图 11.26　Webots 实体添加(4)

至此，我们创建完成了一个机器人组件。

3. 创建腿部模型

以创建左前腿模型为例，定位到左前腿相对于躯干的位置，通过 Transform 将腿部的原点定位于此，在该位置放置一个 HingeJoint 作为侧摆关节(Hip AA)，为显示方便，此处用一个红色圆柱表示该关节，注意此处的圆柱沿着惯性的 z 轴旋转 $\pi/2$，如图 11.27 所示。

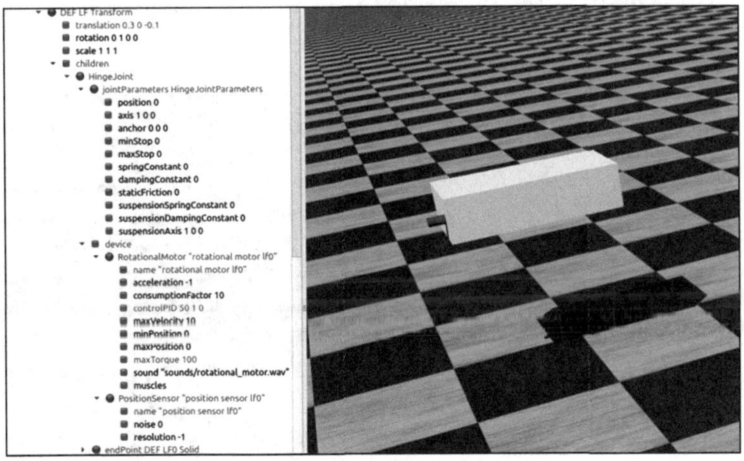

图 11.27　机器人侧摆关节建立(1)

在该 HingeJoint 的 device 中添加一个 RotationMotor 和一个 PositionSensor 来控制和反馈该关节的位置/速度/扭矩，在 jointParameters 中，关节的参数包括：

(1) axis，即旋转的轴，机器人中默认逆时针方向为正方向，调节该轴的方向指定正旋转角，此处我们期望该关节沿着默认的 x 轴旋转，故不调整。

(2) anchor，表示旋转轴的偏移位置，此处我们认为侧摆关节沿着腿部原点位置旋转，所以没有偏移。

(3) device 中 RotationMotor，可以设定 PID 参数、最大速度、最大力/扭矩等参数。

PositionSensor 可以添加噪声参数，此处不添加，即期望为位置传感器返回的位置是准确的。这两个 device 都需要指定一个名称，此处设置的 RotationMotor 名称为“rotational motor lf0”，PositionSensor 的名称为“position sensor lf0”，其中 lf 表示 left front，该命名规范会延续到每个关节处。此处的名称在仿真中很重要，在控制器中需要通过该名称找到 device，否则无法进行仿真。

HingeJoint 参数如图 11.28 所示。

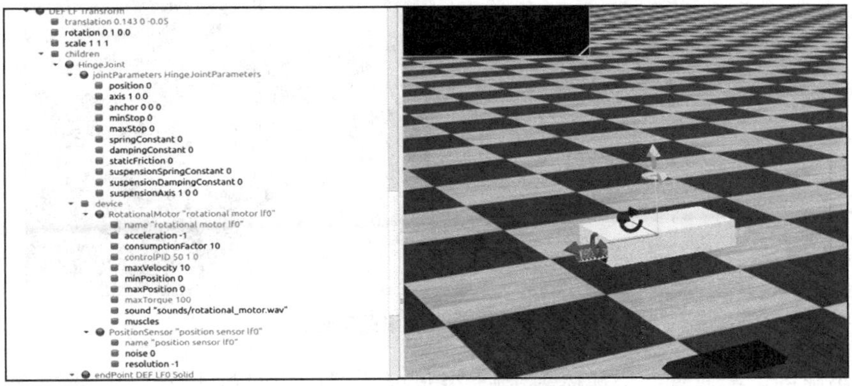

图 11.28　机器人侧摆关节建立(2)

至此，我们搭建好了第一个侧摆关节，下面我们搭建大腿关节（Hip FE）及其连杆。在侧摆关节相同位置新建一个 HingeJoint 作为大腿的旋转关节，其带动的部分由一个横向 Shape（模拟电机长度）和一个纵向的大腿 Shape 连杆组成，两个连杆通过 Transorform 旋转构造，并被包裹在一个 Group（LF_Group1）中作为该部分的 boundingObject，注意此处的 HingeJoint 旋转方向的问题，该关节需要沿着惯性系的 z 轴（没分正负）旋转，默认条件下 x、y、z 轴正方向：向前为 x，向右为 z，向上为 y，图 11.29 中设定的方向为向前为 x，向左为 z，向上为 y，则旋转轴 axis 为[0 0 −1]表示沿着默认的 $-z$ 方向旋转。

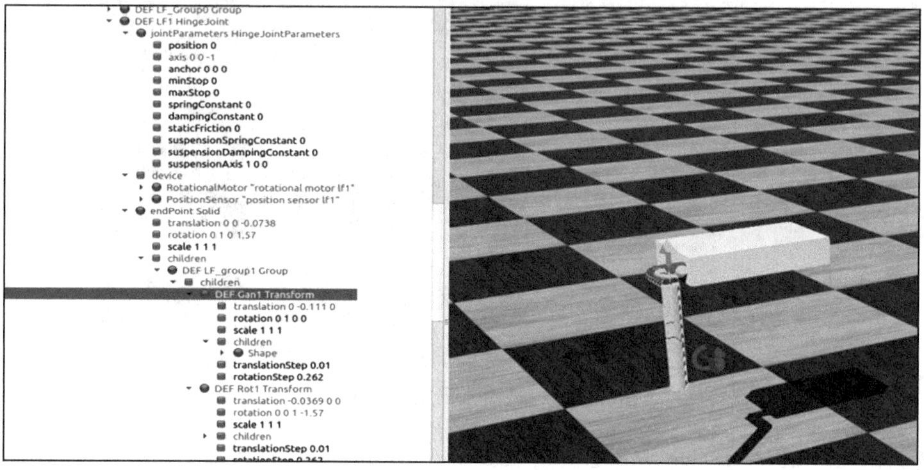

图 11.29　机器人横滚关节建立(1)

接着搭建小腿旋转关节（Knee FE）及其连杆，如图 11.30 所示，与大腿关节相似（复制大腿关节部分进行修改即可），小腿关节所在的位置应该是大腿连杆的末端位置，则该 HingeJoint 中 anchor 为[0 −0.222 0]，表示沿着 y 轴向下移动了大腿长度的距离。同样，小腿关节原点对应的 Solid 中 Translation 也是[0 −0.222 0]，该 HingeJoint 下两个连杆分别表示电机和小腿连杆，其组成的 Group 作为该部分的 boundingObject。

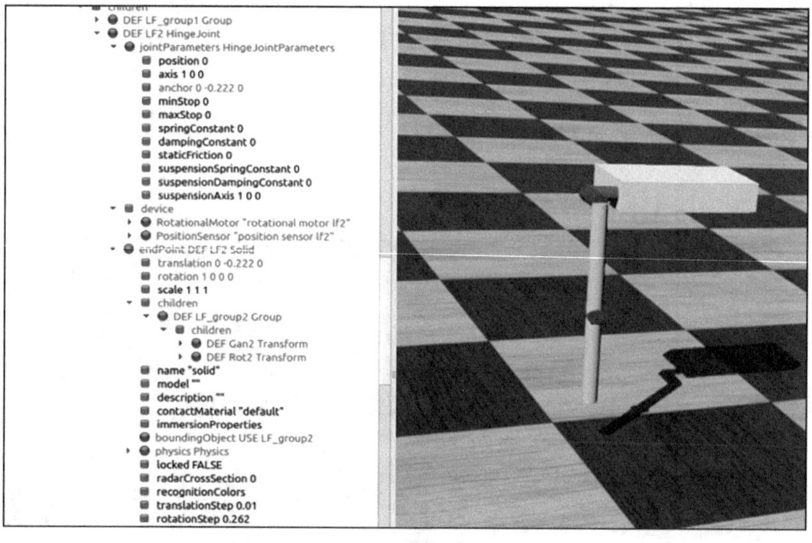

图 11.30　机器人横滚关节建立(2)

最后在小腿的末端放置一个球体表示脚，其同时也是一个足端力传感器，物理平台上足端没有足底力传感器，但在仿真中我们可以利用该传感器捕获运动数据，以便于观察和分析。Webots

中 Touch Sensor 有三种形式，可表示 bool 类型的开关，一维度的力和三维度的力。机器人足底力传感器如图 11.31 所示。

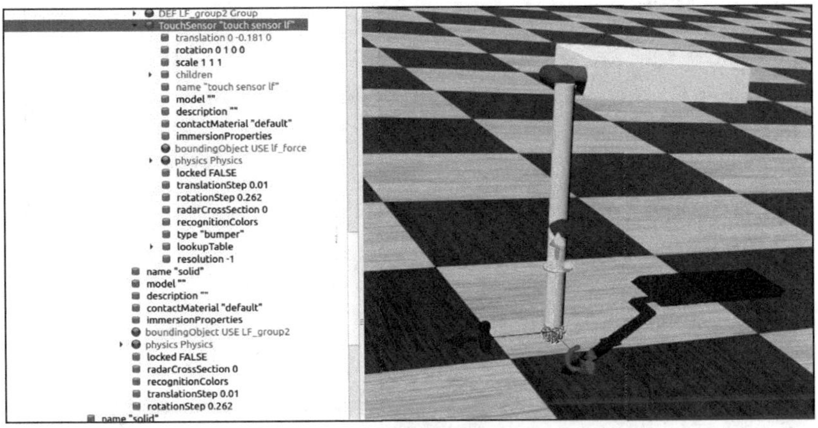

图 11.31　机器人足底力传感

搭建完成一个左前腿后，复制该腿，调整腿部原点位置、侧摆横移位置、关节电机和传感器名称，按照添加足底力传感器 Touch Sensor 的步骤添加 Inertial Unit 作为姿态传感器，Gyro 作为角速度传感器，构建完整的四足机器人。完整的四足机器人模型如图 11.32 所示。

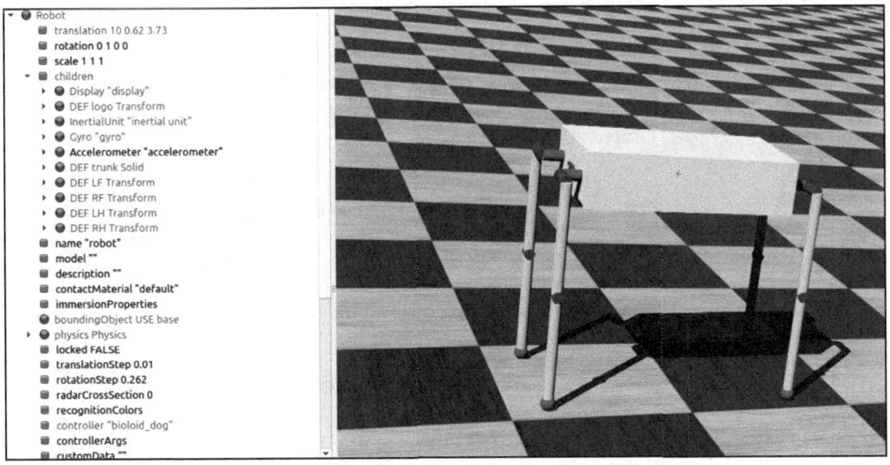

图 11.32　完整的四足机器人整体模型

4. 机器人机构模型优化

将 SolidWorks 中的设计图导入 Webots，此处以小腿关节为例，通常机械设计中设置的零件零点和坐标方向与 Webots 中定义的不一致，所以首先要更改每个连杆零件的原点和方向，将原点设置为 Webots 中仿真的关节旋转点，方向统一为：向前为 x，向右为 z，向上为 y（webots 中默认的方向）。图 11.33 展示了在转动原点处建立小腿连杆的原点和方向。

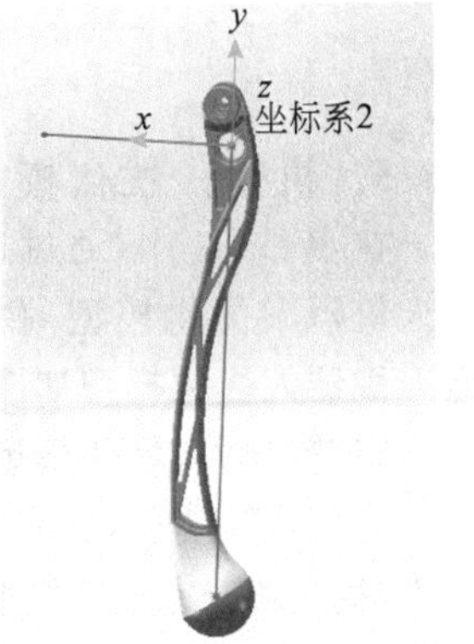

图 11.33　机器人小腿连杆的原点和方向

将模型另存为 wrl 文件，如图 11.34 所示，版式为 VRML 97，单位是“米”，通过选项选择输出坐标系为我们新建立的坐标系。

当计算机的显卡性能不好时，可将导出模型的显示品质降低一些，有效提高仿真速度，如图 11.35 所示。

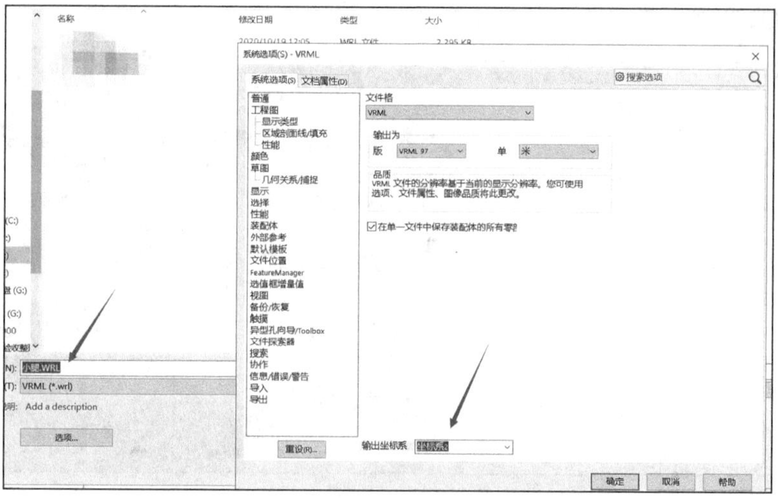

图 11.34 机器人小腿优化结构存储示意图

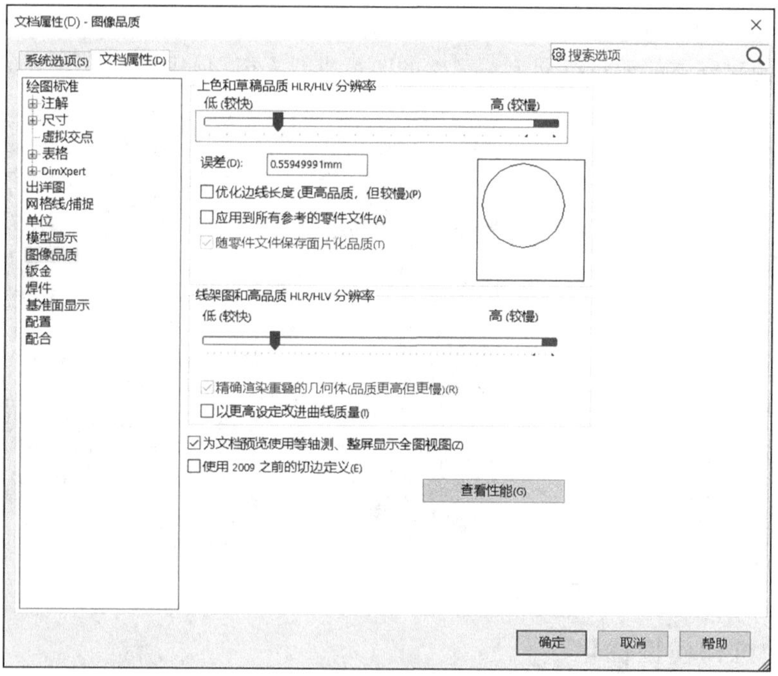

图 11.35 降低显示品质

5. 机器人优化模型的导入

在 Webots 中，通过选择 File→Import VRML 97 菜单命令导入机器人优化模型，替换我们之前用圆柱、立方体搭建的模型。机器人优化模型如图 11.36 所示。

完整机器人优化模型文件可通过下载本书配套资源获取。

此外，还可在 Webots 中添加节点，如图 11.37 所示，选择 USE 模式，找到解压完毕的机器人优化模型文件，单击 Open 按钮，导入机器人优化模型，导入后的模型会在 Webots 左侧的任务栏中显示，此处导入的机器人优化模型名称为 DEF SDUog-48_2 Robot。

图 11.36 机器人优化模型示意图

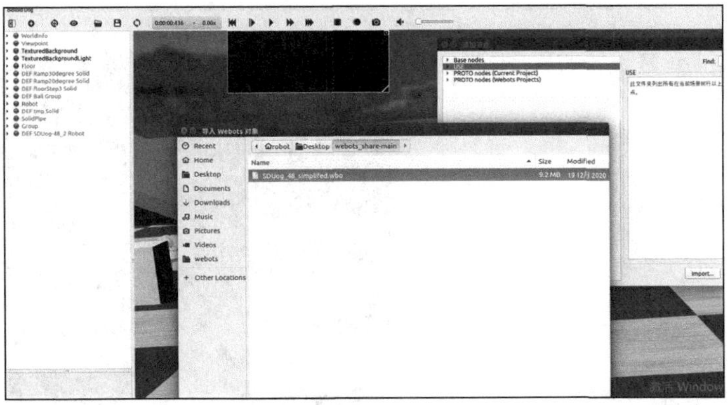

图 11.37　机器人优化模型导入

导入后的模型与之前简化的机器人模型在传感器类型上存在差异，如图 11.38 所示，需要将导入后的机器人的足底力传感器设置成 bumper 类型，以使机器人的控制器识别；同时，机器人四条腿关节的位置及坐标轴也需要重新设置，如图 11.39 所示，设定值与简化模型中四条腿的设定值一一对应；上述设置完毕，将机器人控制器类型更改为同简化模型一致的控制器 bioloid_dog，设置完成的机器人模型如图 11.40 所示。此时启动仿真，机器人开始运动。

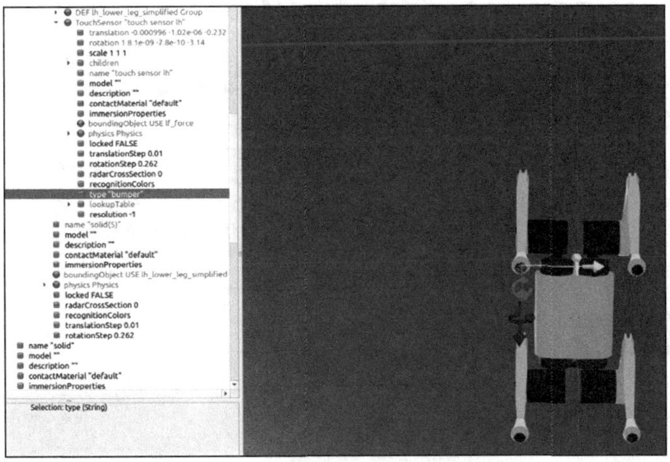

图 11.38　机器人足底力传感器设置

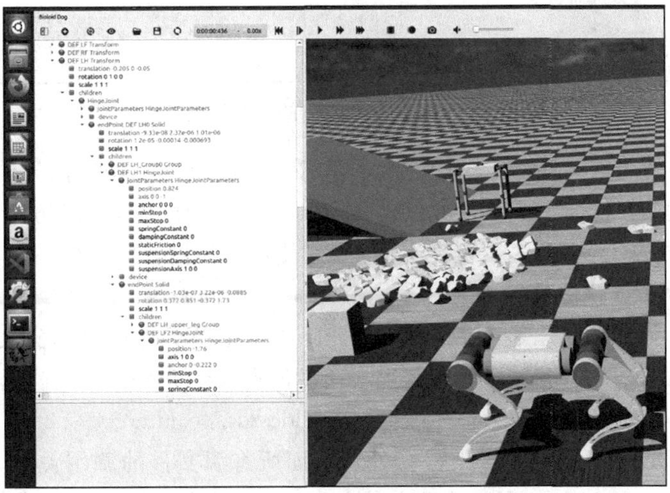

图 11.39　四条腿关节位置及坐标轴设置

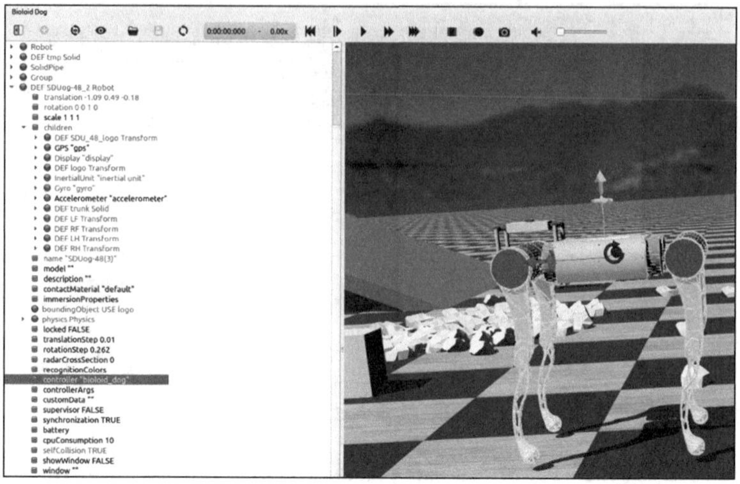

图 11.40　控制器设置

6. 基于 makefile 的控制器创建与编译

Webots 的用户手册中有较为详细的控制器构建说明，此处仅对 C++语言的 makefile 进行说明，如图 11.41 所示。

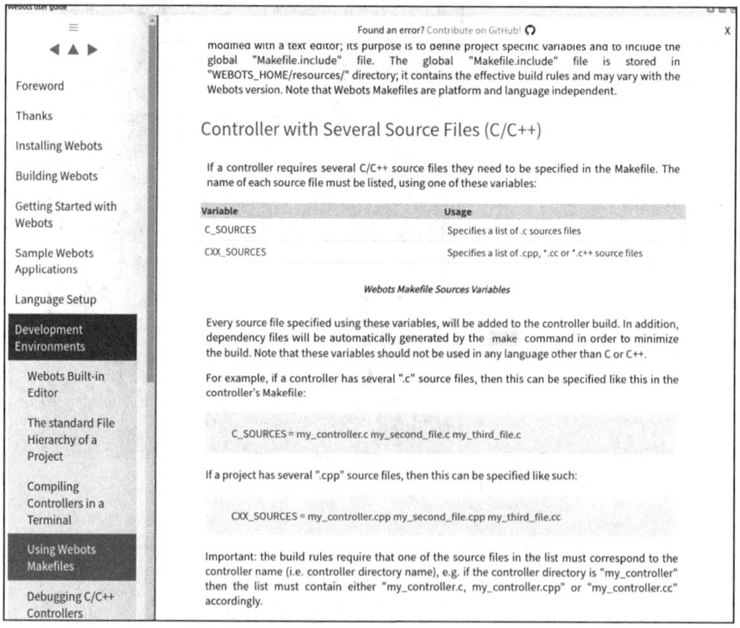

图 11.41　基于 makefile 的控制器创建(1)

通过 Webots 的 Wizards 创建 C++控制器，如图 11.42 所示。按照向导创建完成后会出现一个 makefile 文件。当程序文件很少时可以使用 Webots 自带的 Editor(仿真界面右侧的编程环境)写代码，当工程比较大，涉及多个文件夹时，最好使用功能比较完善的编辑器，此处的 makefile 工程可以使用 KDevelop 软件进行编写。

在构建诸如 mit 开源四足工程时，要在 makefile 中指定源文件位置和头文件路径。对于源文件，通常指定其存放的文件夹路径，并检查该路径下的所有.cpp 文件，如工程目录下的 common 文件夹下的所有源文件，可表示为 common_SRCS= $(wildcard ./common/ *.cpp)，将所有源文件路径传递给 CXX_SOURCES 后，该控制器工程会处理后面所有源文件的调用关系。INCLUDE 用于指定所有头文件路径。如图 11.43 所示，将源文件和头文件全部包含后，即可编译该工程。

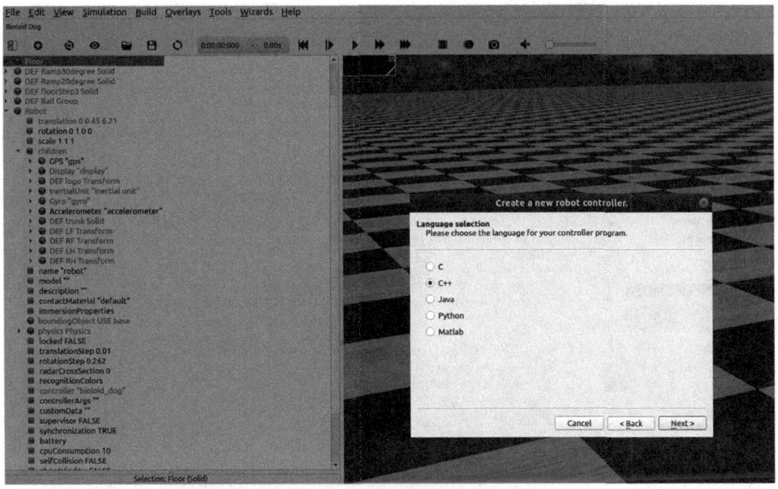

图 11.42 基于 makefile 的控制器创建(2)

```
#./src/SQProblem.cpp ./src/BLASReplacement.cpp ./src/Bounds.cpp ./src/Constraints.cpp ./src/Flipper.cpp ./src/#Indexlist.cpp ./src/
LAPACKReplacement.cpp ./src/Matrices.cpp ./src/MessageHandling.cpp ./src/Options.cpp ./src/#OQPinterface.cpp ./src/QProblem.cpp ./src/QProblemB.cpp ./
src/SolutionAnalysis.cpp ./src/SparseSolver.cpp ./src/#SQProblemSchur.cpp ./src/SubjectTo.cpp ./src/Utils.cpp
CFLAGS += -std=c++14
CFLAGS +=-lpthread
CXXFLAGS += -std=c++14
CXXFLAGS +=-pthread
LIBRARIES=-lpthread

qpOASES_SRCS=$(wildcard ./qpOASES/src/*.cpp)


common_SRCS=$(wildcard ./common/*.cpp)
common_SRCS_part=$(wildcard ./common/src/*.cpp)
common_SRCS_ControlParameters=$(wildcard ./common/src/ControlParameters/*.cpp)
common_SRCS_Controllers=$(wildcard ./common/src/Controllers/*.cpp)
common_SRCS_Dynamics=$(wildcard ./common/src/Dynamics/*.cpp)
common_SRCS_Utilities=$(wildcard ./common/src/Utilities/*.cpp)

mit_controller_SRCS=$(wildcard ./MITcontroller/*.cpp)
mit_controller_SRCS_convexMPC=$(wildcard ./MITcontroller/Controllers/convexMPC/*.cpp)
mit_controller_SRCS_FSM_States=$(wildcard ./MITcontroller/FSM_States/*.cpp)

robot_SRCS=$(wildcard ./robot/*.cpp)

#Robot.cpp
CXX_SOURCES =  bioloid.cpp  $(qpOASES_SRCS) $(robot_SRCS) $(common_SRCS) $(mit_controller_SRCS) $(mit_controller_SRCS_convexMPC) $
(mit_controller_SRCS_FSM_States) $(common_SRCS_Controllers) $(common_SRCS_part) $(common_SRCS_ControlParameters) $(common_SRCS_Dynamics) $
(common_SRCS_Utilities)
USE_C_API = true
INCLUDE =-I"/usr/local/include/eigen3" -I"./qpOASES/include" -I"./robot" -I"./common" -I"./MITController" -I"./MITController/Controllers/convexMPC" -
I"./MITController/FSM_States" -I"./common/include" -I"./common/include/ControlParameters" -I"./common/include/Controllers" -I"./common/include/
Dynamics" -I"./common/include/Utilities"



### Do not modify: this includes Webots global Makefile.include
space :=
space +=
WEBOTS_HOME_PATH=$(subst $(space),\ ,$(strip $(subst \,/,$(WEBOTS_HOME))))
include $(WEBOTS_HOME_PATH)/resources/Makefile.include
```

图 11.43 基于 makefile 的控制器源文件

程序编译过程如图 11.44 所示。

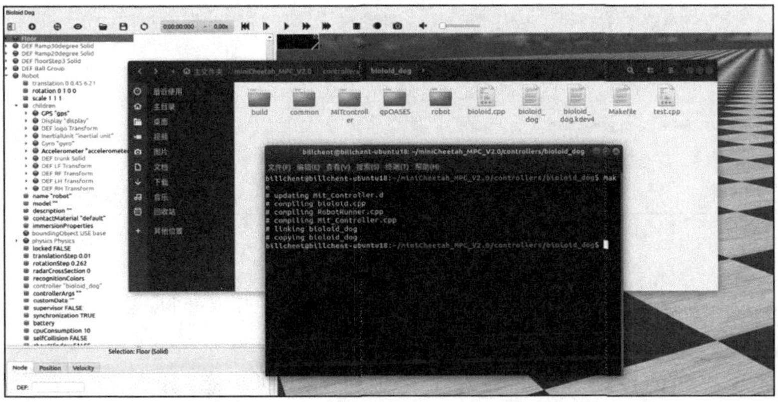

图 11.44 基于 makefile 的控制器程序编译

7. 基于 cmake 的控制器创建与编译

cmake 工程与 makefile 工程相比具有更好的维护性,构建 cmake 工程的过程在 Webots 的用户手册有很详细的说明,如图 11.45 所示。

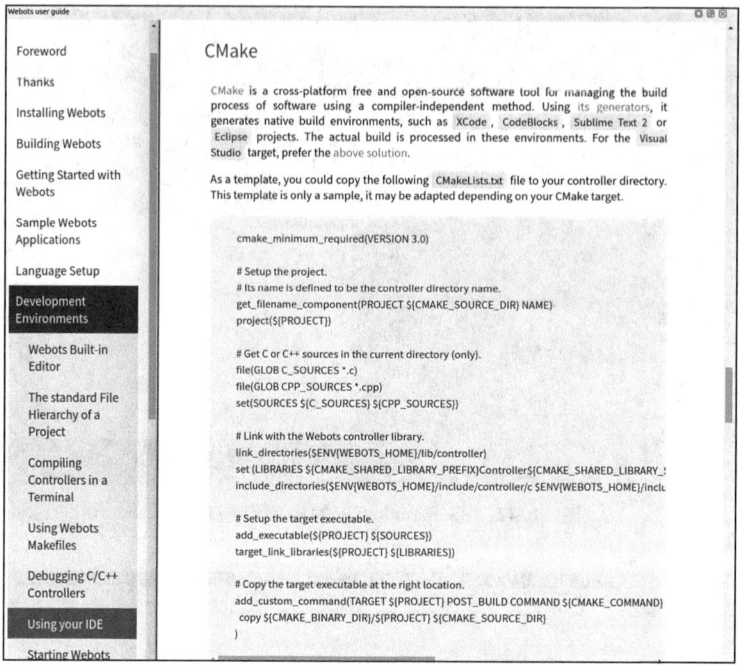

图 11.45　基于 cmake 的控制器创建

在 Webots 中创建基于 cmake 的控制器时,只需将 Webots 提供的脚本复制到自己工程中,再按照标准 cmake 工程进行配置即可,如图 11.46 所示。

```
27
28 option(MINI_CHEETAH_BUILD "use compiler flags for mini cheetah computer" ON)
29 set(BUILD_TYPE_RELEASE TRUE)
30 option(NO_SIM "Do not build simulator" OFF)
31 SET (THIS_COM "../" )
32   CONFIGURE_FILE(${CMAKE_CURRENT_SOURCE_DIR}/config.h.cmake
33     ${CMAKE_BINARY_DIR}/Configuration.h)
34   set(CMAKE_CXX_FLAGS "-O3 -no-pie -march=native -ggdb -Wall \
35   -Wextra -Wcast-align -Wdisabled-optimization -Wformat=2 \
36   -Winit-self -Wmissing-include-dirs -Woverloaded-virtual \
37   -Wshadow -Wsign-promo -Wcpp")
38   set(CMAKE_C_FLAGS "-O3 -march=native  -ggdb -std=gnu99 -I.")
39   message("**** SDUog quadruped robot build enabled ****")
40 set(CMAKE_CXX_STANDARD 14)
41
42 include_directories("./")
43 #add_subdirectory(sim)
44 add_subdirectory(robot)
45 add_subdirectory(third-party)
46 add_subdirectory(common)
47 add_subdirectory(user)
48 include_directories(SYSTEM "third-party/qpOASES/include")
49 # Link with the Webots controller library.
50 link_directories( $ENV{WEBOTS_HOME}/lib/controller)
51 set (LIBRARIES ${CMAKE_SHARED_LIBRARY_PREFIX}Controller${CMAKE_SHARED_LIBRARY_SUFFIX} ${CMAKE_SHARED_LIBRARY_PREFIX}CppController$
   {CMAKE_SHARED_LIBRARY_SUFFIX})
52 include_directories(SYSTEM $ENV{WEBOTS_HOME}/include/controller/c $ENV{WEBOTS_HOME}/include/controller/cpp)
53
54 # Setup the target executable.
55 add_executable(${PROJECT} ${SOURCES})
56 target_link_libraries(${PROJECT} ${LIBRARIES} mit_ctrl robot biomimetics qpOASES osqp WBC_Ctrl  VisionMPC Goldfarb_Optimizer pthread lcm inih
   dynacore_param_handler lord_imu soem)
57 #target_link_libraries(${PROJECT} ${LIBRARIES} )
58
59 # Copy the target executable at the right location.
60 add_custom_command(TARGET ${PROJECT} POST_BUILD COMMAND ${CMAKE_COMMAND} -E
61   copy ${CMAKE_BINARY_DIR}/${PROJECT} ${CMAKE_SOURCE_DIR})
62
63
```

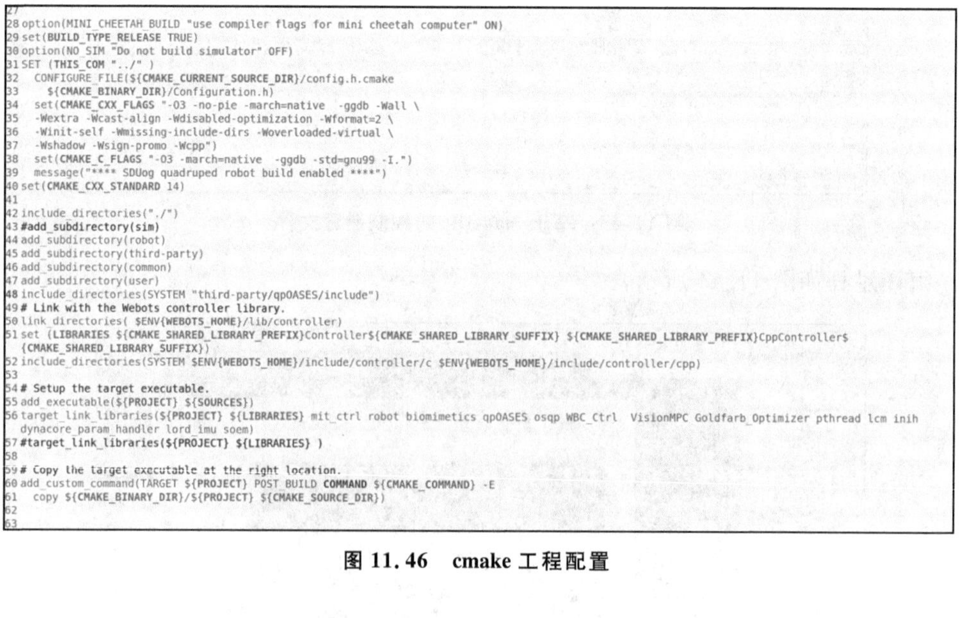

图 11.46　cmake 工程配置

11.6.2　多步态运动

如前所述,本章提出的控制方法在原理上可以针对任何步态,如图 11.47 所示,下面通过四足机器人常见的运动步态仿真来说明控制效果及特点。

设步态运动基于相同的步态频率 3.3Hz,步高为 0.1m,使用的权重矩阵 $\boldsymbol{Q}=\mathrm{diag}([0.5\ \ 0.5\ \ 10\ \ 2\ \ 2\ \ 20\ \ 0\ \ 0\ \ 0.3\ \ 0.2\ \ 0.2\ \ 0.2])$,将 $\boldsymbol{W}$ 的对角线元素都设置为 10^{-6}。基本步态运动都在平地上测试,x、y 方向目标运动速度和 z 方向的旋转速度通过键盘由人工给定。

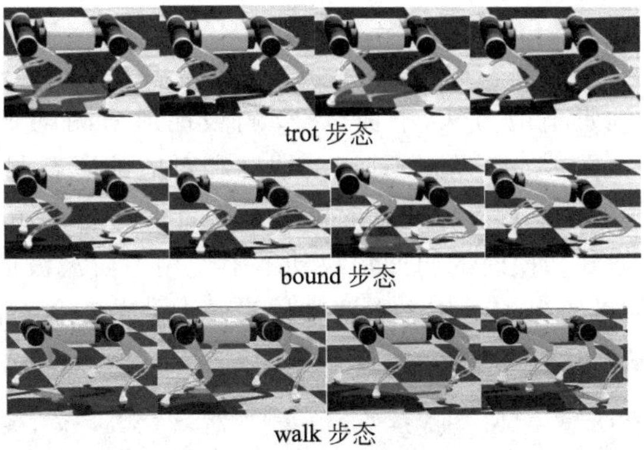

图 11.47　常见的运动步态

图 11.48 显示了机器人使用 trot 步态运动的结果图。通过 MPC 计算出的机器人前后两条腿的前馈支撑力显示在第一和第二张子图上，由于机器人自重为 10kg 左右，因此由 MPC 计算的前馈支撑力较好地提供了 trot 步态下对角支撑腿的前馈力。后三张子图显示了 trot 步态下机器人的全向运动，前向运动目标速度为从 0 加速到 2.5m/s，侧向运动目标速度由 0 加速到 1m/s，随后反向加速到 −1m/s，最后，机器人的自转速度从 0 加速到2.5rad/s，然后反向加速到 −2.5rad/s。仿真结果显示，机器人的速度能够很好地跟随目标速度，仿真中机器人的最大前向运动速度可以到 2.8m/s，机器人的关节速度超过 150rad/min，但这使得在机器人设计上很难选择恰当的执行器，为此本书认为该步频下 trot 步态运动的最大稳定速度为 2.5m/s。

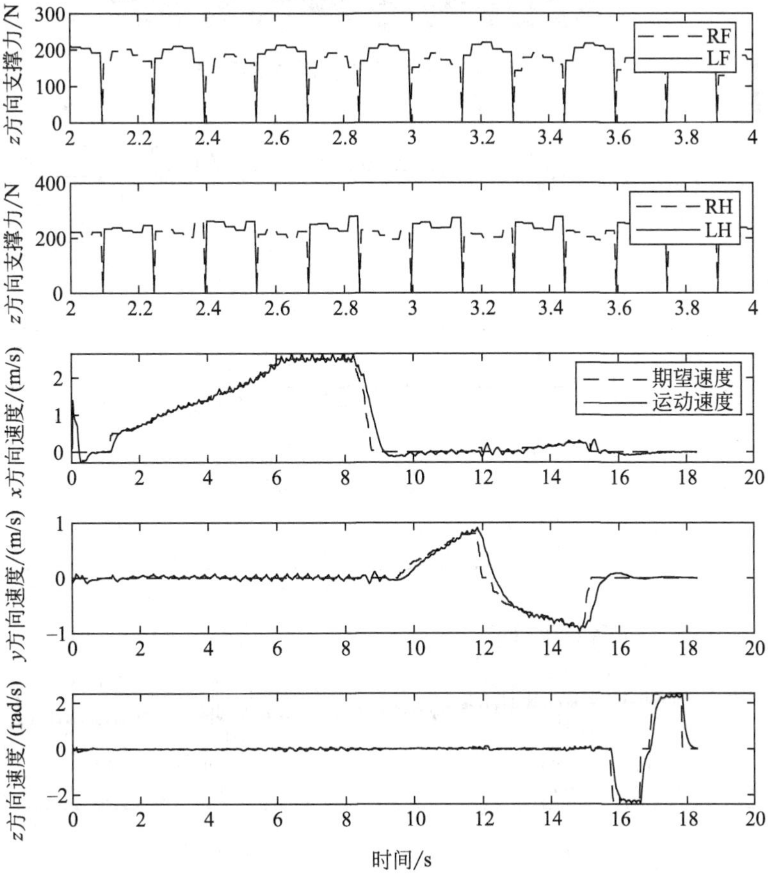

图 11.48　trot 步态运动数据

11.6.3　斜坡地形测试

基于前面提出的斜坡地形适应方法，下面以 22°斜坡地形来测试非平整地形下的机器人运动。机器人上下斜坡过程如图 11.49 所示，其运动速度和对应的姿态调整数据如图 11.50 所示。由速度曲线可知，机器人在斜坡地形上方运动时能够跟随目标速度0.5m/s，且躯干姿态能够根据俯仰角来调整。为减小支撑腿切换时的俯仰角波动本书使用一阶滤波的方法，在上坡过程中，受到关节角度约束，姿态调整量约为 15°，该姿态调整量为最大关节工作空间下的调整量，在下坡过程中，机器人姿态调整量基本达到斜坡角度。

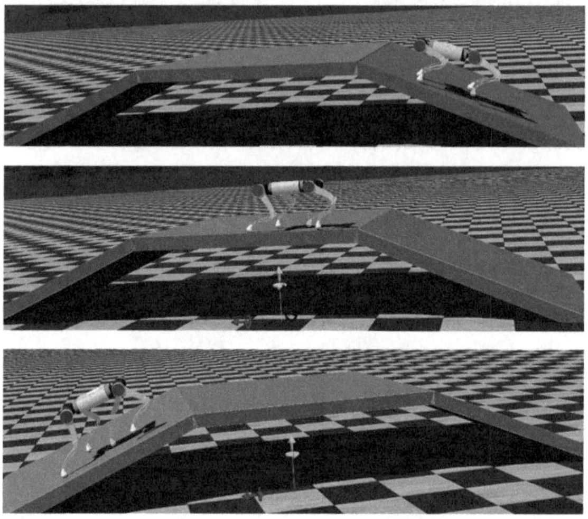

图 11.49　机器人上下斜坡过程

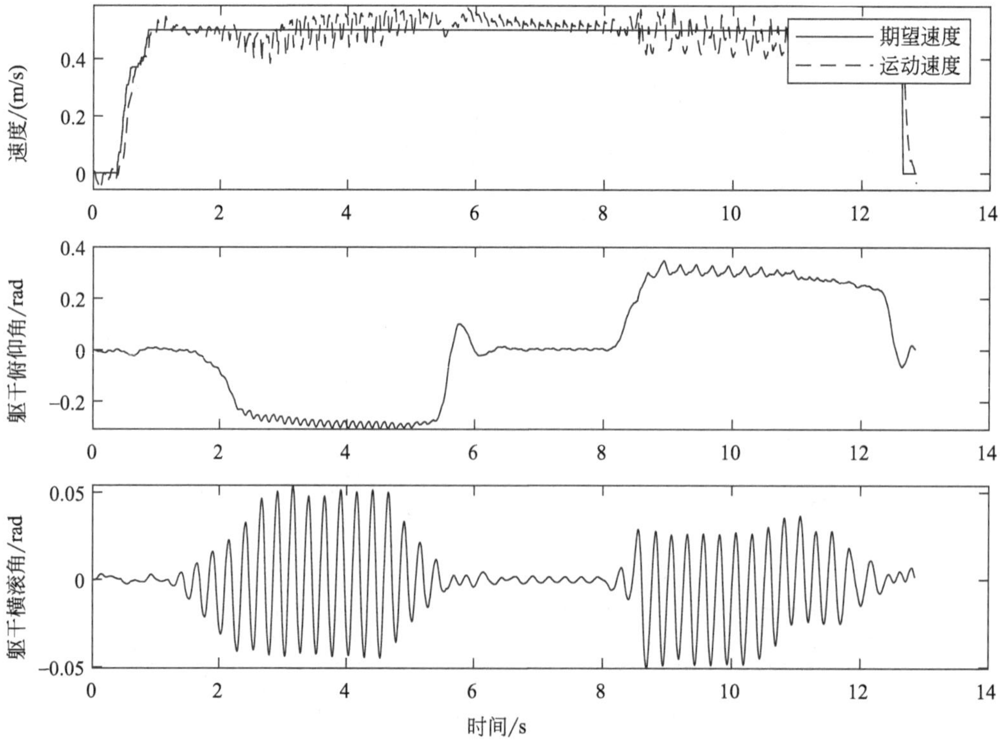

图 11.50　上下斜坡运动速度和对应的姿态调整数据

11.7　基于四足机器人物理平台的 MPC 方法实现验证

本节采用实验室搭建的中小型四足机器人进行仿真实验，其外形如图 11.51 所示，其每条腿上有 3 个电机，分别具有 1 个横滚自由度和 2 个俯仰自由度，小腿上装有传动皮带。其内部硬件结构如图 11.52 所示，其以 UP board 作为控制核心，可对上位机或遥控器传达的指令进行算法计算，以 IMU 作为姿态检测装置，以 STM32F446 电机驱动板作为驱动装置，以无刷直流电机为执行单元。锂电池为其提供各模块所需电量。

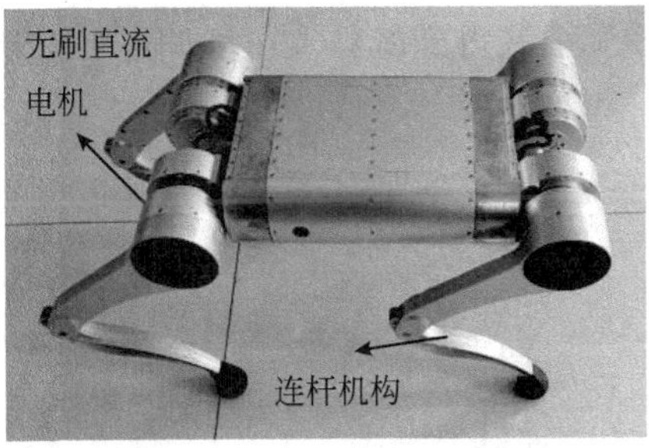

图 11.51　四足机器人外形

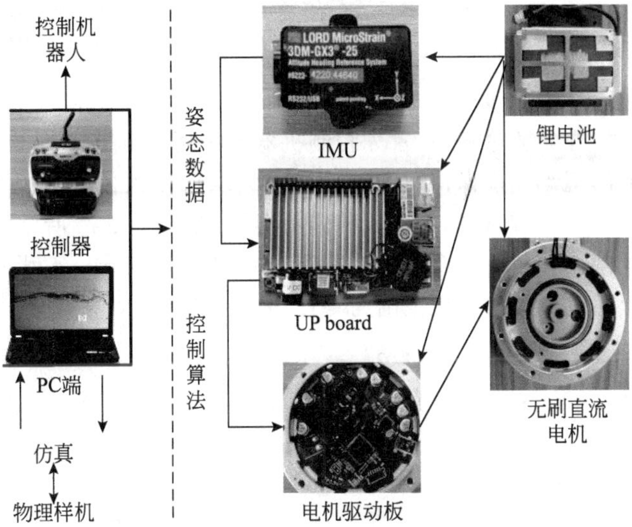

图 11.52　四足机器人内部硬件结构

硬件结构关系如下：UP board 根据各个关节的角度、足端接触力及机器人姿态实时计算机器人的力矩，并通过 CAN 信号与电机驱动板实时通信，电机驱动板输出不同电流值来控制电机的转角，实现机器人运动。

实验所需的上位机控制代码在 Visual Studio 编程软件中编写，由 Ubuntu 系统中的指令终端进行编译，编译完毕的程序由上位机下载到实验所用四足机器人的 UP board 中，以此来验证算法的可行性。实验过程使用 Ubuntu 指令终端将机器人的实时运动状态记录到创建的日志文件中，以方便实验完成后对数据进行分析。

实验前需要在代码中对机器人步高、步频、步态周期等步态参数值及初始坐标位置进行设定，以减小机器人因自身运动产生的俯仰角误差。在 MPC 算法下，机器人各个关节是完全力控的，机器人的步频和步高过高将会导致机器人机体在运动时过分抖动；过低则会降低机体的稳定性，产生倾倒的趋势。这两者都会产生俯仰角误差，影响最终结果的准确性。因此除了在斜坡算法中加入补偿系数 k 外，还应尽可能地降低上述两种因素带来的影响。

为了找到机器人运动时最稳定的步频与步高(俯仰角误差最小时的运动状态)，本书先令机器人在水平路面上做原地踏步运动，并分别不断增加机器人的步高和步频，通过 IMU 输出的数据筛选出不同步高与步频下俯仰角的最小弧度值，即机器人运动最稳定的步频与步高。最终，机器人步高为 3cm、步频为 4Hz、步态周期为 0.25s。

实验在控制代码中将机器人的初始坐标位置设定为机器人开机时 IMU 记录的位置，并加入了计时器，在机器人开机时同步进行计时。实验所需的地形环境是由硬 PVC 塑料板搭建而成的室内水平路面与斜坡路面，如图 11.53 所示，其中水平路面长 1.5m、宽 0.5m；斜坡路面长 1.5m、

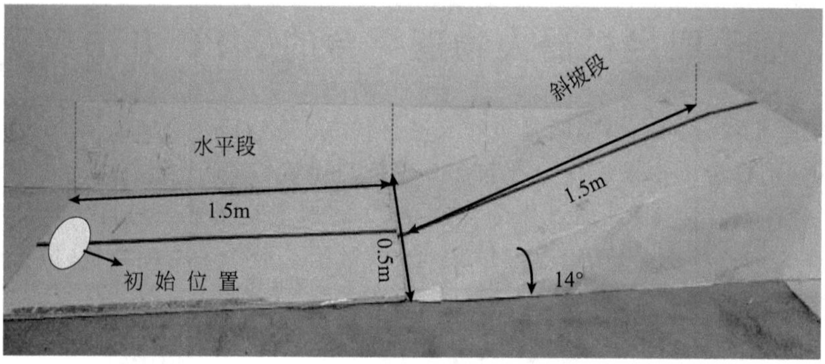

图 11.53　四足机器人实验地形环境

宽 0.5m，坡度为 14°。

在实验过程中，首先控制机器人采用 trot 步态在与斜坡同材质的水平路面上进行直线行走，此时运动速度保持不变，由 IMU 读取机器人俯仰角弧度值，通过 MATLAB 绘制出这一阶段的俯仰角曲线，得出机器人俯仰角误差，如图 11.54 所示。结果显示，机器人在水平路面行走时产生的俯仰角弧度值变化范围为－0.025～－0.01rad，由角度换算公式得到机器人在水平路面行走上时的俯仰角变化范围为－1.43°～－0.57°。

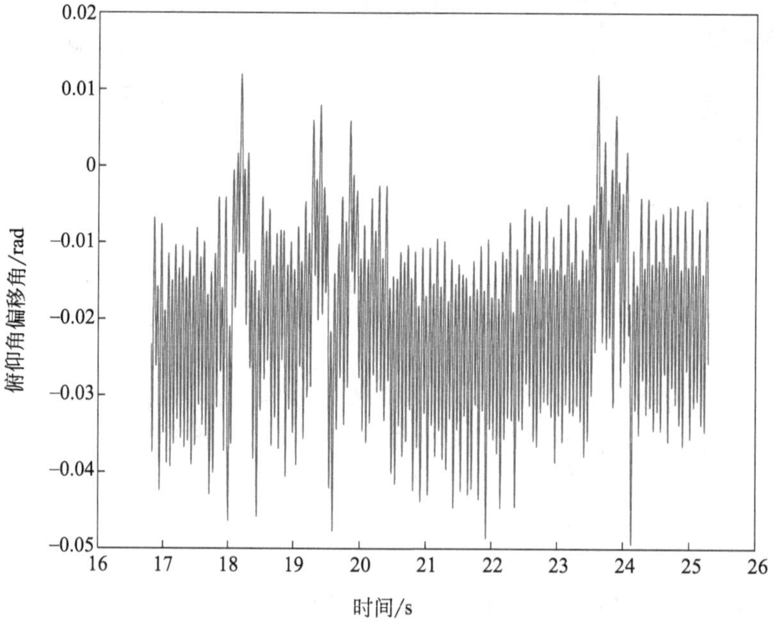

图 11.54　水平地面俯仰角误差

然后，以相同的步频与速度控制机器人从水平路面开始爬 14°斜坡，得到其姿态数据，如图 11.55 所示。由图 11.55 可以看出，曲线分为明显的三段，左边第一段水平曲线为机器人预备爬坡曲线，此时机器人由水平路面向斜坡移动；第二段倾斜曲线为机器人爬坡过程中俯仰角自适应调整过程的曲线，此时机器人用“虚拟斜坡”算法自适应调整躯干姿态；第三段水平曲线为机器人稳定阶段曲线，此时其已完成姿态自适应调整，躯干俯仰角保持在斜坡角度值附近波动。

图 11.56 为机器人由水平路面开始爬坡的实际运动情况。从图中可以看出，机器人在从水平路面运动到斜坡路面时，身体姿态出现了较为明显地调整，验证了算法的可行性和有效性。

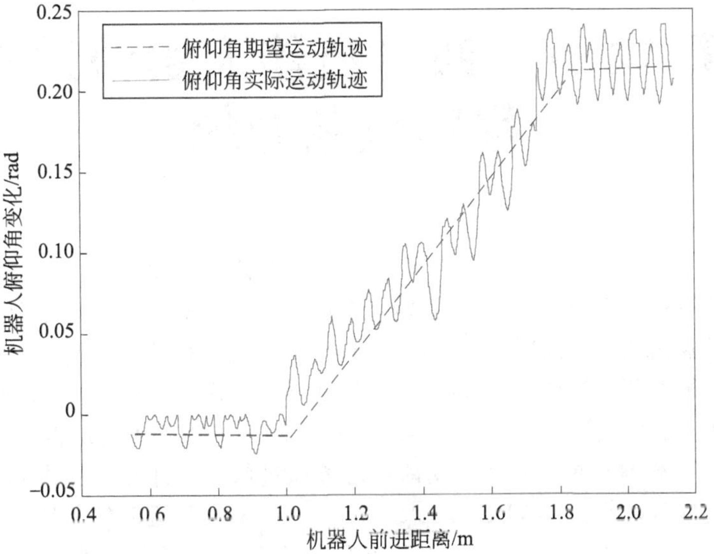

图 11.55　爬坡时俯仰角变化

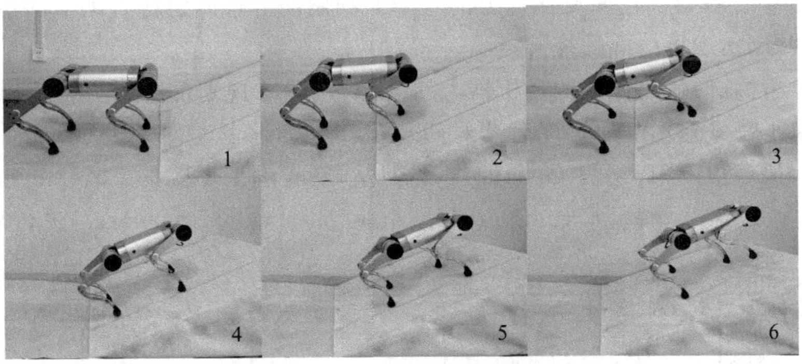

图 11.56　四足机器人爬坡过程

习　　题

1. 简要叙述 MPC 的步骤和用于机器人控制的优势。
2. 理解并掌握基于 MPC 的四足机器人运动控制框架。
3. 掌握基于 Webots 软件平台的四足机器人建模方法。

第12章 四足机器人运动控制程序框架介绍

基于第11章四足机器人的运动控制方法，本章实现机器人运动控制的程序模块如图12.1所示，整体运行流程如下：由操作手柄获取四足机器人的运动目标指令，根据操作手的操作指令和状态估计器构建四足机器人参考状态轨迹，结合指定的步态序列构建基于MPC(model predictive control，模型预测控制)的控制器，MPC计算出最优的足底力，再由腿部的控制器将足底力转化为关节扭矩交由电机控制器最终实现控制。四足机器人运动过程中通过IMU(inertial measurement unit，惯性测量单元)、腿部反馈状态等通过状态估计器计算机体的运动状态参数，并传递给动力学模型更新计算。WBC(whole body control，全身运动控制)控制器通过浮动基动力学(因为四足机器人是在不断运动的，因此所用的是四足机器人浮动基动力学模型(运动基座)。)和多任务约束(利用零空间组织法实现，Null Space Projection)对MPC控制器的输出力进一步优化，在MPC计算得到地面反作用力的基础上利用动力学模型得到关节的位置、速度、加速度以及力矩这些量，实现更精准的控制。

基于以上分析，总体代码分成四足机器人建模部分、运动规划部分、控制器设计部分、运动参数输入部分。为了较好地理解和实现后续对四足机器人的控制程序的调试，下面分别对各个主要部分核心的代码(程序代码来自GitHub开源网站，麻省理工学院的Cheetah四足机器人开发源码，下载网址为https://github.com/mit-biomimetics/cheetah-software/)进行简述。

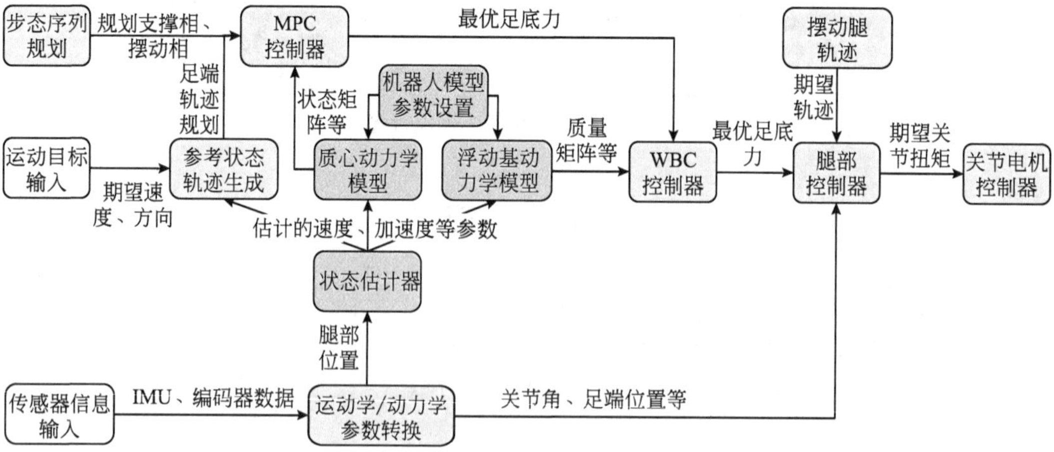

图12.1 四足机器人运动控制程序模块

12.1 机器人建模程序

12.1.1 机器人模型参数设置

(1) 设置机器人模型参数，如躯干参考、惯量参数、关节位置参数等实际的参数，这些参数用于运动学和动力学计算。

```
/* ! @ file MiniCheetah.h * /
```

设置机器人躯干参数，指定躯干的长、宽、高，以及躯干的质量。

```
Quadruped<T> buildMiniCheetah() {
  Quadruped<T> cheetah;
  cheetah._robotType = RobotType::MINI_CHEETAH;
  cheetah._bodyMass = 3.3;
  cheetah._bodyLength = 0.19 * 2;
  cheetah._bodyWidth = 0.049 * 2;
  cheetah._bodyHeight = 0.05 * 2;
  cheetah._abadGearRatio = 6;
  cheetah._hipGearRatio = 6;
  cheetah._kneeGearRatio = 9.33;
  cheetah._abadLinkLength = 0.062;
```

设置惯量参数，指定关节的转动惯量，分成转子和躯干连杆两部分。

```
Mat3<T> abadRotationalInertia;
abadRotationalInertia < < 381,58,0.45,58,560,0.95,0.45,0.95,444;
abadRotationalInertia = abadRotationalInertia * 1e- 6;
Vec3<T> abadCOM(0,0.036,0);
SpatialInertia<T> abadInertia(0.54,abadCOM,abadRotationalInertia);
```

设置关节位置参数，指定关节位置和对应的电机转子位置。

```
cheetah._abadRotorLocation =  Vec3<T> (0.125,0.049,0);
cheetah._abadLocation =
  Vec3<T> (cheetah._bodyLength,cheetah._bodyWidth,0) * 0.5;
cheetah._hipLocation = Vec3<T> (0,cheetah._abadLinkLength,0);
cheetah._hipRotorLocation = Vec3<T> (0,0.04,0);
cheetah._kneeLocation = Vec3<T> (0,0,- cheetah._hipLinkLength);
cheetah._kneeRotorLocation = Vec3<T> (0,0,0);
```

(2) 设置关节传动比偏置和关节零位，数组的元素顺序对应右前腿、左前腿、右后腿、左后腿数据 。零位表示当机器人摆放到初始位置时对应的关节角度(需要达到机器人建模的零位)，机器人的所有关节的运动都是相对于这个零位的运动。

```
/* ! @ file rt_spi.cpp * /
//only used for actual robot
const float abad_side_sign[4] = {- 1.f,- 1.f,1.f,1.f};
const float hip_side_sign[4] = {- 1.f,1.f,- 1.f,1.f};
const float knee_side_sign[4] = {- .6429f,.6429f,- .6429f,.6429f};

//only used for actual robot
const float abad_offset[4] = {0.f,0.f,0.f,0.f};
const float hip_offset[4] = {M_PI / 2.f,- M_PI / 2.f,- M_PI / 2.f,M_PI / 2.f};
const float knee_offset[4]= {K_KNEE_OFFSET_POS,- K_KNEE_OFFSET_POS,
                             - K_KNEE_OFFSET_POS,K_KNEE_OFFSET_POS};
```

12.1.2　质心动力学模型

质心动力学用于 MPC 控制器建模。在构建连续空间状态方程中，基于质心处动力学模型可得到状态矩阵 A、B(本章公式中的符号为了与程序实现一一对应，提高程序的可理解性，使用正体表示其他章节的符号)。该部分代码将在 MPC 控制器部分做进一步介绍。

```
/* ! @ file SolverMPC.cpp * /
//构建连续空间状态方程
//continuous time state space matrices
void ct_ss_mats(Matrix<fpt,3,3> I_world, fpt m, Matrix<fpt,3,4> r_feet, Matrix
< fpt,3,3> R_yaw, Matrix<fpt,13,13> & A, Matrix<fpt,13,12> & B)
{
  A.setZero();
  A(3,9) =1.f;
  A(4,10) =1.f;
  A(5,11) =1.f;
  A(11,12) =1.f;
  A.block(0,6,3,3) =R_yaw.transpose();
  B.setZero();
  Matrix<fpt,3,3>I_inv =I_world.inverse();
  for(s16 b =0; b <4; b+ + )
  {
    B.block(6,b* 3,3,3) =cross_mat(I_inv,r_feet.col(b));
    B.block(9,b* 3,3,3) =Matrix< fpt,3,3> ::Identity() / m;
  }
}
```

12.1.3 浮基座动力学模型

机器人的动力学模型可分为固定基动力学模型和浮动基动力学模型。与浮动基相比，固定基机器人的基座速度和角速度均是 0，基座没有任何运动。而浮动基机器人的基座是受到机器人本体运动的影响，两者动力学建模的具体形式是有差别的，产生差别的原因主要是两者的运动不同。

本书四足机器人的运动控制采用浮动基动力学模型，主要用在 WBC 控制器和仿真中。根据建立的浮动基动力学可计算四足机器人的惯性矩阵 $\boldsymbol{M}$，科氏力和离心力矩阵 $\boldsymbol{C}$，重力矩阵 $\boldsymbol{G}$，从而基于设计的 WBC 控制器，实现机器人的稳定抗扰运动。该浮基座动力学依据 Roy Featherstone 的 *Rigid Body Dynamic Algorithms* 建立，具体建模方法参见 FloatingBaseDynamic. cpp 文件。

使用该动力学后仅需要根据机器人模型完成动力学建模工作，而针对四足机器人的建模可分成躯干部分和四条腿部分，其中每条腿都是按照树状结构从上到下建立三个自由度部分。

```
/* ! @ file Quadruped.cpp * /
//浮动基座动力学模型，首先通过躯干尺寸和惯量添加躯干模型
template <typename T>
bool Quadruped<T> ::buildModel(FloatingBaseModel<T> & model) {
  Vec3<T> bodyDims(_bodyLength, _bodyWidth, _bodyHeight);
  model.addBase(_bodyInertia);
  model.addGroundContactBoxPoints(5, bodyDims);
  for(int legID =0; legID <4; legID+ + ) {
    bodyID+ + ;
    Mat6<T> xtreeAbad = createSXform(I3, withLegSigns<T> (_abadLocation, legID));
    Mat6<T> xtreeAbadRotor =
        createSXform(I3, withLegSigns<T> (_abadRotorLocation, legID));
    if(sideSign <0) {
      model.addBody(_abadInertia.flipAlongAxis(CoordinateAxis::Y),
                    _abadRotorInertia.flipAlongAxis(CoordinateAxis::Y),
                    _abadGearRatio, baseID, JointType::Revolute,
```

```
                CoordinateAxis::X, xtreeAbad, xtreeAbadRotor);
  } else {
    model.addBody(_abadInertia, _abadRotorInertia, _abadGearRatio, baseID,
                JointType::Revolute, CoordinateAxis::X, xtreeAbad,
                    xtreeAbadRotor);
  }
```

12.2 机器人信息数据输入

1. 遥控器指令的输入

机器人运动指令可以通过遥控器输入，指令包括前进后退速度、左右横移速度、转向角速度、俯仰角偏移等，这些指令结合状态估计器的数据可生成机器人的运动轨迹。

```
/* ! @ file  GameController.cpp * /
//获取遥控器的操作量，按操作的指令对应的变量变化设置
void GameController::updateGamepadCommand(GamepadCommand &gamepadCommand) {
  if(_qGamepad) {
    gamepadCommand.leftBumper =  _qGamepad-> buttonL1();
    gamepadCommand.rightBumper =  _qGamepad-> buttonR1();
    gamepadCommand.leftTriggerButton =  _qGamepad-> buttonL2() ! = 0.;
    gamepadCommand.rightTriggerButton =  _qGamepad-> buttonR2() ! = 0.;
    gamepadCommand.back =  _qGamepad-> buttonSelect();
    gamepadCommand.start =  _qGamepad-> buttonStart();
    gamepadCommand.a =  _qGamepad-> buttonA();
    gamepadCommand.b =  _qGamepad-> buttonB();
    gamepadCommand.x =  _qGamepad-> buttonX();
    gamepadCommand.y =  _qGamepad-> buttonY();
    gamepadCommand.leftStickButton =  _qGamepad-> buttonL3();
    gamepadCommand.rightStickButton =  _qGamepad-> buttonR3();
    gamepadCommand.leftTriggerAnalog = (float)_qGamepad-> buttonL2();
    gamepadCommand.rightTriggerAnalog = (float)_qGamepad-> buttonR2();
    gamepadCommand.leftStickAnalog =
        Vec2< float> (_qGamepad-> axisLeftX(), - _qGamepad-> axisLeftY());
    gamepadCommand.rightStickAnalog =
      Vec2< float> (_qGamepad-> axisRightX(),- _qGamepad-> axisRightY());
  } else {
    gamepadCommand.zero();  // no joystick, return all zeros
  }
}
/* ! @ file DesiredStateCommand.cpp * /
//获取遥控器的操作结果，并将结果转化为程序内的期望指令，设置好变化量，实现线速度、欧拉角、横向速
  度等参数的调整
//Forward linear velocity
data.stateDes(6) =
    deadband(gamepadCommand-> leftStickAnalog[1], minVelX, maxVelX);
//Lateral linear velocity
data.stateDes(7) =
      deadband(gamepadCommand-> leftStickAnalog[0], minVelY, maxVelY);
//VErtical linear velocity
data.stateDes(8) =0.0;
```

```
//X position
data.stateDes(0) =stateEstimate-> position(0) +dt * data.stateDes(6);
//Y position
data.stateDes(1) =stateEstimate-> position(1) +dt * data.stateDes(7);
//Z position height
data.stateDes(2) =0.45;
//Roll rate
data.stateDes(9) =0.0;
//Pitch rate
data.stateDes(10) =0.0;
//Yaw turn rate
data.stateDes(11) =deadband(gamepadCommand-> rightStickAnalog[0],
minTurnRate,maxTurnRate);
//Roll
data.stateDes(3) =0.0;
//Pitch
data.stateDes(4) =
  deadband(gamepadCommand-> rightStickAnalog[1], minPitch, maxPitch);
//Yaw
data.stateDes(5) =stateEstimate-> rpy(2) +dt * data.stateDes(11);
```

2. 本体感受信息输入

机器人运动控制本体感受信息(包括姿态传感器 IMU 的数据,电机驱动的关节位置、速度信息数据)的输入由以下程序完成,其中 IMU 的数据通过串行通信读取。

```
/* ! @ file rt_vectornav.cpp * /
void vectornav_handler(void* userData, VnUartPacket* packet,
                        size_t running_index) {
  (void)userData;
  (void)running_index;
  vec4f quat;
  vec3f omega;
  vec3f a;
  if(VnUartPacket_type(packet) != PACKETTYPE_BINARY) {
    printf("[vectornav_handler] got a packet that wasn't binary.\n");
    return;
  }
  if (! VnUartPacket_isCompatible (packet, (CommonGroup) (COMMONGROUP_QUATERNION |
  COMMONGROUP_ANGULARRATE|COMMONGROUP_ACCEL),TIMEGROUP_NONE,IMUGROUP_NONE, GPSGROUP_
  NONE,ATTITUDEGROUP_NONE,INSGROUP_NONE, GPSGROUP_NONE)) {
    printf("[vectornav_handler] got a packet with the wrong type of data.\n");
    return;
  }
  quat =VnUartPacket_extractVec4f(packet);
  omega =VnUartPacket_extractVec3f(packet);
  a = VnUartPacket_extractVec3f(packet);
  for(int i =0; i <4; i+ + ) {
    vectornav_lcm_data.q[i] =quat.c[i];
    g_vn_data-> quat[i] =quat.c[i];
  }
  for(int i =0; i <3; i+ + ) {
    vectornav_lcm_data.w[i] =omega.c[i];
    vectornav_lcm_data.a[i] =a.c[i];
    g_vn_data-> gyro[i] =omega.c[i];
```

```
    g_vn_data-> accelerometer[i] =a.c[i];
  }
  vectornav_lcm-> publish("hw_vectornav", &vectornav_lcm_data);
}
```

电机关节数据通过 CAN 通信发送到 SPIne 信号转接板中，然后通过 SPI 与 UP board 通信将数据传递过来。

```
/* ! @ file  rt_spi.cpp * /
//读取电机上传的数据
for (int spi_board =0; spi_board <2; spi_board+ + ) {
    //copy command into spine type:
    spi_to_spine(command, &g_spine_cmd, spi_board * 2);
    //pointers to command/data spine array
    uint16_t * cmd_d = (uint16_t * ) &g_spine_cmd;
    uint16_t * data_d = (uint16_t * ) &g_spine_data;
    //zero rx buffer
    memset(rx_buf, 0, K_WORDS_PER_MESSAGE *  sizeof(uint16_t));
    //copy into tx buffer flipping bytes
    for(int i =0; i <K_WORDS_PER_MESSAGE; i+ + )
      tx_buf[i] = (cmd_d[i] > >  8) + ((cmd_d[i] & 0xff) < <8);
    //each word is two bytes long
    size_t word_len =2;   //16 bit word
    //spi message struct
    struct spi_ioc_transfer spi_message[1];
    //zero message struct.
    memset(spi_message, 0, 1 *sizeof(struct spi_ioc_transfer));
    //set up message struct
    for(int i =0; i <1; i+ + ) {
      spi_message[i].bits_per_word =  spi_bits_per_word;
      spi_message[i].cs_change =1;
      spi_message[i].delay_usecs =0;
      spi_message[i].len =  word_len * 66;
      spi_message[i].rx_buf = (uint64_t)rx_buf;
      spi_message[i].tx_buf = (uint64_t)tx_buf;
    }
    //doSPI communication
    int rv =ioctl(spi_board = =0 ? spi_1_fd : spi_2_fd, SPI_IOC_MESSAGE(1), &spi_
    message);
(void)rv;
    //flip bytes the other way
    for(int i =  0; i <  30; i+ + )
      data_d[i] = (rx_buf[i] > >8) + ((rx_buf[i] & 0xff) < <8);
    //data_d[i] =  __bswap_16(rx_buf[i]);
    //copy back to data
    spine_to_spi(data, &g_spine_data, spi_board *2);
  }
```

12.3　机器人运动轨迹规划

12.3.1　步态序列规划

机器人每条腿的状态分成支撑相和摆动相两种，不同的支撑相和摆动相序列可构成不同的步态种类。在支撑相中通过 MPC 和 WBC 控制器计算支撑力，保证机器人的姿态稳定，在摆动相中执行摆动操作,实现抬腿和落足点控制。在本章四足机器人的控制中,使用求解一次 MPC 的时间间隔作为基本相位时间段,通过指定支撑相和摆动相的时间段及初始的相位偏移来确定步态。图 12.2 表示以 10 个时间段为周期的 trot 步态序列,灰色表示支撑相时间段,白色表示摆动相时间段。

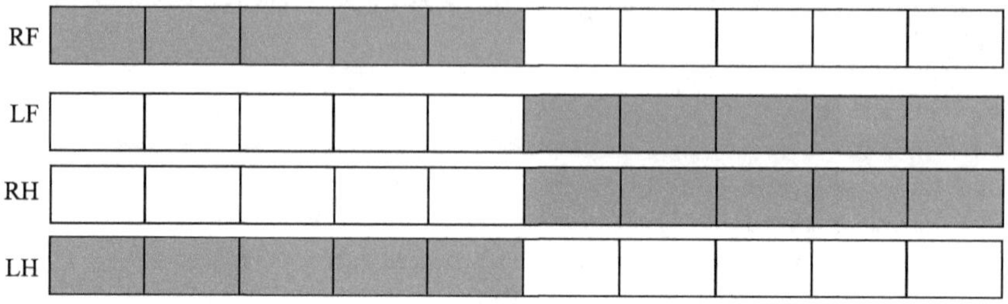

图 12.2　trot 步态序列

在程序中用图 11.2 所示的步态时间段、支撑相偏移时间段和支撑相时间段完成步态设计,如在 trot 步态中,总的步态时间段为 10,右前腿 RF 的支撑相偏移为 0,支撑相时间段为 5,左前腿 LF 的支撑相偏移为 5,其他相同。

我们可按照下面的代码设置摆动相和支撑相的占比,从而实现各种不同的步态运动。

```
/* ! @ file convexMPCLocomotion.h * /
trotting(horizonLength,Vec4<int> (0,5,5,0),Vec4<int> (5,5,5,5),"Trotting"),
bounding(horizonLength,Vec4<int> (5,5,0,0),Vec4<int> (5,5,5,5),"Bounding"),
pronking(horizonLength,Vec4<int> (0,0,0,0),Vec4<int> (4,4,4,4),"Pronking"),
galloping(horizonLength,Vec4<int> (0,2,7,9),Vec4<int> (6,6,6,6),"Galloping"),
standing(horizonLength,Vec4<int> (0,0,0,0),Vec4<int> (10,10,10,10),"Standing"),
trotRunning(horizonLength,Vec4<int> (0,5,5,0),Vec4<int> (3,3,3,3),"Trot Running"),
walking(horizonLength,Vec4<int> (0,3,5,8),Vec4<int> (5,5,5,5),"Walking"),
walking2(horizonLength,Vec4<int> (0,5,5,0),Vec4<int> (7,7,7,7),"Walking2"),
pacing(horizonLength, Vec4<int> (5,0,5,0),Vec4<int> (5,5,5,5),"Pacing")
/* ! @ file convexMPCLocomotion.cpp * /
//对应的支撑相和摆动相相位切换的判断程序,根据当前的相位时间和占用的时间段的百分比,判断机器
  人是处于支撑相还是摆动相状态
Vec4<float> Gait::getContactState()          //落地相状态的判断
{
  Array4f progress = _phase - _offsetsFloat;
  for(int i = 0; i <4; i+ + )
  {
    if(progress[i] <0) progress[i] + =1.;
    if(progress[i] > _durationsFloat[i])
    {
      progress[i] =0.;
    }
    else
    {
      progress[i] =progress[i] / _durationsFloat[i];
    }
  }
  return progress.matrix();
}
Vec4< float> Gait::getSwingState()          //摆动相状态的判断
{
```

```
  Array4f swing_offset = _offsetsFloat + _durationsFloat;
  for(int i =0; i <4; i+ + )
    if(swing_offset[i] >1) swing_offset[i] - = 1.;
  Array4f swing_duration = 1. - _durationsFloat;
  Array4f progress = _phase - swing_offset;
  for(int i =0; i <4; i+ + )
  {
    if(progress[i] <0) progress[i] + = 1.f;
    if(progress[i] >swing_duration[i])
    {
      progress[i] =0.;
    }
    else
    {
      progress[i] =progress[i] / swing_duration[i];
    }
  }
  return progress.matrix();
}
```

12.3.2 摆动腿轨迹规划

摆动腿轨迹使用三次贝塞尔曲线规划，基本的贝塞尔曲线生成函数对应的代码如下：

```
/* ! @ file FootSwingTrajectory.cpp * /
template <typename T>
void FootSwingTrajectory<T> ::computeSwingTrajectoryBezier(T phase, T swingTime) {
  _p =Interpolate::cubicBezier<Vec3<T> > (_p0, _pf, phase);
  _v =Interpolate::cubicBezierFirstDerivative<Vec3<T>> (_p0, _pf, phase) / swingTime;
  _a = Interpolate:: cubicBezierSecondDerivative < Vec3 < T > > (_p0, _pf, phase) /
       (swingTime * swingTime);
  T zp, zv, za;
  if(phase <T(0.5)) {
    zp =Interpolate::cubicBezier<T> (_p0[2], _p0[2] + _height, phase *2);
    zv =Interpolate::cubicBezierFirstDerivative<T> (_p0[2], _p0[2] + _height, phase *
       2) * 2 / swingTime;
    za = Interpolate:: cubicBezierSecondDerivative< T> (_p0[2], _p0[2] + _height,
       phase * 2) *4 / (swingTime * swingTime);
  }
  else {
    zp =Interpolate::cubicBezier<T> (_p0[2] + _height, _pf[2], phase * 2 - 1);
    zv =Interpolate::cubicBezierFirstDerivative<T> (_p0[2] + _height, _pf[2], phase *
       2 - 1) * 2 / swingTime;
    za = Interpolate:: cubicBezierSecondDerivative< T> (_p0[2] + _height, _pf[2],
       phase * 2 - 1) *4 / (swingTime * swingTime);
  }
  _p[2] =zp;
  _v[2] =zv;
  _a[2] =za;
}
```

摆动相的落足点规划函数算法对应的代码如下：

```
float pfx_rel = seResult.vWorld[0] * .5 * gait-> _stance * dtMPC +
.03f* (seResult. vWorld [0]- v_des_world [0]) + (0.5f* seResult.position [2]/9.81f) *
 (seResult.vWorld[1]* stateCommand- > data.stateDes[2]);
float pfy_rel = seResult.vWorld[1] * .5 * gait-> _stance * dtMPC +
.03f* (seResult.vWorld[1]- v_des_world[1])+ (0.5f* seResult.position[2]/9.81f) *
 (- seResult.vWorld[0]* stateCommand- > data.stateDes[2]);
pfx_rel = fminf(fmaxf(pfx_rel, - p_rel_max), p_rel_max);
pfy_rel = fminf(fmaxf(pfy_rel, - p_rel_max), p_rel_max);
Pf[0] + =pfx_rel;
Pf[1] + =pfy_rel;
Pf[2] =- 0.01;
```

12.3.3 机器人状态轨迹规划

机器人的状态轨迹信息包括躯干姿态角、躯干位置及由它们的导数构成的 12 维信息，代码如下：

```
float trajInitial[12] = {(float)rpy_comp[0],
  (float)rpy_comp[1],
  (float)stateCommand-> data.stateDes[5],
  xStart,
  yStart,
  (float)0.26,
  0,
  0,
  (float)stateCommand-> data.stateDes[11],
  v_des_world[0],
  v_des_world[1],
  0};
```

使用 MPC 算法之前需要构建模型预测的状态轨迹，本节仅针对躯干的位置和旋转角构建 10 维的 MPC 期望轨迹，代码如下：

```
for(int i = 0; i <horizonLength; i+ + )
{
      for(int j = 0; j <12; j+ + )
          trajAll[12* i+ j] =  trajInitial[j];
      if(i = =0)     // start at current position
      {
          trajAll[2] = seResult.rpy[2];
      }
      else
      {
          trajAll [12* i + 3] =  trajAll[12 * (i - 1) + 3] + dtMPC *
                  v_des_world[0];
          trajAll [12* i + 4] =  trajAll[12 * (i - 1) + 4] + dtMPC *
                  v_des_world[1];
          trajAll [12* I+ 2]= trajAll[12* (i- 1)+ 2] + dtMPC * stateCommand- >
                  data.stateDes[11];
      }
  }
```

12.4 机器人控制器设计

12.4.1 MPC 控制器

先通过获取的状态估计器的数据和期望位置、速度等参数构建连续的状态空间，再对其进行离散化处理，离散化处理后结合开源的 QP(quadratic programming)标准库进行求解，求出的状态空间的值即为最优的足底力，将其作为前馈力从而计算出关节扭矩。MPC 控制器程序模块如图 12.3 所示。其中参考状态轨迹生成部分已在 12.3.3 小节中介绍过。

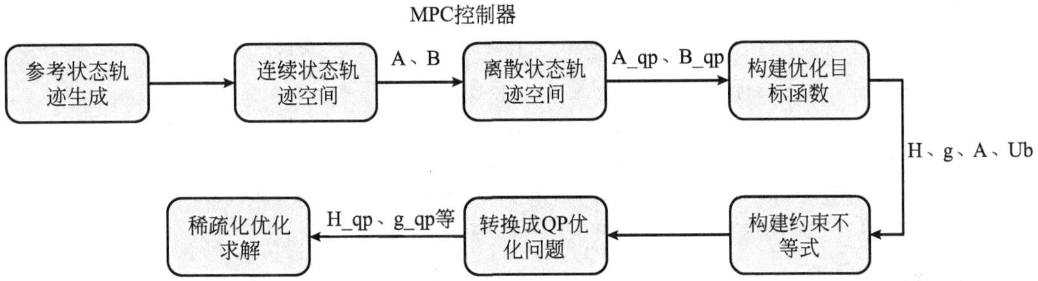

图 12.3　MPC 控制器程序模块

注：A、B 表示连续状态空间的控制矩阵和状态矩阵；A_qp、B_qp 表示离散状态空间的控制矩阵和状态矩阵；H_qp、g_qp 表示整形规划的标准型矩阵。

1. 连续状态轨迹空间描述

根据机器人质心动力学模型构建机器人连续状态轨迹空间的代码如下：

```
/* ! @ file SolverMPC.cpp * /
//先设置要用矩阵的尺寸，求解出各个矩阵，再构建连续状态空间
void ct_ss_mats(Matrix< fpt,3,3> I_world, fpt m, Matrix< fpt,3,4> r_feet, Matrix
< fpt,3,3> R_yaw, Matrix< fpt,13,13> & A, Matrix< fpt,13,12> & B)
{
  A.setZero();
  A(3,9) =1.f;
  A(4,10) =1.f;
  A(5,11) =1.f;
  A(11,12) =1.f;
  A.block(0,6,3,3) =R_yaw.transpose();
  B.setZero();
  Matrix< fpt,3,3> I_inv = I_world.inverse();
  for(s16 b = 0; b < 4; b+ + )
  {
    B.block(6,b* 3,3,3) =cross_mat(I_inv,r_feet.col(b));
    B.block(9,b* 3,3,3) =Matrix< fpt,3,3> ::Identity() / m;
  }
}
```

2. 离散状态轨迹空间

将连续状态矩阵离散化，构建离散状态空间的代码如下：

```
//将连续状态矩阵离散化，构建离散状态空间
ABc.setZero();
ABc.block(0,0,13,13) =Ac;
ABc.block(0,13,13,12) =Bc;
ABc =dt* ABc;
expmm =ABc.exp();
Adt =expmm.block(0,0,13,13);
Bdt =expmm.block(0,13,13,12); //求解出离散化后的 A,B
```

3. 构建优化目标函数

构建优化问题的目标函数，本控制器中，我们期望能对机器人的运动状态轨迹实现很好地追踪，同时希望得到优化变量，即足底支撑力尽量小，得到较高的能量利用率。基于此，我们构建二次型的优化目标如下：

```
qH = 2* (B_qp.transpose()* S* B_qp + update-> alpha* eye_12h);
qg = 2* B_qp.transpose()* S* (A_qp* x_0 - X_d);
matrix_to_real(H_qpoases,qH,setup-> horizon* 12, setup-> horizon* 12);
matrix_to_real(g_qpoases,qg,setup-> horizon* 12, 1);
matrix_to_real(A_qpoases,fmat,setup-> horizon* 20,setup-> horizon* 12);
matrix_to_real(ub_qpoases,U_b,setup-> horizon* 20, 1);
```

4. 构建约束不等式

设置整形规划问题的条件约束，如摩擦锥等约束不等式，代码如下：

```
//设置整形规划问题的条件约束,如摩擦锥等约束不等式
s16 k = 0;
for(s16 i =0; i <setup- > horizon; i+ + )
{
    for(s16 j =0; j <4; j+ + )
    {
      U_b(5* k + 0) = BIG_NUMBER;
      U_b(5* k + 1) = BIG_NUMBER;
      U_b(5* k + 2) = BIG_NUMBER;
      U_b(5* k + 3) = BIG_NUMBER;
      U_b(5* k + 4) = update-> gait[i* 4 +j] * setup-> f_max;
      k+ + ;
    }
}
fpt mu =1.f/setup-> mu;
Matrix< fpt,5,3> f_block;
f_block < < mu, 0,1.f,
    - mu, 0,1.f,
    0, mu, 1.f,
    0, - mu, 1.f,
    0, 0, 1.f;
for(s16 i =0; i <setup-> horizon* 4; i+ + )
{
    fmat.block(i* 5,i* 3,5,3) =f_block;
}
```

5. 转换成 QP 优化问题(约束矩阵稀疏化)

由于建模过程中要针对每条腿的支撑力建模，而处于摆动相的腿不受地面反作用力，因此我们可以省略该部分优化变量及其对应的约束，从而加快优化求解速度。

```
int new_vars =num_variables;
  int new_cons =num_constraints;
  for(int i = 0; i <num_constraints; i+ + )
    con_elim[i] =0;
  for(int i =0; i <num_variables; i+ + )
    var_elim[i] =0;
  for(int i =0; i <num_constraints; i+ + )
```

```
{
  if(!(near_zero(lb_qpoases[i])&&near_zero(ub_qpoases[i]))) continue;
  double* c_row = &A_qpoases[i* num_variables];
  for(int j = 0; j < num_variables; j+ + )
  {
    if(near_one(c_row[j]))
    {
      new_vars - = 3;
      new_cons - = 5;
      int cs = (j* 5)/3 - 3;
      var_elim[j- 2] =1;
      var_elim[j- 1] =1;
      var_elim[j] =1;
      con_elim[cs] =1;
      con_elim[cs+ 1] =1;
      con_elim[cs+ 2] =1;
      con_elim[cs+ 3] =1;
      con_elim[cs+ 4] =1;
    }
  }
}
```

6. 稀疏化优化求解

```
//结合四足机器人的运动数据,利用开源的 QP 标准库,求解 MPC 问题
//最优的足底力
qpOASES::QProblem problem_red(new_vars, new_cons);
qpOASES::Options op;
op.setToMPC();
op.printLevel =qpOASES::PL_NONE;
problem_red.setOptions(op);
//int_t nWSR =50000;
struct timeval t1, t2;
int elapsed_time;
gettimeofday(&t1,NULL);
int rval =problem_red.init(H_red, g_red, A_red, NULL, NULL, lb_red, ub_red, nWSR);
(void)rval;
int rval2 =problem_red.getPrimalSolution(q_red);
if(rval2 ! =qpOASES::SUCCESSFUL_RETURN)
    printf("failed to solve! \n");
gettimeofday(&t2,NULL);
elapsed_time = (t2.tv_sec - t1.tv_sec)* 1000000;
elapsed_time + = (t2.tv_usec - t1.tv_usec);

vc = 0;
for(int i =0; i <num_variables; i+ + )
{
      if(var_elim[i])
      {
        q_soln[i] = 0.0f;
      }
      else
      {
```

```
        q_soln[i] = q_red[vc];
        vc+ + ;
      }
  }
```

12.4.2　WBC 控制器

基于零空间映射，WBC 控制器将低优先级的任务投影到高优先级上，实现多任务执行，结合 MPC 控制器的最优足底力，代入动力学方程等式约束和接触力不等式约束，计算出系统运动的最优关节扭矩，最终实现具有优先级的多任务执行和高速动态的运动。WBC 控制器程序模块如图 12.4 所示。

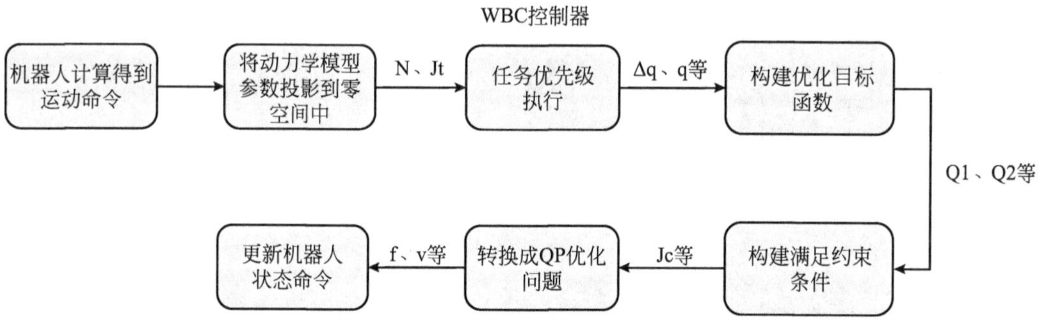

图 12.4　WBC 控制器程序模块

注：N 表示零空间投影矩阵；Jt 表示多任务的雅克比矩阵；Δq 和 q 表示配置空间的向量和向量差；Q1、Q2 表示权重矩阵；Jc 表示接触雅克比矩阵；f、v 表示最优足底力和速度等。

1. 机器人计算得到运动指令

将由状态估计器得到的机器人运动状态参数、由 MPC 控制器计算得到的足底力传递到 WBC 控制器中，更新动力学模型参数。

```
/* ! @ file WBC_Ctrl.cpp * /
template< typename T>
void WBC_Ctrl< T> :: _UpdateModel(const StateEstimate< T>  & state_est,
    const LegControllerData< T>  *  leg_data) {
  _state.bodyOrientation = state_est.orientation;
  _state.bodyPosition = state_est.position;
  for(size_t i(0); i< 3; + + i) {
    _state.bodyVelocity[i] =  state_est.omegaBody[i];
    _state.bodyVelocity[i+ 3] =  state_est.vBody[i];
    for(size_t leg(0); leg< 4; + + leg) {
      _state.q[3* leg + i] =  leg_data[leg].q[i];
      _state.qd[3* leg + i] =  leg_data[leg].qd[i];
      _full_config[3* leg + i + 6] =  _state.q[3* leg + i];
    }
  }
  _model.setState(_state);
  _model.contactJacobians();
  _model.massMatrix();
  _model.generalizedGravityForce();
  _model.generalizedCoriolisForce();
  _A = _model.getMassMatrix();
```

```
  _grav = _model.getGravityForce();
  _coriolis =  _model.getCoriolisForce();
  _Ainv = _A.inverse();
}
```

2. 将动力学模型参数投影到零空间中(构造多任务零空间映射矩阵)，任务优先级执行

以零空间矩阵实现层级任务求解，首先计算出第一个任务的零空间投影矩阵，以方便后面的多个任务按照优先级执行，本程序以足端支撑腿任务开始构建矩阵。

```
//Contact Jacobian Setup
DMat<T> Nc(num_qdot_, num_qdot_); Nc.setIdentity();
if(contact_list.size() >0) {
    DMat<T> Jc, Jc_i;
    contact_list[0]-> getContactJacobian(Jc);
    size_t num_rows = Jc.rows();

    for(size_t i(1); i <contact_list.size(); ++i) {
          contact_list[i]-> getContactJacobian(Jc_i);
          size_t num_new_rows =  Jc_i.rows();
          Jc.conservativeResize(num_rows +  num_new_rows, num_qdot_);
          Jc.block(num_rows, 0, num_new_rows, num_qdot_) =  Jc_i;
          num_rows += num_new_rows;
    }
    // Projection Matrix
    _BuildProjectionMatrix(Jc, Nc);
}
```

构建所有任务对应的零空间矩阵。

```
//First Task
DVec<T> delta_q, qdot;
DMat<T> Jt, JtPre, JtPre_pinv, N_nx, N_pre;
Task<T> *  task = task_list[0];
task-> getTaskJacobian(Jt);
JtPre = Jt *  Nc;
_PseudoInverse(JtPre, JtPre_pinv);
delta_q = JtPre_pinv *  (task-> getPosError());
qdot = JtPre_pinv *  (task-> getDesVel());
DVec<T> prev_delta_q = delta_q;
DVec<T> prev_qdot = qdot;
_BuildProjectionMatrix(JtPre, N_nx);
N_pre = Nc *  N_nx;
for(size_t i(1); i <task_list.size(); ++i) {
    task = task_list[i];
    task-> getTaskJacobian(Jt);
    JtPre = Jt * N_pre;
    _PseudoInverse(JtPre, JtPre_pinv);
    delta_q =
        prev_delta_q + JtPre_pinv *  (task-> getPosError() - Jt *  prev_delta_q);
    qdot = prev_qdot + JtPre_pinv *  (task-> getDesVel() - Jt *  prev_qdot);
}
```

```
//For the next task
_BuildProjectionMatrix(JtPre, N_nx);
N_pre * = N_nx;
prev_delta_q = delta_q;
prev_qdot = qdot;
```

3. 构建优化目标函数

WBC 控制器的优化目标是在对 MPC 求解结果做尽量小的调整情况下，使系统满足多任务对应的加速度要求。由此构建的二次型目标函数可分成两部分：一是前馈力调整部分；二是多任务运动加速度追踪部分。

```
/* ! @ file WBIC.cpp * /
template < typename T>
void WBIC< T> :: _SetCost() {
  // Set Cost
  size_t idx_offset(0);
  for(size_t i(0); i < _dim_floating; + + i) {
    G[i + idx_offset][i + idx_offset] = _data-> _W_floating[i];
  }
  idx_offset + = _dim_floating;
  for(size_t i(0); i < _dim_rf; + + i) {
    G[i + idx_offset][i + idx_offset] = _data-> _W_rf[i];
  }
}
```

4. 构建满足约束条件

构建优化目标对应的浮动基动力学约束(等式约束)。

```
template < typename T>
void WBIC< T> :: _SetEqualityConstraint(const DVec< T> & qddot) {
  if( _dim_rf > 0) {
    _dyn_CE.block(0, 0, _dim_eq_cstr, _dim_floating) =
      WB::A_.block(0, 0, _dim_floating, _dim_floating);
    _dyn_CE.block(0, _dim_floating, _dim_eq_cstr, _dim_rf) =
      - WB::Sv_ * _Jc.transpose();
    _dyn_ce0 = - WB::Sv_ * (WB::A_ * qddot + WB::cori_ + WB::grav_ -
        _Jc.transpose() * _Fr_des);
  } else {
    _dyn_CE.block(0, 0, _dim_eq_cstr, _dim_floating) =
      WB::A_.block(0, 0, _dim_floating, _dim_floating);
    _dyn_ce0 = - WB::Sv_ * (WB::A_ * qddot + WB::cori_ + WB::grav_);
  }
  for(size_t i(0); i < _dim_eq_cstr; + + i) {
    for(size_t j(0); j < _dim_opt; + + j) {
      CE[j][i] = _dyn_CE(i, j);
    }
    ce0[i] =- _dyn_ce0[i];
  }
}
```

构建支撑相对应的摩擦锥约束。

```
DMat< T> Uf;
DVec< T> Uf_ieq_vec;
```

```
// Initial
DMat< T>  Jc;  //contact Jacobian
DVec< T>  JcDotQdot;
size_t dim_accumul_rf, dim_accumul_uf;
(* _contact_list)[0]-> getContactJacobian(Jc);
(* _contact_list)[0]-> getJcDotQdot(JcDotQdot);
(* _contact_list)[0]-> getRFConstraintMtx(Uf);
(* _contact_list)[0]-> getRFConstraintVec(Uf_ieq_vec);
dim_accumul_rf = (* _contact_list)[0]-> getDim();
dim_accumul_uf = (* _contact_list)[0]-> getDimRFConstraint();

_Jc.block(0, 0, dim_accumul_rf, WB::num_qdot_) =Jc;
_JcDotQdot.head(dim_accumul_rf) =JcDotQdot;
_Uf.block(0, 0, dim_accumul_uf, dim_accumul_rf) =Uf;
_Uf_ieq_vec.head(dim_accumul_uf) =  Uf_ieq_vec;
_Fr_des.head(dim_accumul_rf) =  (* _contact_list)[0]-> getRFDesired();

size_t dim_new_rf, dim_new_uf;

for(size_t i(1); i <(* _contact_list).size(); ++ i) {
    (* _contact_list)[i]-> getContactJacobian(Jc);
    (* _contact_list)[i]-> getJcDotQdot(JcDotQdot);
    dim_new_rf = (* _contact_list)[i]-> getDim();
    dim_new_uf = (* _contact_list)[i]-> getDimRFConstraint();

    // Jc append
    _Jc.block(dim_accumul_rf, 0, dim_new_rf, WB::num_qdot_) =  Jc;

    // JcDotQdot append
    _JcDotQdot.segment(dim_accumul_rf, dim_new_rf) =  JcDotQdot;

    // Uf
    (* _contact_list)[i]-> getRFConstraintMtx(Uf);
    _Uf.block(dim_accumul_uf, dim_accumul_rf, dim_new_uf, dim_new_rf) =  Uf;
    // Uf inequality vector
    (* _contact_list)[i]-> getRFConstraintVec(Uf_ieq_vec);
    _Uf_ieq_vec.segment(dim_accumul_uf, dim_new_uf) =  Uf_ieq_vec;
    // Fr desired
    _Fr_des.segment(dim_accumul_rf,dim_new_rf)= (* _contact_list)[i]- > getRFDesired();
    dim_accumul_rf + =dim_new_rf;
    dim_accumul_uf + =dim_new_uf;
}
//将不等式约束更新到优化器中
template <typename T>
void WBIC< T> ::_SetInEqualityConstraint() {
  _dyn_CI.block(0, _dim_floating, _dim_Uf, _dim_rf) =  _Uf;
  _dyn_ci0 =  _Uf_ieq_vec -  _Uf *  _Fr_des;
  for(size_t i(0); i <  _dim_Uf; ++ i) {
    for(size_t j(0); j <  _dim_opt; ++ j) {
      CI[j][i] =  _dyn_CI(i, j);
    }
    ci0[i] =  - _dyn_ci0[i];
  }
}
```

将所有任务按照优先级任务映射后，求解目标加速度。

```
Task< T> *  task;
DMat< T>  Jt, JtBar, JtPre;
DVec< T>  JtDotQdot, xddot;
for(size_t i(0); i <  (* _task_list).size(); + + i) {
    task = (* _task_list)[i];
    task- > getTaskJacobian(Jt);
    task- > getTaskJacobianDotQdot(JtDotQdot);
    task- > getCommand(xddot);

    JtPre = Jt *  Npre;
    WB::_WeightedInverse(JtPre, WB::Ainv_, JtBar);
    qddot_pre + = JtBar * (xddot -  JtDotQdot -  Jt *  qddot_pre);
    Npre =  Npre * (_eye -  JtBar *  JtPre);//_eye= I
```

5. 转换成 QP 优化问题

求解出 QP 问题的解，得到最优化的结果。

```
//求解出 QP 问题的解，得到最优化的结果
T f =  solve_quadprog(G, g0, CE, ce0, CI, ci0, z);
(void) f;
for(size_t i(0); i <  _dim_floating; + + i) qddot_pre[i] + =  z[i];
_GetSolution(qddot_pre, cmd);

template < typename T>  //获取计算的结果:扭矩
void WBIC< T> ::_GetSolution(const DVec< T> & qddot, DVec< T> & cmd) {
  DVec< T>  tot_tau;
  if(_dim_rf >  0) {
    _data- > _Fr =  DVec< T> (_dim_rf);
    for(size_t i(0); i <  _dim_rf; + + i)
      _data- > _Fr[i] = z[i +  _dim_floating] +  _Fr_des[i];
    tot_tau =
    WB::A_ *  qddot +  WB::cori_ +  WB::grav_ -  _Jc.transpose() *  _data- > _Fr;
  } else {
    tot_tau =  WB::A_ *  qddot +  WB::cori_ +  WB::grav_;
  }
  _data- > _qddot =  qddot;
  cmd =  tot_tau.tail(WB::num_act_joint_);
}
```

6. 更新机器人状态指令

计算出最终的期望指令，并进行指令更新。

```
//计算出最终的期望指令，并进行指令更新
template< typename T>
void WBC_Ctrl< T> ::_UpdateLegCMD(ControlFSMData< T>  & data) {
  LegControllerCommand< T>  *  cmd =  data._legController- > commands;
  for(size_t leg(0); leg <  cheetah::num_leg; + + leg) {
    cmd[leg].zero();
    for(size_t jidx(0); jidx <  cheetah::num_leg_joint; + + jidx) {
      cmd[leg].tauFeedForward[jidx] =  _tau_ff[cheetah::num_leg_joint *  leg +  jidx];
      cmd[leg].qDes[jidx] =  _des_jpos[cheetah::num_leg_joint *  leg +  jidx];
      cmd[leg].qdDes[jidx] =  _des_jvel[cheetah::num_leg_joint *  leg +  jidx];
```

```
      cmd[leg].kpJoint(jidx, jidx) = _Kp_joint[jidx];
      cmd[leg].kdJoint(jidx, jidx) = _Kd_joint[jidx];
    }
  }
```

12.4.3 腿部控制器

通过 MPC 控制器求解出状态空间的值，即最优的足底力，利用腿部的运动学原理，计算出关节角和足端位置，进而利用关节空间和笛卡儿坐标系下足端位置的 PD 控制求解出关节扭矩，最后将控制参数传递给驱动器执行。

```
/* ! @ file LegController.cpp * /
//运动学推导，由关节角计算出足端位置
template < typename T>   //计算雅克比矩阵和位置
void computeLegJacobianAndPosition(Quadruped< T> & quad, Vec3< T> & q, Mat3< T> * J,
                                   Vec3< T> * p, int leg) {
  T l1 = quad._abadLinkLength;
  T l2 = quad._hipLinkLength;
  T l3 = quad._kneeLinkLength;
  T sideSign = quad.getSideSign(leg);
  T s1 = std::sin(q(0));
  T s2 = std::sin(q(1));
  T s3 = std::sin(q(2));
  T c1 = std::cos(q(0));
  T c2 = std::cos(q(1));
  T c3 = std::cos(q(2));
  T c23 = c2 * c3 - s2 * s3;
  T s23 = s2 * c3 + c2 * s3;

  if(J) {
    J-> operator()(0, 0) = 0;
    J-> operator()(0, 1) = l3 * c23 + l2 * c2;
    J-> operator()(0, 2) = l3 * c23;
    J-> operator()(1, 0) = l3 * c1 * c23 + l2 * c1 * c2 - l1 * sideSign * s1;
    J-> operator()(1, 1) =- l3 * s1 * s23 - l2 * s1 * s2;
    J-> operator()(1, 2) =- l3 * s1 * s23;
    J-> operator()(2, 0) = l3 * s1 * c23 + l2 * c2 * s1 + l1 * sideSign * c1;
    J-> operator()(2, 1) = l3 * c1 * s23 + l2 * c1 * s2;
    J-> operator()(2, 2) = l3 * c1 * s23;
  }

  if(p) {
    p-> operator()(0) = l3 * s23 + l2 * s2;
    p-> operator()(1) = l1 * sideSign * c1 + l3 * (s1 * c23) + l2 * c2 * s1;
    p-> operator()(2) = l1 * sideSign * s1 - l3 * (c1 * c23) - l2 * c1 * c2;
  }
}

//将由 MPC 控制器计算出的足底力作为前馈力，结合关节空间和笛卡儿空间的 PD 控制计算出关节扭矩
//Torque
    legTorque + = datas[leg].J.transpose() * footForce;
    //set command:
```

```
    spiCommand-> tau_abad_ff[leg] = legTorque(0);
    spiCommand-> tau_hip_ff[leg] = legTorque(1);
    spiCommand-> tau_knee_ff[leg] = legTorque(2);
    //joint space PD
    spiCommand-> kd_abad[leg] = commands[leg].kdJoint(0, 0);
    spiCommand-> kd_hip[leg] = commands[leg].kdJoint(1, 1);
    spiCommand-> kd_knee[leg] = commands[leg].kdJoint(2, 2);

    spiCommand-> kp_abad[leg] = commands[leg].kpJoint(0, 0);
    spiCommand-> kp_hip[leg] = commands[leg].kpJoint(1, 1);
    spiCommand-> kp_knee[leg] = commands[leg].kpJoint(2, 2);

    spiCommand-> q_des_abad[leg] = commands[leg].qDes(0);
    spiCommand-> q_des_hip[leg] = commands[leg].qDes(1);
    spiCommand-> q_des_knee[leg] = commands[leg].qDes(2);

    spiCommand-> qd_des_abad[leg] = commands[leg].qdDes(0);
    spiCommand-> qd_des_hip[leg] = commands[leg].qdDes(1);
    spiCommand-> qd_des_knee[leg] = commands[leg].qdDes(2);
    //estimate torque
    datas[leg].tauEstimate = legTorque +
        commands[leg].kpJoint * (commands[leg].qDes - datas[leg].q) +
        commands[leg].kpJoint * (commands[leg].qdDes - datas[leg].qd);
```

12.4.4 关节电机控制器

腿部控制器输出的关节位置、速度、扭矩等指令由关节电机控制器具体执行。该部分代码写在关节电机驱动板上，使用 FOC 技术控制电机的扭矩伺服。

```
void dq0(float theta, float a, float b, float c, float * d, float * q) {
    float cf = FastCos(theta);
    float sf = FastSin(theta);

* d = 0.6666667f* (cf* a + (0.86602540378f* sf- .5f* cf) * b + (- 0.86602540378f* sf- .5f*
  cf) * c);
* q = 0.6666667f* (- sf* a - (- 0.86602540378f* cf- .5f* sf) * b - (0.86602540378f* cf- .5f*
  sf) * c);
}

void svm(float v_bus, float u, float v, float w, float * dtc_u, float * dtc_v, float * dtc_w) {
    float v_offset = (fminf3(u, v, w) + fmaxf3(u, v, w)) * 0.5f;
    * dtc_u = fminf(fmaxf(((u - v_offset)/v_bus + .5f), DTC_MIN), DTC_MAX);
    * dtc_v = fminf(fmaxf(((v - v_offset)/v_bus + .5f), DTC_MIN), DTC_MAX);
    * dtc_w = fminf(fmaxf(((w - v_offset)/v_bus + .5f), DTC_MIN), DTC_MAX);
    sinusoidal pwm
    * dtc_u = fminf(fmaxf((u/v_bus + .5f), DTC_MIN), DTC_MAX);
    * dtc_v = fminf(fmaxf((v/v_bus + .5f), DTC_MIN), DTC_MAX);
    * dtc_w = fminf(fmaxf((w/v_bus + .5f), DTC_MIN), DTC_MAX);
  }
```

12.5　状态估计器

状态估计器利用已有的传感器 IMU 和驱动器获取的机器人的关节角、四元数等数据进行数据融合，利用腿部运动学原理推导出机器人运动的参数，再结合卡尔曼滤波估计出四足机器人的姿态角、线速度、足端位置等参数，估计出四足机器人的整个运动状态和运动数据。MPC 控制器利用状态估计器输出的这些数据计算出最优的足底力，从而推导出关节扭矩，实现机器人平稳、快速运动。

```
/* ! @ file OrientationEstimator.cpp * /
//IMU 数据，获取四元数、欧拉角等参数，对机器人机体的方向进行数据融合估计，再利用腿部运动学计算出
  机体的速度、加速度等
template < typename T>
void CheaterOrientationEstimator< T> ::run() {  //仿真状态不适用于 IMU
 this-> _stateEstimatorData.result-> orientation
 = this-> _stateEstimatorData.cheaterState-> orientation.templatecast< T> ();
 this-> _stateEstimatorData.result-> rBody = ori::quaternionToRotationMatrix (this
 -> _stateEstimatorData.result-> orientation);
 this-> _stateEstimatorData.result-> omegaBody
 = this-> _stateEstimatorData.cheaterState-> omegaBody.templatecast< T> ();
 this-> _stateEstimatorData.result-> omegaWorld
 = this-> _stateEstimatorData.result-> rBody.transpose() *
 this-> _stateEstimatorData.result-> omegaBody;
 this-> _stateEstimatorData.result-> rpy= ori::quatToRPY(this-> _stateEstima
 torData.result-> orientation);
 this-> _stateEstimatorData.result-> aBody= this-> _stateEstimatorData. cheaterState->
 acceleration.template cast< T> ();
 this-> _stateEstimatorData.result-> aWorld= this-> _stateEstimatorData. result->
 rBody.transpose() * this-> _stateEstimatorData.result-> aBody;
}
/* ! @ file PositionVelocityEstimator.cpp * /
//根据 IMU 获取的速度等数据，结合卡尔曼滤波，过滤噪声等干扰，最后估算出四足机器人机体运动的速
  度、加速度等参数
template < typename T>
void LinearKFPositionVelocityEstimator< T> ::setup() {
 printf("beans 0x% lx\n", (uint64_t)this);
 printf("beans2 0x% lx\n", (uint64_t) & (this-> _stateEstimatorData));
 printf("beans30x% lx\n",(uint64_t)(this-> _stateEstimatorData.parameters));
 printf("beans40x% lx\n", (uint64_t) & (this-> _stateEstimatorData.parameters->
 controller_dt));
 T dt = this-> _stateEstimatorData.parameters-> controller_dt;
 printf("Initialize LinearKF State Estimator with dt = % .3f\n", dt);
  _xhat.setZero();
  _ps.setZero();
  _vs.setZero();
  _A.setZero();
  _A.block(0, 0, 3, 3) =Eigen::Matrix< T, 3, 3> ::Identity();
  _A.block(0, 3, 3, 3) =dt * Eigen::Matrix< T, 3, 3> ::Identity();
  _A.block(3, 3, 3, 3) =Eigen::Matrix< T, 3, 3> ::Identity();
  _A.block(6, 6, 12, 12) =Eigen::Matrix< T, 12, 12> ::Identity();
```

```
  _B.setZero();
  _B.block(3, 0, 3, 3) = dt * Eigen::Matrix<T, 3, 3>::Identity();
 Eigen::Matrix<T, Eigen::Dynamic, Eigen::Dynamic> C1(3, 6);
 C1 << Eigen::Matrix<T, 3, 3>::Identity(), Eigen::Matrix<T, 3, 3>::Zero();
 Eigen::Matrix< T, Eigen::Dynamic, Eigen::Dynamic> C2(3, 6);
 C2 << Eigen::Matrix<T, 3, 3>::Zero(), Eigen::Matrix<T, 3, 3>::Identity();
 _C.setZero();
 _C.block(0, 0, 3, 6) =C1;
 _C.block(3, 0, 3, 6) =C1;
 _C.block(6, 0, 3, 6) =C1;
 _C.block(9, 0, 3, 6) =C1;
 _C.block(0, 6, 12, 12) =T(-1) * Eigen::Matrix<T, 12, 12>::Identity();
 _C.block(12, 0, 3, 6) =C2;
 _C.block(15, 0, 3, 6) =C2;
 _C.block(18, 0, 3, 6) =C2;
 _C.block(21, 0, 3, 6) =C2;
 _C(27, 17) =T(1);
 _C(26, 14) =T(1);
 _C(25, 11) =T(1);
 _C(24, 8) =T(1);
 _P.setIdentity();
 _P = T(100) * _P;
 _Q0.setIdentity();
 _Q0.block(0, 0, 3, 3) =(dt / 20.f) * Eigen::Matrix<T, 3, 3>::Identity();
 _Q0.block(3, 3, 3, 3) =
 (dt * 9.8f / 20.f) * Eigen::Matrix<T, 3, 3>::Identity();
 _Q0.block(6, 6, 12, 12) = dt * Eigen::Matrix<T, 12, 12>::Identity();
  _R0.setIdentity();
}
//估计出机器人的位置、世界坐标系下的速度、机体的速度
this->_stateEstimatorData.result->position =_xhat.block(0, 0, 3, 1);
this->_stateEstimatorData.result->vWorld =_xhat.block(3, 0, 3, 1);
this->_stateEstimatorData.result->vBody =
this->_stateEstimatorData.result->rBody* this->_stateEstimatorData.result->vWorld;
```

习　　题

1. 理解 MPC 控制程序的实现过程。
2. 理解 WPC 控制程序的实现过程。
3. 理解四足机器人步态规划程序的实现过程。
4. 四足机器人控制过程中，固定基动力学模型和浮动基动力学模型的区别和联系是什么？

第 13 章　四足机器人实验仿真与验证

本章主要介绍四足机器人实验仿真与验证过程，具体实验如下。

(1) Ubuntu 系统环境配置与软件安装实验。

(2) 四足机器人上位机代码编译与运行仿真实验。

(3) 实体机器人运行实验。

(4) trot 步态设计及验证实验。

(5) bound 步态设计及验证实验。

(6) pace 步态设计及验证实验。

(7) walk 步态设计及验证实验。

(8) 后空翻步态设计与运行实验。

(9) 四足机器人斜坡自适应调整实验。

(10) 循迹测试实验。

(11) 障碍物识别跟踪实验。

13.1　Ubuntu 系统环境配置与软件安装实验

一、实验目的

(1) 了解 Ubuntu 系统的基本操作指令及用法。

(2) 掌握 Ubuntu 环境配置的步骤，实现 Ubuntu 系统环境配置。

二、实验内容

(1) 学习 Ubuntu 系统的操作指令。

(2) 实现在 Ubuntu 系统中安装 Qt5.10、LCM(LCD 显示驱动接口)、Eigen 模板库、git 系统。

三、实验原理

1. 机器人系统总体结构

机器人系统分为 4 部分——上位机、通信模块、控制器及执行器，如图 13.1 所示。

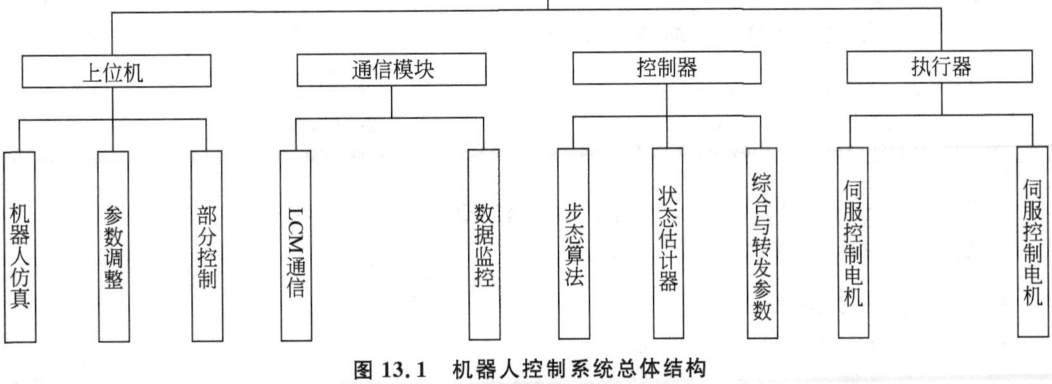

图 13.1　机器人控制系统总体结构

上位机位于 PC 端，提供图形控制界面，负责机器人参数调整、发送控制指令及进行机器人的实时和离线仿真。

通信模块存在于 PC 端和控制器之间，是两者的中间件，基于 LCM 通信实现双方的数据交互。利用该模块还可以实时监控机器人的各项参数，并可以通过图表的方式展现数据的变化，使操作者可以更直观地观察数据。

控制器位于机器人躯干上，负责机器人控制算法（足底力控制算法、摆动轨迹控制算法）和状态估计器的实现及机器人状态数据的综合与转发等。

执行器位于每个关节上，负责执行运动控制指令、进行伺服控制、计算力足底力大小和反馈当前角度等。

2. PC 端系统软件介绍

上位机程序位于 PC 端，采用 Qt 编写。Qt 是由 Qt Company 开发的跨平台 C++图形用户界面应用程序开发框架。它既可以开发 GUI 程序，也可开发非 GUI 程序，如控制台工具和服务器。Qt 是面向对象的框架，使用特殊的代码生成扩展（元对象编译器（meta object compiler，MOC））及一些宏，允许用户进行真正的组件编程。该软件具有优良的跨平台特性，支持 Windows、Linux、Solaris、SunOS、HP-UX、Digital UNIX（OSF/1，Tru64）、Irix、FreeBSD、BSD/OS、SCO、AIX、OS390、QNX 等操作系统。该软件具有丰富的 API，包含 250 个以上的 C++类，还提供基于模板的 collections、serialization、file、I/O device、directory management、date/time 类，甚至还包括正则表达式的处理功能。Qt 的良好封装机制使得其模块化程度非常高，可重用性较好，方便用户开发。Qt 提供了一种称为 signals/slots 的安全类型来替代 callback，使得各个元件之间的协同工作变得十分简单。

通信模块是基于 LCM 编写的，其中 make_types. sh 脚本运行一个 LCM 工具来为 LCM 数据类型生成 C++头文件。模拟器运行时，通过运行 scripts/launch_lcm_spy. sh 打开 LCM spy 实用程序，其中显示了来自模拟器和控制器的详细信息。用户可以利用 LCM spy 实时监控变量的变化，并将其绘制出来。利用该特性，用户可以非常方便地进行调试工作。

LCM 是一组用于消息传递和数据编组的库和工具，其是对高带宽和低延迟至关重要的实时系统。它提供了一种发布/订阅消息传递模型及带有各种编程语言的应用程序绑定的自动编组/解组代码生成功能，支持低延迟进程间通信，使用 UDP 组播的高效广播机制，具有类型安全的消息封送、用户友好的日志记录和回放等功能，没有集中的“数据库”或“集线器”，支持与对等方直接通信。

四、实验步骤

在一台已经安装好 Ubuntu 的系统上进行以下操作。

1. 安装依赖

在 Ubuntu 系统桌面下打开终端，输入以下指令。

```
sudo apt install mesa-common-dev freeglut3-dev coinor-libipopt-dev libblas-dev
liblapack-dev gfortran liblapack-dev coinor-libipopt-dev cmake gcc
build-essential libglib2.0-dev
```

2. 安装 openjdk（主要是为了安装 java JDK8）

在终端中继续输入以下指令。

```
sudo apt-get update
sudo apt-get install openjdk-8-jdk
```

3. 安装 LCM

下载 LCM 1.3.1 安装包并进行解压，然后进入解压后的目录，打开终端，执行以下步骤：

在终端中输入指令 ./configure，会出现如图 13.2 所示的命令行。

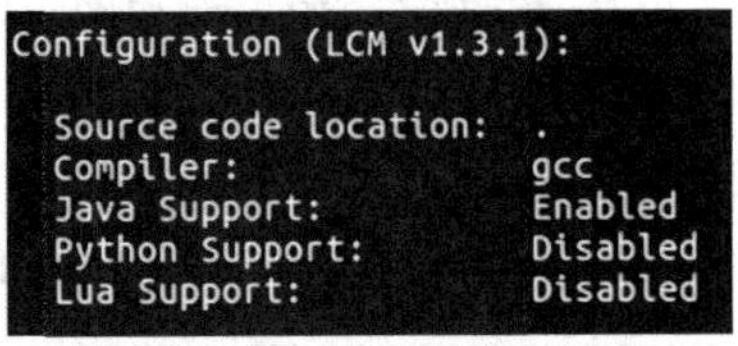

图 13.2　安装 LCM 1.3.1

确保 Java Support 的状态为 Enabled，再在终端中依次输入以下指令。

```
make
sudo make install
sudo ldconfig
```

4. 安装 Eigen

注意：必须在 Eigen 官网下载 Eigen 的安装包，不可以直接利用 Ubuntu 的快捷方式进行安装，否则会导致机器人无法运行。

对压缩包 eigen-eigen-bf4cb8c934fa.tar.bz2 进行解压缩，并在文件夹内打开终端，输入以下指令。

```
mkdir build
cd build
cmake ..
make install
```

5. 安装 Qt5.10

(1) 在 Qt 官网下载 qt-opensource-linux-x64-5.10.0.run。

(2) 在 Ubuntu 中使用 chmod 指令为该文件添加 x 权限，指令如下：

```
chmod a+x qt-opensource-linux-x64-5.10.0.run
```

(3) 运行文件，指令如下：

```
./qt-opensource-linux-x64-5.10.0.run
```

安装时需要填写邮箱进行注册，这里可以直接跳过，单击 Skip 按钮，如图 13.3 所示。安装目录选择 Qt，如图 13.4 所示。

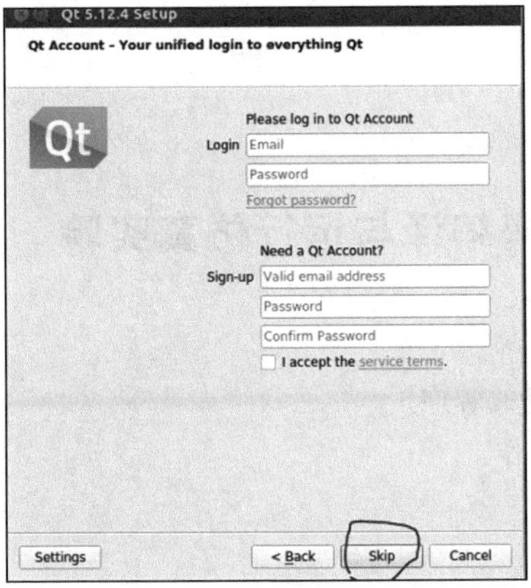

图 13.3　Qt 执行安装

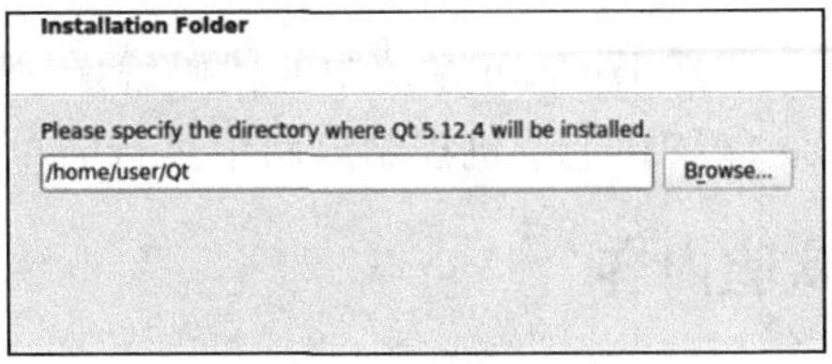

图 13.4　Qt 安装目录

Qt 安装完毕的界面如图 13.5 所示。

注意:安装完 Qt 以后,可查询 Qt 对应版本的安装目录,如图 13.6 所示。

在 sim/CMakeLists.txt 中,需要根据自己 Qt 对应版本的安装目录对第 13~16 行进行修改,如图 13.7 所示。这样可防止后面编译程序 cmake 时出现错误。

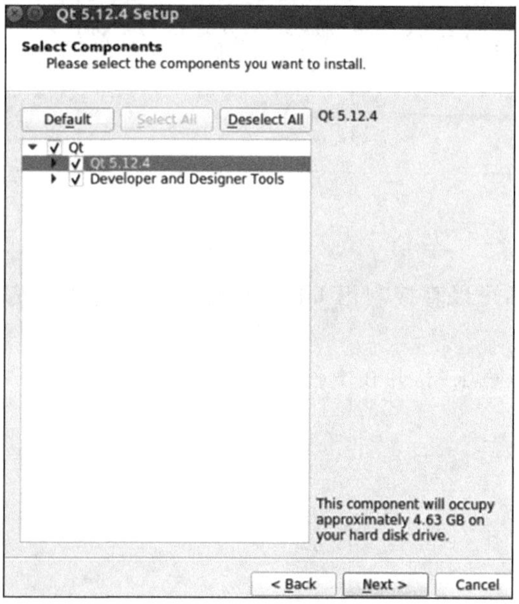

图 13.5　Qt 安装完毕

user@user-virtual-machine:~/Qt/5.12.4/gcc_64/lib/cmake$ pwd
/home/user/Qt/5.12.4/gcc_64/lib/cmake

图 13.6　Qt 安装目录查询

6. 安装 git

在终端输入指令:

```
sudo apt install git
```

安装 git,安装完成后即实现了系统环境的配置。

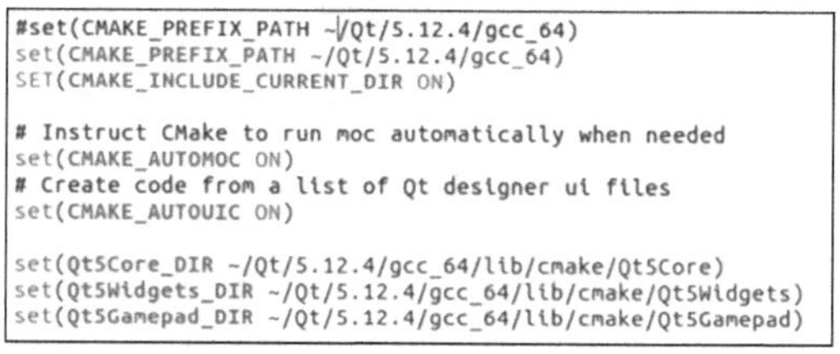
#set(CMAKE_PREFIX_PATH ~/Qt/5.12.4/gcc_64)
set(CMAKE_PREFIX_PATH ~/Qt/5.12.4/gcc_64)
SET(CMAKE_INCLUDE_CURRENT_DIR ON)
# Instruct CMake to run moc automatically when needed
set(CMAKE_AUTOMOC ON)
# Create code from a list of Qt designer ui files
set(CMAKE_AUTOUIC ON)
set(Qt5Core_DIR ~/Qt/5.12.4/gcc_64/lib/cmake/Qt5Core)
set(Qt5Widgets_DIR ~/Qt/5.12.4/gcc_64/lib/cmake/Qt5Widgets)
set(Qt5Gamepad_DIR ~/Qt/5.12.4/gcc_64/lib/cmake/Qt5Gamepad)

图 13.7　Qt 安装目录修改

五、思考题

(1) 如何快速找到 Qt 在安装目录中的位置?

(2) sudo 指令在编译中的作用是什么?

(3) 如何列举出当前目录下的所有文件?

13.2　四足机器人上位机代码编译与运行仿真实验

一、实验目的

(1) 掌握 Ubuntu 系统中的代码编译,学会运行仿真程序。

(2) 能够在上位机控制界面中进行简单的仿真操作。

二、实验内容

(1) 实现上位机代码编译与运行仿真。

(2) 实现在控制界面中进行四足机器人步态切换的简单仿真操作。

三、实验原理

上位机机器人仿真程序位于 PC 端，采用 Qt 编写，其控制界面由图 13.8 所示。

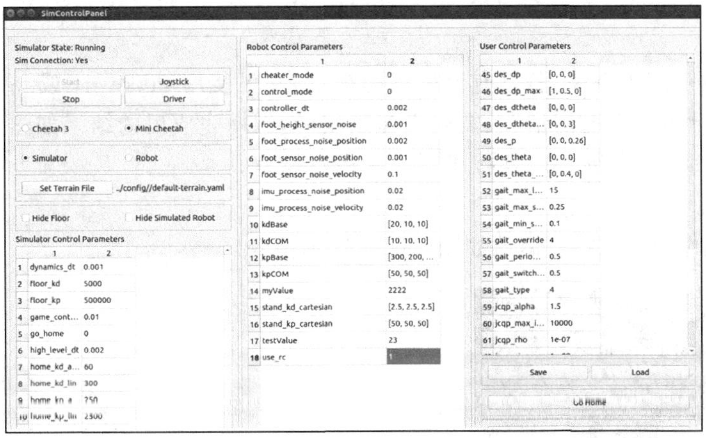

图 13.8　上位机控制界面

控制界面左侧的面板用于更改模拟器设置。模拟器打开时，将默认载入模拟器 Simulator-defaults. yaml。加载的设置文件必须具有与代码中定义的参数完全相同的参数集。如果要添加或删除参数，则必须重新编译。

中间的面板允许用户更改非特定于控制器的机器人设置。加载的设置文件必须具有与代码中定义的参数完全相同的参数集。如果添加或删除参数，则必须重新编译 sim。当前，这些参数大多数都不起作用，许多参数将被删除。control_mode 参数用于更改机器人运动状态，依次输入 0、6、3、4 即可使机器人开始运动。

右侧的面板允许更改特定于控制器的参数，称为“用户参数”。如果控制代码不使用用户参数，它将被忽略。如果代码确实使用了用户参数，那么必须加载与代码期望的参数匹配的用户配置参数，否则控制器将无法启动。其中 cmpc_gait 参数代表步态（1：bound，2：pronk，3：gallop，4：stand，5：trot run，6：walk1，7：walk2，8：pace）。

上位机还提供仿真功能，在仿真模式下，其会在三维仿真中仿真出一个四足机器人模型，并在该仿真界面执行算法的期望结果，以模仿在真实环境运行的情况。利用此功能，用户可以安全地做功能测试和调试工作。

若其在实体模式下，则该仿真模块会实时跟踪机器人实体的位姿，并在仿真中体现，借此辅助用户进行实体的调试，快速定位机器人的异常原因。

用户可以使用遥控器来驱动机器人。在界面上，用户可看到两种颜色的标记：灰色的是仿真中的实际机器人位置；红色的是根据状态估算器估算的机器人位置。打开 cheater_mode 将使估计位置等于实际位置。若要调整模拟视图，可以在屏幕上单击鼠标左键并拖动鼠标。按住 T 键可使仿真尽可能快地进行，按空格键可打开免费相机模式，在相机模式下可以使用 W、A、S、D、R、F 键来移动相机，也可通过单击鼠标左键并拖动鼠标来调整方向。

四、实验步骤

1. 代码的编译与运行（全程需要连接网络）

首先确保已经安装了 git，且已根据自己主机 Qt 的安装路径对 Ubuntu 环境配置/MINI/sim/CMakeLists. txt 文件中的内容进行了修改。

然后输入以下指令。

```
cd wbc_v4
mkdir mc-build
cd mc-build
cmake -DMINI_CHEETAH_BUILD=TRUE .. # there are still some warnings here
make -j
```

此过程与计算机配置有关，若具有比较高的配置，则可使用 make -j4 或 j8 指令，若计算机配置较低，则会出现计算机卡死的情况，需要重启后编译，编译完成后的结果如图 13.9 所示。

编译通过后就可以开始仿真、连接机器人并进行控制。

2. 运行仿真

在 mc-build 中打开控制板，输入如图 13.10 所示指令。

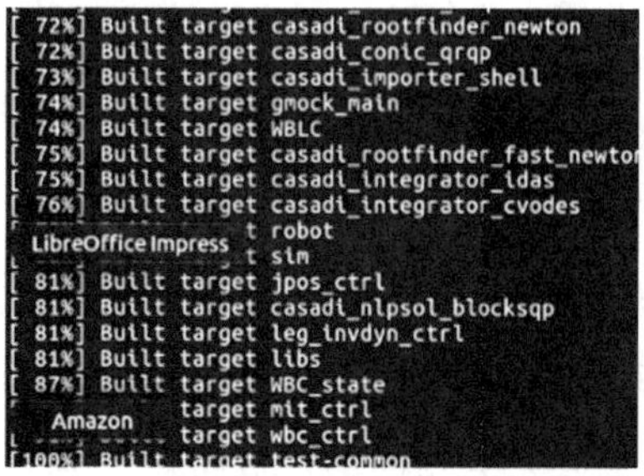

图 13.9　编译完成

图 13.10　机器人仿真指令

选择 Mini Cheetah 和 Simulator 选项，如图 13.11 所示（仿真时必须先打开仿真界面再运行程序，连接机器人时必须先运行程序再打开控制界面）。

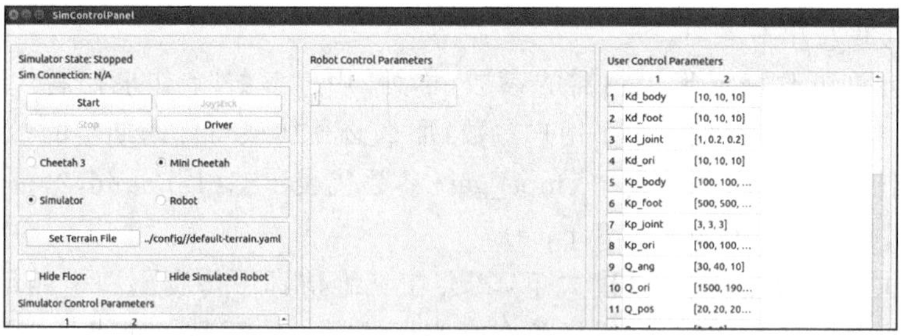

图 13.11　仿真界面中机器人类型的选择

在 mc-build 中打开终端，输入如图 13.12 所示的指令。

仿真开始运行，图 13.13 为仿真运行时的虚拟四足机器人。

图 13.12　运行仿真

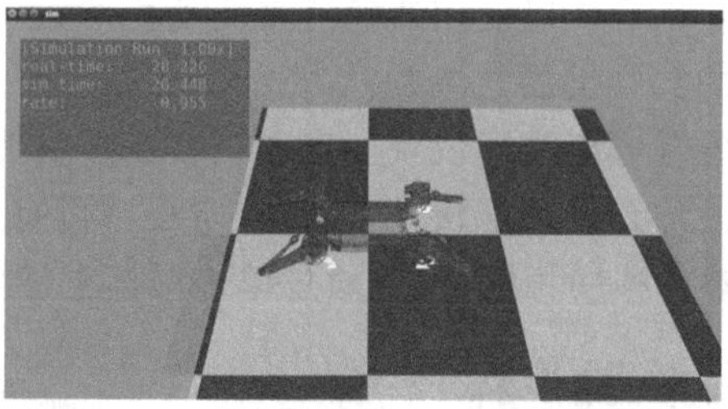

图 13.13　仿真运行时的虚拟机器人

回到控制界面，将 use_rc 的值改为 1，之后先将 control_mode 的值改为 6(JOINT_PD)，机器人电机会上电并处于准备站立姿态；再将 control_mode 的值改为 3(STAND_UP)，机器人站立；最后将 control_mode 的值改为 4(LOCOMOTION)，机器人默认以 tort 步态运行。

五、思考题

思考 Ubuntu 中 chmod +x 指令的用法及其与 sudo 指令的区别。

13.3　实体机器人运行实验

一、实验目的

(1) 熟悉上位机控制原理及其与机器人的通信。
(2) 了解实体机器人的整体结构及操作。
(3) 学会在上位机控制界面中对实体机器人进行简单操作。
(4) 学会使用遥控器运行实体机器人。

二、实验内容

(1) 实现上位机与实体机器人的通信连接。
(2) 在实体模式下进行简单的机器人操作，包括站立、trot 步态和其他步态的切换等。

三、实验原理

通信模块的基本原理已在 13.1 节中介绍过，这里不再赘述。

四、实验步骤

1. 四足机器人的零位摆放及 IP 地址设置

在运行实体机器人前，要按照设定好的电机零位进行正确的姿势摆放，若没有正确摆放，可能会使电机烧毁，本实验使用的机器人的四条腿的初始零位如图 13.14 所示。

需要在 PC 端的设置中将四足机器人的 IP 地址设置在同一网段下。

四足机器人的 IP 地址信息如下。

IPv4：10.0.0.34

子网掩码：255.255.255.0

默认网关：10.0.0.1

因此需要将 PC 的 IP 地址信息设置如下。

IPv4：10.0.0.n (n 不可以为 1 或 34)

子网掩码：255.255.255.0

默认网关：10.0.0.1

设置成功后保存，使用网线将机器人与 PC 端连接起来，如图 13.15 所示。

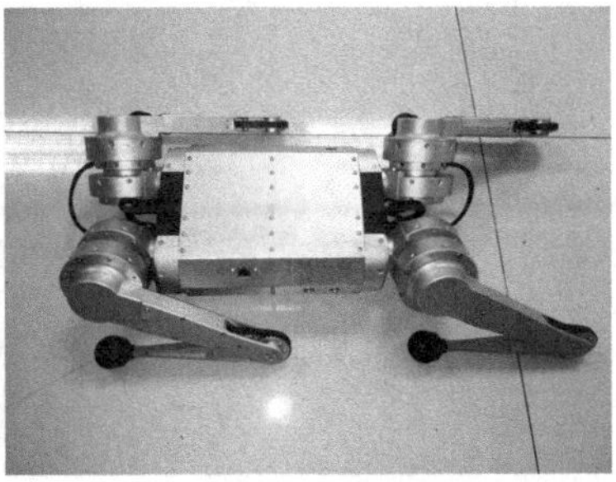

图 13.14　机器人四条腿的初始零位

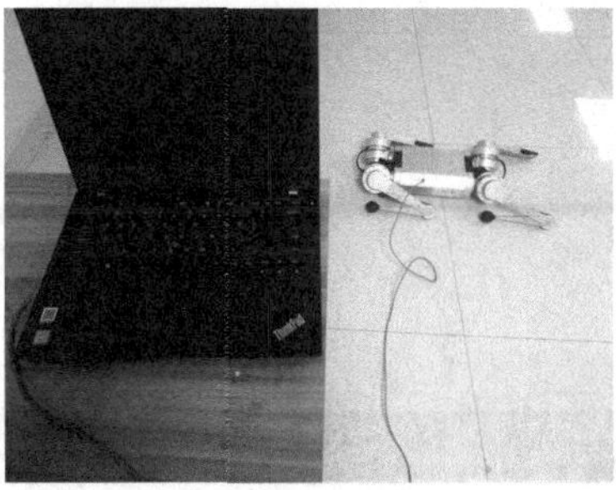

图 13.15　网线的连接

2. 运行四足机器人

打开机器人电源开关与电机开关，并保证 PC 端全程连接网络。之后，在 PC 端找到 wbc_v4 文件夹，并在其中打开上位机终端，之后在终端中进行以下操作。

（1）创建 mc-build 文件夹：mkdir mc-build。

（2）打开新创建的文件夹 mc-build。

（3）输指指令：

```
cmake - DMINI_CHEETAH_BUILD= TRUE ..;
make - j4 或 j8;
```

在文件夹 mc-build 下新开一个终端（机器人终端），连接 UP board，确保机器人和 PC 在同一局域网下，输入指令：

```
ssh user@ 10.0.0.34
```

结果如图 13.16 所示。

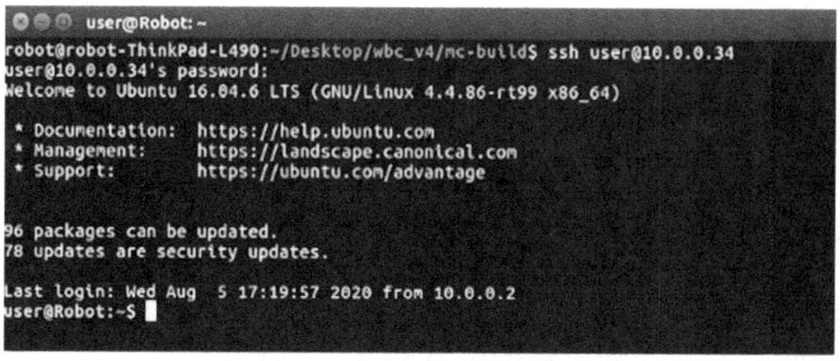

图 13.16　连接机器人与 PC 端

（4）回到上位机终端，发送代码到 UP board 上，输入以下指令：

```
../scripts/send_to_mini_cheetah.sh  ./user/MIT_Controller/mit_ctrl
```

结果如图 13.17 所示。

图 13.17　将上位机代码发送至 UP board

（5）再回到机器人终端中，输入以下如图 13.18 所示的指令打开 UP board 文件夹并运行其上的程序。

此时可听到机器人电机的蜂鸣声，这时打开遥控器，将 E 键从最下方拔到最上方，此时机器人处于站立姿态，如图 13.19 所示。然后将 A 键拔到最上方，此时机器人原地踏步，这时使用遥控器就可以控制机器人运动了。

图 13.18　运行实体机器人指令

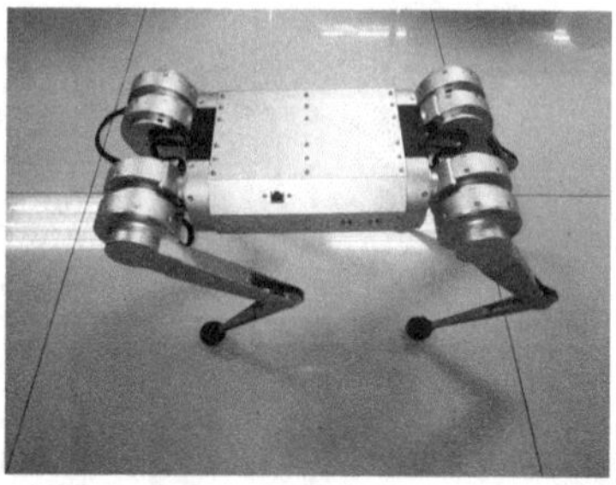

图 13.19　四足机器人站立姿态

五、思考题

（1）机器人四条腿的零位如何确定？

（2）机器人两个终端各自所属的主机位置及两个终端的作用是什么？

13.4　trot 步态设计及实验验证

一、实验目的

（1）了解步态的概念，掌握 trot 步态的设计原理。

（2）掌握使用 trot 步态进行机器人行走验证的方法。

二、实验内容

（1）学习 trot 步态的原理。

（2）实现机器人在 trot 步态下稳定行走。

三、实验原理

所谓步态，就是有关腿部摆动顺序及其时间相序等的步行模式。如第 5 章所述，对于四足机器人来说，可用步态周期、步态频率、步长、步幅、相对位移、占空比等来进行步态描述。

四足机器人的对角小跑步态、也就是 trot 步态的占空比为 0.5，即每条腿抬起来的时间与在地面上的时间相等，该步态下，腿抬起来完成“迈步”动作，又在地面上进行“向后蹬地”动作，从而在一个步态周期内达到机器人向前行走的效果。采用 trot 步态，四条腿的步态周期、步长、占空比均一致，处于一条对角线上的两条腿动作一致，且与处在另外一条对角线上的两条腿相位相反。trot 步态的原理如图 13.20 所示。

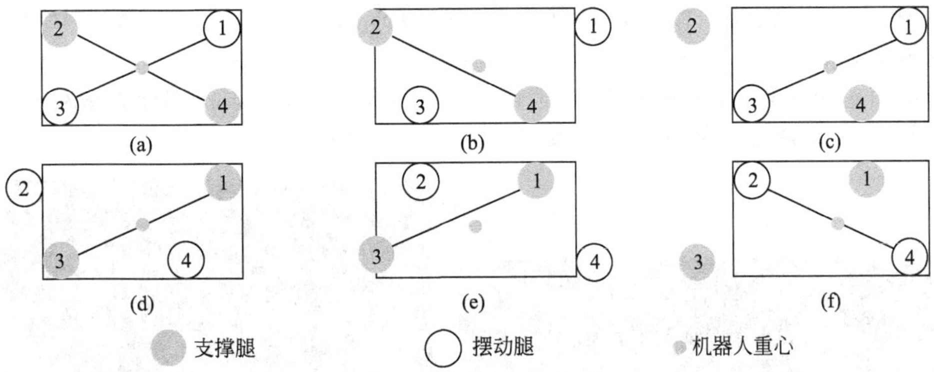

图 13.20　trot 步态的原理

图 13.21 为以哺乳动物“马”为代表的四足动物 trot 步态。

图 13.21　马的 trot 步态

图 13.22 为一个步态周期中四足机器人各条腿抬放时间占一个步态周期的比例。

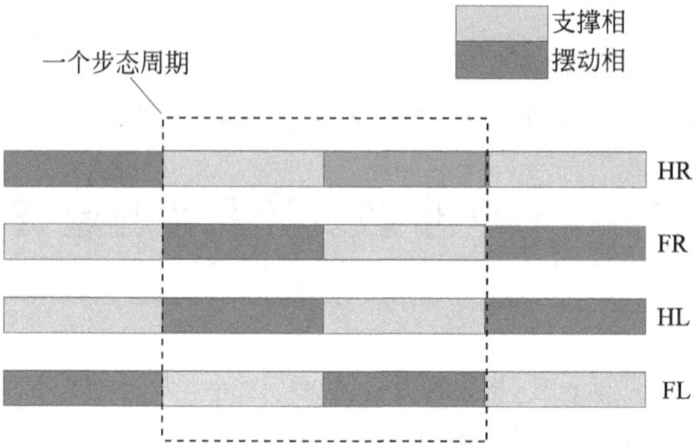

图 13.22　步态周期

四、实验步骤

(1) 在本书配套资源(vs code)中找到步态相关代码(ConvexMPCLocomotion.cpp),根据实验原理将设计好的 trot 步态植入代码中,如图 13.23 所示。

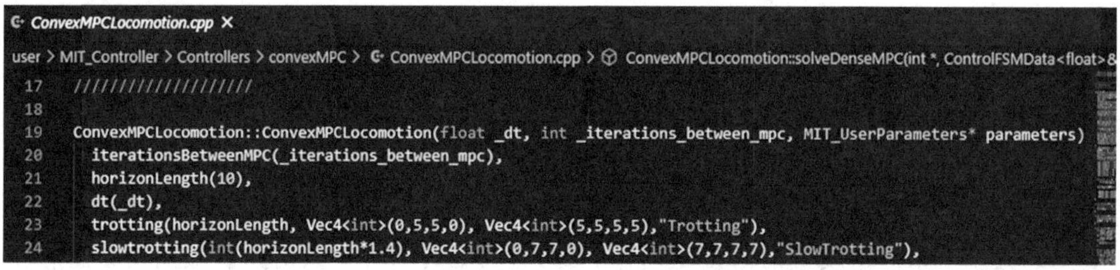

```
ConvexMPCLocomotion.cpp ×
user > MIT_Controller > Controllers > convexMPC > ConvexMPCLocomotion.cpp > ConvexMPCLocomotion::solveDenseMPC(int *, ControlFSMData<float>&
////////////////////

ConvexMPCLocomotion::ConvexMPCLocomotion(float _dt, int _iterations_between_mpc, MIT_UserParameters* parameters)
  iterationsBetweenMPC(_iterations_between_mpc),
  horizonLength(10),
  dt(_dt),
  trotting(horizonLength, Vec4<int>(0,5,5,0), Vec4<int>(5,5,5,5),"Trotting"),
  slowtrotting(int(horizonLength*1.4), Vec4<int>(0,7,7,0), Vec4<int>(7,7,7,7),"SlowTrotting"),
```

图 13.23　trot 步态设计代码

在控制界面中为 trot 步态设计序号,本实验将机器人的默认步态设计为 trot,如图 13.24 所示。

(2) 在 mc-build 文件夹中打开终端(上位机终端),按环境配置时的编译方法对修改好的步态类型进行编译,编译指令为(make -j4 或 j8)如图 13.25 所示。

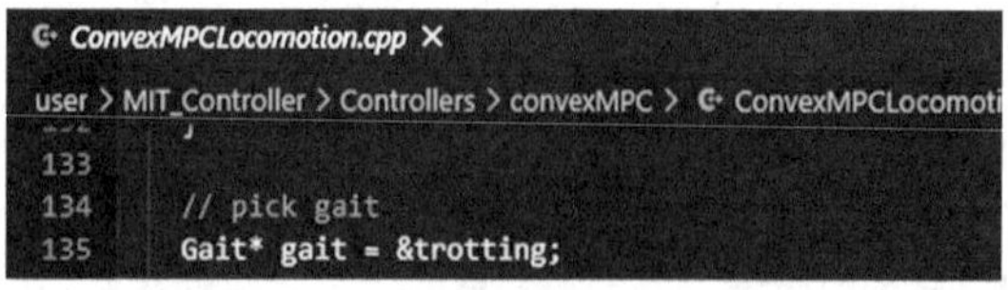

```
ConvexMPCLocomotion.cpp ×
user > MIT_Controller > Controllers > convexMPC > ConvexMPCLocomoti

  // pick gait
  Gait* gait = &trotting;
```

图 13.24　trot 步态设计序号(开机默认 trot)

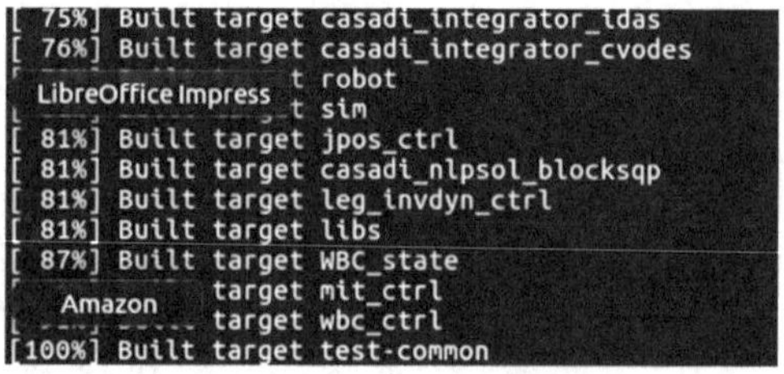

```
[ 75%] Built target casadi_integrator_idas
[ 76%] Built target casadi_integrator_cvodes
LibreOffice Impress  t robot
                     t sim
[ 81%] Built target jpos_ctrl
[ 81%] Built target casadi_nlpsol_blocksqp
[ 81%] Built target leg_invdyn_ctrl
[ 81%] Built target libs
[ 87%] Built target WBC_state
  Amazon        target mit_ctrl
                target wbc_ctrl
[100%] Built target test-common
```

图 13.25　trot 步态编译

(3) 将机器人用网线与 PC 端相连,在 mc-build 中新开一个终端(机器人终端),输入指令"ssh user@10.0.0.34"连接机器人,之后回到上位机终端中,将编译完成的程序下载到机器人中,如图 13.26 所示。

(4) 在机器人终端中运行实体机器人,如图 13.27 所示。同时在步骤(3)的上位机终端中运行控制界面,选择 Mini Cheetah、Robot 选项,如图 13.28 所示,将控制界面中的 use_rc 值改为 1(仿真时为 0),之后依次修改 control_mode 值为 6、3 和 4(分别表示机器人站起、预备运动和以 trot 步态运动),观察机器人的步态是否为 trot,若是,可以用遥控器控制机器人运动。

```
bash: ./scripts/send_to_mini_cheetah.sh: No such file or directory
user@user-virtual-machine:~/Downloads/Cheetah-Software-master/mc-build$ ../scrip
-ts/send_to_mini_cheetah.sh ./user/MIT_Controller/mit_ctrl
cp: './robot-software/build/librobot.so' and './robot-software/build/librobot.so
' are the same file
'cp: './robot-software/build/libWBLC.so' and './robot-software/build/libWBLC.so'
 are the same file
-cp: './robot-software/build/libWBIC.so' and './robot-software/build/libWBIC.so'
 are the same file
cp: './robot-software/build/libWBC_state.so' and './robot-software/build/libWBC_
state.so' are the same file
'cp: './robot-software/build/libbiomimetics.so' and './robot-software/build/libbi
```

图 13.26　trot 代码下载

```
user@Robot:~/robot-software/build$ ./run_mc.sh ./mit_ctrl
[sudo] password for user:
[Quadruped] Cheetah Software
        Quadruped:   Mini Cheetah
        Driver: Quadruped Driver
[HardwareBridge] Init stack
[Init] Prefault stack...
[HardwareBridge] Init scheduler
[Init] Setup RT Scheduler...
[HardwareBridge] Subscribe LCM
[HardwareBridge] Start interface LCM handler
[MiniCheetahHardware] Init vectornav
[Simulation] Setup LCM...
[rt_vectornav] init_vectornav()
[rt_vectornav] VnSensor_readModelNumber failed.
Error reading model number.
VECTORNAV ERROR: TIMEOUT
Model Number:
[rt_vectornav] VnSensor_readAsyncDataOutputFrequency failed.
Error reading async data output frequency.
```

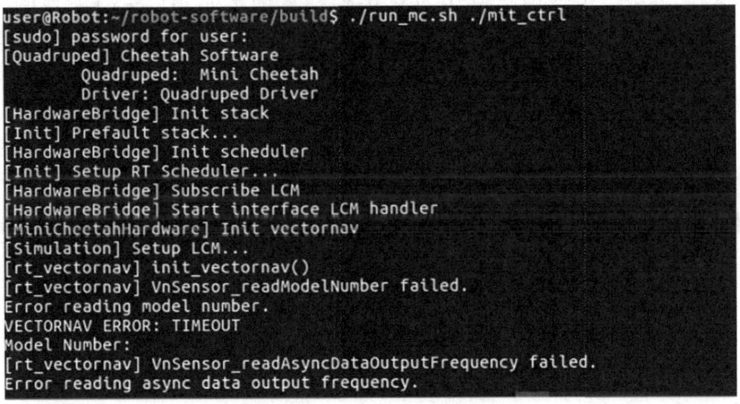

图 13.27　运行实体机器人

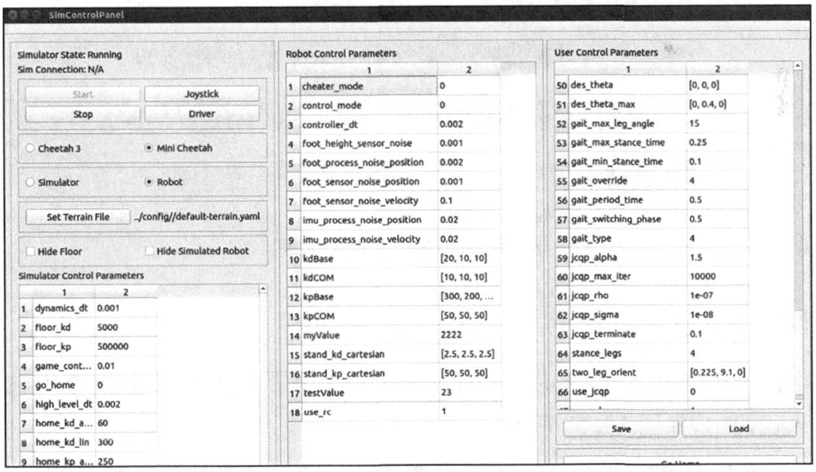

图 13.28　机器人控制界面

五、思考题

从机器人稳定性的角度分析,为什么说 trot 步态是四足机器人最稳定的运动步态?

13.5　bound 步态设计及实验验证

一、实验目的

(1) 掌握 bound 步态的设计原理。

(2) 掌握使用 bound 步态进行机器人行走验证的方法。

二、实验内容

（1）学习 bound 步态的原理。

（2）实现机器人在 bound 步态下稳定行走。

三、实验原理

在 bound 步态下，机器人两条前腿和两条后腿分别同时运动，机器人主要利用后腿的蹬地动作完成跳跃（图 13.29）。该步态下一般占空比为 0.5，机器人前进时躯体会有明显的俯仰运动。

图 13.30 所示为哺乳动物的 bound 步态。

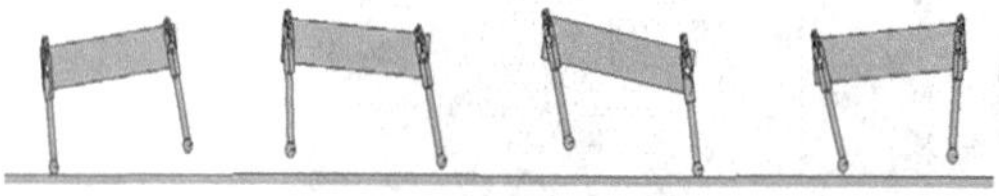

图 13.29 bound 步态的原理

图 13.30 哺乳动物的 bound 步态

图 13.31 所示为一个 bound 步态周期中各腿支撑相、摆动相时间占周期的比例。

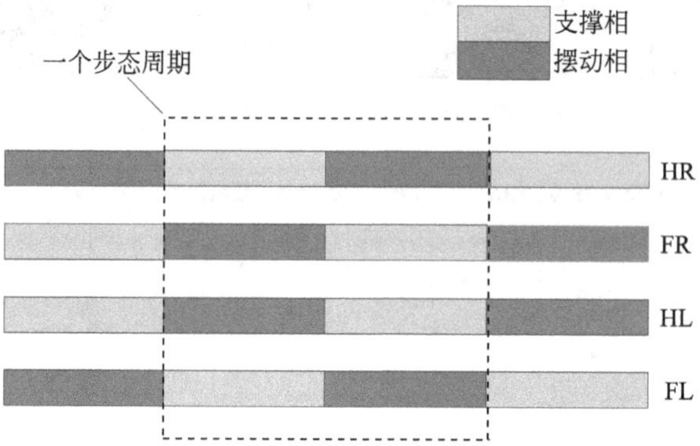

图 13.31 bound 步态周期

四、实验步骤

（1）在本书配套资源中的 ConvexMPCLocomotion. cpp 中找到步态相关代码，将设计好的 bound 步态植入代码中，如图 13.32 所示。

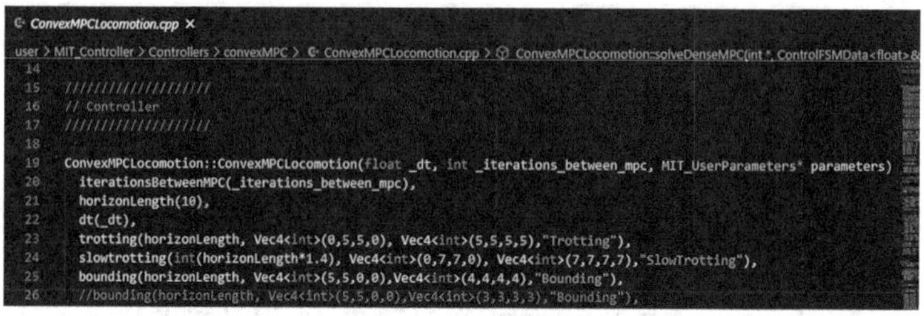

图 13.32 bound 步态设计代码

将设计好的 Bound 步态指定在控制界面中的步态序号，本实验将机器人的默认步态设计为 bound，如图 13.33 所示。

（2）在 mc-build 文件夹中打开终端（上位机终端），按环境配置时的编译方法对修改好的步态类型进行编译，编译指令（make -j4 或 j8）如图 13.34 所示。

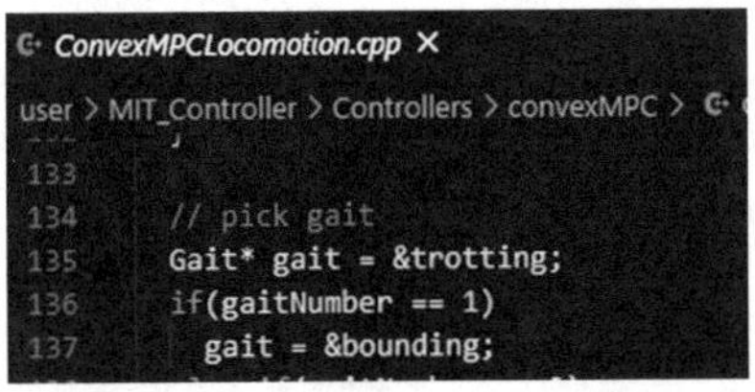
ConvexMPCLocomotion.cpp
user > MIT_Controller > Controllers > convexMPC >
// pick gait
Gait* gait = &trotting;
if(gaitNumber == 1)
gait = &bounding;

图 13.33　bound 步态设计序号

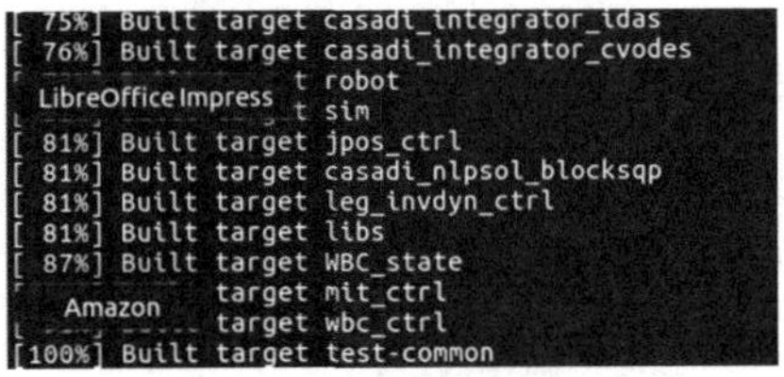
[75%] Built target casadi_integrator_idas
[76%] Built target casadi_integrator_cvodes
t robot
LibreOffice Impress
t sim
[81%] Built target jpos_ctrl
[81%] Built target casadi_nlpsol_blocksqp
[81%] Built target leg_invdyn_ctrl
[81%] Built target libs
[87%] Built target WBC_state
target mit_ctrl
Amazon
target wbc_ctrl
[100%] Built target test-common

图 13.34　bound 步态编译

(3) 将机器人用网线与 PC 端相连，在 mc-build 中新开一个终端（机器人终端），输入指令"ssh user@10.0.0.34"连接机器人，之后回到上位机终端中，将编译完成的程序下载到机器人中，如图 13.35 所示。

user@user-virtual-machine:~/Downloads/Cheetah-Software-master/mc-build$ ../scripts/send_to_mini_cheetah.sh ./user/MIT_Controller/mit_ctrl
cp: './robot-software/build/librobot.so' and './robot-software/build/librobot.so' are the same file
cp: './robot-software/build/libWBLC.so' and './robot-software/build/libWBLC.so' are the same file
cp: './robot-software/build/libWBIC.so' and './robot-software/build/libWBIC.so' are the same file
cp: './robot-software/build/libWBC_state.so' and './robot-software/build/libWBC_state.so' are the same file
cp: './robot-software/build/libbiomimetics.so' and './robot-software/build/libbi

图 13.35　bound 代码下载

(4) 在机器人终端中运行实体机器人，如图 13.36 所示。同时在步骤(3)的上位机终端中运行控制界面，选择 Mini Cheetah、Robot 选项，如图 13.37 所示，将控制界面中的 use_rc 值改为 1（仿真时为 0），之后依次修改 control_mode 值为 6、3 和 4（分别表示机器人站起、预备运动和以 trot 步态运动）。之后将控制界面中的 gait_type 值改为 1，观察机器人步态是否变化为 bound，若是，可以用遥控器控制机器人运动。

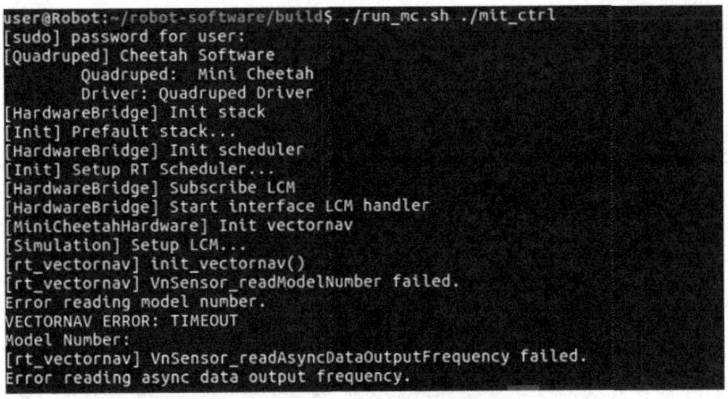
user@Robot:~/robot-software/build$ ./run_mc.sh ./mit_ctrl
[sudo] password for user:
[Quadruped] Cheetah Software
Quadruped: Mini Cheetah
Driver: Quadruped Driver
[HardwareBridge] Init stack
[Init] Prefault stack...
[HardwareBridge] Init scheduler
[Init] Setup RT Scheduler...
[HardwareBridge] Subscribe LCM
[HardwareBridge] Start interface LCM handler
[MiniCheetahHardware] Init vectornav
[Simulation] Setup LCM...
[rt_vectornav] init_vectornav()
[rt_vectornav] VnSensor_readModelNumber failed.
Error reading model number.
VECTORNAV ERROR: TIMEOUT
Model Number:
[rt_vectornav] VnSensor_readAsyncDataOutputFrequency failed.
Error reading async data output frequency.

图 13.36　运行实体机器人

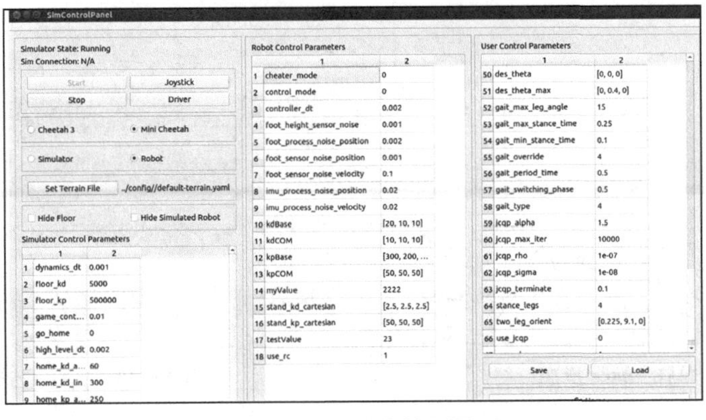
SimControlPanel
Simulator State: Running
Sim Connection: N/A
Start
Joystick
Stop
Driver
Cheetah 3
Mini Cheetah
Simulator
Robot
Set Terrain File
../config/default-terrain.yaml
Hide Floor
Hide Simulated Robot
Simulator Control Parameters
Robot Control Parameters
cheater_mode
control_mode
use_rc
User Control Parameters
gait_type
Save
Load

图 13.37　机器人控制界面

五、思考题

（1）在什么情况下 bound 步态的占空比会小于 0.5?

（2）bound 步态在复杂地形中有哪些具体应用?

13.6　pace 步态设计及验证实验

一、实验目的

（1）掌握 pace 步态的设计原理。

（2）掌握使用 pace 步态进行机器人行走验证的方法。

二、实验内容

（1）学习 pace 步态的原理。

（2）实现机器人在 pace 步态下稳定行走。

三、实验原理

pace 步态占空比也为 0.5,该步态下机器人同侧的两条腿同时迈步、相位相同,其原理如图 13.38 所示。

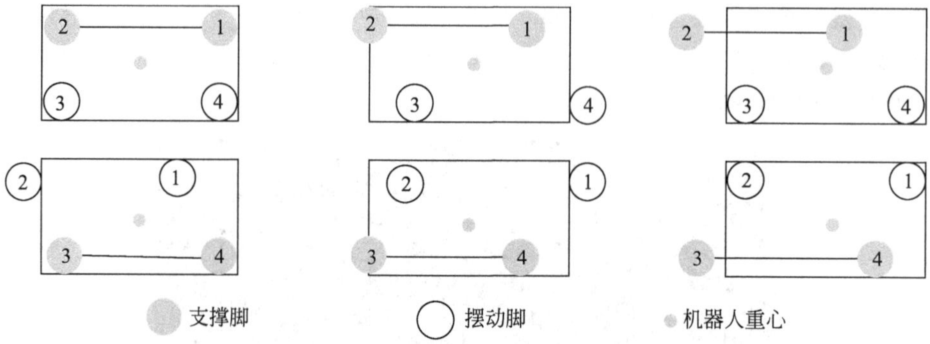

图 13.38　pace 步态的原理

图 13.39 为以马为代表的四足动物的 pace 步态。

图 13.40 为一个 pace 步态周期中各腿支撑相、摆动相时间占周期的比例。

图 13.39　马的 pace 步态

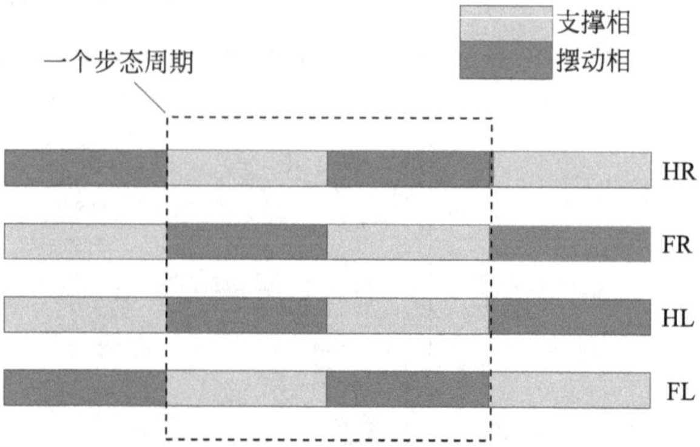

图 13.40　pace 步态周期

四、实验步骤

(1) 在本书配套资源中找到步态相关代码，将设计好的 pace 步态植入代码中，如图 13.41 所示。

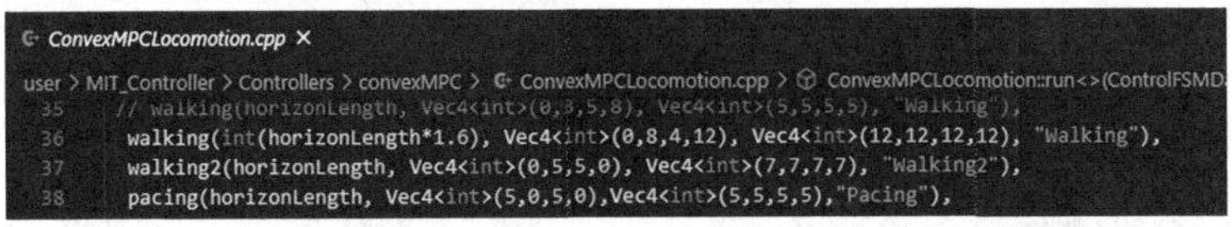

图 13.41　pace 步态设计代码

将设计好的 pace 步态指定在控制界面中的步态序号，本实验将机器人的默认步态设计为 pace，如图 13.42 所示。

(2) 在 mc-build 文件夹中打开终端(上位机终端)，按环境配置时的编译方法对修改好的步态类型进行编译，编译指令(make -j4 或 j8)如图 13.43 所示。

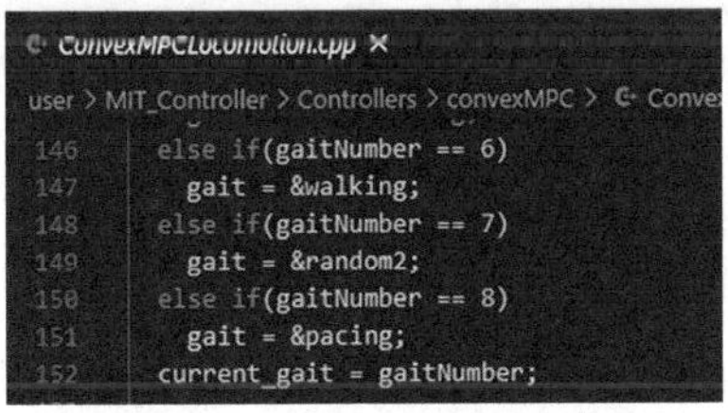

图 13.42　pace 步态设计序号

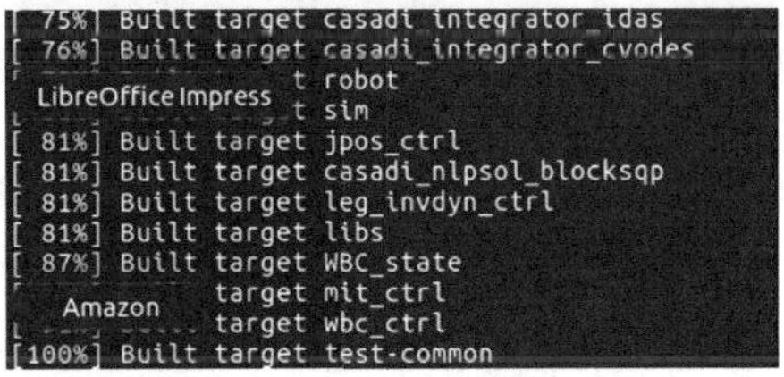

图 13.43　pace 步态编译

(3) 将机器人用网线与 PC 端相连，在 mc-build 中新开一个终端(机器人终端)，输入指令“ssh user@10.0.0.34”连接机器人，之后回到上位机终端中，将编译完成的程序下载到机器人中，如图 13.44 所示。

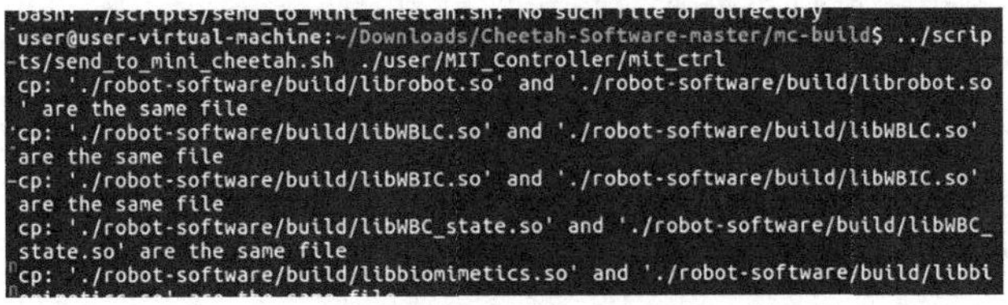

图 13.44　pace 代码下载

(4) 在机器人终端中运行实体机器人，如图 13.45 所示。同时在步骤(3)的上位机终端中运行控制界面，选择 Mini Cheetah、Robot 选项，如图 13.46 所示，将控制界面中的 use_rc 值改为 1(仿真时为 0)，之后依次改动 control_mode 值为 6、3 和 4(分别表示机器人站起、预备运动和以 trot 步态运动)。之后将控制界面中的 gait_type 值改为 8，观察机器人步态是否变化为 pace，若是，此时可以用遥控器控制机器人运动。

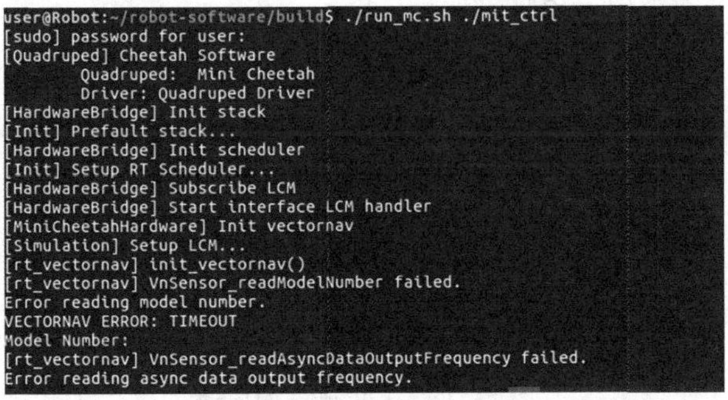

图 13.45　运行实体机器人

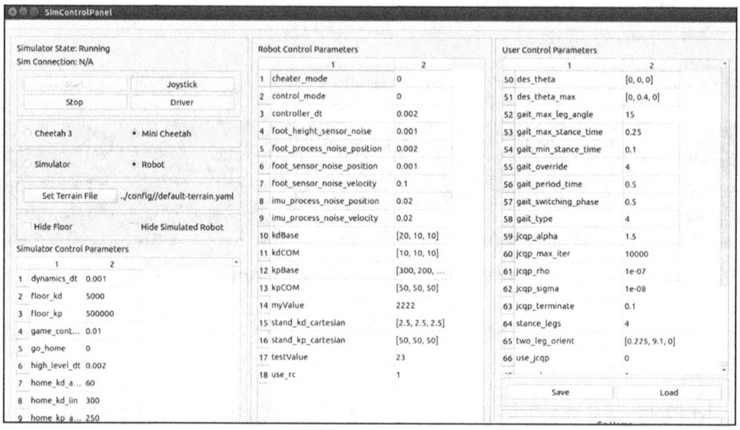

图 13.46　机器人控制界面

五、思考题

(1) 在 pace 步态下，机器人的俯仰角、横滚角会如何变化？

(2) 在 pace 步态下，机器人如何保持平衡？

13.7　walk 步态设计及验证实验

一、实验目的

(1) 掌握 walk 步态的设计原理。

(2) 掌握使用 walk 步态进行机器人行走验证的方法。

二、实验内容

(1) 学习 walk 步态的原理。

(2) 实现机器人在 walk 步态下稳定行走。

三、实验原理

walk 步态占空比 $\beta \geqslant 0.75$，该步态下机器人在任意时刻至少有三条腿接触地面。walk 步态是一种静步态，与 trot 步态下对角线上两条腿同时迈步不同，walk 步态下的四条腿分别在不同时刻迈步，存在迈步时序的问题。韩国的 Heeseon Hwang 和 Youngil Youm 提出了如图 13.47 所示的四足机器人 walk 步态步序，其占空比 $\beta=0.75$。这种步序已经得到实验的验证，该步序下机器人可以稳定前行，故本书采用了这种步序。

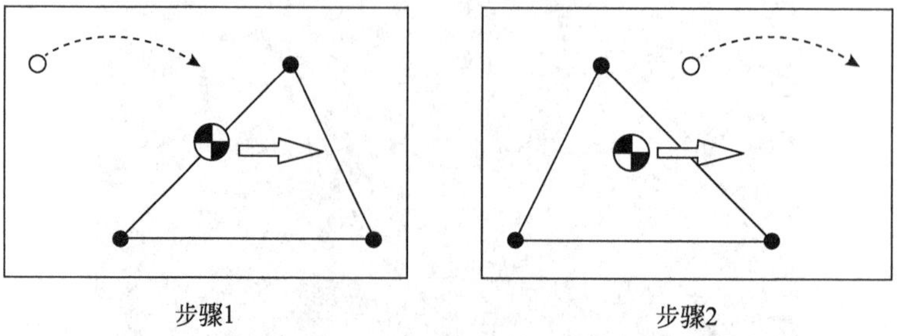

图 13.47　walk 步态的原理

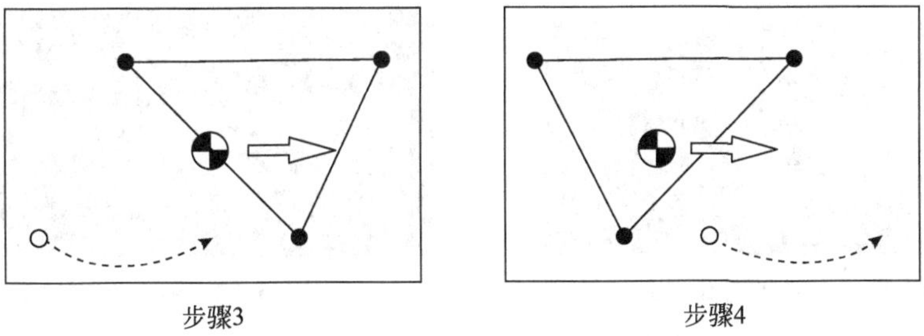
步骤3
步骤4

图　13.47(续)

图 13.48 为以马为代表的四足动物的 walk 步态。

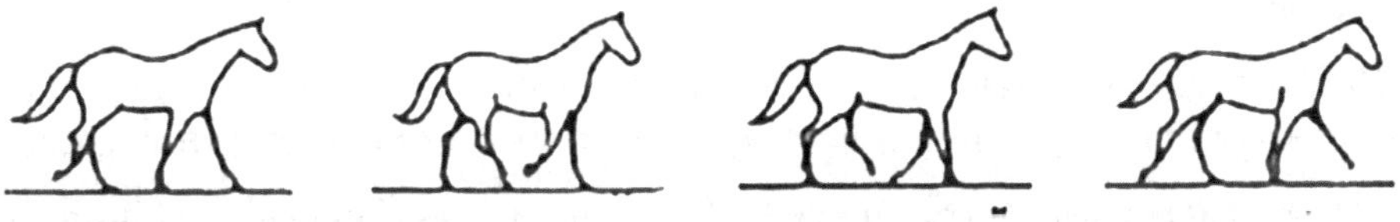

图 13.48　马的 walk 步态

图 13.49 为一个 walk 步态周期中各腿支撑相、摆动相时间占周期的比例，其中，虚线框中为一个 walk 步态周期，灰色部分为四条腿同时着地的时间，箭头方向为四条腿的运动顺序。

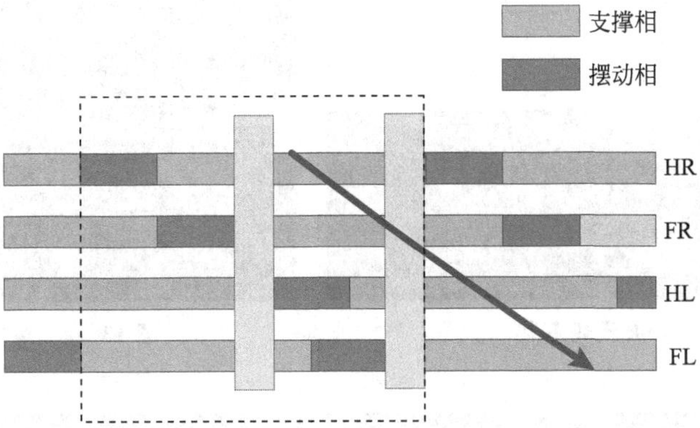
支撑相
摆动相
HR
FR
HL
FL

图 13.49　walk 步态周期

四、实验步骤

(1) 在本书配套资源中找到步态相关代码，将设计好的 walk 步态植入代码中，如图 13.50 所示。

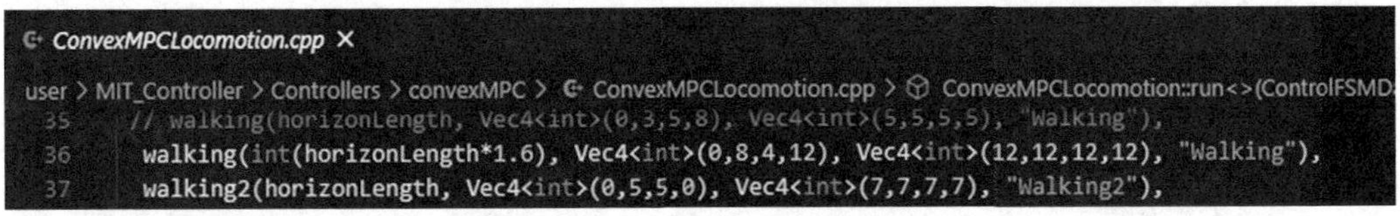
ConvexMPCLocomotion.cpp
user > MIT_Controller > Controllers > convexMPC > ConvexMPCLocomotion.cpp > ConvexMPCLocomotion::run<>(ControlFSMD
35 // walking(horizonLength, Vec4<int>(0,3,5,8), Vec4<int>(5,5,5,5), "Walking"),
36 walking(int(horizonLength*1.6), Vec4<int>(0,8,4,12), Vec4<int>(12,12,12,12), "Walking"),
37 walking2(horizonLength, Vec4<int>(0,5,5,0), Vec4<int>(7,7,7,7), "Walking2"),

图 13.50　walk 步态设计代码

将设计好的 walk 步态指定在控制界面中的步态序号，本实验将机器人默认步态设计为 walk，如图 13.51 所示。

(2) 在 mc-build 文件夹中打开终端(上位机终端)，按环境配置时的编译方法对修改好的步态类型进行编译，编译指令(make -j4 或 j8)如图 13.52 所示。

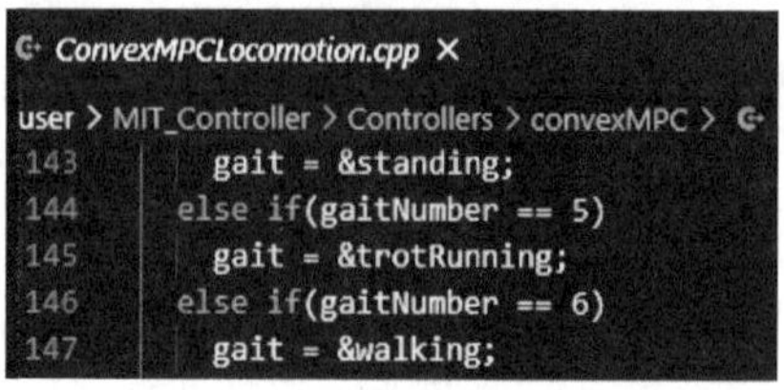
ConvexMPCLocomotion.cpp ×
user > MIT_Controller > Controllers > convexMPC >
143 gait = &standing;
144 else if(gaitNumber == 5)
145 gait = &trotRunning;
146 else if(gaitNumber == 6)
147 gait = &walking;

图 13.51　walk 步态设计序号

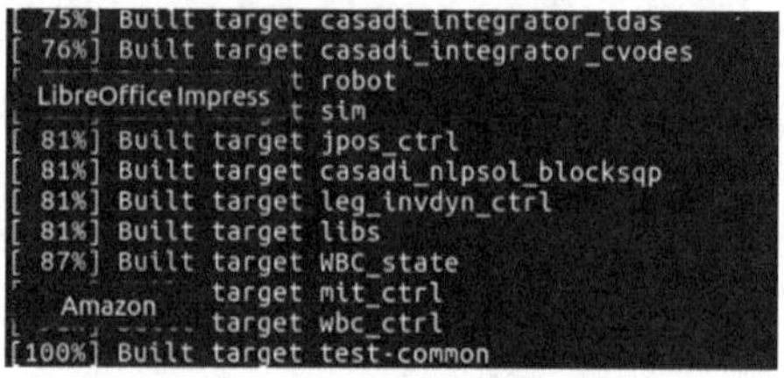
[75%] Built target casadi_integrator_idas
[76%] Built target casadi_integrator_cvodes
LibreOffice Impress
t robot
t sim
[81%] Built target jpos_ctrl
[81%] Built target casadi_nlpsol_blocksqp
[81%] Built target leg_invdyn_ctrl
[81%] Built target libs
[87%] Built target WBC_state
Amazon
target mit_ctrl
target wbc_ctrl
[100%] Built target test-common

图 13.52　walk 步态编译

(3) 将机器人用网线与 PC 端相连，在 mc-build 中新开一个终端（机器人终端），输入指令“ssh user@10.0.0.34”连接机器人，之后回到上位机终端中，将编译完成的程序下载到机器人中，如图 13.53 所示。

(4) 在机器人终端中运行实体机器人，如图 13.54 所示。同时在步骤(3)的上位机终端中运行控制界面，选择 Mini Cheetah、Robot 选项，如图 13.55 所示，将控制界面中的 use_rc 值改为 1（仿真时为 0），之后依次改动 control_mode 值为 6、3 和 4（分别表示机器人站起、预备运动和以 trot 步态运动）。之后将控制界面中的 gait_type 值改为 6，观察机器人步态是否变化为 walk，若是，此时可以用遥控器控制机器人运动。

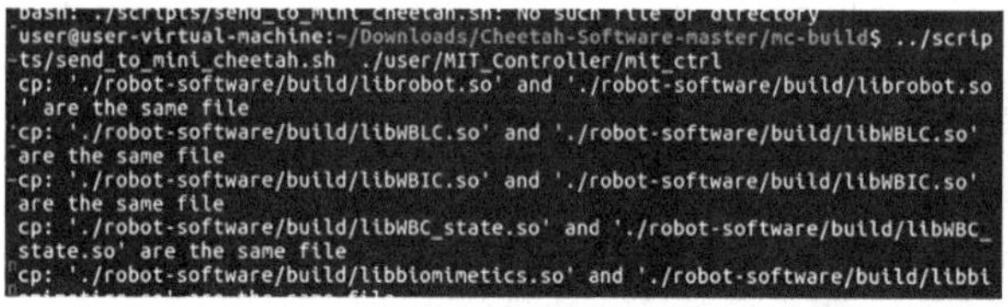
user@user-virtual-machine:~/Downloads/Cheetah-Software-master/mc-build$ ../scripts/send_to_mini_cheetah.sh ./user/MIT_Controller/mit_ctrl
cp: './robot-software/build/librobot.so' and './robot-software/build/librobot.so' are the same file
cp: './robot-software/build/libWBLC.so' and './robot-software/build/libWBLC.so' are the same file
cp: './robot-software/build/libWBIC.so' and './robot-software/build/libWBIC.so' are the same file
cp: './robot-software/build/libWBC_state.so' and './robot-software/build/libWBC_state.so' are the same file
cp: './robot-software/build/libbiomimetics.so' and './robot-software/build/libbi

图 13.53　walk 代码下载

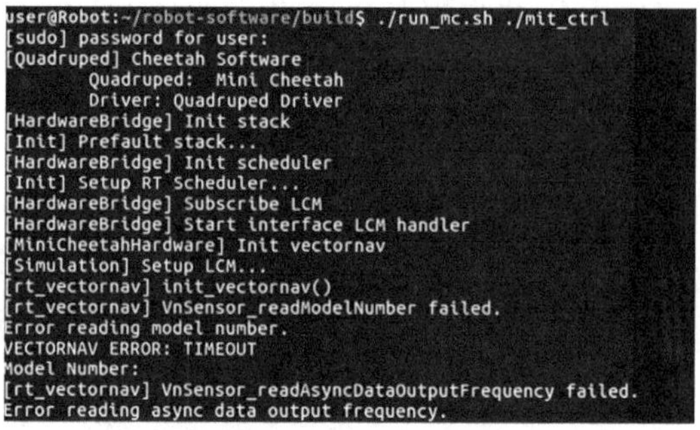
user@Robot:~/robot-software/build$ ./run_mc.sh ./mit_ctrl
[sudo] password for user:
[Quadruped] Cheetah Software
Quadruped: Mini Cheetah
Driver: Quadruped Driver
[HardwareBridge] Init stack
[Init] Prefault stack...
[HardwareBridge] Init scheduler
[Init] Setup RT Scheduler...
[HardwareBridge] Subscribe LCM
[HardwareBridge] Start interface LCM handler
[MiniCheetahHardware] Init vectornav
[Simulation] Setup LCM...
[rt_vectornav] init_vectornav()
[rt_vectornav] VnSensor_readModelNumber failed.
Error reading model number.
VECTORNAV ERROR: TIMEOUT
Model Number:
[rt_vectornav] VnSensor_readAsyncDataOutputFrequency failed.
Error reading async data output frequency.

图 13.54　运行实体机器人

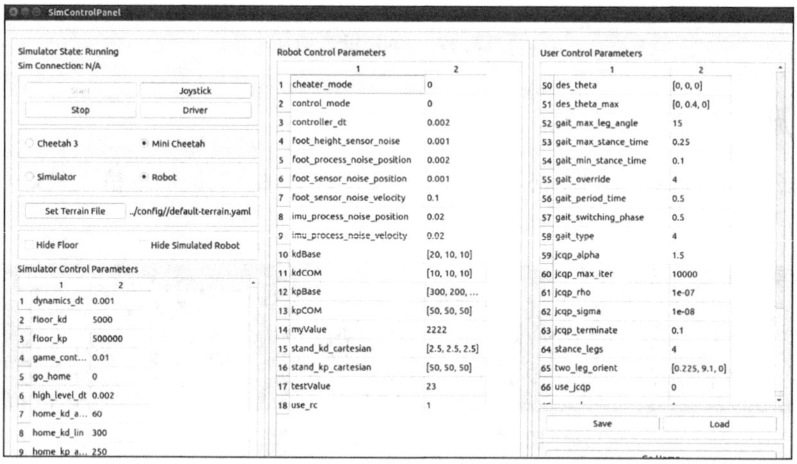
SimControlPanel
Simulator State: Running
Sim Connection: N/A
Start
Joystick
Stop
Driver
Cheetah 3
Mini Cheetah
Simulator
Robot
Set Terrain File
../config//default-terrain.yaml
Hide Floor
Hide Simulated Robot
Simulator Control Parameters
1 dynamics_dt 0.001
2 floor_kd 5000
3 floor_kp 500000
4 game_cont... 0.01
5 go_home 0
6 high_level_dt 0.002
7 home_kd_a... 60
8 home_kd_lin 300
9 home_kp_a... 250
Robot Control Parameters
1 cheater_mode 0
2 control_mode 0
3 controller_dt 0.002
4 foot_height_sensor_noise 0.001
5 foot_process_noise_position 0.002
6 foot_sensor_noise_position 0.001
7 foot_sensor_noise_velocity 0.1
8 imu_process_noise_position 0.02
9 imu_process_noise_velocity 0.02
10 kdBase [20, 10, 10]
11 kdCOM [10, 10, 10]
12 kpBase [300, 200, ...
13 kpCOM [50, 50, 50]
14 myValue 2222
15 stand_kd_cartesian [2.5, 2.5, 2.5]
16 stand_kp_cartesian [50, 50, 50]
17 testValue 23
18 use_rc 1
User Control Parameters
50 des_theta [0, 0, 0]
51 des_theta_max [0, 0.4, 0]
52 gait_max_leg_angle 15
53 gait_max_stance_time 0.25
54 gait_min_stance_time 0.1
55 gait_override 4
56 gait_period_time 0.5
57 gait_switching_phase 0.5
58 gait_type 4
59 jcqp_alpha 1.5
60 jcqp_max_iter 10000
61 jcqp_rho 1e-07
62 jcqp_sigma 1e-08
63 jcqp_terminate 0.1
64 stance_legs 4
65 two_leg_orient [0.225, 9.1, 0]
66 use_jcqp 0
Save
Load

图 13.55　机器人控制界面

五、思考题

walk 步态的占空比为什么会大于 0.5？

13.8　后空翻步态设计与运行实验

一、实验目的

（1）了解后空翻步态的概念，掌握后空翻步态的设计原理。

（2）掌握使用遥控器进行机器人后空翻步态验证的方法。

二、实验内容

（1）学习后空翻步态的原理，理解代码各部分的含义。

（2）实现机器人在遥控器控制下的后空翻。

三、实验原理

机器人后空翻步态是四足机器人控制算法应用的一个特例，需要对控制算法及机器人硬件有相当深入的了解。在整个代码控制体系中，后空翻与前空翻算法相对独立。

1. 动作解析

以后空翻为例，下面介绍机器人后空翻过程中各个阶段的动作状态。

蹲下（预备）阶段：如图 13.56 所示，此阶段机器人完成初始化配置并准备进行后空翻，包括各条腿的前向、后向及垂直方向的角度值、角加速度。使机器人执行单元（电机）产生向后与向上的加速度，在地面足底力作用下完成腾空。

腾空阶段：如图 13.57 所示，此阶段机器人在惯性作用下完成腾空翻转。

落地缓冲阶段：如图 13.58 所示，此阶段机器人完成从腾空到落地的配置，此时电机的前向、后向及垂直方向的加速度保持为零，确保足端稳定着地。

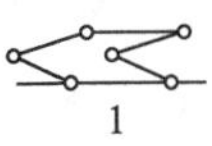

图 13.56　机器人后空翻蹲下阶段

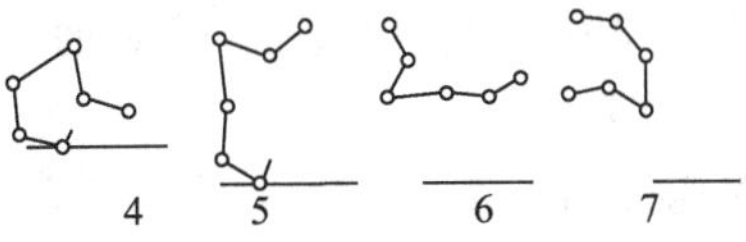

图 13.57　机器人后空翻腾空阶段

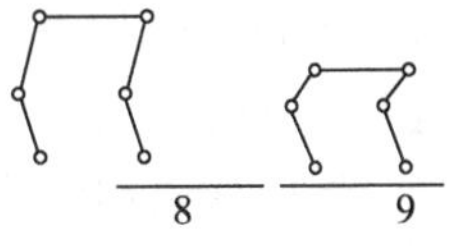

图 13.58　机器人后空翻落地缓冲阶段

2. 后空翻各阶段对应的代码

在本书配套资源中找到 FSM_State_BackFlip. cpp 文件，如图 13.59 所示，后空翻执行函数在 70～85 行。

其中，后空翻蹲下阶段与落地缓冲阶段在 BackFlipCtrl. cpp 文件中调用，如图 13.60、图 13.61 所示。

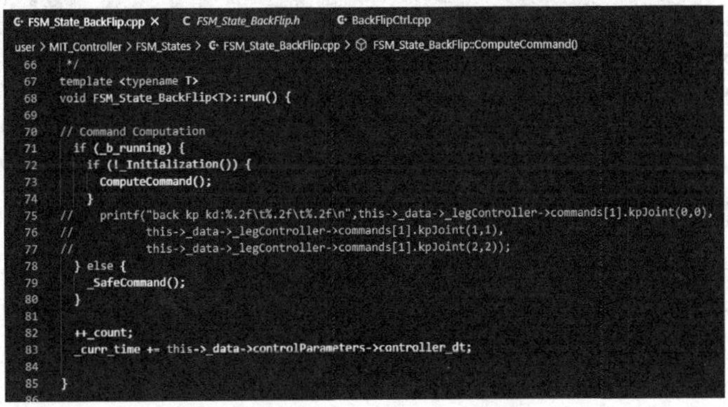

FSM_State_BackFlip.cpp ×　FSM_State_BackFlip.h　BackFlipCtrl.cpp

user > MIT_Controller > FSM_States > FSM_State_BackFlip.cpp > FSM_State_BackFlip::ComputeCommand()

```
66    */
67  template <typename T>
68  void FSM_State_BackFlip<T>::run() {
69
70  // Command Computation
71    if (_b_running) {
72      if (!_Initialization()) {
73        ComputeCommand();
74      }
75  //    printf("back kp kd:%.2f\t%.2f\t%.2f\n",this->_data->_legController->commands[1].kpJoint(0,0),
76  //           this->_data->_legController->commands[1].kpJoint(1,1),
77  //           this->_data->_legController->commands[1].kpJoint(2,2));
78    } else {
79      _SafeCommand();
80    }
81
82    ++_count;
83    _curr_time += this->_data->controlParameters->controller_dt;
84
85  }
```

图 13.59　后空翻执行函数

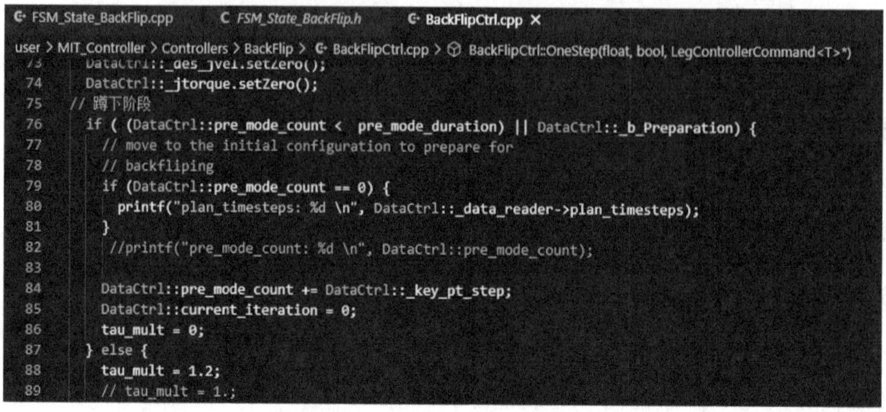

```
C+ FSM_State_BackFlip.cpp    C FSM_State_BackFlip.h    C+ BackFlipCtrl.cpp ×
user > MIT_Controller > Controllers > BackFlip > C+ BackFlipCtrl.cpp > BackFlipCtrl::OneStep(float, bool, LegControllerCommand<T>*)
    DataCtrl::_des_jvel.setZero();
    DataCtrl::_jtorque.setZero();
  // 蹲下阶段
    if ( (DataCtrl::pre_mode_count <  pre_mode_duration) || DataCtrl::_b_Preparation) {
      // move to the initial configuration to prepare for
      // backfliping
      if (DataCtrl::pre_mode_count == 0) {
        printf("plan_timesteps: %d \n", DataCtrl::_data_reader->plan_timesteps);
      }
      //printf("pre_mode_count: %d \n", DataCtrl::pre_mode_count);

      DataCtrl::pre_mode_count += DataCtrl::_key_pt_step;
      DataCtrl::current_iteration = 0;
      tau_mult = 0;
    } else {
      tau_mult = 1.2;
      // tau_mult = 1.;
```

图 13.60　后空翻蹲下阶段

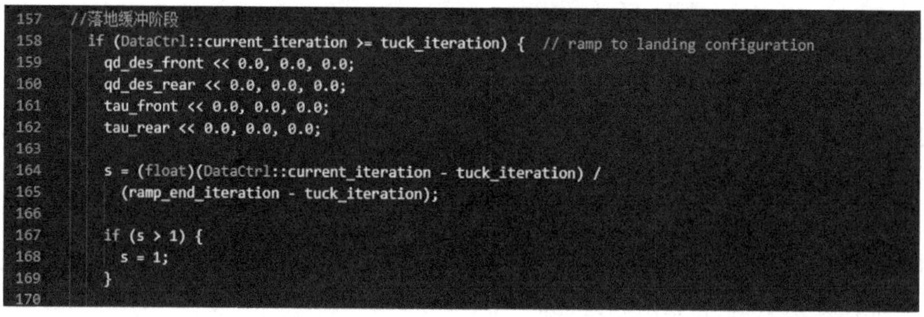

```
  //落地缓冲阶段
    if (DataCtrl::current_iteration >= tuck_iteration) {  // ramp to landing configuration
      qd_des_front << 0.0, 0.0, 0.0;
      qd_des_rear << 0.0, 0.0, 0.0;
      tau_front << 0.0, 0.0, 0.0;
      tau_rear << 0.0, 0.0, 0.0;

      s = (float)(DataCtrl::current_iteration - tuck_iteration) /
        (ramp_end_iteration - tuck_iteration);

      if (s > 1) {
        s = 1;
      }
```

图 13.61　后空翻落地缓冲阶段

四、实验步骤

（1）在 mc-build 文件夹中打开终端（上位机终端），按之前的编译方法对后空翻代码进行编译，如图 13.62 所示。

（2）将机器人用网线与 PC 端相连，在 mc-build 文件夹下新开一个终端（机器人终端），输入指令“ssh user@10.0.0.34”连接机器人，之后回到上位机终端中将编译完成的程序下载到机器人中，如图 13.63 所示。

（3）代码下载完毕，回到机器人终端中，输入指令“cd. /robot-software/build. /run_mc. sh. / mit_ctrl”运行实体机器人，如图 13.64 所示。

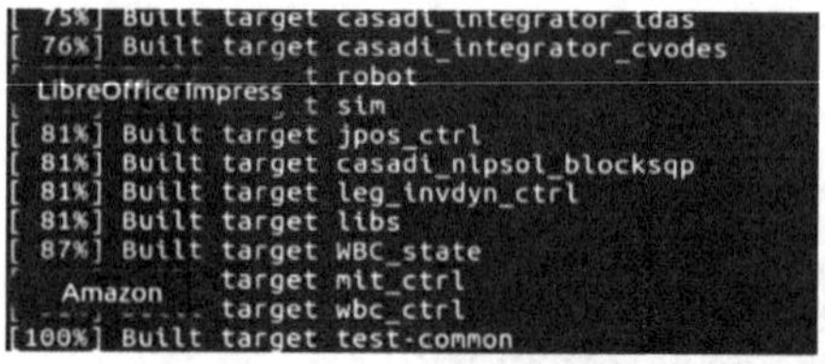

```
[ 75%] Built target casadi_integrator_idas
[ 76%] Built target casadi_integrator_cvodes
                  t robot
LibreOffice Impress
                  t sim
[ 81%] Built target jpos_ctrl
[ 81%] Built target casadi_nlpsol_blocksqp
[ 81%] Built target leg_invdyn_ctrl
[ 81%] Built target libs
[ 87%] Built target WBC_state
             target mit_ctrl
   Amazon
             target wbc_ctrl
[100%] Built target test-common
```

图 13.62　后空翻步态编译

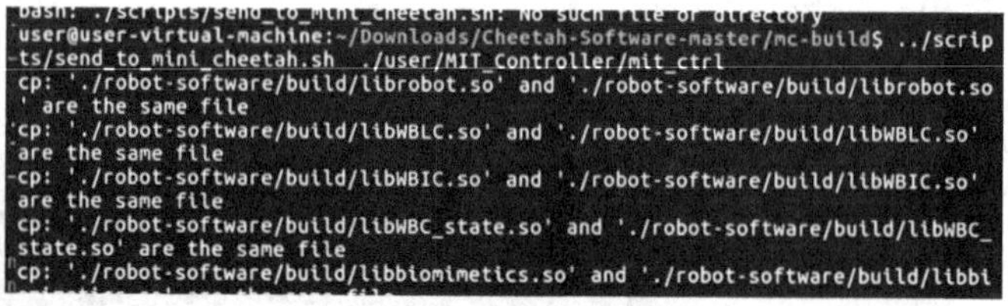

```
bash: ./scripts/send_to_mini_cheetah.sh: No such file or directory
user@user-virtual-machine:~/Downloads/Cheetah-Software-master/mc-build$ ../scrip
ts/send_to_mini_cheetah.sh  ./user/MIT_Controller/mit_ctrl
cp: './robot-software/build/librobot.so' and './robot-software/build/librobot.so
' are the same file
cp: './robot-software/build/libWBLC.so' and './robot-software/build/libWBLC.so'
are the same file
cp: './robot-software/build/libWBIC.so' and './robot-software/build/libWBIC.so'
are the same file
cp: './robot-software/build/libWBC_state.so' and './robot-software/build/libWBC_
state.so' are the same file
cp: './robot-software/build/libbiomimetics.so' and './robot-software/build/libbi
```

图 13.63　trot 代码下载

当听到机器人电机蜂鸣声之后，将网线拔掉，打开遥控器，检查遥控器信号，确保其与机器人保持通信，如图 13.65 所示。此时按图 13.66 所示的箭头方向拨动遥控器的 E 键，此时机器人处于即将运动的站立状态。之后按图 13.67 所示的箭头方向向下拨动 G 键，机器人完成一个后空翻动作。

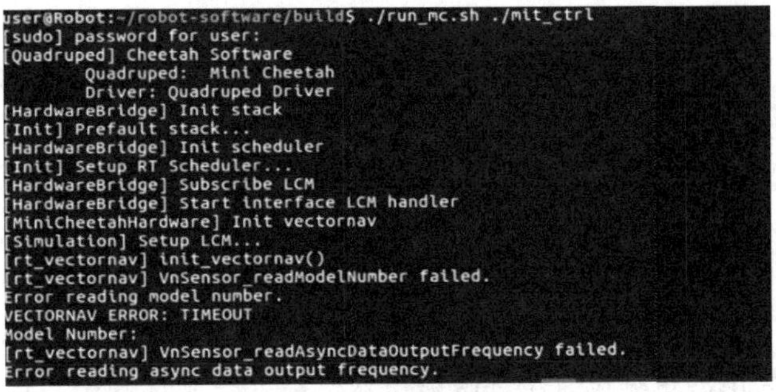
user@Robot:~/robot-software/build$ ./run_mc.sh ./mit_ctrl
[sudo] password for user:
[Quadruped] Cheetah Software
Quadruped: Mini Cheetah
Driver: Quadruped Driver
[HardwareBridge] Init stack
[Init] Prefault stack...
[HardwareBridge] Init scheduler
[Init] Setup RT Scheduler...
[HardwareBridge] Subscribe LCM
[HardwareBridge] Start interface LCM handler
[MiniCheetahHardware] Init vectornav
[Simulation] Setup LCM...
[rt_vectornav] init_vectornav()
[rt_vectornav] VnSensor_readModelNumber failed.
Error reading model number.
VECTORNAV ERROR: TIMEOUT
Model Number:
[rt_vectornav] VnSensor_readAsyncDataOutputFrequency failed.
Error reading async data output frequency.

图 13.64　运行实体机器人

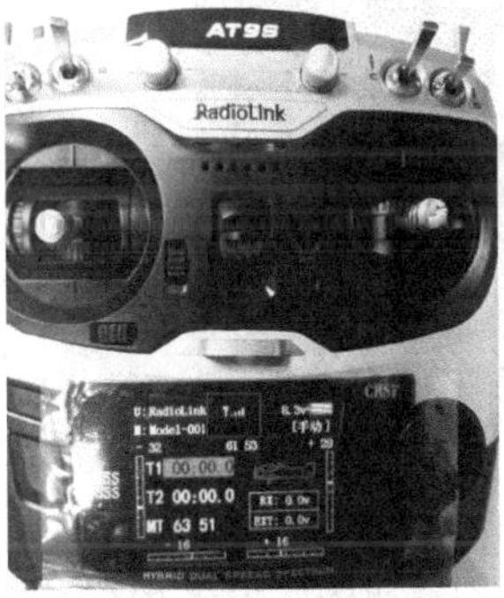
AT9S
RadioLink

图 13.65　信号连接

图 13.66　E 键拨动方向

图 13.67　G 键拨动方向

注意：当后空翻动作结束时，要先将 E 键迅速拨到中间位置，再将 G 键也拨到中间位置。倘若省去操作，机器人将一直进行后空翻，会对机器人电机及皮带造成不可逆的损伤。

五、思考题

(1) 如何从后空翻执行函数跳转到后空翻具体的执行算法中？

(2) 使用遥控器控制机器人进行前空翻的操作顺序是什么？

13.9　四足机器人斜坡自适应调整实验

一、实验目的

(1) 了解机器人斜坡自适应调整的概念。

(2) 学会判断机器人是否在斜坡上实现了自适应调整。

(3) 掌握机器人在斜坡上的质心调整方法。

(4) 掌握斜坡自适应调整算法及补偿参数的修改。

二、实验内容

(1) 实现机器人在斜坡上质心位置的调整。

(2) 实现机器人在爬坡过程中姿态的自适应调整。

三、实验原理

当机器人在斜坡上行走时，质心沿重力方向的投影点在四足支撑面内的位置会向斜面负梯度方向偏移，影响机器人的稳定性。此时，在四足机器人的步态规划中，各条腿关节的角度值除与规划的足端轨迹有关外,还与所处地形的坡度有关。当机器人调整足端位置以适应地面坡度时,落足点总是处于工作空间的上部或者下部,极大地限制了机器人的运动步幅,降低了机器人的运动速度。因此,当机器人在斜坡上行走时,机器人还应调整躯干的姿态以避免足尖处于工作空间的极限位置,以提高机器人的运动速度。

四、实验步骤

1. 算法设计与植入

将由实验原理推导出的足端位置坐标映射植入机器人控制代码中。打开本书配套资源中的 wbc_v4 文件夹,找到 ConvexMPCLocomotion. cpp 文件,如图 13.68 所示。

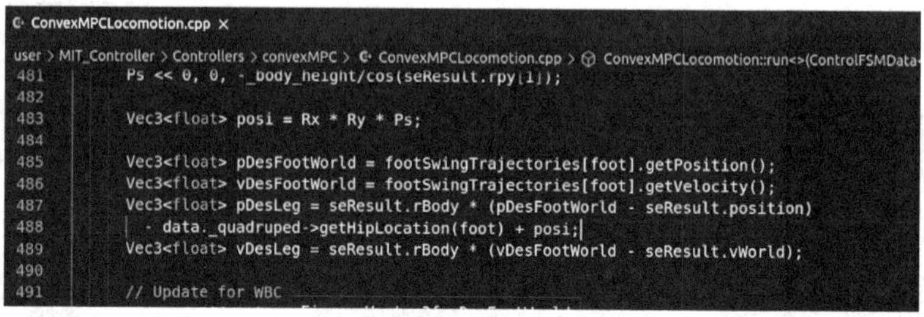

图 13.68　足端位置坐标映射代码

在同一执行文件中将由实验原理设计的姿态调整算法植入代码中,如图 13.69 所示。

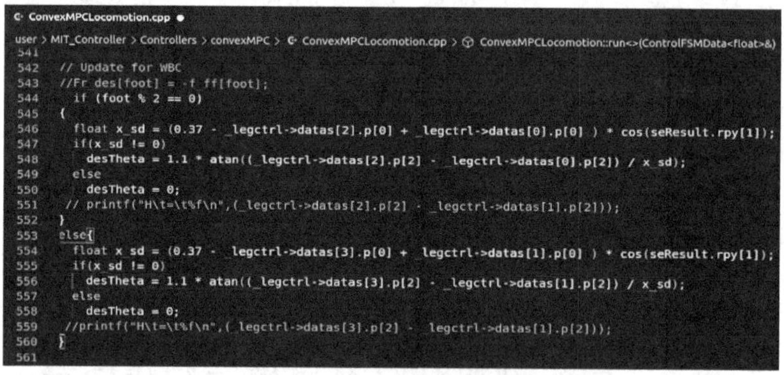

图 13.69　姿态调整算法代码

2. 代码编译与下载

首先,通过网线将机器人与 PC 端相连,并使机器人处于开机状态(电机同时开启)。之后在 wbc_v4 文件夹下的 mc-build 文件夹中打开终端(机器人终端),输入指令"ssh user@10.0.0.34"连接机器人,如图 13.70 所示。

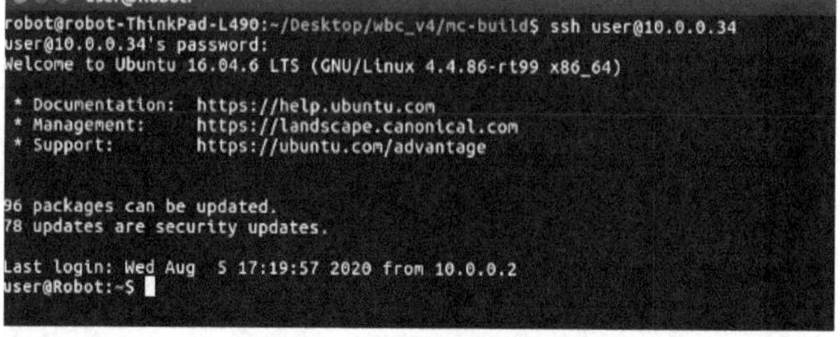

图 13.70　连接机器人

继续输入指令“ps -ef | grep mit”查看机器人残留进程，若存在残留进程，则输入指令“sudo kill ＊＊＊＊”将残留进程“杀死”，如图 13.71 所示。

user@Robot:~$ ps -ef | grep mit
root 1360 1348 0 17:18 ? 00:00:00 /bin/bash ./run_mc.sh ./mit_ctrl
root 1401 1360 0 17:18 ? 00:00:00 sudo LD_LIBRARY_PATH=. ./mit_ctrl m r f
root 1402 1401 66 17:18 ? 00:01:56 ./mit_ctrl m r f
user 1669 1652 0 17:21 pts/8 00:00:00 grep --color=auto mit
user@Robot:~$ sudo kill 1360
[sudo] password for user:
user@Robot:~$

图 13.71　清理残留进程

在 mc-build 文件夹下新开一个终端(上位机终端)，输入指令“make -j8”对编写好的代码进行编译，如图 13.72 所示。

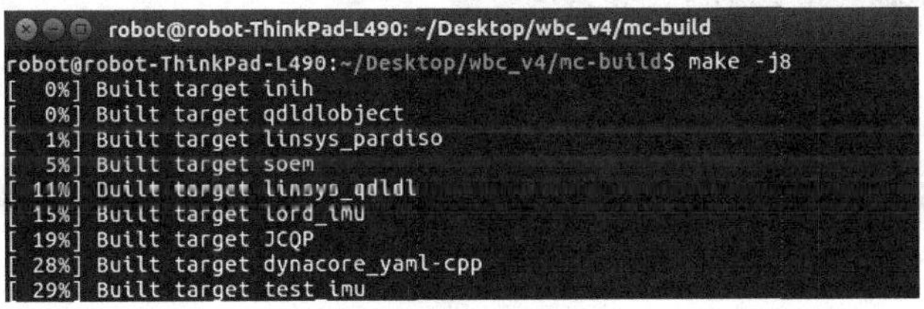
robot@robot-ThinkPad-L490: ~/Desktop/wbc_v4/mc-build
robot@robot-ThinkPad-L490:~/Desktop/wbc_v4/mc-build$ make -j8
[0%] Built target inih
[0%] Built target qdldlobject
[1%] Built target linsys_pardiso
[5%] Built target soem
[11%] Built target linsys_qdldl
[15%] Built target lord_imu
[19%] Built target JCQP
[28%] Built target dynacore_yaml-cpp
[29%] Built target test_imu

图 13.72　代码编译

编译完毕，在同一终端中继续输入图 13.73 所示的指令，将编译好的代码下载到机器人机中。

robot@robot-ThinkPad-L490:~/Desktop/wbc_v4/mc-build$ ../scripts/send_to_mini_cheetah.sh .
/user/MIT_Controller/mit_ctrl

图 13.73　代码下载

3. 算法验证

回到机器人终端，输入图 13.74 所示的两条指令，运行实体机器人。

机器人启动后，通过遥控器进行控制操作，使其从平面运动到斜坡，此时机器人终端会实时打印机器人爬坡过程中的俯仰角，如图 13.75 所示。

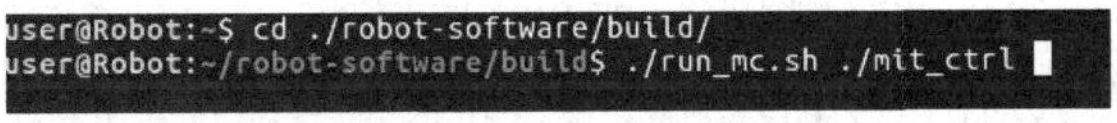
user@Robot:~$ cd ./robot-software/build/
user@Robot:~/robot-software/build$ ./run_mc.sh ./mit_ctrl

图 13.74　运行实体机器人

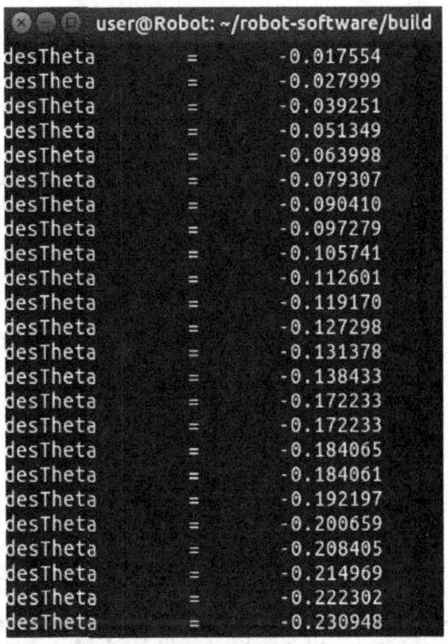
user@Robot: ~/robot-software/build
desTheta = -0.017554
desTheta = -0.027999
desTheta = -0.039251
desTheta = -0.051349
desTheta = -0.063998
desTheta = -0.079307
desTheta = -0.090410
desTheta = -0.097279
desTheta = -0.105741
desTheta = -0.112601
desTheta = -0.119170
desTheta = -0.127298
desTheta = -0.131378
desTheta = -0.138433
desTheta = -0.172233
desTheta = -0.172233
desTheta = -0.184065
desTheta = -0.184061
desTheta = -0.192197
desTheta = -0.200659
desTheta = -0.208405
desTheta = -0.214969
desTheta = -0.222302
desTheta = -0.230948

图 13.75　俯仰角实时打印

当机器人在斜坡上实现稳定运动后，先通过遥控器控制机器人停止在斜坡的运动，之后在机器人终端下按 Ctrl+C 组合键，使机器人结束运行指令，之后连续输入两次“cd ..”指令，回到机器人初始文件夹下，再输入指令“cd log”，打开 log 文件夹，继续输入指令“scp lizhi. csv robot@

10.0.0.2:～/"对打印出的机器人俯仰角数据进行复制,如图 13.76 所示。复制好的数据将自动保存在 Home 目录下,如图 13.77 所示。

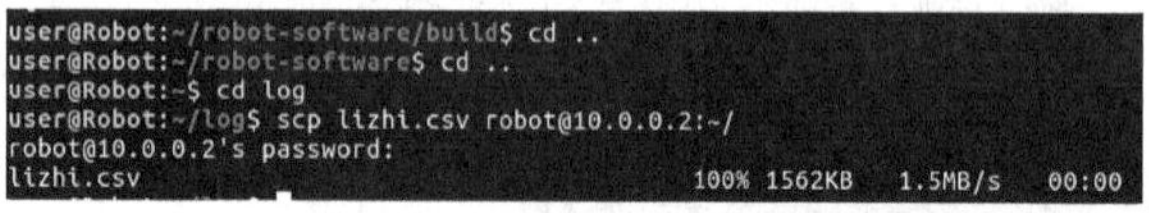

图 13.76　复制俯仰角数据

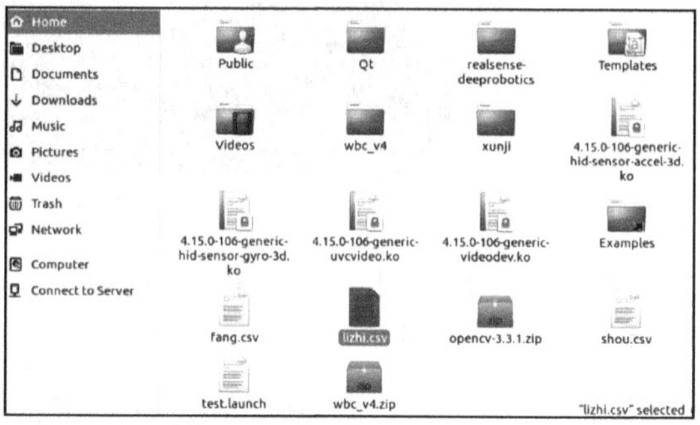

图 13.77　复制好的数据所在位置

数据分析可以通过 MATLAB 进行,用 MATLAB 画出俯仰角变化曲线。如果所取数据没有达到期望值,可以修改补偿参数值,直到实现机器人斜坡姿态的自适应调整。

五、思考题

(1) 简述足端位置调整的必要性。

(2) 简述补偿参数如何选择。

13.10　循迹测试实验

一、实验目的

(1) 学会 OpenCV 简单的图像处理指令。

(2) 掌握循迹算法的具体原理及其实现过程。

二、实验内容

(1) 将循迹工程导入四足机器人的 UP board 中并编译。

(2) 实现四足机器人自动避障。

三、实验原理

实现四足机器人自主循迹的核心内容主要包括两方面:图像感知处理和方向调整策略。其中图像感知处理部分主要调用 OpenCV 库中的一些库函数来完成;方向调整策略使用的是速度分解的策略。

四足机器人首先应能够感知到当前位置的红线信息。先利用彩色摄像头拍摄当前位置的图像,然后对图像做进一步的处理,包括图像二值化、腐蚀膨胀处理和轮廓提取,上述处理可以有效地滤掉图像中的其他干扰点,让四足机器人识别出有用的图像信息,并根据当前位置的图像信息做出相应的身体方向调整。

1. 图像二值化

彩色摄像头拍摄出的彩色图像有三个通道:R、G、B(红、绿、蓝),本书通过削弱蓝色和绿色通道,加强红色通道的方法,提取出红色通道,但其包含的信息量仍然巨大,大大加重了计算机对它的处理负担,因此,还要通过图像二值化处理将其转化成黑白图像,从而减少图像数据量,使图像变得简单,并且凸显出目标图形的轮廓,增强图像的识别率,有利于对图像做进一步的处理。

2. 腐蚀膨胀处理

虽然经过二值化处理后的彩色图像变得更简单,即呈现出黑白效果,但在目标轨迹周围出现的干扰点不会消失,反而会特别明显,此时如果图像有特别大的干扰点,就容易使四足机器人产生错误的识别。图像腐蚀操作可以将图像高亮部分变暗,从而模糊淡化干扰点,因此,腐蚀处理可以有效地消除图像中的干扰点。

与此同时,经过腐蚀处理之后的图像中要识别的目标红线也不清晰。图像膨胀处理操作是腐蚀的反操作,它会使图像重新变得高亮,因此在腐蚀之后,本书做了图像膨胀处理,使得目标红线更加突出,有利于其轮廓的提取。

经过图像腐蚀和膨胀处理后,可以有效地消除图像背景中其他干扰点,并且使目标红线更加高亮的突显出来。

3. 轮廓提取

基于以上图像处理后,我们要提取图像的最大外围轮廓,进而确定其最小包围矩形。一个轮廓一般对应一系列的点,也就是图像中的一条曲线,本书通过 findCours()函数从二值图像中寻找外轮廓。

当寻找轮廓结束后,由于不能保证寻找出的轮廓有且仅有一个,当出现多个轮廓时,出现的干扰点过大会导致图像处理操作不能将其完全消除,此时,就需要寻找出最大轮廓。本书通过最大面积法寻找最大轮廓,即设定一个轮廓索引,使每个索引号对应于一个轮廓,通过遍历所有的轮廓并比较每个轮廓的面积,确定最大轮廓。

得到最大轮廓后,可通过调用 minAreaRect()函数获取其最小包围矩形,从而可以确定红线具体的坐标值。本书将红线上、下顶点像素坐标的横坐标值的偏差作为四足机器人身体调整的一个切入点,因此,需要提取出最小包围矩形上、下顶点对应的像素坐标点。由于拍摄的目标轨迹足够细,在提取最小包围矩形顶点时,将其看成上、下两个顶点即可。本书通过判断目标红线纵坐标 y 值的大小来确定上、下两顶点,即纵坐标的像素 y 最小值对应的点为上顶点,纵坐标 y 最大值对应的点为下顶点,从而可以得到上、下顶点所对应的 x 方向的像素值。最小包围矩形取点原理如图 13.78 所示。

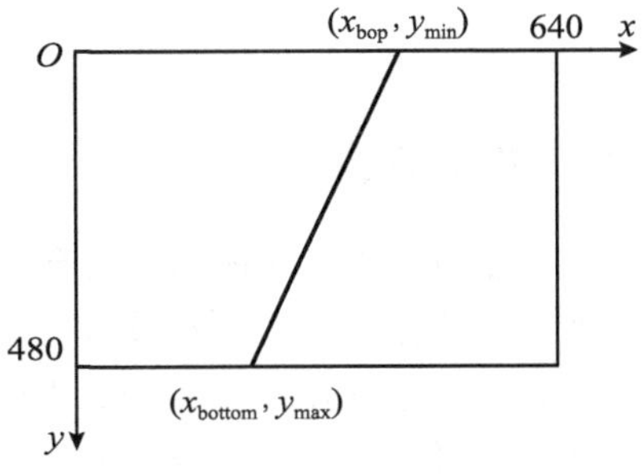

图 13.78　最小包围矩形取点原理

其中,白色背景所存在的区域代表了拍摄图像的大小,中间的粗细代表了彩色相机拍摄当前位置图像中的红线和红线的最小外包矩阵。至此,机器人便明确地感知到了当前位置的图像信息。

当四足机器人感知到目标红线后就会根据设计的方向调整算法,自动做出相应的调整。

本实验整体循迹流程图如图 13.79 所示。

首先,通过上位机输入指令开启摄像头,摄像头采集当前位置的图像,然后对图像分别进行了二值化、腐蚀膨胀处理,消除了图像周围存在的干扰点。接着通过寻找最大轮廓,进一步确定所要识别的目标轨迹信息,用最小包围矩形锁定轮廓,获取最小包围矩形上、下顶点在整个图像中所对应的 x 方向的像素值。通过计算两顶点 x 方向像素值偏差是否为零,来决定四足机器人是否需要进行自偏转调整,若偏差为零,则保持直线行驶,若不为零,就会做出相应的自偏转调整。

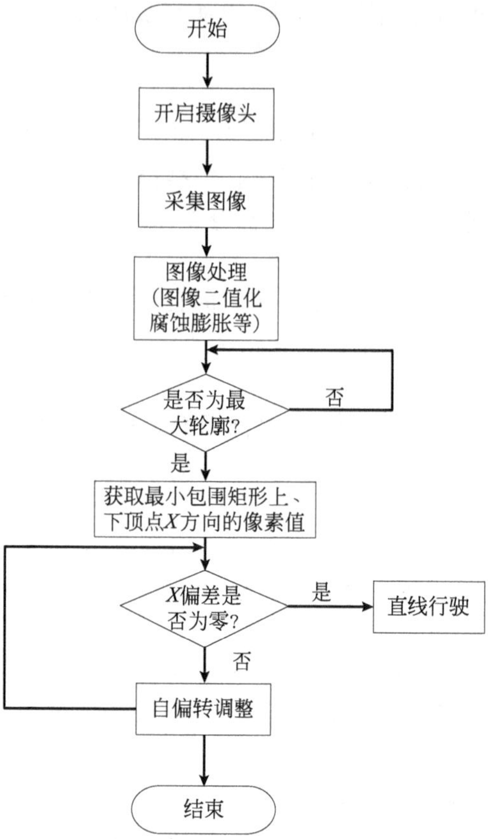

图 13.79　循迹流程图

四、实验步骤

检查机器人前端的彩色摄像头是否安装并正确连接至 UP board 板，确认无误后，通过网线连接四足机器人与 PC 端，实现上位机与四足机器人之间的通信。首先准备好完整的自主循迹的代码，将此代码导入 UP board 中，这里，需要在 Ubuntu 系统中安装一个数据传输的软件(Filezilla 软件)，打开 Filezilla，输入相关内容，如图 13.80 所示。

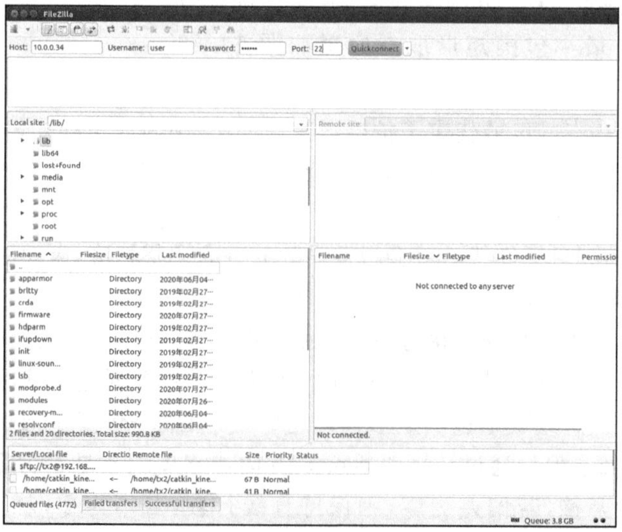

图 13.80　Filezilla 界面

按 Enter 键，连接 UP board，如图 13.81 所示，界面左侧为 PC 端，右侧为 UP board 端，在 PC 端找到循迹的代码，右键单击下载即可。此时循迹代码已经传输到 UP board 上了。

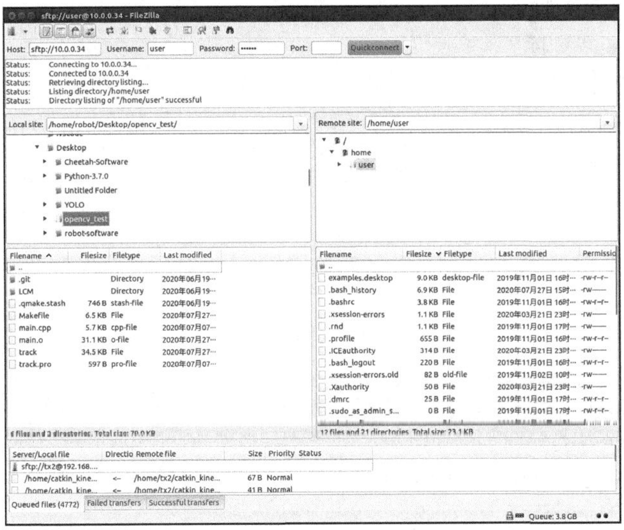

图 13.81　连接 UP board

接下来进行代码编译，打开一个终端，输入指令“ssh user@10.0.0.34”进入 UP board，如图 13.82 所示。

然后，使用 qmake 指令生成 makefile 文件，再使用 make 指令生成可执行的二进制文件。至此就完成了代码的导入及编译。

最后，执行代码，将四足机器人放置到指定的红线位置处，打开一个终端，输入“ls dev/video *”指令，查看摄像头端口号，结果如图 13.83 所示。

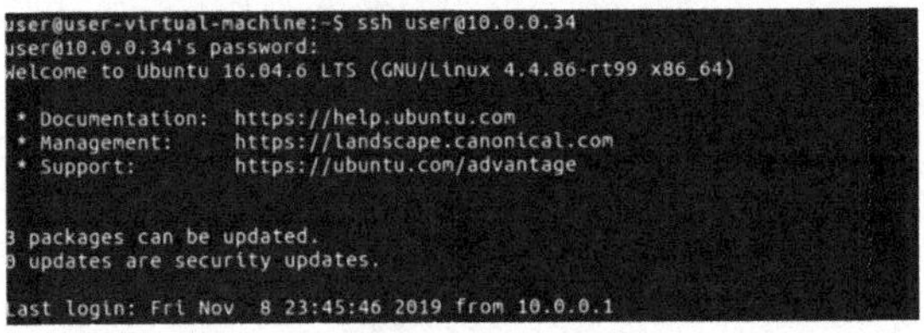

图 13.82　代码编译

图 13.83　查看摄像头端口号

经检查后，通过执行“./ track 0”启动指令，如图 13.84 所示。

四足机器人开始运动并循迹，如图 13.85 所示。

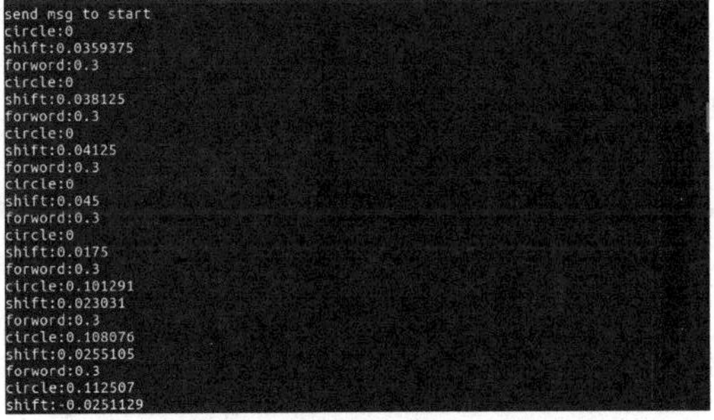

图 13.84　启动指令

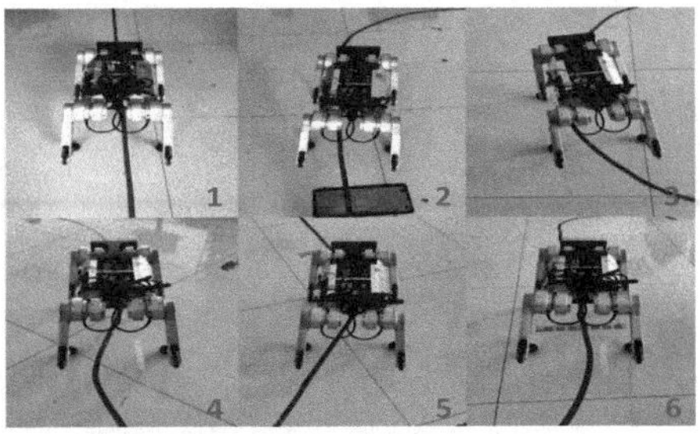

图 13.85　机器人循迹

五、思考题

(1) 怎样修改代码并编译?

(2) 如何调用 OpenCV 库?

本实验的完整代码如下:

```
# include <opencv2/opencv.hpp>
# include <robot_control_lcmt.hpp>
# include <lcm/lcm- cpp.hpp>
# include <vector>
# include <unistd.h>

cv::VideoCapture cap;
bool isSend = false;
int red_ball_BlueChannel = 7;
int red_ball_GreenChannel = 5;
int red_ball_RedChannel = 10;
int red_ball_binary_threashold = 100;
int red_ball_erode_ksize = 5;
int red_ball_dilate_ksize = 5;
bool Check(cv::Mat srcImage,lcm::LCM &lcm,robot_control_lcmt &ctl)
{
    //提取红色通道图像
    cv::Mat channel[3];
    cv::split(srcImage, channel);
    channel[0] = channel[0].mul(0.1* red_ball_BlueChannel); //B
    channel[1] = channel[1].mul(0.1* red_ball_GreenChannel); //G
    channel[2] = ( channel[2] - channel[0] - channel[1] ) * red_ball_
            RedChannel; //R
    cv::Mat mask_ball = channel[2];
    //二值化
    cv::threshold(mask_ball,mask_ball,red_ball_binary_threashold,
            255,cv::THRESH_BINARY);
    //腐蚀
    cv::morphologyEx(mask_ball,
                     mask_ball,
                     cv::MORPH_ERODE,
                     cv::getStructuringElement(cv::MORPH_RECT,
                                               cv::Size(red_ball_erode_ksize,
                                               red_ball_erode_ksize)));
    //膨胀
    cv::morphologyEx(mask_ball,
                     mask_ball,
                     cv::MORPH_DILATE,
                     cv::getStructuringElement(cv::MORPH_RECT,
                                               cv::Size(red_ball_dilate_ksize,
                                               red_ball_dilate_ksize)));
    //提取轮廓
    std::vector< std::vector< cv::Point> > contours;
    std::vector< cv::Vec4i> hierarchy;
    cv::findContours(mask_ball, contours, hierarchy, cv::RETR_EXTERNAL, cv::CHAIN_
    APPROX_SIMPLE, cv::Point(0, 0));

    if(contours.size() == 0)
    {
```

```
        return false;
    }
    else
    {
        //寻找最大轮廓
        int maxArea_index = 0;
        for(size_t index = 0; index < contours.size(); index++)
        {
            if (cv::contourArea(contours[index]) > cv::contourArea(contours
                    [maxArea_index]))
            {
                maxArea_index = index;
            }
        }
        if(cv::contourArea(contours[maxArea_index]) > 50){

            //cv::drawContours(srcImage, contours, maxArea_index,
                cv::Scalar(0,255,0), cv::FILLED, 8, hierarchy);

            cv::RotatedRect ball = cv::minAreaRect(cv::Mat(contours
                [maxArea_index]));                //获取最小包围矩形
            cv::Point2f vertex[4];
            ball.points(vertex);

            cv::Point2f top = vertex[0];          //取最顶部的点
            for(int i= 0;i< 4;i++){
                if(vertex[i].y < top.y){
                    top = vertex[i];
                }
            }
            cv::Point2f bottom = vertex[0];       //取最底部的点
            for(int i= 0;i< 4;i++){
                if(vertex[i].y > bottom.y){
                    bottom = vertex[i];
                }
            }
            //value : - 0.5~ 0.5
            float circle = ((bottom.x - top.x)/320 ) * 1.0;
            //x 值变化量,自转速度变量
            std::cout << "circle:" << circle << std::endl;
            circle = circle > 1.0 ? 1.0 : circle;
            circle = circle < - 1.0 ? - 1.0 : circle;
            ctl.v_des[2] = circle;

            //value : - 0.5~ 0.5
            float shift = ((320 - top.x) /320 ) * 0.1;
            //shift :横移速度变量
            std::cout << "shift:" << shift << std::endl;
            shift = shift > 0.5 ? 0.5 : shift;
            shift = shift < - 0.5 ? - 0.5 : shift;
            ctl.v_des[1] = shift;
            //value : - 0.5~ 0.5
            float forword = 0.3 - abs(shift);
            std::cout << "forword:" << forword << std::endl;
            forword = forword > 0.5 ? 0.5 : forword;
            forword = forword < - 0.5 ? - 0.5 : forword;
```

```
            ctl.v_des[0] = forword + 0.1;
            cv::circle(srcImage,vertex[0],5,cv::Scalar(255,0,255),3);
            cv::circle(srcImage,vertex[1],5,cv::Scalar(0,255,0),3);
            cv::circle(srcImage,vertex[2],5,cv::Scalar(255,0,0),3);
            cv::circle(srcImage,vertex[3],5,cv::Scalar(0,0,0),3);
            //cv::imshow("camera",srcImage);
            //cv::imshow("ttt",mask_ball);
            return true;
        }else{
            return false;
        }
    }
}


int main(int argc,char* argv[])
{
    if(argc != 2){
        printf("eg:cap 1\n");
        return -1;
    }

    int t;
    int dev_number = atoi((const char*)argv[1]);
    cap.open(dev_number);
    if(! cap.isOpened())
    {
        printf("打开摄像头失败:number= %d\n",dev_number);
        return 0;
    }else {
    }


    lcm::LCM lcm("udpm://239.255.76.67:7667?ttl=1");
    if( ! lcm.good()){
        std::cout << "LCM 初始化失败" << std::endl;
    }


    std::cout << "send msg to stand" << std::endl;

    robot_control_lcmt ctl;
    memset((void*)&ctl,0,sizeof(robot_control_lcmt));
    ctl.control_mode = 12;//control
    lcm.publish("robot_control_command",&ctl);
    sleep(5);
    std::cout << "send msg to start" << std::endl;
    memset((void*)&ctl,0,sizeof(robot_control_lcmt));
    ctl.control_mode = 11;//control
    lcm.publish("robot_control_command",&ctl);

    sleep(1);

    cv::Mat srcImage;
    while(1)
    {
```

```
            cap > > srcImage;
            cv::resize(srcImage,srcImage,cv::Size(640,480));
            if( ! srcImage.empty())
            {
                bool success =Check(srcImage,lcm,ctl);
                if(success){
                    ctl.control_mode =  11;//control
                    lcm.publish("robot_control_command",&ctl);
                }
            }
            char c =cv::waitKey(40);
            if(c = =27)
            {
                break;
            }
        }
        cap.release();
        return 0;
    }
```

13.11　障碍物识别跟踪实验

一、实验目的

(1) 掌握 ROS 系统的基础知识及 ROS 通信框架机制的原理和实现方式。

(2) 学会 OpenCV 基本的图像处理函数及使用。

(3) 了解 YOLOv3 网络的目标检测原理。

(4) 认识并学会使用深度相机和 TX2。

二、实验内容

(1) 完成 ROS 环境配置安装。

(2) 完成 Ubuntu 下 RealSense 开发包的安装。

(3) 使用 TX2 启动彩色深度相机的彩色摄像头及深度节点。

(4) 启动四足机器人完成障碍物识别跟踪。

三、实验原理

1. ROS

机器人操作系统(robot operating system,ROS)是一个通用的机器人软件开发平台,不同于常见的 Windows、Linux 等操作系统,它并不直接运行在硬件上,而依赖于 Ubuntu 操作系统,因此,准确地说,ROS 是一个元操作系统,相当于一个中间件,连接了真正的系统和程序模块,它同样提供一些类操作系统的功能,如底层的硬件抽象、文件包管理、通信等。如今 ROS 已经广泛应用于各种智能机器人平台中,成了机器人开发的一个普遍标准。

ROS 主要由四大部分组成,分别是通信框架、开发工具、应用功能、社区。ROS 核心的部分是通信框架,采用松耦合分布式架构,可同时运行很多个进程,每个进程之间相互独立。在 ROS 中,称这些进程为节点(node),节点是最基本的执行单元,一个复杂的机器人系统中包含了大量的节点,每个节点都代表了机器人系统的一个具体功能,机器人通过节点与节点之间的通信实现数据的传输,节点之间的管理和通信依托于一个管理中心(ROS master),节点之间最常用的通信方式主要有两种：话题(topic)和服务(service)。

2. YOLO

计算机视觉中有一个最核心的问题——目标检测，在一幅图像中，需要迅速确定图像中有什么目标，这些目标的位置信息及大小等，这是计算机视觉领域的研究热点和难点。近几年，很多学者相继推出了比较有效的算法，像 RCNN、fast-RNN、faster-RNN 等，而 YOLO(you only look once)是目标检测的一个网络框架，YOLO 最突出的特点就是快，它能够实现实时检测，YOLO 的检测原理是将一整张图片作为输入，并直接在输出层回归出边界框的位置及类别。YOLO 的诞生为计算机视觉领域的目标检测提供了更高效的手段，为了更进一步优化 YOLO 网络，其后继版本 YOLOv2、YOLOv3 等相继被推出，使目标检测速度进一步提升。

3. OpenCV

OpenCV 是一个免费开源的机器视觉库，其包含了大量的库函数和算法，主要用于图像视频处理，它主要的编程语言是 C++，但同样有其他像 Python、Java 等编程语言的接口，可运行在 Windows、Linux 等主流操作系统上。OpenCV 使用模块化的结构，每个模块负责不同的功能，这样能够降低复杂性，且提高开发效率。

本实验主要用到了以下几个模块。

Core 模块：OpenCV 核心功能模块，也是最基础的模块。它定义了基本的数据结构，包括重要的 Mat 类、XML 读写类、OpenGL 三维渲染类等，这个模块有时候也会被其他模块调用。

ImgProc 模块：全称为 Image Processing，即图像处理。图像处理是计算机视觉的重要工具。这个模块中包括基础的图像处理算法，如图像滤波、集合图像变换、直方图计算、形状描述子计算等。

HighGUI 模块：高级图形界面，它提供了一些编写简单的用户界面的函数，通过此模块可以实现用户交互，包括显示图片、窗口操作、鼠标操作等，读写图片和视频也是通过这个模块完成的，该模块还可以与 Qt 框架进行整合。

DNN 模块：通过这个模块可以使用深度学习框架训练模型，借用 OpenCV 的 DNN 接口可以实现推理计算。该模块中有多种深度学习框架，OpenCV 给出了这些框架的 C++和 Python 接口。

4. 硬件模块

RealSense D435 是一款 RGBD 深度相机，其不仅能收集彩色信息，而且能获取深度数据。本实验中，左右红外相机进行测量深度，右边的彩色相机用于采集彩色图片。D435 还具有强大的 RealSense 模块，捕捉最远距离可以达到 10 米，其支持输出 1280×720 分辨率的深度画面，视频传输速度可以达到 90fps。

D435 实物图及安装图如图 13.86、图 13.87 所示。

图 13.86　D435 实物图

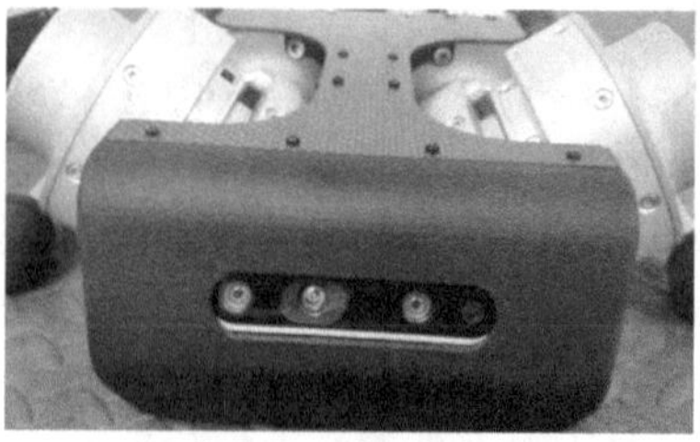

图 13.87　D435 安装图

NVIDIA Jetson TX2 是基于 NVIDIA Pascal™ 架构的 AI 单模块超级计算机，其性能强大，外形小巧，节能高效，非常适合应用于机器人、无人机、智能摄像机和便携医疗设备等智能终端设备中。

Jetson TX2 内核由两个 CPU 和一个 GPU 组成。其中一个 CPU 是双核的 CPU，适用于支持单线程程序，另一个 CPU 是 ARM CortexA57 CPU，适用于多线程应用程序；GPU 有 256 个支持 CUDA 功能的核心，内存子系统包含一个 128 位的内存控制器，它支持硬件视频编码器和解码器，还能进行音频处理，同时支持 Wi-Fi 和蓝牙无线连接。

Jetson TX2 实物图及安装图如图 13.88、图 13.89 所示。

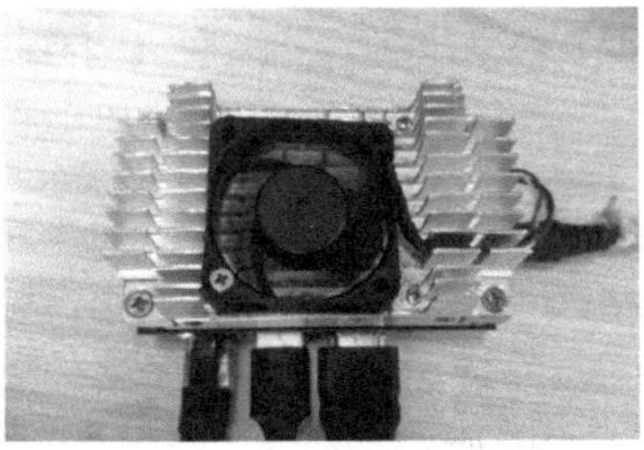

图 13.88　TX2 实物图

图 13.89　TX2 安装图

5. 核心思想

整个实验流程是在 ROS 的话题(topic)通信架构下完成的。首先，深度相机节点的彩色摄像头采集彩色图像信息，并将此信息通过话题发布，另一个节点先作为订阅者订阅彩色图像信息，然后通过调用 YOLOv3 网络实现对图像进行实时检测，从而确定出我们要识别的人的类别并确定其在图像中的位置信息，接着此节点作为发布者再将人的位置信息发布出去。由深度相机节点确定人的距离及障碍物的位置和距离(主要思想是通过调用 OpenCV 库函数做一定的图像处理：首先通过二值化，将 0.5m 之外的安全距离置零(不考虑)，然后通过开运算去除一些噪点，再求出所有障碍物的凸包，这个时候要计算面积，当面积小于一定的阈值时不予考虑，最终输出障碍物的凸包坐标)。最后将这些信息通过指定的话题通道发布。完成所有信息的采集工作之后，由跟踪订阅者订阅所有的信息。当接收者接收到这些信息后，会触发回调函数，跟踪主要通过设定自转速度来完成，躲避障碍物则通过用一个余弦函数去调节横移速度来实现。实验流程图如图 13.90 所示。

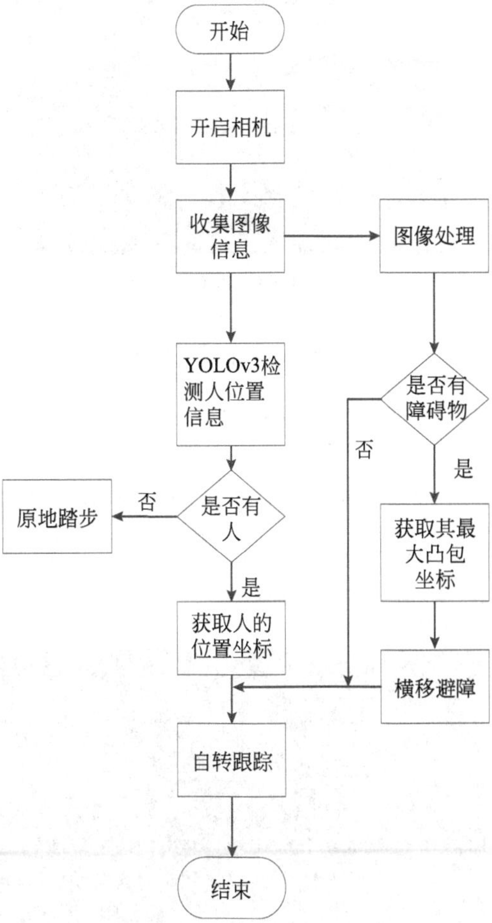

图 13.90　实验流程图

四、实验步骤

1. ROS 安装

ROS 每个版本都有依赖的 Ubuntu 版本，以下是 ROS Kinetic 对应于 Ubuntu 16.04 版本的安装过程。

(1) 添加 ROS 官网的软件镜像，输入以下指令，如图 13.91 所示。

```
sudo sh - c 'echo "deb http://packages.ros.org/ros/Ubuntu $ (lsb_release - sc) main" > /etc/
apt/sources.list.d/ros- latest.list'
```

(2) 设置密钥,输入以下指令,如图 13.92 所示。

```
sudo apt- key adv - - keyserver hkp://ha.pool.sks- keyservers.net: 80 - - recv- key
421C365BD9FF1F717815A3895523BAEEB01FA116
```

图 13.91　ROS 软件镜像添加

图 13.92　设置密钥

(3) 确认之前的软件源修改得以更新,输入以下指令,如图 13.93 所示。

```
sudo apt- get update
```

(4) 安装 ROS Kinetic 完整版,输入以下指令,如图 13.94 所示。

```
sudo apt- get install ros- kinetic- desktop- full
```

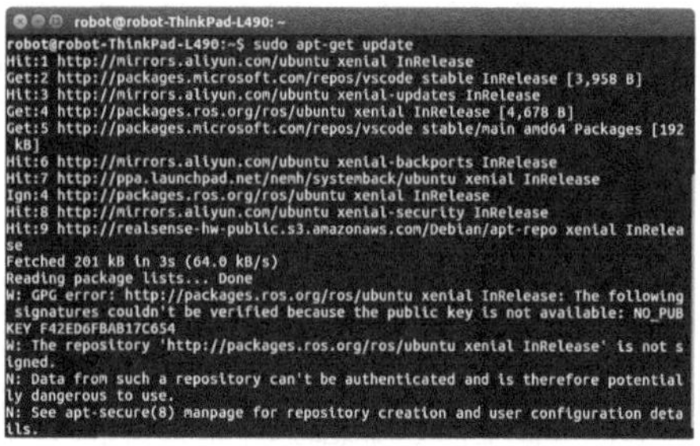

图 13.93　确认软件源

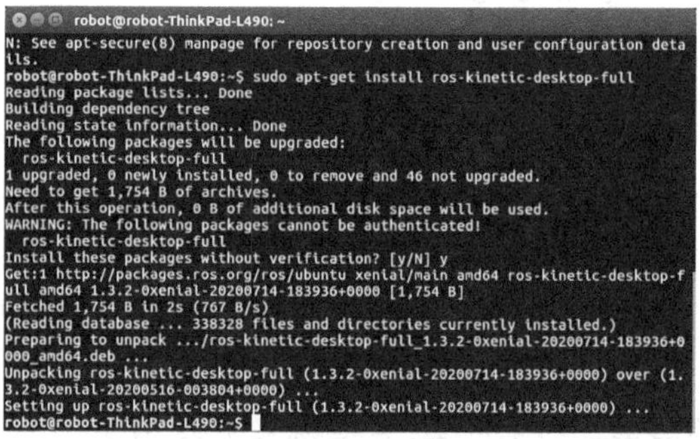

图 13.94　安装 ROS Kinetic 完整版

(5) 初始化 rosdep,输入以下指令,如图 13.95 所示。

```
sudo rosdep init
rosdep update
```

(6) 配置环境变量,输入以下指令,如图 13.96 所示。

```
echo "source /opt/ros/kinetic/setup.bash" > > ~/.bashrc
source~/.bashrc
```

图 13.95　初始化 rosdep

图 13.96　配置环境变量

(7) 测试 ROS,启动 ROS 环境,如图 13.97 所示。

观察是否显示“started core service [/rosout]”,如果显示,证明安装成功。

2. 安装 realsense 开发包

注册服务器的公钥,输入以下指令,如图 13.98 所示。

图 13.97　启动 ROS 环境

图 13.98　注册服务器公钥

```
sudo apt- key adv - - keyserver keys.gnupg.net - - recv- key
F6E65AC044F831AC80A06380C8B3A55A6F3EFCDE || sudo apt- key adv - - keyserver
hkp://keyserver.Ubuntu.com:80   recv  keyF6E65AC044F831AC80A06380C8B3A55A6F3EFCDE
```

将服务器添加到存储库列表中,输入以下指令,如图 13.99 所示。

```
Ubuntu 16 LTS:
sudo add- apt- repository "deb http://realsense- hw- public.s3.amazonaws. com/Debian/
apt- repo xenial main" - u
```

安装库,输入以下指令,如图 13.100 所示。

```
sudo apt- get install librealsense2- dkms
sudo apt- get install librealsense2- utils
```

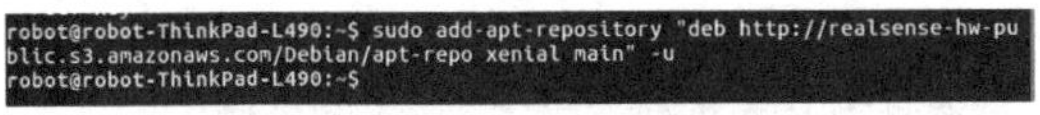

图 13.99　添加服务器

图 13.100　安装库

可以选择安装开发人员和调试包,输入以下指令,如图 13.101 所示。

```
sudo apt- get install librealsense2- dev
sudo apt- get install librealsense2- dbg
```

重新连接 D435 深度相机并运行 realsense-viewer 以验证安装,如图 13.102 所示。

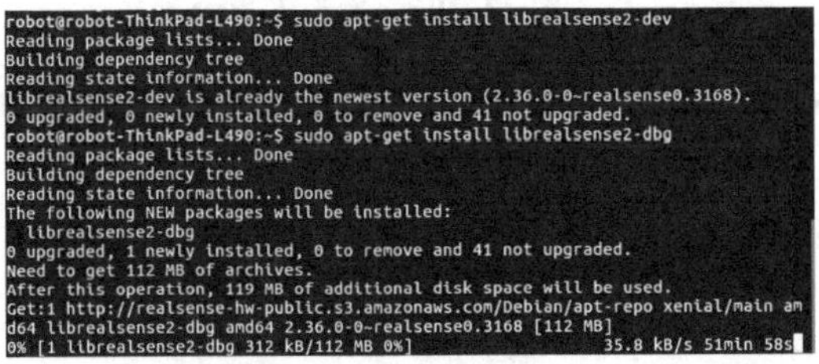

图 13.101　安装调试包

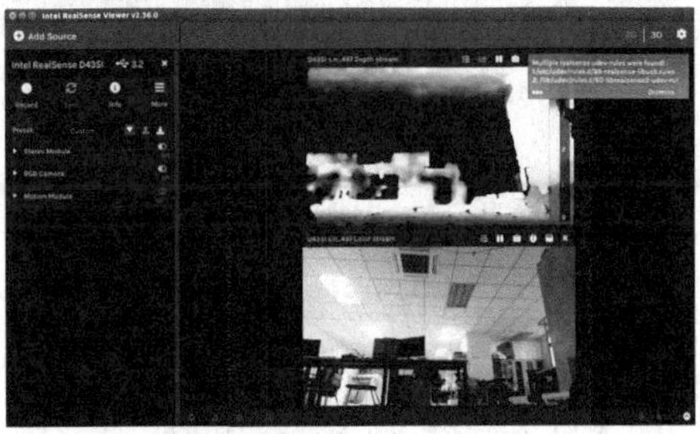

图 13.102　运行深度相机

3. 完成障碍物识别跟踪实验

事先准备好障碍物识别跟踪的代码。

首先，用 TX2 连接上公共网络，查看网络地址，将 TX2 安装在四足机器人身上，通过 ssh 指令实现通信。

(1) 打开总的双目摄像头。打开一个终端，登录 TX2，输入以下指令，如图 13.103 所示。

```
sshtx2@ 192.168.0.145                         //登录 TX2
```

进入 ROS 工程目录下，配置好环境变量，输入以下指令，如图 13.104 所示。

```
cd catkin_kinect/                             //在 ROS 目录下
source devel/setup.sh                         //配置环境变量
```

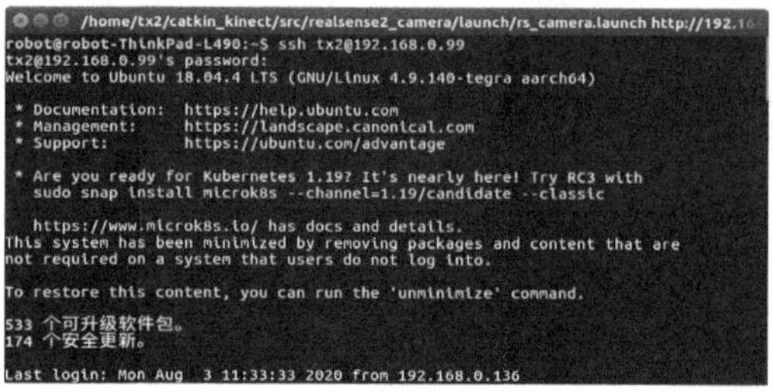

图 13.103　登录 TX2

图 13.104　配置环境变量

启动总的双目摄像头节点，输入以下指令，如图 13.105 所示。

```
roslaunch realsense2_camera rs_camera.launch
```

(2) 开启彩色相机检测人。另外打开一个终端，输入以下指令，如图 13.106 所示。

```
sshtx2@ 192.168.0.145
cd  catkin_kinect/                            //在 ROS 目录下
source  devel/setup.sh                        //配置环境变量
```

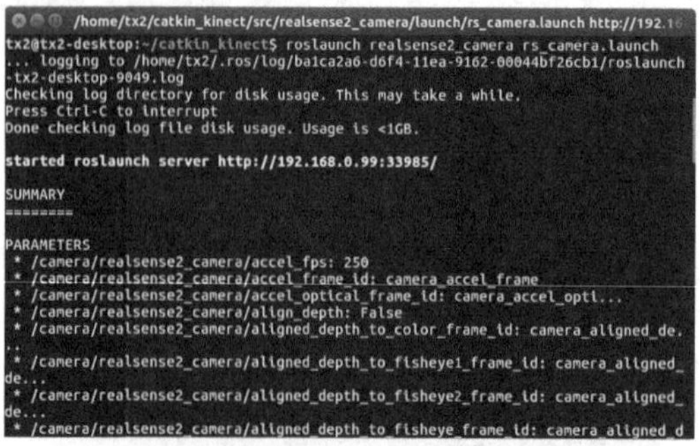

图 13.105　启动双目摄像头节点

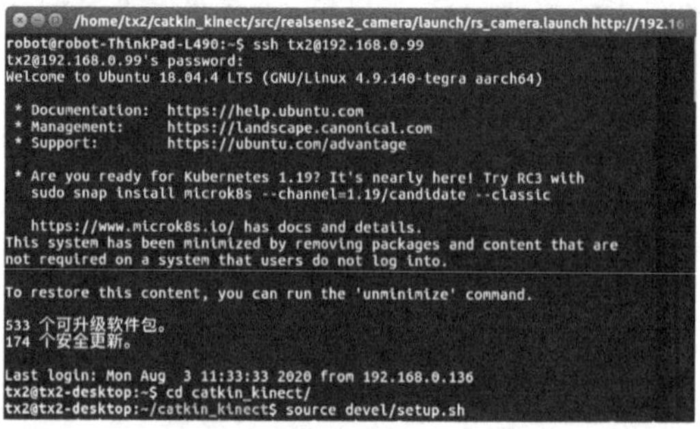

图 13.106　检测人指令

继续输入指令，如图 13.107 所示。

```
rosrun realsense position_publisher.py
```

四足机器人启动后，此节点会打印位置信息，如图 13.108 所示。

输入以下指令，如图 13.109 所示。

```
rosrun realsense roboinfo_publisher
```

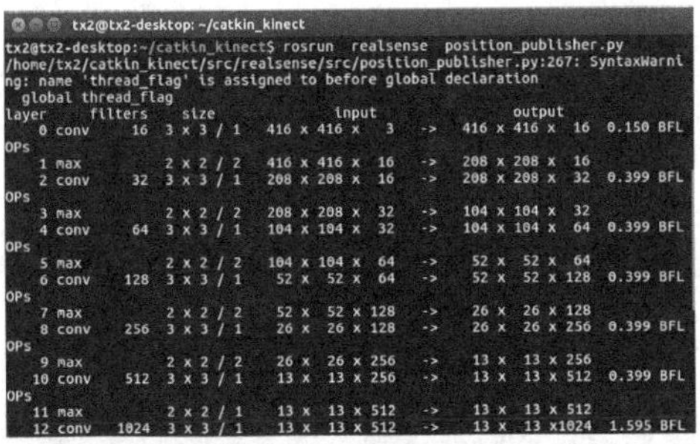

图 13.107　继续输入指令

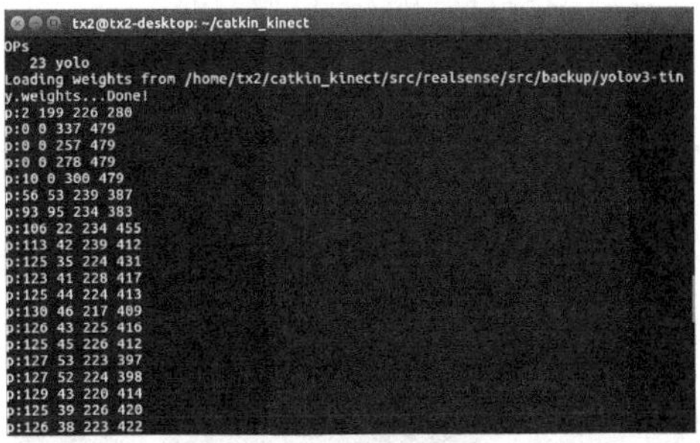

图 13.108　四足机器人位置信息打印

(3) 开启深度图检测节点,再开一个终端,输入以下指令,如图 13.110 所示。

```
sshtx2@ 192.168.0.145            //登录 TX2
cd catkin_kinect/                //在 ROS 目录下
source devel/setup.sh            //配置环境变量
```

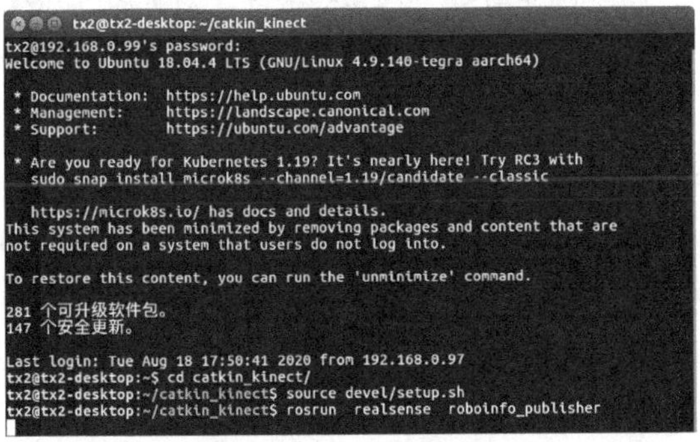

图 13.109　输入指令

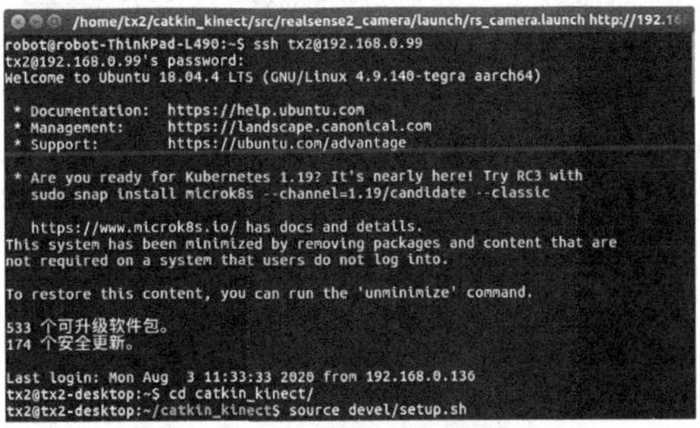

图 13.110　开启深度图检测节点

继续输入以下指令。

```
rosrun realsense depth_publisher
```

此时,四足机器人启动后,此节点会打印深度信息,如图 13.111 所示。

(4) 通过 TX2 登入 UP board,再开启一个终端,输入以下指令,如图 13.112 所示。

```
sshtx2@ 192.168.0.145
sshuser@ 10.0.0.34
```

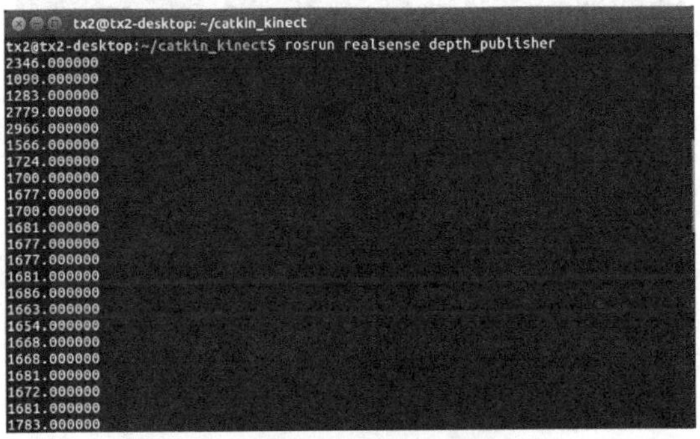

图 13.111　打印深度信息

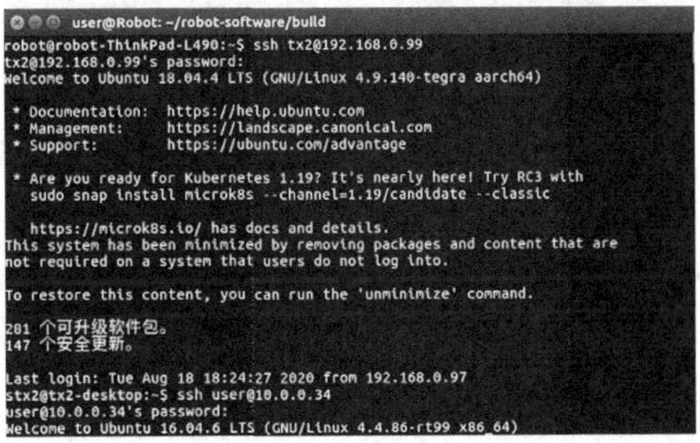

图 13.112　TX2 连接 UP board

输入以下指令。

```
cd robot-software/build/
ps -ef
```

通过“sudo kill”指令结束四足机器人正在运行的进程，启动运动控制程序，如图 13.113 所示。

```
./run_mc.sh ./mit_ctrl
```

打印运动控制信息，如图 13.114 所示。

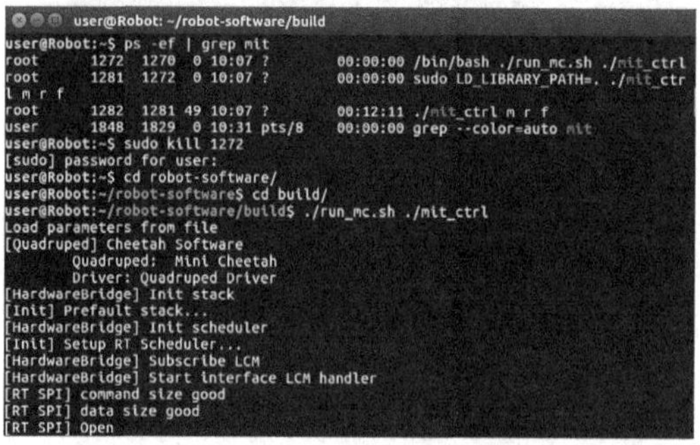

图 13.113　启动运动控制程序

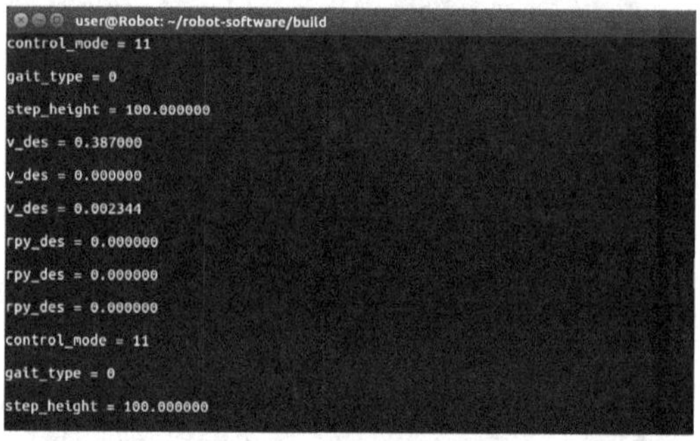

图 13.114　打印运动控制信息

仍然在 ROS 目录下，接收发送数据，输入以下指令，如图 13.115 所示。

```
cd catkin_kinetic/
source devel/setup.sh
./enable_multibroadcast.sh
```

输入以下指令，实现机器人跟随人，如图 13.116 所示。

```
rosrun realsense human_tracker
```

图 13.115　接收发送数据

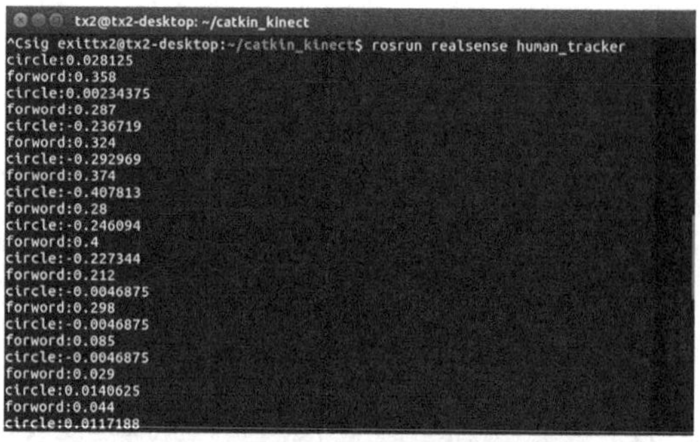

图 13.116　机器人跟随人(信息打印)

此时机器人会开始动作，在其前面放上障碍物，其会自动避开并跟随人继续运动。

五、思考题

(1) 源码安装和二进制码安装有什么区别？

(2) 在 ROS 中如何运行单个节点，如何运行多个节点？

(3) 查找相关资料学习并回答：什么是 IOU？

参考文献

[1] 熊有伦. 机器人学[M]. 北京：机械工业出版社，1993.

[2] 熊有伦. 机器人技术基础[M]. 武汉：华中科技大学出版社，1996.

[3] 熊有伦，李文龙，陈文斌，等. 机器人学-建模、控制与视觉[M]. 2 版. 武汉：华中科技大学出版社，2020.

[4] Khalil Hassan K. 非线性系统[M]. 朱义胜，董辉，李作洲，等译. 3 版. 北京：电子工业出版社，2017.

[5] Sakakibara Y, Kan K, Hosoda Y, et al. Foot trajectory for a quadruped walking machine[C]. IEEE International Workshop on Intelligent Robots and Systems, Towards a New Frontier of Applications. Ibaraki, Japan: IEEE, 1990(1): 315-322.

[6] Carlo J D, Wensing P M, Katz B, et al. Dynamic locomotion in the MIT Cheetah 3 through convex model predictive control[C]. 2018 IEEE/RSJ International Conference on Intelligent Robots and Systems (IROS). Madrid, Spain: IEEE, 2018: 1-9.

[7] Kim D, Di Carlo J, Katz B, et al. Highly dynamic quadruped locomotion via whole-body impulse control and model predictive control. Cornell University. September 14, 2019. https://doi.org/10.48550/arXiv.1909.06586.

[8] Lebedev D V, Steil J J, Ritter H. Real-time path planning in dynamic environments: a comparison of three neural network models[C]. SMC'03 Conference Proceedings. 2003 IEEE International Conference on Systems, Man and Cybernetics. Conference Theme-System Security and Assurance (Cat. No. 03CH37483). Washington, DC, USA: IEEE, 2003, 4: 3408-3413.

[9] Xin Yaxian, Hong Zhen, Li Bin, et al. A comparative study of four Jacobian matrix derivation methods for quadruped robot[C]. 2015 34th Chinese Control Conference (CCC). Hangzhou, China: IEEE, 2015: 5970-5976.

[10] Ge S S, Lee T H, Harris C J. Adaptive Neural Network Control of Robotic Manipulators. London, UK: World Scientific, 1998.

[11] Ge S S, Wang C. Direct adaptive NN control of a class of nonlinear systems[J]. IEEE Transactions on Neural Networks, 2002, 13(1): 214-221.

[12] Ge S S, Hang C C, Lee T H, et al. Stable adaptive neural network control[M]. Kluwer Academic Publishers, 2002.

[13] Ge S S, Wang C. Adaptive neural control of uncertain MIMO nonlinear systems[J]. IEEE Transactions on Neural Networks, 2004, 15(3): 674-692.

[14] Li Y, Ge S S, and Yang C. Learning impedance control for physical robot-environment interaction. International Journal of Control, 2012(85)2: 182-193.

[15] 何冬青. JTUWM-Ⅲ四足机器人 trot 步态运动特性研究[D]. 上海：上海交通大学，2006.

[16] 陈乐生. 点和平面的齐次坐标关系[J]. 黑龙江自动化技术与应用，1993(3)：34-38.

[17] 辛亚先. 复杂环境下四足机器人静步态规划和稳定运动控制方法研究[D]. 济南：齐鲁工业大学，2017.

[18] 温亚芹. 刚体转动惯量计算方法研究[J]. 黑龙江科学，2019，10(6)：40-42.

[19] 黄博，赵建文，孙立宁. 基于静平衡的四足机器人直行与楼梯爬越步态[J]. 机器人，2010，32(2)：226-232.

[20] 倪斌，陈雄，鲁公羽. 基于神经网络的未知环境路径规划算法研究[J]. 计算机工程与应用，2006(11)：73-76，109.

[21] 李浚圣，李轩，刘鑫鑫，等. 空间 3R 机械手运动学方程及其雅可比矩阵[J]. 沈阳大学学报，2002(2)：3-5.

[22] 田海波，方宗德，周勇，等. 轮腿式机器人倾覆稳定性分析与控制[J]. 机器人，2009，31(2)：159-165.

[23] 何冬青，马培荪. 四足机器人动态步行仿真及步行稳定性分析[J]. 计算机仿真，2005(2)：146-149.

[24] 洪真.四足机器人动态稳定行走及其控制方法的研究[D].济南：齐鲁工业大学，2017.

[25] 何冬青，马培荪，曹曦，等.四足机器人对角小跑起步姿态对稳定步行的影响[J].机器人，2004(6)：529-532，537.

[26] 何冬青，马培荪，曹冲振等.四足机器人对角小跑起步姿态对稳定性的影响[J].上海交通大学学报，2005(06)：880-883.

[27] 那奇.四足机器人运动控制技术研究与实现[D].北京：北京理工大学，2015.

[28] 陈高风.四足机器人足端运动阻抗控制研究[D].南京：南京航空航天大学，2017.

[29] 李贻斌，李彬，荣学文，等.液压驱动四足仿生机器人的结构设计和步态规划[J].山东大学学报(工学版)，2011，41(5)：32-36，45.

[30] Khalil W，Kleinfinger J. A new geometric notation for open and closed-loop robots[C]. IEEE International Conference on Robotics and Automation. San Francisco，CA，USA：IEEE，1986：1174-1179.

[31] He Jingye，Shao Junpeng，Sun Guitao，et al. Survey of quadruped robots coping strategies in complex situations[J]. Electronics，2019，8(12)：1-16.

[32] Wang A S，Chen W W，Lin P. Control of a 2-D bounding passive quadruped model with Poincaré map approximation and model predictive control[C]. International Conference on Advanced Robotics and Intelligent Systems (ARIS). Taipei，Taiwan：IEEE，2016：1-6.

[33] Horvat T，Melo K，Ijspeert A J. Model predictive control based framework for CoM control of a quadruped robot[C]. 2017 IEEE/RSJ International Conference on Intelligent Robots and Systems (IROS). Vancouver，BC，Canada：IEEE，2017：3372-3378.

[34] Farshidian F，Jelavic E，Satapathy A，et al. Real-time motion planning of legged robots：A model predictive control approach[C]. International Conference on Humanoid Robotics. Birmingham，England：IEEE，2017：577-584.

[35] Neunert M，Stäuble M，Giftthaler M，et al. Whole-body nonlinear model predictive control through contacts for quadrupeds[J]. IEEE Robotics and Automation Letters，2018，3(3)：1458-1465.

[36] Guo Jiaxin，Zheng Yukun，Qu Daoxiao，et al. An algorithm of foot end trajectory tracking control for quadruped robot based on model predictive control[C]. International Conference on Robotics and Biomietics (ROBIO). Dali，China：IEEE，2019：828-833.

[37] Shi Yapeng，Wang Pengfei，Li Mantian，et al. Model predictive control for motion planning of quadrupedal locomotion[C]. 2019 IEEE 4th International Conference on Advanced Robotics and Mechatronics (ICARM). Toyonaka，Japan：IEEE，2019：87-92.

[38] Ma S，Tomiyama T，Wada H. Omni-directional walking of a quadruped robot[C]. International Conference on Intelligent Robots and Systems. Lausanne，Switzerland：IEEE，2002，3：2605-2612.

[39] Yin Peng，Wang Pengfei，Li Mantian，et al. A novel control strategy for quadruped robot walking over irregular terrain[C]. International Conference on Robotics，Automation and Mechatronics (RAM). Qingdao，China：IEEE，2011：184-189.

[40] 孟健，李贻斌，李彬.四足机器人对角小跑步态全方位移动控制方法及其实现[J].机器人，2015，37(1)：74-84.

[41] Meng Xiangrui，Zhou Chao，Cao Zhiqiang，et al. A slope location and orientation estimation method based on 3D LiDAR suitable for quadruped robots[C]. IEEE International Conference on Robotics and Biomietics (ROBIO). Qingdao，China：IEEE，2016：197-201.

[42] 韩宝玲，贾燕，李华师，等.四足机器人坡面运动时的姿态调整技术[J].北京理工大学学报，2016，36(3)：242-246.

[43] Agrawal A，Jadhav A，Pareekutty N，et al. Terrain adaptive posture correction in quadruped for locomotion on unstructured terrain[J]. Proceedings of the Advances in Robotics，2017：1-6.

[44] Lee J H，Park J H. Optimization of postural transition scheme for quadruped robots trotting on various surfaces[J]. Proceedings of the Advances in Robotics，2019(7)：168126-168140.

[45] Jones W, Blum T, Yoshida K. Adaptive slope locomotion with deep reinforcement learning[C]. International Symposium on System Integration (SII). Honolulu, USA: IEEE, 2020: 546-550.

[46] Bledt G, Powell M J, Katz B, et al. MIT Cheetah 3: Design and control of a robust, dynamic quadruped robot [C]. 2018 IEEE/RSJ International Conference on Intelligent Robots and Systems (IROS). Madrid, Spain: IEEE, 2018: 2245-2252.

[47] Zhang Si, Gao Junyao, Duan Xingguang, et al. Trot pattern generation for quadruped robot based on the ZMP stability margin[M]. 2013 ICME International Conference on Complex Medical Engineering. Beijing, China: IEEE, 2013: 608-613.

[48] 马宗利,张培强,吕荣基,等. 四足机器人坡面行走稳定性分析[J]. 东北大学学报(自然科学版),2018,39(5): 673-678.

[49] Ko C C, Chen S C, Li C H, et al. Trajectory planning and four-leg coordination for stair climbing in a quadruped robot[C]. 2010 IEEE/RSJ International Conference on Intelligent Robots and Systems. Taipei, Taiwan: IEEE, 2010: 5335-5340.

[50] Katz B. Low cost, high performance actuators for dynamic robots[D]. Massachusetts: The Massachusetts Institute of Technology, 2016.

[51] 宋勇,李贻斌,栗春,等. 基于神经网络的移动机器人路径规划方法[J]. 系统工程与电子技术,2008,341(2): 316-319.